銲接實習

李隆盛　編著

全華圖書股份有限公司

序言
Preface

自二次世界大戰結束以後，銲接的發展非常快速，目前已成爲主要的金屬接合方法，無論金屬工件的修補或製作皆有所依恃，是以教育部歷次公布的各年制技職機械科課程標準。此外，倘依學生(員)學能背景稍作增減，亦可作爲科技大學、技術學院、工業職校、勞發署、事業單位銲接實習(或個人進修)教材之用。

前述課程標準中，銲接實習部份雖僅列出氣銲平銲、切斷實習及電銲平銲實習兩大項，但課程標準的立意在於「最低要求」而非「侷限範圍」。編著者依此認識，權衡工業界銲接工作之現況及當前一般工業專校機械科銲接實習之時數配當、設備、器材等，除課程標準所列基本要求外，也擴及橫、立、仰銲位置及「氣體鎢極電弧銲(GTAW 或 TIG)」、「氣體金屬極電弧銲(GMAW 或 MIG)」兩種工業界常見且深具發展潛力的電弧銲接法。使用本書實際教學時，除部訂標準之要求外可依主、客觀條件再加增減。

本書編排分爲五章，第一章「概論」簡介銲接之各種基本概念，第二章至第五章則分別依序就「氧乙炔氣銲與切割」(即一般簡稱之氣銲與氣割)、「保護金屬極電弧銲」(即一般簡稱之電銲)、「氣體鎢極電弧銲」和「氣體金屬極電弧銲」四者，先略述相關知識，隨後參酌美國赫巴特銲接技術學校(Hobart School of Welding Techoology)訓練教材等有關資料(見書末參考書目)，以操作單(oporation sheets)方式由淺入深，由易而難編撰實習單元，以便利教學之實施。

本書雖經字斟句酌、校對再三，但囿於篇幅及編著者才學有限，徜有疏漏之處，尚祈惠予指正。

李隆盛　謹識

再版序
Preface

本書初版於短期內即告售罄，並渥承甚多讀者的迴響，編著者藉此申致謝忱；並將初版中未校對妥當的部份修正。

李隆盛　謹識

相關叢書介紹

書號：0429905
書名：銲接學
編著：陳志鵬
16K/384 頁/基價 11 元

書號：0400610
書名：銲接學 I
編著：陳志鵬
16K/144 頁/基價 6.4 元

書號：0400701
書名：銲接學 II
編著：陳志鵬
16K/144 頁/基價 6.6 元

書號：0536001
書名：銲接學(修訂版)
編著：周長彬、蘇程裕、蔡丕椿、郭央諶
20K/392 頁/400 元

書號：04A87
書名：單一級檢定半自動電銲學術科題庫(2015 最新版)
編著：全華理工編輯團隊
菊 8/184 頁/400 元

書號：0605702
書名：精密鑄造學(第三版)
編著：林宗獻
16K/608 頁/600 元

◎上列書價若有變動，請以最新定價為準。

流程圖

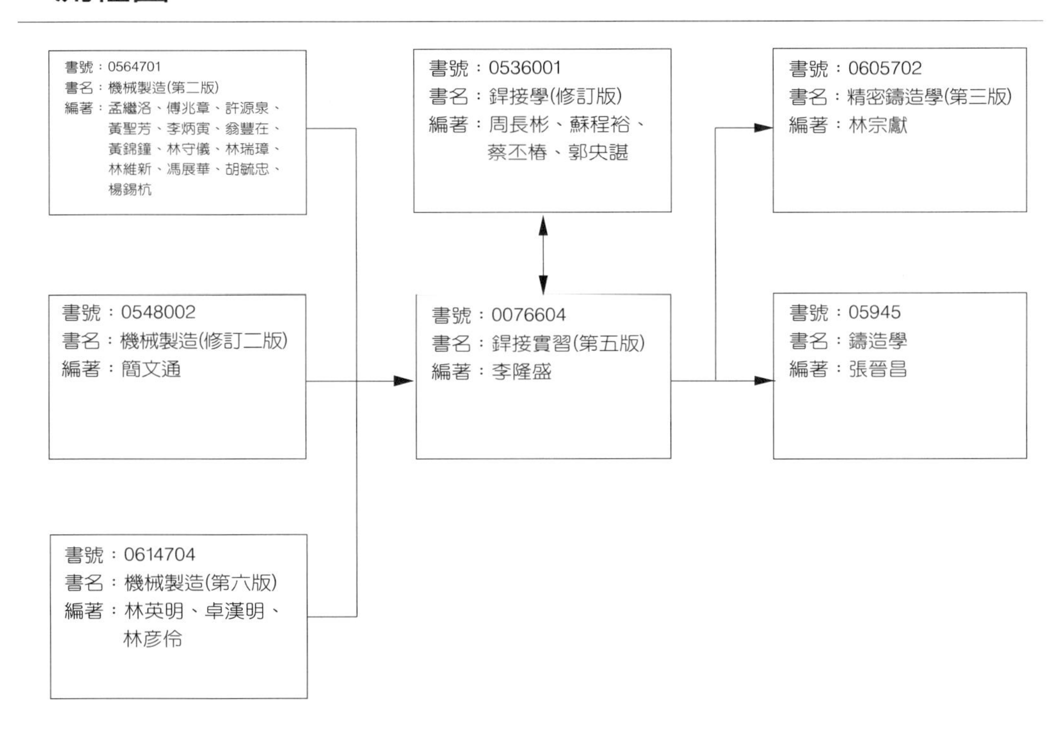

目 錄
Contents

第 1 章　概論

第 2 章 氧乙炔氣銲與切割

第 3 章　保護金屬極電弧銲

第 4 章 氣體鎢極電弧銲

第 5 章　氣體金屬極電弧銲

附錄

Chapter 1

概　論

1.1 金屬的接合

金屬接合是一種將兩件或兩件以上的金屬工件組合在一起的加工方法。依加工性質可大分爲機械式接合(mechanical joining)和冶金式接合(metallurgical joining)兩種：

(1) 機械式接合法——常見者有鉚釘接合、螺紋件接合、摺縫接合、脹縮接合(干涉配合)及鍵、銷接合等(如圖 1.1 所示)。此種接合加工後，兩接合件並未確實合爲一體，而易於逆向拆解；故常稱爲扣接(fastening)。

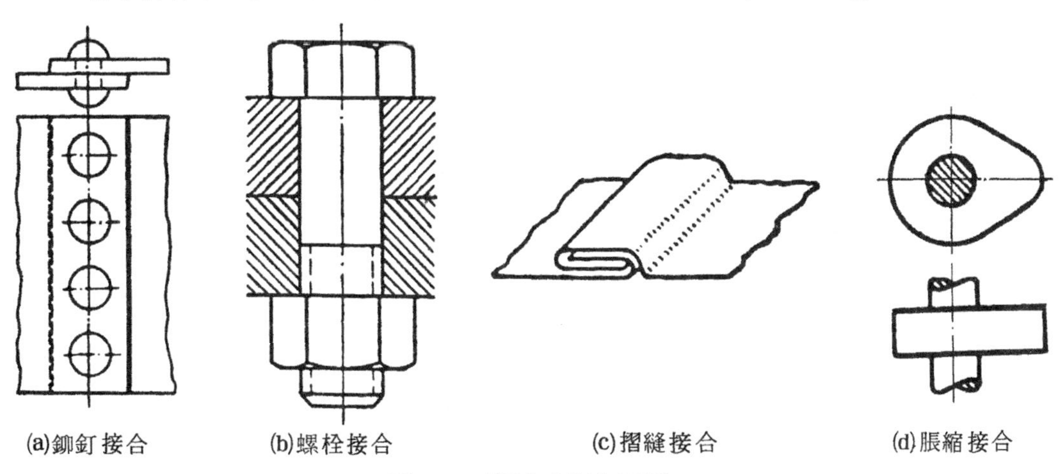

圖 1.1　機械式接合圖例

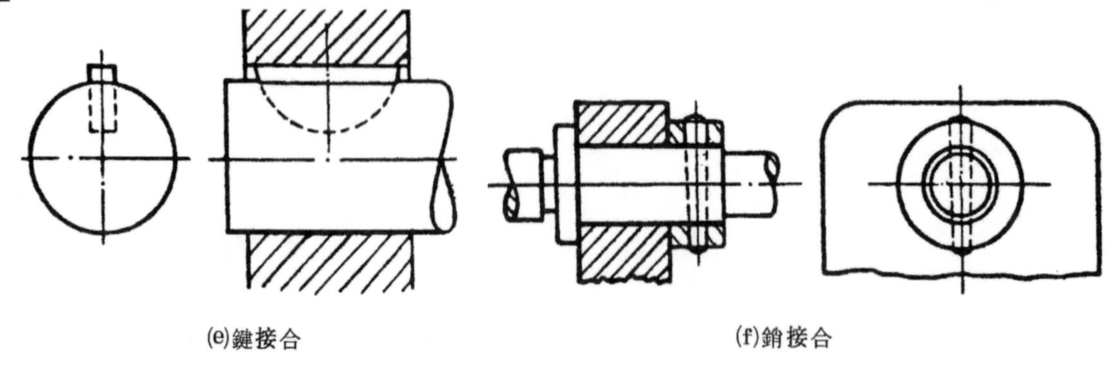

(e)鍵接合　　(f)銷接合

圖 1.1　機械式接合圖例(續)

(2) 冶金式接合法——主要者為銲接，此種接合加工使接合件非常接近，彼此原子間產生相互吸引的接合力，接合後難以隨意拆解，適於永久接合。

1.2 銲接的定義

「銲接」(welding)係泛指利用熱量、壓力及填料三者之部份或全部，而使材料(主要為金屬材料)性質相同或相異的兩種以上之工件確實接合在一起的加工方法或程序。

依此定義，銲接之型態可概分為四類：

(1) 母材(base metal)本身「熔化」或「不熔化」。

(2) 施銲中需「加壓力」或「不加壓力」。

(3) 施銲中需「加填料」(filler material)或「不加填料」。

(4) 接合件之母材「相同」或「不相同」。

各種銲接法的施銲型態，均可包含於上述四類之中；但依加工程序而言，銲接法種類繁多，茲於下節分述。

1.3 銲接法的分類

銲接法可由不同依據而有許多分類法，常見者有：

1.3.1 依接合原理之分類

(1) 熔接(fusion welding)——施銲中主要是使銲件接合部位熔化而完成接合者。如電弧銲(arc welding)、大多數氣銲(gas welding)等屬之。

(2) 壓接(pressure welding)——施銲中主要是對銲件接合部位施加壓力而完成接合者。如鍛銲(forge welding)、冷銲(cold welding)等屬之。

(3) 鑞接(brazing and soldering)——施銲中利用熔點較母材低的異質材料填加於銲件接合部位而完成接合者。軟銲(soldering)、硬銲(brazing)屬之。

此外，依接合原理，亦可就施銲中銲件接合部位之物態區分銲接法爲：

(1) 固態銲(solid state welding)——鍛銲、冷銲等屬之。

(2) 液態銲(liquid state welding)——電弧銲、氣銲等屬之。

(3) 固-液態銲(solid-liquid state welding)——軟銲、硬銲等屬之。

1.3.2 依銲接能源之分類

(1) 電磁能銲法(electromagnetic energy welding)——如電弧銲、電阻銲(resistance welding)等屬之。

(2) 機械能銲法(mechanical energy welding)——如摩擦銲(friction welding)、超音波銲(ultrasonic welding)等屬之。

(3) 化學反應能銲法(chemical reaction energy welding)——如氣銲、熱料銲(thermit welding)等屬之。

(4) 結晶能銲法(crystalline energy welding)——如軟銲、硬銲等屬之。

1.3.3 依美國銲接學會之分類

根據世界性銲接權威團體——美國銲接學會(American Welding Society, AWS)的統計，各種銲接法可分成七大類五十四種，併同加工性質與銲接相似的連接、切割法如圖 1.2 所示。並將各種加工法之名稱及代號列於附錄一，以便查閱(本書隨後各章、節中所述銲接法代號，除特別說明外，均依 AWS 規定)。

除上述三種常見分類依據外，亦常見依操作方式區分爲四類：

(1) 手工銲(manual welding)。

(2) 半自動銲(semi-automatic welding)。

(3) 機械式銲(machine welding)。

(4) 全自動銲(automatic welding)。

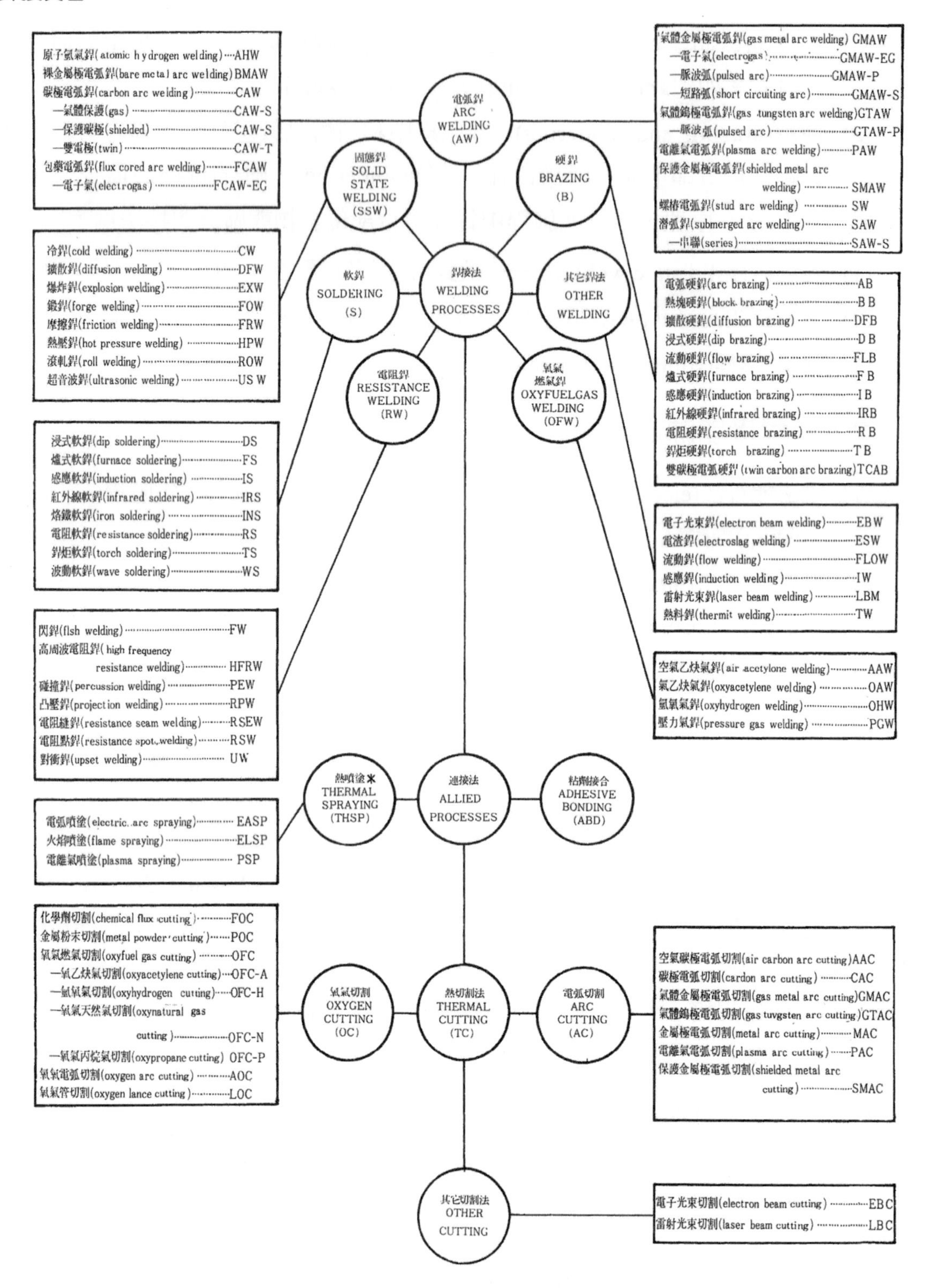

圖 1.2　銲接與連接法總圖

但由於一種銲接法往往有一種以上的操作方式，表 1.1 爲各類銲接操作方式之界定，並列其名稱及代號於附錄一；表 1.2 則爲常見銲接及切割法之適用操作方式。

表 1.1　各類銲接操作方式之界定

操作方式 / 比較項目	手工	半自動	機械式	全自動
弧長控制	人	機器	機器	機器
填料供給	人	機器	機器	機器
銲炬運行	人	人	機器	機器
接頭導引	人	人	人	機器
操作人員	技工		半技工	

表 1.2　常見銲接及切割法之適用操作方式

操作方式 / 銲接法	手工	半自動	機械式	全自動
SMAW	◎	×	×	▲
GTAW	◎	△	○	○
PAW	◎	×	○	○
SAW	×	△	◎	○
GMAW	×	◎	○	○
FCAW	×	◎	○	○
ESW	×	△	◎	○
TB	◎	○	○	○
OFW	◎	×	△	△
TC	◎	×	○	○

註：◎——最常用　○——適用　△——少用　▲——特殊用　×——不適用

1.4 銲接法的優缺點

優缺點是相對性的，由工件著眼而與其它性質相近的加工法(如鉚接、鍛造、鑄造等)比較，銲接法的主要優點是：

(1) 設計上的彈性大，不受工件形狀、大小、厚薄等之限制，且適於工地現場施工。
(2) 接頭效率高，強度與母材相近，並可減輕工件重量、成本。
(3) 施工程序簡單，適於自動化及高效率化。
(4) 所需設備遠較鑄造、鍛造簡單。
(5) 適用於不同材料之接合等。

銲接法的主要缺點則是：

(1) 由於工件局部的急熱－急冷過程，易產生殘留應力及變形，影響工件之使用性能。
(2) 工件為整體構件，無伸縮性，致由應力集中部份產生之裂紋易擴展至整個結構物，造成嚴重破壞。
(3) 銲道附近之材質受銲接熱之影響，易呈硬化、脆化、或軟化現象，形成工件破壞之起源等。

1.5 銲接法的選擇與用途

如前所述，銲接法種類繁多，因此在施工時應就銲接品質(quality)、效率(efficiency)與成本(cost)三者審慎權衡，以選擇最佳之銲接法。一般而言，此三者之權衡又可從銲件之材料、形狀、大小、厚薄、負荷狀況、施銲場所等，和可資利用的銲接設備、費用、時間以及銲接人員的素質等加以考慮。

表 1.3 為常見熔接法和切割法概要，表 1.4 則為常見材料及其常用之銲接法，可提供選擇銲接法時之參考。

至於銲接法的用途，由上述二表可顯見其應用範圍之廣泛，幾乎所有金屬加工的場合都有採用銲接法的需要。因此，諸如：車輛、船舶、飛機、導向飛彈、太空船、武器裝備、鐵路、採礦設備、熔爐、鑽模與夾具、工具機、工具、模具、石油鑽探與精煉設備、配管、金屬飾品、板金、儲槽、鍋爐、電機、電子設備以及橋樑、廠房、住宅之屬的營建物等都對銲接法有所倚重。

表 1.3 常見熔接法和切割法概要

銲接法	熱源	電源與極性	特點	保護或切割媒介	適用材料		工業用途	圖例
					種類	厚度		
電渣銲 (ESW)	液態熔渣之電阻熱	AC 或 DC	自動立銲；銲填金屬及熔渣由水冷槽板包容；填充銲線伸入熔池受電阻熱而熔化；無電弧產生	熔渣	碳鋼、低合金鋼及高合金鋼	50mm 以上	具厚截面之壓床床座、壓力容器及軸之銲接；鑄造廠、鋼品廠及一般工程上之應用	圖 1.3
潛弧銲 (SAW)	電弧	AC 或 DC	自動或半自動；電弧於粉粒狀銲劑中產生	熔渣及自發氣體	碳鋼、低合金鋼、高合金鋼及銅合金	1mm 以上 (但通常為 10mm 以上)	自動銲之平、橫、立銲接頭、鍋爐、壓力容器、結構鋼、儲存槽之橫銲接頭	圖 1.4
保護金屬極電弧銲 (SMAW)	電弧	AC 或 DC	手工；塗料、短銲條	熔渣及自發氣體	除純銅、貴金屬、低熔點和還原性金屬外之所有工程用金屬及合金	1mm 以上	所有工程範圍	圖 1.5
包藥電弧銲 (FCAW)	電弧	DCRP	自動或半自動；銲劑包於細銲線中；銲鎗可連續送線；有無保護氣體皆可	熔渣及自發或外供之氣體(通常為 CO_2)	碳鋼	1mm 以上	一般工程之板金銲接	圖 1.6

註：AC(交流電)，DC(直流電)，DCRP(直流反極)，DCSP(直流正極)

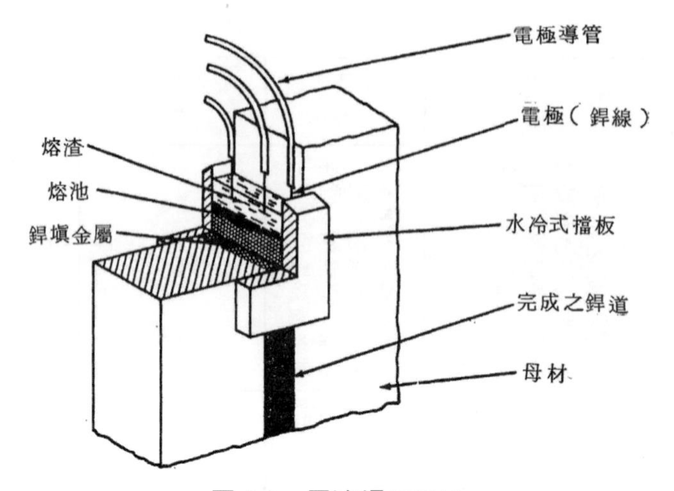

圖 1.3　電渣鋅(ESW)

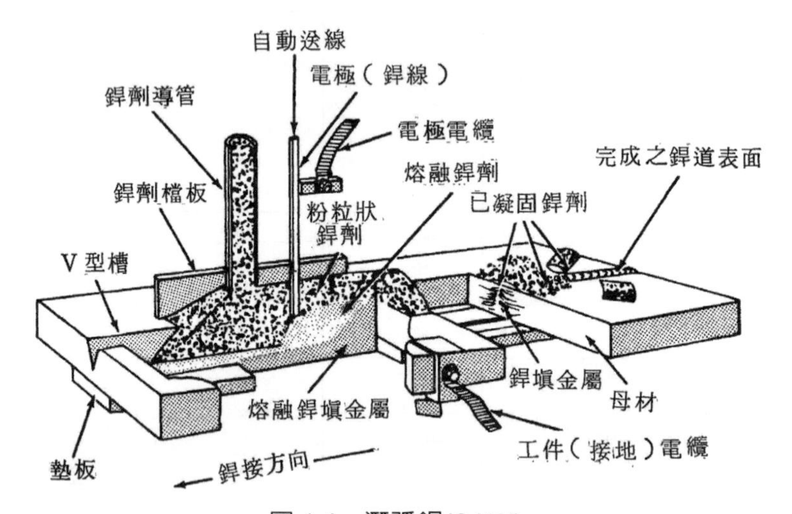

圖 1.4　潛弧鋅(SAW)

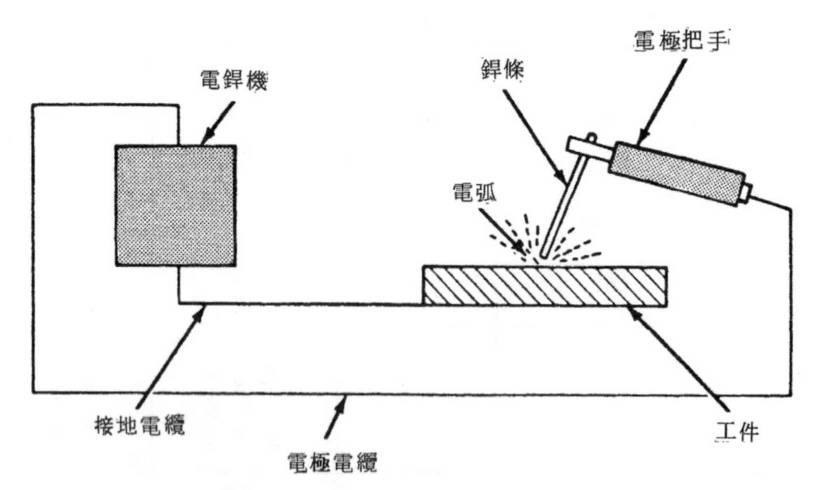

圖 1.5　保護金屬極電弧鋅(SMAW)

表 1.3 常見熔接法和切割法概要(續 1)

銲接法		熱源	電源與極性	特點	保護或切割媒介	適用材料		工業用途	圖例
						種類	厚度		
氣體金屬極電弧銲(GMAW)	噴狀轉移	電弧	DCRP	自動或半自動；實際銲線；熔滴自由轉移	Ar 或 He，Ar/O_2 或 Ar/CO_2	非鐵金屬、碳鋼、低合金鋼或高合金鋼	2mm 以上	高合金和非鐵金屬銲接，管件銲接，一般工程上之應用	圖 1.7
	短路弧(－S)	電弧	DCRP	同上，但金屬短路轉移	Ar/O_2，Ar/CO_2，CO_2	碳鋼及低合金鋼	1mm 以上	板金、管件非平銲位置之根部銲層	
	脈波弧(－P)	脈波弧	DCRP，低電流但有 50～100Hz 之脈波	脈波使銲線端熔滴在低電流下自由轉移	Ar，Ar/O_2，Ar/CO_2	非鐵金屬、碳鋼、低合金鋼及高合金鋼	1mm 以上	甚薄碳鋼或合金鋼之非平銲位置	
氧乙炔氣銲(OAW)		氧乙炔火焰		手工；由火焰熔化金屬，銲條另外添加	氣體(CO，H_2，CO_2，H_2O)	碳鋼、銅、鋁、鋅、鉛及青銅之銲接	6mm 及以下之板金及管件	板金及細管件	圖 1.8
氧乙炔氣割(OFC-A)		氧乙炔／氧火焰		氧氣由氧乙炔火焰中噴出，沿切割線氧化並噴脫金屬	O_2	碳鋼及低合金鋼		銲接用板之切斷及切斜邊，一般工程上之應用	圖 1.9

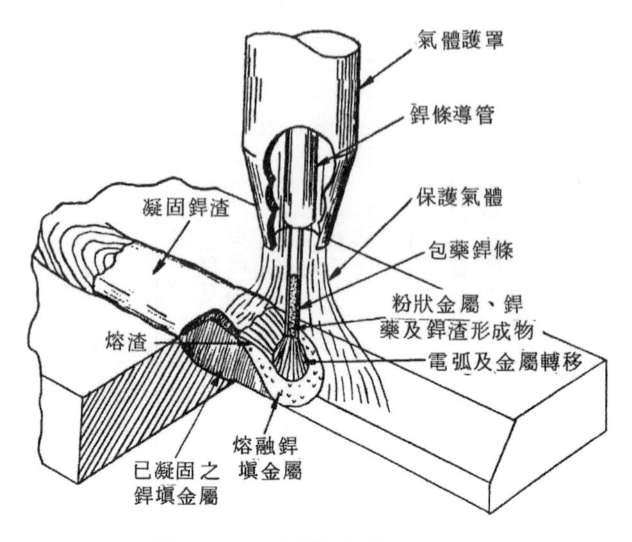

圖 1.6　包藥電弧銲(FCAW)

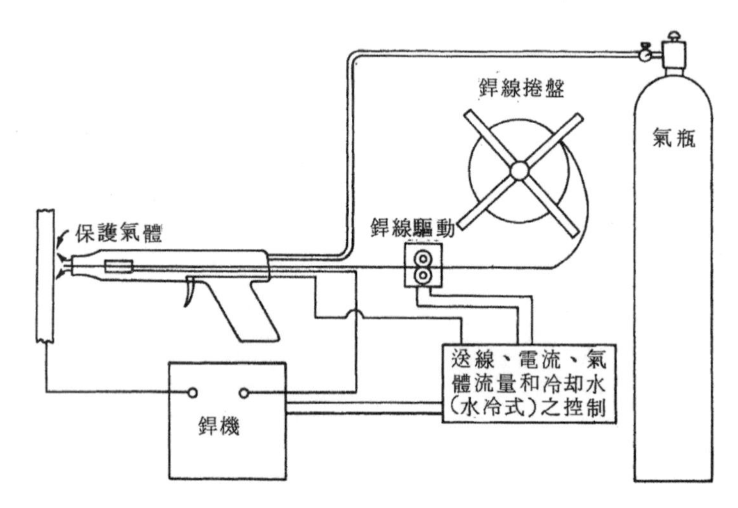

圖 1.7　氣體金屬極電弧銲(GMAW)

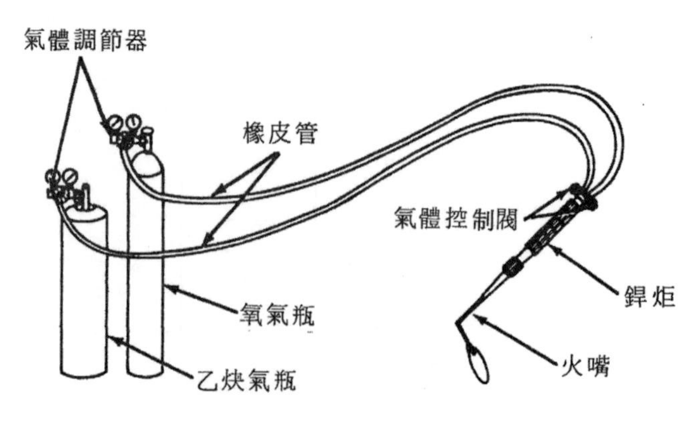

圖 1.8　氧乙炔氣銲(OAW)

表 1.3 常見熔接法和切割法概要(續 2)

銲接法		熱源	電源與極性	特點	保護或切割媒介	適用材料		工業用途	圖例
						種類	厚度		
氣體鎢極電弧銲(GTAW)		電弧	銲鋁、鎂及其合金時採 AC 並加穩定裝置，其它金屬採 DCSP	手工或自動；非消耗性鎢極銲線另外添加		除鋅、鈹及其合金外之所有工程用金屬	1～6mm 左右	所有工程範圍中之非鐵金屬及合金鋼，管件銲之根部銲層	圖 1.10
	脈波弧(－P)	電弧	DCSP，並用低周波 (1Hz) 或高周波(1KHz)之電流調整	低周波脈衝用以改善熔池之控制；高周波用以增強電弧之剛直性(stiffness)	Ar	同上	1～6mm 左右	自動 GTAW 可用於管銲接以改善滲透之一致性或(採高周波時)防止電弧飄移	
電離氣電弧銲(PAW)		電弧	DCSP	同 GTAW；但電弧在銲鎗頭內產生，電離氣通過電弧射出，其剛直性較 GTAW 大，功率變異較 GTAW 少	Ar，He，Ar/H_2 混合氣	同上	通常爲 1.5mm 及以下	通常用於低電流——GTAW 電弧剛直性差的狀況，亦可用於根部銲層採高電流使產生鑰孔(keyholing)效應	圖 1.11
電離氣電弧切割(PAC)		電弧	DCSP	同 PAW；但採較高電流和氣流速率	Ar/H_2	所有工程用金屬	1mm 以上	特別用於不銹鋼和非鐵金屬以及碳鋼、低合金鋼	圖 1.12

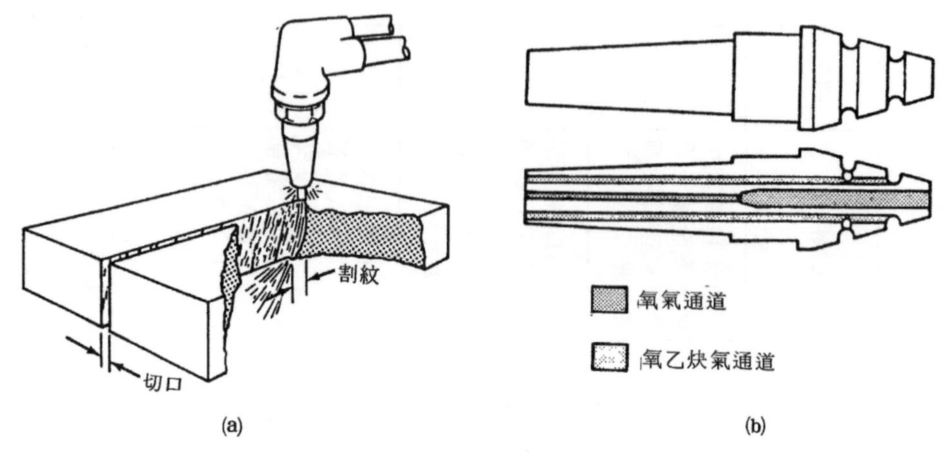

圖 1.9　氧乙炔氣割(OFC-A)

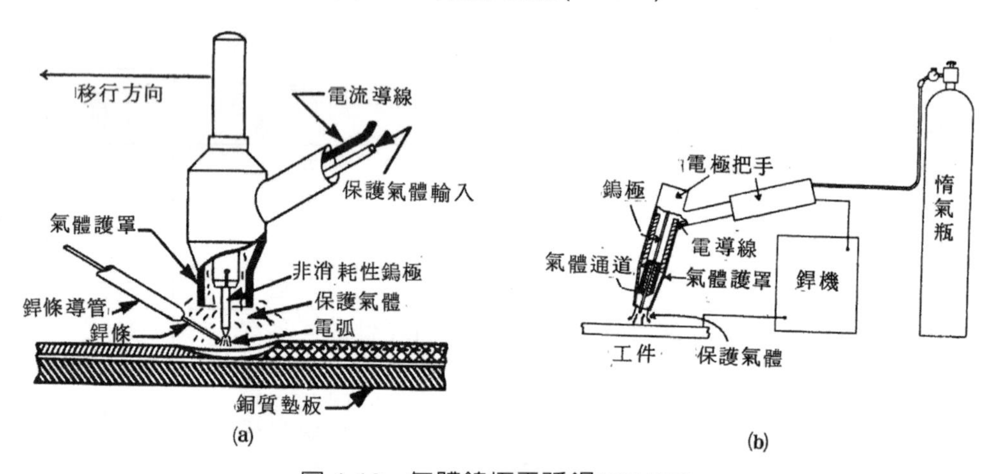

圖 1.10　氣體鎢極電弧銲(GTAW)

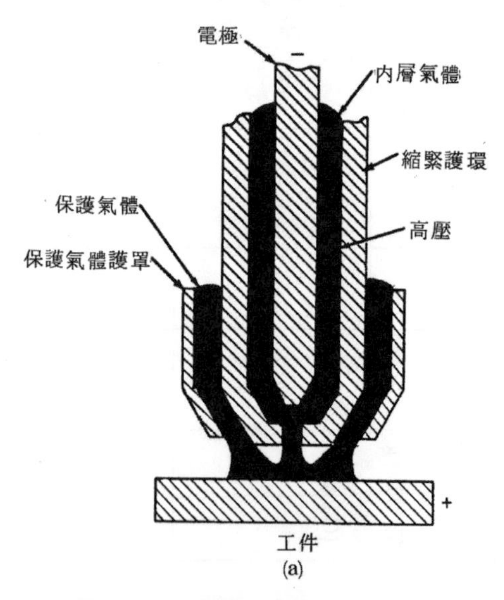

圖 1.11　電離氣電弧銲(PAW)

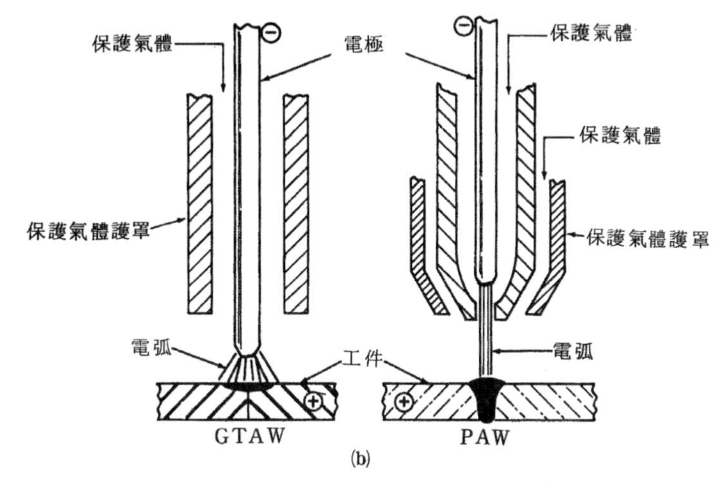

圖 1.11　電離氣電弧銲(PAW)(續)

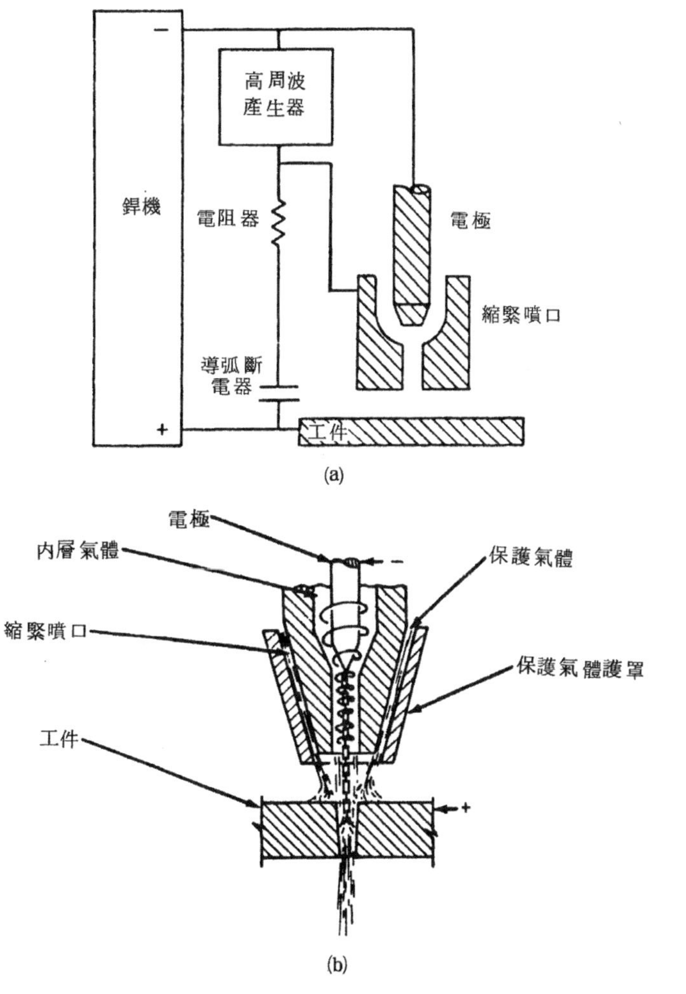

圖 1.12　電離氣電弧切割(PAC)

表 1.3　常見熔接法和切割法概要(續 3)

銲接法	熱源	電源與極性	特點	保護或切割媒介	適用材料		工業用途	圖例
					種類	厚度		
螺樁電弧銲(SW)	電弧	鋼料採 DCSP，非鐵金屬採 DCRP	半自動或自動；電弧於螺樁端產生、加熱工件使之熔化後壓入螺樁，施銲率(weld cycle)由計時器控制	自發氣體、陶質箍罩住銲接部位	碳鋼、低合金鋼及高合鋼、鋁；鎳及銅合金需個別研究	直徑 25mm 左右及以下之螺樁	造船、鐵路及汽車工業，壓力容器之絕緣安裝、爐管和一般工程上之應用	圖 1.13
電阻點、縫、凸壓銲(RSW，RSEW，RPW)	疊接取頭介面之電阻熱	AC，低電壓高電流輸出	疊接板夾於兩銅電極間利用高電流銲接，銲塊可連續(RSEW)或間斷(RSW 及 RPW)	自行保護；銲鉬、銲及鎢時用水	除銅、銀外之所有工程用金屬；鋁需特別處理	6mm 左右及以下之板金	汽車及飛機工業、一般工程上板金之組立	圖 1.14
電子光束銲(EBW)	電子光束	DCSP10～20KV，功率通常為 $\frac{1}{2}$～10kV	真空中自動銲；電子光束由陰極發射聚於接頭，無金屬轉移	真空(～10^{-4} mmHg)	除會產生過量氣體逸出和／或蒸發外之所有金屬	通常 25mm 左右以下，但可至 100mm	核能及航空工業、齒輪等機械組件之銲接與修補	圖 1.16
雷射光束銲(LBW)	光束	無	同 EBW；但能源不同	He	同 EBW	10mm 及以下	效用同 EBW，可切割非金屬材料	圖 1.16
熱料銲(TW)	化學反應	無	氧化金屬和鋁混合、點燃形成極熱液態熔融金屬流入接頭面使之接合	無	鋼、沃斯田鐵系鉻鎳鋼、銅、銅合金、鋼／銅接頭	通常 100mm 及以下	鐵軌、銅導體相互間及與鋼材間之銲接	圖 1.17

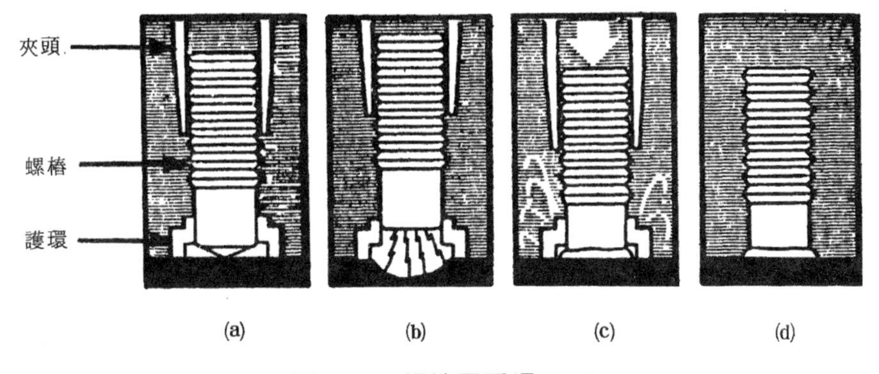

圖 1.13　螺樁電弧銲(SW)

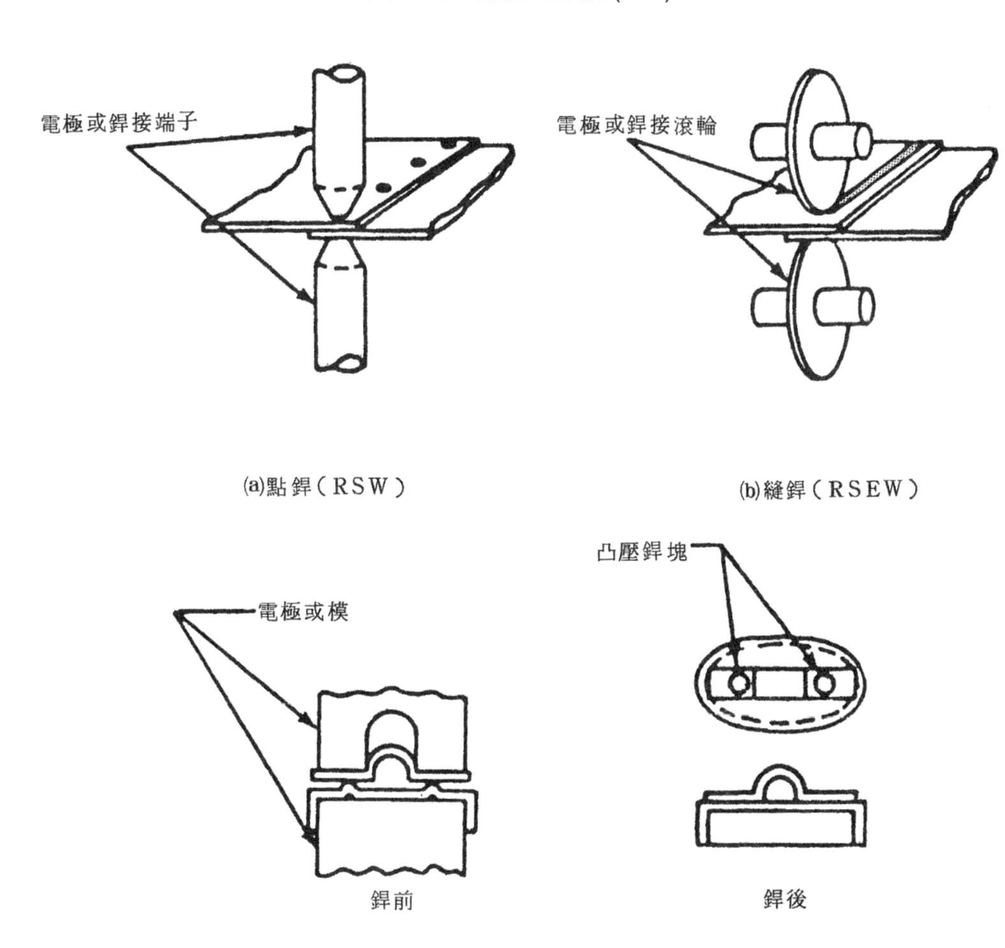

圖 1.14　電阻銲(RW)

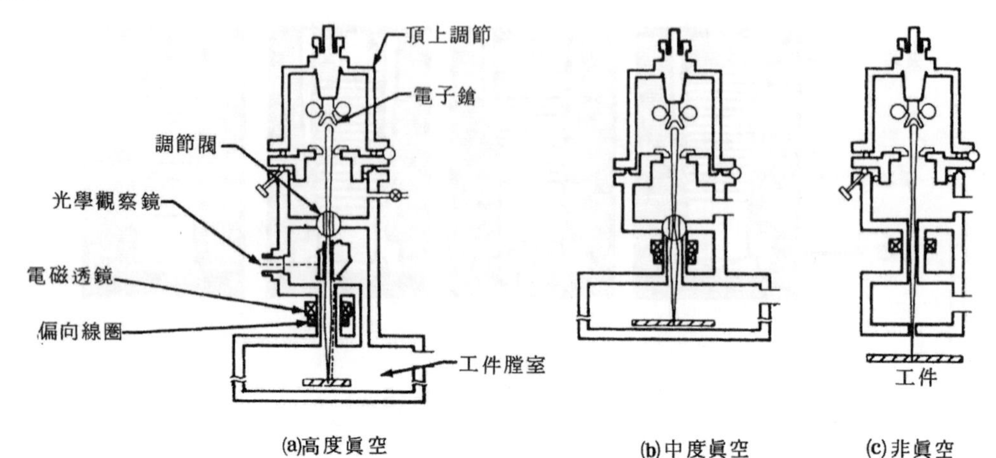

圖 1.15　電子光束銲(EBW)

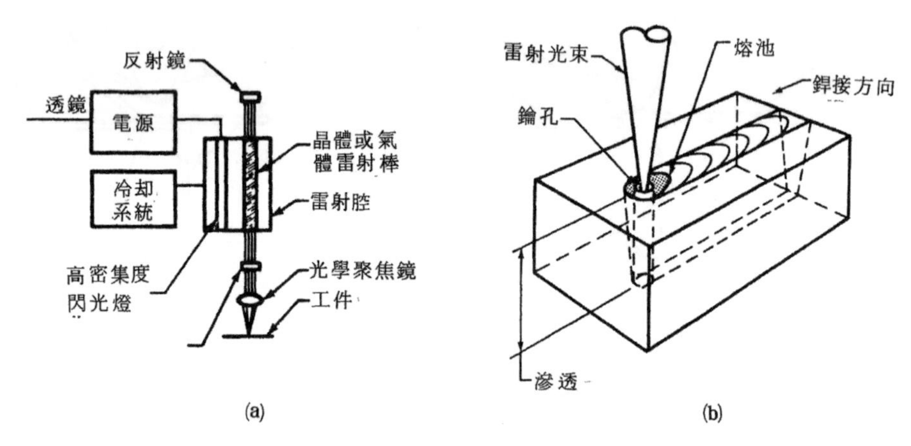

圖 1.16　雷射光束銲(LBW)

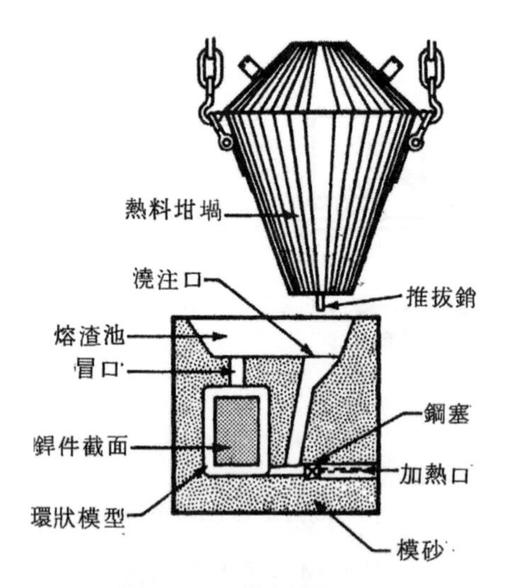

圖 1.17　熱料銲(TW)

表 1.4 常見材料及其常用之銲接法

銲接法／材料及厚度		SMAW	SAW	GMAW				FCAW	GTAW	PAW	ESW	*EGW	RW	FW	OFW	DFW	FRW	EBW	LBW	B							S
				*ST	*B	*P	*S													TB	FB	IB	RB	DB	IRB	DFB	
碳鋼	S	~	~			~	~		~				~	~	~			~	~	~	~	~	~	~	~	~	~
	I	~	~	~	~	~	~	~	~				~	~	~		~	~	~	~	~	~	~	~		~	~
	M	~	~	~	~	~		~					~	~	~		~	~	~	~	~	~				~	
	T	~	~	~	~	~		~			~	~		~	~		~	~			~					~	
低合金鋼	S	~	~			~	~		~				~	~	~	~		~	~	~	~	~	~	~	~	~	~
	I	~	~	~		~	~	~	~				~	~		~	~	~	~	~	~	~				~	~
	M	~	~	~		~		~						~		~	~	~	~	~	~	~				~	
	T	~	~	~		~		~			~			~		~	~	~			~					~	
不銹鋼	S	~	~			~	~		~	~			~	~	~	~		~	~	~	~	~	~	~	~	~	~
	I	~	~			~	~	~	~	~			~	~		~	~	~	~	~	~	~				~	~
	M	~	~	~		~		~		~				~		~	~	~	~	~	~	~				~	
	T	~	~	~		~		~			~			~		~	~	~			~					~	
鑄鐵	I	~													~					~	~	~				~	~
	M	~	~	~				~							~					~	~	~				~	~
	T	~	~	~				~							~						~					~	~
鎳及鎳合金	S	~				~	~		~	~			~	~	~			~	~	~	~	~	~	~	~	~	~
	I	~	~	~		~	~		~	~			~	~			~	~	~	~	~	~				~	~
	M	~	~	~		~				~				~			~	~	~	~	~					~	
	T	~		~		~					~			~			~	~			~					~	
鋁及鋁合金	S			~		~			~	~			~	~	~	~	~	~	~	~	~	~	~	~	~	~	~
	I			~		~			~				~	~		~	~	~	~	~	~			~		~	~
	M			~					~					~			~	~		~	~			~		~	
	T			~							~	~		~				~			~					~	
鈦及鈦合金	S					~			~	~			~	~		~		~	~		~	~			~	~	
	I			~		~			~	~				~		~	~	~	~		~					~	
	M			~		~			~	~				~		~	~	~	~		~					~	
	T			~		~								~		~		~			~					~	
銅及銅合金	S					~			~	~				~				~		~	~	~	~			~	~
	I			~		~				~				~			~	~		~	~		~			~	~
	M			~										~			~	~		~	~					~	
	T			~										~				~			~					~	
鎂及鎂合金	S					~			~				~					~	~	~	~			~		~	
	I			~		~			~				~	~			~	~	~	~	~			~		~	
	M			~		~								~			~	~	~		~					~	
	T			~		~								~				~									
耐熱合金	S					~			~	~			~	~				~		~	~	~	~		~	~	
	I			~		~				~				~				~		~	~					~	
	M													~													
	T																										

註：(1) 表中標“*”之銲接法代號(未依 AWS 規定者)：

ST－噴狀轉移(spray transfer；AWS 未有規定代號)。

B－埋弧(buried arc；AWS 未有規定代號)。

P－脈波(pulsed arc；AWS 代號爲 GMAW-P)。

S－短路(short circuiting arc；AWS 代號爲 GMAW-S)。

EGW－電子氣銲(electrosgas welding；爲 GMAW 及 FCAW 之變異，AWS 代號爲 GMAW-EG 或 FCAW-EG)。

(2) 表中材料厚度代號：

S－薄板(sheet)：3mm($\frac{1}{8}$ in)及以下。 I－中薄板(intermediate)：3～6mm($\frac{1}{8}$～$\frac{1}{4}$ in)。

M－中板(medium)：6～19mm($\frac{1}{4}$～$\frac{3}{4}$ in)。 T－厚板(thick)：19mm($\frac{3}{4}$ in)及以上。

(3) 表中“~”表適用之銲接法。

此外，加工性質與銲接相近的切割法對常見材料的適用性，亦可概要列於表 1.5。

表 1.5　加工性質與銲接相近及其常用之切割法

材料＼切割法	OC	PAC	AAC	LBC
碳鋼	○	○	○	○
不銹鋼	⊕	○	○	○
鑄鐵	⊕	○	○	○
鋁及鋁合金		○	○	○
鈦及鈦合金	⊕	○	○	○
銅及銅合金		○	○	○
耐熱金屬及合金		○	○	○

註：“○”表適用。
　　“⊕”表配合特殊技術方可適用。

1.6 銲接法的演進概況與趨勢

1.6.1　銲接法的演進

就廣義的銲接而言，銲接法的起源甚早，遠在人類銅器、鐵器時代就已利用鍛銲和硬銲來接合金屬飾品、獵具和兵器等。但是，目前主要銲接法(電弧銲、氣銲、電阻銲)的出現則僅一百多年的光景。就整體而言，銲接法一直到本世紀初、中葉才主因於二次世界大戰的影響(戰前，銲接主要用於維修；戰時，大膽嘗試以銲接取代其它傳統接合法，俾節省武器、裝備之製作工時)，而被急遽地發展和爲工業界廣泛地採用與研究。因此，吾人可說：銲接是一門發源極早，但以往發展甚緩，目前卻發展甚快的行業。玆於表 1.6 列述近代銲接法之演進概要。

1.6.2　銲接法的現況與趨勢

由前面數節之敘述可知，目前銲接法種類甚多、發展迅速。但就目前工業上的應用而言，係以電弧銲、氣銲及電阻銲等三類爲主要，其中尤以電弧銲具有：銲接速度快、熱量密集度高、銲件變形量小及適用材料廣泛等基本優點，因此最爲廣泛應用及最具發展潛力。

表 1.6 近代銲接法之演進概要

年代	貢獻者	國籍	事紀
1801	Davy	英	發現碳極電弧
1802	Petrow	俄	發表有關電弧之研究
1836	Davy	英	發現乙炔氣
1849	Staite	英	利用電弧銲接金屬，獲英國專利
1862	Wöhler	德	製造電石(CaC_2)
1877	Thomson	美	發明電阻銲(RW)
1885	Bernados	俄	利用碳極電弧銲接金屬
1886	Thomson	英	開始使用電阻對衝銲(UW)
1887/88		英	實施電阻點銲(RSW)
1889	Benardos	俄	開發雙極碳弧銲，獲德國專利
1890	Zerner	德	發明水性氣體(水燕氣＋CO)銲法
1891	Slavianoff	俄	發明裸金屬極電弧銲(BMAW)
1893		美	開始生產乙炔
1894	Vautin		發現熱料(thermit)反應
1895	Goldschmidt	德	開發熱料銲(TW)
	Carl	美	開始生產液態空氣
	Le Chatelier	法	發表氧乙炔混合火焰之高溫特性
1899	Derille, Debray	法	發明氫氧氣銲(OHW)
1900	Picard	法	應用氣銲於工業上
	Wiss		開發氫氧氣割銲炬
1901	Fouch'e, Picard	法	開始生產附氣體混合器之氧乙炔氣銲炬
1908	Kjellberg	瑞典	發明塗料銲條(covored or coated electroad)
1910			製造、使用塗料銲條
1923	Gerdien		啓電離氣噴射(plasma jet)之先端
1925	Langmuir	美	發明原子氫氧銲(AHW)
1930	Robinoff, Paine, Quillen	俄	發明潛弧銲(SAW)，獲美國專利
		美	發明螺樁電弧銲(SW)
1936	Linde Co.	美	開發利用氦氣之氣體金屬極電弧銲(GMAW 或 MIG)

表 1.6　近代銲接法之演進概要(續)

年代	貢獻者	國籍	事紀
1936	Wasserman		發明共晶銲法(Eutectic Welding)
1939	Reinicke	美	發明電離氣面銲(Plasma coating)
1942	Merideth	美	發明氣體鎢極電弧銲(GTAW 或 TIG)
1943		蘇	開發半自動潛弧銲法
	Behr	美	發明超音波銲法(USW)
1944	Carl		發明爆炸銲法(EXW)
1948	Chudikow	蘇	發明摩擦銲接(FRW)
	Steigerwald	德	開發電子光束銲接機
1951	Paton	蘇	使用電渣銲(ESW)於極厚板
	Schneider		獲電子光束細縫點銲之專利
1953	Sekiguchi, Masumoto	日	促成 CO_2 銲接(MAG)工業化
	Lyvabskii, Novoshilov	蘇	
	van der Willingan	荷	
1955	Hunt		應用冷銲(CW)
	Crawford etc.		開發高周波感應銲
1957	Stohr	法	促成電子光束銲(EBW)實用化
	Kazakov	蘇	開發擴散銲接(DFW)設備
	Giannini	義	開發電離氣電弧銲(PAW)
1959	Steigerwald	德	發現電子光束銲有極深之滲透深度
1960	Maiman	美	開發固態雷射銲設備
1963	Platte		應用固態雷射銲設備
1964	Patel		開發氣態雷射銲設備
1972			推出 100KW 電子光束銲接機及雙鎗式電子光束銲
1980	JWRI	日	推出 200KW 電子光束銲接機

註：有關各種銲法之發明、開發等之年代，文獻記載並不一致。上表主要引自台大造船研究所鄭勝文博士整理講義，但部份內容經參酌 Cary, Modern Welding Technology 及 Sacks, Welding：Principles & Practices 二書略加修整。

至於銲接法的趨勢，則隨著工業型態的轉變，不斷朝向提高品質、效率、降低成本及改善工作環境等趨向發展。因此，「高能量密度化」及「自動化」乃成為上述趨向的手段。就前者而言，銲接之能量密度(energy intensity or power density，指接合部位每單位面積所承受之能量與功率)高，可增大滲透深度，而提高銲接效率；且銲件接頭部位及其鄰近區域受銲接能源(通常為熱源)影響的範圍較窄，因而減輕銲件變形、縮小材質變化區，故可提高銲接品質。就後者「自動化」而言，採用自動化程度較高的銲接法或就原有銲接法予以適度的自動化，往往對品質、效率、成本及工作環境均有全盤性的改變，如圖 1.18 可略見一斑。但無論「高能量密度化」或「自動化」銲接法的開發，都需在事前就品質、效率、成本及工作環境四者，透過經濟及非經濟效益的分析予以整體地考量。

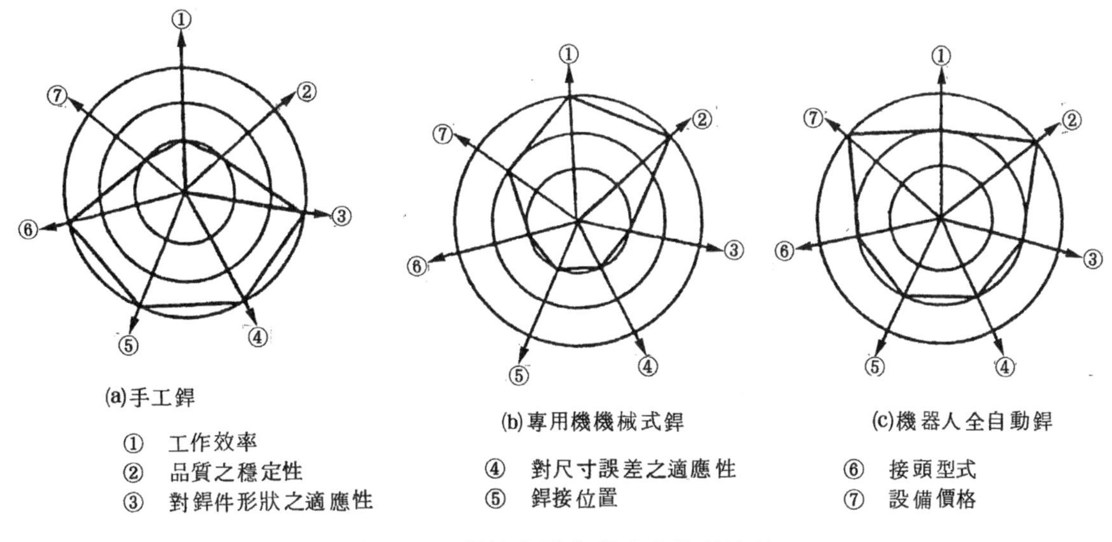

圖 1.18 銲接自動化程度之效益比較

1.7 銲接工程與銲接系統工程的架構

「銲接工程」(welding engineering)在學理上包括銲接冶金(welding metallurgy)、銲接法(welding process)及銲接力學(welding mechanics)三大部份。銲接冶金探討各種材料因銲接熱造成之材質變化；銲接法探討各種能源之利用與控制，以及銲接時之物理與化學反應；銲接力學則探討銲件銲接時之暫態力學現象，銲接後之殘留應力與變形，以及使用時之強度。此三者相互關連，需一併考慮。

但銲接在實際應用上，除上述理論銲接工程外，必須兼顧各種標準、規範以及不斷革新的機具、材料等，因而構成整體的「銲接系統工程」(welding system engineering)，如圖 1.19 所示。

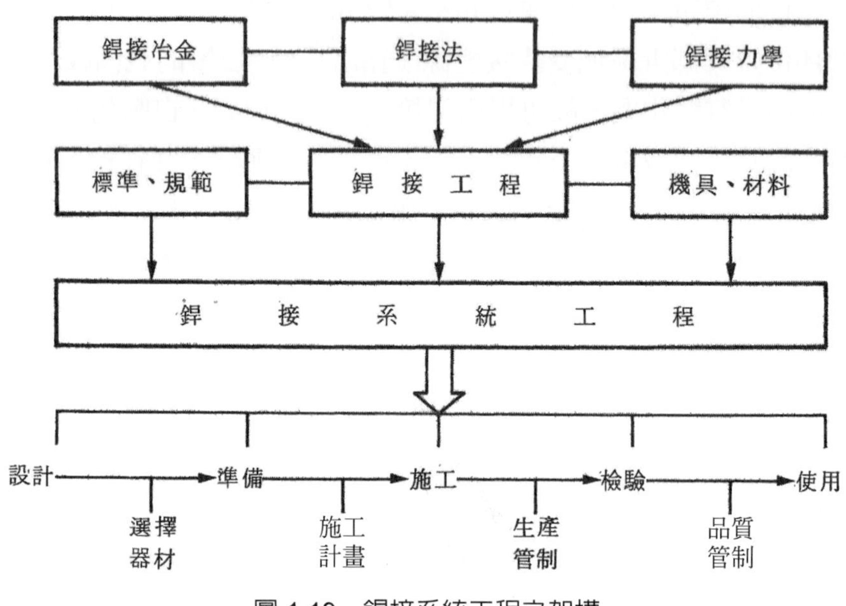

圖 1.19　銲接系統工程之架構

1.8 技職階段銲接實習的目標與內涵

1.8.1 工業技術人力的層級與技職教育的目標

就當前我國工業技術人力之結構分析，橫向有機械、電機、電子、化工……等類別之分；縱向有工程師(engineer)、技師(technologist)、技術員(technician)、技術工(skilled worker)及半技術工(semi-skilled worker)等層級之別(唯此層級應依實質工作內涵定義，而非依表象之稱謂區分)。由於技職階段類科已分，故僅就縱向層級與教育目標略述如下，以作爲隨後廓清銲接實習目標之前提。

目前我國工業技術人力的縱向層級呈圖 1.20 所示之三角形(或稱金字塔)結構，各級人力在三角形總面積中所佔大小，即表該級人力之數量在整體人力結構中所佔的比例；固然各級人力間的比例將隨工業開發程度而改變，但基本上不脫離三角形模式。

其次，就各級技術人力必備的工作需求(job requirement)而言，吾人常區分爲態度(attitude)、知識(knowledge)及技能(skill)三大領域，如圖 1.21。而此等態度的培養與知識、技能的獲得則需透過教育或訓練始能奏其功。

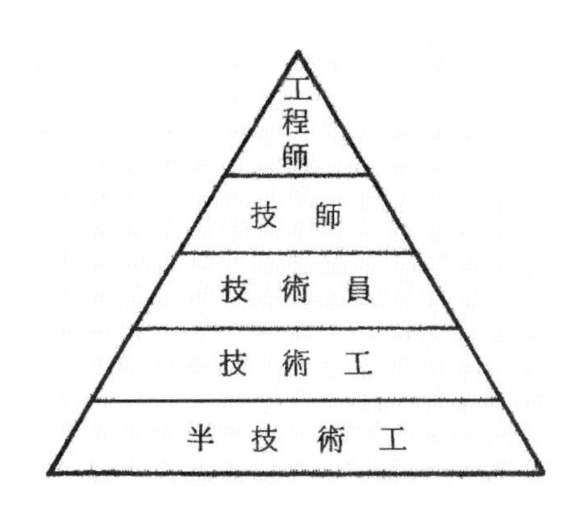

圖 1.20　工業技術人力的層級結構

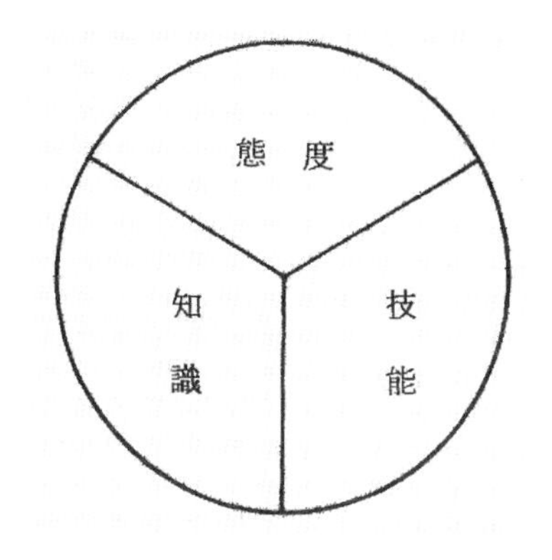

圖 1.21　工作需求與教學內涵

再就當前我國的教育體制(如圖 1.22 所示)而言，技職爲工業技術及職業教育體系中重要之一環，而工業技職教育的主要目標即在提供與培養受教者就業所需具備的知識、技能與態度。依此認識，在講求分工的今天，各級技術人力的工作職有專司，各級教育、訓練也受主、客觀條件限制而應形成重點。因此，各級工業技術人力所需知識、技能的比重分佈與各級有關教育、訓練的目標可如圖 1.23 所示。圖中矩形(長方形)以對角線平分爲學理知識與操作技能兩部份(至於諸如合群、敬業、進取……等態度方面，各級技術人力的需求程度並無殊異，故圖中不列)，並劃分爲代表五級技術人力的五個小矩形，則每個小矩形中由對角線分割的情形即顯示該級人力對專業知識、專業技能需要的比重(如代表「工程師」之小矩形中，經對角線分割後，「知識」部份面積甚大，而「技能」部份面積甚小，即表示「工程師」的工作內涵對專業知識的需要性甚大，對專業技能的需要性甚小。其餘各級人力類推)。此種知識與技能需要比重的劃分是人力培育過程中，設定目標、編訂課程及實施教學的重要依據。

依前述介述，吾人可知目前我國技職教育的目標在培育「技術員層級的工業技術人力」——知識與技能兼具，在本行中足以擔任中級幹部，負責技術指導、問題解決、檢驗或試驗工作之中級實用技術人員。

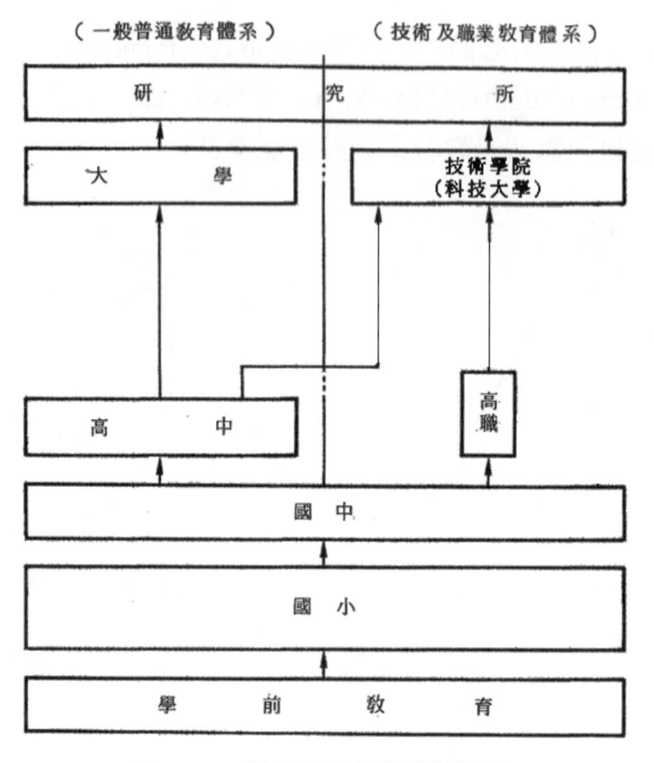

圖 1.22　我國現行教育體制概要

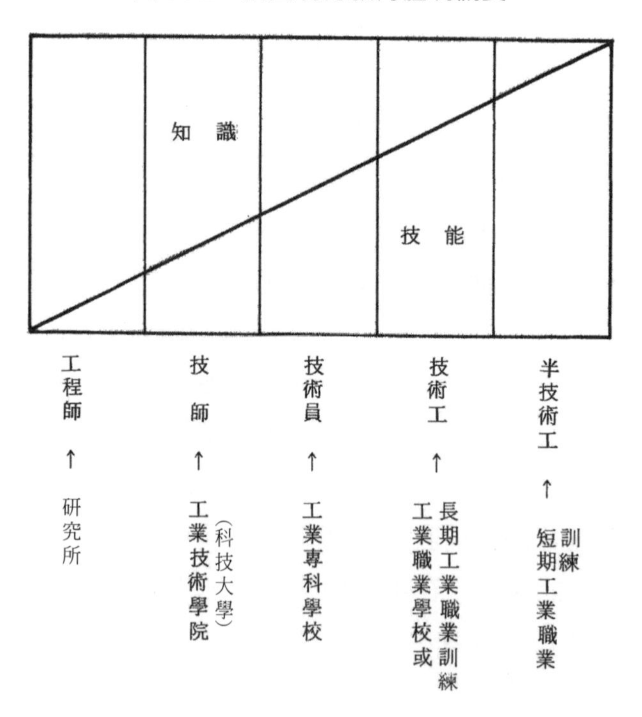

圖 1.23　各級工業技術人力所需工作知能的比重分佈與有關教育訓練的目標

1.8.2 銲接實習的目標與內涵

由前述工業技術人力的層級與技職教育的目標可知，工作和教學的內涵都可區分爲知識、技能及態度三大領域；固然三者之間，有相輔相成之處，但顯然：技職課程中專業課目教學即側重在專業學理知識的學習(並輔以各科實驗以驗證學理、增強學習效果)；工廠實習則側重在專業操作技能的學習；至於態度之培養因非修習某一、二專門科目即可獲致成效，故融入各科目教學中規範、陶冶之。

「銲接實習」爲「工廠實習」之一環，其基本目標在習得銲接操作技能；但銲接法種類繁多，爲因應需要、形成重點，教育部公布的技職機械科課程標準中「工廠實習」——銲接部份編訂爲「氣銲：平銲實習，切斷實習」及「電銲：平銲實習」兩大項〔註：1. 此處「氣銲」及「電銲」二詞，依一般簡稱，前者指「氧乙炔氣銲」，後者指「保護金屬極電弧銲」。2.「焊」字與「銲」字通；但依字面意義探究，目前銲件絕大多數爲「金屬材料」，且有許多銲接法在施銲中並無「火焰」產生；因此，課程標準中雖採「焊」字，但目前政府、民間單位之文獻(如經濟部各行政、事業單位之出版物，內政部編訂之職業分類典、職訓職種、技能檢定、技能競賽等資料，民間技術刊物……)大多援用「銲」字；緣此，本書亦採「銲」字，特此說明〕。

然而，課程標準中各要項旨在設定教學重點與核心，因此，其立意是「最低要求」而非「侷限範圍」。依此認識，木書依據課程標準、工業界銲接工作之現況需要及參酌一般技職機械科銲接實習時數、設備、器材等，於第二～五章，分別編撰「氧乙炔氣銲及切割」、「保護金屬極電弧銲」、「氣體鎢極電弧銲」及「氣體金屬極電弧銲」等四種銲接法及一種切割法之實習單元。亦即認爲技職階段實習內涵應至少爲「氧乙炔氣銲及切割」及「保護金屬極電弧銲」二者；時數、設備及器材等許可時應擴及「氣體鎢極電弧銲」和「氣體金屬極電弧銲」及其它銲法。

至於此四種銲接法及一種切割法的學習次序，由於「氧乙炔氣銲及切割」施銲(切)中速率較慢，且無銲渣，可明顯看到熔池、銲道之形成等；因此，一般認爲宜最優先學習以奠定其它銲法之技能基礎。但是，「保護金屬極電弧銲」裝置簡單，操作容易，易使初學者很快有成就感，因此，也有不少人認爲宜最優先學習。所以，此二者之次序可依設備、器材、分組等狀況因地制宜。其次就操作性質看，熟悉此二者之操作技能再學習「氣體鎢極電弧銲」及「氣體金屬極電弧銲」可收事半功倍之效，故本書依此認識編排章次。

此外，上述課程標準中所載「平銲」，係指銲接位置(welding position)，連同接頭和銲接型式、銲接順序及銲接符號等，均爲銲接實習中所應附帶瞭解的基本知識(進一步的學理知識，宜在課程標準所訂選修科目「銲接學」中修習)，玆分述於下列各節。

1.9 銲接位置與接頭、銲接型式

1.9.1 銲接位置

銲接位置(welding position)係指銲件銲接部位在空間所處的狀態。依銲軸(或管軸)、銲面與水平面，直立面之間的關係，其種類與簡要定義如下，並圖示其槽、角銲銲接位置之嚴謹定義(依 AWS 制訂)於圖 1.25～1.27。及列位置代號於表 1.7。

(1) 平銲位置(flat position, F)——銲軸接近水平，銲面朝上的銲接位置。又稱下向(down hand)位置。

(2) 橫銲位置(horizontal position, H)——銲軸接近水平，但橫槽銲銲面接近直立，橫角銲銲面介於水平與直立之間。

(3) 立銲位置(vertical position, V)——銲軸接近直立的銲接位置。

(4) 仰銲位置(overhead position, O)——銲軸接近水平，銲面朝下的銲接位置。

就上述四種銲接位置的操作難易而言，平銲位置最容易，橫銲和立銲位置次之，仰銲位置最困難。

1.9.2 接頭型式

接頭(joint)係指兩件或兩件以上的銲件在接合部位的組合狀態，亦稱「銲口」。依其構件關係分，型式及簡要定義如下，並圖示於圖 1.28：

(1) 對接頭(butt joint, B)——構件大致位於同一平面，且接合邊相互對齊的接頭。

(2) 角緣接頭(corner joint, C)——兩構件彼此約成直角而呈 L 字形的接頭。

(3) T 型接頭(tee joint, T)——兩構件彼此約成直角而呈 T 字形的接頭。

(4) 疊接頭(lap joint, L)——兩相互重疊的構件所組成的接頭。

(5) 邊緣接頭(edge joint, E)——平行或接近平行構件之接合邊所組成的接頭。

上述五種基本接頭可經複合而衍出其它型式，如「十字型接頭」爲兩 T 型接頭之複合。

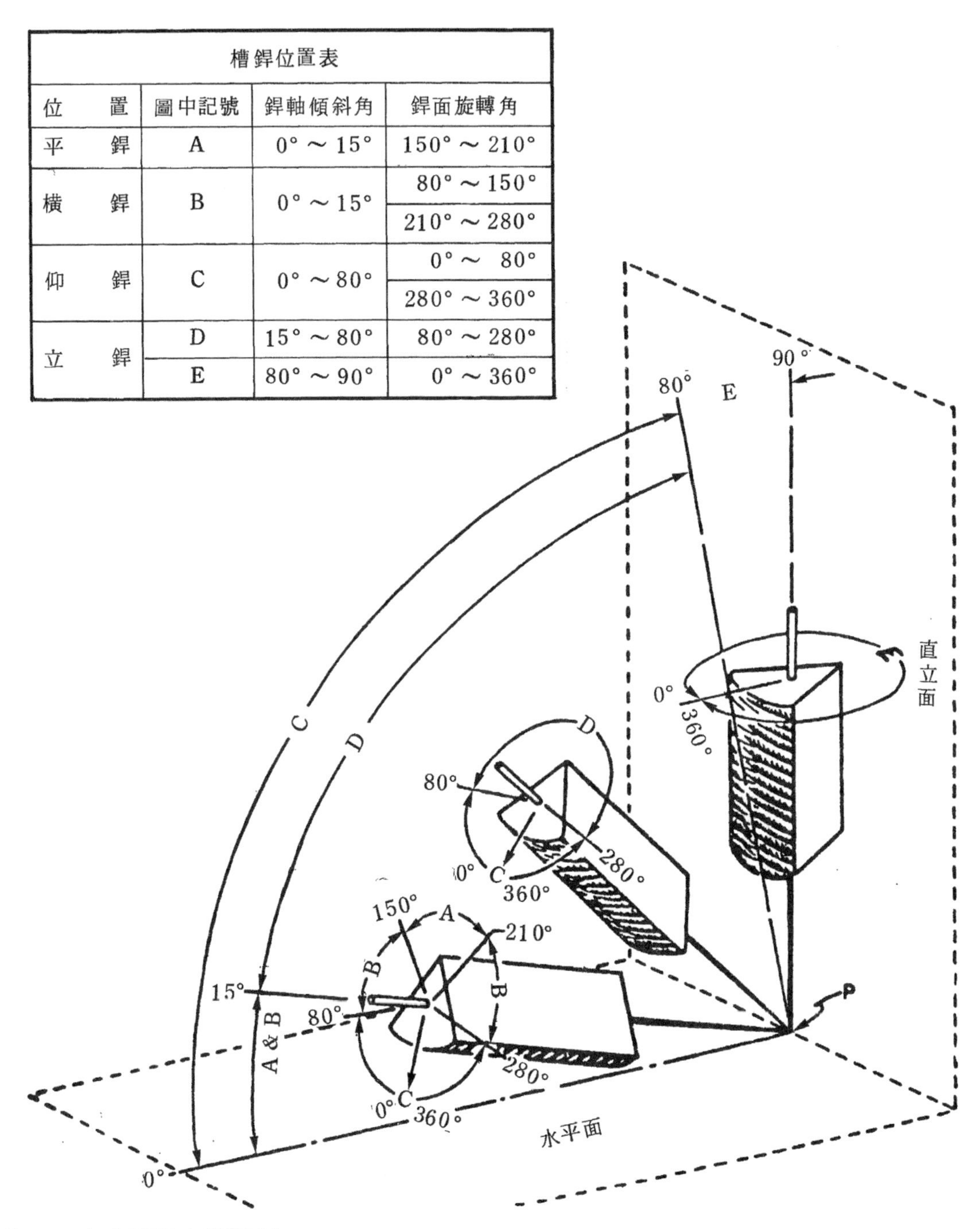

槽銲位置表			
位　置	圖中記號	銲軸傾斜角	銲面旋轉角
平　銲	A	0° ～ 15°	150° ～ 210°
橫　銲	B	0° ～ 15°	80° ～ 150°
			210° ～ 280°
仰　銲	C	0° ～ 80°	0° ～ 80°
			280° ～ 360°
立　銲	D	15° ～ 80°	80° ～ 280°
	E	80° ～ 90°	0° ～ 360°

註：(1) 水平面恆取在銲道下方。

(2) 銲軸傾斜角係指由水平面至直立面的夾角。

(3) 銲面旋轉角係指由理論銲面(通過銲軸)之垂線旋轉的角度。此角度以 0°為基準順時針方向量取。

圖 1.24　槽銲銲接位置之界定

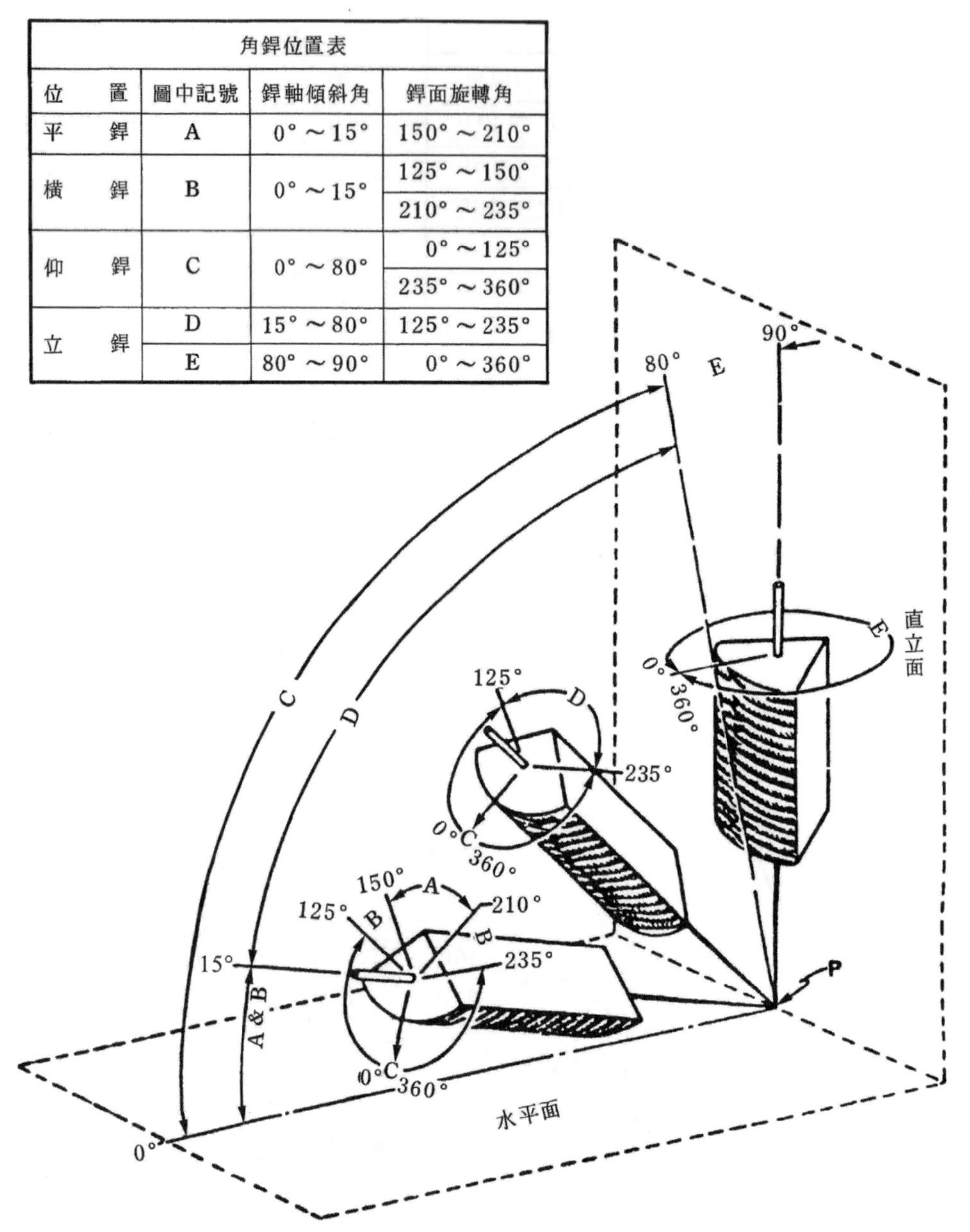

角鉀位置表			
位　置	圖中記號	鉀軸傾斜角	鉀面旋轉角
平　鉀	A	0° ～15°	150° ～210°
橫　鉀	B	0° ～15°	125° ～150°
			210° ～235°
仰　鉀	C	0° ～80°	0° ～125°
			235° ～360°
立　鉀	D	15° ～80°	125° ～235°
	E	80° ～90°	0° ～360°

註：管件槽鉀時需照下列定義：

①橫鉀固定位置：管軸與水平面之夾角不超過 30°，且施鉀中管件不轉動。

②橫鉀轉動位置：管軸與水平面之夾角不超過 30°，施鉀中管件轉動，且鉀填金屬在不超過通過管軸之直立面任一側 15°的圓弧角內桿填。

③立鉀位置：管軸與直立面之夾角不超過 10°(施鉀中管件轉動或不轉動)。若此夾角介於 10°～60°間則為橫-立鉀中介位置。

圖 1.25　角鉀鉀接位置之界定

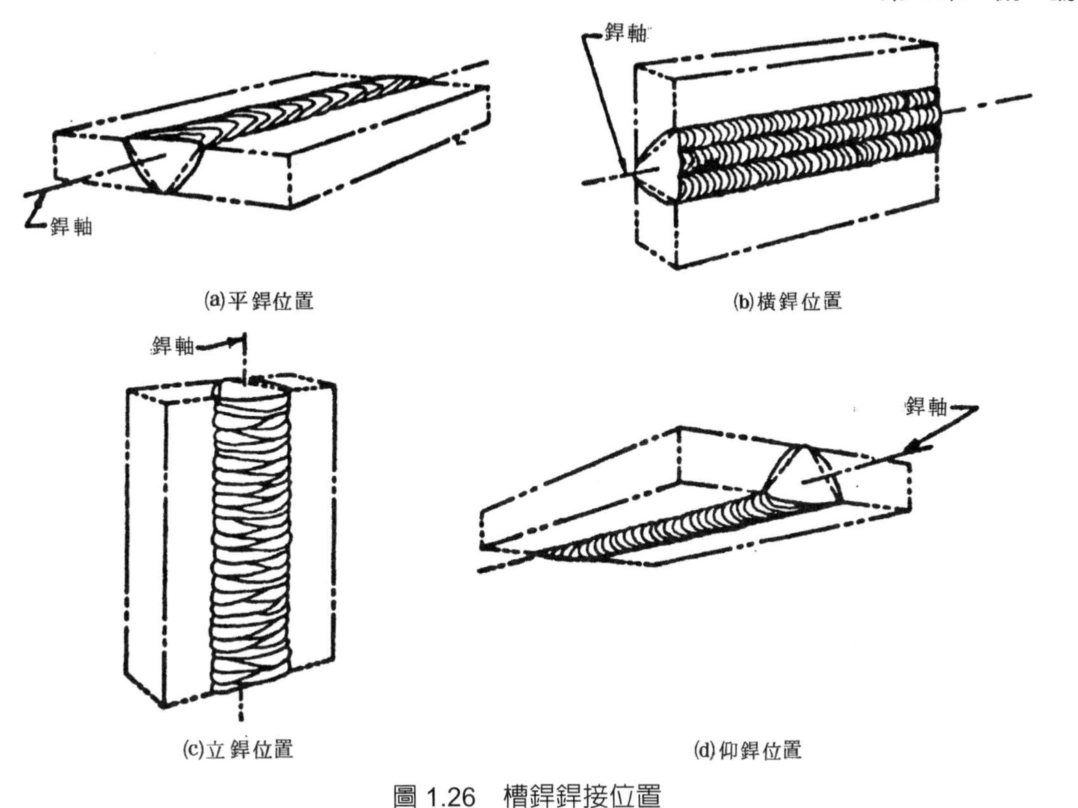

(a)平銲位置　(b)橫銲位置

(c)立銲位置　(d)仰銲位置

圖 1.26　槽銲銲接位置

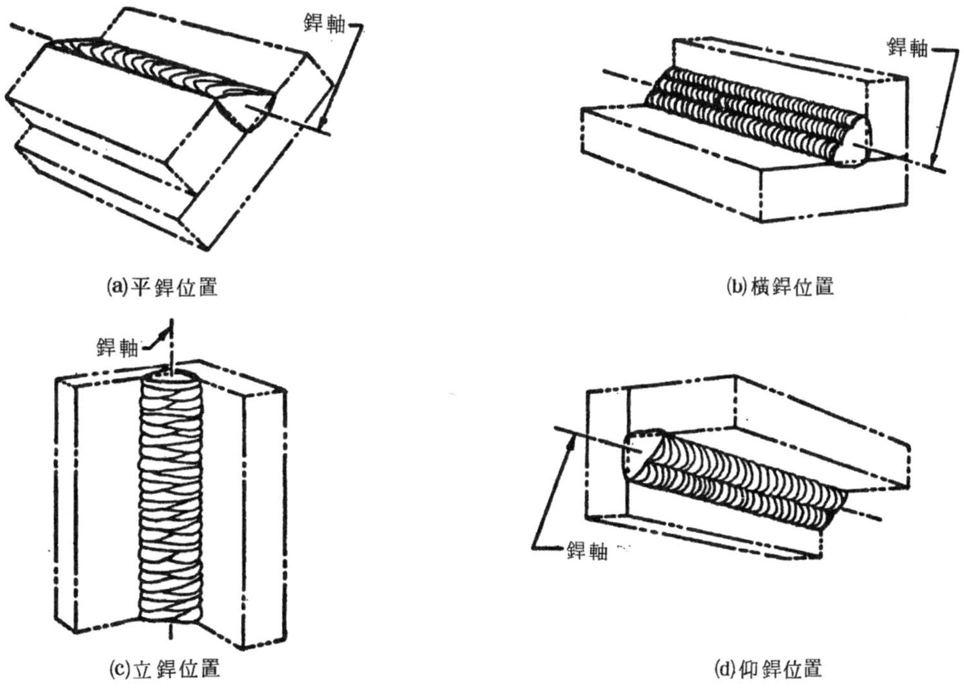

銲軸
銲軸

(a)平銲位置　(b)橫銲位置

銲軸
銲軸

(c)立銲位置　(d)仰銲位置

圖 1.27　角銲銲接位置

表 1.7　銲接位置之圖例與代號對照

型式 ＼ 位置		平銲	橫銲	立銲	仰銲
角銲(F)	圖例	銲喉直立 銲軸水平	直立板 銲軸水平 水平板	直立板 銲軸直立	水平板 直立板 銲軸水平
	代號	1F	2F	3F	4F
槽銲(G)	圖例	兩板及管軸水平 測試位置平向 施銲中管件轉動	兩板及管軸直立 測試位置橫向	兩板直立 銲軸直立 (3G) (5G) 施銲中管件不轉動	兩板水平(4G) (6G) 45°
	代號	1G	2G	3G 5G	4G 6G

適用銲接

方型槽	J 型槽
V 型槽	喇叭 V 型槽
斜槽	喇叭形斜槽
U 型槽	邊緣-凸緣

(a)對接頭

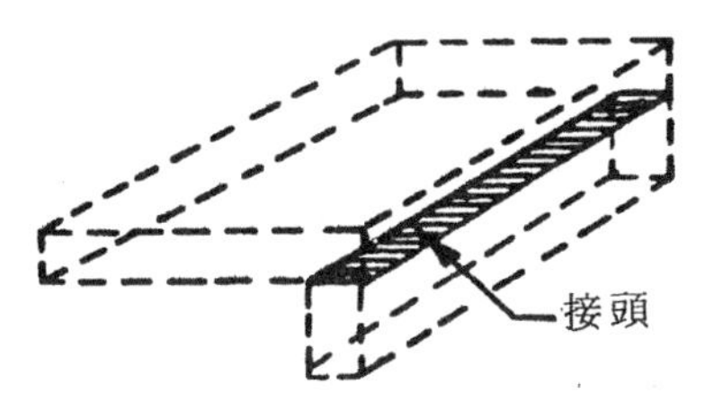

適用銲接

填角銲	喇叭斜型槽
方型槽	邊緣-凸緣
V 型槽	角緣-凸緣
斜槽	點
U 型槽	凸壓
J 型槽	縫
喇叭 V 型槽	

(b)角緣接頭

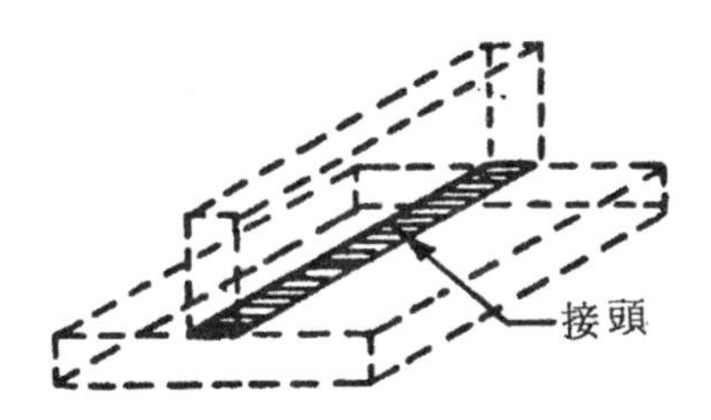

適用銲接

填角	J 型槽
塞槽	喇叭斜形槽
塞孔	點
方型槽	凸壓
斜槽	縫

(c)T 型接頭

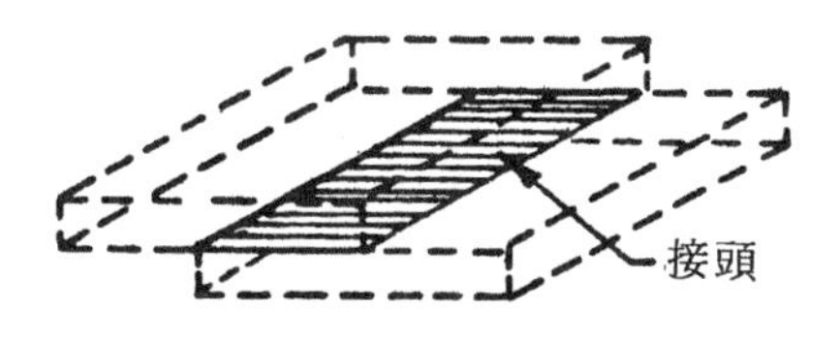

適用銲接

填角	J 型槽
塞孔	喇叭斜形槽
塞槽	點
斜槽	凸壓
	縫

(d)疊接頭

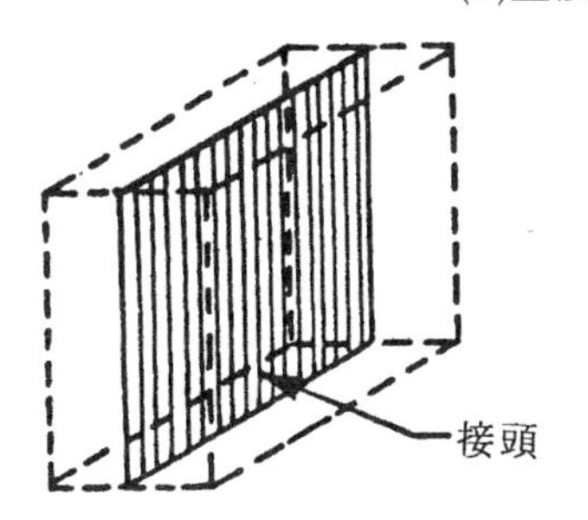

適用銲接

塞槽	邊緣-凸緣
塞孔	角緣-凸緣
方型槽	點
斜槽	凸壓
V 型槽	縫
U 型槽	邊緣
J 型槽	

(e)邊緣接頭

圖 1.28　接頭型式

1.9.3 銲接型式

銲接(weld)型式係指銲件接合部位銲接金屬(weld metal，由單銲道或多銲道組成)的狀態。一般可分為下列八種基本型式(並圖示於表 1.8)：

(1) 角銲(fillet weld)。

(2) 塞孔或塞槽銲(plug or slot weld)。

(3) 點銲或凸壓銲(spot or projection weld)。

(4) 縫銲(seam weld)。

(5) 槽銲(groove weld；有七種型式)。

(6) 背銲或背墊銲(back or backing weld)。

(7) 表面銲(surfacing weld)。

(8) 凸緣-邊緣和角緣銲(flange weld-edge and corner)。

其中，槽銲之七種型式及常見變異示於圖 1.29。而各種型式亦可複合再衍出其它型式。此外，銲接部位之各部名稱亦為銲接實習中所應知曉，茲舉最常見之角銲、槽銲圖示、說明於圖 1.30～1.32。

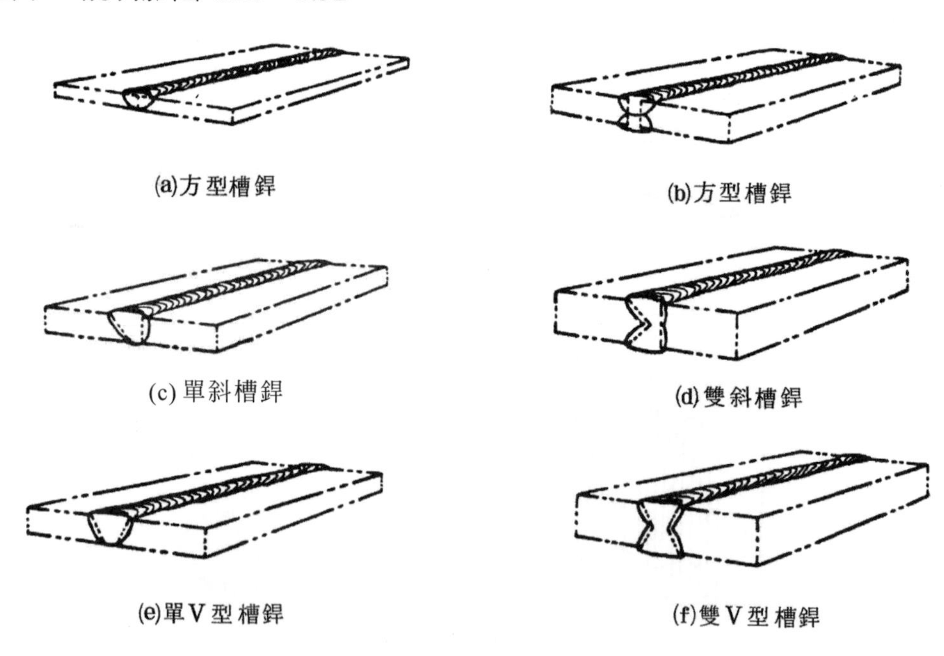

圖 1.29　槽銲型式

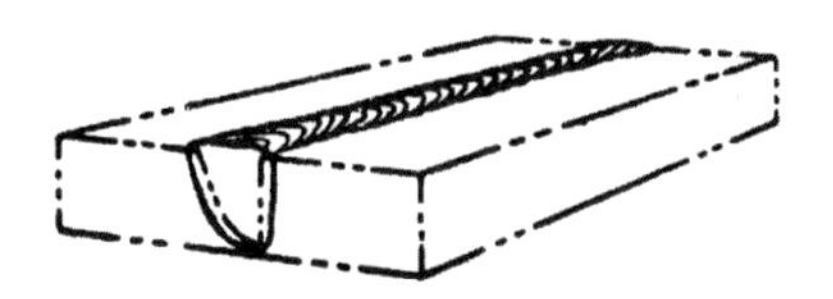

(g)單 J 型槽銲

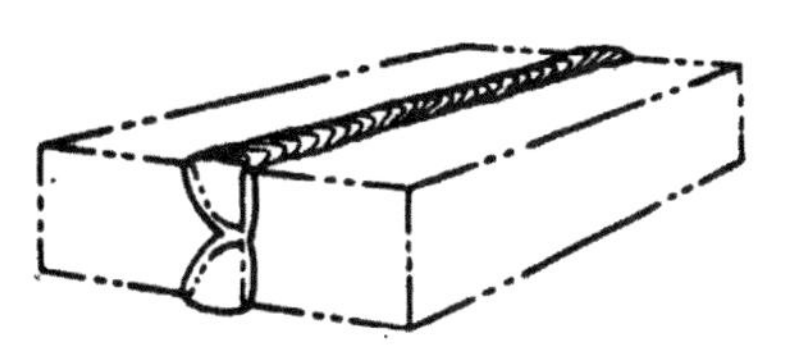

(h)雙 J 型槽銲

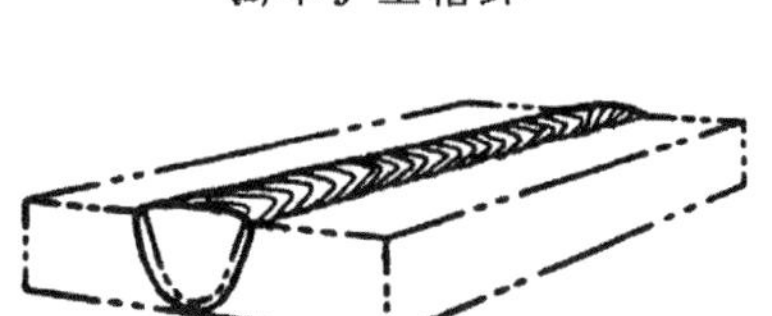

(i)單 U 型槽銲

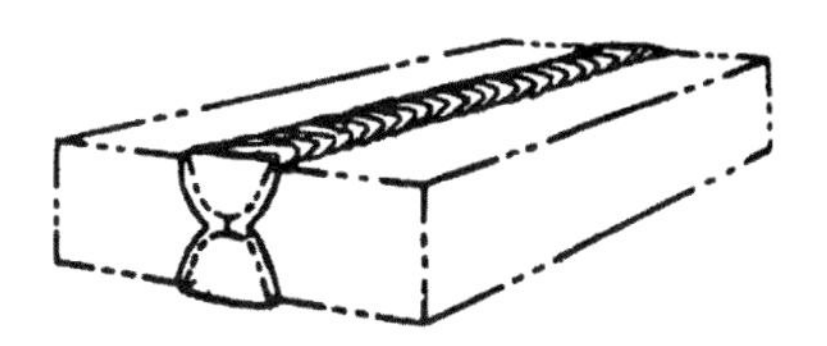

(j)雙 U 型槽銲

(k)單喇叭斜型槽銲

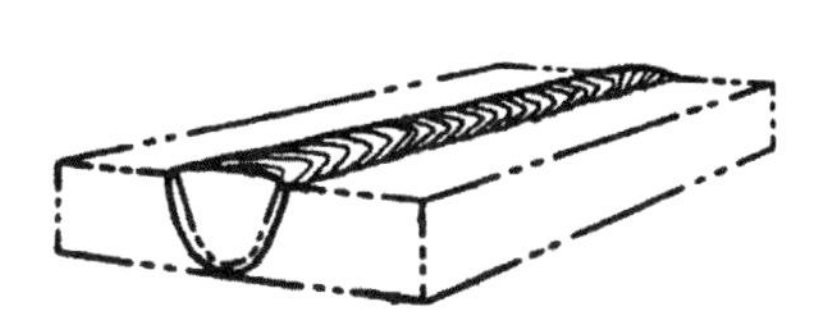

(i)單 U 型槽銲

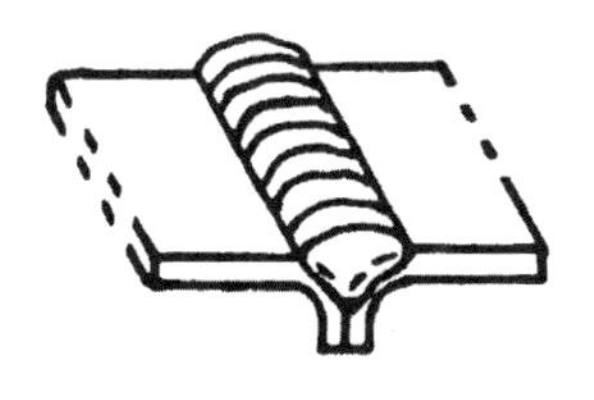

(m)單喇叭 V 型槽銲

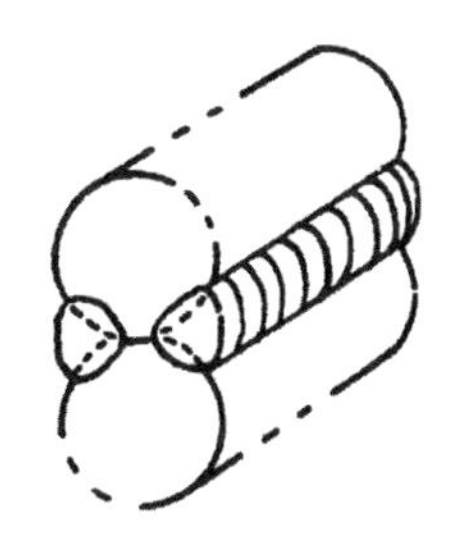

(n)雙喇叭 V 型槽銲

圖 1.29　槽銲型式(續)

表 1.8　基本銲接型式概要

型　式	符　號	實　圖	附　註
角銲			最常見之型式，單邊或雙邊銲
塞孔或塞槽銲		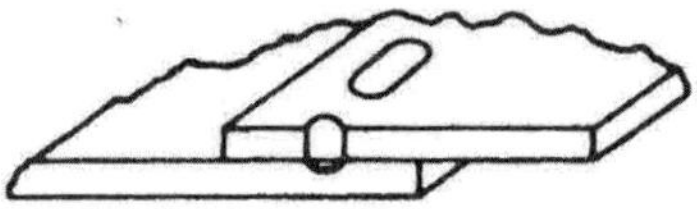	需先作槽、孔加工
點銲或凸壓銲		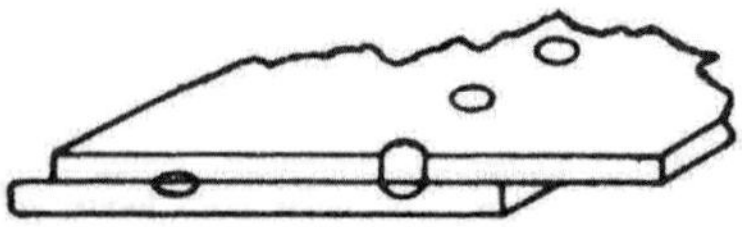	不需先作孔加工，利用電弧或電阻熱
縫銲		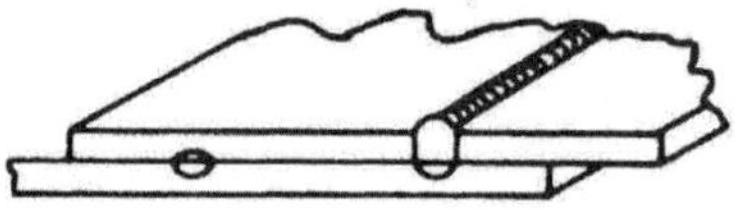	連續點銲——利用電弧或電阻熱
槽銲	七種		次常見之型式，單邊或雙邊銲，有許多變異型式
背銲或背墊銲			單槽銲之背銲或背墊銲
表面銲		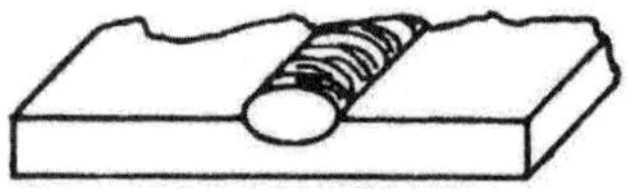	表面堆塡
凸緣銲	 邊緣  角緣	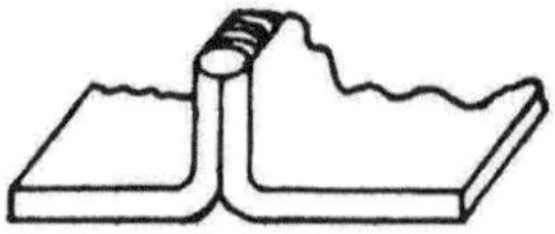 	用於薄板接合

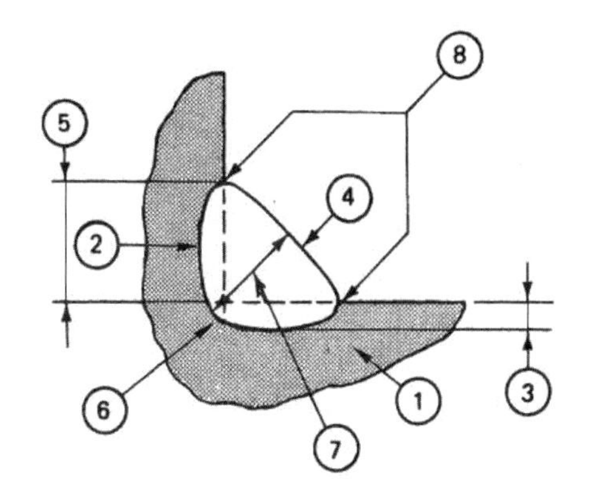

①母材(base metal)：欲施銲之工件。
②接合線(bond line)：銲接金屬與母材間之界線。
③熔合深度(depth of fusion)：銲接金屬熔入母材之深度。
④銲面(face of weld)：施銲後銲接側銲接金屬的表面。
⑤角銲腳長(leg of a fillet weld)：角銲根部到趾部的距離。
⑥銲根(root of weld)：橫截面上介於母材面間之接合部位。
⑦角銲喉深(tliroat of fillet weld)：根部到銲面間之最小距離。
⑧銲趾(toe of a weld)：銲面與母材之接合部位。

(a)角銲

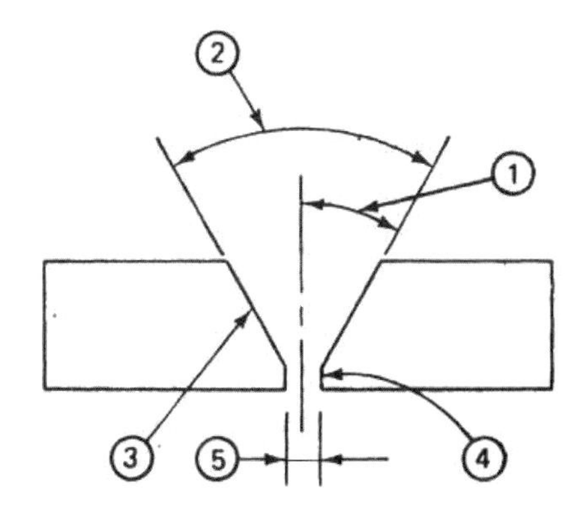

①斜角(bevel angle)：構件加工邊與構件表面之垂線間所夾角度。
②槽角(groove angle)：兩構件槽間之總包容槽角。
③槽面(groove face)：槽間化構件面。
④根部面(root face)：緊鄰根部之槽面部份。
⑤根部開口間隙(root opening)：兩構件在根部之分離間隙。

(b)槽銲

圖 1.30　角銲、槽銲銲接部位之各部名稱

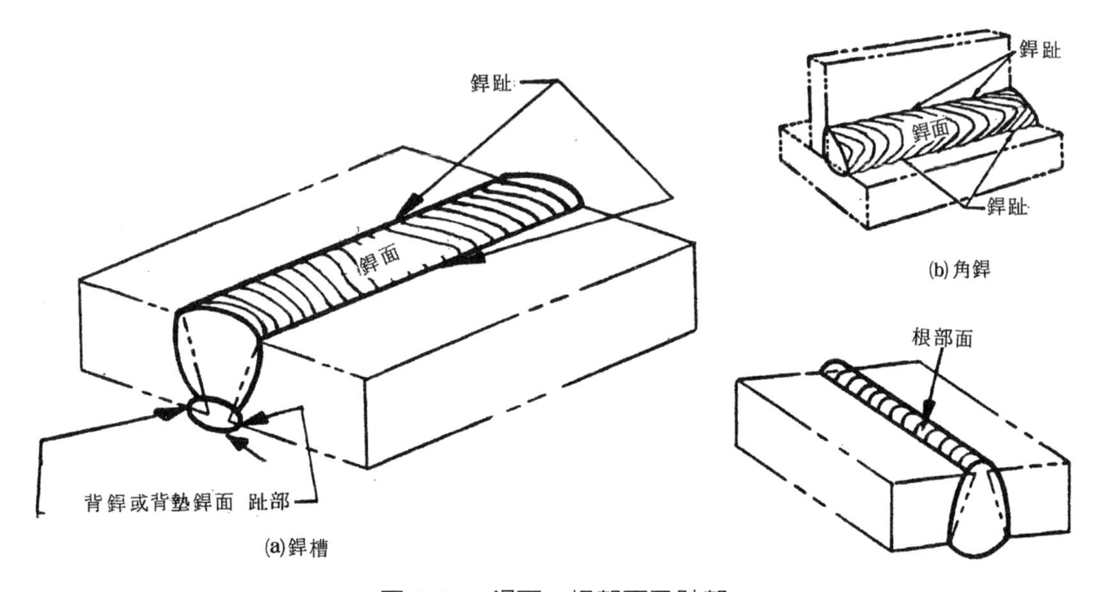

圖 1.31　銲面、根部面及趾部

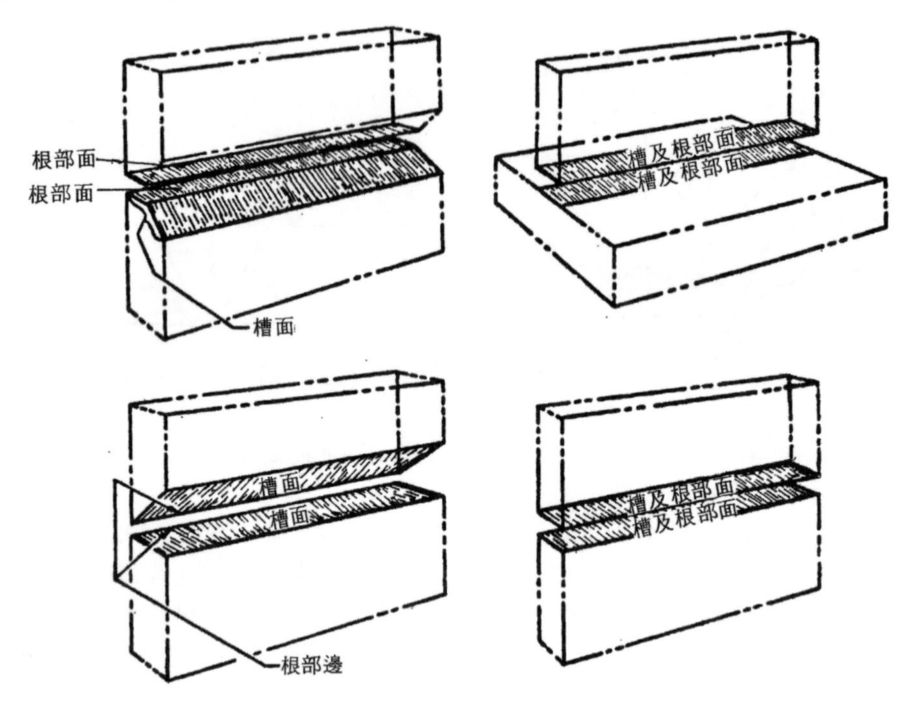

圖 1.32　槽面、根部面和根部邊

1.10 銲接順序

銲接順序(welding sequence)係指在銲件上堆填銲接金屬的次序；其主要目的在於減輕銲件之殘留應力與變形(residual stresses and distortion，簡示於圖 1.33～1.34)。本節概述其基本操作與決定原則如下。

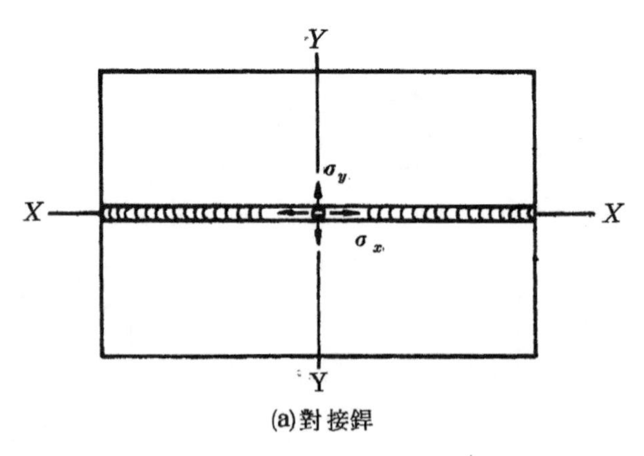

圖 1.33　對接銲之殘留應力分佈

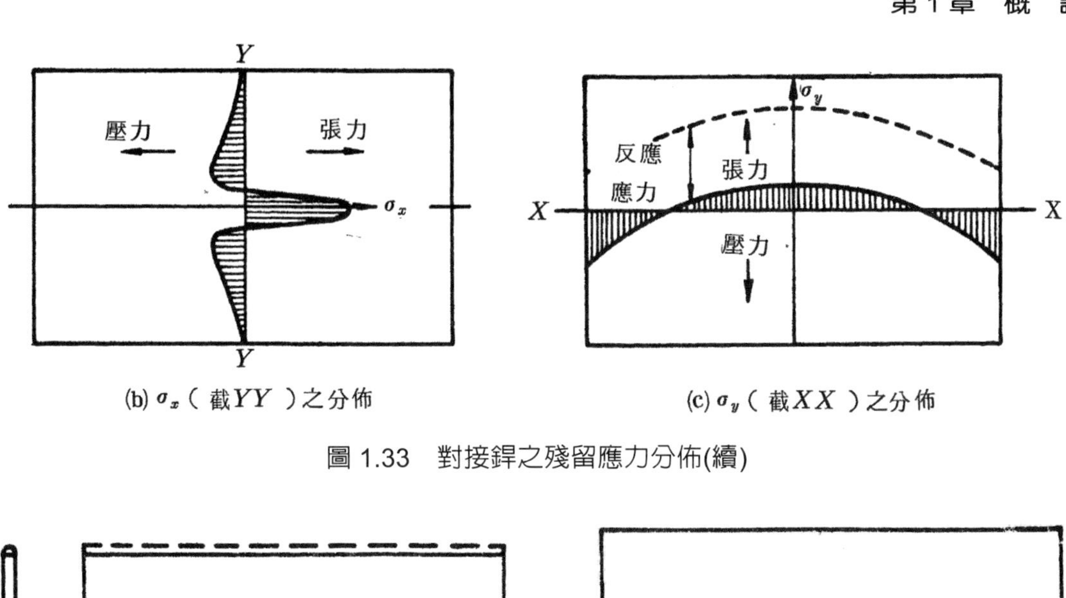

圖 1.33　對接銲之殘留應力分佈(續)

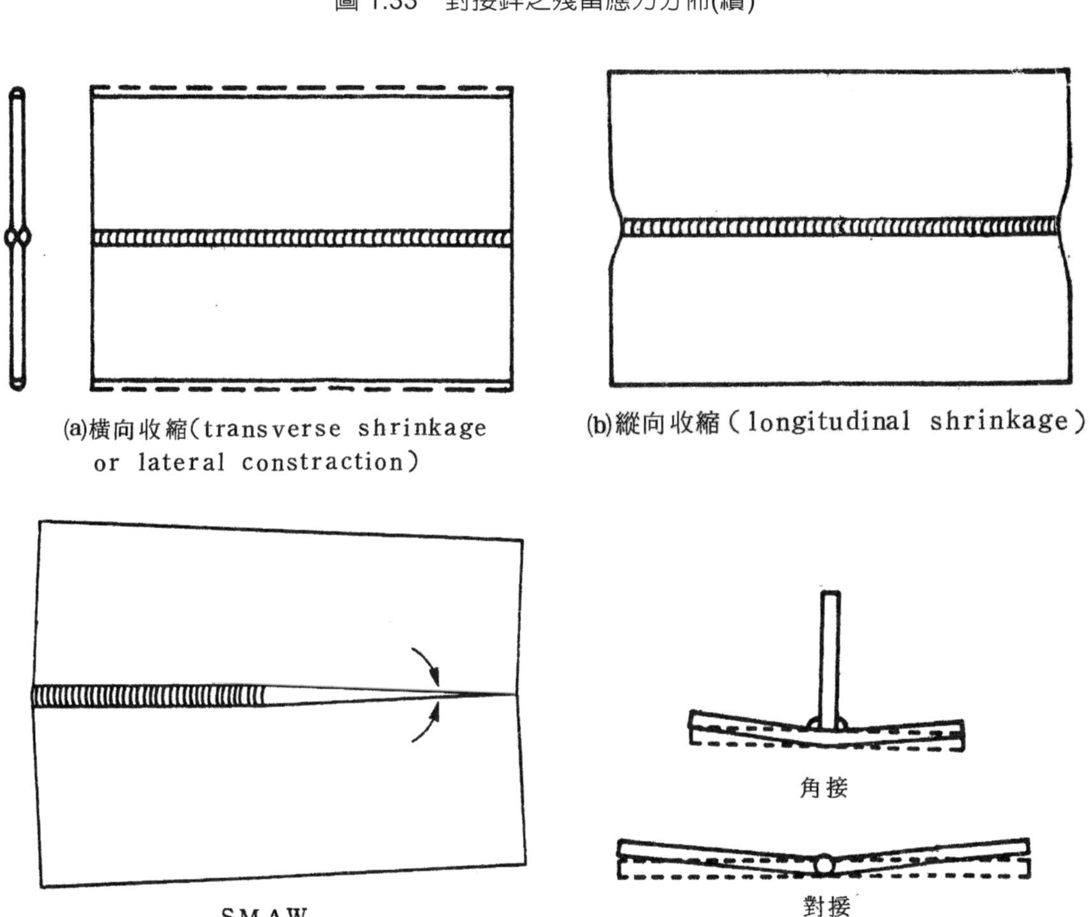

圖 1.34　銲件變形之種類

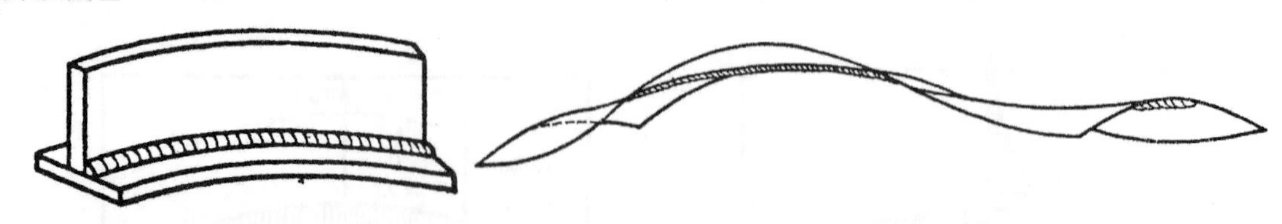

註：(1) (a)(b)(c)三種屬面內收縮變形；(d)(e)(f)三種屬面外撓曲變形。
(2) 另有結構物之複合變形。

圖 1.34　銲件變形之種類(續)

1.10.1 銲接順序之基本操作

就銲接金屬堆銲法、銲條(或銲炬)運行法及銲條／銲炬(鎗)角度分述。

1. 銲接金屬堆銲法(見圖 1.35～1.36)
   (1) 前進法(progressive method)——效率及外觀佳，但銲道長時，殘留應力及變形大。
   (2) 後退法(step back method)——或稱分段後退法，使應力平均分佈，變形減少，銲薄板時尤可有效減輕挫曲。
   (3) 間跳法(skip method)——或稱飛石法，可有效減輕殘留應力及變形，但每分段間接合不當時易生缺陷；適於薄板銲。

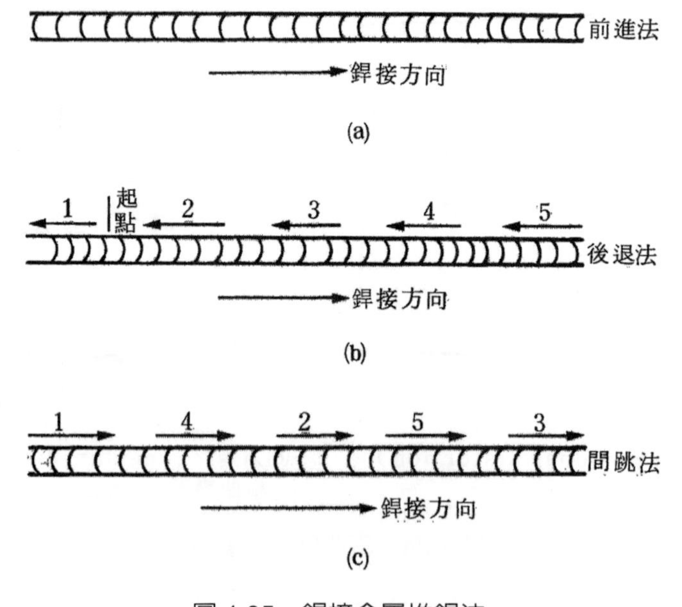

圖 1.35　銲接金屬堆銲法

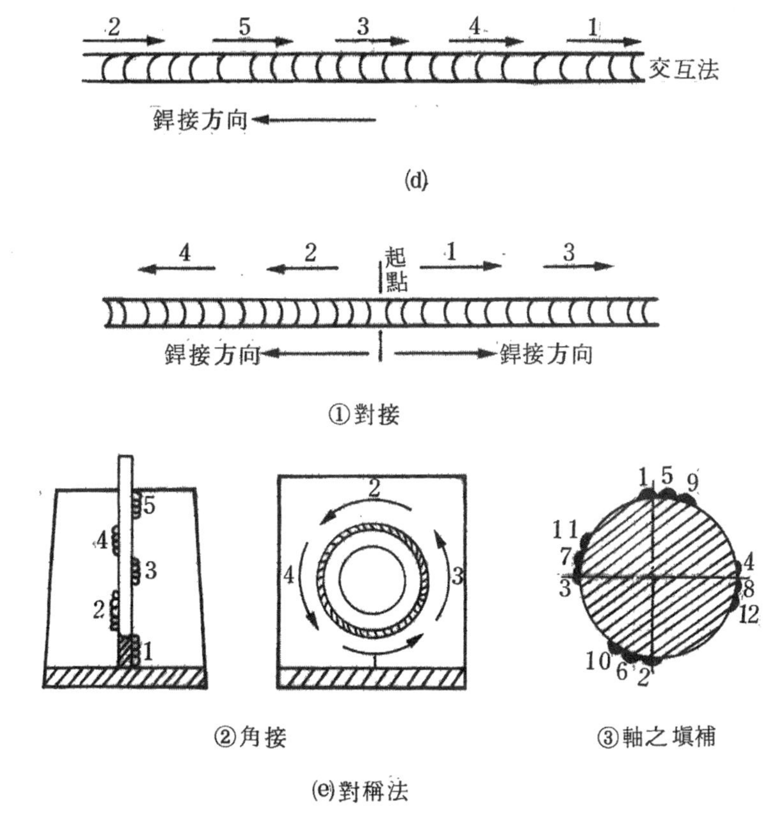

圖 1.35　銲接金屬堆銲法(續)

(4) 交互法(alternate method)選擇較冷部位交互施銲，使銲道全長熱量較一致，減少殘留應力及變形，但較費時。

(5) 對稱法(symmetric method)——使殘留應力及變形對稱分佈或相互抵消，倘對稱部位能同時施銲，效果更佳。

以上五種係單銲道之銲接金屬堆銲法，但在厚板銲接時，多層銲道的堆銲順序有如圖 1.36 所示之三種：

(1) 堆疊法(build-up sequence)。

(2) 階層法(cascade sequence)。

(3) 區段法(block sequence)。

第一種最普通，但後兩種可獲較小之殘留應力與變形。

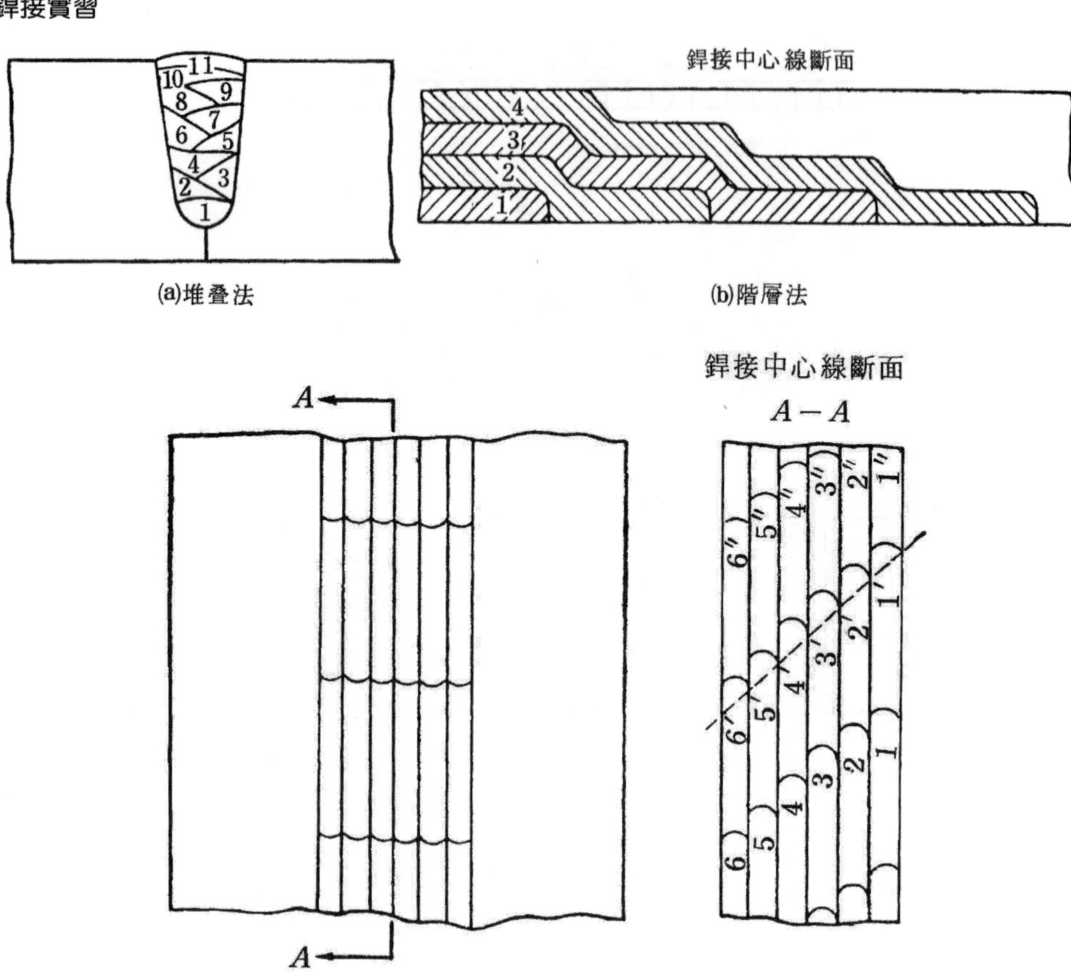

圖 1.36　多層銲造的堆銲順序

2. 銲條運行法(見圖 1.37)

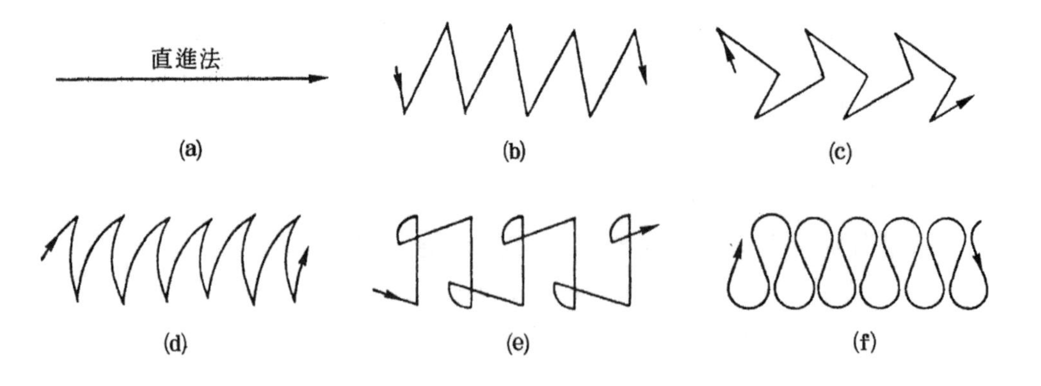

圖 1.37　銲條基本運行法

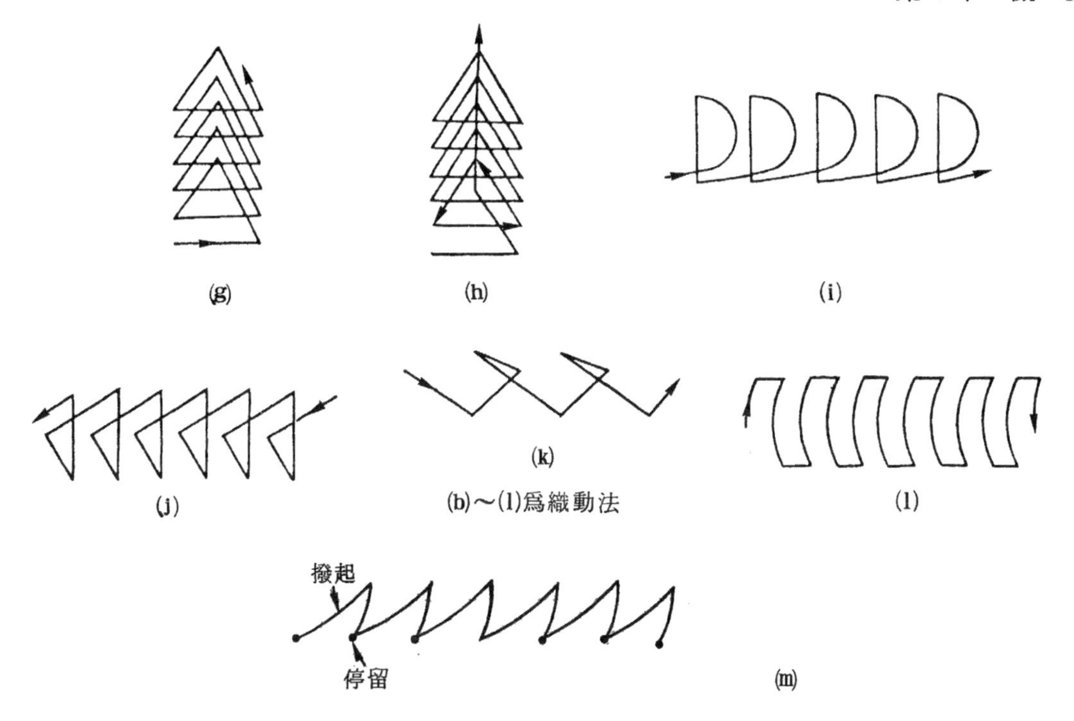

圖 1.37　銲條基本運行法(續)

銲條的基本運行法有三：

(1) 直進運行法(straight motion)——銲條直線定速前進(不作前後或左右之擺動)以產生細直銲道(string bead)，為最簡單、最常用之運行法(自動銲接操作尤以此法為主)。常用於薄板、中板方型槽對接及角銲或 V 型槽底層(尤其使用低氫系銲條時)。如圖 1.37(a)所示。

(2) 織動運行法(weaving motion)——銲條沿移行方向橫向左右擺動，以堆銲較寬的銲，並促進熔渣浮出、氣體逸出及銲道邊緣之熔合。其織動方式很多，大體依銲接位置、銲條種類、接頭型式、銲接層次及操作者之習慣與好惡而有所不同。圖 1.37 中(b)～(l)即為一些常用之織動方式。

(3) 撥動運行法(whipping motion)——銲條沿移行方向縱向前後擺動，向前撥起時使熔池稍作冷卻，往回熔池前端時稍作停價以進行銲填。常用於薄板、非平銲位置或槽銲底層(尤其使用纖維素系銲條時)。如圖 1.37(m)所示。

3. 銲條／銲炬角度(見圖 1.38)

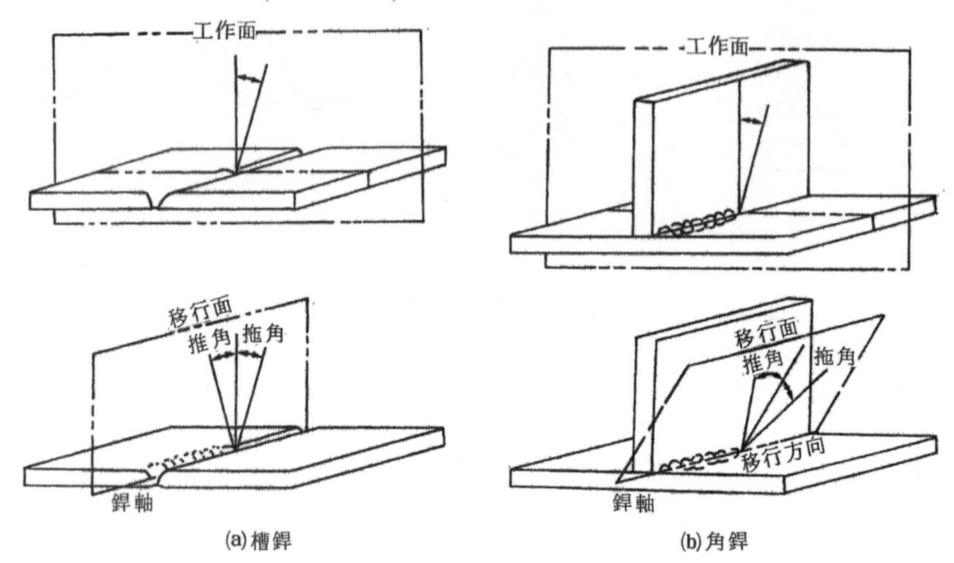

圖 1.38　銲條／銲炬角度圖例

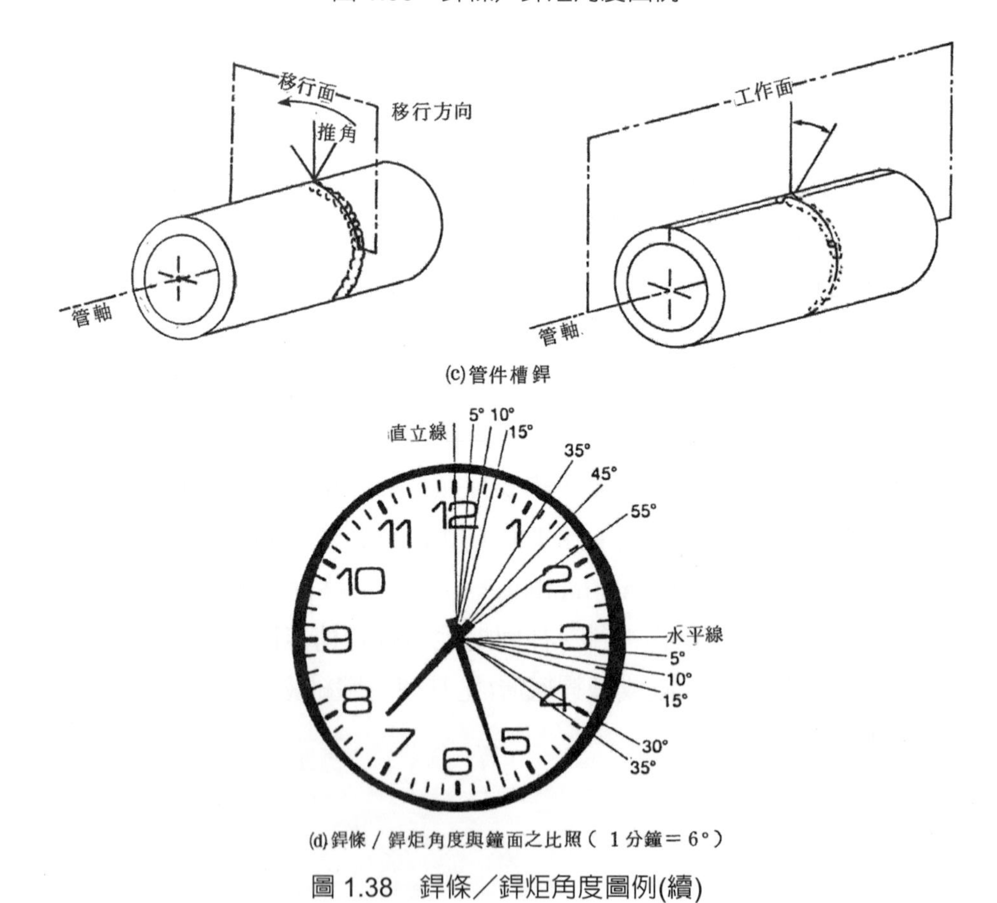

圖 1.38　銲條／銲炬角度圖例(續)

銲條／銲炬角度(electrode/torch angle，在 OAW 及 GTAW 中銲條、銲炬角度分別獨立，在 SMAW 及 GMAW 中銲條、銲炬角度兩者一致)包含移行角(travel angle)及工作角(work angle)。移行角係銲條／銲炬在移行面上與過施銲點所作銲軸(或管軸)垂線之夾角，銲條／銲炬指向與移行方向相同時則稱爲推角(push angle)，若指向與移行方向相異時則稱爲拖角(drag angle)。工作角則係銲條／銲炬在工作面(垂直銲軸或平行管軸之橫向參考面)上與過施銲點所作銲軸(或管軸)垂線之夾角，或與工件面之夾角。

影響銲條／銲炬角度的因素很多，如圖 1.39 即爲移行餘角依銲接位置之變異；隨後各章中將就其要領依銲接條件所述。

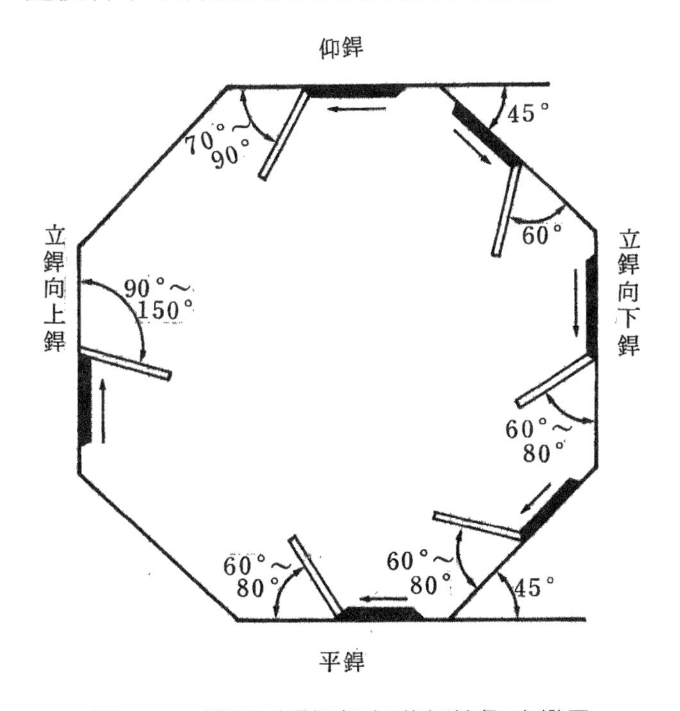

圖 1.39　銲條／銲炬角度(移行餘角)之變異

1.10.2 銲接順序之決定原則

銲接順序對銲接品質影響甚大，在銲接實務中需因應結構物之不同，周詳考量、決定。一般以趨向自由端之方向施銲爲原則。以下列示一些基本範例。

(1) 收縮量大的接頭先銲，收縮量小的接頭後銲－如圖例 1.40(a)，結構物同時有對接及角銲時，對接先銲。

(2) 以使銲件發生自由收縮的方式，由面之中心採對稱法向外側推進。如圖 1.40(b)。

(3) 以使銲件中立軸之收縮力矩和爲零方式，對稱施銲－如圖 1.40(c)。

(4) 爲使接頭交叉處熔合良好，可依圖例 1.40(d)之順序。

(5) 爲減少主要構件之內應力，應朝較不重要構件之方向施銲。

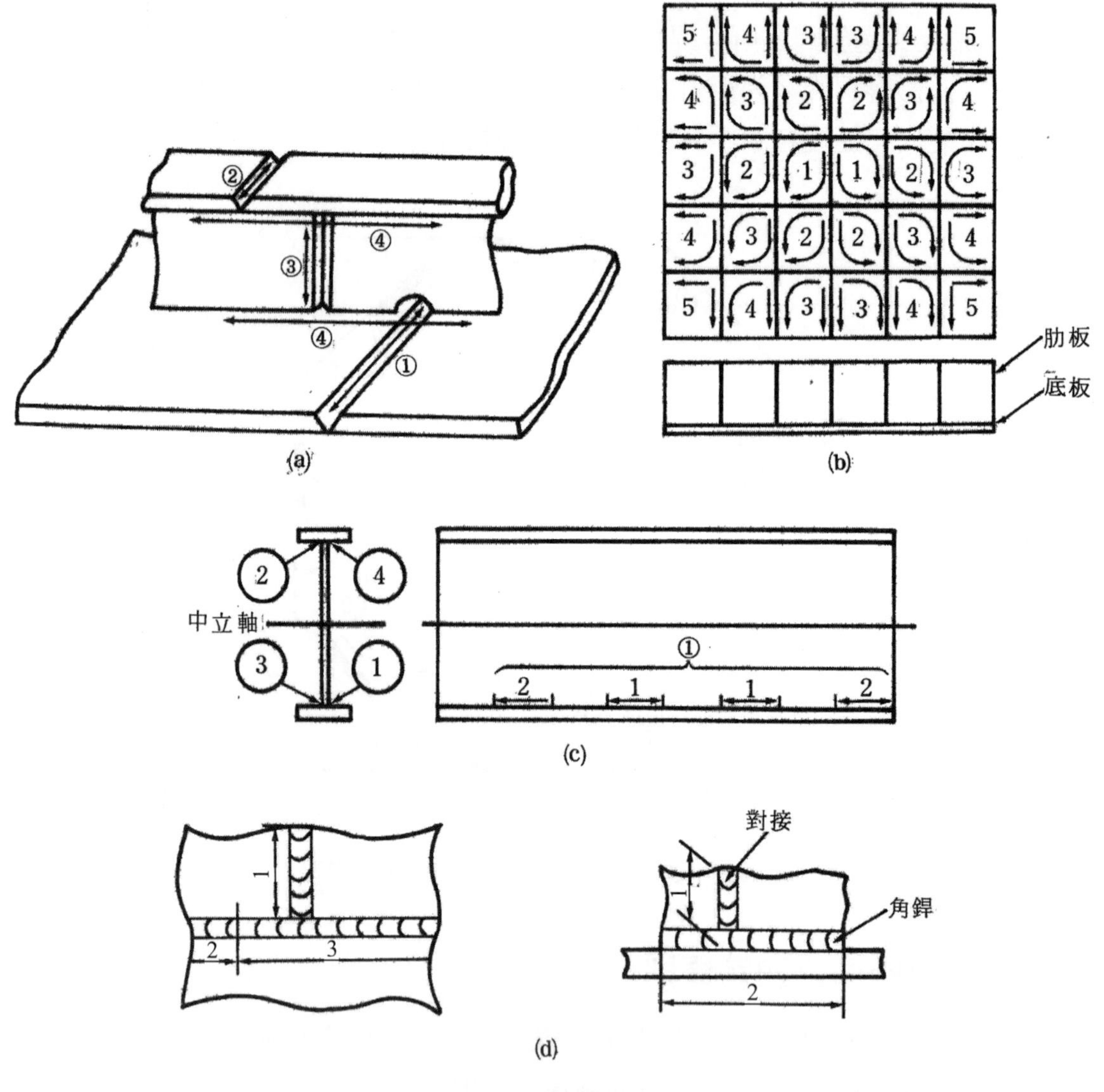

圖 1.40　銲接順序圖例

1.11 銲接符號

銲接符號(welding symbol)係指標註於工程圖上用以表明銲接加工之一組簡化符號和記號。目前各國工業標準中，銲接符號大多脫胎於 AWS 所制定之符號，我國「中國民國國家標準」(CNS)中「機械製圖標準」(CNS3-B100，民國七十年七月修訂)所列「熔接符號」亦衍自 AWS(長度單位改英制爲公制，餘大同小異)。

(1) 基線(reference line；恆爲水平)。

(2) 箭頭(arrow)。

(3) 基本銲接符號(basic weld symbol)。

(4) 尺寸和其它資料(dimension and other data)。

(5) 補充符號(supplementery symbol)。

(6) 加工法符號(finish symbol)。

(7) 尾叉(tail)。

(8) 規格、銲法或說明(specification, process, or reference)。

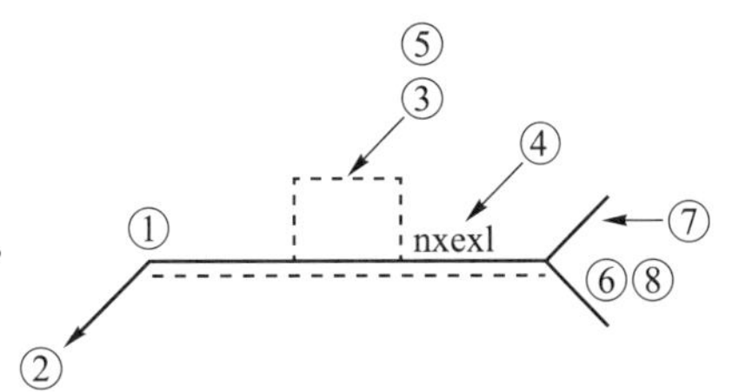

圖 1.41　銲接符號

此外，爲便利銲接符號之應用，列銲接實際視圖與符號標註對照圖於附錄二。圖中標註之銲接尺寸單位公-英制換算併同銲接中其它常用單位換算列於附錄三。

1.12 銲接工作人員的安全與防護

如同其它金屬製造或組立工作一般，銲接工作有一些共通的潛在危險(如砸傷、擠傷、刺傷、燙傷等)，也有一些特有的潛在危險。但是，只要防護得當，則其安全性與一般金屬加工並無不同。茲列舉其易遭致的特有危險與應有的防護要點如下：

1.12.1 電擊

銲接(或切割)工作中可能造成電擊的裝備包括照明燈光及各種電動機具。因此首需注意電氣裝備、機具的硬體及動力配置是否安全、合格。其次，注意保持設備、機具、工作場所及人身之乾燥，並依規定協同電氣人員做好定期及非定期保養等。

1.12.2 電弧輻射

電弧是一種強光，內含可見光、紫外線、紅外線等，其輻射易造成人體眼睛及皮膚之傷害。因此，鉀接(或切割)工作人員應戴／持附濾光玻璃(常見狀況之適用濾光號數如表 1.9)之頭盔或面罩，並在工作場所四週遮蔽簾幕或檔板，以免傷及他人。

表 1.9　鉀接或切割工作適用之護眼濾光玻璃選擇(依 AWS A6.2～73)

鉀接或切割名稱		鉀條(電極)大小，板厚或鉀接電流		濾光玻璃號數
鉀炬軟鉀(TS)		———		2
鉀炬硬鉀(TB)		———		3 或 4
氧氣切割(OC)	薄板	25mm(1 in)以下		3 或 4
	中板	25～150mm(1～6in)		4 或 5
	厚板	150mm(6in)以上		5 或 6
氣鉀	薄板	3mm($\frac{1}{8}$ in)以下		4 或 5
	中板	3～12mm($\frac{1}{8}$～$\frac{1}{2}$ in)		5 或 6
	厚板	12mm($\frac{1}{2}$ in)以上		6 或 8
保護金屬極電弧鉀(SMAW)		鉀條線徑	4mm($\frac{5}{32}$ in)以下	10
			4～6.4mm($\frac{5}{32}$～$\frac{1}{4}$ ih)	12
			6.4mm($\frac{1}{4}$ ih)以上	14
氣體金屬極電弧鉀(GMAW)		所有非鐵金屬母材		11
		所有鐵金屬母材		12
氣體鎢極電弧鉀(GTAW)		全部		12
原子氫氧鉀(AHW)		全部		12
碳極電弧鉀(CAW)		全部		12
電離氣電弧鉀(PAW)		全部		12
碳弧空氣挖槽	薄板	———		12
	厚板	———		14
電離氣電弧切割(PAC)	薄板	300Amp 以下		9
	中板	300～400Amp		12
	厚板	400Amp 以上		14

1.12.3 煙氣污染

煙氣的主要來源為母材、塗料(銲藥、油漆、化學物、油污等)受熱蒸發或燃燒生成，易引起呼吸器官傷害及其它併發症。因此，銲接(或切割)場所除自然通風外，更應依需要裝設強制通風，以避免煙氣滯留；銲接時並應配戴口罩。

1.12.4 火災與爆炸

由於銲接(或切割)常使用電源、熱源等，防護不當極易引發火災和爆炸。因此，施銲前應確實檢查銲接場所有無易燃、易爆物品，並確定銲接裝備使用及工作物施銲時不致引起火災或爆炸，施銲後再檢查使用過的銲接裝備，加熱過的工作物，剛噴濺出的火花、濺渣等是否有導致火災或爆炸的危險。其次，消極方面，在銲接場所應備有適當的消防器材。

1.12.5 壓縮氣體肇事

銲接(或切割)所使用的氧氣、燃燒氣體及保護氣體通常都以高壓狀態貯存在容器(常見者為鋼瓶)，倘搬運、使用、存放不當易造成爆炸等危險。因此，首應注意貯存之容器應為安全合格者，並依規定做定期檢查(有安全之虞時絕不可使用)；搬運時勿使掉落、撞擊，使用前應安裝妥當，使用或貯存中應使其直立及遠離熱源、油脂，存放時並注意不同氣瓶之隔離。

1.12.6 清潔和鏨除銲接金屬的危險

利用手工具或電動、氣動工具敲除銲渣或鏨除、磨平銲接金屬時，銲渣和金屬塊屑易擊傷工作者或旁人之眼睛或人體。因此，工作者應配戴安全眼罩，並在工作區周圍設置擋板。

以上係就銲接工作一般性之安全、防護概述，至於實習時之安全守則則依銲接法之不同分別列於本書隨後各章中。

Chapter 2

氧乙炔氣銲與切割

氧乙炔氣銲(oxyacetylene welding, OAW)是一種利用氧氣(oxygen, O_2)與乙炔氣(acetylene, C_2H_2)混合之燃燒火焰加熱銲件，同時可添加填料或不加填料，可施加壓力或不加壓力，使銲件接合部位確實接合的銲接法。爲氣銲(gas welding)中最典型、廣用之一種，故常簡稱「氣銲」。至於氧乙炔氣切割(oxyacetylene cutting, OFC-A)則是利用氧乙炔火焰加熱金屬使達高溫，然後利用氧氣與高熱金屬之化學反應切斷金屬的切割法，亦常簡稱「氣割」。

2.1 相關知識部份

2.1.1 氧、乙炔氣的性質與火焰之形成

燃燒有三要素：氧、燃料及著火溫度，三者缺一不可(如圖 2.1 所示，三要素各爲代表火的三角形之一邊，缺一即不成三角形——火)。乙炔是一種氣體燃料，與氧氣混合、點著後產生的火焰具有甚高的溫度(中性焰約 3087°C)、甚快的傳播速度(平均約 0.09m/sec)、相當高的熱合量(燃燒熱約 55MJ/m^3)，且與母材、填料少有化學反應。因此，頗適於銲、切之用。

氧氣(oxygen, O_2)是一種無色、無味、無臭的氣體，爲燃燒所必須之助燃物，在大氣中約含 21%(容積百分率)的氧氣，因此銲接所用之氧氣主要利用空氣液化法提取，而以氣態或液態貯存。氧氣較空氣重，高壓氧氣遇油脂會起猛烈燃燒，故需特別留意。

氣體燃料	與氧之反應
乙炔(acetylene)	$C_2H_2 + 2.5O_2 \rightarrow 2CO_2 + H_2O$
丙炔・丙二烯(methylacetylenepropadiene, MPS)	$C_3H_4 + 4O_2 \rightarrow 3CO_2 + 2H_2O$
丙炔(propylene)	$C_3H_6 + 4.5O_2 \rightarrow 3CO_2 + 3H_2O$
丙烷(propane)	$C_3H_8 + 5O_2 \rightarrow 3CO_2 + 4H_2O$
天然氣或甲烷(natural gas or methane)	$CH_4 + 2O_2 \rightarrow CO_2 + 2H_2O$
氫(hydroge)	$H_2 + 0.5O_2 \rightarrow H_2O$

圖 2.1　燃燒三角形及常見氣體燃料

乙炔氣(acetylene, C_2H_2)則是一種碳氫化合物，較空氣輕，無色但帶有似蒜頭味之臭味(但銲接用乙炔因溶在丙酮內貯存，氣味與純乙炔稍有不同)。銲接所用乙炔主要由碳化鈣(CaC_2，俗稱電石)與水反應($CaC_2 + 2H_2O \rightarrow C_2H_2 + Ca(OH)_2$)而得。乙炔氣溫度在 780°C(1435°F)或壓力在 207KPa(30psig)以上即不安定易造成爆炸性之分解($C_2H_2 \rightarrow 2C + H_2$)，故在貯存上多以溶入丙酮(acetone, $(CH_3)_2CO$)中以液態貯存，在使用上壓力不得超過 103KPa(15psig)。

氧乙炔火焰依銲炬供給之氧-乙炔混合比例分，有四種類型：

(1) 純乙炔焰(pure acetylene flame；見圖 2.2(a))銲炬不供給氧氣，僅輸出乙炔與空氣中之氧氣混合燃燒，由於氧氣不足，燃燒不完全而帶有黑煙，溫度低，不適用於銲接。

(2) 中性焰(neutral flame；見圖 2.2(b))爲氧-乙炔比例 1：1 形成之火焰，其燃燒反應可分爲二階段：

內焰心一次燃燒：$C_2H_2 + O_2 \rightarrow 2CO + H_2$

外焰二次燃燒：$2CO + O_2 \rightarrow 2CO_2$

$$H_2 + \frac{1}{2}O_2 \rightarrow H_2O$$

總燃燒反應：$C_2H_2 + 2\frac{1}{2}O_2 \rightarrow 2CO_2 + H_2O$

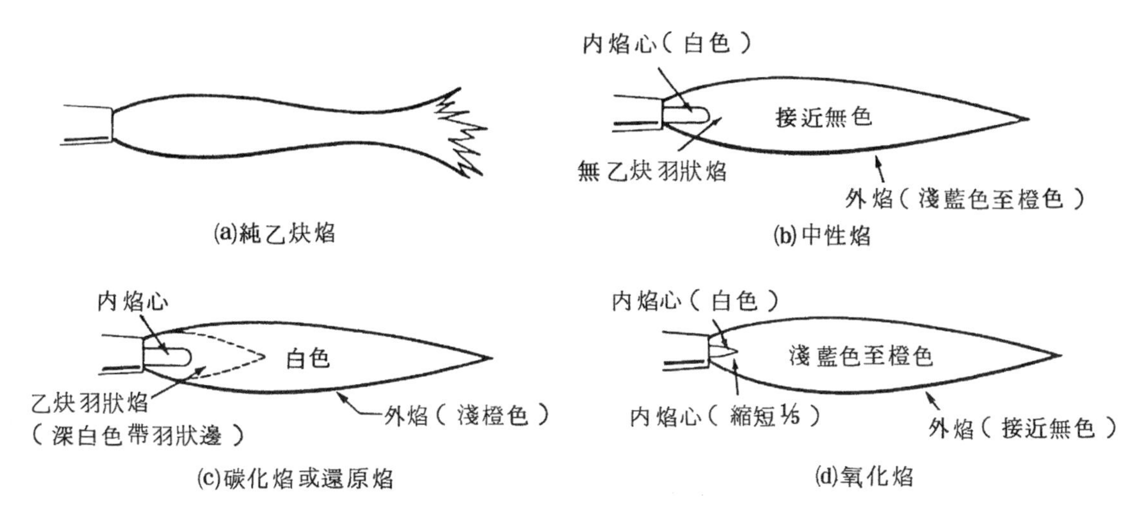

圖 2.2　氧乙炔火焰之類型

由總反應可知，理論上銲炬所輸出之每單位體積乙炔氣欲完全燃燒，需有 2.5 倍的氧氣助燃，其中 1 倍由銲炬供給，另 1.5 倍由周圍空氣供給(依此可知氣銲應在寬敞、通風場所施銲，及施銲中銲條熔填端勿脫離外焰罩可免遭空氣氧化)。中性焰爲最典型、廣用之銲接火焰，溫度(約 3,100°C)較碳化焰溫度(約 3,000°C)高，較氧化焰溫度(約 3,200°C)低，火焰溫度之分佈狀況如圖 2.3，以距內焰心 3mm 左右爲最高。適用中性焰之銲材則如圖 2.4 所示。

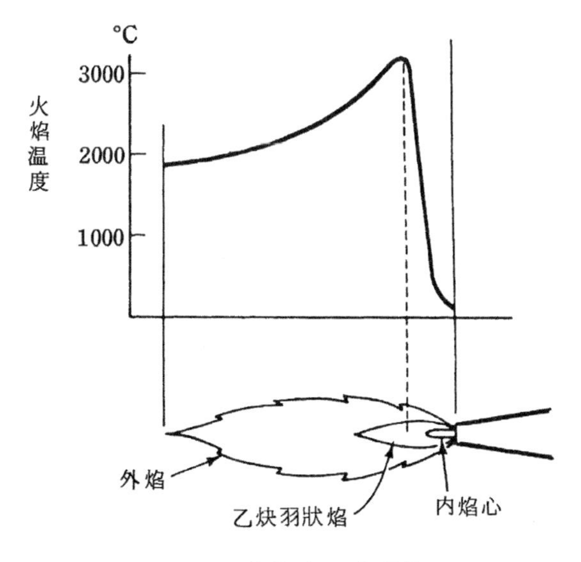

圖 2.3　火焰之溫度分佈

(3) 碳化焰或還原焰(carburizing or reducing flame；見圖 2.2(c))爲乙炔過剩形成之火焰，內焰心與外焰間有可見之乙炔羽狀焰，其長度隨乙炔氣量增多而增長，長度愈長，還原性愈高，應依銲材材質調節。適用碳化焰之銲材如圖 2.4 所示。

(4) 氧化焰(oxidizing flame；見圖 2.2(d))爲氧氣過剩形成之火焰，溫度最高，但易使銲材氧化，最爲少用。適用氧化焰之銲材如圖 2.4 所示。

母材	火焰調整	銲劑	銲條
鑄鋼	中性	×	鋼
鋼管	中性	×	鋼
鋼板	中性	×	鋼
薄鋼板	稍微中性氧化	× ✓	鋼 青銅
高碳鋼	碳化	×	鋼
錳鋼	稍微氧化	×	同母材成份
高張力鋼	中性	×	鋼
熟鐵	中性	×	鋼
鍍鋅鐵	稍微中性氧化	× ✓	鋼 青銅
灰鑄鐵	稍微中性氧化	✓ ✓	鑄鐵 青銅
展性鑄鐵	稍微氧化	✓	青銅
鉻鎳鋼	稍微氧化	✓	青銅
鉻鎳鑄鋼	中性	✓	同母材成份 25～12 鉻鎳鋼
鉻鎳鋼(18-8 和 25-12)	中性	✓	鈳(鈮)系不銹鋼或同母材成份
鉻鋼	中性	✓	鈳系不銹鋼或同母材成份
鉻鋼	中性	✓	鈳系不銹鋼或同母材成份

圖 2.4　各種母材適用之火焰調整

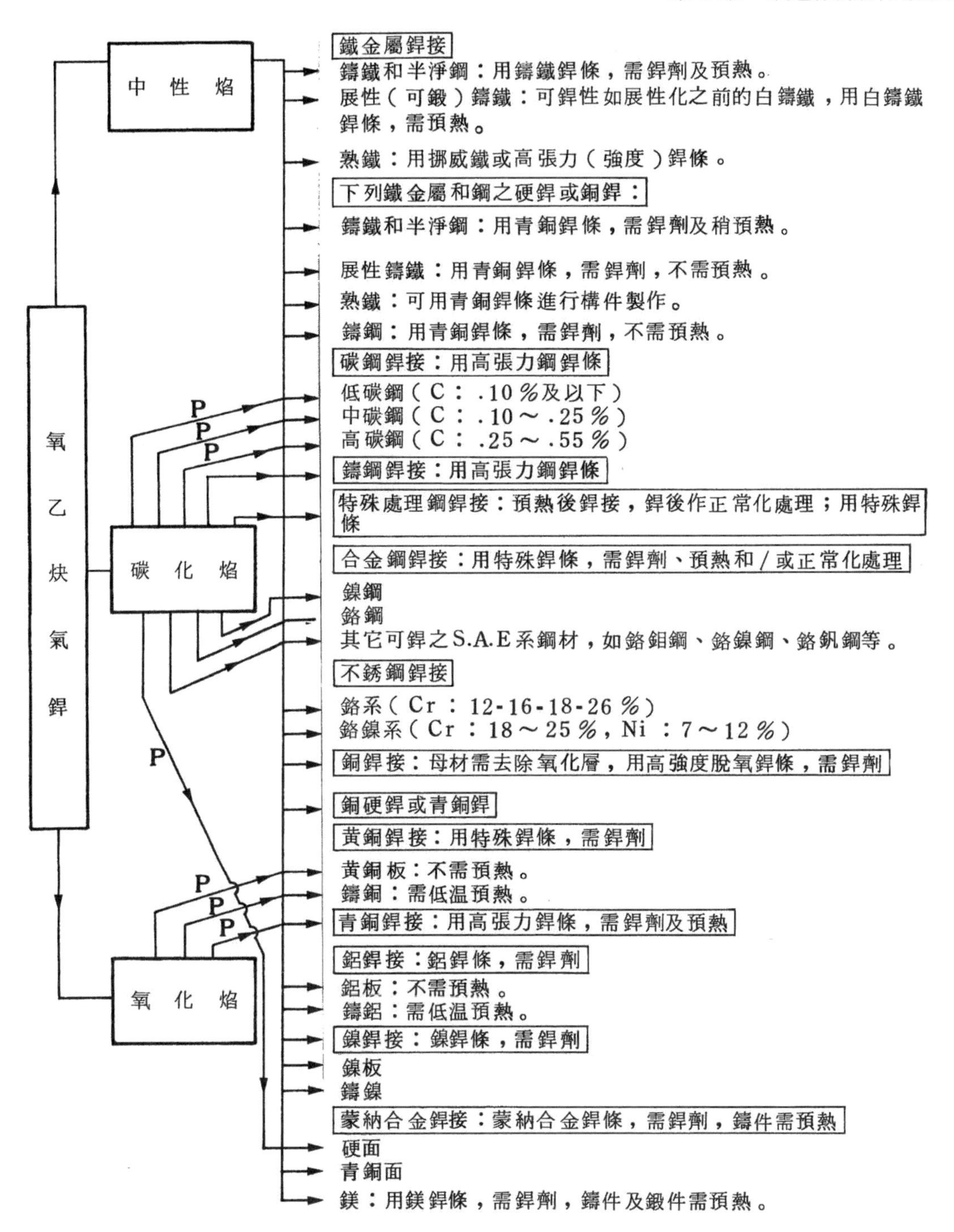

註：(1) 中性焰適用於上列所有金屬，爲主要用法。

(2) 碳化焰及氧化焰銲接箭頭所指金屬時較佳(標示“P”者更佳)，爲補充用法。

(3) 常用鋼材之氧乙炔氣銲塗料列於表，以便查考(表中銲劑欄，“✓”表需要，“×”表不需要)。

圖 2.4　各種母材適用之火焰調整(續)

2.1.2 氧乙炔氣銲與切割之基本裝置及附件

氧乙炔氣銲與切割之基本裝置及附件如圖 2.5 所示，茲就主要裝置簡述如下：

1. 氣體供應裝置

   目前銲接用氧、乙炔以採瓶(cylinder)裝為主(另有桶裝液態氧、乙炔發生器等)，而氣瓶裝置依其移動性可分為移動式及固定式，依同時使用瓶式可分單瓶和集氣瓶式。

   氧氣瓶內壓力高達 154kg/cm^2(2,200psig)，瓶內可儲存 2～8.5m^3 (70～300ft^3)之氣體。

   乙炔氣由於受熱、受壓易致爆炸性分解，故瓶內有固態多孔質填充物內充丙酮以溶解乙炔氣(一大氣壓下，1 單位體積丙酮可溶解 25 倍乙炔)，瓶內乙炔氣釋放壓力高達 1.75kg/cm^2(250psig)，瓶內可儲存 0.28～11m^2 (10～380ft^3)之氣體。

2. 調節器

   氣瓶內的高壓氧氣及乙炔均需經氣壓調節器(regulator)降低始能適用於銲接工作，一般氧氣工作壓力為 0.07～1.75kg/cm^2(1～25psig；此處壓力係指使用等壓式銲炬之狀況)，乙炔氣工作壓力為 0.07～0.84kg/cm^2 (1～12psig)。典型的氧氣瓶閥及調節器如圖 2.6 所示。

   調節器依降壓步驟可分為單級(single-stage)式及雙級(two-stage)式二種(見圖 2.7)。前者直接一次將瓶內壓力(於調節器之高壓錶顯示)降至操作者設定之工作壓力(於調節器之低壓錶顯示)，但使用中隨瓶內壓力降低需經常重新調整以回復原設定之工作壓力；雙級式降壓分為二步，第一步將瓶內高壓降為中壓，第二步再將中壓降為工作低壓，因此，較單級式精確且使用中不需因瓶內壓力變化需經常重新調壓，但造價較高、售價貴；目前仍以單級式較普遍。

3. 橡皮管

   氧、乙炔氣用橡皮管(hose)需為配合銲接效用、安全之特製橡皮，可撓曲，能耐高壓、中溫；且為便於識別，氧氣管為綠色且與調節器出口及銲炬入口之接頭螺帽用右螺牙；乙炔氣管為紅色，接頭螺帽用左螺牙。

   橡皮管公稱內徑為 3.2～12.7mm($\frac{1}{8}$～$\frac{1}{2}$ in)，常用者為 6.4mm($\frac{1}{4}$ in)。

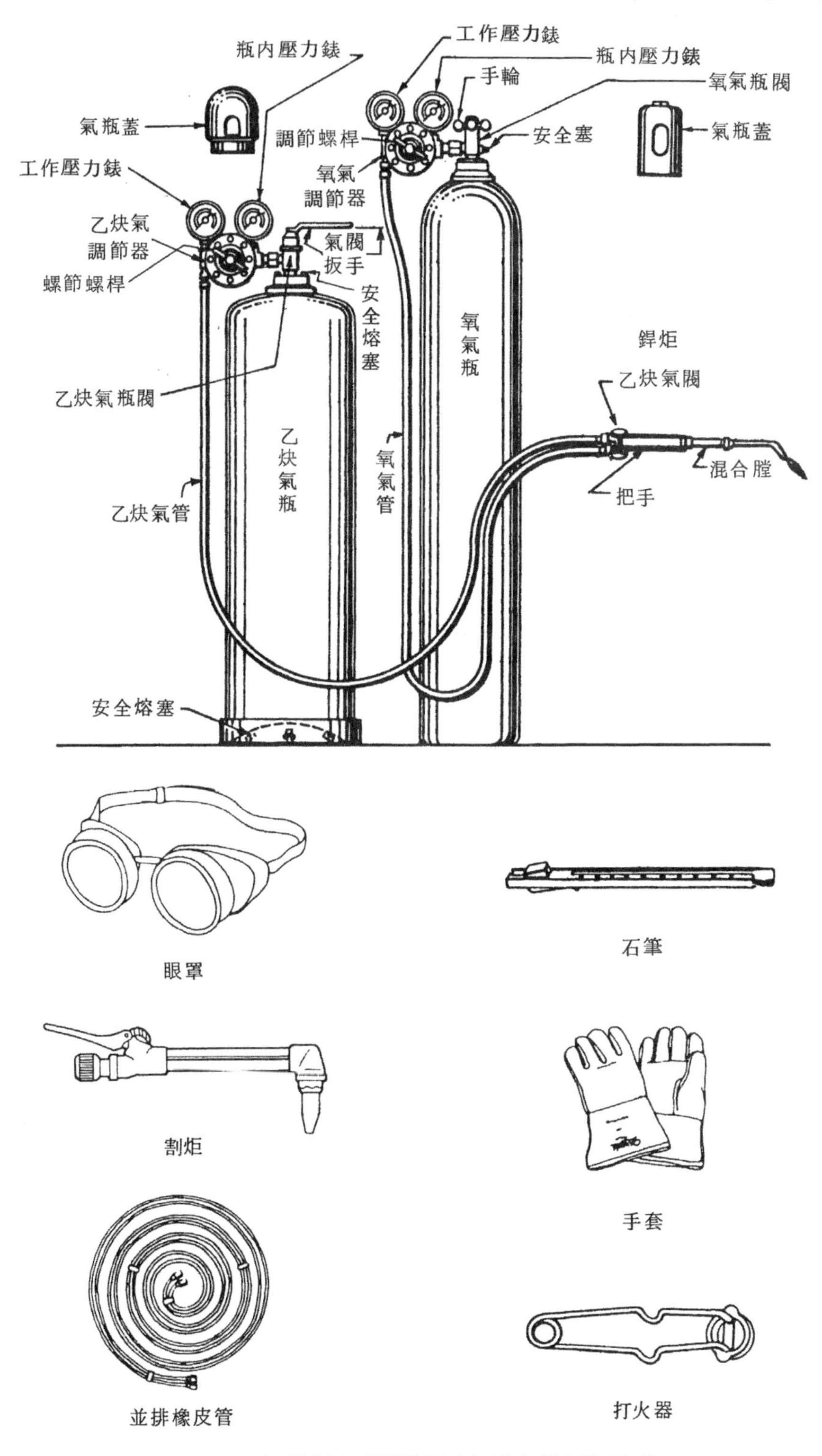

圖 2.5　氧乙炔氣銲與切割之基本裝置及附件

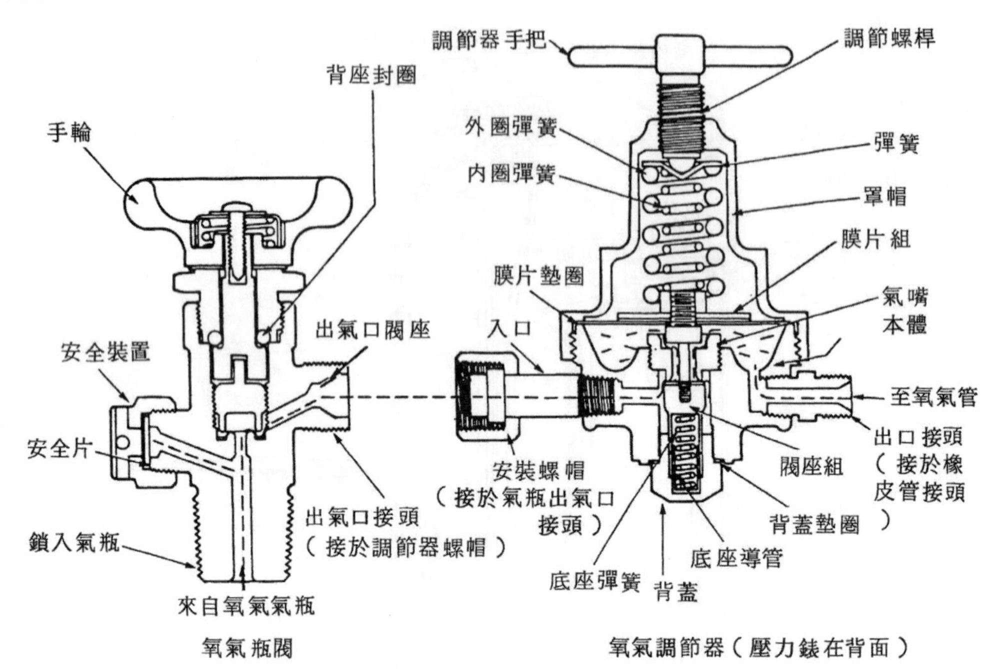

圖 2.6　氧氣瓶閥與調節器

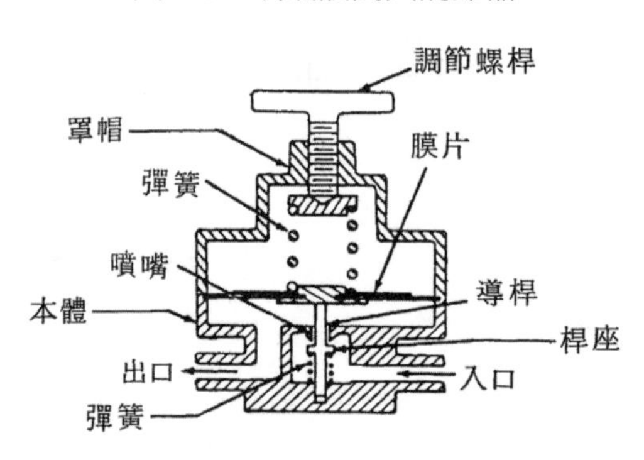

(a)單級導桿式

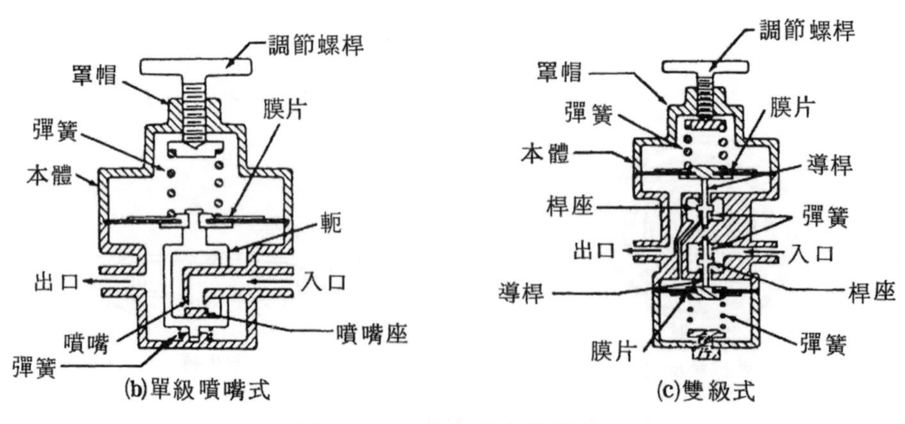

圖 2.7　三種典型之調節器

4. 銲炬

銲炬(welding torch)用以混合氧、乙炔氣及控制兩者至火口的流量，並用以固持和導引火口。基本元件如圖 2.8 所示。

銲炬有許多型式和尺寸，從用於極細薄工件的低流量小型銲炬到用於局部加熱的高流量重級銲炬都有。一般分類係依適用工作壓力區分爲等壓(equal pressure)，或稱正壓(positive pressure)、中壓(medium pressure)式以及噴射(injector)，或稱低壓(low pressure)式兩種，如圖 2.9 所示。

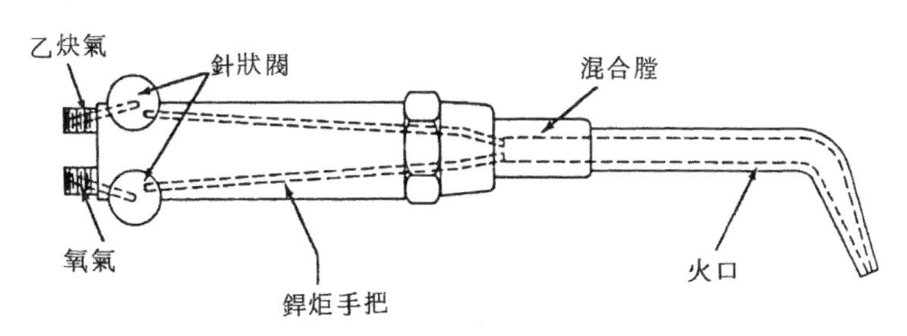

圖 2.8　銲炬簡圖

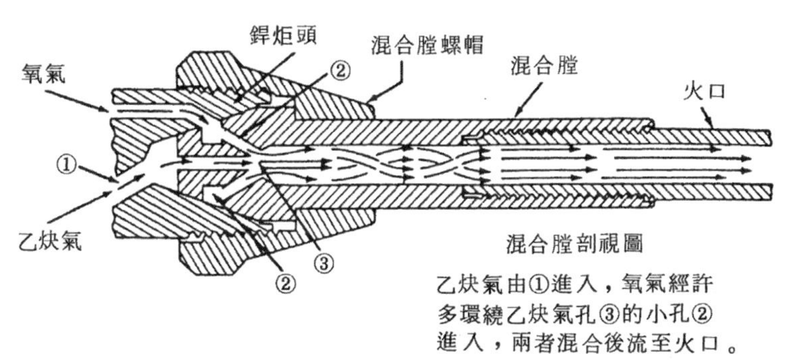

(a)等壓式

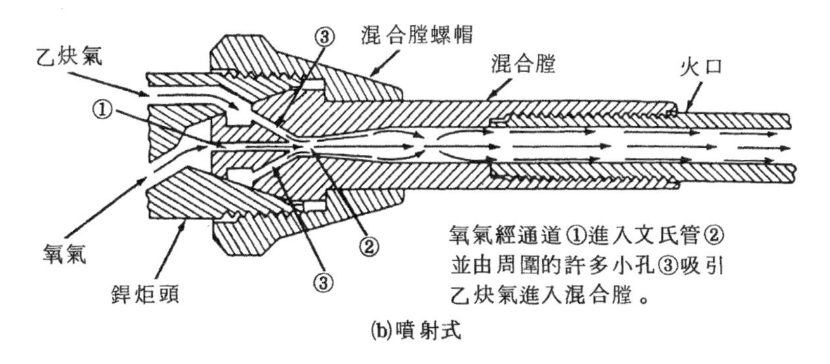

(b)噴射式

圖 2.9　等壓式與噴射式銲炬之比較

使用等壓式銲炬時，乙炔工作壓力應在 0.07～1.05kg/cm^2(1～15psig)之間；氧氣工作壓力約與乙炔相等，但配合較大火口時，氧氣工作壓力可高達 1.75kg/cm^2(25psig)。噴射式銲炬用於乙炔氣供應壓力爲 0.07kg/cm^2(1psig)或較低時(如圖 2.10 之投入式乙炔發生器，低壓式乙炔壓力爲 0.07kg/cm^2 或以下，中壓式乙炔壓力爲 0.07～1.05kg/cm^2)，藉助高壓氧氣(0.7～2.8kg/cm^2 或 10～40psig，隨火口增大而增高)抽拉乙炔可提高乙炔流量。目前臺灣地區氧乙炔氣銲已普遍由乙炔發生器改用壓力較高之乙炔氣瓶，等壓式銲炬亦逐漸增多，使用前應確認究爲等壓式或噴射式。(本章隨後各節有關銲炬及氧、乙炔工作壓力，除特別說明外均指等壓式。)

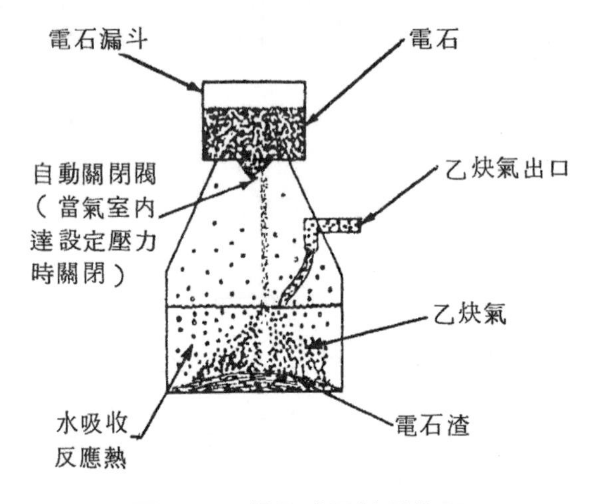

圖 2.10　投入式乙炔發生器

5. 火口

火口(welding tip or nozzle，或稱火嘴)通常以高熱率的非鐵金屬(如銅合金)製成，以導引著火和燃燒前的氣流及賦予燃燒後火焰之形狀及強弱。因此，火口有許多大小、形狀和構造。且常見者有火口與混合膛兩者同體和兩者異體(使用時接合)兩種。

火口大小應隨板厚變化，但目前火口大小多由製造廠商制定而無統一編號，較常見者爲依鑽頭號碼(1～80 號，號碼愈大孔徑愈小，軟鋼母材厚度與火口大小等配合情形如表 2.1)，而臺灣地區常用之日製銲炬火口，其編號與軟鋼板厚等之配合如表 2.2。常見美製火口對照表如表 2.3。選用銲炬火口前應參閱廠家提供之說明書。

表 2.1　軟鋼板厚與火中大小(依鑽頭號碼)、銲條直徑之配合

板厚(in)	火口大小		銲條直徑(in)	氣體概略工作壓力(psig)	
	鑽頭號碼	孔徑(in)		乙炔	氧氣
22～16ga	69	0.029	$\frac{1}{16}$	1	1
$\frac{1}{6}$～$\frac{1}{8}$	64	0.036	$\frac{3}{32}$	2	2
$\frac{1}{8}$～$\frac{3}{16}$	57	0.043	$\frac{1}{8}$	3	3
$\frac{3}{16}$～$\frac{5}{16}$	55	0.052	$\frac{1}{8}$	4	4
$\frac{5}{16}$～$\frac{7}{16}$	52	0.064	$\frac{5}{32}$	5	5
$\frac{7}{16}$～$\frac{1}{2}$	49	0.073	$\frac{3}{16}$	6	6
$\frac{1}{2}$～$\frac{3}{4}$	45	0.082	$\frac{3}{6}$	7	7
$\frac{3}{4}$～1	42	0.094	$\frac{1}{4}$	8	8
1 以上	36	0.107	$\frac{1}{4}$	9	9
重級(需高熱量者)	28	0.140	$\frac{1}{4}$	10	10

表 2.2　日式銲炬、火口大小與軟鋼板厚、銲條直徑之配合

(a) 依 JIS 分(B6801-1977 低壓式銲炬)

銲炬型式	火口大小		氧氣壓力(kg/cm^2)	焰心長度(mm)
	號碼	孔徑(mm)		
A1 號	1 2 3 5 7	0.7 0.9 1.1 1.4 1.6	1 1.5 1.8 2 2.3	5 8 10 13 14
A2 號	10 13 16 20 25	1.9 2.1 2.3 2.5 2.8	3 3.5 4 4.5 4.5	15 16 17 18 18
A3 號	30 40 50	3.1 3.5 3.9	5 5 5	21 21 21
B00 號	10 16 25 40	0.4 0.5 0.6 0.7	1.5 1.5 1.5 1.5	2 3 4 5
B0 號	50 70 100 140 200	0.7 0.8 0.9 1 1.2	2 2 2 2 2	7 8 10 11 12
B1 號	250 315 400 500 630 800 1000	1.4 1.5 1.6 1.8 2 2.2 2.4	3 3 3 3 4 4 4	12 13 14 17 19 20 20
B2 號	1200 1500 2000 2500 3000 3500 4000	2.6 2.8 3 3.2 3.4 3.6 3.8	5 5 5 5 5 5 5	21 21 21 21 21 21 21

表 2.2　日式銲炬、火口大小與軟鋼板厚、銲條直徑之配合(續)
(b) 田中牌銲炬(低壓式)

銲炬型式	火口號碼	板厚(mm)	氣體壓力	
			氧(kg/cm²)	乙炔(mmH₂O)
微型	10	極薄	0.5～0.8	500 以上
	15	極薄	0.5～0.8	400 以上
	25	極薄	0.5～0.8	200 以上
	50	0.5～1.0	0.5～0.8	150 以上
	75	1.0～1.5	0.8～1.2	30 以上
	100	1.5～2.0	0.8～1.2	30 以上
	150	2.0～2.5	1.0～1.5	30 以上
小型	25	～0.5	0.7～0.9	30 以上
	50	0.5～1.0	0.8～1.0	30 以上
	75	1.0～1.5	1.0～1.5	30 以上
	100	1.5～2.0	1.5～2.0	30 以上
	150	2.0～2.5	2.0～2.5	30 以上
中型	50	1.0～2.0	0.5～1.5	30 以上
	75	2.0～3.0	1.0～2.0	30 以上
	100	3.0～4.0	1.5～2.5	30 以上
	150	3.5～5.0	2.5～3.5	30 以上
	225	5.0～7.0	3.5～4.5	30 以上
	350	7.0～9.0	4.5～5.5	30 以上
	500	9.0～13.0	4.5～5.5	30 以上
A 號	1	0.5～1.0	1.0～1.5	30 以上
	2	1.0～2.0	1.0～1.5	30 以上
	3	2.0～3.5	1.0～1.5	30 以上
	5	3.0～5.0	1.0～1.5	30 以上
	7	4.0～7.0	1.0～1.5	30 以上
1 號	100	5～7	1.0～1.5	30 以上
	150	7～9	1.5～2.0	30 以上
	225	10～12	2.0～2.5	30 以上
	350	12～14	2.0～2.5	30 以上
	500	15～17	3.0～3.5	30 以上
	750	17～20	3.0～3.5	30 以上
	1000	20～25	3.5～4.5	30 以上
B 號	10	5～9	1.5～2.0	30 以上
	13	8～12	1.5～2.0	30 以上
	16	10～14	2.0～3.0	30 以上
	20	12～20	2.0～3.0	30 以上
	25	16～25	3.0～3.5	30 以上

註：1 毫米水柱高＝9.807 牛頓／平方米。

表 2.3 常見美製火口大小對照表

鑽頭號碼	AIRCO - ALL	CRAFTSMAN - ALL	DOCKSON - 4EC, 4SC	7EC	GASWELD - G25, G35	G55	AVG	HARRIS - 13, 14, 16, 17, 50	OTHERS	K-G - EUS, KUS, KS	MARQUETTE - A; AL	B, BL	MECO - ALL	MILBURN - W-200	W-11	W-600	NATIONAL - G	P	R	OXWELD - W-29	W-17	PUROX - 33	34	35	REGO - ALL	SMITH - LIFETIME	NO. 5	NO. 2	VICTOR - ALL
80													00	00		0000													
79						00	00										00					0							
78			1	1				00				00B		0														18	
77						0	0									000													
76								0					0	1			0	0										19	
75	00									75	00	0B							000			1							000
74					00	1	1		00							00				1								A20	
73			2	2																			1						000½
72	0	0			0					72		18					1	1							72				
71									0						000											B60	50	A21	
70		1									0		1						00	2									00
69					1	2	2							2		0													
68	1							1		68		28			00							2			68			A22	
67																													00½
66			3	3					1		1						2	2					2	2					
65					2		3	2					2			1			0	4	4							A23	0
64																													
63	2								2						0											B61	51		0½
62		2								62	2	3B		3		2									62				
61																													
60							4												1			3							1
59																													
58			4	4	3	3		3	3		3					3									58	B62	52	A25	
57							5						3	4	1									3					1½
56	3								4	56		4B							2	6	6	4						A26	2
55			5	5	4	4		4	5				4	5		4	3	3					4		55				2½
54		3			5	5	6				4	5B			2				3	9	9					B63	53	A27	
53	4							5	6	53						5				12	12	5		5	53				3
52			6	6	6	6	7						5													B64	54	A28	
51	5							6				6B		6	3		4	4											3½
50							8		7	50	5					6				15	15	6	6		50			A29	
49																													4
48	6	4	7	7	7			7				7B		7	4						20					B65	55	A210	
47									8		6		6						4			7							
46																	5	5		20					46				
45								8		45																			
44	7		8	8	8	8									5	7					30	8				B66	56		
43								9	9		7			8					5				8						5
42		5			9								7							30					42				
41			9												6	8	6	6											
40	8				10			10	10	40	8			9							40					B67	57		
39																		7						9					
38					11										7														
37		6																											
36			10		12						9		8	10	8			8					10		36	B68			6
35	9				13					35						9													
34																													
33		7			14										9				6										
32			11						12		10							9								B69			
31					15									11		10								11	31				
30	10		12						15	30	11			12	10			10	7		55			13					7
29		8			16								9	13					8		70								8
28			13										10		12				9							B610			9
27									19		12								10										10
26			14																11							B611			11
25	11									25				14	13				12						25				12
24									22		14															B612			
23			15																		90			15					
22													11		14														
21														15															
20	12									20					15										20				
19														16															
18													12																

2.1.3　氧乙炔氣體切割之原理與其割炬、火口

氧乙炔氣體切割(氣割)係利用特殊割炬，先產生氧乙炔火焰(中性焰或氧化焰)對母材預熱至適當溫度(著火溫度)，然後輸出等速密集的高純度氧氣與熱金屬反應，並將熔融的反應生成物吹離切口。其化學反應以鐵爲例說明：當鐵加熱到著火溫度(870°C 或 1,600°F；鐵之熔點爲 1,530°C 或 2,786°F)以上時，與高純度氧會起劇烈反應並放出熱，化學反應式有三：

(1) $2Fe + O_2 \rightarrow 2FeO +$ 熱(267kJ)；

(2) $3Fe + 2O_2 \rightarrow Fe_3O_4 +$ 熱(1,120kJ)；

(3) $2Fe + 1.5O_2 \rightarrow Fe_2O_3 +$ 熱(825kJ)。

最常見者爲第二種。由此原理說明，吾人可推知，欲利用氧乙炔氣割的金屬母材需具備下列五項條件：

(1) 母材的熔點應較其與氧反應之著火溫度高。

(2) 金屬氧化物的熔點應比金屬熔點及切割火焰溫度低。

(3) 母材與氧的燃燒反應熱應足以維持切割所需。

(4) 母材的導熱率應低得足以維持其著火溫度。

(5) 熔融金屬氧化物應有良好流動性以免阻礙切割之進行。

因此，依上述五條件分析，鐵及低碳鋼全部符合，易於切割；鑄鐵著火溫度高於熔點且遇氧會產生耐高溫之氧化矽覆著，故不易用此法切割；鉻-鎳系不銹鋼遇氧也會產生耐高溫之氧化鉻，用一般氣割操作無法切割；此外如銅、鋁等非鐵金屬除遇氧會產生耐高溫氧化物覆層之外，導熱率也甚高，無法用此法切割。

至於氣割用主要裝置除割炬與火口外與銲接時相同，其手工用割炬與火口如圖 2.11～2.12 所示，與軟鋼板厚、工作壓力等之配合如表 2.4(本表供一般操作參考，選用前宜參閱廠家提供之說明書)。

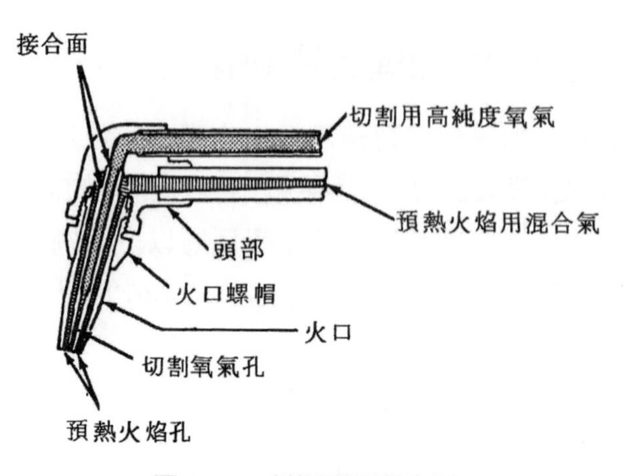

圖 2.11　割炬頭部與火口

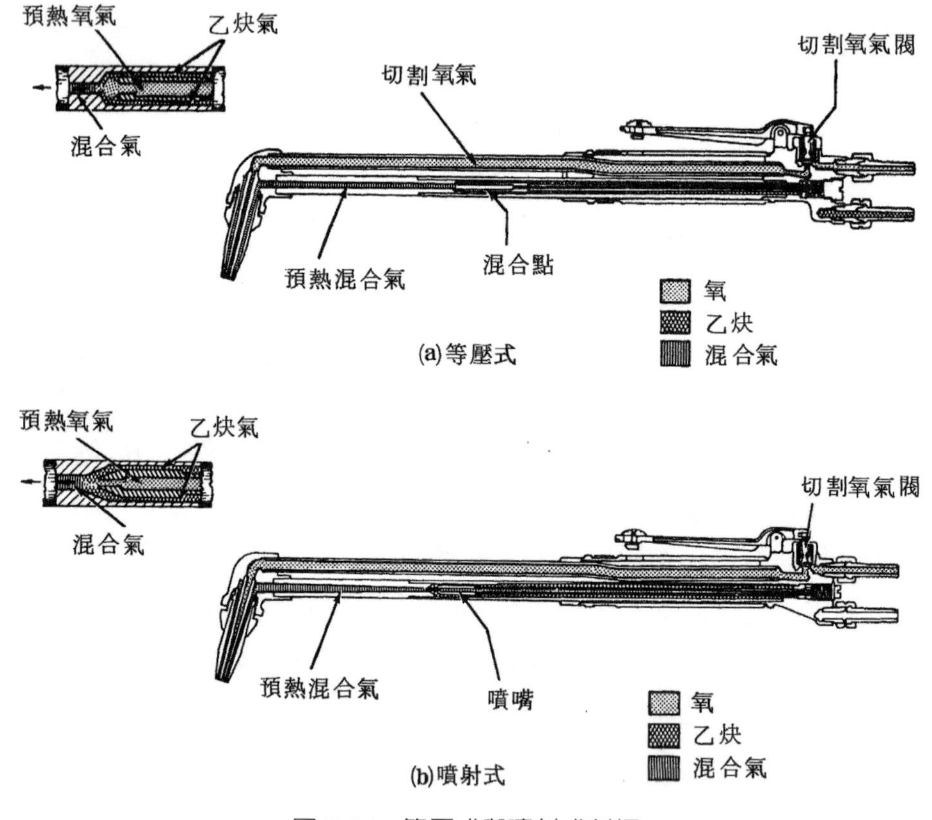

圖 2.12　等壓式與噴射式割炬

表 2.4　氣割板厚與火口大小、氣體壓力、移行速率之配合

板厚		火口中孔大小			約略工作壓力(psig)		移行速率(in/min)	
In	mm	鑽頭號碼	孔徑(in)	孔徑(mm)	乙炔	氧氣	手工	自動
$\frac{1}{8}$	3.2	60	0.040	1.0	3	10	20-22	22
$\frac{1}{4}$	6.4	60	0.040	1.0	3	15	16-18	20
$\frac{3}{8}$	9.5	55	0.052	1.3	3	20	14-16	19
$\frac{1}{2}$	12.7	55	0.02	1.3	3	25	12-14	17
$\frac{3}{4}$	19.0	55	0.052	1.3	4	30	10-12	15
1	25.4	53	0.060	1.5	4	35	8-11	14
1-$\frac{1}{2}$	38.1	53	0.060	1.5	4	40	6-7-$\frac{1}{2}$	12
2	50.8	49	0.073	1.9	4	45	5-$\frac{1}{2}$-7	10
3	76.2	49	0.073	1.9	5	50	5-6-$\frac{1}{2}$	8
4	101.6	49	0.073	1.9	5	55	4-5	7
5	127.0	45	0.082	2.1	5	60	3-$\frac{1}{2}$-4-$\frac{1}{2}$	6
6	152.4	45	0.082	2.1	6	70	3-4	5
8	203.2	45	0.082	2.1	6	75	3	4

2.1.4　氧乙炔氣銲與切割之適用母材、銲條及銲劑

氣銲之適用母材非常廣泛，尤其配合特殊處理(預熱、過熱、添加銲劑等)施銲，範圍更廣，此由前述圖 2.4 可略見一斑。但由於氣銲功率密度低，較適用於薄板材(通常軟鋼料爲 6.4mm 或 $\frac{1}{4}$ in 以下)、細管件接合及小工件製作。在工業上主要用途爲修繕。

氣割適用母材則限於前述條件，範圍較窄，主要用於碳鋼切斷，但板厚可達 200mm(8in)。且有手工、自動操作方式，可用於一般切斷外，又可切母材斜邊作接頭準備，切落樣形板等。

至於氣銲填料—氣銲條(gas welding rod)應依母材材質採相同材質或近似材質填加，已略述如圖 2.4。現就一般碳鋼銲條而言，AWS 分為 RG45，RG60(適一般低碳鋼，最常用)及 RG65 三級分別表各級氣銲條銲後銲接金屬最小抗拉強度為 45,000psi(3,150kg/cm^2)，60,000psi(4,200kg/cm^2)及 67,000psi(4,690kg/cm^2)，直徑為 1.6～10mm($\frac{1}{16}$～$\frac{3}{8}$in)，長度為 610 和 914mm(24 和 36in)兩種，且表面為防止氧化生銹而鍍銅。

此外，在進行氣銲之前，接合部位必須非常潔淨，以免施銲時氧化物阻礙母材熔化、夾入銲接金屬降低接頭強度等(此種現象在金屬與氧親和力大、金屬氧化物熔點較金屬熔點高時更形嚴重)。因此，在銲接青銅、鑄鐵、黃銅、矽青銅、不銹鋼和鉛等銲材時，常加入銲劑(flux，或稱銲藥)使其能移除母材(甚銲條)上之氧化物，並能形成極細薄之銲渣保護接合部位之熔融金屬不與大氣接觸。

目前銲劑並無統一之國家標準，大多依成份或欲援用之母材稱謂。一般製成粉末狀、糊狀或稠液狀，有事先塗敷在銲條上或施銲中由已加熱之銲條熔填端沾黏方式添加。茲再列述常見母材之適用銲條、火焰、銲劑如表 2.5，以供參考。

表 2.5　常用母材之氣銲配當狀況

母材	銲條	火焰	銲劑
鋁	同母材	稍微碳化	鋁銲劑
黃銅	海軍黃銅	稍微氧化	硼砂銲劑
青銅	銅錫	稍微氧化	硼砂銲劑
銅	銅	中性	———
銅鎳	銅鎳	碳化	———
英高鎳	同母材	稍微碳化	氟化物銲劑
鑄鐵	鑄鐵	中性	硼砂銲劑
熟鐵	鋼	中性	———
鉛	鉛	稍微碳化	———
蒙納	同母材	稍微碳化	蒙納銲劑
鎳	鎳	稍微碳化	———
鎳銀	鎳銀	碳化	———
低合金鋼	鋼	稍微碳化	———
高碳鋼	鋼	碳化	———
低碳鋼	鋼	中性	———
中碳鋼	鋼	稍微碳化	———
不銹鋼	同母材	稍微碳化	SS(不銹鋼)銲劑

2.1.5 氧乙炔氣銲之基本技巧

氣銲操作技巧中依銲炬火口指向與銲接移行方向之關係可分爲前手銲(forehand welding，或稱推向銲 push welding)及後手銲(backhand welding，或稱拖向銲 drag welding)，如圖 2.13 所示。

前手銲依銲向銲條在火口之前，火焰指向即將施銲部位先行預熱，適於小熔池(molten weld pool or puddle，銲接金屬凝固前之液態區)之控制，適用於厚度 3.2mm($\frac{1}{8}$ in)及以下之銲材，最爲廣用。

後手銲依銲向銲條在火口之後，火焰指向熔池及已完成之銲道，銲塡率較大、根部熔合(滲透)狀況較佳，適用於厚度 3.2mm($\frac{1}{8}$ in)以上之銲材。

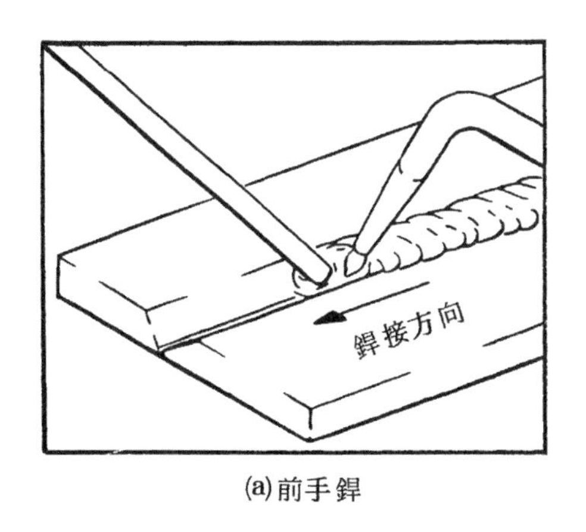

(a)前手銲

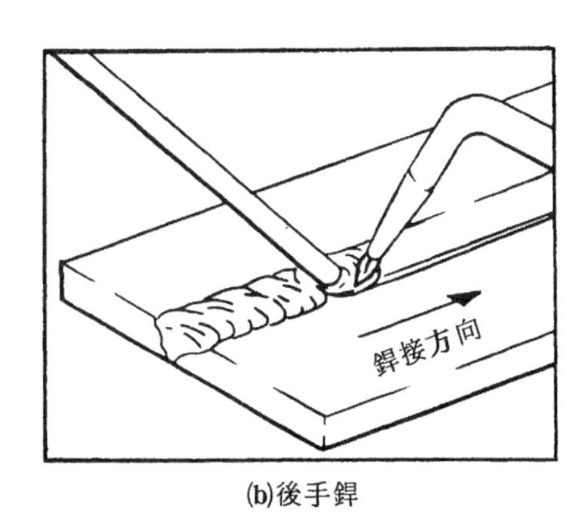

(b)後手銲

圖 2.13　前手銲與後手銲

至於在氣銲操作中，銲炬和銲條的角度，一般在前手銲時，銲炬爲推角，銲條爲拖角；在後手銲時銲炬爲拖角，銲條爲推角。至於角度大小一般依板厚決定，板厚愈大，則兩移行角隨之減小以獲得較佳之滲透(見圖 2.14)。但對初學者宜採較大之移行角以便利熔池控制。圖 2.15 爲各銲接位置前手銲時，銲炬及銲條移行角度之圖例－此等槽銲之工作角皆爲 90°(如圖 2.14(b)所示平銲圖例)。

此外，在寬銲道施銲中，銲炬火口可依圖 2.16 所示之常見圓形或半圓形織動，以均勻分配熱源和熔融金屬。

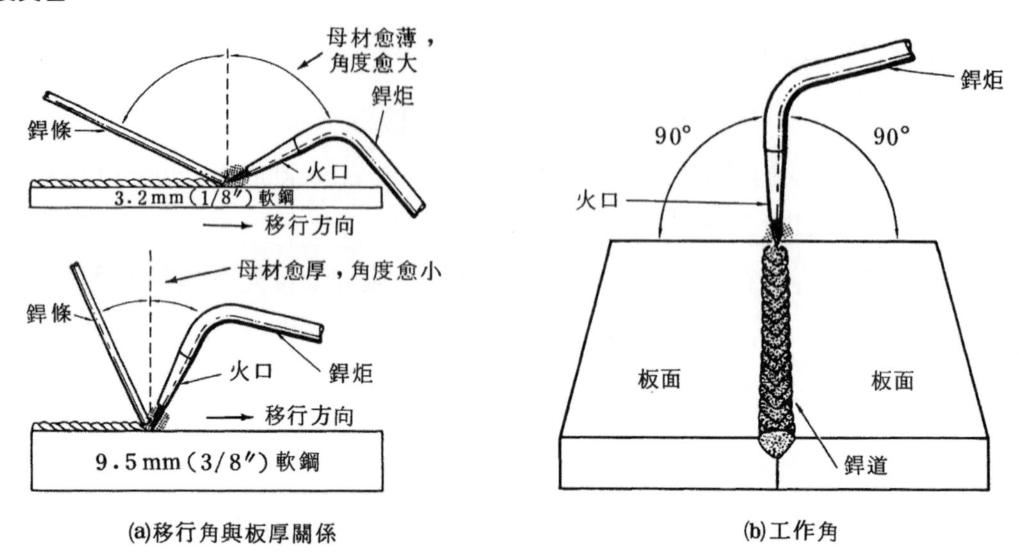

(a)移行角與板厚關係

(b)工作角

圖 2.14　氣銲銲炬及銲條角度

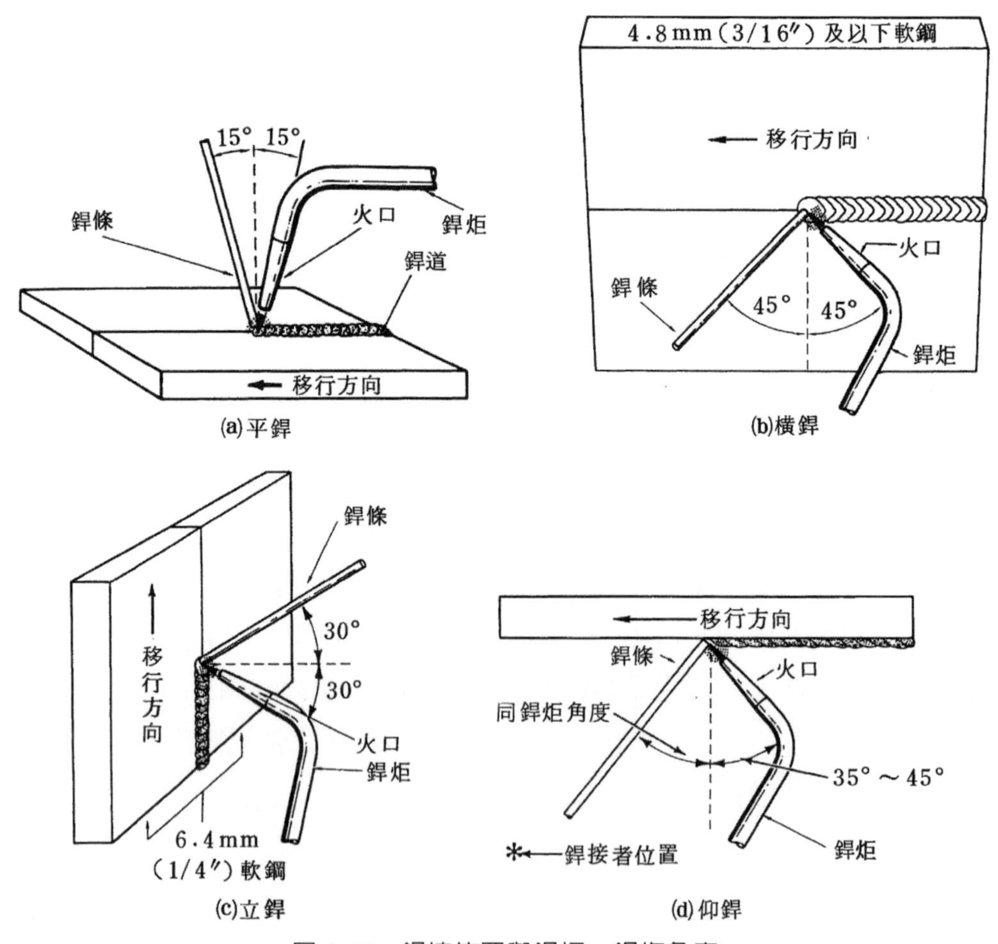

(a)平銲

(b)橫銲

(c)立銲

(d)仰銲

圖 2.15　銲接位置與銲炬、銲條角度

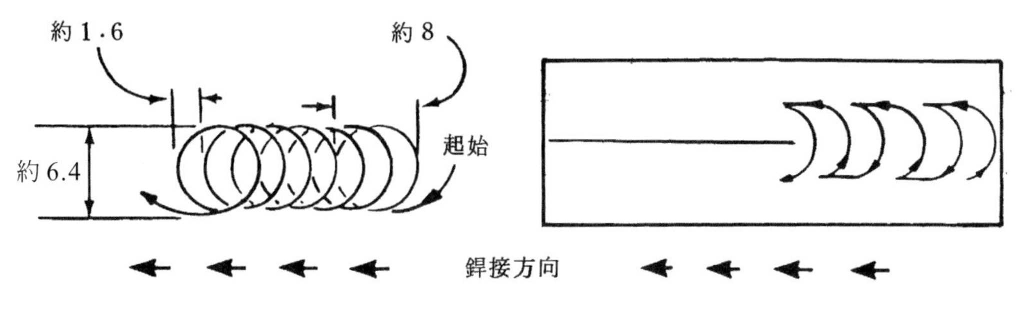

圖 2.16　氣銲織動法

2.1.6　氧乙炔氣銲與切割安全守則

(1) 確認所有裝置皆為合格品，且安裝妥當、工作狀況正常。檢查接頭是否漏氣時應利用肥皂水，絕不可使用火焰檢查。

(2) 穿戴適用於銲接或切割的防護衣物。

(3) 保持工作場所清潔且附近無危險物品。尤其切割時火花可濺及十數公尺，切勿使火花觸及橡皮管、調節器或氣瓶。

(4) 搬運氣瓶時應特別小心，勿使撞擊，不使用時應加瓶蓋。

(5) 使用中，務使氣瓶固持於牆、柱或其它結構件，並使氣瓶直立(尤其乙炔氣瓶)，且遠離熱源。

(6) 儲放氣瓶時應置於安全、通風場所，氧、乙炔氣瓶應分開。

(7) 用盡氣體之氣瓶應關閉氣閥在瓶上標明「空」瓶。

(8) 依工作性質、目的選用適當的銲炬。

(9) 絕不可將氧氣作為任何壓縮空氣之用。

(10) 絕不可使乙炔氣工作壓力超過 1.05kg/cm^2(15psig)，以免造成爆炸。

(11) 絕不可使機油、油脂(黃油)或其它相近材料接觸氧、乙炔裝置或接頭以免觸及氧氣引起猛烈燃燒。

(12) 調節工作壓力及開關瓶閥時應緩慢、小心。

(13) 安裝調節器於氣瓶之前，先打開氣閥隨即關閉，以沖除瓶口內積污物，並確認所有接頭螺牙皆乾淨且能鎖緊。

(14) 點火時應依下列正確順序與技巧：

① 打開乙炔氣瓶上氣閥。

② 打開銲炬乙炔氣閥 $\frac{1}{4}$ 轉。

③ 旋轉乙炔調節器調節螺桿調至工作壓力。

④ 關閉銲炬上乙炔氣閥(此時乙炔氣已充滿乙炔氣橡皮管)。

⑤ 緩慢打開氧氣瓶上氣閥。

⑥ 打開銲炬上氧氣閥$\frac{1}{4}$轉。

⑦ 旋轉氧氣調節器調節螺桿調至工作壓力。

⑧ 關閉銲炬上氧氣閥(此時氧氣已充滿氧氣橡皮管)。

⑨ 打開銲炬上乙炔氣閥$\frac{1}{4}$轉，利用摩擦式打火器或專用點火器點火。

⑩ 打開銲炬上氧氣閥$\frac{1}{4}$轉。

⑪ 調至中性焰。

(15)熄火時應依下列正確順序與技巧：

① 先關閉銲炬上氧氣氣閥，再關閉乙炔閥。

② 先關閉乙炔瓶上氣閥，再關閉氧氣瓶上氣閥。

③ 打開銲炬上乙炔氣閥及氧氣閥，以放除調節器及管路中之殘留氣體。

④ 放鬆調節器調節螺桿至無彈簧張力之感覺。

⑤ 關閉銲炬上乙炔氣閥及氧氣閥。

(16)銲接或切豁鉛、鎘、鉻、錳、黃銅、青銅、鋅或鍍鋅鋼材時應在銲切處裝設強制通風，以排除有毒氣體。

(17)必須銲、切可能引起燃燒或爆炸材料時，應有特殊防護，並會同有關人員事前檢查、核可。

(18)絕不可銲、切裝有可燃材料的容器，除非已採特殊防護。

(19)絕不可銲、切密封的容器或間隔，除非已作通氣及採特殊防護。

(20)絕不可在有限空間內銲、切，除非已採特殊防護。

2.1.7 回火與倒燃之現象、成因與對策

1. 回火(back fire)

回火(俗稱放砲)爲銲炬操作不當或器具缺陷引起隨同火焰產生的爆裂聲。發生回火時應立即關閉銲炬上氣閥、檢查其成因是下列何者，並加以排除：

(1) 氣體工作壓力較使用火口所需工作壓力低——致氣體流出火口的速率太慢，造成燃燒速率較氣體流出速率快的反常現象。更正方法爲依規定加大氣體工作壓力，同時檢查火口大小有無誤用。
(2) 火口觸及工件——致火焰被窒息無法燃燒。更正方法爲操作者應隨時保持內焰心勿觸及工件。
(3) 火口過熱——火口連續使用太久、用於角銲成太靠近工件引起過熱。針對前二種過熱成因之更正方法爲暫停工作，待火口冷卻後再操作；針對第三種過熱成因則操作者應改善其操作方法。
(4) 火口或銲炬頭部鬆動——可能起因於過熱使螺牙接頭膨脹所致。更正方法爲重新旋緊。
(5) 火口內沾有碳粒或孔內有小金屬粒——此點熱粒狀物造成氣體之早燃。更正方法爲使用較火口小一尺寸之標準火口通針清除之。
(6) 火口接合座有污物或使用不當有刻痕存在——致火口無法與銲炬密接，氣體由接合處逸出發生早燃。更正方法爲除去污物，有刻痕則使用特殊工具修整或換新火口。

2. 倒燃(flash back)

倒燃爲火焰倒向燒進銲炬造成尖銳「嘶」聲的現象。此時應立即先關閉氧氣閥，再關閉乙炔氣閥。

倒燃的成因爲器具嚴重損壞或操作不當，如火口、混合膛、氣瓶等堵塞、氣體壓力不當(如使用較廠家建議爲高的工作壓力，或氧乙炔壓力差太大等)或氣體通路有氧化物等。更正方法爲排除其成因後，視倒燃程度：僅輕微倒燃至銲炬者，待銲炬冷卻後，先打開氧氣數秒以驅除內部煙灰，再重新點火；倘倒燃至橡皮管或調節器時，應確實送修或換新。

2.2 實習單元

隨後各單元中，除第一單元之外，各單元「機具」及「材料」部份所稱「氣銲基本機具」及「氣銲基本材料」均指單元一所列全部「基木機具」及「基本材料」。

此外，單元 21 及 22，依 AWS 歸類，屬銲炬硬銲法(torch brazing, TB)－利用銲炬火陷加熱母材使溫度高於 427°(800°F)，但低於母材熔點，同時塡加非鐵金屬銲條使在兩緊密配合之母材間生成薄膜分佈、接合。

單元 1　基本裝置之安裝與檢查

一、目標：熟悉氧乙炔氣銲及切割裝置之安裝與檢查操作，做好銲接前之準備，養成良好工作習慣。

二、機具：氣銲基木機具。

名稱	規格	數量	本單元需要性
氧、乙炔氣瓶手推車或能固持氣瓶於牆柱之鍊條		1 組	✓
氧氣瓶		1 個	✓
乙炔氣瓶		1 個	✓
氧氣調節器(附安全止回閥)		1 只	✓
乙炔氣調節器(附安全止回閥)		1 只	✓
氧氣橡皮管(附接頭、管夾)		1 條	✓
乙炔氣橡皮管(附接頭、管夾)		1 條	✓
銲(切)炬		1 具	✓
火口		1 組	✓
火口通針		1 組	×
打火器	摩擦火石式	1 付	×
瓶上氣閥扳手		1 支	✓
活動開口扳手		1 支	✓
火鉗		1 支	×
鋼絲刷		1 把	×
護目鏡	濾光號數 5#或 6#	1 付	×
防護衣物(帽子、圍裙、袖套、手套、腳罩、口罩)		1 套	需手套

註：“✓”表木單元需要；“×”表本單元不需要。

三、材料：氣銲基本材料

名稱	規格	數量
氧氣		1 瓶
乙炔氣		1 瓶
肥皂水(附毛刷)		1 杯
棉布		1 塊
氣瓶出氣口安裝墊圈		1 個

四、程序與步驟：(參閱圖 1)

1. 進行安裝前檢查

(1) 檢查上列機具－確定各部功能正常，且無油漬或污物阻塞現象。

(2) 檢查氧、乙炔氣調節器及銲(切)炬－確定調節器調節螺桿在放鬆狀態(逆時針左旋爲放鬆，此時高壓錶－低壓錶間內部通路阻隔)；並確定銲(切)炬上之氣閥皆在關閉狀態(右旋至手緊)。

(3) 排除或修正上述檢查所發現之不正常狀態。

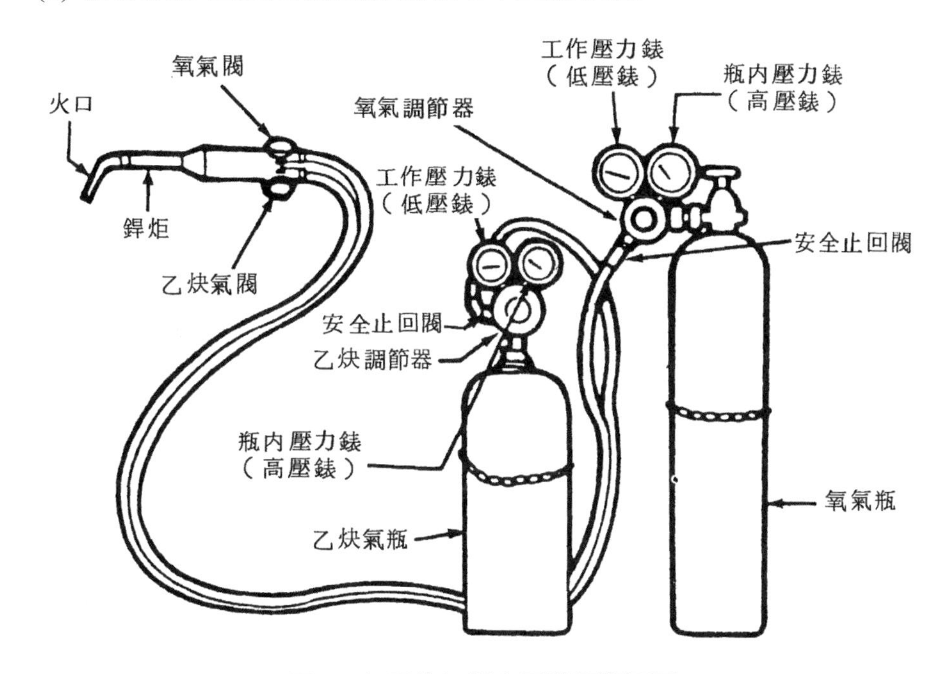

圖 1　氧乙炔氣銲主要裝置概要圖

2. 安裝調節器

(1) 利用瓶閥扳手將乙炔氣瓶上氣閥打開少許(維持 1～2 秒，使氣體沖除瓶口內污物；此時操作者應站在出氣瓶後方，並注意出氣口前方之安全)，隨即關閉氣閥。

(2) 放置出氣口墊圈於乙炔氣瓶瓶口，然後將乙炔調節器固定環套在瓶頭上，使調節器接頭對準瓶口，右旋固定環固定螺桿至手緊爲止。並稍做修整，使調節器壓力錶直立向上。

(3) 利用手輪(缺手輪時，利用瓶閥扳手)依步驟 1 操作氧氣瓶上氣閥。

(4) 放置出氣口墊圈於氧氣瓶瓶口，然後將氧氣調節器接頭對準瓶口，利用活動扳手鎖緊安裝螺帽(倘爲翼形螺帽，用手鎖緊即可)，再旋轉調節器至手緊爲止；並稍做修整，使調節器之壓力錶直立朝上。

3. 安裝橡皮管、銲(切)炬及火口

(1) 辨認乙炔氣橡皮管(一般爲紅色，接頭螺帽爲左螺旋)，將接頭螺帽左旋接於乙炔氣調節器出口接頭上，並用活動(或固定)開口扳手鎖緊。

(2) 辨認氧氣橡皮管(一般爲綠色或黑色，接頭螺帽爲右螺旋)，將接頭螺帽右旋接於氧氣調節器出口接頭上，並用活動(或固定)開口扳手鎖緊。

(3) 將氧、乙炔氣橡皮管另一端之接頭螺帽(有些裝置於銲炬入氣口裝有附安全止回閥之快速接頭)分別以右旋、左旋接於銲(切)炬接頭上，再用活動(或固定)開口扳手鎖緊。

(4) 將火口右旋接於銲炬出口接頭上,再用火口板手(或活動開口扳手)鎖緊。

4. 進行安裝後檢查：利用下列二法之一(第二法較佳)檢查各部接頭，以確定絕無漏氣現象。

(1) 氣體壓力試驗法

① 利用瓶閥扳手，將乙炔瓶上氣閥慢慢旋開半圈(操作中，操作者應站於氣瓶後方,切勿站在氣瓶瓶口之前;此時調節器高壓錶即指示瓶內乙炔氣壓力)，隨即關閉瓶上氣閥；觀察高壓錶指示壓力，倘在一分鐘內沒有下降現象，即表示氣瓶-調節器間之接頭沒有漏氣。如有漏氣，重新安裝妥當。

②再打開瓶上氣閥，然後將調節器調節螺桿右旋至低壓錶指示壓力爲 0.4kg/cm^2 左右，再將螺桿左旋放鬆；觀察低壓錶指示壓力，倘在一分鐘內沒有下降現象，即表示調節器-橡皮管及橡皮管-銲炬間之接頭沒有漏氣。如有漏氣，重新安裝妥當。如無漏氣，旋緊瓶上氣閥，右旋調節螺桿,旋鬆銲炬上氣閥,以放除管內乙炔氣至壓力錶皆歸零爲止，然後放鬆調節桿，旋緊銲炬上氣閥。

③依本試驗法①、②檢查氧氣裝置,唯②中氧氣工作壓力可調至 4kg/cm^2 左右。

(2) 肥皂水試驗法

參照前法，將氧、乙炔裝置各氣閥依序打開，利用毛刷將肥皂水塗抹於各接頭部位，倘肥皂水有冒泡現象即表示該處有漏氣，需重新安裝妥當。倘無漏氣，則參照前法放除管中氣體。

5. 注意事項：

(1) 氣銲機具因廠牌型式不同，安裝方式亦有某些差異，安裝、使用前宜詳閱廠家提供之說明書。

(2) 手有油污或戴油污手套時，不可進行安裝與檢查。

(3) 氣瓶必須豎立，並固持於專用手推車或牆、柱上。

(4) 氧、乙炔氣調節器不可互換使用；調壓時螺桿應慢慢旋轉。

(5) 開啓瓶上氣閥之前務必確認調節螺桿在放鬆狀態；開啓氣閥時應慢慢旋轉，並站在氣瓶後方(使氣瓶介於調節器及操作者之間)。

(6) 各部接頭螺旋不可旋得過緊。

(7) 絕不可利用火焰或火花試驗有無漏氣。

單元 2　點火與火焰之調整

一、目標：熟悉氧乙炔氣銲及切割火焰之點火與調整操作，以便進行基本銲切。定隨後各單元之操作基礎。

二、機具：氣銲基本機具——1 組。

三、材料：氣銲基本材料——1 組。

四、程序與步驟：

1. 準備器材

(1) 檢查裝置狀況——確定各部接頭無鬆脫、漏氣之虞，且銲炬上氣閥在關閉狀態，調節器調節螺桿在放鬆狀態。

(2) 利用瓶閥扳手打開乙炔氣瓶上氣閥，並將扳手留置乙炔氣閥之上。

(3) 打開銲炬上乙炔氣閥$\frac{1}{4}$轉，調節乙炔氣工作壓力為 0.4kg/cm^2，隨後關閉銲炬上乙炔氣閥。

(4) 利用手輪(倘缺手輪，可利用瓶閥扳手，但用後即置於乙炔瓶上氣閥)緩慢打開氧氣瓶上氣閥。

(5) 打開銲炬上氧氣閥$\frac{1}{4}$轉，調節氧氣工作壓力為 0.4kg/cm^2(噴射式為 2.5kg/cm^2)，隨後關閉銲炬上氧氣閥。

2. 點火

(1) 將銲炬遠離氧、乙炔氣瓶，將銲炬上乙炔氣閥打開$\frac{1}{4}$轉。

(2) 利用打火器產生火花，同時火口朝向火花(但應偏離握持打火器之左手；本書依一般人操作習慣撰述)，使點燃天焰。

3. 調整火焰：調出「中性焰」、「碳化焰(還原焰)」及「氧化焰」

(1) 調出「中性焰」——點火後(此時為暗黃色且冒黑煙之純乙炔焰)，慢慢打開、加大銲炬上氧氣閥開度火焰外部顏色由黃轉藍，並出現焰心、乙炔羽狀焰及外焰三部組成之碳化焰。然後再將銲炬上氧氣閥開度慢慢加大，直到乙炔羽狀焰由長縮短而後消失，同時火焰中心恰出現明亮、圓錐端之白色內焰心，即成明顯可見內焰心、外焰錐二部組成之中性焰(見圖 1)。

(2) 調出「碳化焰(還原焰)」——調成中性焰之後，慢慢加大銲炬上乙炔氣閥開度，直到內焰心射出乙炔羽狀焰(一般調至其長度爲內焰心之二倍左右)，即成明顯可見內、中、外焰錐三部組成之碳化焰(見圖 2)。

(3) 調出「氧化焰」——調成中性焰之後，慢慢加大銲炬上氧氣閥開度，直到內焰心縮短(一般調至其長短爲原長度之十分之一左右)，呈尖銳狀，略帶紫色，火焰帶明顯「嘶」聲，即成明顯可見內焰心、外焰錐二部組成之氧化焰(見圖 3)。

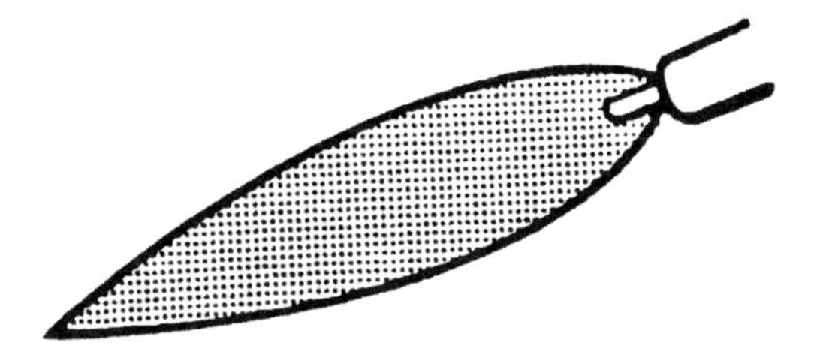

圖 1　中性焰

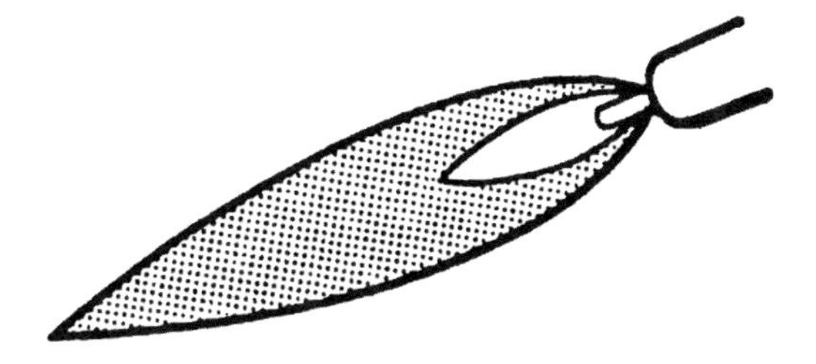

圖 2　碳化焰(還原焰)

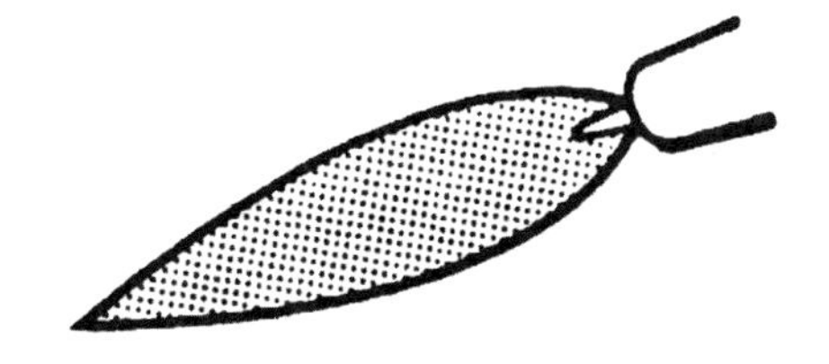

圖 3　氧化焰

4. 熄火

(1) 先關閉銲炬上氧氣氣閥，再關閉銲炬上乙炔閥。

(2) 先關閉乙炔氣瓶上氣閥，再關閉氧氣瓶上氣闕。

(3) 旋關銲炬上氧、乙炔氣閥，放除氣瓶出氣口-銲炬間之剩餘氣體，直到調節器上壓力錶皆歸零爲止，再關閉銲炬上氧、乙炔氣閥。

(4) 旋鬆氧、乙炔氣調節器調節螺桿。

(5) 將銲炬及橡皮管等器材歸定位。

五、注意事項：

(1) 點火前，應先注意實習(工作)場所之安全狀況。

(2) 點火時，火口勿朝向自身、旁人、氣瓶及則它可能燃燒、爆炸之物品。

(3) 點火後，倘發生回火或倒燃現象，應立即關閉氣閥，排除其成因(成因與對策見相關知識部份)。

單元 3　平面細直銲道練習

一、目標：熟悉銲炬、銲條之操作與熔池之控制，以完成不加銲條及加銲條之單銲道，奠定平銲操作基礎。

二、機具：氣銲基本機具——1 組。

三、材料：

(1) 氣銲基木材料——1 組。

(2) 軟鋼板(3.2mm×100mm×150mm)——1 塊。

(3) 軟鋼銲條(ϕ2.6mm×1,000mm)——數支。

四、程序與步驟：

1. 準備器材

(1) 檢查裝置，確定狀況正常。

(2) 做好防護準備。

(3) 清潔母材及銲條。

(4) 平放母材於鋪耐火磚之工作台上。

(5) 選用相當鑽頭號碼 56 號(田中牌中型：100#)之火口，並裝妥。

(6) 調節氣體工作壓力：氧氣——0.4kg / cm^2(噴射式 2.5kg / cm^2)，乙炔 0.4——kg / cm^2。

(7) 點火並調出中性焰。

2. 進行不加銲條細直銲道練習(採前手銲)

(1) 如圖 1，握持銲炬使呈工作角 90°，移行推角 35°～40°。

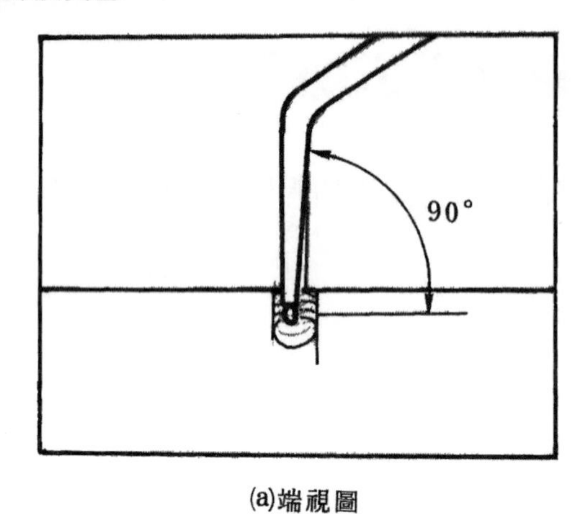

(a)端視圖

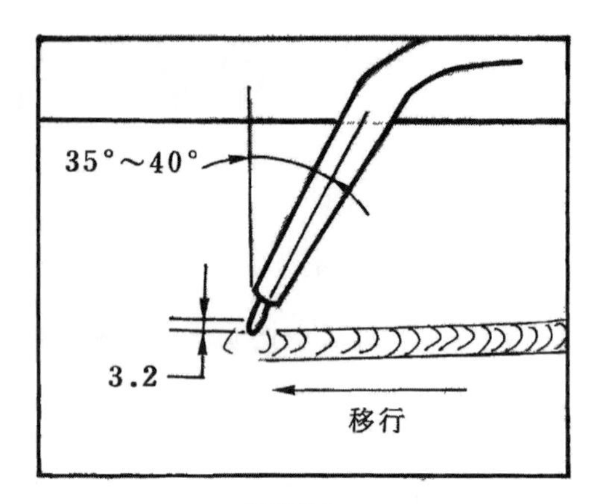

(b)側視圖

圖 1　銲炬角度

(2) 預熱母材右端至白熱熔池產生後向左移行，保持內焰心距熔池 3.2mm($\frac{1}{8}$ in)。

(3) 依圖 2 順序練習，完成後之銲道應平坦、波紋均匀細密且寬度為 9.5mm($\frac{3}{8}$ in)左右。

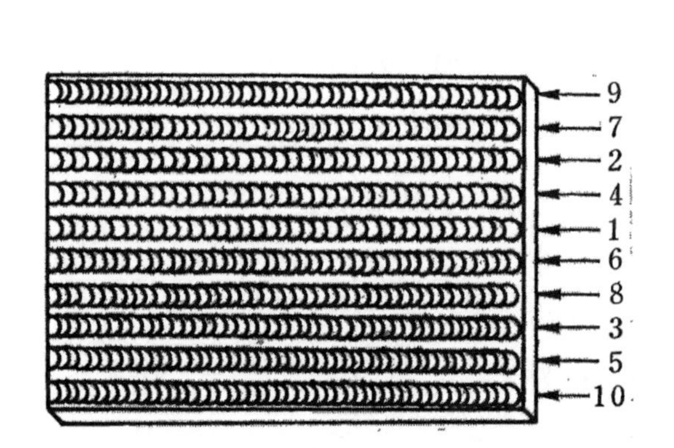

圖 2　銲接順序

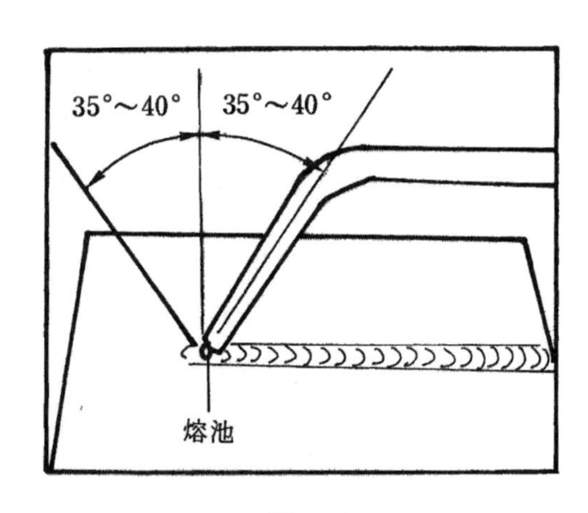

圖 3　銲炬／銲條移行角

3. 進行加銲條細直銲道練習(利用程序 2 所用母材背面)

(1) 如圖 3，右手握持銲炬，使呈移行推角 35°～40°，左手抓持銲條使呈移行拖角 35°～40°。

(2) 預熱母材端，至熔池產生後，將銲條填入熔池中央，見熔滴擴散至銲道處(9.5mm)，重複填料動作(見圖 4、5)。

(3) 依圖 2 次序練習，完成後之銲道應微凸、波紋均勻細密且寬度為 9.5mm。

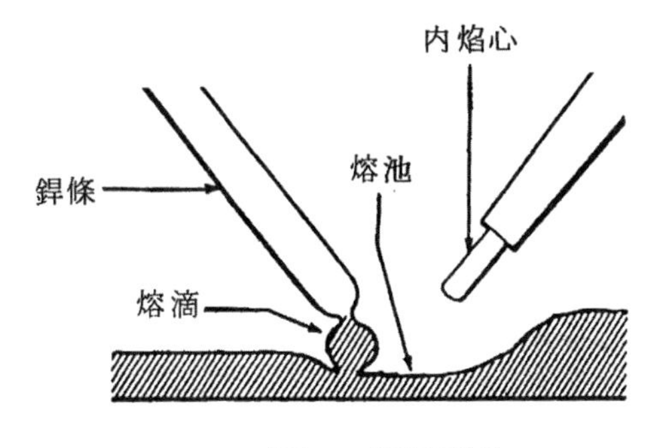

圖 4　銲接現象

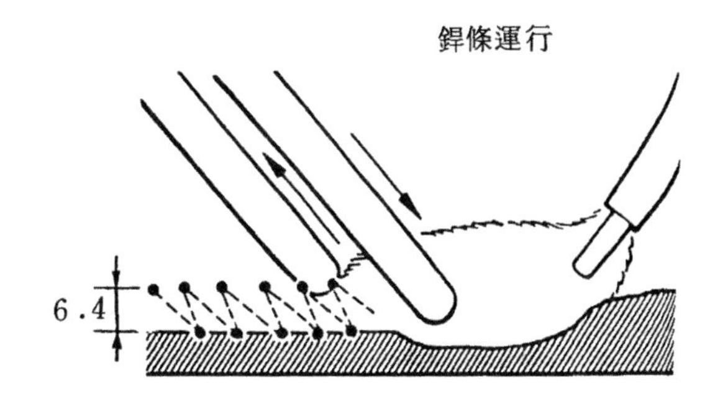

圖 5　銲條動作

五、注意事項：

1. 施銲中，做下列判斷並做修整
   (1) 倘銲道窄且不均勻——係火焰太低和／或移行太快。
   (2) 倘母材燒穿——係移行太慢和／或火焰太高。
   (3) 倘火焰發出爆裂聲或熄滅——係火口太大、太髒、太靠近母材或在同一施銲點停留太久。
2. 依母材受熱狀況，可酌予升降火口高度、增減移行速率、調整銲炬角度，如：銲道頭端母材較冷，火口可稍高、銲速可稍慢、銲炬推角可稍小；銲道尾端母材較熱則反之。但需把握熔池應始終早等徑近似圓形。
3. 銲條進給應利用拇指、食指及中指運指輸送，俾使左手與母材保持恆定距離。
4. 銲條填料動作中，抽回時勿使熔填端脫離火焰罩，以免氧化。
5. 時間充裕時，可參照前述程序與步驟，練習後手銲。

單元 4　內角緣接頭橫向角銲練習

一、目標：習得內角緣接頭橫向角銲之技能。

二、機具：氣銲基本機具——1 組。

三、材料：

(1) 氣銲基本材料——1 組。

(2) 軟鋼板(3.2mm×75mm×150mm)——2 塊。

(3) 軟鋼銲條(ϕ2.6mm×1,000mm)——數支。

四、程序與步驟：

1. 準備器材

(1) 檢查裝置，確定狀況正常。

(2) 做好防護準備。

(3) 清潔母材及銲條。

(4) 選用相當鑽頭號碼 56 號(田中牌中型：100#)之火口，並裝妥。

(5) 調節氣體工作壓力：氧氣——0.4kg/cm^2(噴射式 2.5kg/cm^2)，乙炔——0.4kg/cm^2。

(6) 點火並調出中性焰。

2. 進行暫銲及定位

(1) 如圖 1，使兩板成角緣接頭，板端需相互搭疊。

(2) 在接頭兩端暫銲。

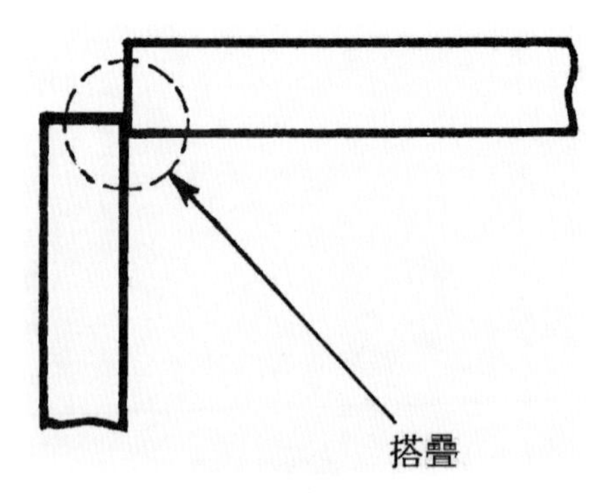

圖 1　搭疊狀況

3. 進行銲填

(1) 如圖 2，握持銲炬使呈工作角 45°，移行推角 35°～40°。

(2) 如圖 2，抓持銲條使呈工作角 45°，移行拖角 35°～45°。

(3) 平穩移行銲炬及銲條，使成 3.2mm 寬銲道。

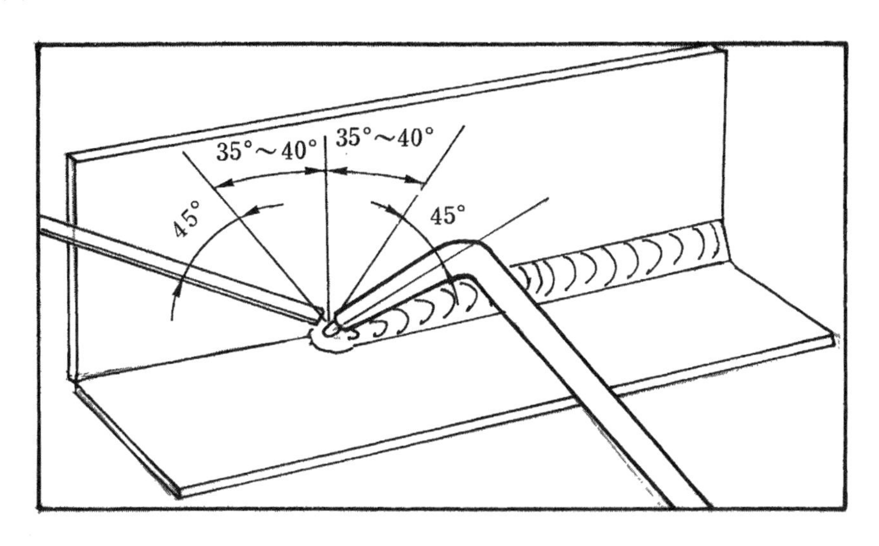

圖 2　銲炬／銲條角度

五、注意事項：

倘銲接部位太熱、移行太快、銲炬角度太低，將造成燒蝕(見圖 3)。

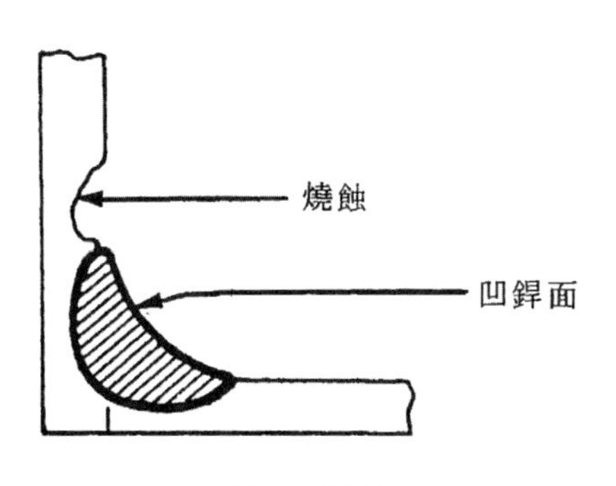

圖 3　燒蝕

單元 5　疊接頭橫向角銲練習

一、目標：習得疊接頭橫向角銲之技能。

二、機具：氣銲基本機具——1 組。

三、材料：

(1) 氣銲基本材料——1 組。

(2) 軟鋼板(3.2mm×75mn×150mm)——2 塊。

(3) 軟鋼銲條(ϕ2.6mm×1,000mm)——數支。

四、程序與步驟：

1. 準備器材

(1) 檢查裝置，確定狀況正常。

(2) 做好防護準備。

(3) 清潔母材及銲條。

(4) 選用相當鐵頭號碼 56 號(田中牌中型：100#)之火口，並裝妥。

(5) 調節氣體工作壓力：氧氣——0.4kg/cm^2(噴射式 2.5kg/cm^2)，乙炔——0.4kg/cm^2。

(6) 點火並調出中性焰。

2. 進行暫銲(點銲)及定位

(1) 以板寬之半重疊兩母材使成疊接頭。

(2) 如圖 1，在兩重疊端施予不加銲條之暫銲。

(3) 如圖 2，平放母材於鋪耐火磚之工作台上。

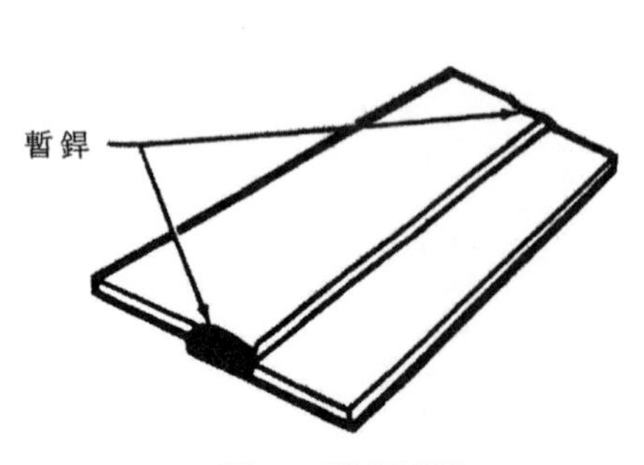

圖 1　暫銲部位

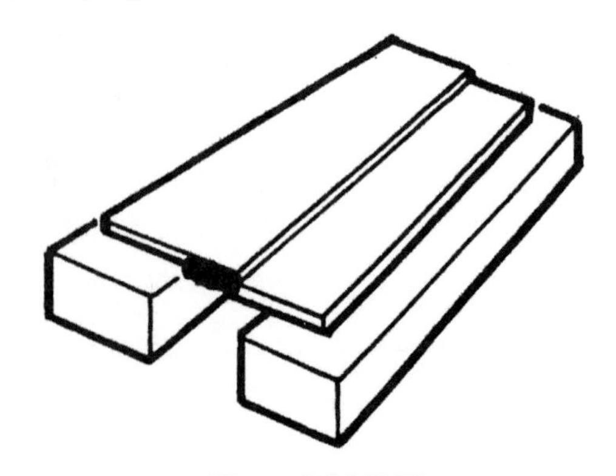

圖 2　銲接位置

3. 進行銲填(採前手銲)

(1) 如圖 3，握持銲炬使呈工作角 45°，移行推角 40°～45°。

(2) 如圖 3，抓持銲條使呈工作角 90°，移行拖角 45°。

(3) 預熱母材右端接頭根部，待熔池產生後如圖 4 加至上板邊之半位置，使確實填在上板，避免下板過度銲填。

(4) 確定銲接金屬熔入上板邊 3.2mm(如圖 5)，完成後之銲道應等腳長，波紋均勻細密，上、下板皆有良好滲透。

(5) 翻轉母材背面，依本程序步驟再進行銲填。

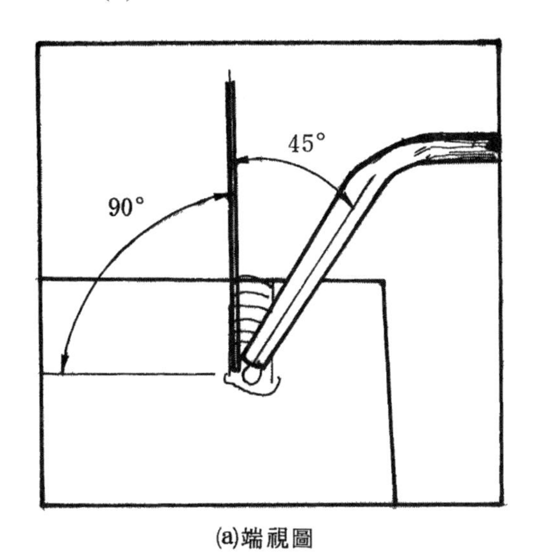

(a)端視圖

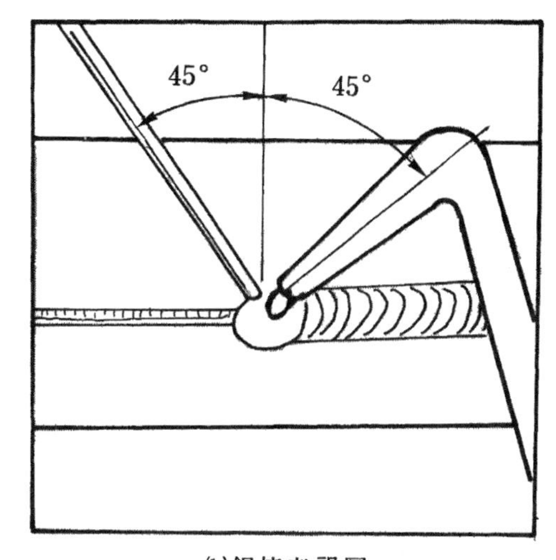

(b)銲接者視圖

圖 3　銲接角度

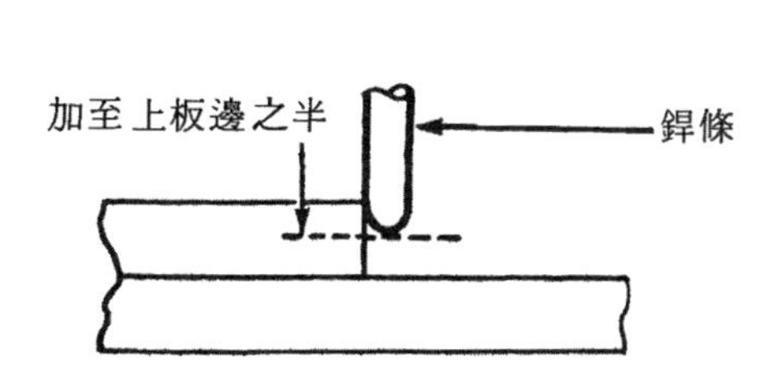

圖 4　填料要領

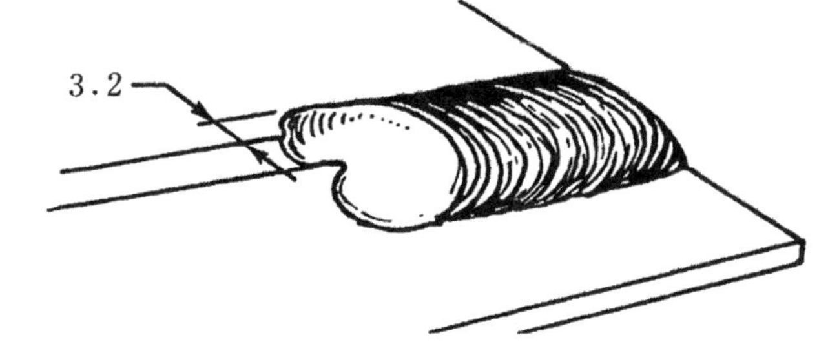

圖 5　滲透要求

單元 6　內角緣接頭向上立向角銲練習

一、目標：習得內角緣接頭向上立向角銲之技能。

二、機具：氣銲基本機具——1 組。

三、材料：

(1) 氣銲基本材料——1 組。

(2) 軟鋼板(3.2mm×75mm×150mm)——2 塊。

(3) 軟鋼銲條(ϕ2.6mm×1,000mm)——數支。

四、程序與步驟：

1. 準備器材

(1) 檢查裝置，確定狀況正常。

(2) 做好防護準備。

(3) 清潔母材及銲條。

(4) 選用相當鑽頭號碼 56 號(田中牌中型：100#)之火口，並裝妥。

(5) 調節氣體工作壓力：氧氣——0.4kg/cm^2(噴射式 2.5kg/cm^2)，乙炔——0.4kg/cm^2。

(6) 點火並調出中性焰。

2. 進行暫銲及定位

(1) 參考單元 4 圖 1、2，使母材成角緣接頭，並在兩端暫銲。

(2) 如圖 1，夾持母材使成立銲位置。

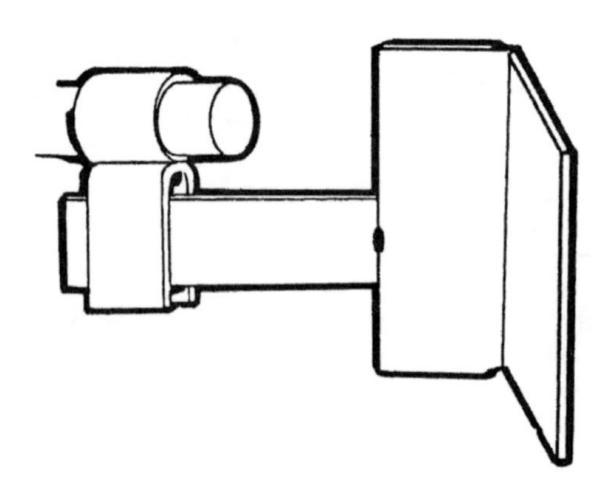

圖 1　銲接位置

3. 進行銲塡

(1) 如圖 2，握持銲炬使呈工作角 45°，移行推角 20°。

(2) 如圖 2，抓持銲條使與側板及直立線各夾 20°。

(3) 如圖 3，塡加銲條在熔池三分之一上端，以確保良好滲透。

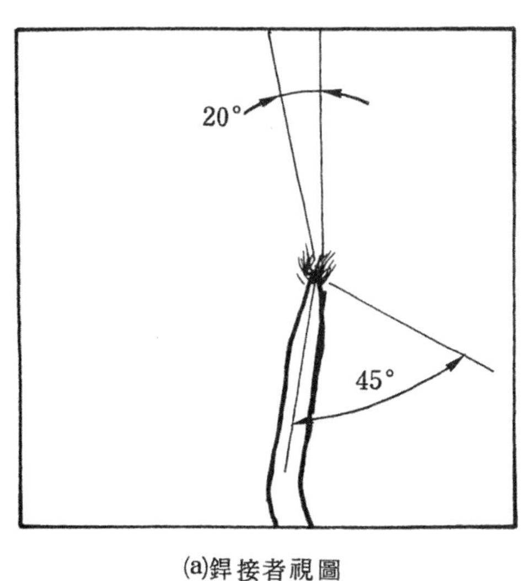

(a)銲接者視圖

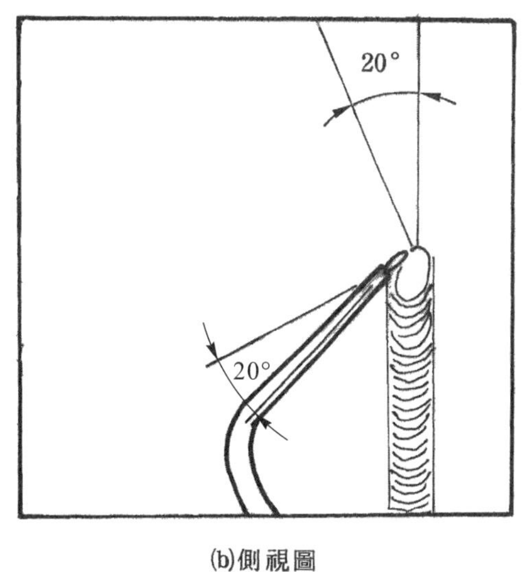

(b)側視圖

圖 2　銲炬／銲條角度

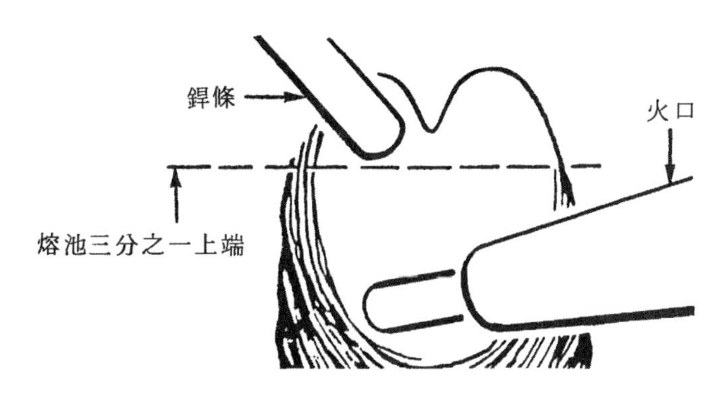

圖 3　塡料要領

五、注意事項：

注意銲道面寬應爲 3.2mm，表面平坦，波紋均勻細密。

單元 7　疊接頭向上立向角銲練習

一、目標：習得疊接頭向上立向角銲之技能。

二、機具：氣銲基本機具──1 組。

三、材料：

(1) 氣銲基本材料──1 組。

(2) 軟鋼板(3.2mm×75mm×150mm)──2 塊。

(3) 軟鋼銲條(ϕ2.6mm×1,000mm)──數支。

四、程序與步驟：

1. 準備器材

(1) 檢查裝置，確定狀況正常。

(2) 做好防護準備。

(3) 清潔母材及銲條。

(4) 選用相當鑽頭號碼 56 號(田中牌中型：100#)之火口，並裝妥。

(5) 調節氣體工作壓力：氧氣──0.4kg/cm^2(噴射式：2.5kg/cm^2)，乙炔──0.4kg/cm^2。

(6) 點火並調出中性焰。

2. 進行暫銲及定位

(1) 如圖 1，在接頭兩端暫銲。

(2) 如圖 1，夾持工件使成立銲位置。

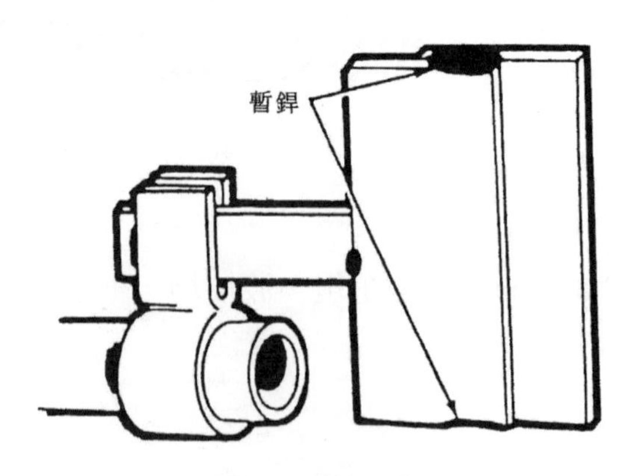

圖 1　銲接位置

3. 進行銲塡

(1) 如圖 2，握持銲炬使呈工作角 60°，移行推角 30°，使火口對準接頭根部。

(2) 如圖 2，抓持銲條使與直立板面夾 30°，側角爲 45°。

(3) 翻轉母材，利用前述相同程序施銲。

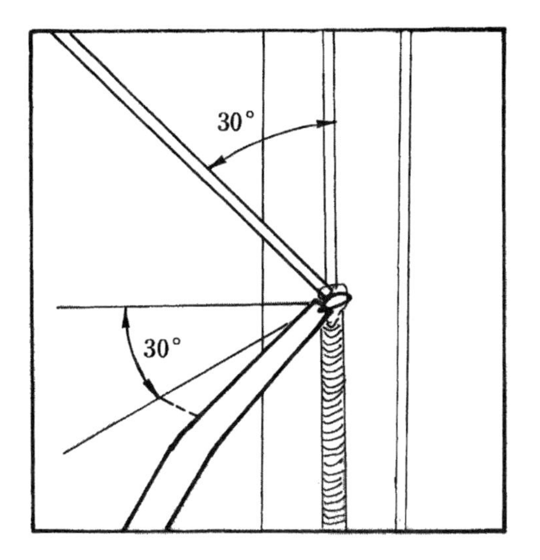

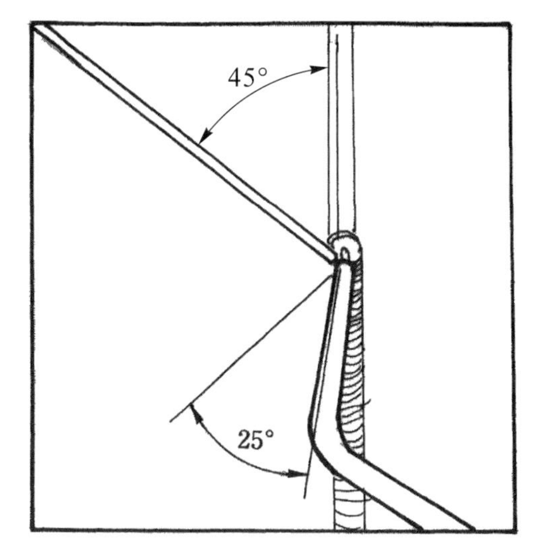

圖 2　銲炬／銲條角度

五、注意事項：

1. 完成後之銲道面應爲平至微凸，寬 3.2mm。

2. 倘母材上板熔化太多，熔池將呈半月狀(如圖 3)，致熔池中心太冷而無法形成良好銲道。

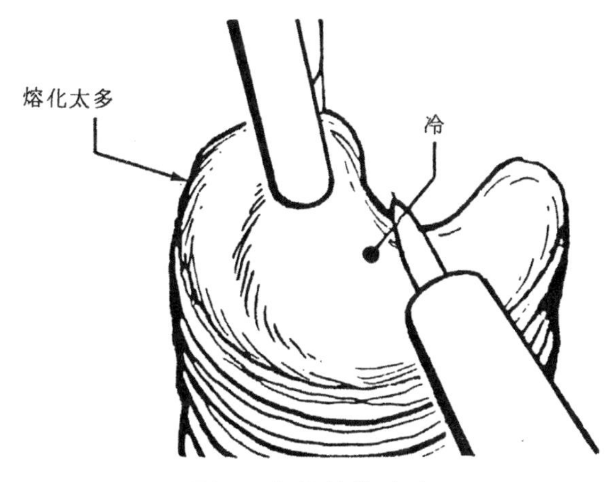

圖 3　上板熔化太多

單元 8　方型對接頭平面槽銲練習

一、目標：習得方型對接頭平面槽銲之技能及鑰孔技巧之利用以獲得良好滲透。

二、機具：氣銲基本機具──1 組。

三、材料：

(1) 氣銲基本材料──1 組。

(2) 軟鋼板(3.2mm×75mm×150mm)──2 塊。

(3) 軟鋼銲條(ϕ2.6mm×1,000mm)──數支。

四、程序與步驟：

1. 準備器材

(1) 檢查裝置，確定狀況正常。

(2) 做好防護準備。

(3) 清潔母材及銲條。

(4) 選用相當鑽頭號碼 56 號(田中牌中型：100#)之火口，並裝妥。

(5) 調節氣體工作壓力：氧氣──0.4kg/cm^2(噴射式 2.5kg/cm^2)，乙炔──0.4kg/cm^2。

(6) 點火並調出中性焰。

2. 進行暫銲及定位

(1) 如圖 1，使母材成對接頭。

(2) 如圖 1，利用 ϕ3.2mm($\frac{1}{8}$")間隙規(spacer wire)使母材根部間隙為 3.2mm。

(3) 如圖 2，在銲縫一端暫銲約 6.4mm。

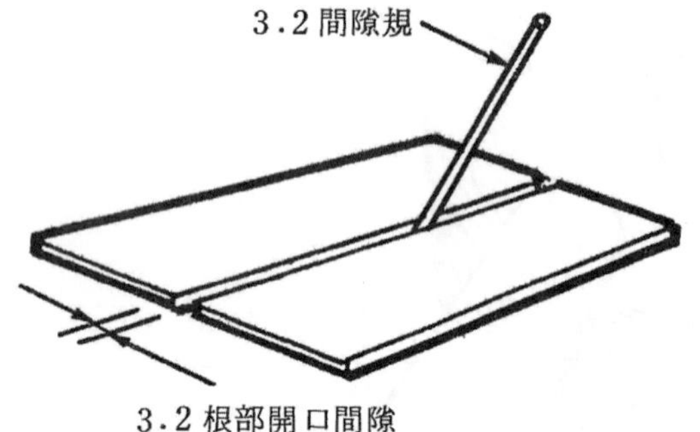

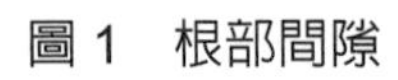

圖 1　根部間隙

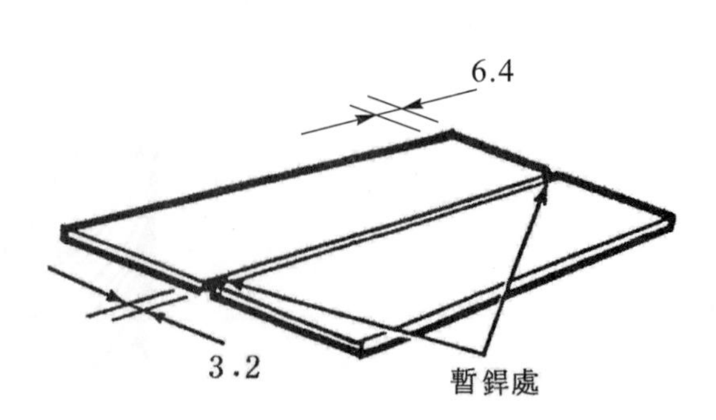

圖 2　暫銲部位

(4) 重新校準根部開口間隙爲 3.2mm，然後再另一端暫銲約 6.4mm。

(5) 如圖 3，安置母材於耐火磚上，使成平銲位置，暫銲面朝上。

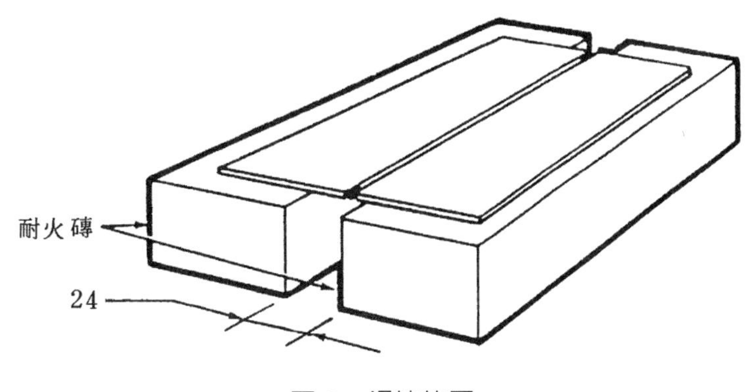

圖 3　銲接位置

3. 進行銲塡

(1) 如圖 4，握持銲炬使成工作角 90°，移行推角 35°。

(2) 如圖 4，抓持銲條使與板面夾 35°～40°。

(3) 如圖 5，預熱母材接頭右端，使在暫銲銲疤後 3.2mm 處形成鑰孔。

(4) 如圖 6，平穩移行銲炬，並塡加銲條於熔池前端。

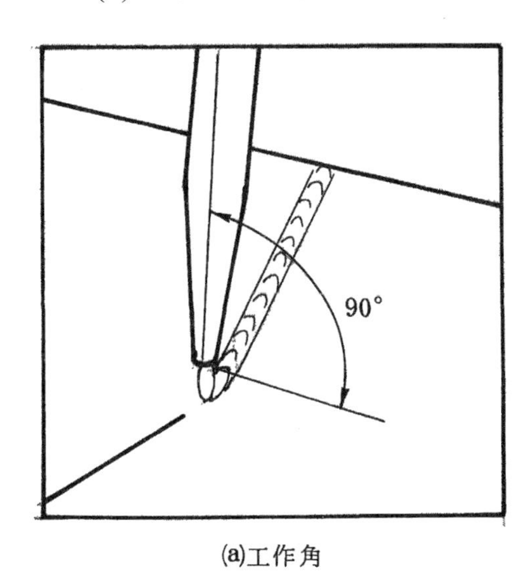

(a)工作角

(b)移行角

圖 4　銲炬／銲條角度

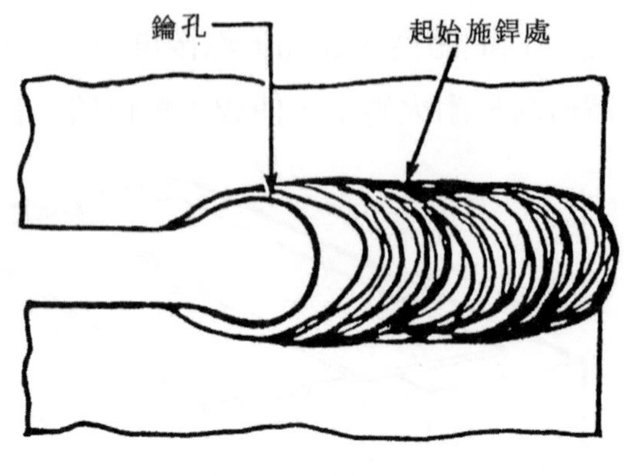

圖 5　鑰孔效應

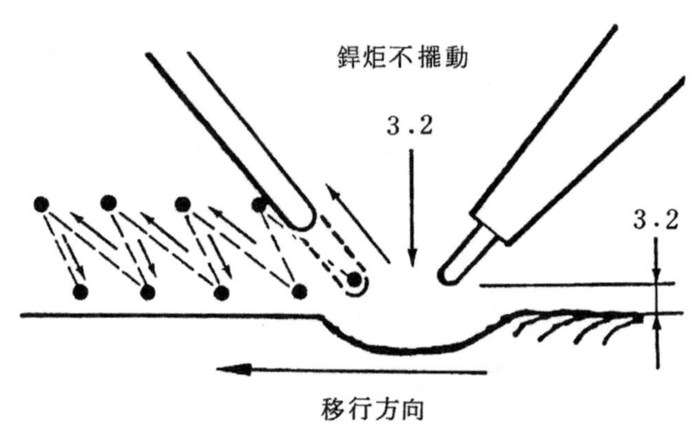

圖 6　銲填要點

五、注意事項：

1. 施銲中，銲炬應對準方型槽中心線。
2. 銲至暫銲部位之前，宜如圖 7 所示，銲炬做畫圓狀運動，以促進滲透狀況。
3. 如圖 7，銲至暫銲部位端，常因該部曾熔化太甚而形成小孔，應多加填料使達適當銲道尺寸。
4. 如圖 8，銲道表面應較槽寬寬 1.6mm，且爲平坦狀。
5. 如圖 8，銲接金屬應完全熔入接頭兩板邊，且完全滲透板厚，形成 1.6mm 之根部補強銲層。
6. 倘銲道面過凹，應依下列要點續作第二道銲層，以填妥接頭。
   (1) 利用前述銲炬／銲條角度，但改採後手銲(如圖 9)，移行推角變爲拖角。
   (2) 利用前述技巧施銲。

(3) 第二道銲道應呈微凸，但兩側板之熔合仍需良好。

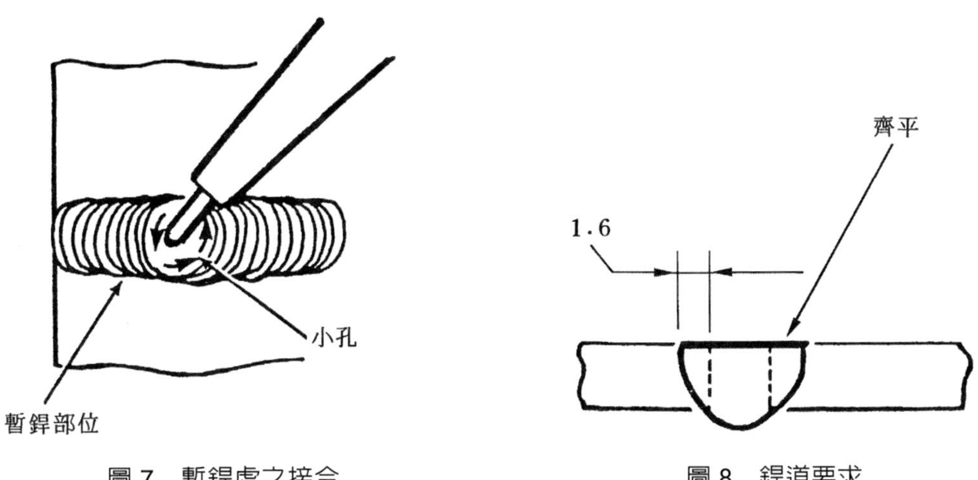

圖 7　暫銲處之接合

圖 8　銲道要求

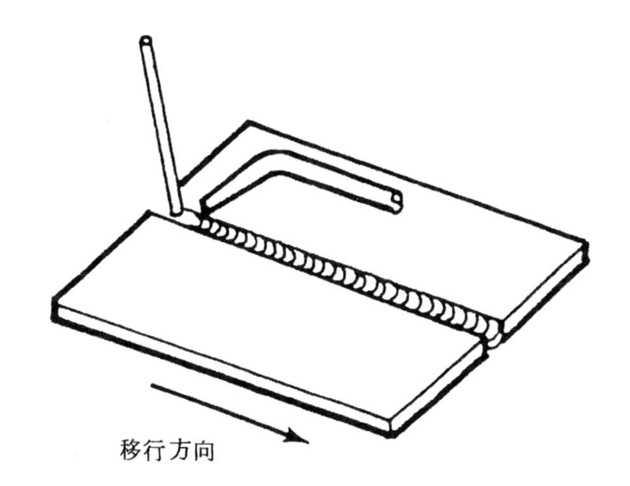

圖 9　第二層銲道施銲

單元 9　方型對接頭橫向槽銲練習

一、目標：習得方型對接頭橫向槽銲之技能。

二、機具：氣銲基本機具——1 組。

三、材料：

(1) 氣銲基本材料——1 組。

(2) 軟鋼板(3.2mm×75mm×150mm)——2 塊。

(3) 軟鋼銲條(ϕ2.6mm×1,000mm)——數支。

四、程序與步驟：

1. 準備器材

(1) 檢查裝置，確定狀況正常。

(2) 做好防護準備。

(3) 清潔母材及銲條。

(4) 選用相當鑽頭號碼 56 號(田中牌中型：100#)之火口，並裝妥。

(5) 調節氣體工作壓力：氧氣——0.4kg/cm^2(噴射式：2.5kg/cm^2)，乙炔——0.4kg/cm^2。

(6) 點火並調出中性焰。

2. 進行暫銲及定位

(1) 如圖 1，利用 ϕ3.2mm 間隙規設定接頭根部開口間隙，並在接頭兩端暫銲，長度為 6.4mm。

(2) 如圖 1，夾持銲件使成橫銲位置。

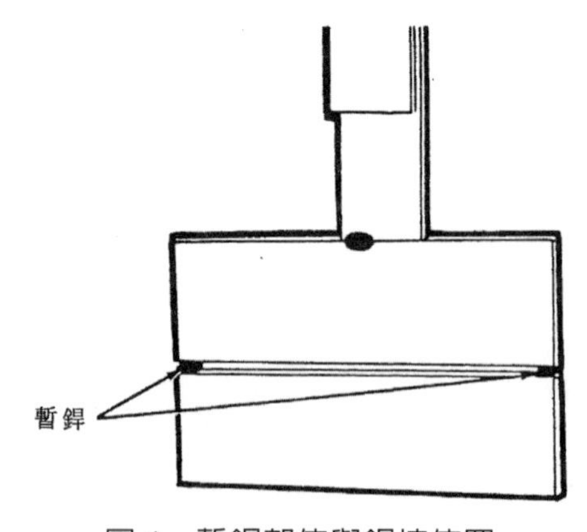

圖 1　暫銲部位與銲接位置

3. 進行銲塡

(1) 如圖 2，握持銲炬使呈工作角 80°～85°，移行推角 5°～10°。

(2) 如圖 2，抓持銲條使與板面夾 45°，且向上與水平面夾 10°。

(3) 沿接頭平穩移行銲炬，同時塡加銲條於接頭上邊以促進熔池之控制。

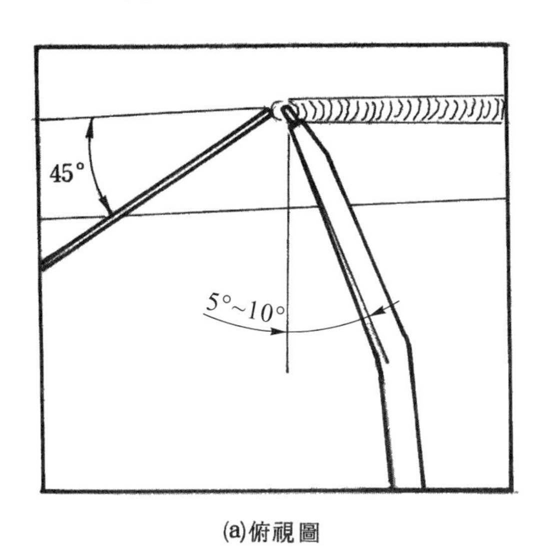

(a)俯視圖

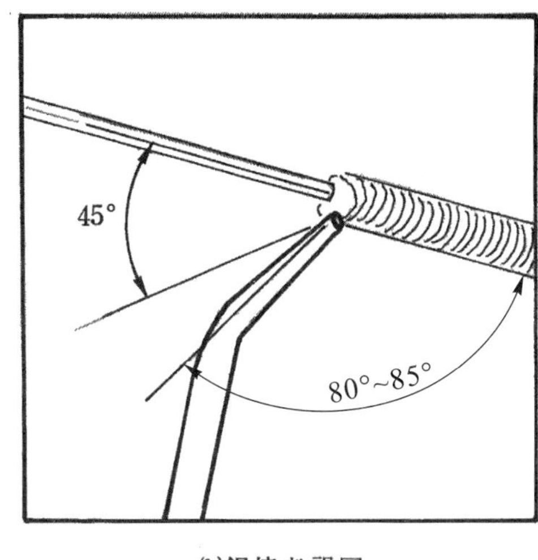

(b)銲接者視圖

圖 2　銲炬／銲條角度

五、注意事項：

1. 倘熔池控制不當，熔融金屬會下垂而銲道偏向下板，造成上板燒蝕之現象，如圖 3。

2. 銲道面應微凸且熔入接頭兩板邊。

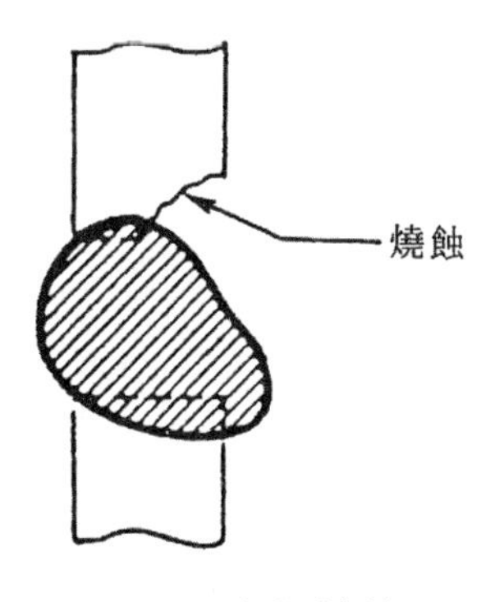

圖 3　上板燒蝕

單元 10　方型對接頭向上立向槽銲練習

一、目標：習得方型對接頭向上立向槽銲之技能。

二、機具：氣銲基本機具──1 組。

三、材料：

(1) 氣銲基本材料──1 組。

(2) 軟鋼板(3.2mm×75mm×150mm)──2 塊。

(3) 軟鋼銲條(ϕ2.6mm×1,000mm)──數支。

四、程序與步驟：

1. 準備器材

(1) 檢查裝置，確定狀況正常。

(2) 做好防護準備。

(3) 清潔母材及銲條。

(4) 選用相當鑽頭號碼 56 號(田中牌中型：100#)之火口，並裝妥。

(5) 調節氣體工作壓力：氧氣──0.4kg/cm^2(噴射式：2.5kg/cm^2)，乙炔──0.4kg/cm^2。

(6) 點火並調出中性焰。

2. 進行暫銲及定位

(1) 如圖 1，利用 ϕ3.2mm 間隙規設定接頭根部開口間隙，並在接頭兩端暫銲長度 6.4mm。

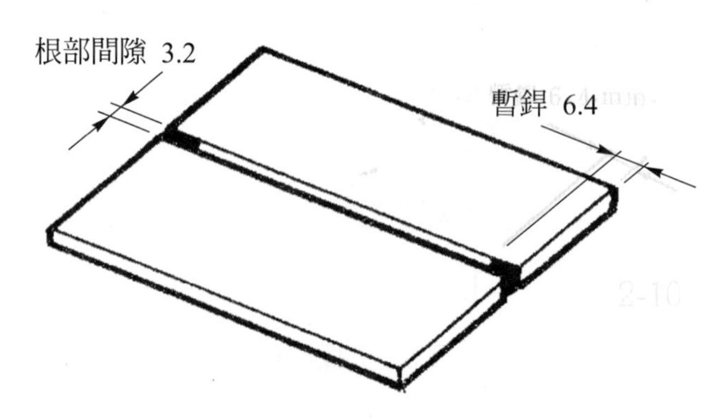

圖 1　根部間隙與暫銲部位

(2) 如圖 2，夾持銲件使成立銲位置。

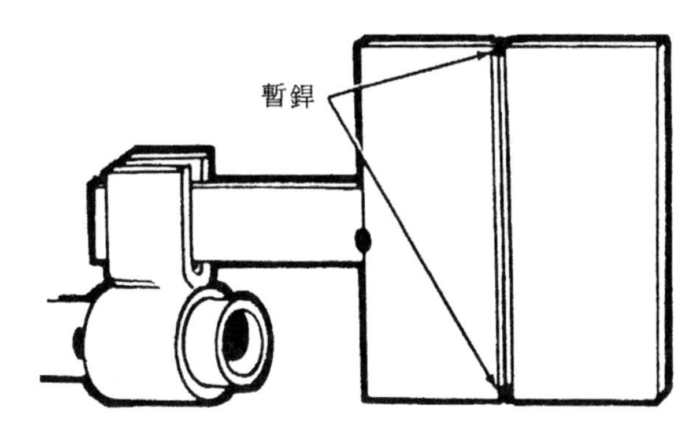

圖 2　銲接位置

3. 進行銲填

(1) 如圖 3，握持銲炬使成工作角 90°，移行推角 20°～30°。

(2) 如圖 3，抓持銲條使與板面夾 20°～30°，無側角。

(3) 保持平穩移行銲炬，填加銲條於熔池前端。

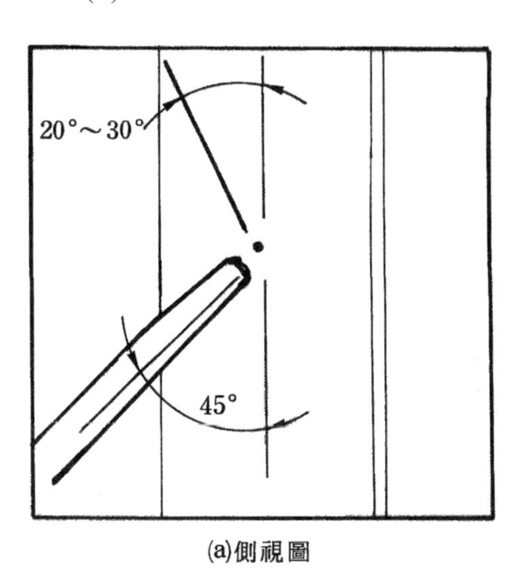

(a)側視圖

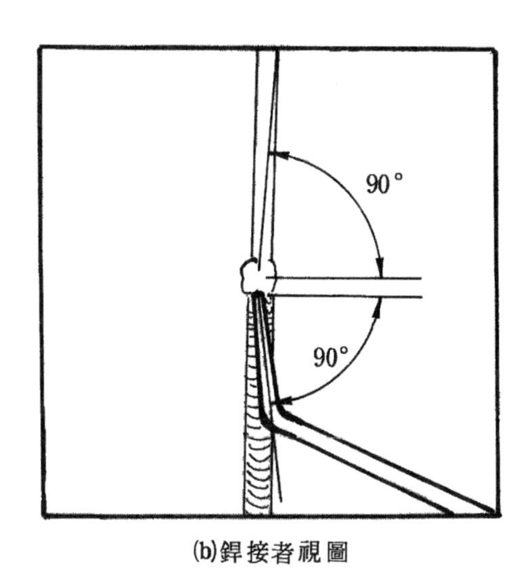

(b)銲接者視圖

圖 3　銲炬／銲條角度

五、注意事項：

1. 如圖 4，銲條填入熔池時應深入母材厚度之半，以確保良好滲透。
2. 完成後之銲道應微凸，波紋均勻，寬約 6.4mm。
3. 銲道應滲入接頭厚度，熔入接頭邊。

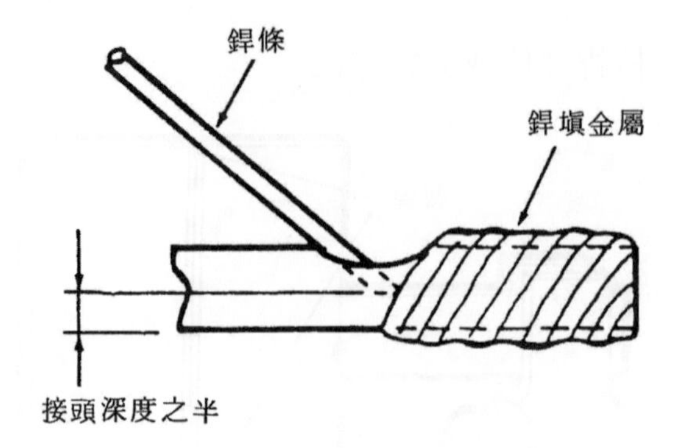

圖 4　填料要領

單元 11　方型對接頭仰向槽銲練習

一、目標：習得方型對接頭仰向槽銲之技能。

二、機具：氣銲基本機具——1 組。

三、材料：

(1) 氣銲基本材料——1 組。

(2) 軟鋼板(3.2mm×75mm×150mm)——2 塊。

(3) 軟鋼銲條(ϕ2.6mm×1,000mm)——數支。

四、程序與步驟：

1. 準備器材

(1) 檢查裝置，確定狀況正常。

(2) 做好防護準備。

(3) 清潔母材及銲條。

(4) 選用相當鑽頭號碼 56 號(田中牌中型：100#)之火口，並裝妥。

(5) 調節氣體工作壓力：氧氣——0.4kg/cm^2(噴射式：2.5kg/cm^2)乙炔——4kg/cm^2。

(6) 點火並調出中性焰。

2. 進行暫銲及定位

(1) 如圖 1，利用 ϕ3.2mm 間隙規設定接頭根部開口間隙，並在接頭兩端暫銲，暫銲長度 6.4mm。

(2) 如圖 1，夾持銲件，使成仰銲位置。

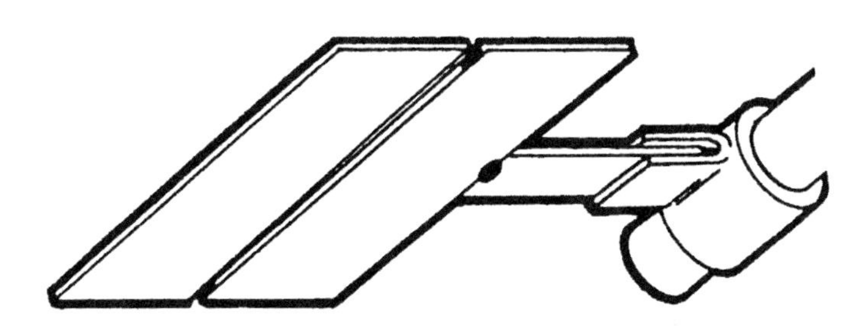

圖 1　銲接位置

3. 進行銲填

(1) 如圖 2，握持銲炬使呈工作角 90°，移行推角 20°。

(2) 如圖 2，抓持銲條使向下與水平板面夾 45°，無側角。

(3) 沿接頭，平穩移行銲炬，同時填加銲條於熔池前端。

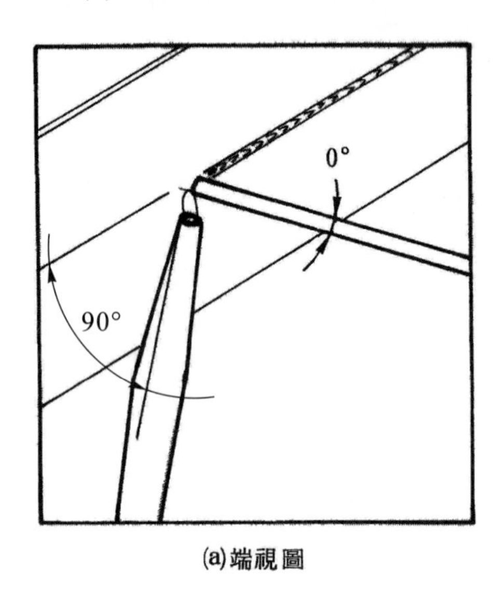

(a)端視圖

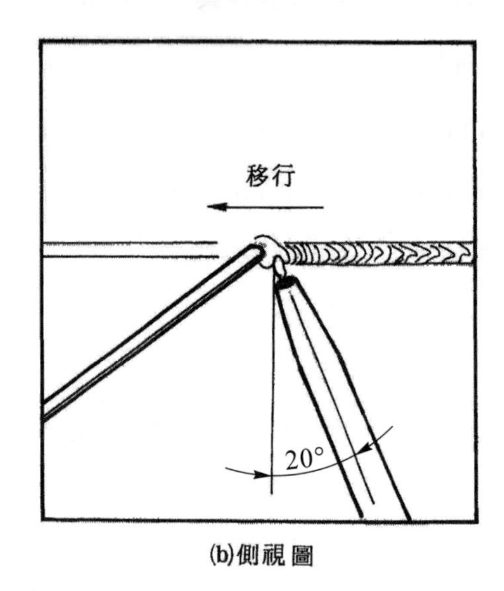

(b)側視圖

圖 2　銲炬／銲條角度

五、注意事項：

如圖 3，銲道應熔入接頭兩邊，並完全滲透，銲道呈凸面。

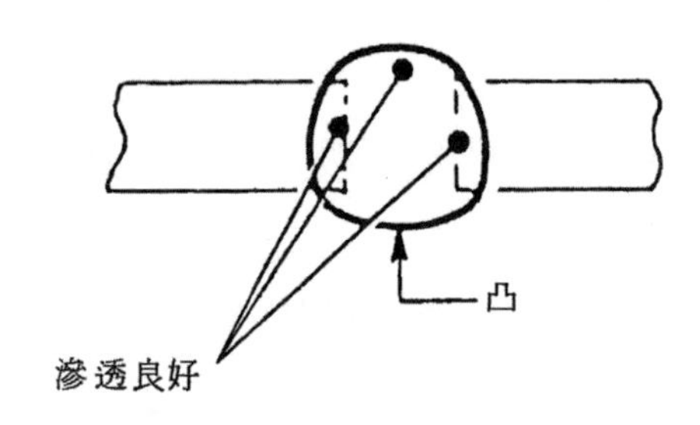

圖 3　銲道要求

單元 12　直邊及斜邊平面手工切割練習

一、目標：習得手工平面切割直邊與斜邊之氣體壓力調節與操作技能。

二、機具：

(1) 氣銲基本機具──1 組。

(2) 割炬──1 付。

三、材料：

(1) 氣銲基本材料──1 組。

(2) 軟鋼板(4.8mm×150mm×150mm)──1 塊。

四、程序與步驟：

1. 準備器材

(1) 檢查裝置，確定狀況正常。

(2) 做好防護準備。

(3) 清潔母材及銲條，並可利用石筆在母板寬度之半劃一切割線。

(4) 選用相當鑽頭號碼 60 號之火口，並裝妥。

(5) 調節氣體工作壓力：氧氣──2kg/cm^2(噴射式：4kg/cm^2)，乙炔──0.4kg/cm^2。

(6) 點火並調出中性焰。

2. 進行直邊切割

(1) 壓下再切割氧氣桿(見圖 1)或旋開氧氣閥，觀察在切割狀況下，預熱火焰應仍維持中性焰正常燃燒，隨後放開切割氧氣桿或旋緊氧氣切割閥。

(2) 如圖 2，使火口垂直對準板邊，內焰心距板面 1.6～3.2mm。

(3) 沿切割線往復移行割炬數次以預熱金屬。

(4) 火口對準板邊，直到小熔融區出現。

(5) 緩壓下氧氣切割桿，使割炬呈移行推角 10°沿切割線平穩移行。

3. 進行斜邊切割

(1) 如圖 5，握持割炬使呈工作角 60°，移行推角 10°。

(2) 依前述直邊切割法要領切割，但移行速率應較慢(因斜邊切斷深度較直邊深)。

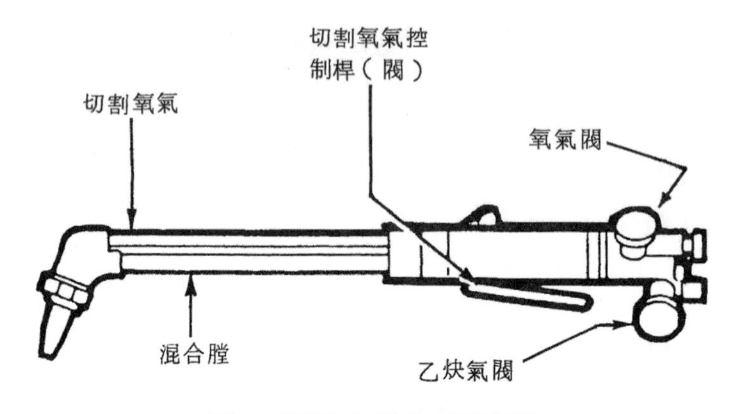

圖 1　割炬(中壓式)各部名稱

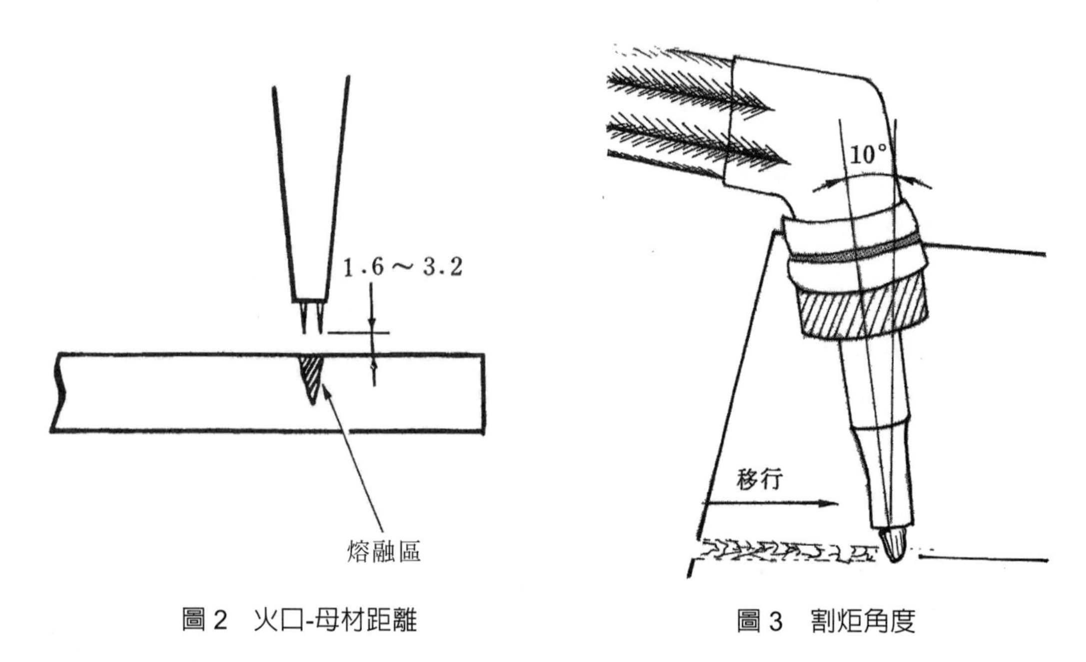

圖 2　火口-母材距離

圖 3　割炬角度

五、注意事項：

1. 前述切割後，切割面應平整，幾無熔渣附著。
2. 切割程序中，割炬之操作可循圖 6 所列要領揣摩。
3. 切割後參考圖 7，檢視割紋以修整切割操作。
4. 一般銲接工場中另有機械式氧乙炔氣割裝置，請參閱廠家提供之使用說明書操作。

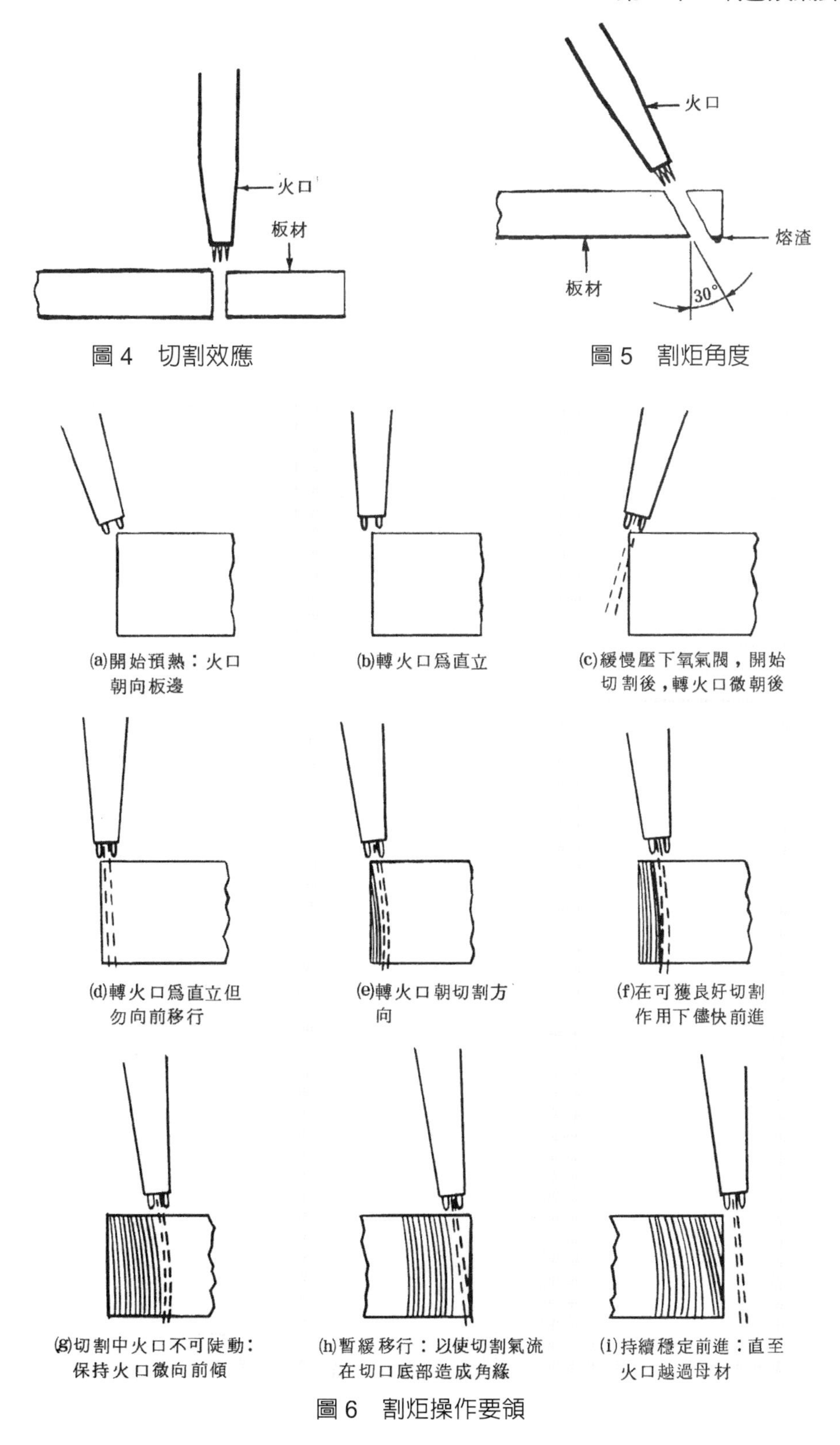

圖 4　切割效應

圖 5　割炬角度

圖 6　割炬操作要領

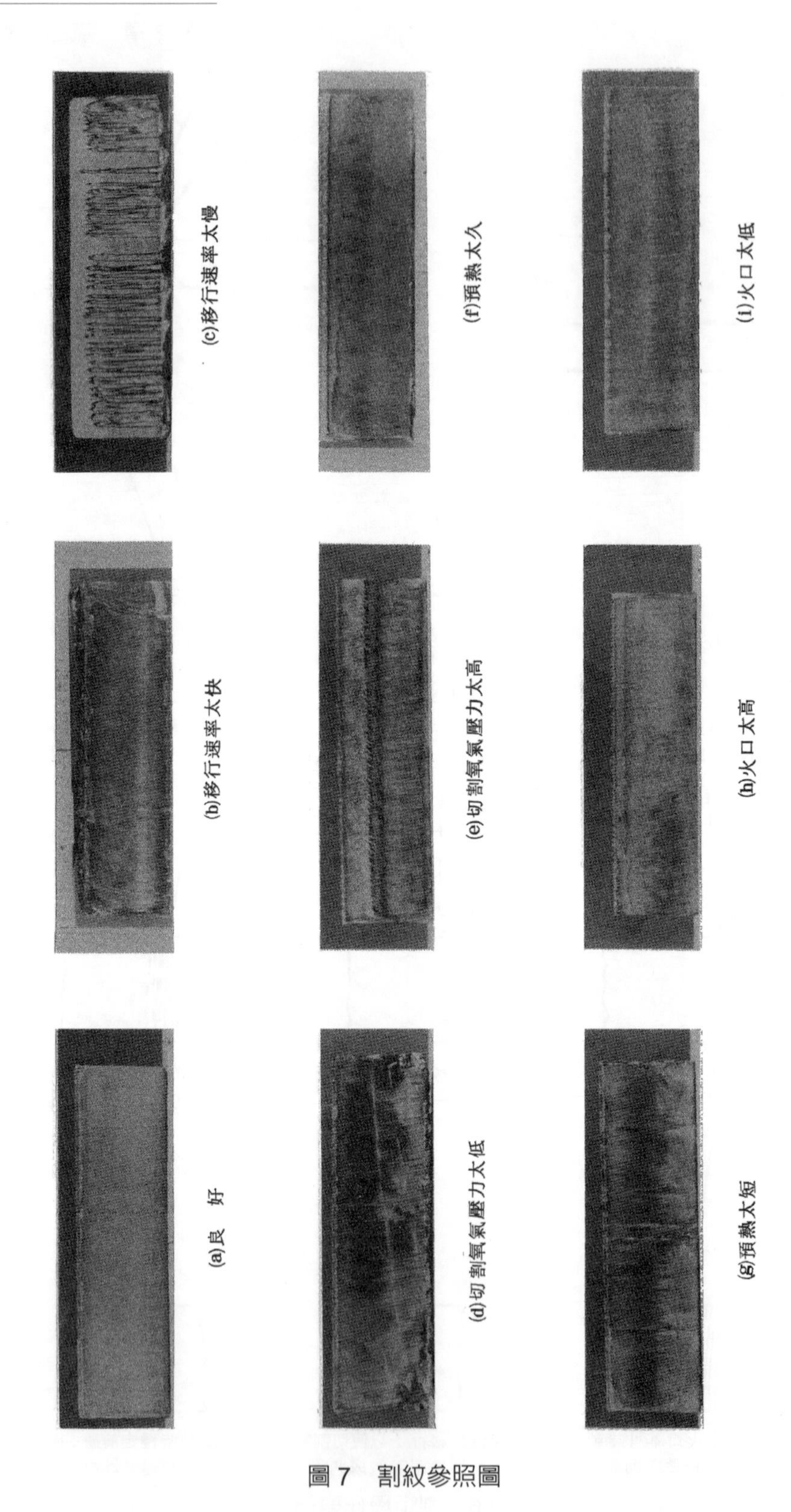
(a)良 好
(b)移行速率太快
(c)移行速率太慢
(d)切割氧氣壓力太低
(e)切割氧氣壓力太高
(f)預熱太久
(g)預熱太短
(h)火口太高
(i)火口太低

圖 7 割紋參照圖

單元 13　單 V 型對接頭平面槽銲練習

一、目標：習得單 V 型對接頭多層平面槽銲之技能。

二、機具：氣銲基本機具——1 組。

三、材料：

(1) 氣銲基本材料——1 組。

(2) 軟鋼板(4.8mm×120mm×130mm)——2 塊。

(3) 軟鋼銲條(ϕ2.6mm×1,000mm)——數支。

四、程序與步驟：

1. 準備器材

(1) 檢查裝置，確定狀況正常。

(2) 做好防護準備。

(3) 準備母材(見圖 1)及銲條。

(4) 選用相當鑽頭號碼 53 號(田中牌中型：150#)之火口，並裝妥。

(5) 調節氣體工作壓力：氧氣——0.5kg/cm^2(噴射式：2.5kg/cm^2)，乙炔——0.5kg/cm^2。

(6) 點火並調出中性焰。

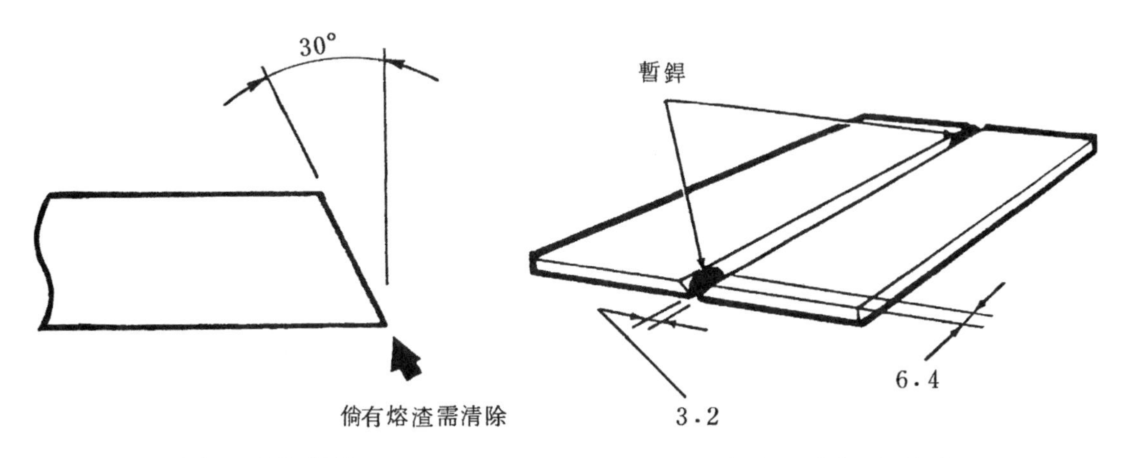

圖 1　接頭準備　　　　圖 2　根部間隙與暫銲部位

2. 進行暫銲及定位

(1) 使兩板成對接頭，根部邊朝上。

(2) 利用 ϕ3.2mm 間隙規或銲條設定接頭根部間隙爲 3.2mm。

(3) 在接頭兩端暫銲，暫銲長度爲 6.4mm。完成後翻轉銲件如圖 2 所示。

(4) 如圖 3，置銲件於耐火磚上，使成平銲位置。

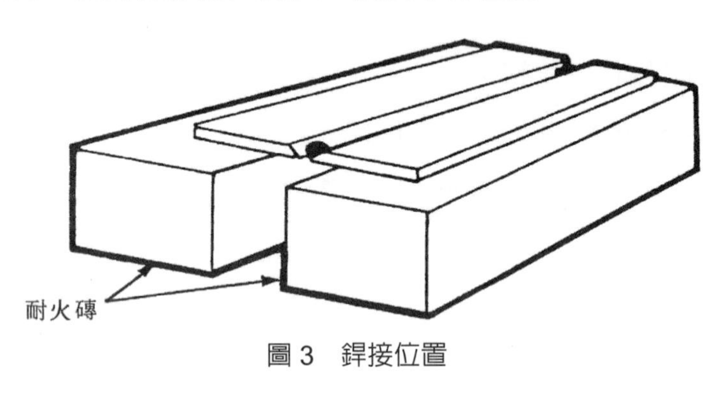

圖 3 銲接位置

3. 進行第一道銲塡——採前手銲

(1) 如圖 4，握持銲炬使呈工作角 90°，移行推角 35°～40°。

(2) 如圖 4，抓持銲條使無側角，移行拖角爲 35°～40°。

(3) 由暫銲銲疤後 3.2mm 處起始施銲。

(4) 平穩移行銲炬，同時塡加銲條於熔池前端。

(5) 如圖 5，維持熔池中心形成 ϕ4.8mm 之鑰孔，以確保滲透良好，熔入接頭邊 1.6mm。

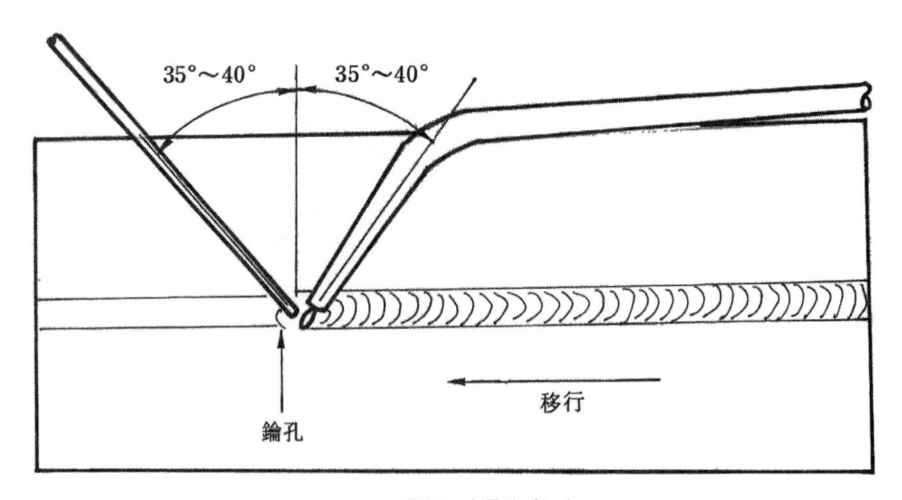

圖 4 銲炬／銲條角度

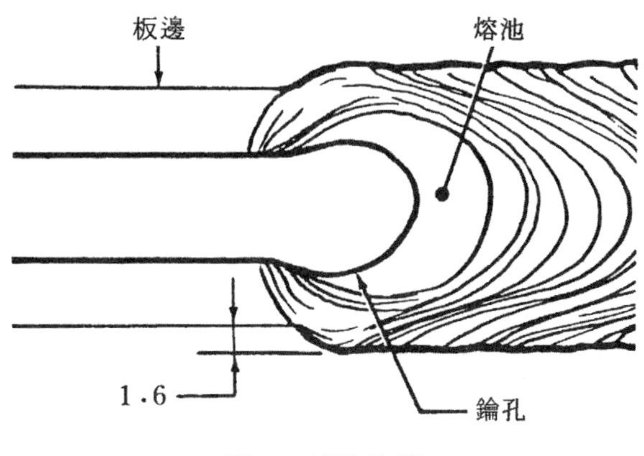

圖 5　鑰孔效應

4. 進行第二道銲填——採後手銲

(1) 採用前述之銲填／銲條角度，但銲炬移行推角改拖角，銲條移行拖角改推角。

(2) 如圖 6，銲炬及銲條採交互半圓形織動。銲條應連續與熔池保持接觸。

(3) 如圖 7，織動中，銲炬在①部位時，銲條應相對在①部位。

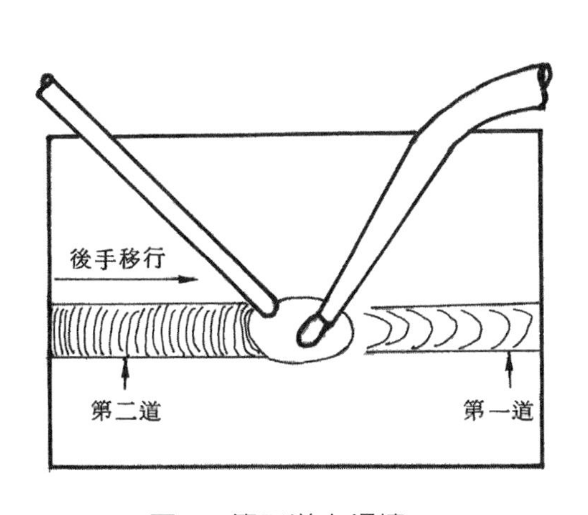

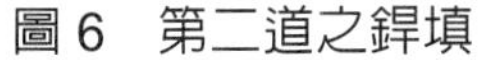
圖 6　第二道之銲填

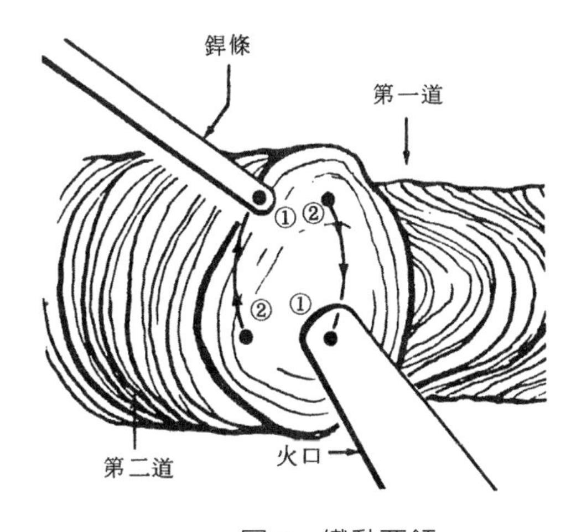

圖 7　織動要領

五、注意事項：

1. 第一道完成後，銲道背面應微凸，且完全滲透。銲道表面應凹下且填滿接頭深度三分之二。

2. 第二道銲道應滲入第一道及接頭邊，銲道要求如圖 8 所示。

3. 待銲件在空氣中冷卻(不可水冷)後，可依下列步驟進行導彎試驗，以確定銲件之健全性。

(1) 依圖 9 尺寸，利用火焰切成 4 塊，留取其中 2 塊爲試片。

(2) 利用砂輪平行試片長度方向磨平試片上銲道兩面(使與母材齊平)。

(3) 利用導彎模，一片面彎(根部朝上置入導彎模)，一片背彎(面部朝上置入導彎模)。

(4) 導彎後依下列標準判定銲件之健全與否。

① 外觀——銲接金屬外表應相當光滑、勻整、無過疊、燒蝕現象。

② 熔合程度——銲接金屬與母材間應完全熔合，根部滲透良好。

③ 健全性——試片導彎後在凸面上任何方面之裂口不得超過 3.2mm(試驗中，裂痕非因夾渣或其它內部缺焰而發生在試片轉角部位者除外)。

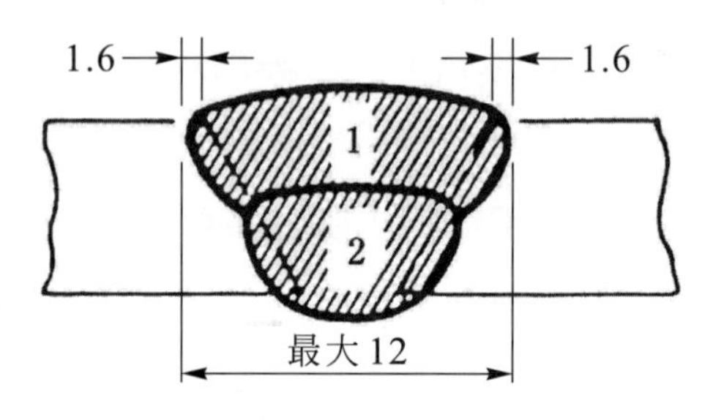

圖 8　銲道要求

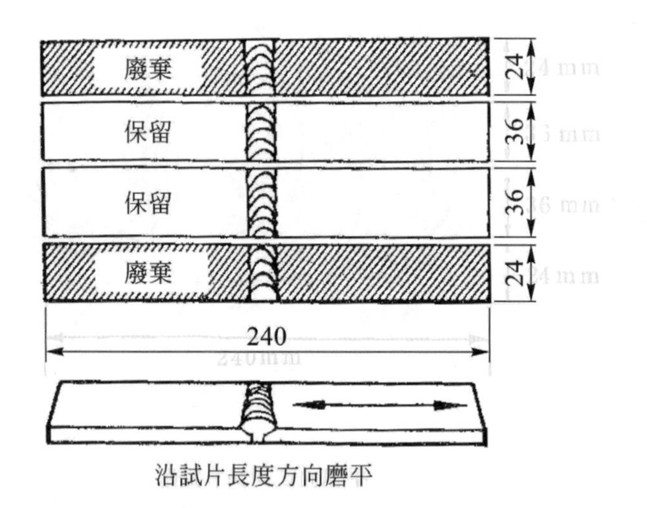

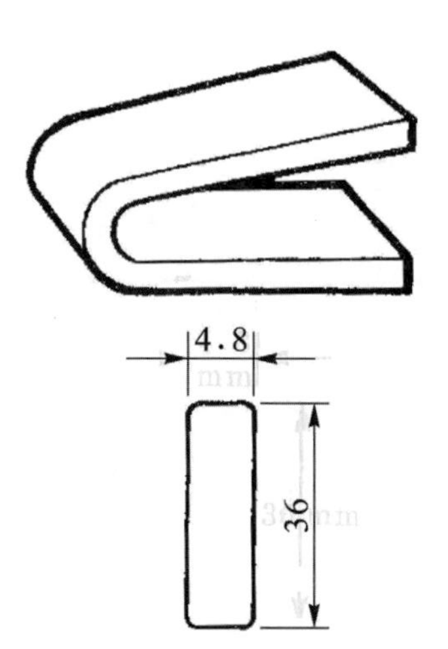

圖 9　試片要求

單元14　單V型對接頭橫向槽銲練習

一、目標：習得單V型對接頭多層平面槽銲技能。

二、機具：氣銲基本機具——1組。

三、材料：

(1) 氣銲基本材料——1組。

(2) 軟鋼板(4.8mm×120mm×130mm)——2塊。

(3) 軟鋼銲條(ϕ2.6mm×1,000mm)——數支。

四、程序與步驟：

1. 準備器材

(1) 檢查裝置，確定狀況正常。

(2) 做好防護準備。

(3) 準備母材及銲條。

(4) 選用相常鑽頭號碼53號(田中牌中型：150#)之火口，並裝妥。

(5) 調節氣體工作彫力：氧氣——0.5kg/cm^2(噴射式：2.5kg/cm^2)，乙炔——0.5kg/cm^2。

(6) 點火並調出中性焰。

2. 進行暫銲及定位

(1) 利用 ϕ3.2mm 間隙規或銲條設定接頭根部間隙，並在接頭兩端暫銲(長度6.4mm)。

(2) 如圖1，夾持銲件，使成橫桿位置。

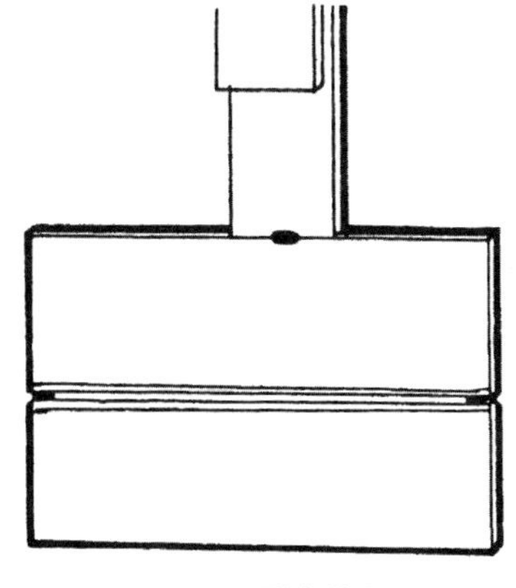

圖1　銲接位置

3. 進行第一道銲填──採前手銲

(1) 如圖 2，握持銲炬使呈工作角 80°～85°，移行推角 5°～10°。

(2) 如圖 2，抓持銲條使呈反向與銲炬夾 45°，且向上與水平面夾 5°。

(3) 平穩移行銲炬(移行速率應恰使鑰孔產生及熔池控制良好)，同時填加銲條於接頭上板邊。

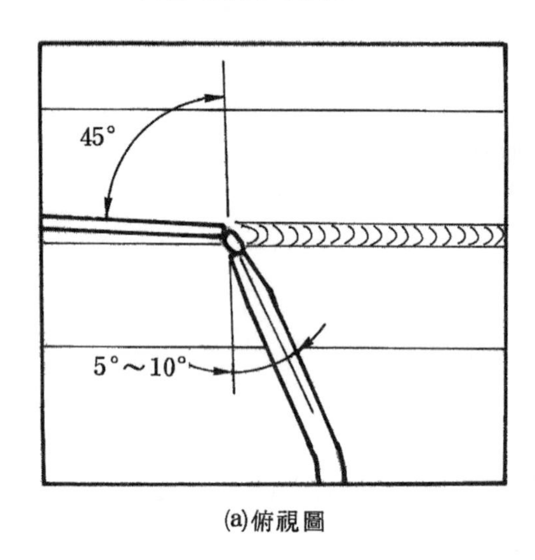

(a)俯視圖

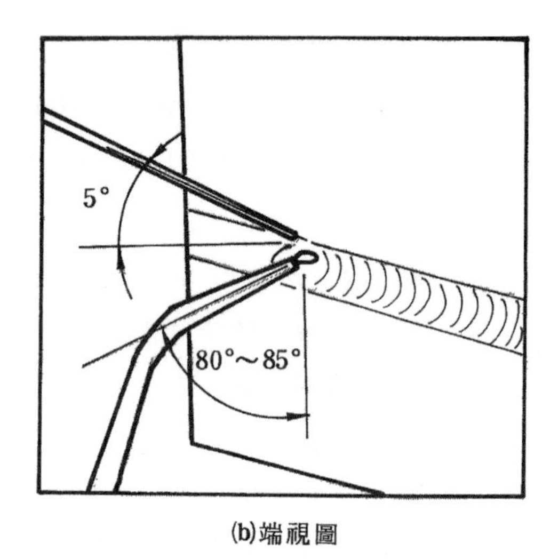

(b)端視圖

圖 2　銲炬／銲條角度

4. 進行第二道銲填──採後手銲(見圖 3)

(1) 採用前述之銲炬／銲條角度，但銲炬移行推角改拖角，銲條移行拖角改推角。

(2) 如圖 4，施銲中熔池應成長形且在直立向較陡，以便下板邊能形成屏障承載熔融金屬。

(3) 如圖 4，施銲中，銲條應始終以速續半圓形織動方式與熔池保持接觸，銲炬應在熔池下方三分之二處以橢圓形織動以使熔池急冷，保持塑性狀態。

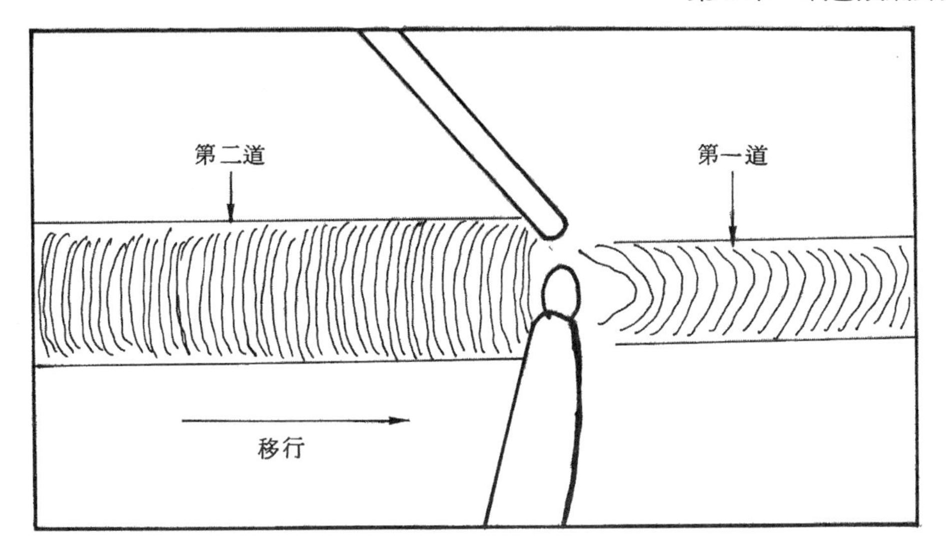

圖 3　第二道銲填

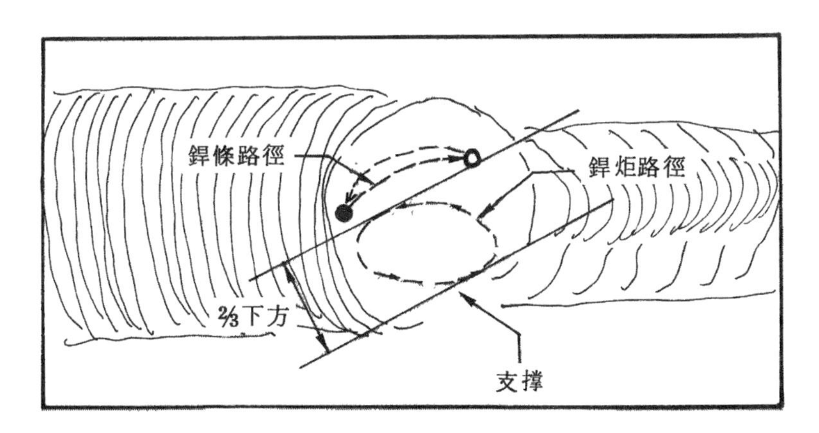

圖 4　銲填要點

五、注意事項：

1. 完成後之銲道表面應微凸且約 12mm 寬。
2. 可參考單元 13，進行銲件導彎試驗。

單元 15　單 V 型對接頭向上立向槽銲練習

一、目標：習得單 V 型槽多層向上立銲技能。

二、機具：氣銲基本機具──1 組。

三、材料：

(1) 氣銲基本材料──1 組。

(2) 軟鋼板(4.8mm×120mm×130mm)──2 塊。

(3) 軟鋼銲條(ϕ2.6mm×1,000mm)──數支。

四、程序與步驟：

1. 準備器材

(1) 檢查裝置，確定狀況正常。

(2) 做好防護準備。

(3) 準備母材及銲條。

(4) 選用相當鑽頭號碼 53 號(田中牌中型：150#)之火口，並裝妥。

(5) 調節氣體工作壓力快──0.5kg/cm^2(噴射式：2.5kg/cm^2)，乙炔──0.5kg/cm^2。

(6) 點火並調出中性焰。

2. 進行暫銲及定位

(1) 利用 ϕ3.2mm 間隙規或銲條設定接頭根部間隙，並在接頭兩端暫銲(長度 6.4mm)。

(2) 如圖 1，夾持銲件，使成立銲位置。

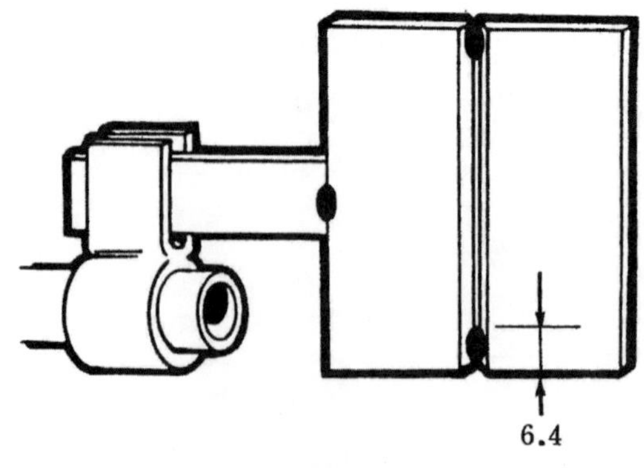

圖 1　銲接位置

3. 進行第一道銲填——採前手銲

(1) 握持銲炬使呈工作角 90°，移行推角 30°。

(2) 抓持銲條使與直立面火 30°，側角 30°。

(3) 採用單元 13 所述平銲銲接技巧，但由接頭底端起始施銲。

(4) 如圖 2 所示，施銲中，務必維持鑰孔。

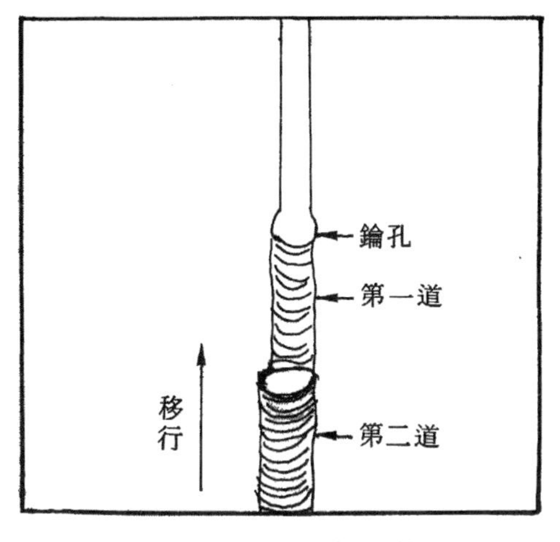

圖 2　鑰孔效應與銲道順序

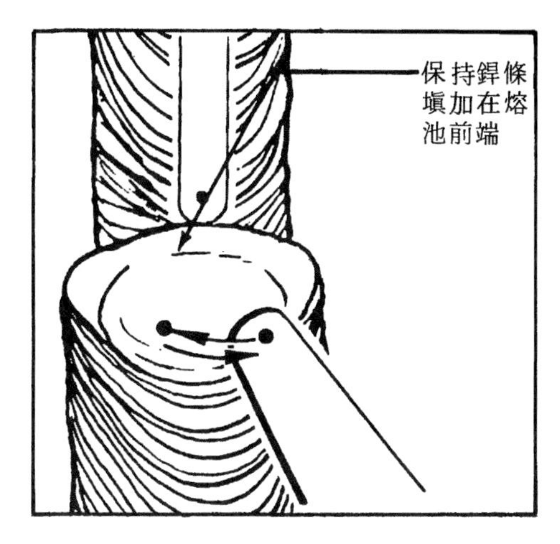

圖 3　施銲要領

4. 進行第二道銲填——仍採前手銲

(1) 採前述銲炬／銲條角度。

(2) 依圖 3 所示銲接技巧施銲，保持銲條填加在熔池前端。

五、注意事項：

1. 第一道完成後應填滿接頭深度四分之三，如圖 4 所示。

2. 第二道完成後，表面應微凸，寬度在 12mm 以內，完全熔入接頭兩邊。

3. 可參考單元 13，進行銲件導彎試驗。

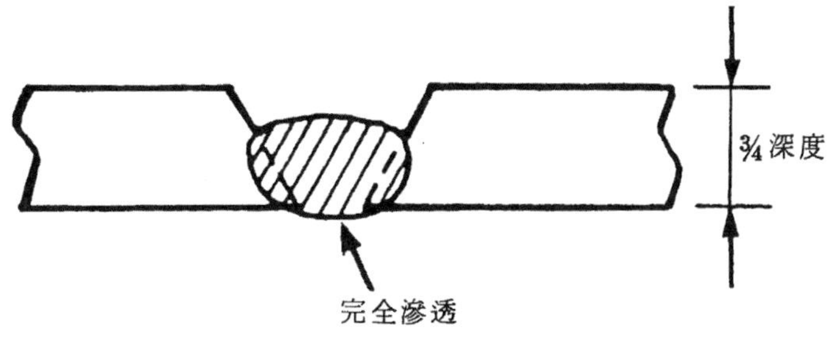

圖 4　第一道銲道要求

單元 16　單 V 型對接頭仰向槽銲練習

一、目標：習得單 V 型對接頭多層仰向槽銲之技能。

二、機具：氣銲基本機具──1 組。

三、材料：

(1) 氣銲基本材料──1 組。

(2) 軟鋼板(4.8mm×120mm×130mm)──2 塊。

(3) 軟鋼銲條(ϕ2.6mm×1,000mm)──數支。

四、程序與步驟：

1. 準備器材

(1) 檢查裝置，確定狀況正常。

(2) 做好防護準備。

(3) 準備母材及銲條。

(4) 選用相當鑽頭號碼 53 號(田中牌中型：150#)之火口，並裝妥。

(5) 調節氣體工作壓力：氧氣──0.5kg/cm^2(噴射式：2.5kg/cm^2)，乙炔──0.5kg/cm^2。

(6) 調火並調出中性焰。

2. 進行暫銲及定位

(1) 利用 ϕ3.2mm 間隙規或銲條設定接頭根部間隙，並在接頭兩端暫銲(長度 6.4mm)。

(2) 如圖 1，夾持銲件，使成仰銲位置。

圖 1　銲接位置

3. 進行第一道銲填——採前手銲
   (1) 如圖 2，握持銲炬使呈工作角 90°，移行推角 20°。
   (2) 如圖 2，抓持銲條使向下與水平面夾 45°，側角 5°～10°。
   (3) 平穩移行銲炬，隨時保持鑰孔。
4. 進行第二道銲填——採前手銲
   (1) 採前述銲炬／銲條角度。
   (2) 如圖 3，沿第一道銲道中心線平穩移行銲炬；銲條填加在熔池前端並稍作鋸齒形織動。

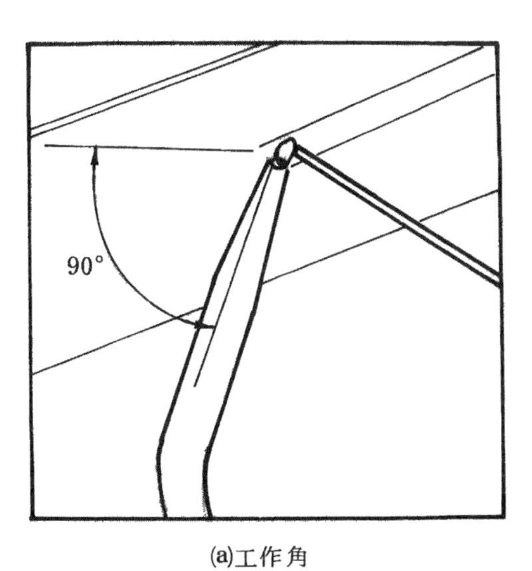

(a)工作角

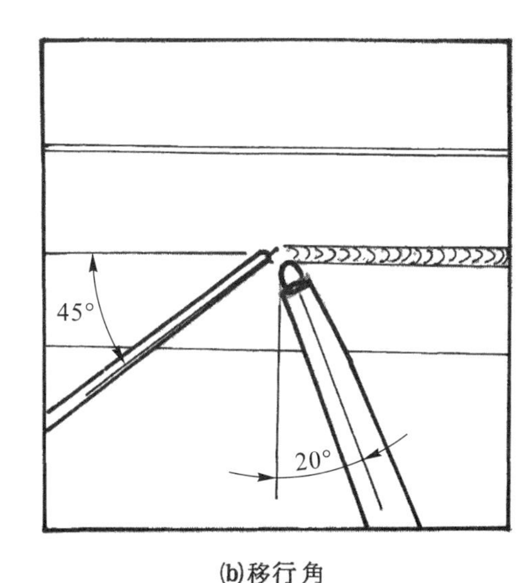

(b)移行角

圖 2　銲炬／銲條角度

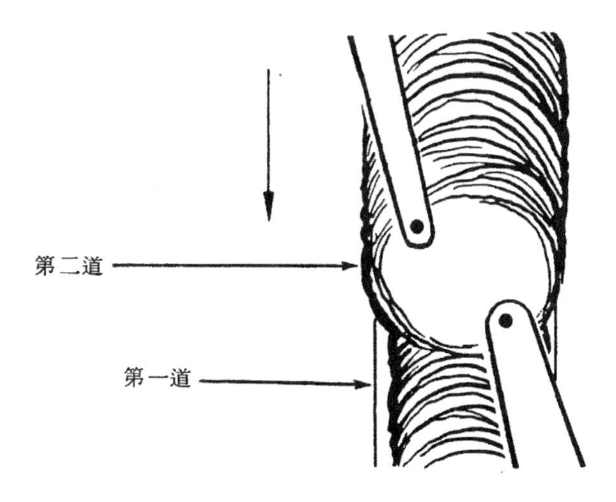

圖 3　施銲要領

五、注意事項：

1. 第一道完成後，銲道應完全滲透並熔入接頭邊，如圖 4 所示。
2. 第二道完成後，應完全填滿接頭，表面微凸。
3. 可參考單元 13 進行銲件導彎試驗。

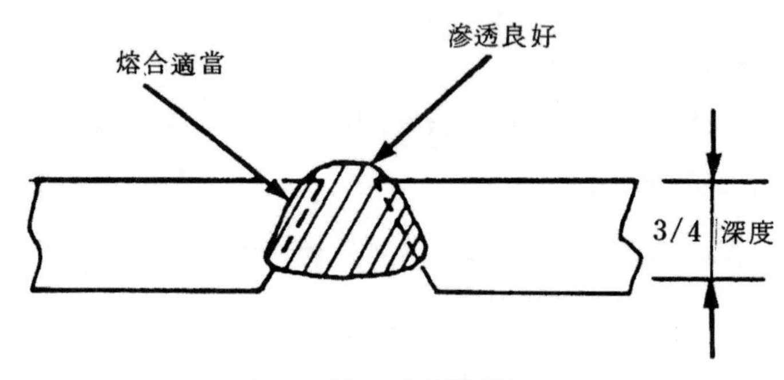

圖 4　第一道銲道要求

單元 17　單 V 型對接頭 5G 位置管件槽銲練習

一、目標：習得單 V 型對接頭 5G 位置管件槽銲之技能。

二、機具：氣銲基本機具——1 組。

三、材料：

(1) 氣銲基本材料——1 組。

(2) 軟鋼管(ϕ72)——2 截。

(3) 軟鋼銲條(ϕ3.2mm×1,000mm)——數支。

四、程序與步驟：

1. 準備器材

(1) 檢查裝置，確定狀況正常。

(2) 做好防護準備。

(3) 準備母材(見圖 1，斜角 30°，無根部面)及銲條。

(4) 選用相當鑽頭號碼 53 號(田中牌中型：150#)之火口，並裝妥。

(5) 調節氣體工作壓力：氧氣——0.5kg/cm^2(噴射式：2.5kg/cm^2)，乙炔——0.5kg/cm^2。

(6) 點火並調出中性焰。

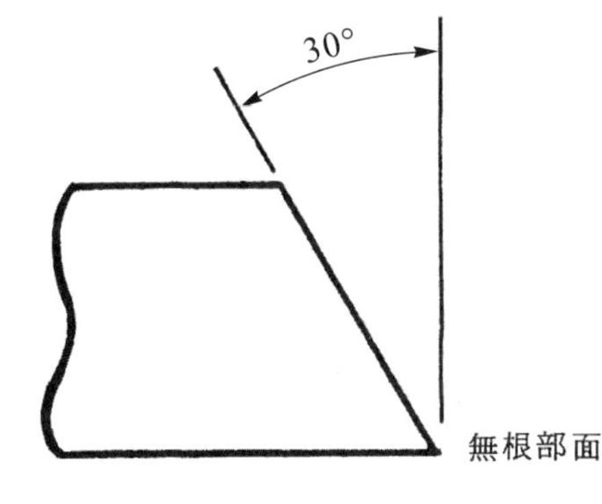

圖 1　接頭準

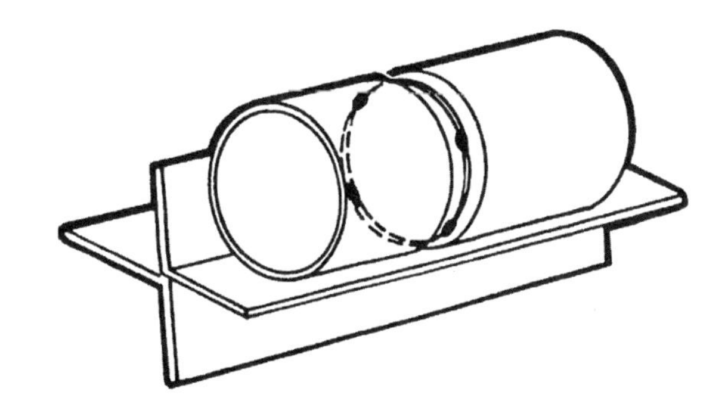

2　暫銲部位與根部間隙

2. 進行暫銲與定位

(1) 如圖 2，置放兩管材於導模中，並利用 ϕ3.2mm 間隙規或銲條設定接頭根部開隙爲 3.2mm。

(2) 如圖 2，在接頭面對稱位置暫銲(長度 6.4mm)。

(3) 如圖 3，夾持銲件使成 5G 位置，暫銲部位恰在鐘面 12 點、13 點、6 點及 9 點位置。

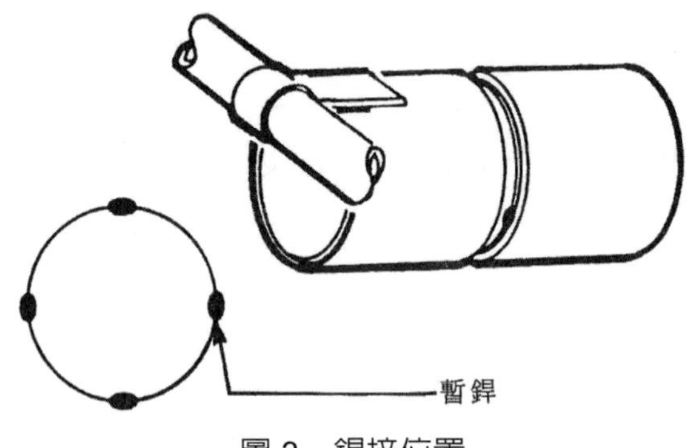

圖 3　銲接位置

3. 進行第一道銲填

(1) 如圖 4，握持銲炬使呈工作角 90°，移行推角 5°。

(2) 如圖 4，抓持銲條使與水平面夾 20°，無側角。

(3) 如圖 4，由 6 點鐘位置後方 3.2mm 處起始施銲，至 12 點鐘時亦保持上升銲炬／銲條角度。

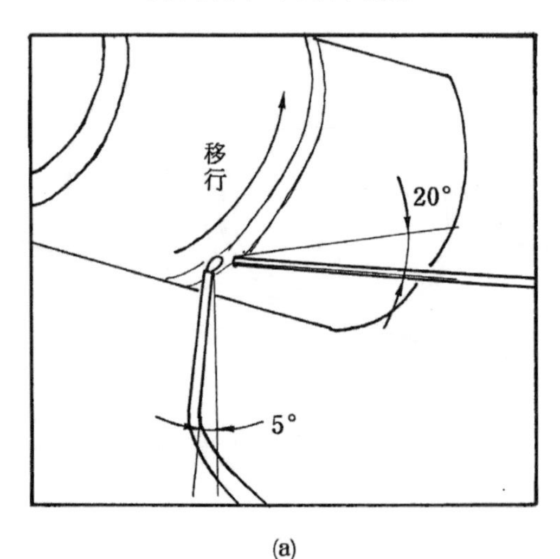

(a)

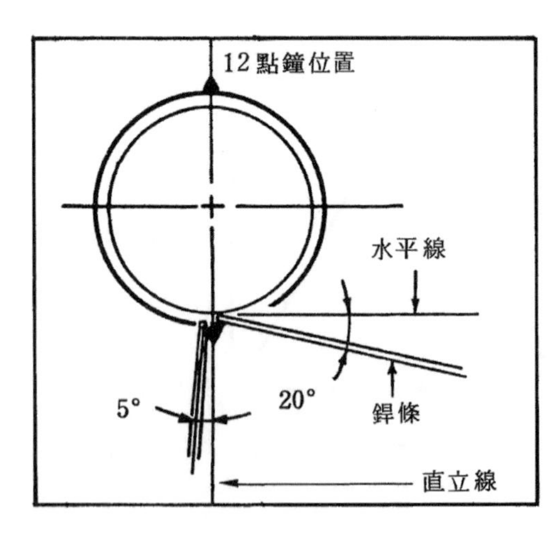

(b)兩側銲道之銲接位置

圖 4　銲炬／銲條角度

(4) 平穩移行銲炬，並填加銲條於熔池前端。

(5) 施銲中，保持鑰孔較根部間隙寬 3.2mm。

(6) 在 3 點鐘位置時，銲炬採圓形識動以適切熔合暫銲銲塊。

(7) 在 3 點鐘位置後方 3.2mm 處重新設定銲炬位置，銲至 12 點鐘位置。

(8) 採前述步驟施銲另一側。

4. 進行第二道銲填

(1) 採前述銲炬／銲條角度，由 6 點位置銲至 12 點位置，再由另一側施銲。

(2) 施銲中，銲炬以半圓形織動運行(見圖 5)。銲條加在第一道中心線上。

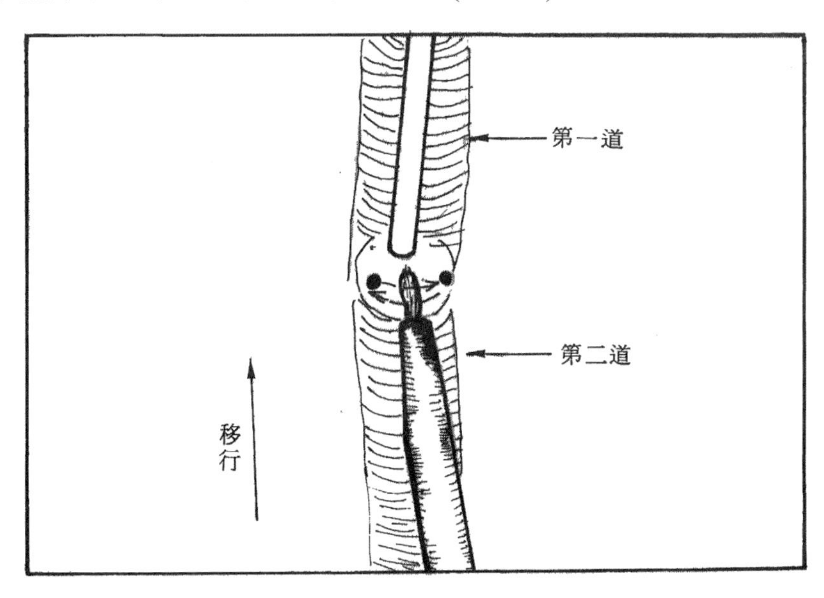

圖 5　第二道之轍動要領

五、注意事項：

1. 第一道應滲透良好，且填滿接頭深度三分之二，見圖 5。

2. 第二道完成後應微凸，寬 12mm。

3. 接頭全周施銲，在暫銲部位重新設定銲接位置。

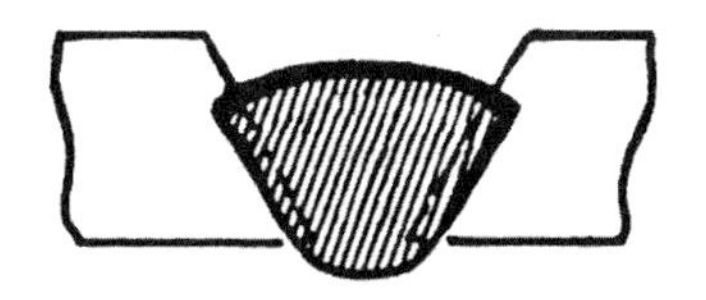

圖 6　底層銲道要求

單元18　單V型對接頭2G位置管件槽銲練習

一、目標：習得單 V 型對接頭 2G 位置管件槽銲之技能。

二、機具：氣銲基本機具——1 組。

三、材料：

(1) 氣銲基本機具——1 組。

(2) 軟鋼板(φ72)——2 塊。

(3) 軟鋼銲條(φ3.2mm×1,000mm)——數支。

四、程序與步驟：

1. 準備器材

(1) 檢查裝置，確定狀況正常。

(2) 做好防護準備。

(3) 準備母材(同單元 17)及銲條。

(4) 選用相當鑽頭號碼 53 號(田中牌中型：100#)之火口，並裝妥。

(5) 調節氣體工作壓力：氧氣——0.5kg/cm^2(噴射式：2.5kg/cm^2)，乙炔——0.5kg/cm^2。

(6) 點火並調出中性焰。

2. 進行暫銲及定位

(1) 同單元 17，在 3、6、9 及 12 點鐘位置暫銲。

(2) 如圖 1，夾持銲件使成 2G 位置，並使暫銲部位之一朝向銲接者。

3. 進行第一道銲填——採前手銲

(1) 如圖 2，握持銲炬使呈工作角 80°～85°，移行推角 5°～10°。

(2) 如圖 2，抓持銲條使與銲炬反夾 45°，向上與水平面夾 5°。

(3) 由暫銲部位起，平穩移行銲炬，同時填加銲條於熔池上端。

(4) 採上述步驟，施銲接頭另一側。

4. 進行第二道銲填——採後手銲

(1) 採前述銲炬／銲條角度，但移行方向相反。

(2) 如圖 3，施銲中，銲條應始終在熔池上方以半圓形織動，火口則在熔池三分之二下方以橢圓形織動。

(3) 採上述步驟，施銲接頭另一側。

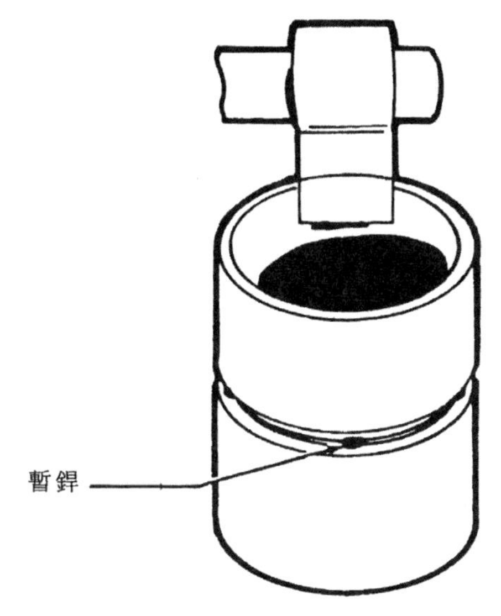

圖 1　銲接位置

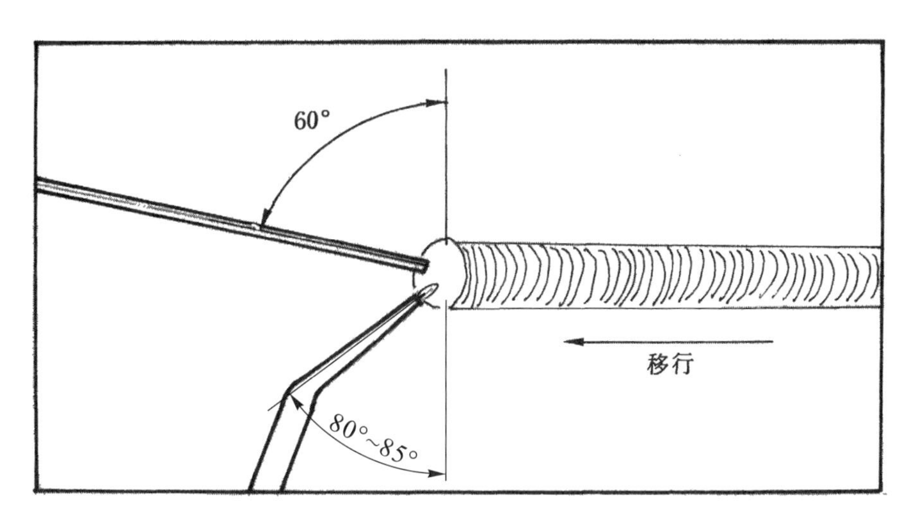

圖 2　銲炬／銲條角度

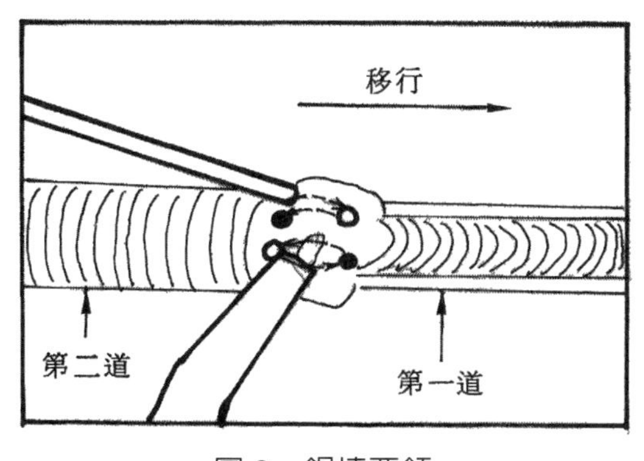

圖 3　銲填要領

五、注意事項：

(1) 第一道施銲中應注意勿使鑰孔過大，以免燒穿(過度滲透)。

(2) 第一道完成後，銲道應滲透良好，熔入接頭兩斜邊。

(3) 第二道完成後，銲道應均匀填滿接頭。

單元 19　方型對接頭平面及立向槽銲練習

一、目標：習得薄板平銲及立銲接合技能，並改進熱量輸入與熔池大小控制之技巧。

二、機具：氣銲基本機具——1 組。

三、材料：

(1) 氣銲基本材料——1 組。

(2) 軟鋼板(1.6mm×75mm×150mm)——4 塊。

(3) 軟鋼銲材(ϕ1.6mm×1,000mm)—數支。

四、程序與步驟：

1. 準備器材

(1) 檢查裝置，確定狀況正常。

(2) 做好防護準備。

(3) 清潔母材及銲條。

(4) 選用相當鑽頭號碼 65 號(出中牌中型：50#)之火口，並裝妥。

(5) 調節氣體工作壓力：氧氣——0.3kg/cm^2(噴射式：2.3kg/cm^2)，乙炔——0.3kg/cm^2。

(6) 點火並調出中性焰，內焰心長約 3.2mm。

2. 進行暫銲及平銲定位

(1) 如圖 1，置於兩板使成根部間隙 1.2mm 之對接頭。

(2) 如圖 1，在接頭兩端暫銲(長度 6.4mm)，暫銲處需完全滲透。

(3) 如圖 1，在接頭中間做第三處小暫銲。

(4) 採上述步驟，利用另二塊母材進行立銲用銲材暫銲。

(5) 如圖 2，置放銲材於耐火磚上，使成平銲位置。

3. 進行平銲銲填

(1) 銲炬角度採工作角 90°，移行推角 35°～40°，銲條角度同銲炬，但為拖角。

(2) 採用正規銲條動作時，銲炬儘量少織動。

(3) 維持銲接速率恰能使接頭完全滲透。

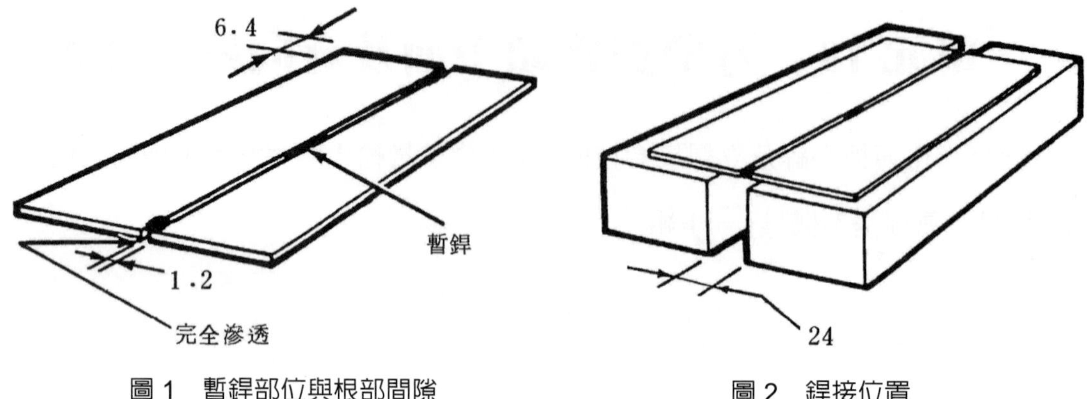

圖 1　暫銲部位與根部間隙　　　　圖 2　銲接位置

4. 進行立銲定及銲塡

(1) 如圖 3，夾持已暫銲妥當之銲材使成立銲位置。

(2) 如圖 4，銲炬角度採工作角 90°，移行推角 20°～30°，銲條角度同銲炬，但爲拖角。

(3) 採前述平銲要領施銲。

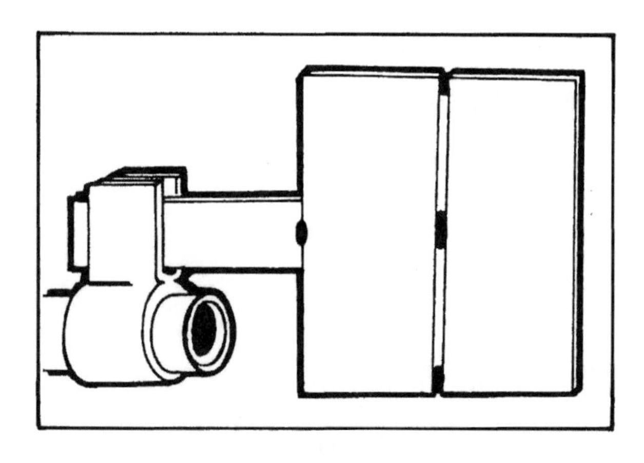

圖 3　銲接位置

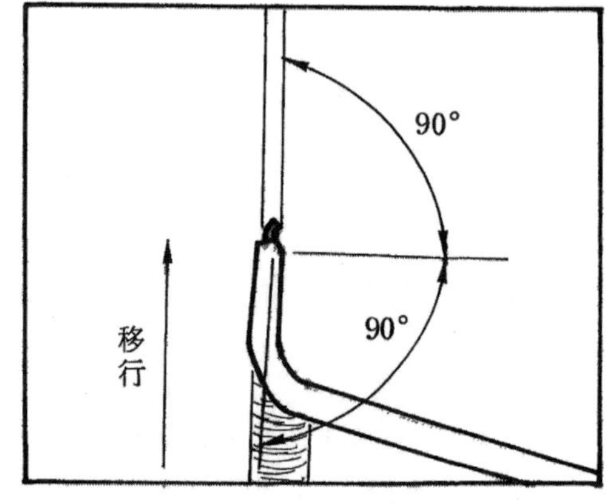

圖 4　銲炬／銲條角度

五、注意事項：

1. 如圖 5，無論平銲或立銲，完成後銲道應完全滲透，根部側出現小銲道，銲道表面微凸。

2. 施銲中應避免形成太大鑰孔，以免造成燒穿或過度滲透。

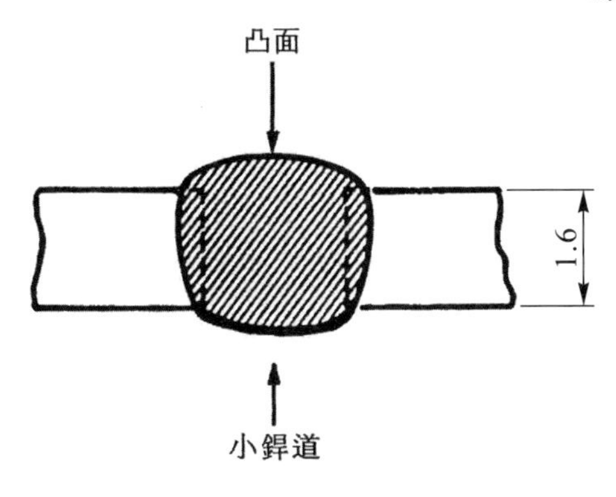

圖 5　銲道要求

單元 20　邊緣硬面銲道練習

一、目標：習得邊緣硬面銲技能。

二、機具：氣銲基本機具——1 組。

三、材料：

(1) 氣銲基本材料——1 組。

(2) 軟鋼板(6mm×75mm×150mm)——4 塊。

(3) 軟鋼銲條(RFe5-A，ϕ4.0mm)——數支。

四、程序與步驟：

1. 準備器材

(1) 檢查裝置，確定狀況正常。

(2) 做好防護準備。

(3) 準備母材(如圖 1，沿兩板長邊磨去邊角)及銲條。

(4) 選用相當鑽頭號碼 56 號(田中牌中型：100#)之火口，並裝妥。

(5) 調節氣體工作壓力：氧氣——0.4kg/cm^2(噴射式：2.5kg/cm^2)，乙炔——0.4kg/cm^2。

(6) 點火並調出中性焰。

2. 進行定位——如圖 2，夾持銲件使成直立位置。

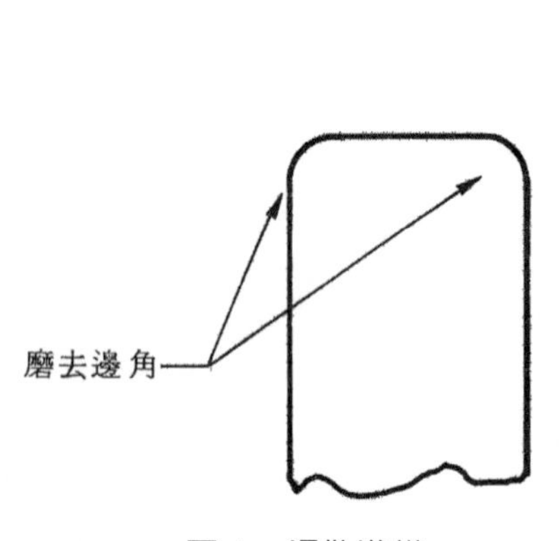

圖 1　銲件準備

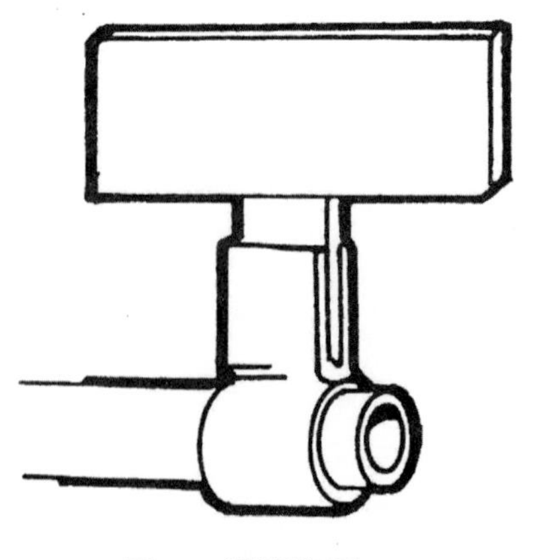

圖 2　銲接位置

3. 進行硬面銲

(1) 火焰朝銲材邊緣往復預熱，至金屬呈藍熱色。

(2) 調節火焰為 2×碳化焰(乙炔羽狀焰為內焰心長之二倍)，加熱起銲點至表面金屬呈水藍色。

(3) 如圖 3，銲炬角度採工作角 90°，移行推角 45°；銲條與銲材邊夾 25°。

(4) 使內焰心端與熔池距 3.2mm，平穩移行銲炬。

(5) 施銲中塡加銲條於熔池前端，銲條以反覆浸入－抽出方式塡加，但抽出時勿使銲條端脫離外焰範圍，以免急冷。

(6) 依上述步驟，施銲相鄰側邊。

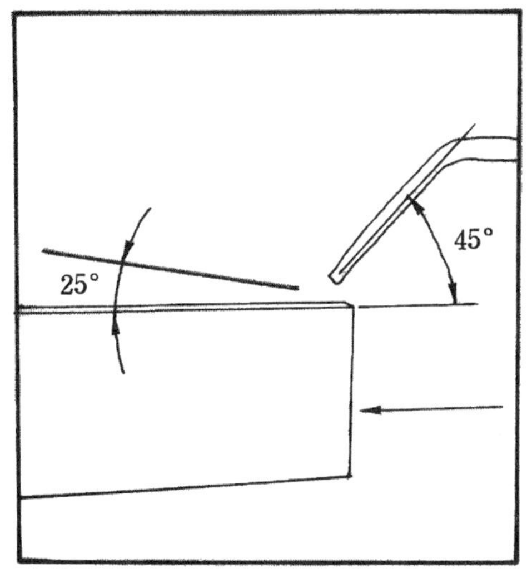

(a)端視圖

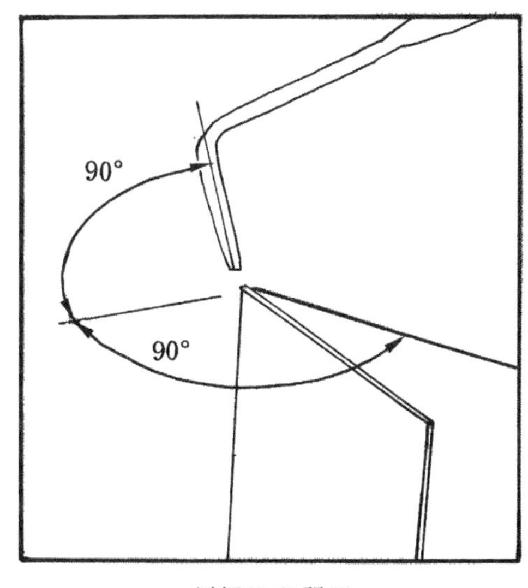

(b)銲接者視圖

圖 3　銲炬／銲條角度

五、注意事項：

1. 施銲中，火焰高度應適當(內焰心距熔池 3.2mm)。倘火焰過高，則銲塡金屬易氧化、吹離母材或堆在非欲施銲處。倘火焰過低，則銲塡金屬易緩慢、不均勻地流離欲施銲處、表面產生氣泡。

2. 過熱或加熱不足部位應輪磨乾淨，重新銲塡。

3. 銲件施銲後切勿水冷，以免發生銲裂。

單元 21　方型對接頭平面槽硬銲練習

一、目標：習得方型對接頭平面槽硬銲之技能。

二、機具：氣銲基本機具——1 組。

三、材料：

(1) 氣銲基本材料——1 組。

(2) 軟鋼板(2.4mm×75mm×150mm)——2 塊。

(3) 銲條(RCuZn-C，ϕ1.6mm)——數支。

(4) 硼砂銲劑。

四、程序與步驟：

1. 準備器材

(1) 檢查裝置，確定狀況正常。

(2) 做好防護準備，注意避免施銲中吸人熱銲劑之煙氣及熔化銲條時之鋅氣。

(3) 清潔母材及銲條。

(4) 選用相當鑽頭號碼 56 號(田中牌中型：100#)之火口，並裝妥。

(5) 調節氣體工作壓力：氧氣——0.4kg/cm^2(噴射式：2.5kg/cm^2)，乙炔——0.4kg/cm^2。

(6) 點火並調出中性焰。

2. 暫銲與定位

(1) 置放母材使成對接頭。

(2) 如圖 1，利用 ϕ2.4mm 間隙規或銲條設接頭根部間隙為 2.4mm。

(3) 如圖 1，於接頭兩端暫銲(長度各為 6.4mm)。

(4) 置放銲件於耐火磚上。

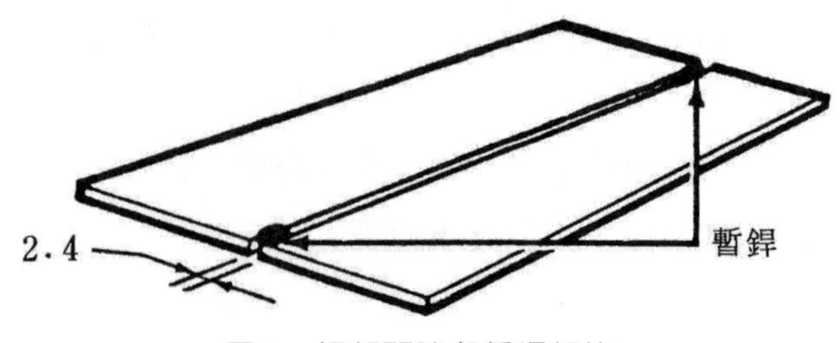

圖 1　根部間隙與暫銲部位

3. 進行銲填
   (1) 調節火焰使成稍微氧化之火焰。
   (2) 加熱銲條端，隨即沾黏銲劑。
   (3) 加熱暫銲銲塊使達暗紅色。
   (4) 如圖 2，握持銲炬使呈工作角 90°，移行推角 35°～40°。
   (5) 如圖 2，抓持銲條使呈移行拖角 35°～40°。
   (6) 平穩移行銲炬，移行中銲炬儘量少織動。銲條運行法同一般鋼料氣銲。

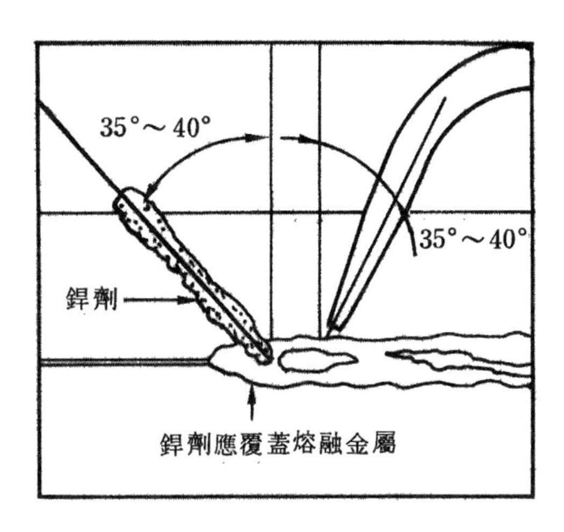

圖 2　銲炬／銲條角度

五、注意事項：

1. 施銲中，務使銲劑能隨時覆蓋熔融金屬。
2. 完成後之銲道應平坦至微凸，呈金黃，滲透接頭。

單元 22　鑄鐵角緣接頭平面角硬銲練習

一、目標：習得鑄鐵角緣接頭平面角硬銲之技能。

二、機具：氣銲基本機具——1 組。

三、材料：

(1) 氣銲基本材料——1 組。
(2) 鑄鐵板(1.2mm×75mm×150mm)——4 塊。
(3) 軟鋼銲條(RCuZn-C，ϕ2.6mm 及 ϕ3.2mm)——各數支。
(4) 鑄鐵銲劑。

四、程序與步驟：

1. 準備器材及定位
   (1) 檢查裝置，確定狀況正常。
   (2) 準備母材(如圖 1，徹底磨淨或刷淨欲施銲邊緣，但已乾淨者勿加輪磨)及銲條。
   (3) 做好防護準備。
   (4) 選用相當鑽頭號碼 53 號(田中牌中型：150#)之火口，並裝妥。
   (5) 調節氣體工作壓力：氧氣——0.6kg/cm^2(噴射式：2kg/cm^2)，乙炔——0.6kg/cm^2。
   (6) 如圖 2，置銲件於導模上。
   (7) 點火並調出強氧化焰。
   (8) 以火焰在欲施銲面上往復移行數次，以沖除附著質點。

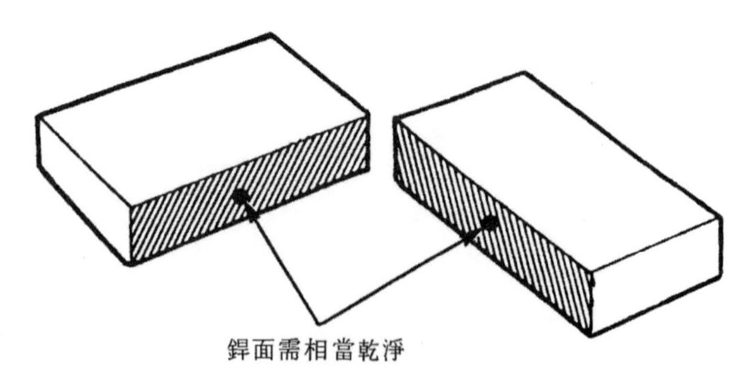

圖 1　銲件準備

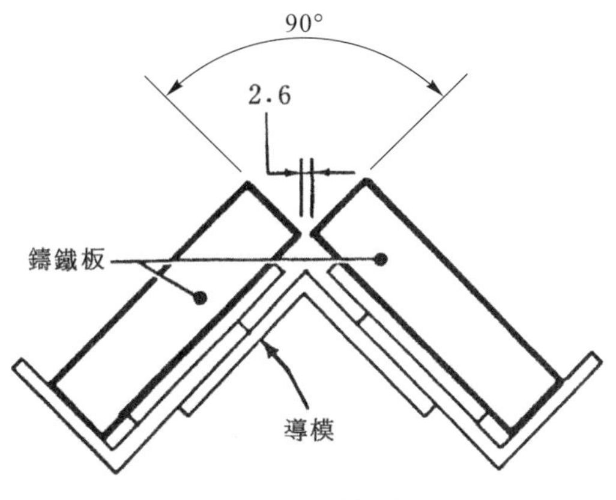

圖 2　銲接位置

2.　進行塗銲

(1) 調節火焰，使成稍微氧化之火焰。

(2) 如圖 3，握持銲炬使呈工作角 90°，移行推角 35°～40°；抓持 ϕ 2.6mm 銲條使呈移行拖角 35°～40°。

(3) 預熱欲施銲邊之全長，至呈暗紅色，隨即移去護目罩，倘暗紅色瞬即消失，即爲施銲之最佳溫度。

(4) 持銲條，輕劃銲面距外緣 6.4mm 處，動作同一般鋼料氣銲。

(5) 如圖 4，施銲中，應使銲塡金屬薄薄涵蓋整個銲面且越過外緣 1.5mm，以確保接合牢固。

(6) 重覆第 5 步驟銲塡另一邊緣。

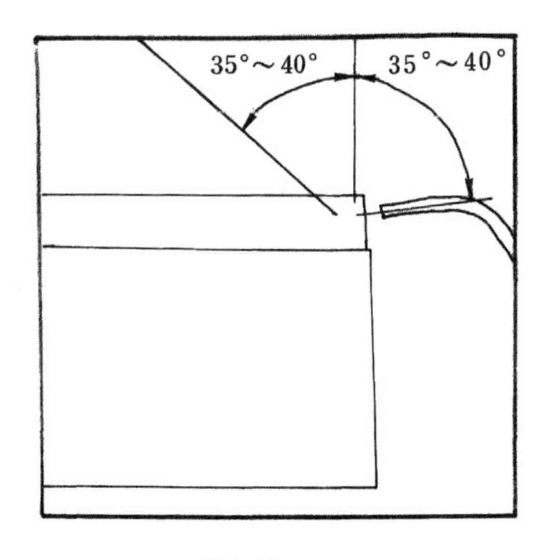

(a)銲接者視圖

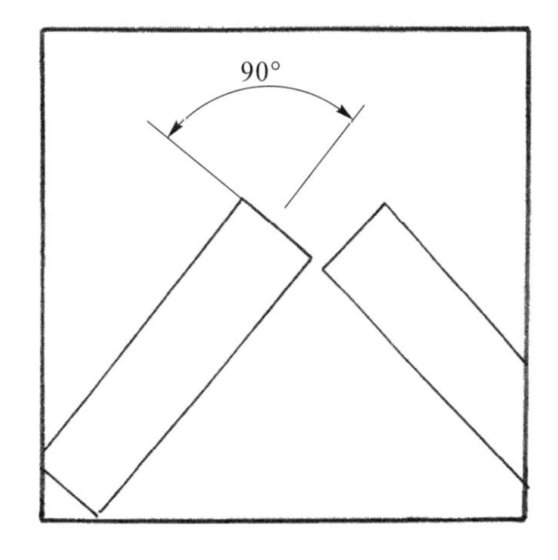

(b)端視圖

圖 3　銲炬／銲條角度

3. 進行銲填

(1) 利用 ϕ 3.2mm 銲條，以硬銲鋼料技巧銲填第一道(完成後銲道需完全填滿間隙，如圖 5)。

(2) 利用織動寬銲道，逐層填滿接頭。

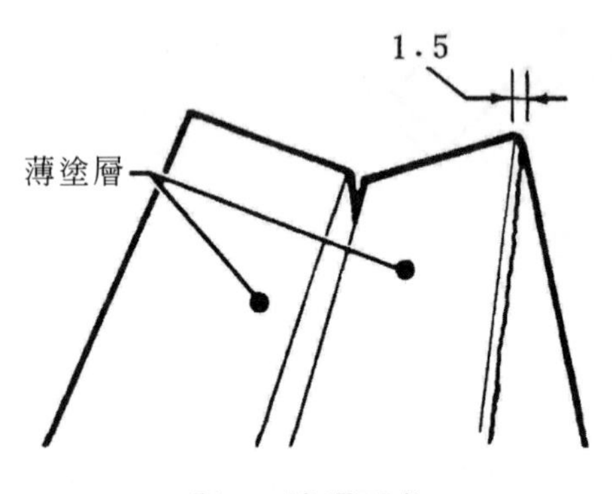

圖 4　塗銲要求

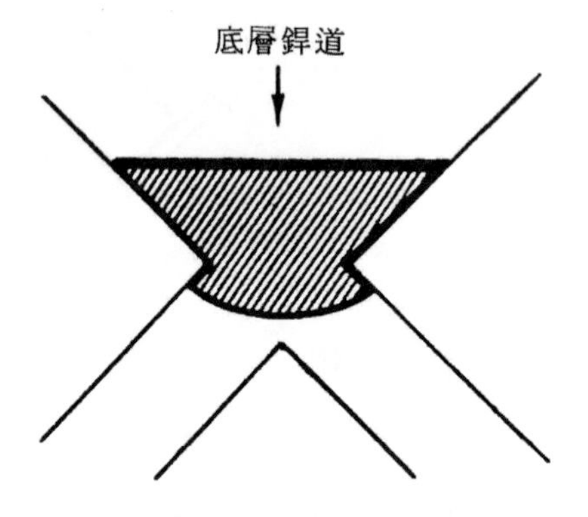

圖 5　底層銲道要求

五、注意事項：

1. 最後一道完成後應高出接頭邊 1.5mm，如圖 6 所示。

2. 本單元母材厚度，約需六層銲道。

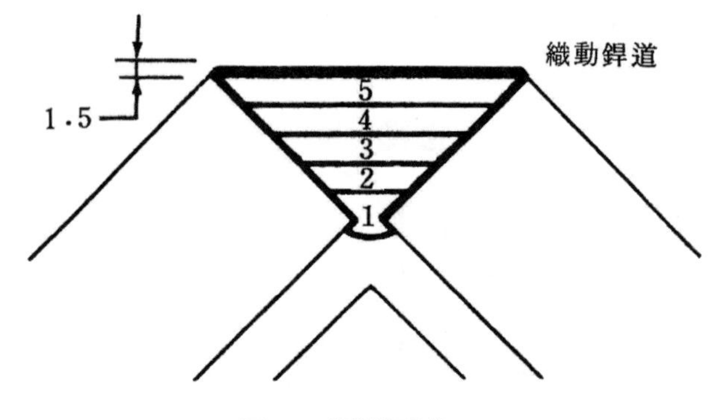

圖 6　銲道要求

Chapter 3

保護金屬極電弧銲

保護金屬極電弧銲(shielded metal arc welding, SMAW)是一種利用塗料金屬極銲條與金屬工件間產生之電弧加熱金屬使其確實接合的銲接法。施銲中，不需施加壓力，且銲條芯線熔化爲填料，銲條塗層則分解以保護熔融金屬，並促進電弧之穩定等。

此種銲法由於使用銲棒爲填料，故又稱爲「棒條銲」(stick welding)；由於一般由手工操作，故又稱爲「手工金屬極電弧銲」(manual metal arc welding, MMAW)；且爲目前電弧銲中最典型、廣用之一種，故常簡稱爲「電銲」。

3.1 相關知識部份

3.1.1 銲接電弧的形成與特性

電弧(arc)是一種物質經由電離氣(plasma)放電的現象。在銲接上，它係以穩定狀態維持於低電壓、高電流之電極與工件間；電弧可產生足夠的熱能以熔接金屬，同時伴有強光、噪音，且在某些狀況下還可撞除母材表面之氧化膜。

銲接電弧(welding arc)與其它電弧有些不同，因爲它係以一種點到面的幾何形狀存在，點爲電極(銲條)端，面即爲工件上電弧作用面。且依電弧產生時電極消耗與否可分爲兩種類型，利用消耗性電極電弧者主要有：保護金屬極電弧銲(SMAW)、氣體金屬極電弧銲(GMAW)、及潛弧銲(SAW)等；利用非消耗性電極電弧者主要有：碳極電弧銲(CAW)、氣體鎢極電弧銲(GTAW)及電離氣電弧銲(PAW)等。

電弧長度與電弧電壓成正比，但弧長增至某一長度時會突然熄滅，電流愈高弧長可愈長而不熄滅。電弧柱之斷面通常由兩聚集區——內焰心或電離氣及外焰組成。電離氣帶大量電流，溫度可達 5,000～50,000°K，外焰冷得多，主要在於維持電離氣集中在內。而電離氣的溫度與斷面直徑依電弧電流、保護氣罩、銲條大小及類型而定。

在電極與工件間的電弧可分成三區：中央區、電極鄰近區及工件鄰近區。電極、工件兩鄰近區由於電極、工件的冷卻作用，電壓突降，特稱爲陽極與陰極壓降；而中央區(或稱電弧柱)之長度佔 99%之弧長且長度與弧壓成正比。圖 3.1 即爲電弧熱與此三區之分佈。在中央區，電流引起之圓形磁場圍繞電弧收緊電離氣形成緊縮效應(pinch effect)，此種收緊造成高壓、高速之電離氣噴射，其速度接近音速。

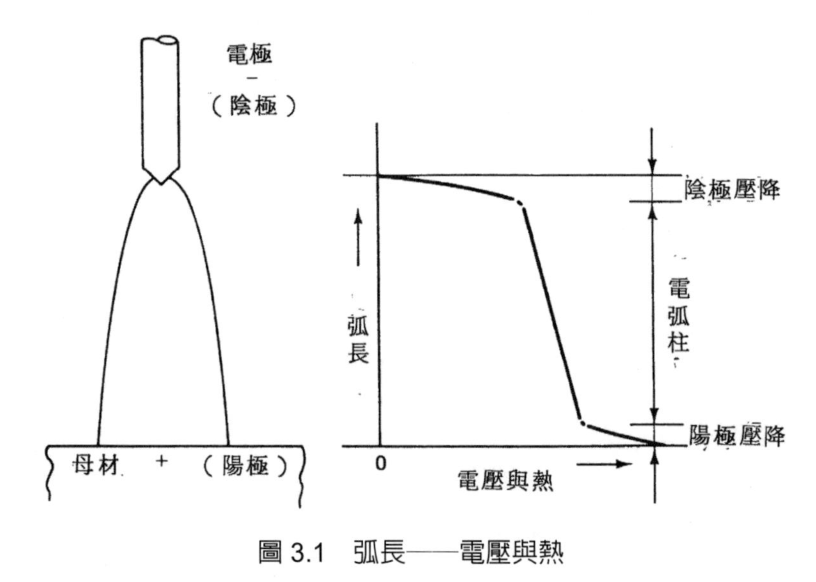

圖 3.1　弧長——電壓與熱

陰極壓降係電弧柱與陰極間之連結，在陰極點上有相常高之溫度與電壓降，電子由陰極點發射至電弧柱，電弧的穩定度即由此點電子流的平穩度而定。鎢與碳爲良好之電子熱發射體，且熔點高，可用爲非消耗性電極。

陽極壓降係電弧柱與陽極間之連結，電弧柱至陽極間的溫度變化不大。

在碳弧中，碳棒爲負極時可獲得穩定直流電弧，而有 $\frac{1}{3}$ 的熱發生在負(陰)極——碳棒，$\frac{2}{3}$ 的熱發生在正(陽)極——工件。在消耗性電極電弧中，電極熔化且熔融金屬經由電弧傳送，因此進料速率與熔化速率相同時可維持一定之弧長。最大熱量的極性對電弧罩有很大的效應，在保護金屬極電弧銲中，電弧罩依銲條塗料的成份而定，通常最大熱量發生在負(陰)極。當直流正極位(direct current straight polarity, DCSP：工件爲正極，銲條爲負極；又稱 direct current electrode negative, DCEN)採 E6012(銲條規格，本書除特別說明外，均依 AWS，詳見本章後敘)時，銲條熔化速率高而滲透極淺。當直流反極位(direct current reverse polarity, DCRP：工件爲負極，銲條爲正極，又稱 direct current electrode, DCEP)採 E6010 銲條時，最大熱量以發生在負(陰)極——工件，而可獲得深滲透；如圖 3.2 所示。在以裸銲條銲接鋼料時，則最大熱量發生在正(陽)極，因此在裸金屬極電弧銲(BMAW)時，常利用正極位(DCRP 或 DCEN)以在母材(陽極)產生最大熱量，獲得適當滲透。但在使用交流電源時，則兩極的熱量相同。

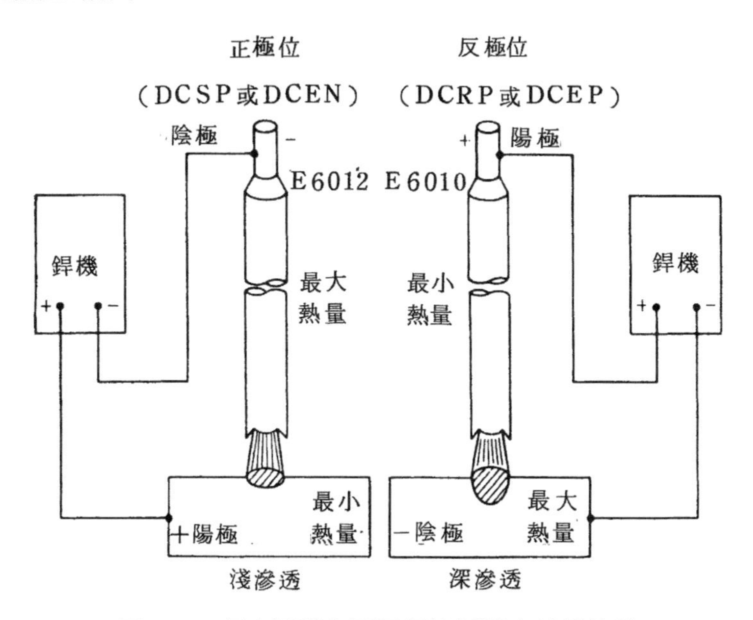

圖 3.2　直流保護金屬極銲接電弧之熱量侍性

3.1.2 電銲之裝置線路與作業原理

保護金屬極電弧銲(以下簡稱電銲)之裝置線路圖如圖 3.3 所示，線路由電銲機起始，包括兩銲接電纜(電極電纜及接地電纜)、一電極把手、一接地(或地線)夾頭以及銲條、工件等。

電銲之實際作業起始於銲條端與工件間電弧之產生，電弧的密集熔化銲條端及電弧罩之下的工件表面，球狀熔滴急速由銲條端經由電弧流轉移至工件上之熔池。在施銲中，電弧隨銲條以適當弧長和移行速率在工件上移動，熔化銲接部位並添加填料，達成冶金式之接合。

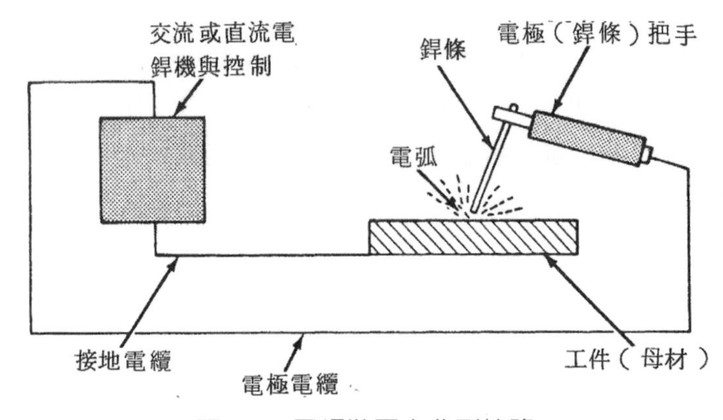

圖 3.3　電銲裝置之典型線路

在電銲整體作業中需有足夠電流以熔化銲條及母材銲接部位，因此銲接電流一般爲 20～550 安培；同時在銲條端與母材間需有適當間隙以維持電弧，因此電弧電壓一般爲 16～40 伏特。而電流可用交流或直流，但在銲機上應有電流值之控制裝置以適應複雜之銲接狀況。

茲將施銲中，銲接部位附近之主要專有名詞圖示於圖 3.4。

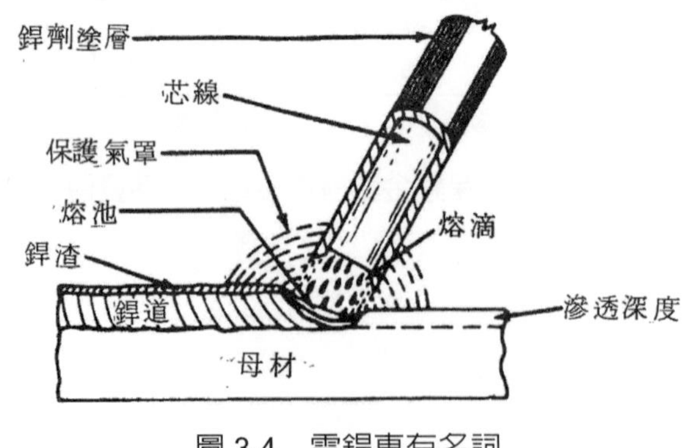

圖 3.4　電銲專有名詞

3.1.3　電銲之基本裝置

電銲基本裝置之線路圖已如前述，可大分爲銲機與附屬設備兩部份。分別介述如后。

1. 電銲機

電銲機(power source 或 welding machine)的基本元件如圖 3.5 所示，其中降壓裝置旨在將輸入的高電壓降爲電弧銲適用的開路電壓(open-cirouit-voltage, OCV；即無負載電壓)——20～80 伏特，並提供 50～1,500 安培的銲接電流。

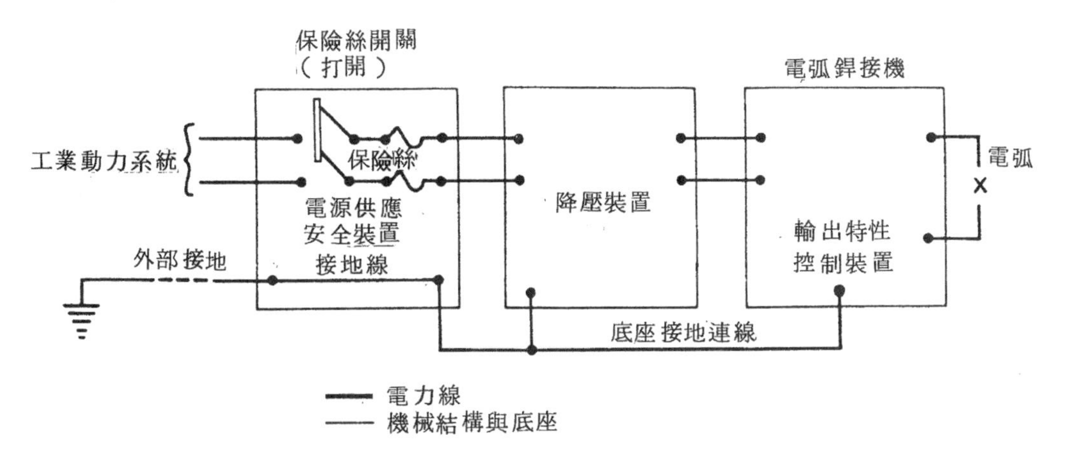

圖 3.5　電弧銲接機之元件

由於交流電(AC)或直流電(DC)均可用於電銲，因此在銲機和銲條均有適用之設計，就銲機而言(銲條部份後敘)，有交流銲機、直流銲機及交－直流兩用銲機。無論交流或直流銲機均有其特性與限制應依銲接狀況選用，茲分述如下：

(1) 就壓降而言：在銲接電纜中的壓降以交流較低，故交流電源較適用於距銲機遠處之施銲。但電纜線不宜纏繞以免造成感應損耗。

(2) 就低電流而言：利用細銲條和低電流時，直流的作業特性較佳，且電弧較穩定。

(3) 就起弧而言：起弧通常以直流較易，尤其在細銲條時爲然。交流電流每半週需經零線一次(形成熄弧點)，故起弧較難，電弧穩定度較差。

(4) 就弧長而言：利用短電弧(低電弧電壓)施銲時以直流易於交流。但對高鐵粉型銲條而言則無差別，此種銲條端在接頭表面施移時，厚塗料會形成深坩堝狀而自動維持適當之弧長。

(5) 就弧偏而言：由於交流電引發的磁場恆定變換(每秒 120 次)，所以無弧偏(arc blow，現象、成因與對策後敘)困擾。但在鋼料直流銲接時會因磁場不平衡而發生。

(6) 就銲接位置而言：由於直流可使用較低電流，故較交流適用於立銲及仰銲位置。但利用交流時，倘能選用適切銲條亦能在所有位置達成滿意之銲接。

(7) 就母材板厚而言：無論薄板或厚板均可用穩定直流電弧施銲。但交流由於在低電流時起弧及維持電弧較難，較不適於薄板施銲。

電銲機除有上述交、直流之區別外，尚需注意其所輸出之電壓、電流間的伏特-安培特性(簡稱伏-安特性)。此種輸出特性可大分爲定電流(constant current, CC，簡稱定流)型及定壓(constant voltage, CV 或 constant potential, CP；簡稱定壓)型兩種。此兩種輸出特性之靜態曲線如圖 3.6 所示。

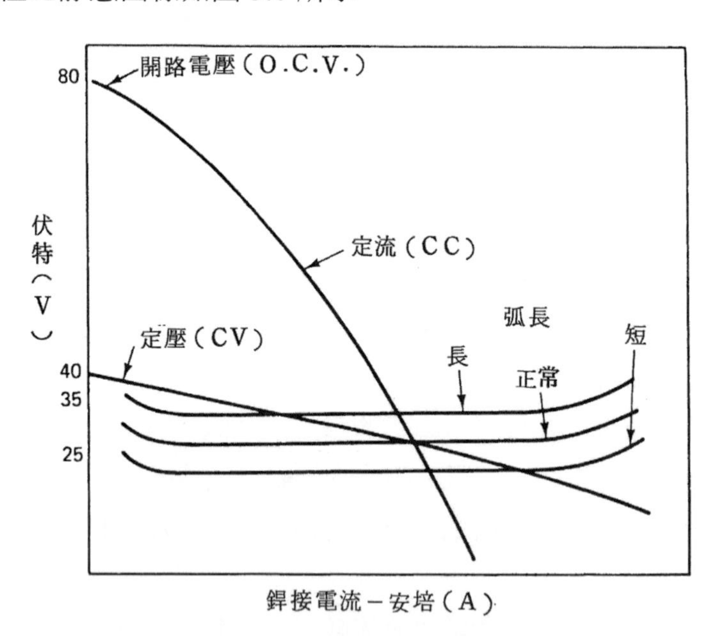

圖 3.6　銲接機之特性曲線

圖中定流(CC)曲線顯示銲機輸出的無負載最大電壓(即開路電壓，通常爲 80 伏特)隨負載增大而降低。由於電銲一般爲手工操作，弧長不易保持恆定，電弧電壓因而發生變化，但在弧長(弧壓)變化中，由於定流曲線的下垂(drooping)特性，使得電流的變異甚小(特稱定流)，故能使銲塡速率幾乎保持恆定而獲致理想之銲接品質。因此，手工操作之電弧銲適用定流特性。而圖中定壓(CV 或 CP)曲線平坦微下垂，可調整高度以改變電壓(但不可能高過定流之開路電壓)，適用於銲線連續輸送之銲法。

定流型銲機之控制系統可分爲單控及雙控式兩種；單控式之特性曲線如圖 3.7 所示，其單一調整裝置可控制輸出電流由最小值至最大值，而有許多條特性曲線。絕大多數變壓器型及變壓器——整流器型電銲機爲單控式。雙控式之特性曲線如圖 3.8 所示，可控制輸出電流及電壓，其電流粗調裝置可調整輸出電流由最小值至最大值，其電流微調裝置可調整開路電壓。發電機型銲機通常採用雙控式。

銲機除上述依電流類型、輸出特性區分外，亦常見依內部結構區分者，茲將三者依據整合如表 3.1 所示。

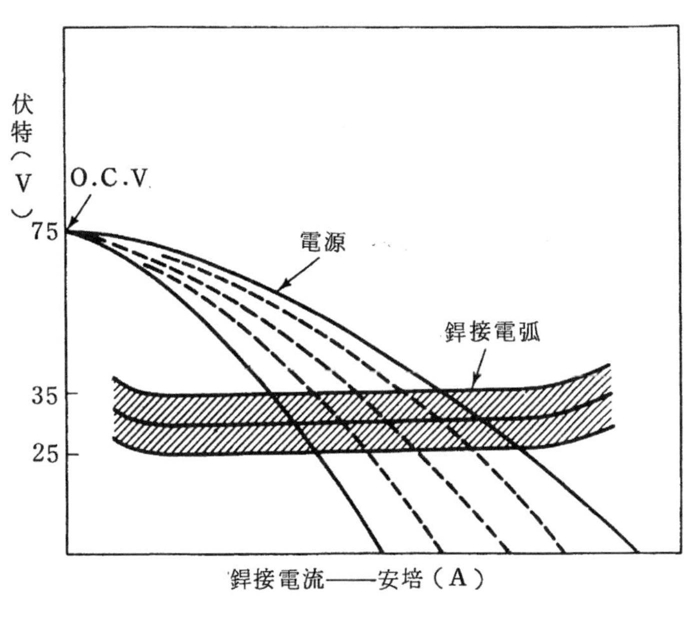

圖 3.7　單控定流型

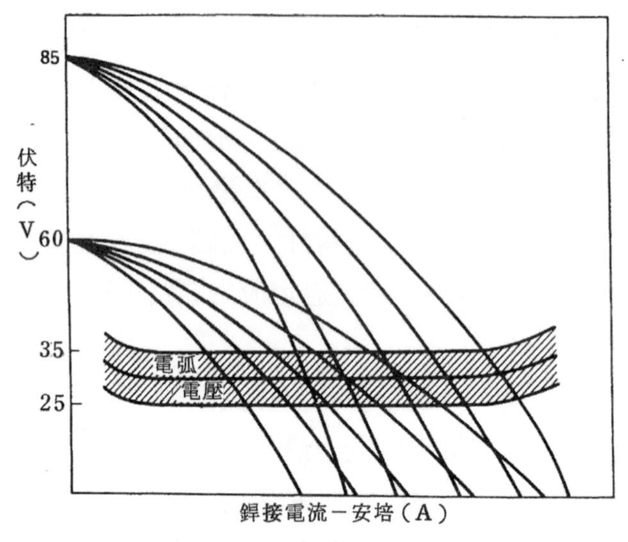

圖 3.8　雙控定流型

表 3.1　銲接機之類型

依特性、電流分 / 依結構分	輸出特性		電流類型		
	定流(CC)	定壓(CV)	交流(AC)	直流(DC)	交／直流(AC/DC)
變壓器型	○	○	○		
變壓器-整流器型	○	○		○	○
電動機-直流發電機型	○	○	○	○	○
電動機-交流發電機型	○	○	○	○	○

註：“○”表此種類型可行。

2. 附屬設備

(1) 電極把手——電極把手(electrode holder)用於固持及控制銲條，並由電纜傳送電流至銲條，故其手把部份對電及熱之絕緣應良好，其接頭與顎夾部份應能使接觸電阻極小以免壓降過大及過熱。而把手本身應輕而易於操作。一般把手亦有尺寸分別以適應不同範圍之銲條線徑。

(2) 接地夾頭——接地夾頭(ground clamp)用於連接地電纜與工件，其操作應方便且夾持牢固，一般輕級工作採用彈簧式即可，重級工作則宜採螺旋式。

(3) 銲接電纜——銲接用電纜(welding cables)用於連接銲機至電極把手與接地夾頭。它必須可撓性佳、易於操作且耐磨損。其芯線(細銅線或鋁線組成)大小應依銲機額定電流、使用率(duty cycle，銲機開動期間每十分鐘內可產生電弧施銲之時間百分比)及電纜長度選用。

(4) 面罩或頭盔——手持式面罩或頭戴式頭盔(helmet)用於保護銲接者的眼睛、臉部、前額、頸部及耳部，以免遭受電弧的直接輻射及飛濺的火花與濺渣。面罩本體需堅固、絕緣、質輕、持戴舒適，同時需附有濾光玻璃框以安置適當濾光度之濾光玻漓(銲條ϕ4.0mm 及以下者用 10 號，ϕ4.8～6.4mm 者用 12 號，ϕ6.4mm 以上者用 14 號)及保護濾光玻璃之透明玻璃。有些面罩或頭盔之濾光玻璃可掀起，僅留一片透明玻璃以利銲接者敲除銲渣時保護臉部及眼睛之用。

(5) 防護衣物——防護衣物(protective clothing)用於保護銲接者之皮膚、衣物不受電弧輻射及火花、濺渣及銲渣之傷害。因此銲接者需穿戴防火手套、防護胸圍、袖套、腳罩及長統工作靴；此外原穿著之衣褲亦應儘量少口袋、反摺，且能防火、易吸汗。

(6) 雜項器具——雜項器具用於清潔或清除工件上之污物、銲渣、鏨銲銲塊等。此等器具主要有鋼絲刷、鐵鎚、鏨子及敲渣尖錘等。

3.1.4 電銲銲材

1. 母材

　　電銲可用於許多母材(base metals)之接合與填補。常用電銲的母材有：碳鋼、低合金鋼、耐蝕鋼、延性及灰鑄鐵、鋁和鋁合金、銅和銅合金、鎳和鎳合金。

　　但各種母材施銲時需選用與其適用之銲條。

2. 銲條

　　電銲用塗料銲條(covered electrodes)由芯線(core wirc)和銲劑塗層(flux coating 或 flux covering)兩主要部份組成。芯線旨在導電及充當填料金屬(filler metal)之用，塗料則有下列一項或多項功能：

(1) 產生電弧之保護氣罩以免熔滴通過電弧時遭受大氣污染。

(2) 充當清洗劑、脫氧劑和助熔劑以清潔銲道並防銲接金屬內晶粒過度成長。

(3) 促進銲條的放電特性，穩定電弧。

(4) 形成銲渣覆層，避免炙熱銲接金屬與空氣直接接觸，而促進其機械性質、銲道形狀和表面清潔度。

(5) 添加合金元素以改變銲接金屬之機械性質。

依 AWS 之分類，塗料銲條有碳鋼用、低合金鋼用、耐蝕鋼用、鑄鐵用、鋁和鋁合金用、銅和銅合金用、鎳和鎳合金用及硬面銲用等八種，各有其制定之規格，選用時宜詳查資料。茲就最常見之碳鋼用及低合金鋼用塗料銲條爲主，簡要介述。

1. 美國銲接學會(AWS)之分類

AWS 對手工塗料銲條的分類系統如表 3.2 及 3.3 所示，一般軟鋼用銲條之特性則如表 3.4 所示。

表 3.2 AWS 銲條分類系統

數位	意義	舉例
四位數字之前二位或 五位數字之前三位	最小抗拉強度(應力消除)	E60×= 60,000psi(最小) E110××= 110,000psi(最小)
倒數第二位	銲接位置	E××1×= 全能位置 E××2×= 横銲和平銲 E××3×= 平銲
最後一位	電源、銲渣類型、電弧類型、滲透量、塗層中鐵粉含量	見表 3.3

註：①字頭“E”(於四位數或五位數左端)表電弧銲條(arc welding electrode)。
②有字尾時(如 E8018-B1 中之 B1)表銲接金屬中之合金成份。

表 3.3 AWS 銲條分類系統最後一位之意義

數字	塗料類型	電流
0	纖維鈉系	DCRP
1	纖維鉀系	AC 或 DCRP
2	氧化鈦鈉系	AC 或 DCSP
3	氧化鈦鉀系	AC 或 DCSP、DCRP
4	鐵粉氧化鈦系	AC 或 DCSP、DCRP
5	低氫鈉系	DCRP
6	低氫鉀系	AC 或 DCRP
7	鐵粉氧化鐵系	AC 或 DCRP
8	鐵粉低氫系	AC 或 DCRP
E6020	氧化鐵鈉系	AC 或 DCSP、DCRP
E6022	高氧化鐵	AC 或 DCSP、DCRP

表 3.4　軟鋼用銲條之銲接特性(依 AWS)

	塗料類型	銲接位置	電流型類	透滲	銲填速率	銲道外觀	濺渣	銲渣剝離	最小抗拉強度(psi)	降伏點(psi)	2 吋之最小伸長率(%)
E6010	高纖維素鈉型	全能	DCRP	深	中	波狀，平	中	中	62,000	50,000	22
E6011	高纖維素鉀型	全能	DCRP, AC	深	中	波狀，平	中	中	62,000	50,000	22
E6012	高氧化鈦鈉型	全能	DCSP, AC	中	優	光滑，凸	少	易	67,000	50,000	17
E6013	高氧化鈦鉀型	全能	DCRP, DCSP, AC	淺	優	光滑，平～凸	少	易	67,000	55,000	17
E7014	鐵粉氧化鈦型	全能	DCRP, DCSP, AC	中	高	光滑，平～凸	少	易	70,000	60,000	17
E7015	低氫素鈉型	全能	DCRP	淺～中	優	光滑，凸	少	中	70,000	60,000	22
E7016	低氫素鉀型	全能	DCRP, AC	淺～中	優	光滑，凸	少	極易	70,000	60,000	22
E6020	高氧鐵化鐵型	平銲 橫角銲	平銲：DC, AC 橫角銲：DCSP, AC	深	高	光滑，平～凹	少	極易	62,000	50,000	25
E7024	鐵紛氧化鈦型	平銲 橫角銲	DCSP, DCRP, AC	淺	甚高	光滑，微凸	少	易	72,000	60,000	17
E6027	鐵粉氧化鐵型	平銲 橫角銲	平銲：DC, AC 橫角銲：DCSP, AC	中	甚高	平～凹	少	易	62,000	50,000	25
E7018	鐵粉低氫素型	全能	DCSP, AC	淺	高	光滑，平～凸	少	極易	72,000	60,000	22
E7028	鐵粉低氫素型	平銲 橫角銲	DCRP, AC	淺	甚高	光滑，微凸	少	極易	72,000	60,000	22

AWS 除依上述所舉數系歸類塗料銲條外，爲便於識別，尚利用顏色以標記銲條類型。標色依部位分有端色、點色及組色三種，如圖 3.9 所示。軟鋼及低合金鋼用銲條之標色系統如表 3.5 所列。

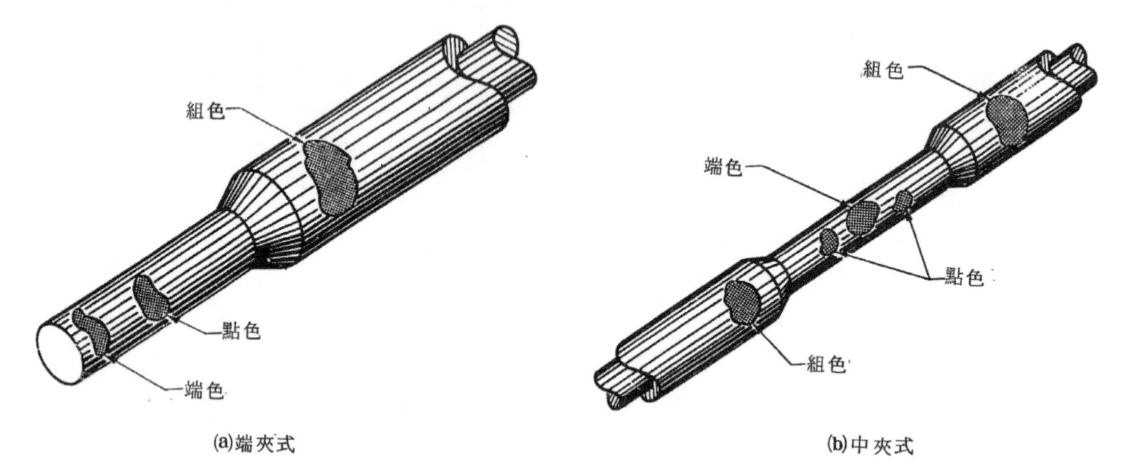

圖 3.9　塗料銲條標色部份

表 3.5　軟鋼及低合金鋼用銲條之標色系統

組色──無				
××10, ××11, ××14, ××24, ××27, ××28 及所有 60××				
端色 / 點色	無	藍	黑	橙
無 白	E6010 E6012	E7010G E7010-A1		EST ECI
棕	E6013		E7014	
綠	E6020			
藍	E6011	E7011G		
黃		E7011-A1	E7024	
黑			E7028	
銀	E6027			
組色──銀				
所有：××13 和××20(E6013 和 E6020 除外)				
棕				
白				
綠		E7020G		
黃		E7020-A1		

2.　日本工業標準之分類

日本工業標準(JIS)對塗料銲條之分類源自 AWS，茲列示其軟鋼用銲條類別如表 3.6。

表 3.6　軟鋼用電銲條分類及銲填金屬之機械性質(依 JIS)

類別	塗料類型	銲接位置	電流	抗拉強度 (kg/mm²)	降伏點 (kg/mm²)	伸長率 (%)	衝擊值 0°CV 型 切口夏比 (Kg-M)
D4301	鈦鐵礦型	全能	AC 或 DC	≥ 43(420)	≥ 35(340)	≥ 22	≥ 4.8
D4303	石灰鈦礦型	全能	AC 或 DC	≥ 43(420)	≥ 35(340)	≥ 22	≥ 2.8
D4311	高纖維素型	全能	AC 或 DC	≥ 43(420)	≥ 35(340)	≥ 22	≥ 4.8
D4313	高氧化鈦型	全能	AC 或 DCSP	≥ 43(420)	≥ 35(340)	≥ 17	－
D4316	低氫素型	全能	AC 成 DCRP	≥ 43(420)	≥ 35(340)	≥ 25	≥ 4.8
D4324	鐵粉氧化鈦型	平銲 橫角銲	AC 或 DC	≥ 43(420)	≥ 35(340)	≥ 17	－
D4326	鐵粉低氫素型	平銲 橫角銲	AC 或 DCRP	≥ 43(420)	≥ 35(340)	≥ 25	≥ 4.8
D4327	鐵粉氧化鐵型	平銲 橫角銲	平銲：AC 或 DC； 橫角銲:AC 或 DCSP	≥ 43(420)	≥ 35(340)	≥ 25	≥ 2.8
D4340	特殊型	全能或 其中之一	AC 或 DC	≥ 43(420)	≥ 35(340)	≥ 25	≥ 2.8

註：(1)全能位置係指平、立、橫、仰銲位置而言，銲接位置所示者僅適用於 ϕ5mm 以下之電銲條而言。
(2)D4327 如伸長率增加 2%，而降伏點及抗拉強度低 1kg/mm² 亦算合格。但抗拉強度須在 41kg/mm² 以上，降伏點須在 33kg/mm² 以上。
(3)括弧內數值爲國際單位 N/mm²。
(4)電銲條類別中：

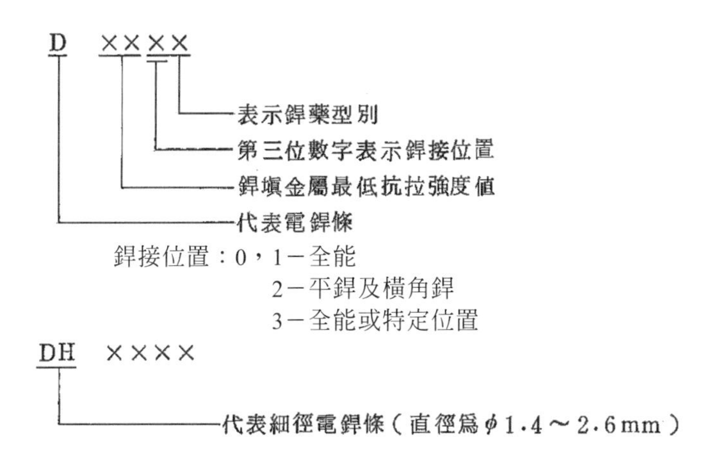

3. 中華民國國家標準之分類

中華民國國家標準(CNS)對塗料銲條之分類大抵整合 AWS 及 JIS 之分類法。茲列示軟鋼用銲條類別如表 3.7，並列示其性能比較於表 3.8，與各國軟鋼電銲條規格對照於表 3.9。

表 3.7 中華民國國家標準軟鋼用電銲條分類及銲填金屬之機械性質(依 CNS 1215-C4031)

類別	塗料類型	銲接位置	電流	抗拉強度 (kg/mm^2)	降伏點 (kg/mm^2)	伸長率 (%)
E4300	不指定	全能	AC 或 DC	43	35	22
E4301	鈦鐵礦型	全能	AC 或 DC	43	35	22
E4303	鹼性鈦礦型	全能	AC 或 DC	43	35	22
E4310	鈉纖維素型	全能	DCRP	43	35	22
E4311	鉀纖維素型	全能	AC 或 DCRP	43	35	22
E4312	鈉氧化鈦型	全能	AC 或 DCRP	47	37	17
E4313	鉀氧化鈦型	全能	AC 或 DCSP	47	37	17
E4315	鈉低氫素型(鹽基性)	全能	DCRP	47	37	22
E4316	鉀低氫素型(鹽基性)	全能	AC 或 DCRP	47	37	22
E4320	氧化鐵型	水平角銲及平銲	平銲：AC 或 DC； 橫角銲：AC 或 DCSP	43	35	25
E4327	鐵粉氧化鐵型	水平角銲及平銲	平銲：AC 或 DC； 橫角銲：AC 或 DCSP	43	35	25
E4330	氧化鐵型	平銲	AC 或 DC	43	35	25
E4340	特殊型	全能	AC 或 DC	43	35	25

註：①銲接位置係指 5mm 或以下直徑之銲條而言，其中 E4315 及 E4316 係就 ϕ 4mm 或以下直徑之銲條而言。

②如拉力試驗所得之伸長率大於規定數值，而抗拉強度及降伏點略小於規定值，但抗拉強度不小於 $42kg/mm^2$，降伏點不小於 $34kg/mm^2$ 時，則每超過規定伸長率百分數之一時，則補足抗拉強度及降伏點應力各 $0.7kg/mm^2$。

例：如 E4313 銲條拉力試驗所得伸長率爲 18%時，其抗拉強度僅需 $46.3kg/mm^2$，降伏點需 $36.3kg/mm^2$ 即可合格。

③ 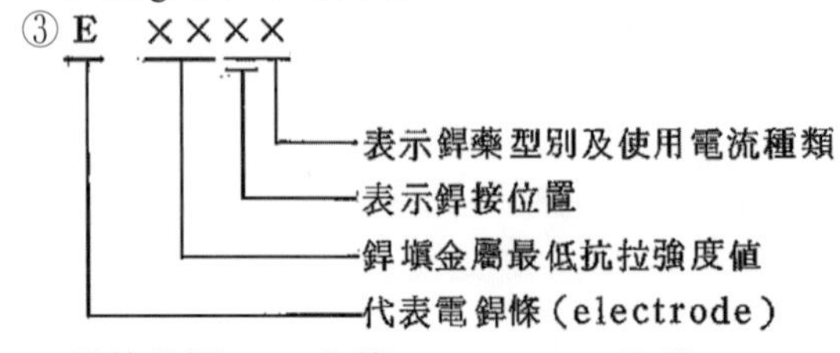

銲接位置：0－全能　1－全能　2－平銲及橫角銲
　　　　　3－平銲　4－全能或特定位置

表 3.8　各種軟鋼銲條性能比較表

項目 ＼ 類別			E4301	E4303	E4311	E4313	E4316	E4320	E4327
銲劑型別			鈦鐵礦型	鹼性鈦礦型	高纖維素型	氧化鈦型	低氫素型	高氧化鐵型	鐵粉氧化鐵型
相當規格	JIS		D4301	D4303	D4311	D4313	D4316	D4320	D4327
	AWS-ASTM		E60 級	E60 級	E6011	E6013	E6016	E6020	E6027
抗拉力			強	中	強	極強	最強	中	極強
韌性			強	極強	強	弱	最強	強	強
抗裂性			強	強	強	弱	最強	強	強
滲透力			中	低	最強	最低	低	極強	極強
銲蝕現象			中	優	低	優	中	優	優
火花度			中	低	強	最低	低	中	中
銲渣剝離性			中	優	中	優	中	優	優
銲道表面			光滑、平	光滑、略凹	略粗糙	光滑，凸	光滑、略	光滑、略凹	光滑、平
操作性能	薄板	平銲	中	高	低	最高	低	低	低
		仰、立銲	中	高	高	高	低	不可	不可
	厚板	平銲	高	中	中	中	中	極高	最高
		仰、立銲	最高	高	高	中	低	不可	不可
橫角銲			中	高	低	高	中	極高	最高
銲條價格			低	中	高	低	最高	中	高
耗費電力			高	高	低	低	最高	中	高
銲接速率			高	高	低	中	中	極高	最高

表 3.9　各國軟鋼電銲條規格對照表

銲藥型別	中華民國 CNS	日本 JIS	美國 AWS-ASTM	英國 BS	國際 ISO	德國 DIN
鈦鐵礦系	E4301	D4301	－	E316	E243 V27	EsVIIIs/243/27
高纖維素系	E4311	D4311	E6011	E117	E244 C14	ZeVIIm244/14
鹼性鈦礦系	E4303	D4303	－	E316	E254 T25	TiVIIs/254/24
氧化鈦系	E4312	D4312	E6012	E317	E332 T25	TIVIIm/332/25
氧化鈦系	E4313	D4313	E6013	E217	E332 R12	TiVIIm/332/12
低氫素系	E4316	D4316	E6016	E614	E455 B29	KbXs/455/29
高氧化鐵系	E4320	D4320	E6020	E426	E253 A34	EsVIIs/254/34
鐵粉氧化鐵系	E4327	D4327	E6027	E926	E254 V34	FeSO/254/34

4. 選用電銲條的考慮因素

塗料銲條種類繁多，但在施銲時之選用至爲重要，玆列舉八項選用時之考慮因素如下。

(1) 母材強度——銲條應配合母材之機械性質，如母材爲軟鋼常採用 AWS：E60××或 E70××銲材；母材爲低合金鋼時則選用強度相近者。
(2) 母材成份——銲條應配合母材成份，如軟鋼母材採用 AWS：E60××或 E70××即可；低合金鋼母材則選用成份最接近者。
(3) 銲接位置——銲條線徑愈大愈不適用於非平銲位置，且塗料類型不同適用位置各異，選用時需注意。
(4) 銲接電流——應依銲機電源選用適用於交流、直流或交-直流及適當性之銲條。
(5) 接頭設計與配合——銲條滲透力有深、中、淺之別；一般而言，接頭無切邊或緊密配合者採用滲透銲條，薄板材或寬根部間隙者採淺滲透、弱電弧銲條。
(6) 母材厚度與形狀——如在設計複雜厚重工件施銲時，爲免生銲裂宜採最大延性銲條——如低氫系銲條。
(7) 使用條件和／或規格——工件需承受低、高溫或震動者應配合母材成份、延性、韌性選用銲條——如低氫系銲條。

(8) 生產效率和工作條件——如平銲時爲獲較高銲塡速率及更高效率，可採高鐵粉型或粗徑銲條。在其它條件下則可透過實驗以選用塗料類型及線徑大小。

3.1.5　電銲接頭型式與準備

電銲之接頭型式與銲接種類大致如本書第一章中所述，其設計時之考量因素很多，可從品質、效率及成本等方向權衡。在此列示鋼材槽銲時之適用接頭型式於表 3.10，可資準備接頭時之參考。

表 3.10　鋼料電銲時之接頭型式

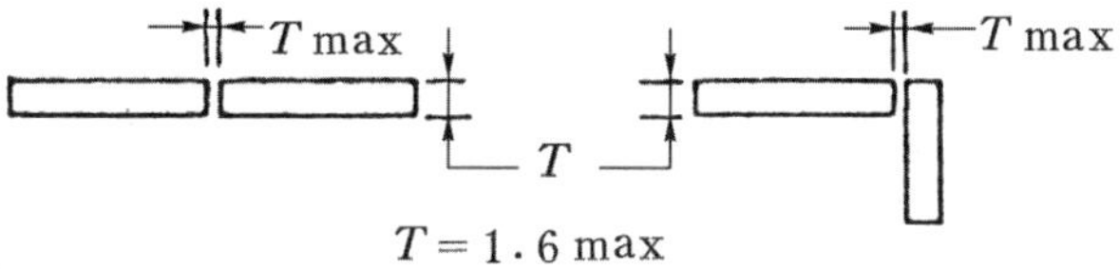

T max　T max
T
T = 1.6 max

單邊銲有墊板方型槽接頭

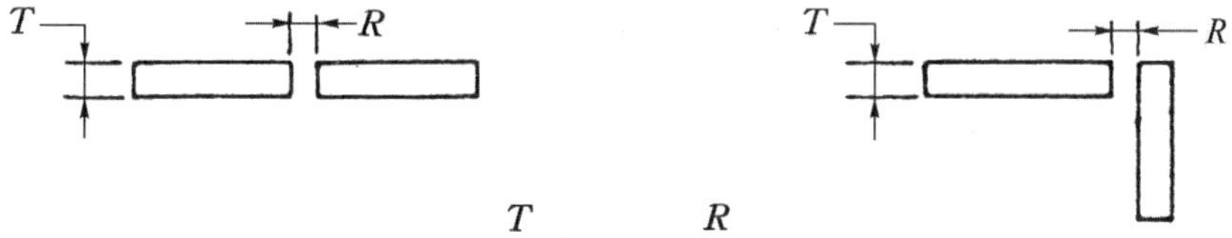

T　R　T　R

T	R
3 max	0
3 ～ 6	T/2 max

雙邊銲方型槽接頭

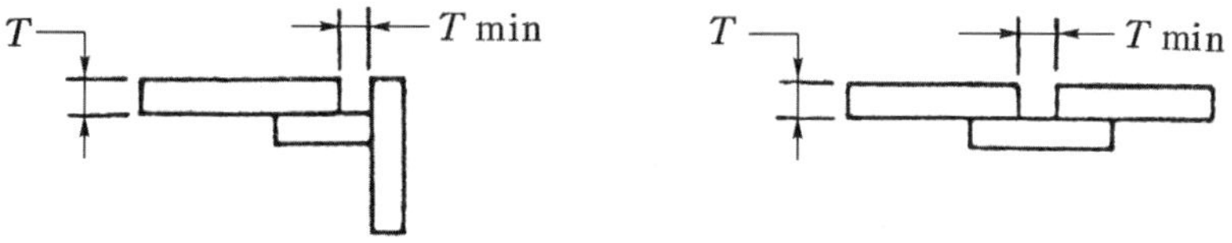

T　T min　T　T min

T = 4.8 max

單邊銲方型槽對接頭

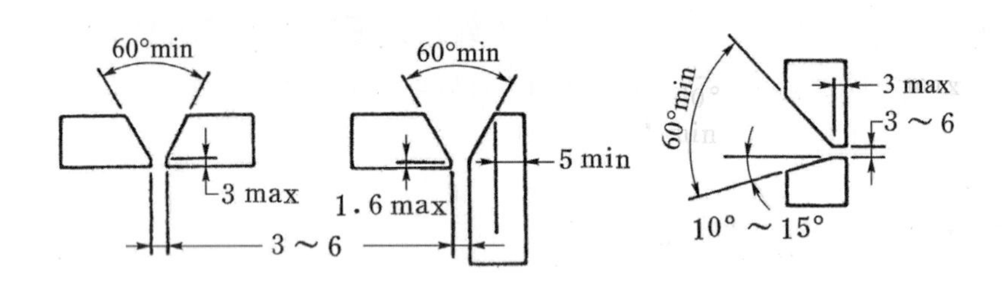

單邊或雙邊銲單V 型槽接頭

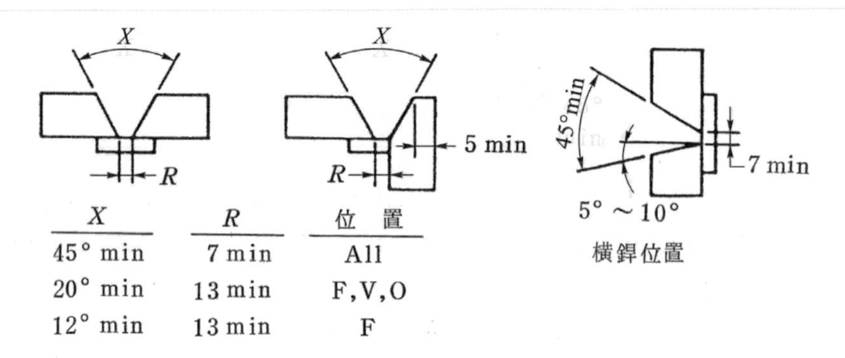

X	R	位　置
45° min	7 min	All
20° min	13 min	F,V,O
12° min	13 min	F

單邊銲有墊板單V 型槽接頭

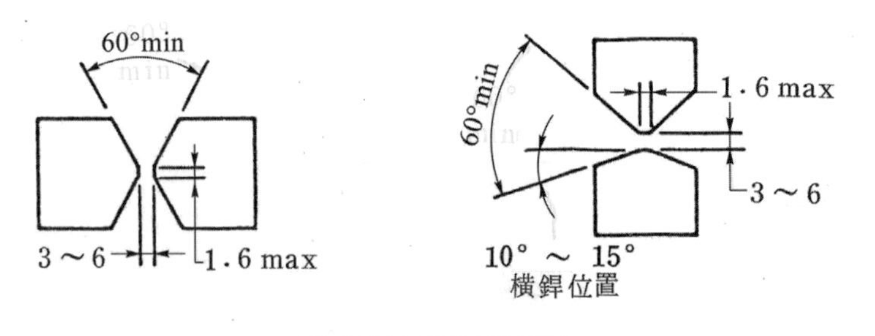

雙邊銲雙V 型槽接頭

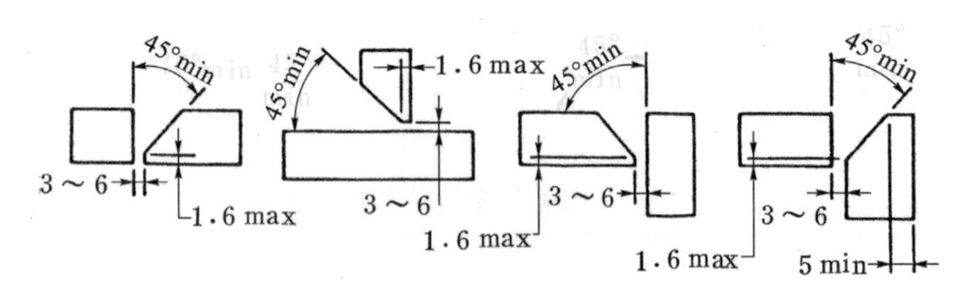

單邊或雙邊銲單斜槽接頭

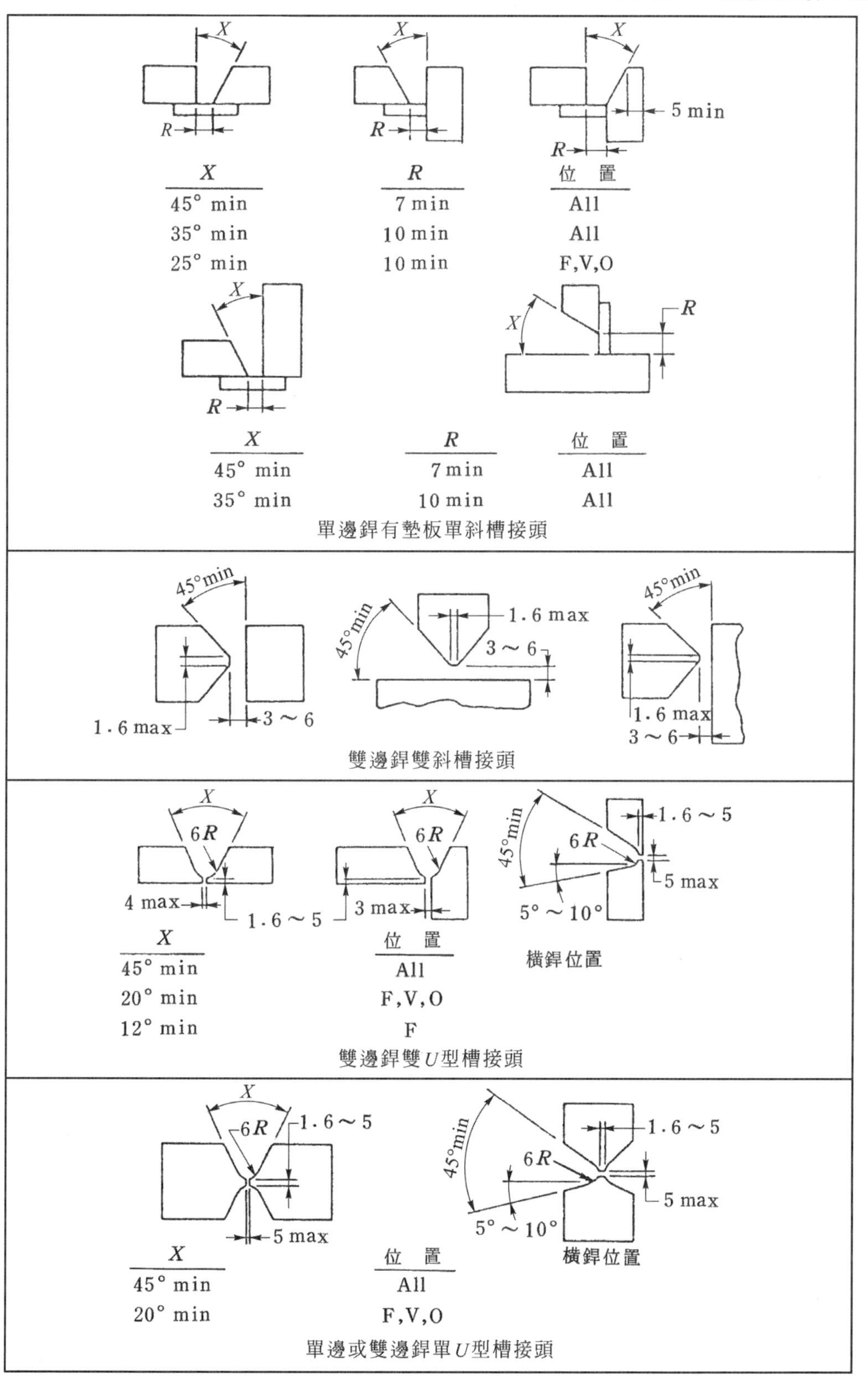
X
R
5 min
X
R
位 置
45° min
7 min
All
35° min
10 min
All
25° min
10 min
F,V,O
X
R
R
X
X
R
位 置
45° min
7 min
All
35° min
10 min
All
單邊銲有墊板單斜槽接頭
45°min
1.6 max
3 ～ 6
45°min
1.6 max
3 ～ 6
45°min
1.6 max
3 ～ 6
雙邊銲雙斜槽接頭
X
6R
4 max
1.6 ～ 5
X
6R
3 max
45°min
6R
1.6 ～ 5
5 max
5° ～ 10°
X
位 置
45° min
All
20° min
F,V,O
12° min
F
橫銲位置
雙邊銲雙U型槽接頭
X
6R
1.6 ～ 5
5 max
45°min
6R
1.6 ～ 5
5 max
5° ～ 10°
橫銲位置
X
位 置
45° min
All
20° min
F,V,O
單邊或雙邊銲單U型槽接頭

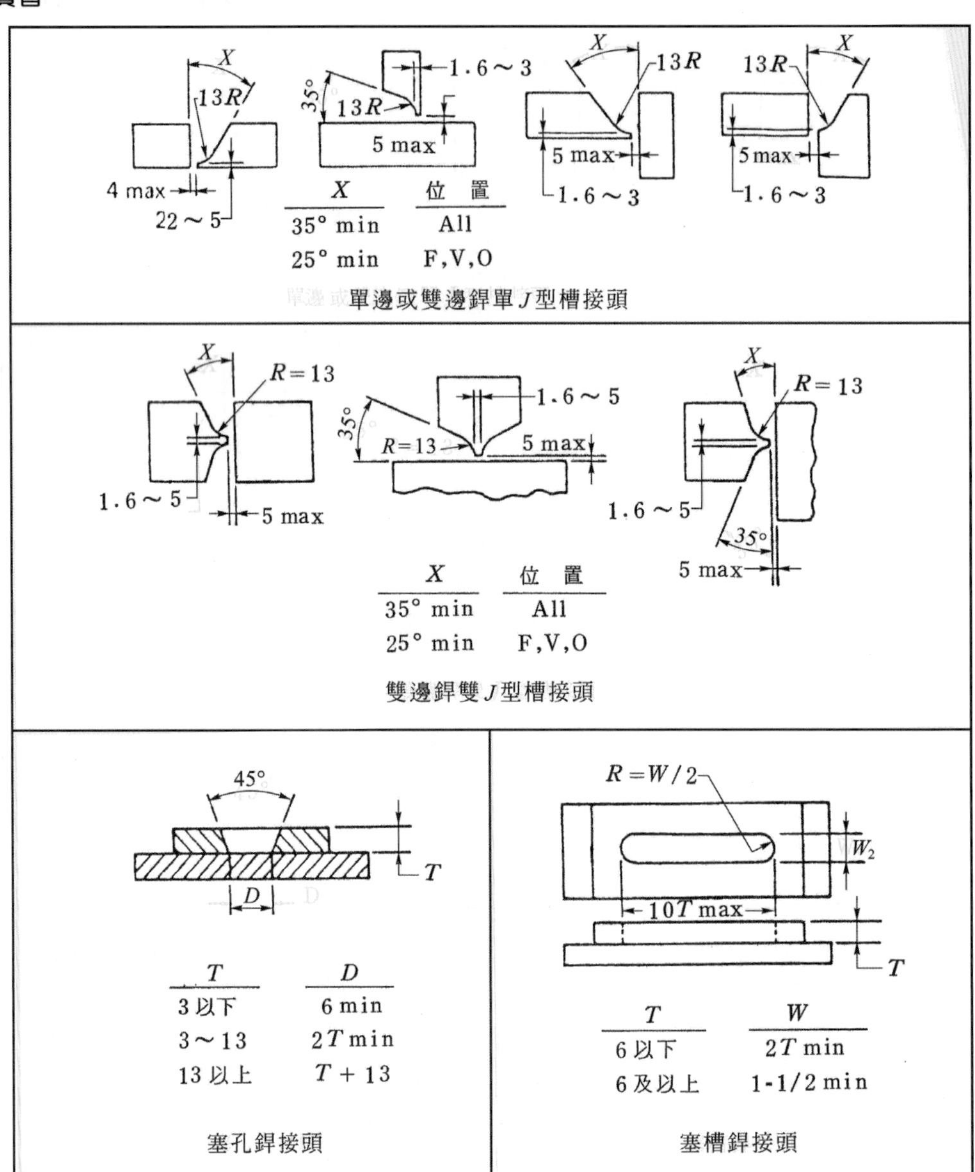

註：(1)表中尺寸單位除角度外皆爲公釐(mm)

mm	in.	mn	in.
1.6	$\frac{1}{16}$	6.4	$\frac{1}{4}$
3.2	$\frac{1}{8}$	9.5	$\frac{1}{8}$
4.8	$\frac{3}{16}$	13	$\frac{1}{2}$

(2)表中記號：

尺寸：max——最大值；min——最小值。

位置：A11——全能位置；F——平銲；V——立銲；O——仰銲。

其中，在單邊銲之接頭時，爲求完全滲透，可採用背墊(backing)方式以承載第一道施銲時之熔融金屬以免流出根部。其背墊方式一般有四種方法，如圖 3.10 所示：

(1) 背墊板。

(2) 背墊銲道。

(3) 銅墊板。

(4) 非金屬。

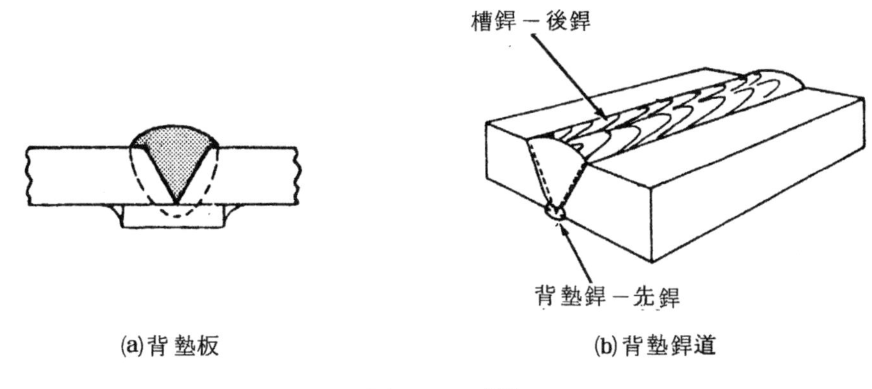

圖 3.10　背墊

此外，在實際施銲時，接頭兩端——在起始和結束部位容易造成缺陷或不連續，因此在施銲前可在接頭兩端預設同一接頭型式之端板(runoff tabs)，施銲時由一端端板起始，至另一端之端板結束，完成後去除端板，而使整個接頭上獲致形狀、品質相當一致的銲接結果。端板如圖 3.11 所示。

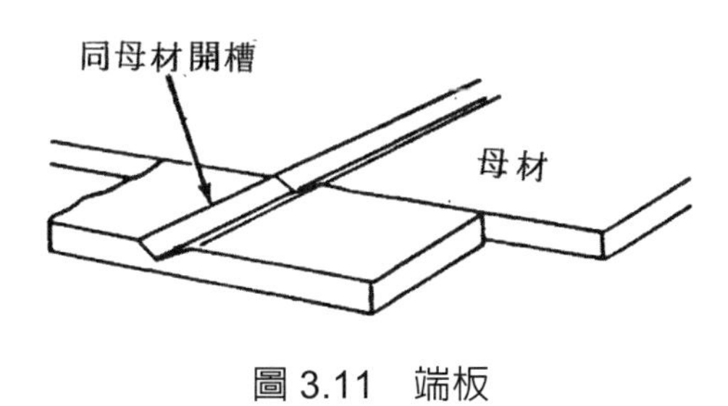

圖 3.11　端板

3.1.6 電銲之銲接程序

1. 銲條線徑

電銲時，銲條線徑之選擇應依母材厚度、銲接位置及接頭型式而定。就母材厚度而言，厚材料採大銲條用大電流以獲得完全熔合、適當滲透以及較大之銲塡速率，就銲接位置而言，在非平銲位置時，由於重力作用使熔融金屬傾向於流開接頭，因此不宜採較大銲條以免造成大熔池。就接頭型式而言，槽銲底層(俗稱打底)常用較小銲條以便接近根部並控制完全滲透，覆層則用較大銲條以增大滲透深度及銲塡速率。

2. 銲接電流

電銲可用直流或交流電，兩者之選用可循前述交、直流之比較作決定。就一般銲條而言，電流愈高，則銲塡速率愈大，同一類型同一尺寸之銲條其最佳電流值應以能使接頭獲得良好熔合、滲透及適當控制熔池爲度。在立銲、仰銲時其最佳電流值爲可用電流範圍之下限。電流不宜過高，否則易形成淺渣多、弧偏大、燒蝕、銲接金屬銲裂。

3. 電弧長度

電銲施銲時，由於銲條端不斷熔化，以致於弧長隨時改變，欲控制妥切頗爲不易。弧長太短時電弧不穩定且金屬轉移時易短路。弧長太長，電弧易喪失方向性與密集度，使熔融金屬轉移時易分散，致濺渣多、銲塡效率低，且塗層產生的氣罩將不足以保護電弧及銲接金屬被空氣侵入而造成氣孔與氧、氮之污染。

一般而言，弧長隨銲條線徑與電流值增大而增長，通常弧長不超過銲條芯線直徑值，但厚塗料銲條(如鐵粉型)的弧長常需小於此值。

4. 移行速率

電銲移行速率之控制以使電弧稍微領先熔池爲準。電弧在此點之後，移行愈快，銲道愈窄、滲透愈深；在此點之前，移行愈快，滲透愈淺、銲道表面差、銲道邊燒蝕、銲渣不易敲除、銲接金屬易生氣孔。

此外，移行速率與銲接金屬、熱影響區(heat-affected zone, HAZ 施銲中銲接金屬鄰近已達母材再結晶溫度，原材質發生變化之區域)之冶金結構亦有關，移行速率較慢則熱量輸入高，熱影響區大、冷卻速率慢。

5. 銲條角度

銲條角度可分爲工作角與移行角，定義已如本書第一章所述。就移行角而言，角度太大易形成高凸、外形不佳、滲透不當之銲道；角度太小易造成夾渣。就工作角而言，角度太大易造成燒蝕；角度太小易造成熔合不足。表 3.11 爲碳鋼電銲時之典型銲條角度。

表 3.11　碳鋼電銲之銲條角度

銲接類型	銲接位置	工作角	移行角	銲接技巧
槽銲	平銲	90°	5°～10°*	後手銲
槽銲	橫銲	80°～100°	5°～10°	後手銲
槽銲	向上立銲	90°	5°～10°	前手銲
槽銲	仰銲	90°	5°～10°	後手銲
角銲	橫銲	45°	5°～10°*	後手銲
角銲	向上立銲	35°～55°	5°～10°	前手銲
角銲	仰銲	30°～45°	5°～10°	後手銲

*用高鐵粉型銲條時，此移行角爲 10°～30°。

6. 弧偏

弧偏主要發生在直流銲接磁性材料(鐵和鎳)時，由於磁場不均勻所造成的電弧偏移。如圖 3.11 中，銲條朝接地處銲向接頭端或轉角處時會造成後偏(back blow)，銲條離接地處由接頭端起銲時會造成前偏(forward blow)。

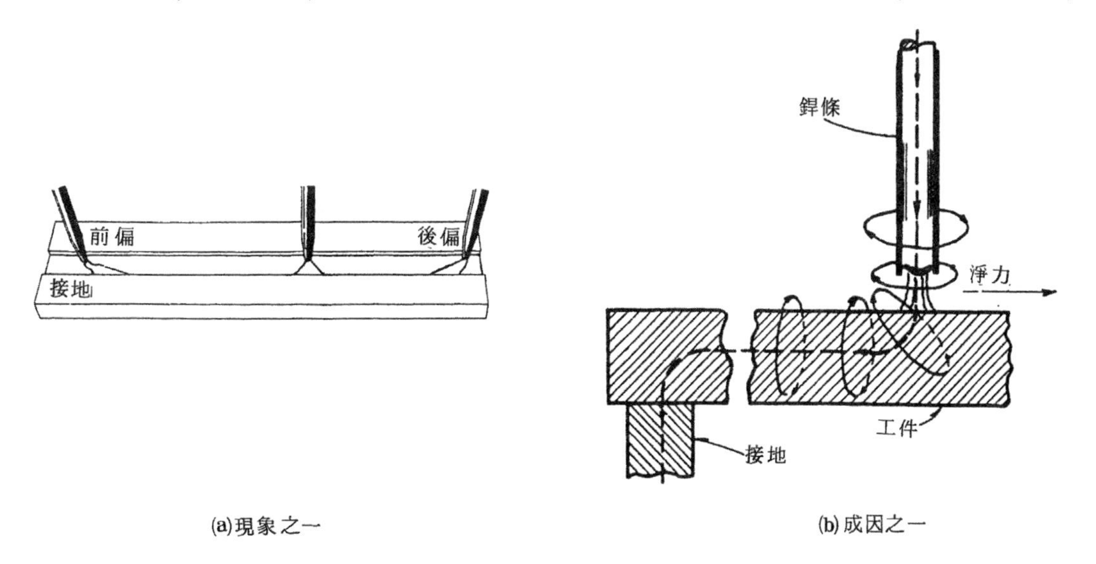

(a)現象之一　(b)成因之一

圖 3.11　弧偏

弧偏可採下列途徑予以防制：

(1) 使接地處儘可能遠離欲施銲之接頭。
(2) 會發生後偏時，接地於起銲處，並使銲條朝較大暫銲部位。
(3) 會發生前偏時，接地於接頭末端。
(4) 調整銲條角度以抵制弧偏。
(5) 儘可能使用短電弧，藉助電弧力抵制弧偏。
(6) 儘可能降低銲接電流。
(7) 銲條朝向較大暫銲部位銲或接頭兩端加端板。
(8) 採用分段後退銲法。
(9) 改用交流電——但銲條類型需改變。
(10)以接地電纜纏繞在工件上以建立均勻磁場。

總結上述，顯見適當銲接程序有五：

(1) 正確銲條尺寸。
(2) 正確銲接電流。
(3) 正確電弧長度。
(4) 正確移行速率。
(5) 正確銲條角度。

此外，尚有其它應注意要點，將在隨後各實習單元中敘述。

3.1.7 電銲之銲接品質

電銲之目標應使工件施銲後能切合使用要求，故需講求銲接程序使能達成工件要求之物理、機械性質。一般而言，欲達工件要求，在選定銲法、銲材後，首要避免銲接缺陷(defects)之產生。表 3.12 爲良好與不良銲道之圖示。表 3.13 爲常見銲接缺陷之現象、成因與對策。

表 3.12　良好與不良銲道圖示

判定	良	不良	不良	不良	不良	不良
主要成因	電流、電壓和速率適當	銲接電流太低	銲接電流太高	弧長太長 (電壓太高)	銲接速率太快	銲接遠率太慢
圖示						
特性	1. 銲道光滑、齊整 2. 無燒蝕、過疊或高凸 3. 斷面齊整 4. 最小材料、人工人本之最件銲道	1. 銲接金屬高凸 2. 銲道過疊、滲透不良 3. 減緩移行 4. 浪費銲條及生產時間	1. 濺渣太多 2. 沿接頭邊燒蝕 3. 銲填金屬不規則 4. 浪費銲條及生產時間	1. 銲道極不規則且滲透不良 2. 銲接金屬遮蔽不當 3. 銲接強度弱 4. 浪費銲條及生產時間	1. 銲道太小，外廓不規則 2. 斷面銲接金屬不足 3. 銲接強度弱 4. 浪費銲條及生產時間	1. 銲接金屬過高 2. 接頭邊過疊、無滲透 3. 銲接時間長 4. 浪費銲條及生產時間

表 3.13　電銲銲接缺陷之現象、成因與對策

缺陷	成因	對策
銲接金屬含氣孔	1. 弧長太長或太短 2. 銲接電流太高 3. 保護氣體不足或含濕氣 4. 移行速率太快 5. 母材表面覆有油脂、水份、銹皮、軋製時之殘留物等 6. 銲條潮濕、不乾淨或破損	1. 保持適當弧長 2. 使用適當銲接電流 3. 增大氣體流量及檢查氣體純度 4. 減慢移行速率 5. 施銲前徹底清潔母材 6. 妥當維護和儲放銲條
銲接金屬龜裂	1. 銲接尺寸不足 2. 接頭束縛度過大 3. 接頭設計和／或準備不良 4. 填料金屬與母材金屬不合 5. 冷卻速率太快 6. 母材表面覆有油脂、水份、銹皮、污物或軋製時之殘留物	1. 依母材厚度調整銲接尺寸 2. 以適當設計減低接頭 3. 選擇適當之接頭設計 4. 選用較具延性之填料 5. 利用預熱減慢冷卻速率 6. 施銲前徹底清潔母材
燒蝕	1. 銲條操作不良 2. 銲接電流太高 3. 弧長太長 4. 移行速率太快 5. 弧偏	1. 織動時在銲道兩邊暫銲 2. 使用適當銲條角度 3. 依銲條大小及銲接位置使用適當銲接電流 4. 縮短弧長 5. 減慢移行速率 6. 減小弧偏之影響
銲件變形	1. 暫銲不當和／或接頭準備不良 2. 銲道順序不當 3. 定位和夾持不當 4. 銲接尺寸過大	1. 暫銲時預留變形裕度 2. 利用適當的銲道順序 3. 牢固地暫銲或夾持工件 4. 依特定尺寸施銲
賤渣過多	1. 弧偏 2. 銲接電流太高 3. 弧長太長 4. 銲條潮濕、不乾淨或破損	1. 防制弧偏 2. 降低銲接電流 3. 減短弧長 4. 妥當維護和儲放銲條
熔合不良	1. 移行速率太快 2. 銲接電流太低 3. 接頭準備不當 4. 銲條線徑太大 5. 弧偏 6. 銲條角度不當	1. 減慢移行速率 2. 提高銲接電流 3. 銲接設計應使銲條能接近接頭各構件面 4. 減小銲條線徑 5. 防制弧偏影響 6. 使用適當銲條角度

缺陷	成因	對策
過疊	1. 移行速率太慢 2. 銲條角度不當 3. 銲條太大	1. 增快移行速率 2. 使用適當銲條角度 3. 使用較小銲條
滲透不良	1. 移行速率太快 2. 銲接電流太低 3. 接頭設計和／或準備不當 4. 銲條線徑太大 5. 銲條類型不當 6. 弧長太長	1. 增快移行速率 2. 提高銲接電流 3. 增大根部開口間隙或減小根部面 4. 使用較小銲條 5. 使用滲透性能較佳之銲條 6. 減小弧長
磁性弧偏	1. 施銲中磁場不均勻 2. 工件或夾具磁性過大	1. 使用交流銲 2. 降低銲接電流和弧長 3. 改變工件上地線夾頭夾持部位
包渣	1. 多銲次間銲渣清除不乾淨 2. 移行速率不一致 3. 織動太寬 4. 銲條太大 5. 銲渣超前電弧 6. 鎢極熔入或黏結	1. 銲次間徹底清除銲渣 2. 使移行速率一致 3. 減小織動寬度 4. 使用較小銲條使愈能接近接頭 5. 增大移行速率或減小弧長 6. 使用適當鎢極和適當電流

3.1.8　電銲之優點與限制

目前電弧銲是銲接法中的主流，而電銲尤爲電弧銲中最廣用之一種，無論生產製造、維護修理或現場營建都可實際應用；具設備相當簡單、低廉且移動方便，施銲中銲接金屬由銲條塗料分解保護，無需輔助保護氣體或粉粒狀銲劑，較氣體保護式電弧銲對風向及氣流的敏感性小。

電銲銲法中除需受制於部份銲條類型與大小之外，適用於所有銲接位置。而且電銲適用於絕大多數常用金屬與合金，亦可在其它銲法難以接近的場所施銲。適用電銲的材料有碳鋼、低合金鋼、不銹鋼、鑄鐵、鋁、銅、鎳及其合金。但對諸如鉛、鋅、錫等低熔點金屬及其合金而言，由於電弧熱過於密集，不適用電銲。此外對諸如鈦、鈷、鉬及鈳等還原性金屬而言，由於塗料銲條塗層產生的氧罩尚不足以保護彼等對氧氣污染的敏感，因此也不適用電銲。

電銲銲條起弧後電流通過整根芯線，因此，可用電流值受制於芯線電阻值，電流過大時銲條會過熱、塗料會剝落，而改變電弧特性及保護效果。有此電流不能太高的限制，使得電銲的銲填速率(deposition rate，單位時間填料銲著在母材上的重量)較使用非塗料銲線的銲法低。此外，施銲中，銲條常需更換，且銲道接續前需清除銲渣，使得電銲的弧時(arc time，銲機開動期間實際產生電弧施銲之時間百分比)亦較使用非塗料銲線的銲法低。

3.1.9 電弧銲安全守則(適用於所有電弧銲)

1. 確認所有銲接設備已安裝妥當、接地良好、工作狀況正常。
2. 穿戴適用於銲接的防護衣物。
3. 銲接、輪磨或切割時應佩帶附有適當護目鏡的面罩或頭盔。
4. 保持工作場所清潔且附近無易燃、易揮發或易爆炸物品。
5. 謹慎處置各種壓縮氣體，非使用時間應蓋上安全護帽。
6. 務使壓縮氣瓶固持牆、柱或其它結構物。
7. 當壓縮氣瓶內氣體用完時，關閉氣閥，並在瓶上標明「空」瓶。
8. 除非有特殊防護裝置，否則絕不在狹隘、封閉的空間施銲。
9. 除非經特殊防護處理，否則絕不在曾裝燃燒物之容器上施銲。
10. 除非經通風或特殊防護處理，否則絕不在封閉容器或間隔內施銲。
11. 銲接鉛、鎘、鉻、錳、黃銅、青銅、鋅或鍍鋅鋼材時，在施銲處應裝設強制通風，以排除有毒煙氣。
12. 必須在潮濕場所施銲時，應穿皮靴並站在乾燥、絕緣平台上。
13. 必須銜接以延長銲接電纜時，所有接點需裝緊且絕緣；切勿使用絕緣部份破損或芯線裸露之電纜。
14. 電極把手在非使用時間時，應吊掛在專用托架上，切勿接觸壓縮氣瓶。
15. 銲條銲剩之短截應置入適當容器，切勿隨地丟棄。
16. 施銲中周圍應切實遮檔電弧，勿使影響他人。
17. 勿在易使油脂分解的工件上施銲。
18. 在高處施銲前應確定鷹架、梯架或工件固持妥當。
19. 在高處施銲而無欄杆時應使用安全帶或救生索。
20. 使用水冷設備時，應確定無漏水之虞。

3.2 實習單元部份

隨後各單元中，除第一單元之外，各單元「機具」部份所稱「電銲基本機具」均指單元一所列全部「基本機具」。

至於「材料」中銲條塗料類型，因 AWS 之原始規範較爲周延，故均依 AWS 標示，選用時請參照前述表 3.9 及參閱銲條供應廠商提供之資料。

單元 1　起弧與電弧控制練習

一、目標：習得設定銲機、起弧、操作銲條及控制熔池等技能，奠定隨後各單元之操作基礎。

二、機具：電銲基本機具。

名稱	規格	數量	備註
電銲機	DC	1 組	含電纜、電極把手、地線夾頭
工作台		1 具	含各種銲接位置之定位夾具
火鉗		1 支	
敲渣手錘		1 支	
鋼絲刷		1 支	
面罩	手持式或頭盔式	1 具	含適當號數之濾光玻璃
安全眼鏡		1 付	
防護衣物		1 套	含帽子、圍裙、袖套、手套、腳罩、口罩

三、材料：

(1) 軟鋼板：(4.8mm×75mm×150mm)——1 塊。

(2) 銲條：(E6012，倘銲機電源爲 AC 則用 E6013；ϕ3.2mm×350mm)——數支。

四、程序與步驟：

1. 準備器材

(1) 檢查裝置，確定狀況正常。

(2) 做好防護準備。

(3) 清潔母材、工作台，並置放母材於工作台上。

(4) 設定銲機極性——DCSP，電流——約 105～110A。

(5) 將地線夾頭夾緊工作台，電極把手夾妥銲條，開動銲機。

2. 進行起弧

(1) 探敲擊法——如圖 1，銲條垂直母材，由上往下敲擊，隨即上提約銲條芯線直徑值(3.2mm)，使電弧在銲條——母材間產生。

(2) 採劃擦法——如圖 2，銲條與母材傾斜，劃過母材表面後，保持銲條與母材距離為銲條芯線直徑值(3.2mm)，使電弧在銲條—母材間產生。

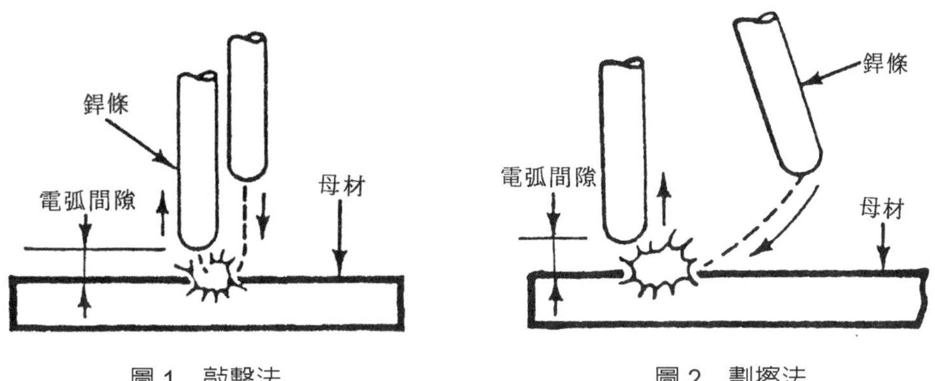

圖 1　敲擊法　　　　圖 2　劃擦法

(3) 上述兩種操作中，倘銲條接觸母材後，提起太慢致黏結在母材上時，應迅速扭動電極把手使銲條端脫離母材。倘扭動後仍無法脫離，改採前後往復搖動銲條或使脫離母材或壓下把手活動邊使把手夾頭與銲條脫離。

3. 進行電弧維持

(1) 採用敲擊法或劃擦法起弧。

(2) 維持電弧長度為銲條線徑 1.5～2 倍長(4.8～6.4mm)，逆時針運行銲條至產生約十元硬幣大小之圓形銲道後(見圖 3)，提高銲條熄滅電弧。

圖 3　圓形銲道練習

4. 進行銲造練習

(1) 如圖 4，起弧後，維持電弧長度爲銲條線徑之 2 倍(6.4mm)長，移至板邊。

(2) 維持上述弧長一秒鐘以預熱母材，然後弧長減爲銲條線徑值(3.2mm)，同時銲條傾斜 5°～10°，如圖 4。

(3) 施銲中維持熔池寬度爲銲條線徑之 1.5～2 倍(4.8～6.4mm)，平穩移行至母材長度之半(75mm)，熄滅電弧(如圖 5)。敲除、刷淨銲疤上之銲渣。

(4) 在銲疤前 12mm 處重新起弧，移至銲疤處填補至前述銲道尺寸後，繼續平穩移行至板邊。

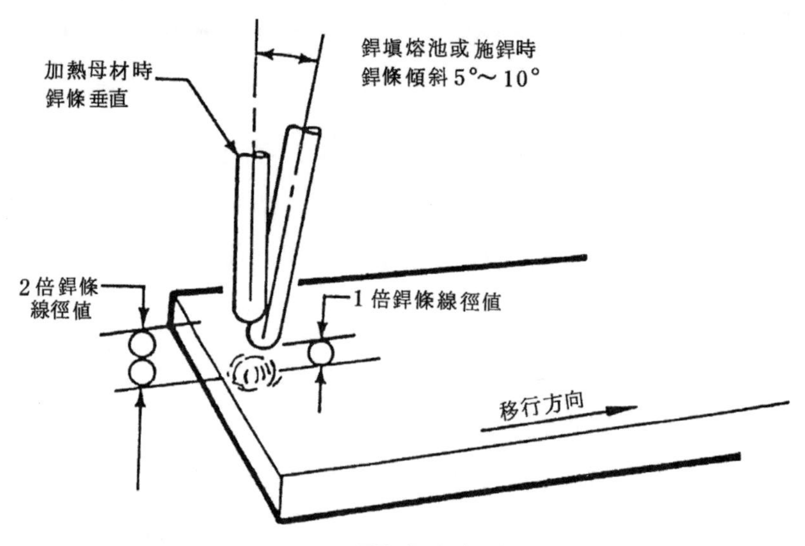

圖 4　銲條角度與弧長

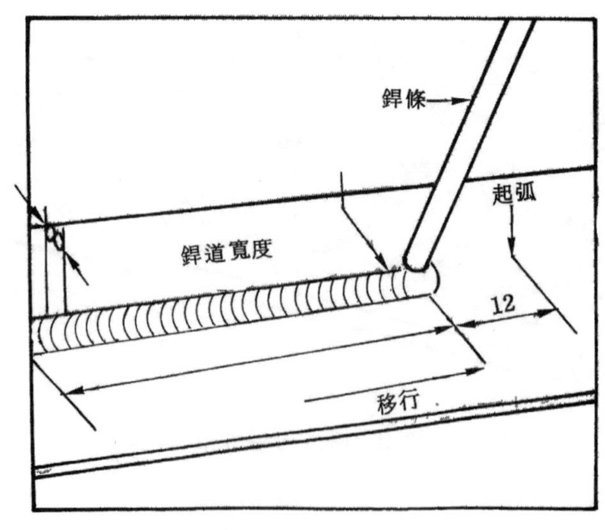

圖 5　銲道接續

五、注意事項：

1. 施銲中，適當之移行速率與弧長應產生連續乾脆、連續之油炸聲，銲道寬度約爲銲條線徑值之 2 倍(見圖 6)。
2. 下列爲移行速率與弧長不當的銲接結果：
   (1) 弧長太長──如圖 7，弧長太長會發出沙啞、不勻整的爆裂聲，電弧易熄滅，濺渣過多，銲道表面不勻整且太寬。
   (2) 弧長太短──如圖 8，弧長太短會發出輕柔蜂鳴聲，銲條易黏結母材，銲道太窄且高凸。
   (3) 速率太慢──如圖 9，速率太慢會造成太大之銲道而浪費時間及銲條，增大母材撓曲。
   (4) 速率太快──如圖 10，速率太快會造成太窄之銲道。

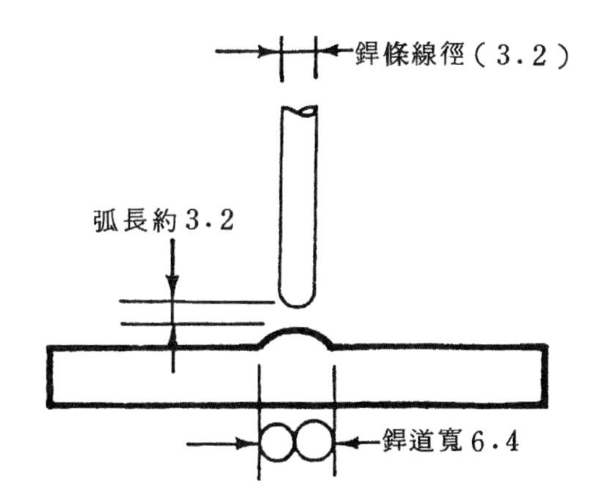

圖 6　適當弧長與速率之結果

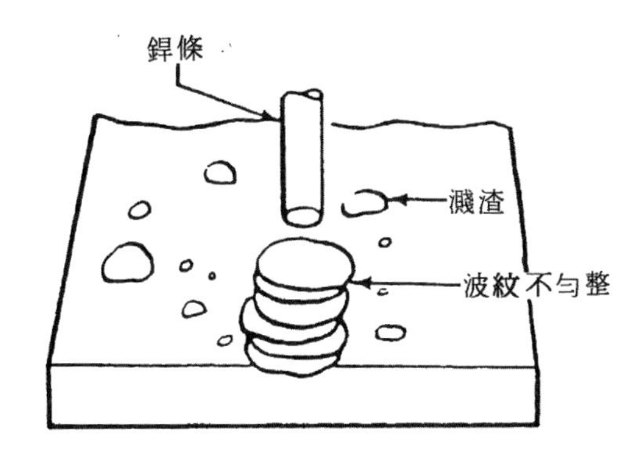

圖 7　弧長太長之結果

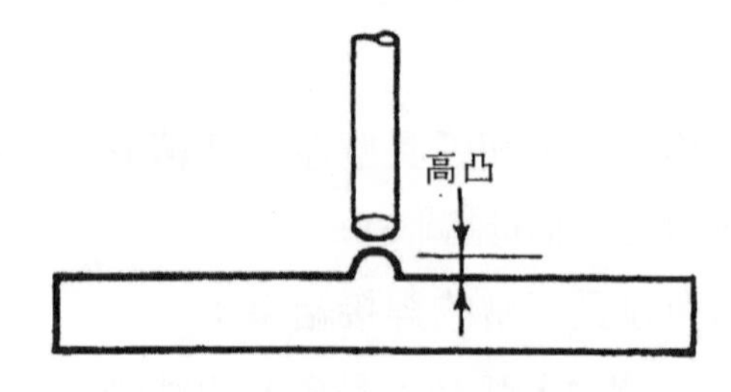

圖 8　弧長太短之結果

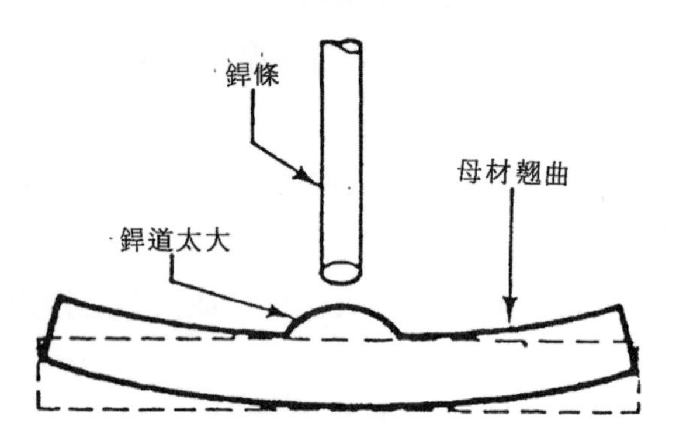

圖 9　速率太慢之結果

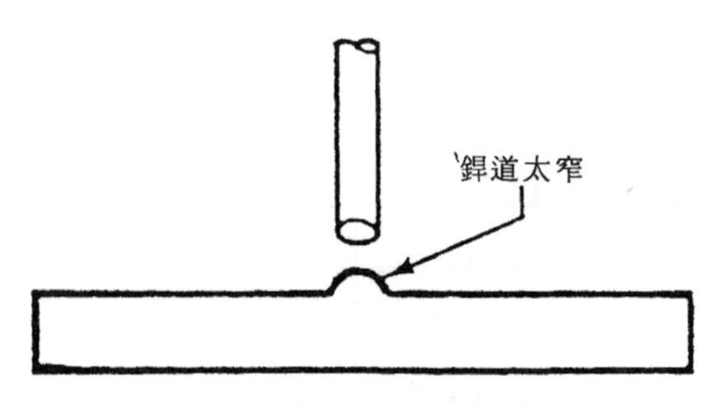

圖 10　速率太快之結果

單元 2　平面堆銲與銲疤填補練習

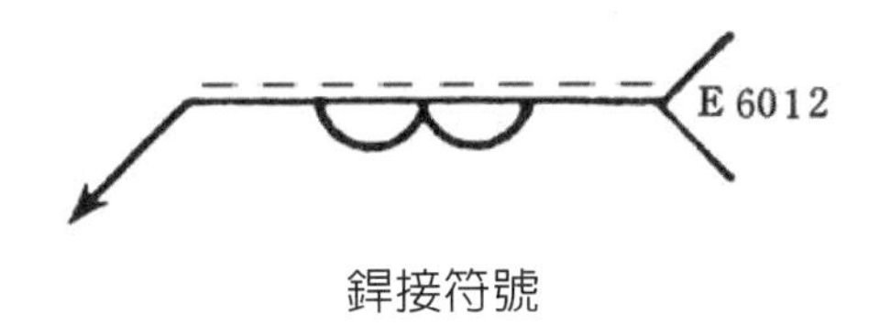

銲接符號

一、目標：習得在平面板材上堆疊銲道，並在板材端適切填補銲疤之技巧。

二、機具：電銲基本機具——1 組。

三、材料：

(1) 軟鋼板(6.4mm×75mm×150mm)——3 塊。

(2) 銲條(E6012，倘銲機電源爲 AC 則用 E6013；ϕ3.2mm×350mm)數支。

四、程序與步驟：

1. 準備器材

(1) 檢查裝置，確定狀況正常。

(2) 做好防護準備。

(3) 清潔母材及準備接頭。

(4) 設定銲機極性——DCSP，電流——約 105～110A。

(5) 開動銲機。

2. 進行銲填

(1) 如圖 1，接近板邊，使銲條近於垂直角度(即無側角)銲填第一道；隨後銲條改採 10°～15°側角銲填第二、三……道，但各銲道接續中，前一銲道之銲渣應徹底清除乾淨。

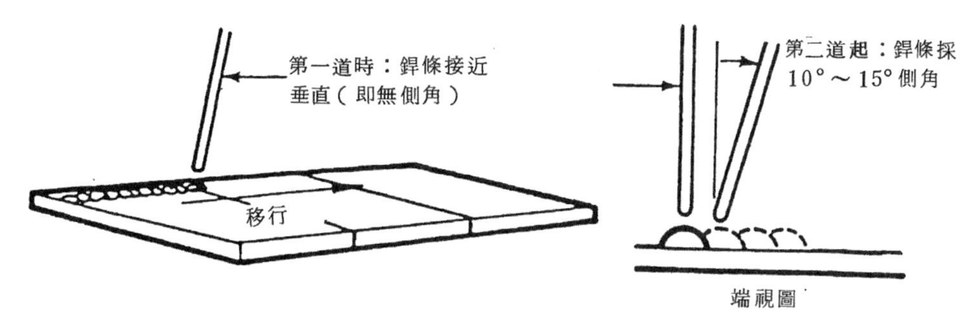

圖 1　銲條工作角

(2) 如圖 2，各銲道銲至末端時，銲條往回移行少許，以填補銲疤至適當銲道高度。

(3) 依上述步驟，使第一銲道外每一銲道接續時，交疊前一銲造寬度的三分之一左右。直至板面均銲滿銲道爲止。

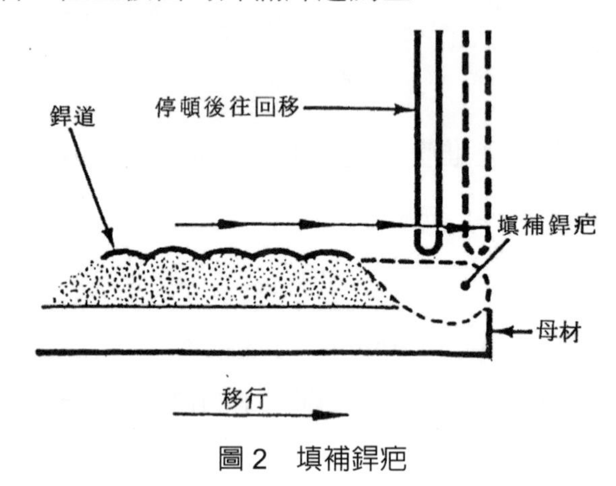

圖 2　填補銲疤

五、注意事項：

1. 銲道接續中，倘母材過熱銲渣不易敲除，可利用水冷卻。
2. 完成後之銲道應平滑、波紋細密。
3. 銲道間之正確交疊，約爲銲道寬度的三分之一，如圖 3。
4. 銲道間之交疊不正確時，則交疊過多處高凸；交疊不足處形成銲道間 V 型低陷處，銲渣易陷入該處，如圖 4 所示。

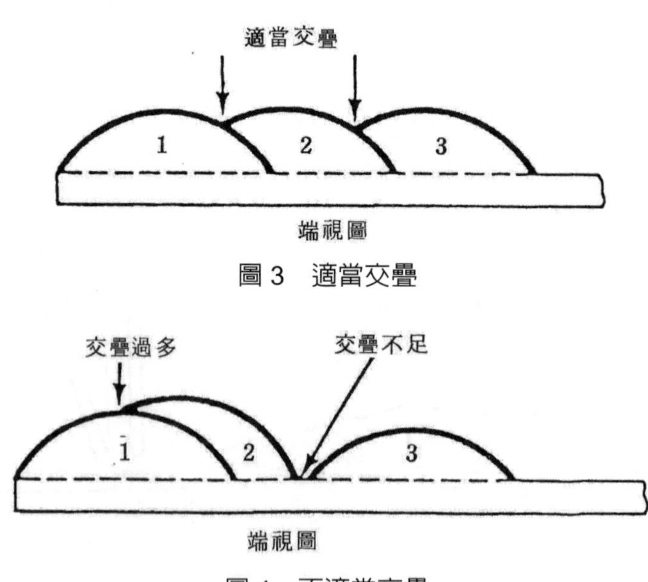

圖 3　適當交疊

圖 4　不適當交疊

單元 3　疊接頭橫向角銲練習

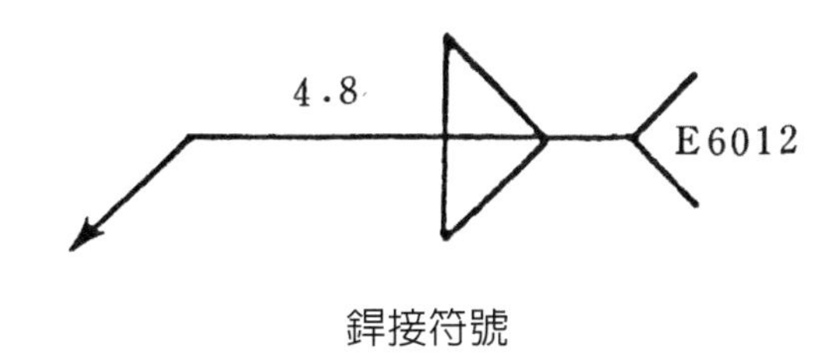

銲接符號

一、目標：習得疊接頭橫向留銲之技能。

二、機具：電銲基本機具──1 組。

三、材料：

(1) 軟鋼板(4.8mm×75mm×150mm)──5 塊。

(2) 銲條(E6012，倘銲機電源爲 AC 則用 E6013，ϕ3.2mm×350mm)數支。

四、程序與步驟：

1. 準備器材

(1) 檢查裝置，確定狀況正常。

(2) 做好防護準備。

(3) 清潔母材及準備接頭。

(4) 設定銲機極性──DCSP，電流──約 100～110A。

(5) 開動銲機。

2. 進行暫銲與定位

(1) 如圖 1，兩板搭疊後在兩端暫銲，隨後第三、四、五板依序搭疊、暫銲使成疊接頭。

(2) 清除暫銲部份之銲渣。

3. 進行銲塡

(1) 如圖 2，銲條採工作角 40°～45°，移行拖角 5°～10°。

(2) 施銲中，移行速率應恰能使接頭完全塡滿。

(3) 依序施銲各接頭後，翻轉背面，繼續施銲。

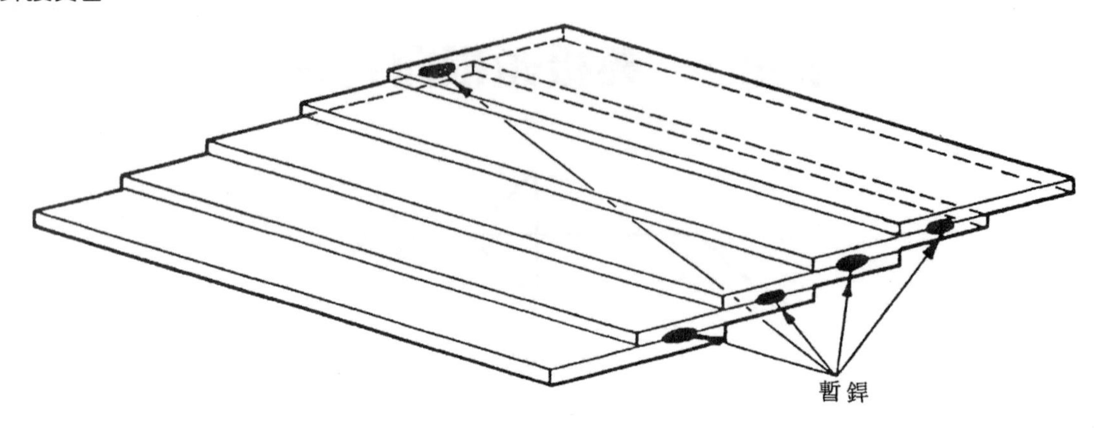

圖 1　暫銲與定位

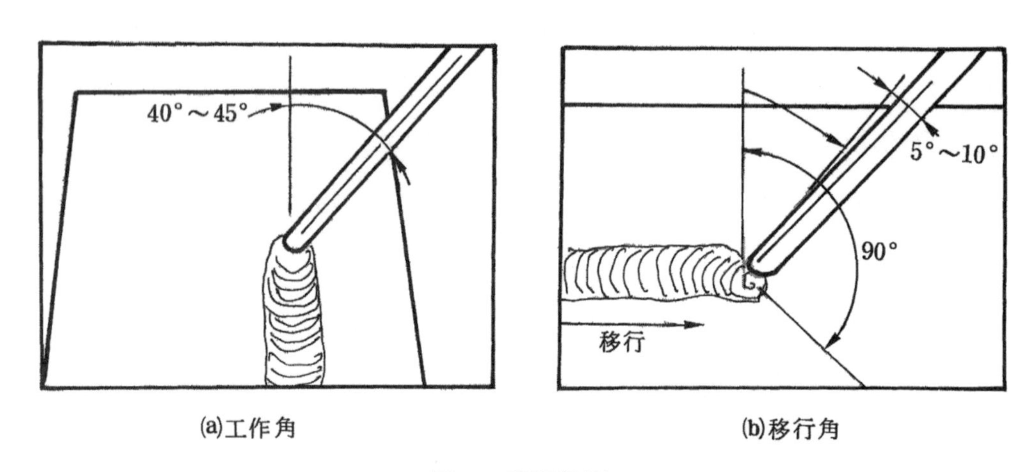

圖 2　銲條角度

五、注意事項：

銲道完成後應表面勻整，波紋細密，無氣孔。如圖 3 所示。

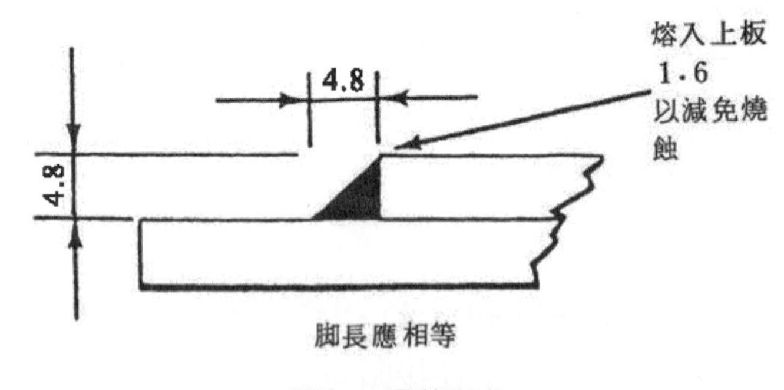

圖 3　銲道要求

單元 4　深滲透銲條平面堆銲練習

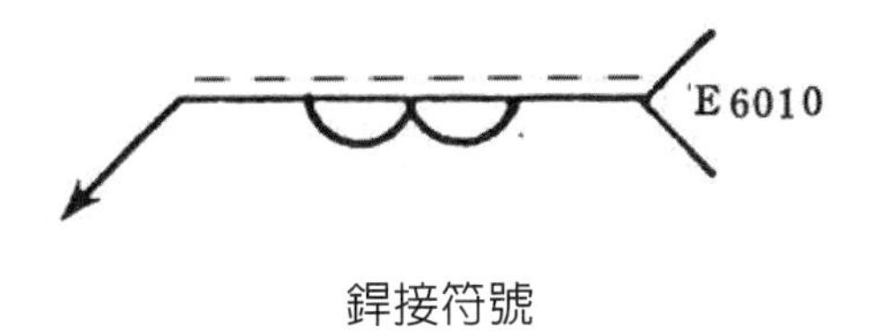

銲接符號

一、目標：習得深滲透銲條之使用。

二、機具：電銲基本機具——1 組。

三、材料：

(1) 軟鋼板(6.4mm×75mm×150mm)——1 塊。

(2) 銲條(E6010，倘銲機電標為 AC 則用 E6011；ϕ3.2mm×350mm)數支。

四、程序與步驟：

1. 準備器材

   (1) 檢查裝置，確定狀況正常。

   (2) 做好防護準備。

   (3) 清潔母材及準備接頭。

   (4) 設定銲機極性——DCRP，電流——約 100～110A。

   (5) 開動銲機。

2. 進行銲填

   採用單元 1、2 之程序、步驟進行起弧及銲填要點施銲，但為使銲道勻整，施銲中銲條運行應採如圖 1 所示之撥動法：銲條向前撥動一倍銲條線徑值(3.2mm)，隨即返回二分之一線徑值，以正常弧長暫停，再繼續向前撥……。

五、注意事項：

1. E6010 銲條比 E6012 或 E6013 對弧長變異及電流過大更敏感；且弧長太短時更易黏結於母材。

2. 弧長太長或電流太大會造成機渣過多、銲造平坦及燒蝕，見圖 2。

3. 燒蝕會減弱接頭強度及夾渣。

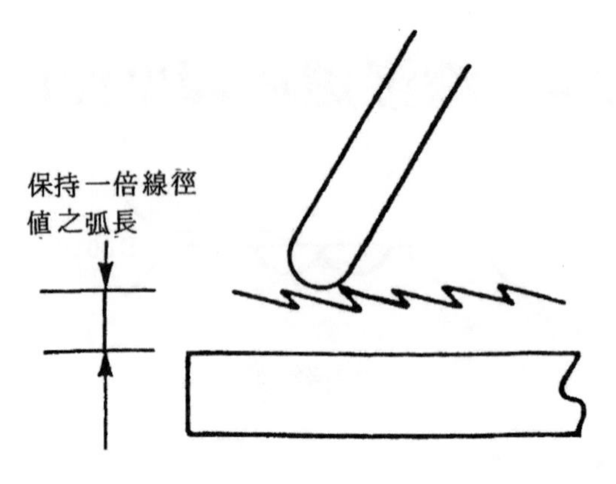

圖 1　擺動要領

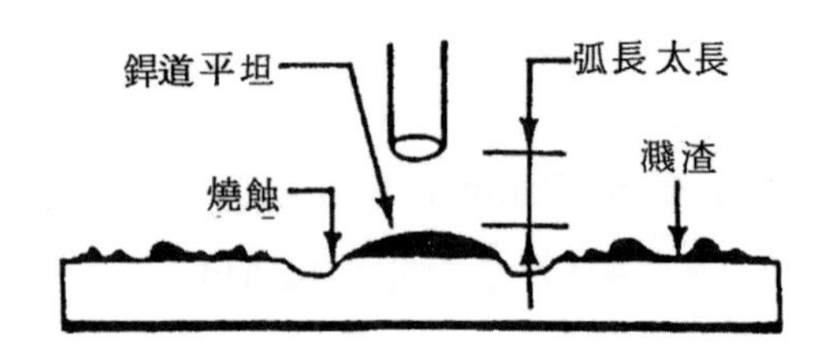

圖 2　弧長太長之結果

單元 5　T 型接頭橫向角銲練習

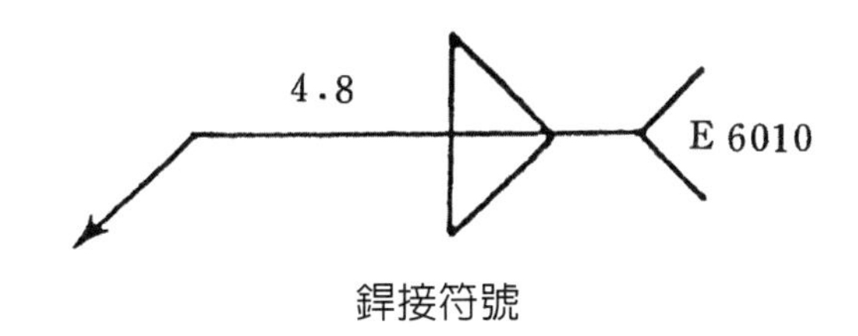

銲接符號

一、目標：習得多層銲道填角銲之技能。

二、機具：電銲基本機具──1 組。

三、材料：

(1) 軟鋼板(6.4mm×75mm×150mm)──5 塊。

(2) 銲條(E6010，倘銲機電源爲 AC 則用 E6011，ϕ4.0mm×400mm)數支。

四、程序與步驟：

1. 準備器材

(1) 檢查裝置，確定狀況正常。

(2) 做好防護準備。

(3) 清潔母材及準備接頭。

(4) 設定銲機極性──DCRP，電流──約 120～130A。

(5) 開動銲機。

2. 進行暫銲與定位

如圖 1，在工作台上逐次定位母材並在兩端暫銲。

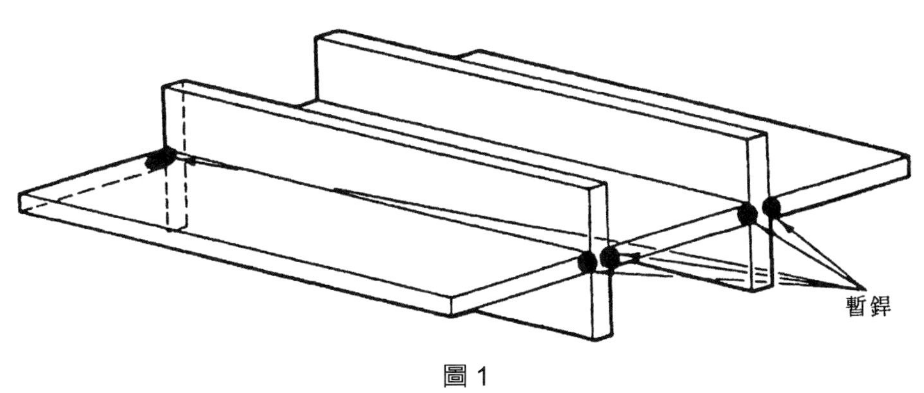

圖 1

3. 進行銲填

(1) 如圖 2，銲條角度採工作角 45°，移行拖角 5°～10°。

(2) 利用單元 4 所述之擺動法施銲，速率需維持使銲道寬度爲銲條線徑之 3 倍(12mm)。

(3) 每一接頭邊採三層銲道銲成，但應依圖 3 所示銲道順序，以減小母材翹曲與熱分佈。但銲道接續間應徹底清除銲渣。

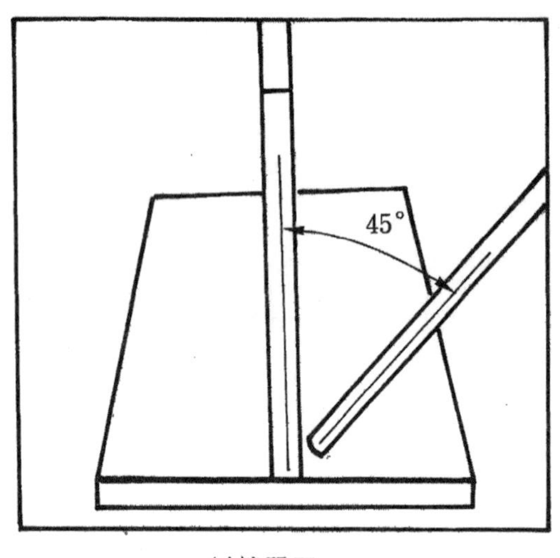

(a)端視圖

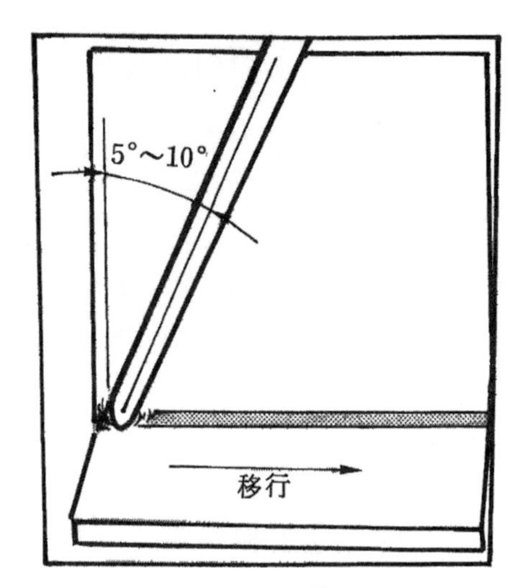

(b)銲接者視圖

圖 2　銲條角度

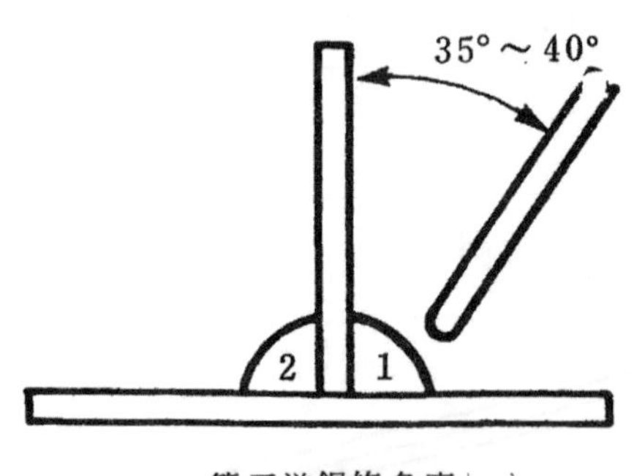

第二道銲條角度

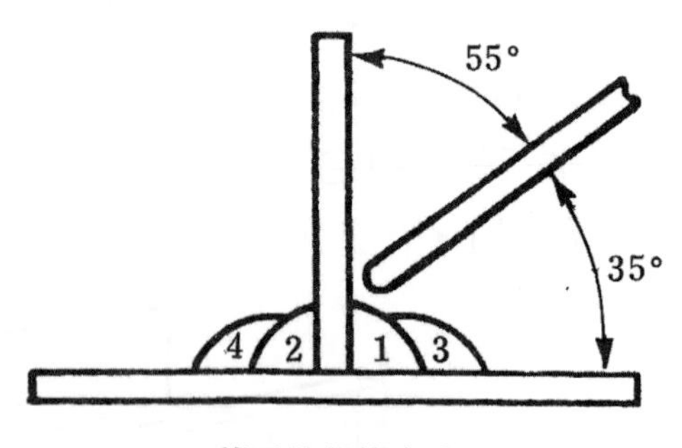

第三道銲條角度

圖 3　銲道順序與銲條角度

單元 6　T 型接頭橫向角銲與斷裂試驗

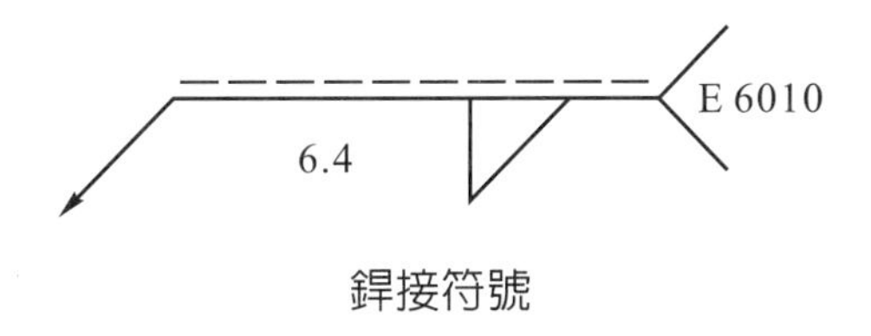

銲接符號

一、目標：提升 T 型接頭銲接技能並透過實際試驗以確認可接受之標準。

二、機具：電銲基本機具——1 組。

三、材料：

(1) 軟鋼板(6.4mm×75mm×150mm)——2 塊。

(2) 銲條(E6010，倘銲機電源爲 AC 則用 E6011，ϕ4.0mm×400mm)數支。

四、程序與步驟：

1. 準備器材

(1) 檢查裝置，確定狀況正常。

(2) 做好防護準備。

(3) 清潔母材及準備接頭。

(4) 設定銲機極性——DCRP，電流——約 120～130A。

(5) 開動銲機。

2. 進行暫銲與定位——如圖 1，於工作台上定位母材使成 T 型接頭，並在兩端暫銲。

3. 進行填銲

(1) 如圖 2，在短邊採撥動法銲填一道，完成後之銲道表面應平坦至微凸，腳長 6.4±0.8mm。

(2) 施銲途中，可故意熄滅電弧一次，再重新起弧接續至正常尺寸(避免形成弱點)，以便試驗銲道接續能力。

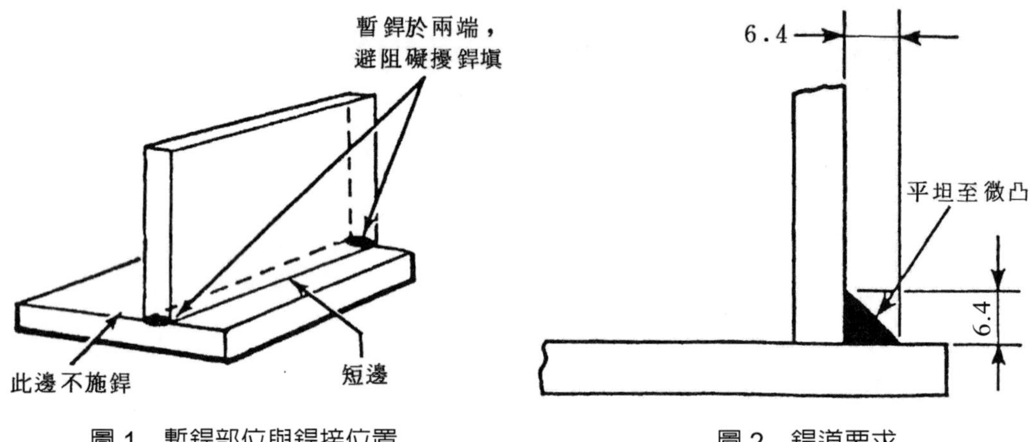

圖 1　暫銲部位與銲接位置　　圖 2　銲道要求

4. 進行斷裂試驗

(1) 在銲件仍保持高熱下浸入冷水中。然後目視檢驗下列要項：

① 破裂——銲道應無破裂，否則即不合格。

② 熔合——銲填金屬與母材間應熔合良好，否則即不合格。

③ 夾渣——在任一 150mm 長之銲道中，夾渣不得超過 3.2mm，否則即不合格。

④ 氣孔——氣孔不得超過 1.6mm，且任一平方吋($645mm^2$)中氣孔總和不得超過 3.2mm，否則即不合格。

⑤ 燒蝕——燒蝕不得超過 0.8mm 寬，0.8mm 深，且在任一 150mm 長銲道中燒蝕不得超過 50mm；或在母材厚度中，燒蝕不得超過 5%的深度。

(2) 如圖 3，置放銲件於工作台上，利用壓床或重鎚敲擊，使接頭斷裂或彎平。

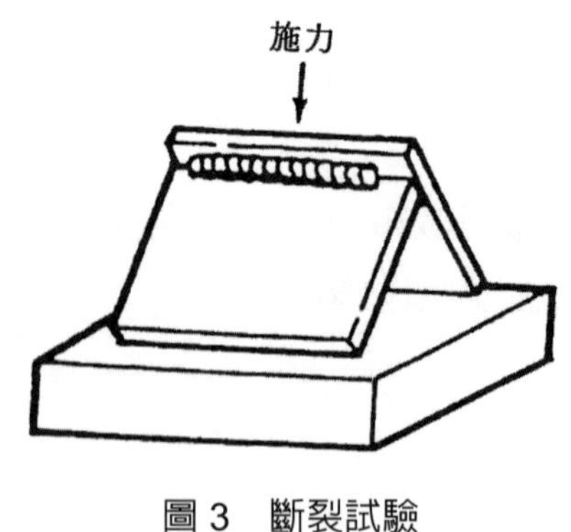

圖 3　斷裂試驗

(3) 依下列標準判定銲接之良窳：

① 倘銲件彎平後未斷裂為最佳；倘斷裂則需符合熔合要求方屬合格，熔合要求為銲填金屬與母材間完全熔合且滲入接頭根部。

② 銲道健全性——斷裂試片彎平後從凸面上任一方向量取，開口缺陷不得超過 3.2mm(但破斷係在試驗中明顯非因夾渣或其它內部缺陷而發生於試片角緣者，則不在此限)。

五、注意事項：

欲彎平或融平斷裂試片時，應注意防範試片彈起肇事。

單元 7　橫向細直銲道練習

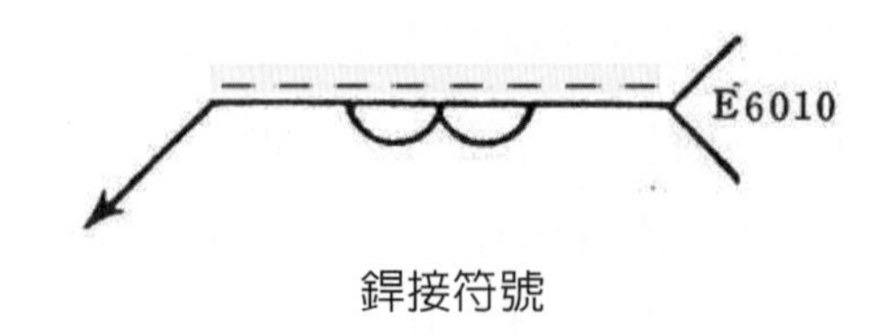

銲接符號

一、目標：習得橫銲位置控制電弧及炤熔之技巧。

二、機具：電銲基本機具——1 組。

三、材料：

(1) 軟鋼板(6.4mm×75mm×150mm)——3 塊。

(2) 銲條(E6010，倘銲機電源為 AC 則用 E6011，ϕ3.2mm×350mm)數支。

四、程序與步驟：

1. 準備器材

(1) 檢查裝置，確定狀況正常。

(2) 做好防護準備。

(3) 清潔母材及準備接頭。

(4) 設定銲機極性——DCRP，電流——約 100～110A。

(5) 開動銲機。

2. 進行暫銲與定位——如圖 1，暫銲三塊板材，然後夾持於工作台上使成直立位置，約銲接者胸高。

3. 進行銲填

(1) 由板材左下方(見圖 1)起銲，銲條角度採工作角 90°(見圖 2)，微呈移行推角。

(2) 施銲中，採擺動法，銲速維持銲道寬度勿超過銲條線徑之二倍(見圖 2)。

(3) 第一道銲至右板邊後，清除銲渣，在第一道上方銲第二道；第二道施銲時交疊第一道寬度 $\frac{1}{3}$ 左右，同時銲條角度採向下與水平面夾 5°～10°(見圖 3)。

(4) 隨後採第二道要領，依序銲第三、四……道。

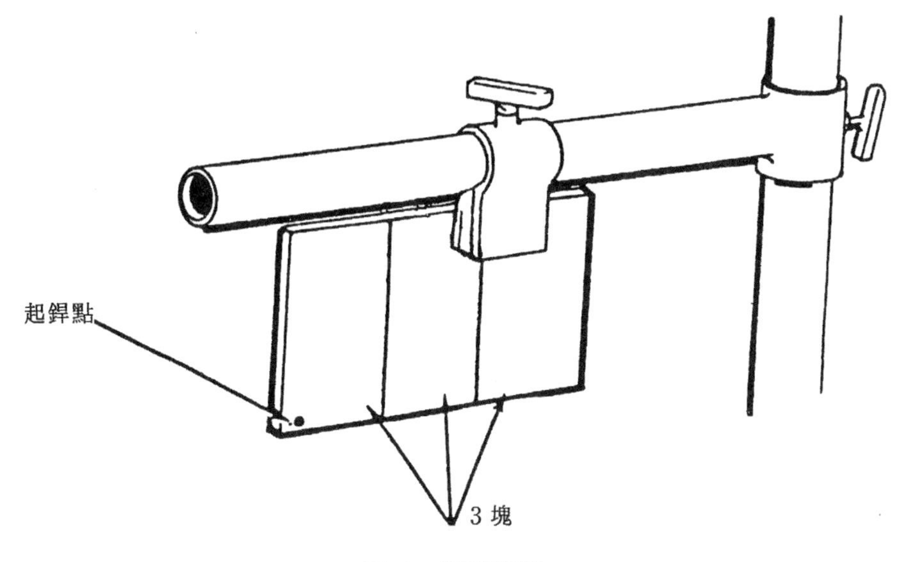

圖 1　銲接位置

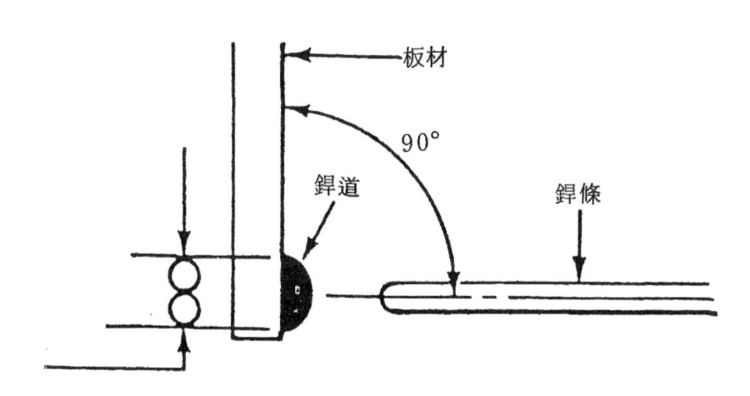

圖 2　銲條角度與焊道寬度

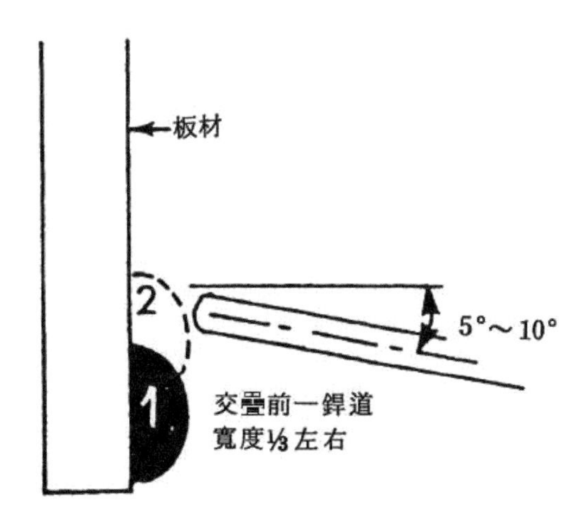

圖 3　第二道施銲要領

五、注意事項：

1. 施銲中，倘母材過熱，可浸水冷卻，以防熔池下墜且可使銲渣易於清除。
2. 銲道交替間，銲渣應清除乾淨。

單元 8　方型對接頭橫向槽銲練習

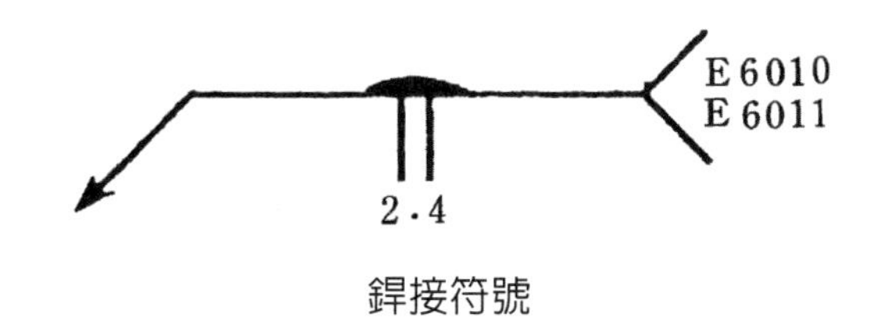

銲接符號

一、目標：習得完成確實、完全滲透之開口對接頭槽銲之方法。

二、機具：電銲基本機具——1 組。

三、材料：

(1) 軟鋼板(4.8mm×75mm×150mm)——3 塊。

(2) 銲條(E6010 及 E6011；ϕ3.2mm×350mm)——數支。

四、程序與步驟：

1. 準備器材

(1) 檢查裝置，確定狀況正常。

(2) 做好防護準備。

(3) 清潔母材及準備接頭。

(4) 設定銲機極性——DCRP，電流——底層約 80～85A，覆層約 80～90A。

(5) 開動銲機。

2. 進行暫銲與定位

(1) 如圖 1，平鋪兩塊板材於工作台上，利用 ϕ2.4mm 之 U 形隔條，使板材根部開口間隙為 2.4mm。

(2) 在接頭一端暫銲(長 6.4mm)，隨即暫銲另一端後迅速抽走隔條。

(3) 利用上述兩步驟暫銲第三塊板材，使成兩對接頭。

3. 進行銲填第一道

(1) 利用 E6011，ϕ 3.2mm 銲條，角度採工作角 90°，移行拖角 5°～10°。(見圖 2)。

(2) 施銲中保持短電弧，使銲條深入接頭約板材厚度之$\frac{1}{3}$(即 1.6mm；見圖 3)。

(3) 施銲中，利用微撥動作(要領如圖 4：在點處停留至足於填滿接頭，然後撥起銲條)以穩定控制熔池並促進滲透。

(4) 撥動中儘量利用腕部動作，少用臂部動作。

(5) 第一道完成後，將銲件水冷，徹底清除銲渣。

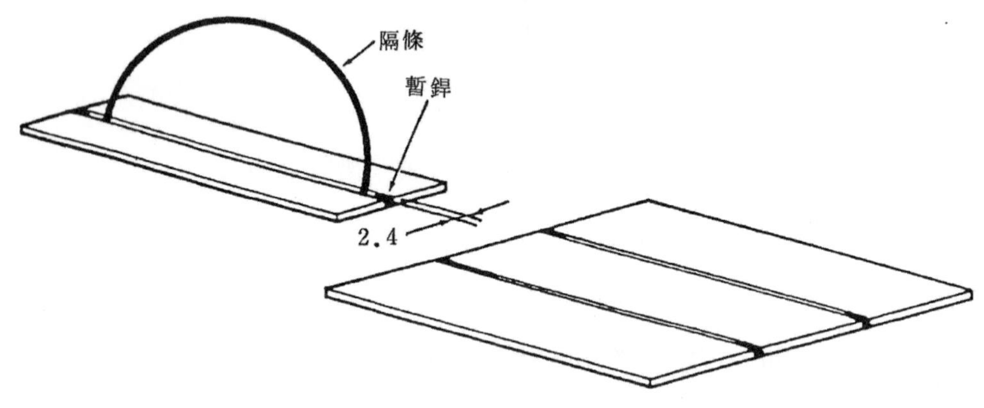

圖 1　暫銲部位與接頭準備

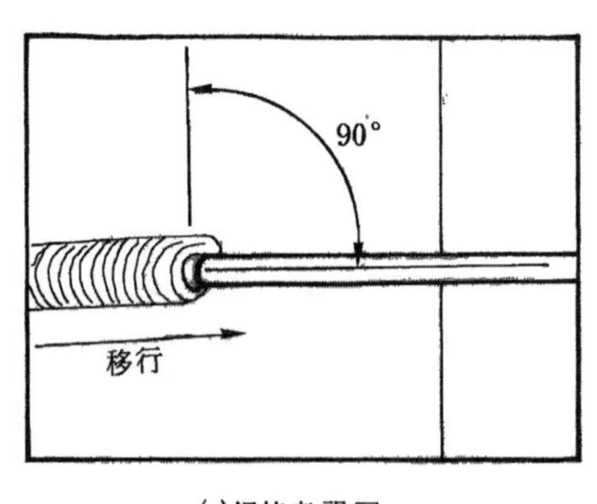

(a)銲接者視圖

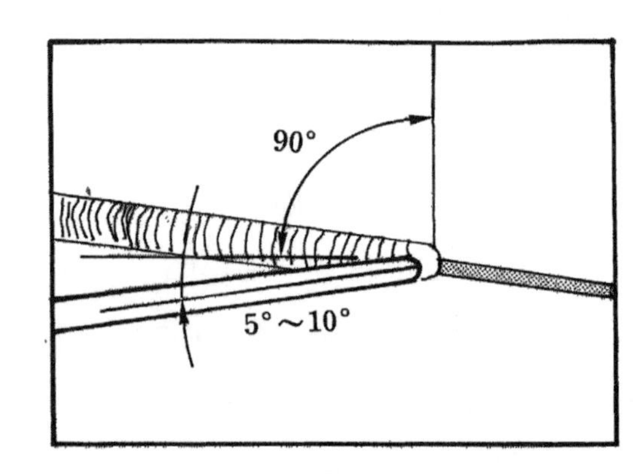

(b)端視圖

圖 2　銲條角度

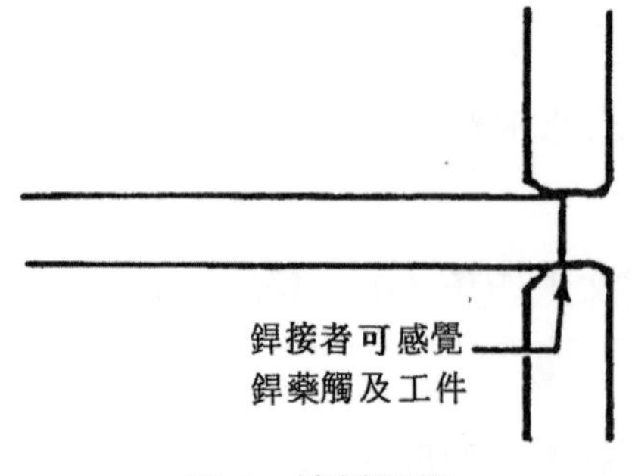

圖 3　填料要領

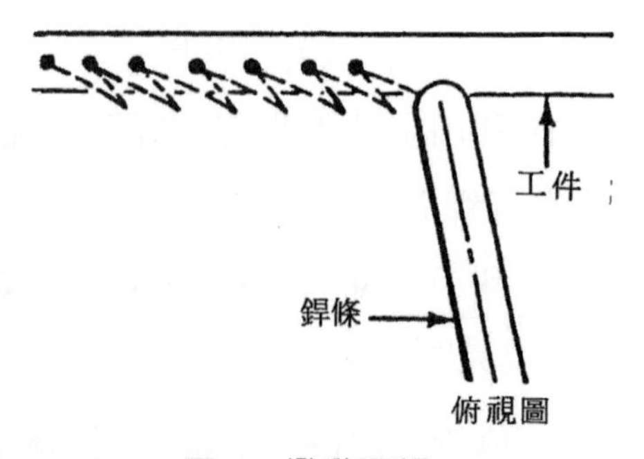

圖 4　撥動要領

4. 進行銲填第二道——利用 E6010，ϕ3.2mm 銲條，採圖 5 所示之織動法，織動至接頭上邊暫停(但銲條仍需下壓使弧長不致太長)以填滿燒蝕部份。

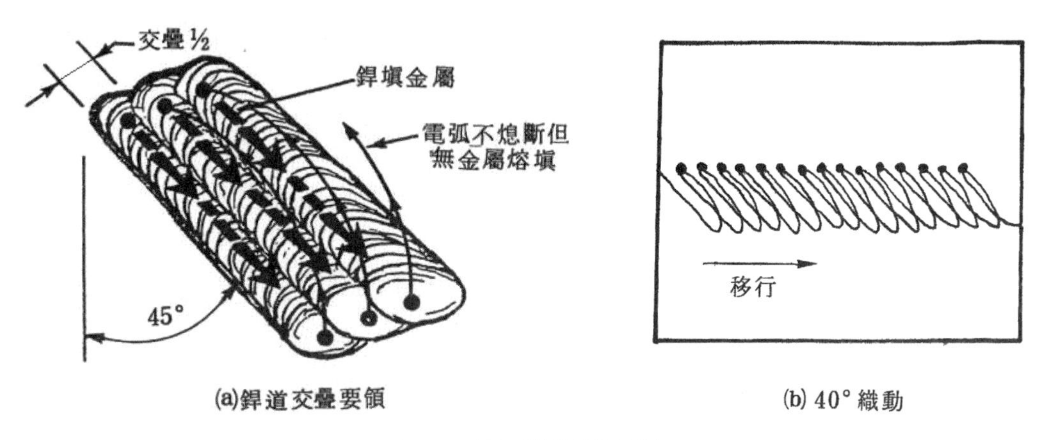

圖 5　第二道銲填要領

五、注意事項：

接頭暫銲後倘發現開口間隙太寬或太窄(標準為 2.4mm)則可在施銲中依下列方法修整：

1. 間隙太寬——有過度滲透之傾向，施銲中採如圖 6 所示之微橢圓形逆時針方向織動。

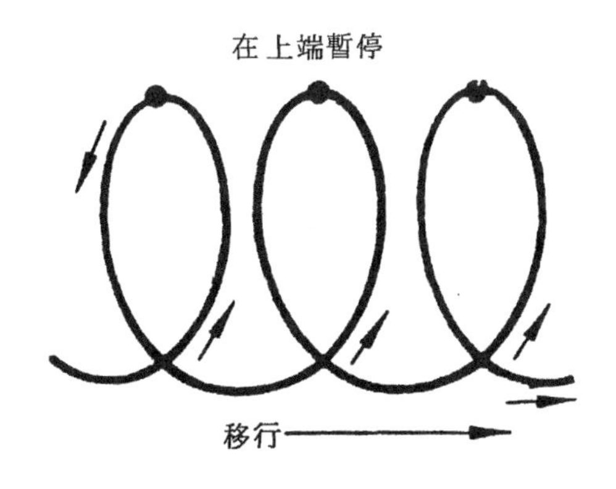

圖 6　間隙太寬時之織動

2. 間隙太窄——有滲透不足之傾向，施銲第一道底層時提高銲接電流，使滲透良好。

單元 9　疊接頭向上立向角銲練習

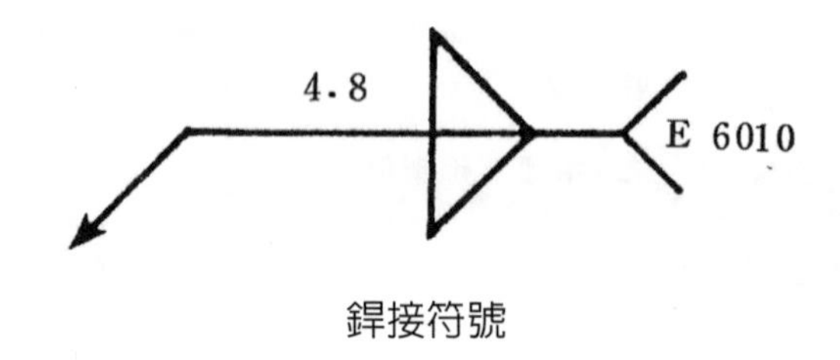

銲接符號

一、目標：習得立向塡角銲之技能。

二、機具：電銲基本機具──1 組。

三、材料：

(1) 軟鋼板(4.8mm×75mm×150mm)──5 塊。

(2) 銲條(E6010，倘銲機電源爲 AC 則用 E6011；ϕ3.2mm×350mm)數支。

四、程序與步驟：

1. 準備器材

(1) 檢查裝置，確定狀況正常。

(2) 做好防護準備。

(3) 清潔母材及準備接頭。

(4) 設定銲機極性──DCRP，電流──約 100～110A。

(5) 開動銲機。

2. 進行暫銲與定位

(1) 平鋪五塊板材使相互搭疊成連續疊接頭(見圖 1)，在各接頭兩端暫銲。

(2) 清除暫銲處銲渣，夾持銲件使成直立位置(見圖 1)，約銲接者胸部高。

3. 進行銲塡

(1) 如圖 2，銲條角度採工作角 40°～45°，移行拖角 5°～10°。

(2) 如圖 3，施銲中利用上-下輕微撥動，向上 1 倍線徑值，向下 $\frac{1}{2}$ 線徑值，在打點處暫停以塡滿接頭。

(3) 銲塡時，應保持正常弧長(1 倍線徑)。

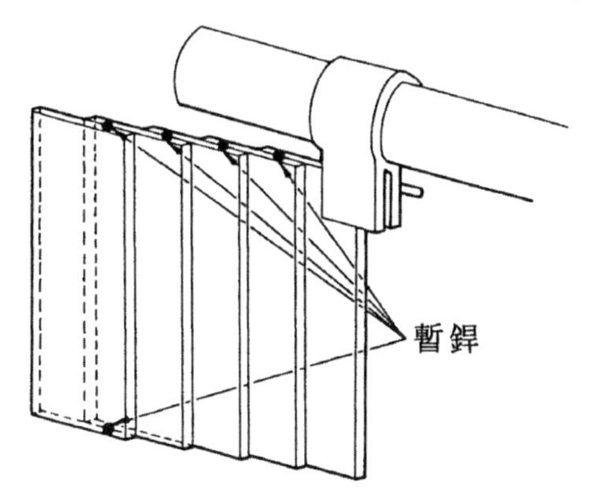

圖 1　銲接位置

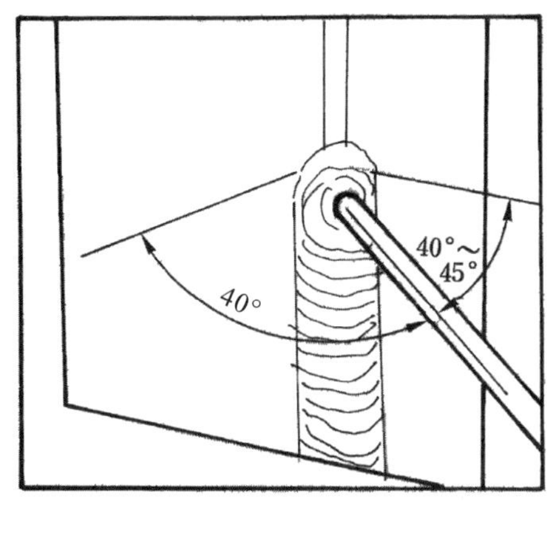

(a)銲接者視圖

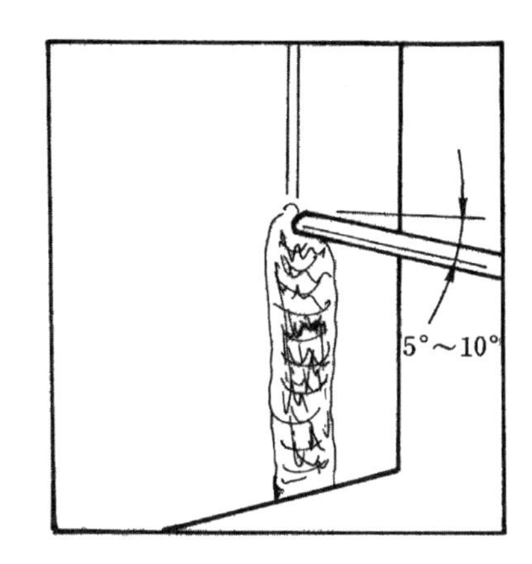

(b)側視圖

圖 2　銲條角度

五、注意事項：

1. 施銲中，電流值應調至使電弧平穩。
2. 施銲中，勿增大銲條角度，以免形成高凸，狹窄之銲道。
3. 完成後之銲道不可過度填滿接頭，宜如圖 4 所示。

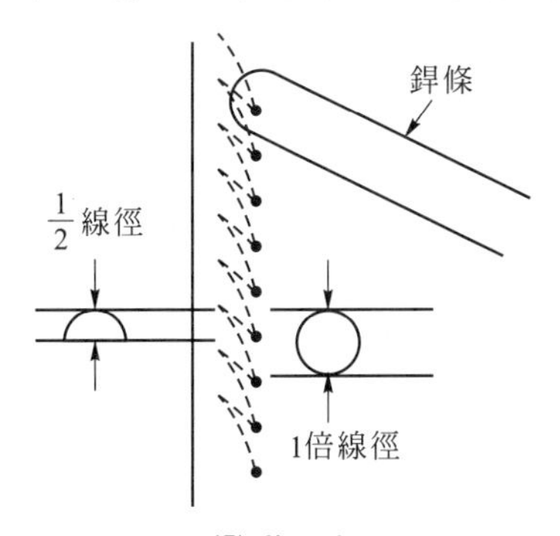

圖 3　撥動要領

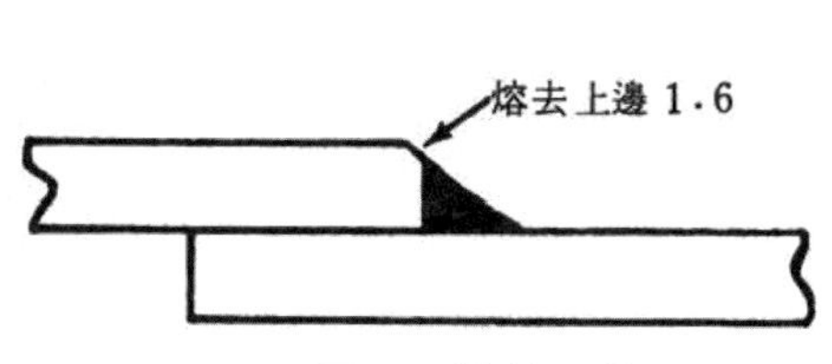

圖 4　銲道要求

單元 10　T 型接頭向上立向角銲(三道)練習

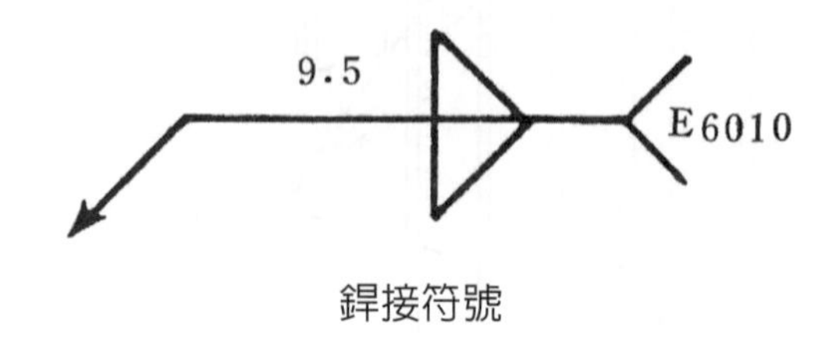

銲接符號

一、目標：習得多層銲道 T 型接頭向上立銲之技能。

二、機具：電銲基本機具──1 組。

三、材料：

(1) 軟鋼板(6.4mm×75mm×150mm)──5 塊。

(2) 銲條(E6010，倘銲機電源為 AC 則用 E6011；ϕ3.2mm×350mm)數支。

四、程序與步驟：

1. 準備器材

(1) 檢查裝置，確定狀況正常。

(2) 做好防護準備。

(3) 清潔母材及準備接頭。

(4) 設定銲機極性──DCRP，電流──約 100～100A。

(5) 開動銲機。

2. 進行暫銲與定位

(1) 於工作台中，置放母板使成 T 型接頭，並在接頭兩端暫銲。

(2) 夾持銲件使成直立位置，約為銲接者胸部高。

3. 進行銲填第一道

(1) 如圖 1，銲條角度採工作角 40°～45°，移行拖角 5°～10°。

(2) 施銲中，銲條採上-下輕微撥動，或依下列要領做 T 型運行(參見圖 2)：

① 保持電弧在“1”部位至銲疤將近填至銲道全尺寸。

② 左移銲條 $\frac{1}{2}$ 線徑值(1.6mm)至部位“2”。

③ 迅速右移銲條 1 倍線徑值(3.2mm)至部位“3”。

④ 迅速左移銲條至部位“1”之上方，並上升 1 倍線徑值(3.2mm)至部位“4”。

⑤ 迅速下降 $\frac{1}{2}$ 倍線徑值(1.6mm)至部位“5”。

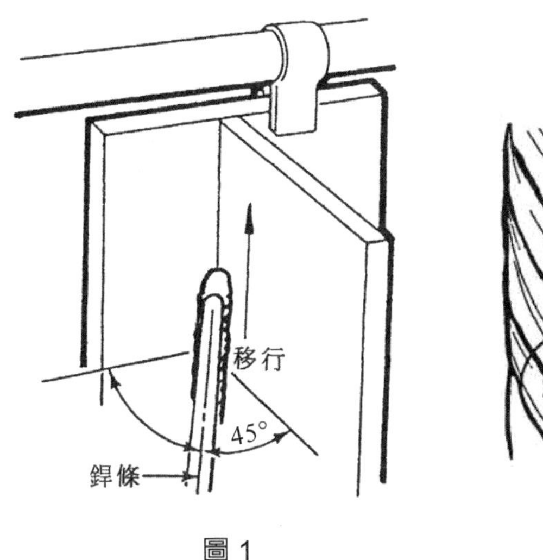

圖 1

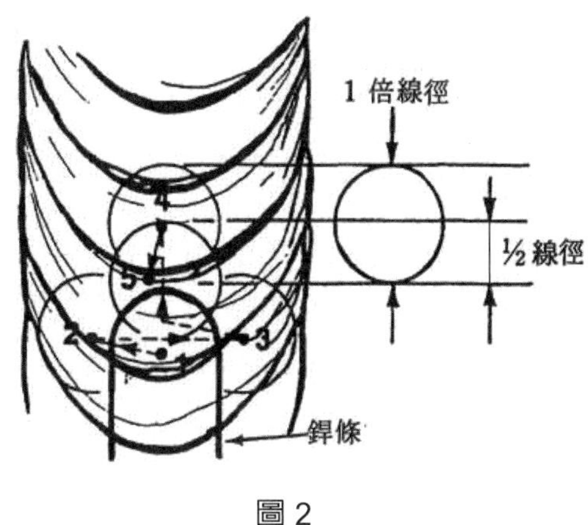

圖 2

(3) 第一道完成後水冷並清除銲渣。

4. 進行銲填第二、三道銲填

(1) 如圖 3，銲條工作角採 35°，銲第二道後，清除銲渣。

(2) 如圖 4，銲條工作角採 35°，銲第三道。

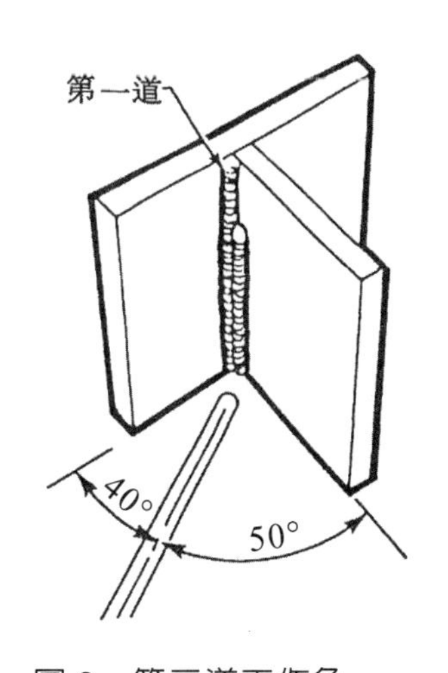

圖 3　第二道工作角

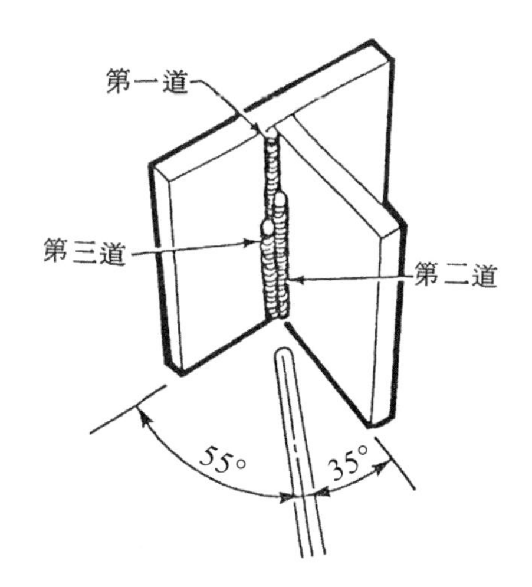

圖 4　第三道工作角

五、注意事項：

為控制銲件變形，宜採在接頭兩側交替之銲道順序，如圖 5 所示。

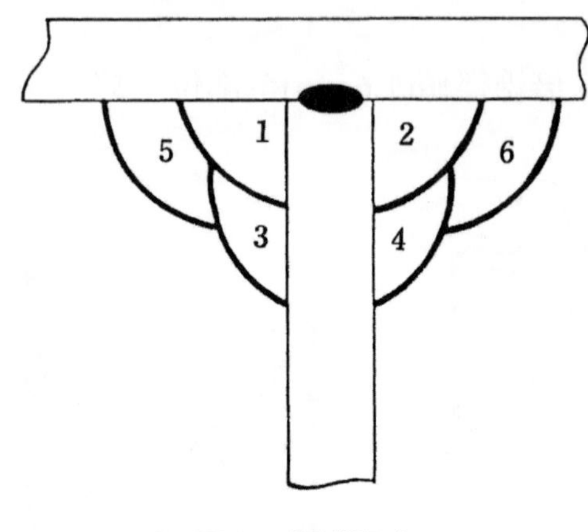

圖 5　銲道順序

單元 11　T 型接頭向上立向角銲(一道根部、二道織動)練習

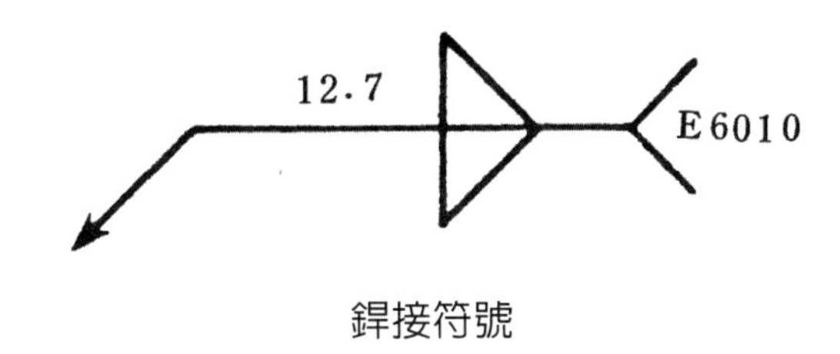

銲接符號

一、目標：習得利用半圓形織動法以獲得牢固多層塡角銲之技能。

二、機具：電銲基本機具──1 組。

三、材料：

(1) 軟鋼板(6.4mm×75mm×150mm)──5 塊。

(2) 銲條(E6010，倘銲機電源爲 AC 則用 E6011；ϕ3.2mm×350mm)數支。

四、程序與步驟：

1. 準備器材

(1) 檢查裝置，確定狀況正常。

(2) 做好防護準備。

(3) 清潔母材及準備接頭。

(4) 設定銲機極性──DCRP，電流──約 100～110A。

(5) 開動銲機。

2. 進行暫銲與定位

(1) 置放母材使成 T 型接頭，並在接頭兩端暫銲。

(2) 夾持母材使成立銲位置，約爲銲接者胸高。

3. 進行根部銲塡

(1) 如圖 1，銲條角度採工作角 40°～45°，移行拖角 5°～10°。

(2) 如圖 2，利用上-下輕微撥動法銲塡。

(3) 完成第一道後，清除所有銲渣。

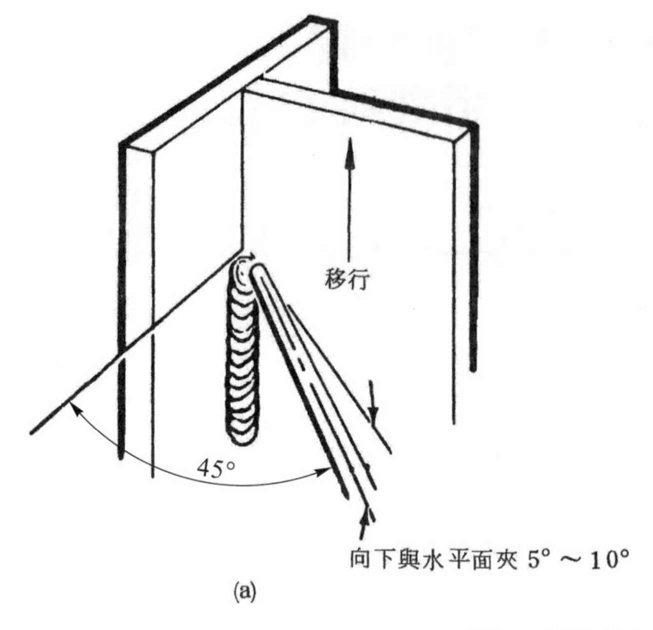

圖 1　銲條角度

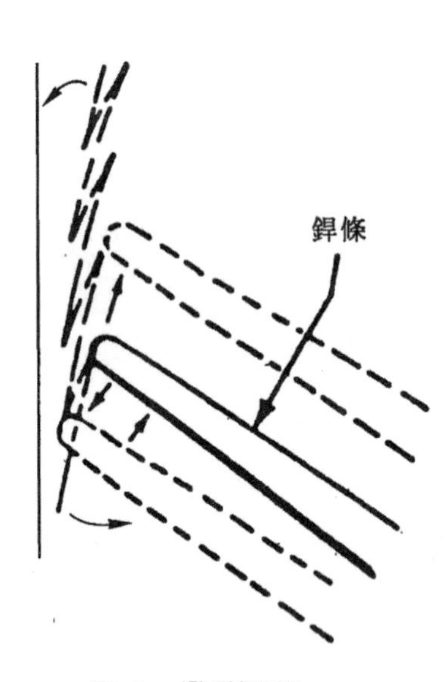

圖 2　撥動要領

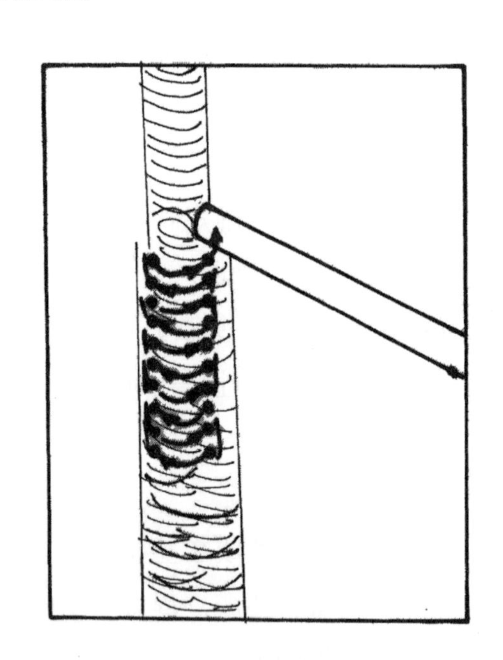

圖 3　盒形織動

4. 進行第二道(織動)銲填

(1) 銲條角度同根部第一道。

(2) 如圖 3，依下列要領，採盒形織動法：

① 銲條上移 1 倍線徑値(3.2mm)，然後下降 $\frac{1}{2}$ 線徑値(1.6mm)。

② 在打點處暫停以塡滿銲疤。

③ 銲速以能形成寬度爲 3 倍線徑値(9.6mm)之銲道爲度(見圖 4)。

④ 施銲中，多用腕部動作織動，少用臂部動作。

⑤ 交疊銲造波紋寬度宜爲 1.6～3.2mm(見圖 5)。

⑥ 施銲中，銲條中心線移至前一銲道趾部線時應暫停以塡滿銲疤及減免燒蝕(見圖 6)。

(3) 完成後，清除所有銲渣。

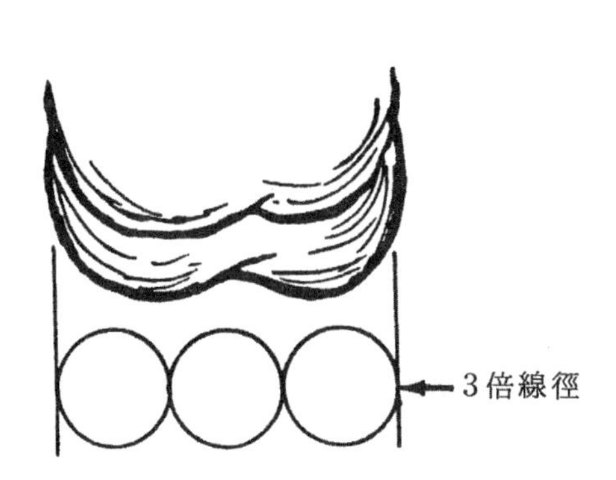

圖 4　銲道寬度

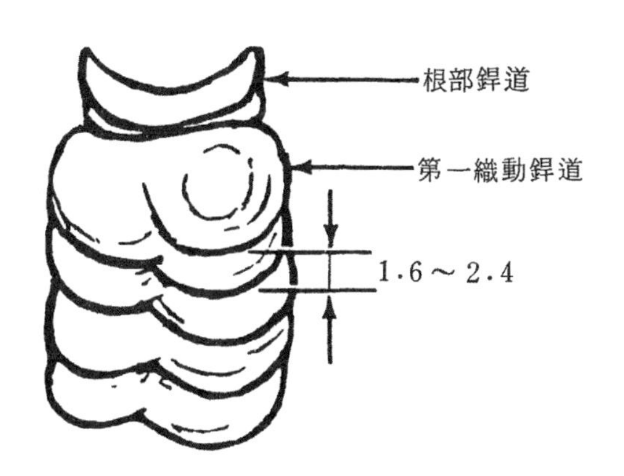

圖 5　銲道彼紋

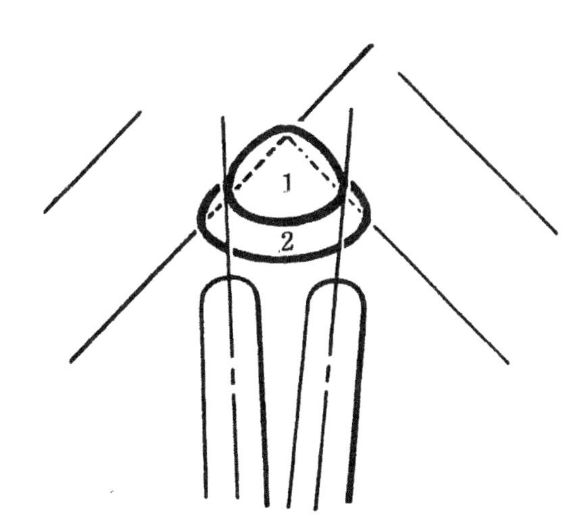

圖 6　在前一銲道趾部暫停

5. 進行第三道(織動)鉀填

 (1) 鉀條角度同根部第一道。

 (2) 如圖 7，採 Z 形織動法，在前一鉀道趾部線暫停以填滿鉀疤。

6. 依上述程序鉀填接頭另一邊——見圖 8。

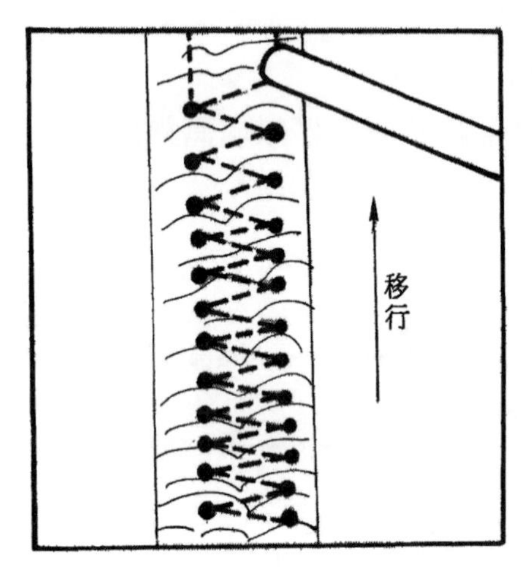

圖 7　Z 形織動

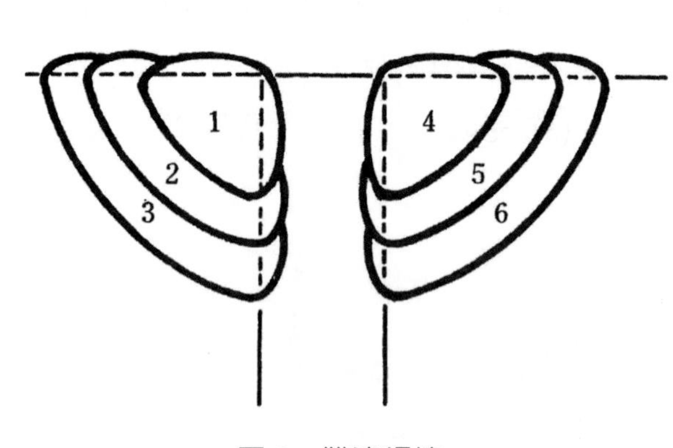

圖 8　雙邊鉀填

五、注意事項：

施鉀時，勿使鉀件過熱。

單元 12　方型對接頭向上立向槽銲與導變試驗

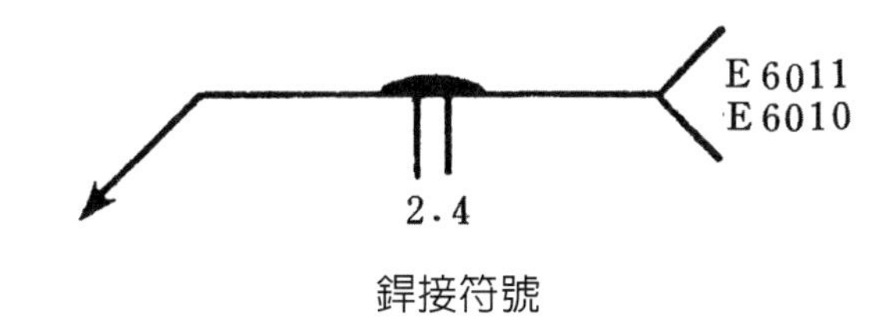

銲接符號

一、目標：習得開口對接頭向上單邊立銲技能。

二、機具：電銲基本機具——1 組。

三、材料：

(1) 軟鋼板(4.8mm×80mm×120mm)——3 塊。

(2) 銲條(E6010 及 E6011；ϕ3.2mm×350mm)——數支。

四、程序與步驟：

1. 準備器材

(1) 檢查裝置，確定狀況正常。

(2) 做好防護準備。

(3) 清潔母材及準備接頭。

(4) 設定銲機極性——DCRP，電流——底層約 80～85A，覆層約 80～90A。

(5) 開動銲機。

2. 進行暫銲與定位

(1) 平鋪板材於工作台上，並利用 ϕ2.4mm 之 U 形隔條，使根部開口間隙爲 2.4mm，並在接頭兩端暫銲。

(2) 夾持銲件，使成圖 1 所示之立銲位置。

3. 進行第一道(底層)銲填

(1) 利用 E6011，ϕ3.2mm 銲條，工作角採 90°，移行推角 5°～10°(見圖，2)。

(2) 如圖 3，施銲中，採上-下輕微擻動，銲條上移 1 倍線徑(3.2mm)，下移 $\frac{1}{2}$ 線徑(1.6mm)，並在打點處暫停以填滿接頭形成銲道。

(3) 完成後，徹底清除銲渣，並降低銲接電流爲 80A。

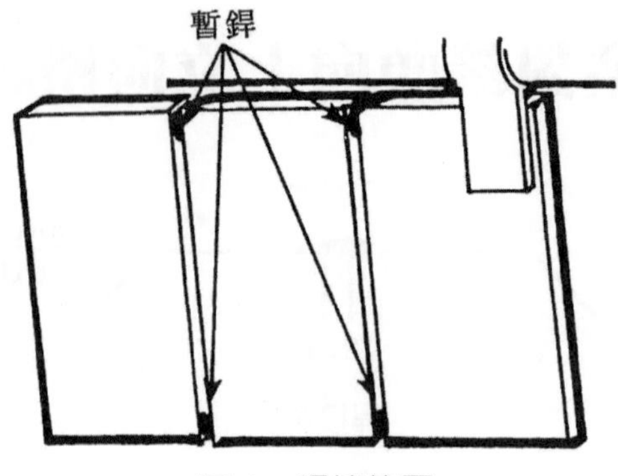

圖 1　銲接位置

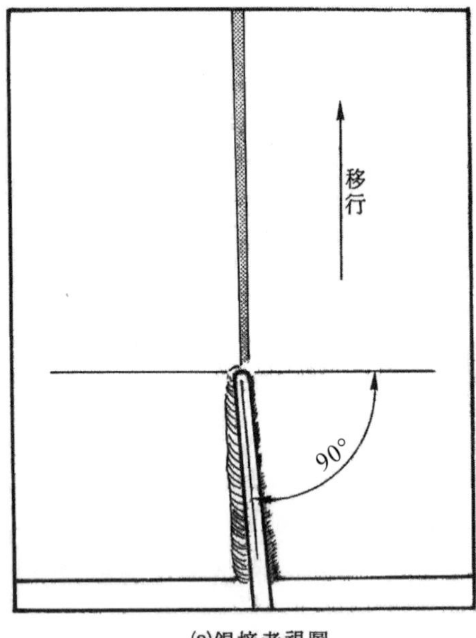

(a)銲接者視圖

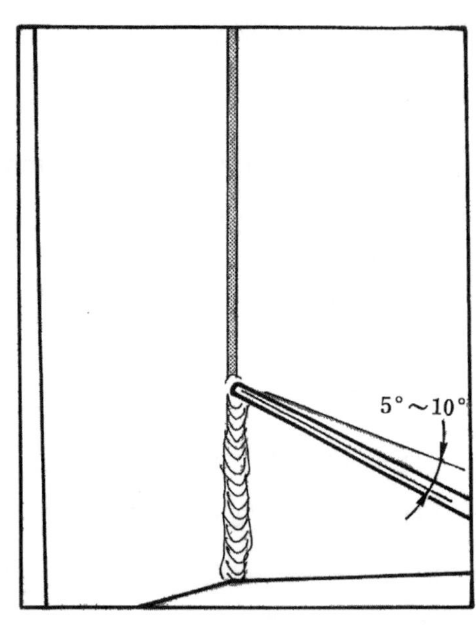

(b)側視圖

圖 2　銲條角度

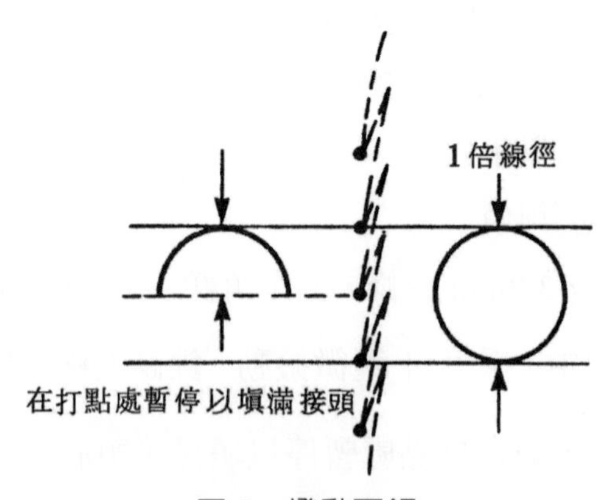

圖 3　撥動要領

4. 進行第二道(覆層)銲填

   (1) 利用 E6010，ϕ3.2mm 銲條，角度同第一道。

   (2) 如圖 4，利用連續輕微 Z 形織動法施銲。

   (3) 銲速宜稍快，但在前一銲道趾線(圖 4 打點處)應暫停以填滿銲疤，但暫停時銲條亦應下壓以免弧長太長。

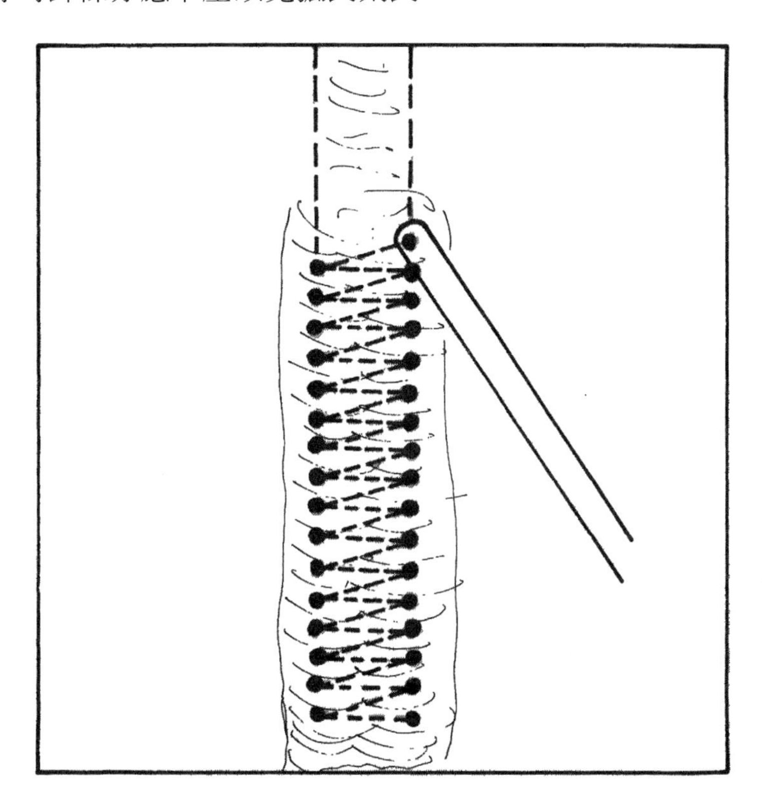

圖 4　Z 形織動

5. 進行目視檢驗：

   銲道可接受之標準如下：

   (1) 破裂——目視下無破裂，否則不合格。

   (2) 接頭滲透——銲道根部無滲透不完全之現象，否則不合格。

   (3) 熔合——銲接金屬與母材間完全熔合，否則不合格。

   (4) 夾渣——銲道上任一 150mm 長度內夾渣不超過 3.2mm，否則不合格。

   (5) 氣孔——氣孔不超過 1.6mm，且在 1 平方吋(645mm^2)中氣孔總和不超過 3.2mm，否則不合格。

(6) 燒蝕——燒蝕不超過 0.8mm 寬、0.8mm 深，且在 150mm 長度內總和不超過 50mm，或在深度方向不超過板厚的 5%；否則不合格。

(7) 增強補層——銲道表面與根部的增強補層不超過特定尺寸(表面尺寸為與母材平至高出母材 3.2mm，根部尺寸為與母材平至高出母材 1.6mm)，且呈緩和伸入母材，無燒蝕邊之形成，否則不合格。

6. 進行導彎試驗

(1) 如圖 5，利用火焰或鋸床切取試片，外側兩片捨棄。

(2) 沿長度方向輪磨(見圖 6)兩試片之銲道至與板面齊平。

(3) 分別在導彎模中面彎(彎後銲面凸出)及背彎(彎後根部凸出)，見圖 7。

(4) 依下列可接標準判定：

① 外廓——外曲面應相當平滑、規則，無過疊或燒蝕。

② 熔合程度——銲接金屬與母材間完全熔合，且完全滲透根部。

③ 健全性——在試片凸面上任一方向量取，開口缺陷不超過 3.2mm，但非因夾渣或其它內部缺陷所引起而在試驗中發生在試片角緣處者不在此限。

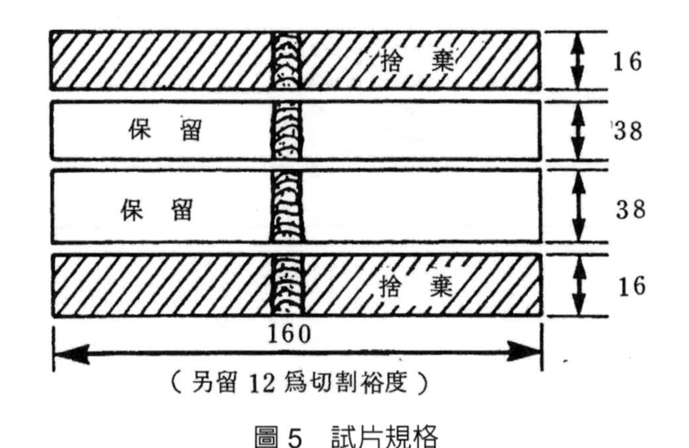

圖 5　試片規格

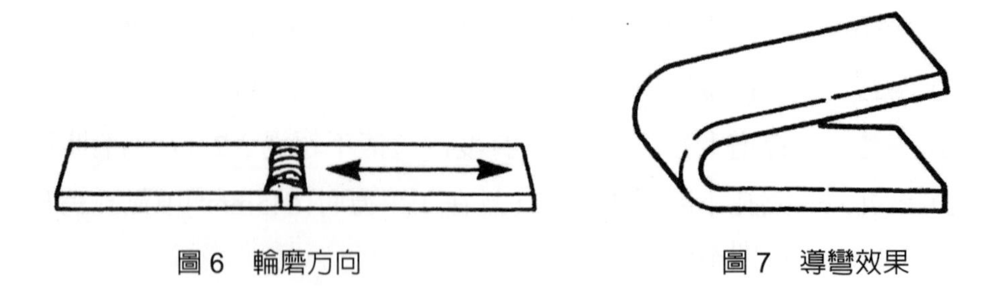

圖 6　輪磨方向

圖 7　導彎效果

五、注意事項：

1. 銲第一道時，倘滲透不完全(見圖 8)，則應減慢移行速率，和／或提高銲接電流。
2. 銲第一道時，倘過度滲透(見圖 9)，則應增快移行速率和增長擺動長度，和／或降低銲接電流。

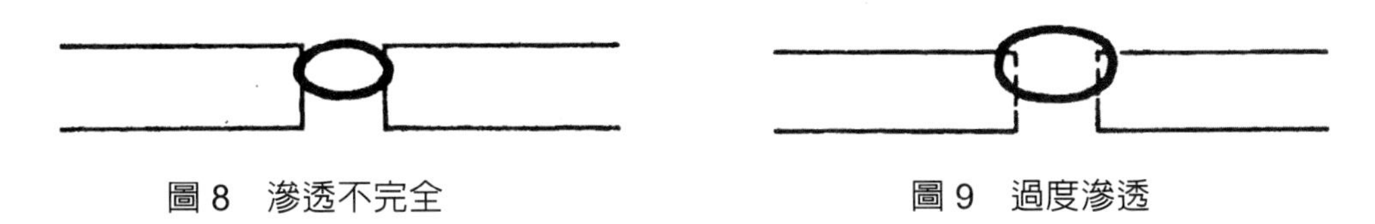

圖 8　滲透不完全　　圖 9　過度滲透

單元 13　疊接頭仰向角銲練習

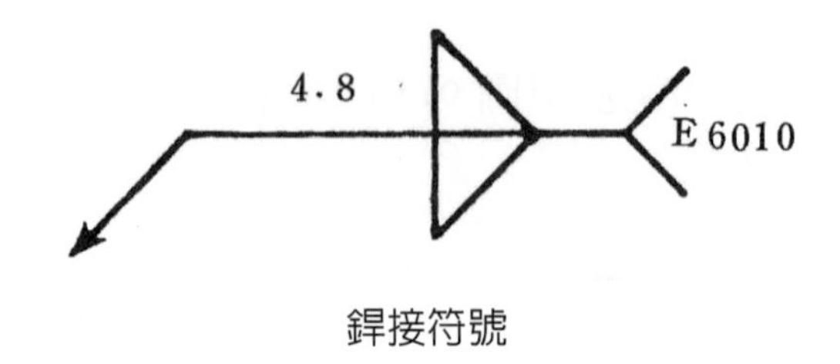

銲接符號

一、目標：習得疊接頭仰角銲技能。

二、機具：電銲基本機具——1 組。

三、材料：

(1) 軟鋼板(4.8mm×75mm×150mm)——5 塊。

(2) 銲條(E6010，倘銲機電源爲 AC 則用 E6011，ϕ3.2mm×350mm)數支。

四、程序與步驟：

1. 準備器材

(1) 檢查裝置，確定狀況正常。

(2) 做好防護準備。

(3) 清潔母材及準備接頭。

(4) 設定銲機極性——DCRP，電流——約 100～110A。

(5) 開動銲機。

2. 進行暫銲與定位

(1) 如圖 1，使板材相互搭疊，並在接頭兩端暫銲。

(2) 夾持銲件使成仰銲位置，約較銲接者高 150mm。

3. 進行銲塡

(1) 如圖 2，銲條角度採工作角 40°～45°，移行拖角 10°～15°。

(2) 施銲中，保持正常弧長，採輕微擺動；使銲道腳長相等，熔去下板邊 1.6mm(見圖 3)。

(3) 完成冷卻後，利用上述步驟施銲另一面接頭。

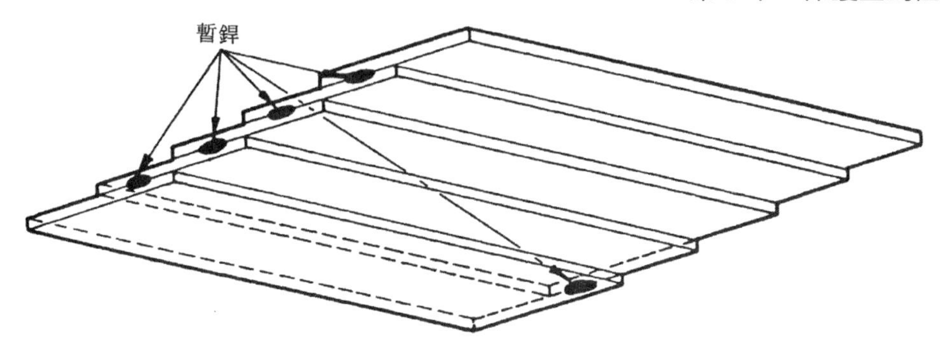

圖 1　接頭準備暫銲部位

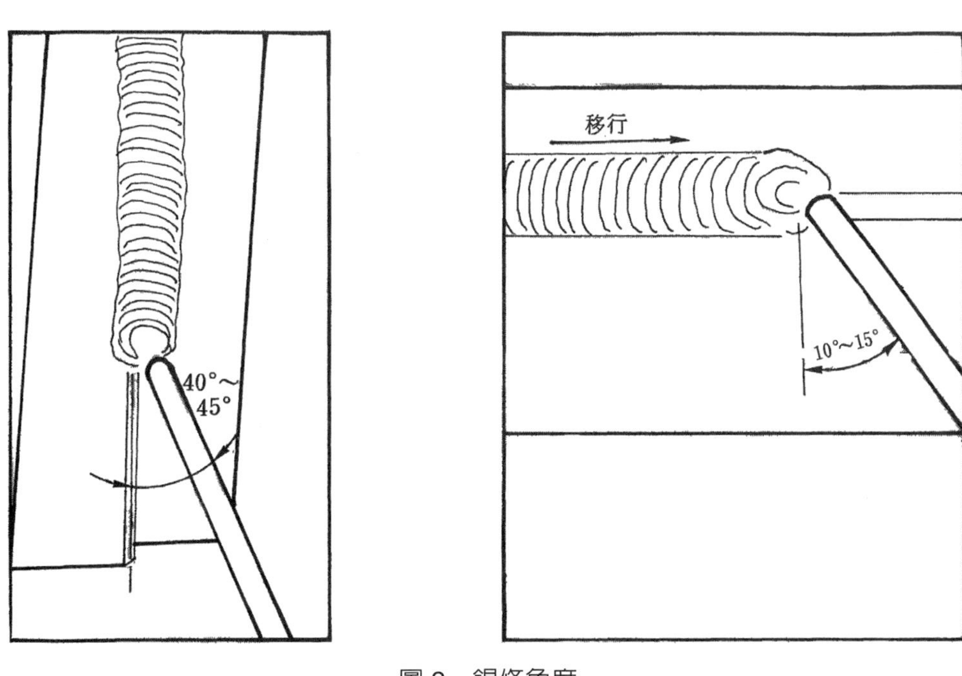

圖 2　銲條角度

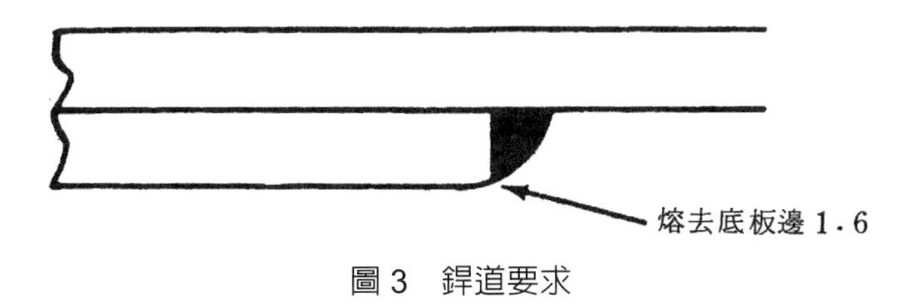

圖 3　銲道要求

五、注意事項：

各種仰銲中，倘在一般設定電流下電弧出現遲緩現象，應重新調整電流範圍至可用之最低範圍值，而微調則調至可用之最大值以強化電流。

單元 14　T 型接頭(三道)仰向角銲練習

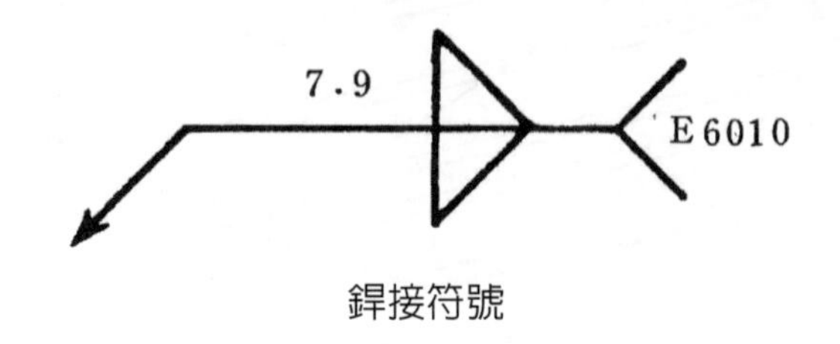

銲接符號

一、目標：習得多層銲道 T 型接頭仰角銲之技能。

二、機具：電銲基本機具──1 組。

三、材料：

(1) 軟鋼板(6.4mm×75mm×150mm)──5 塊。

(2) 銲條(E6010，倘銲機電源爲 AC 則用 E6011；ϕ3.2mm×350mm)數支。

四、程序與步驟：

1. 準備器材

(1) 檢查裝置，確定狀況正常。

(2) 做好防護準備。

(3) 清潔母材及準備接頭。

(4) 設定銲機極性──DCRP，電流──約 100～110A。

(5) 開動銲機。

2. 進行暫銲與定位

(1) 如圖 1，使板材成 T 型接頭，並在兩端暫銲。

(2) 如圖 1，夾持銲件使成仰銲位置，約較銲接者頭部高 150mm。

3. 進行第一道銲塡

(1) 如圖 2，銲條角度採工作角 45°，移行拖角 10°～15°。

(2) 施銲中採輕微擺動。

4. 進行第二道銲塡

(1) 如圖 3，銲條角度採工作角 55°，移行拖角 10°～15°，銲條中心線對準第一道下趾部線。

(2) 仍採輕微擺動。

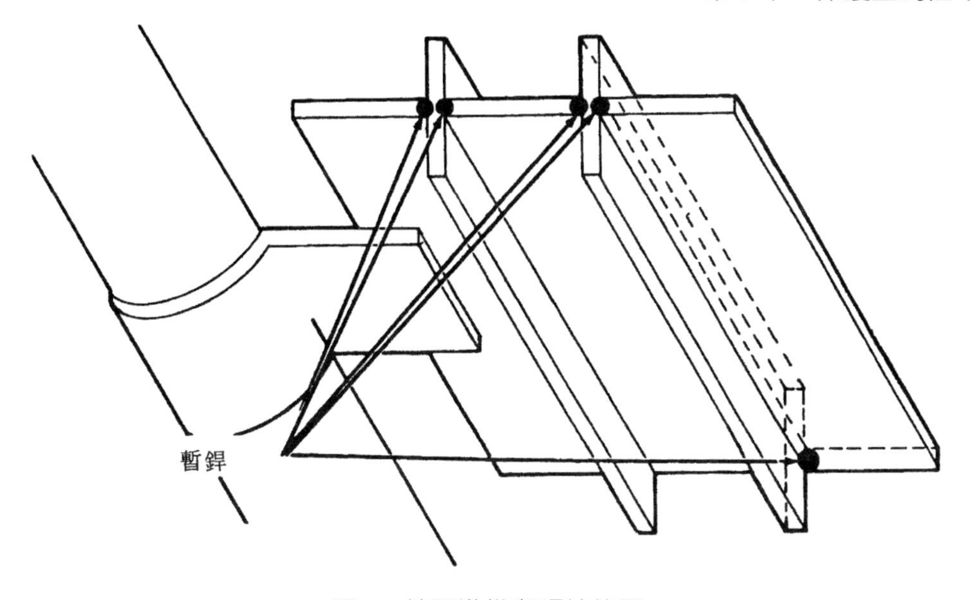

圖 1　接頭準備與銲接位置

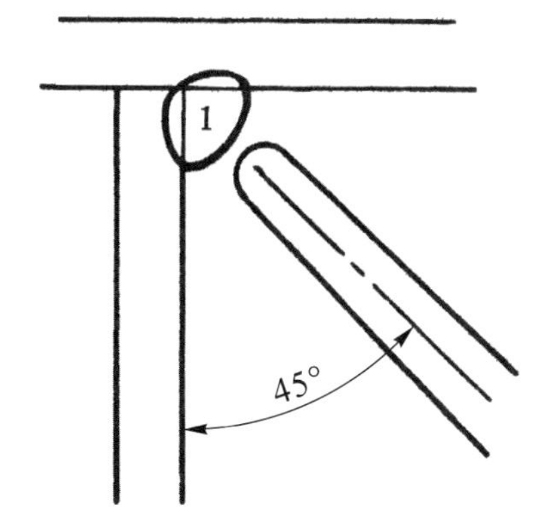

圖 2　第一道之銲條角度

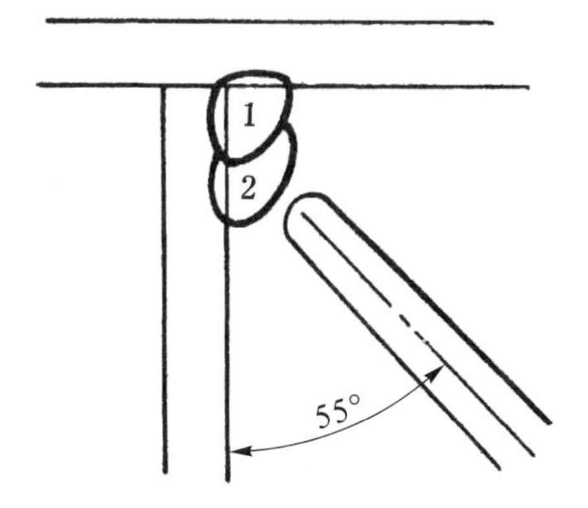

圖 3　第二道之銲條角度

5. 進行第三道銲填

   (1) 如圖 4，銲條角度採工作角 35°，移行拖角 10°～15°，銲條中心線對準第一道上趾部線。

   (2) 仍採輕微擺動。

6. 依前述程序，施銲其它及反面之接頭。

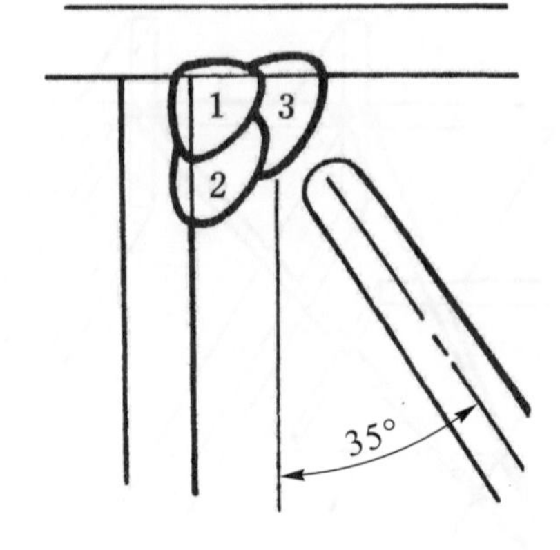

圖 4　第三道之銲條角度

五、注意事項：

1. 銲道接續時，應徹底清除銲渣。
2. 施銲中，勿使銲件過熱。

單元 15　T 型接頭仰向角銲與斷裂試驗

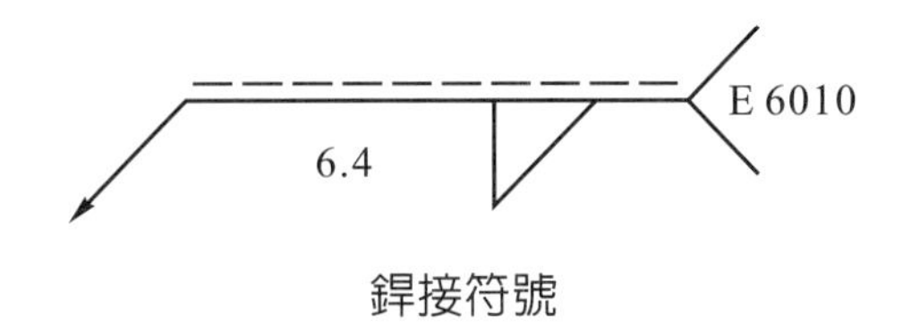

銲接符號

一、目標：確認 T 型接頭仰角銲之要求。

二、機具：電銲基本機具——1 組。

三、材料：

(1) 軟鋼板(6.4mm×75mm×150mm)——2 塊。

(2) 銲條(E6010，倘銲機電源爲 AC 則用 E6011；ϕ3.2mm×350mm)數支。

四、程序與步驟：

1. 準備器材

(1) 檢查裝置，確定狀況正常。

(2) 做好防護準備。

(3) 清潔母材及準備接頭。

(4) 設定銲機極性——DCRP，電流——約 100～110A。

(5) 開動銲機。

2. 進行暫銲與定位

(1) 參考單元 6，使兩板成 T 型接頭，但底板邊長短不一(短邊欲施銲)。

(2) 夾持母材，使成立銲位置，約較銲接者頭部高 150mm。

3. 進行銲填

(1) 如圖 1，銲條角度採工作角 45°，移行拖角 5°～10°。

(2) 如圖 2，施銲中，利用輕微撥動。

(3) 控制移行速率，使銲道寬度爲 4.8±0.8mm。

(4) 控制弧長，使不超過 1 倍線徑值(3.2mm)，以獲得良好根部滲透，避免燒蝕、夾渣及針孔。

(5) 施銲途中，故意熄滅電弧一次，再接續，以便試驗接續能力。

4. 進行斷裂試驗——參考單元 6 進行試驗與判定。

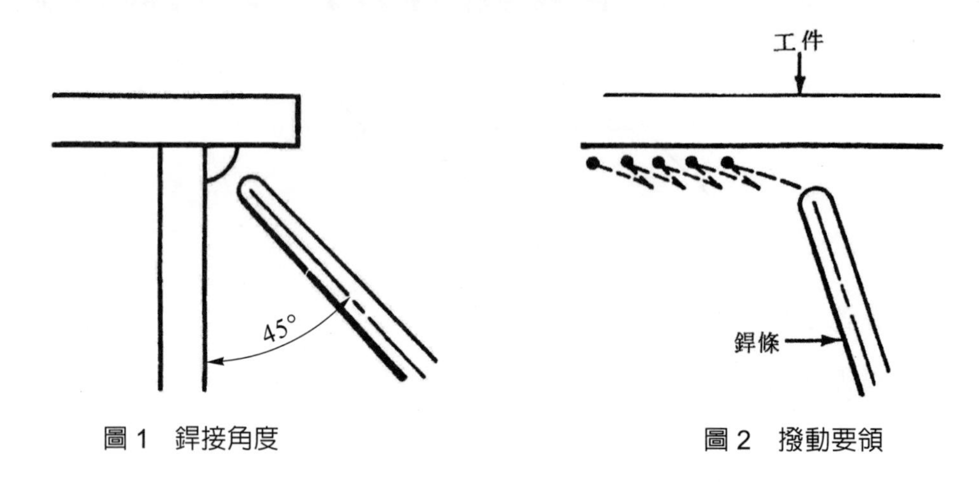

圖 1　銲接角度　　　　圖 2　撥動要領

五、注意事項：

施銲時，調整之電流値應以能產生穩定、強烈電弧爲度。

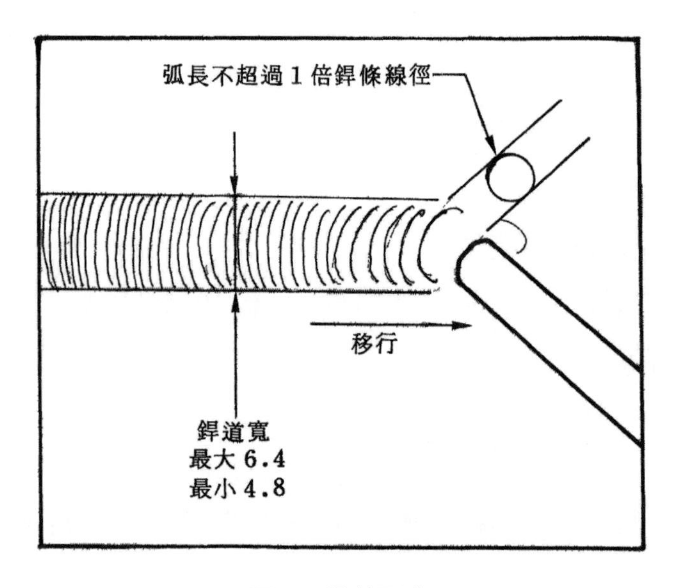

圖 3　銲道要求

單元 16　方型對接頭仰向槽銲練習

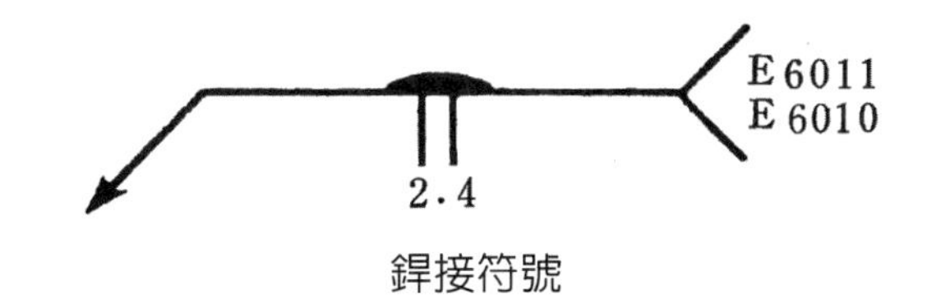

銲接符號

一、目標：習得開口對接頭單邊仰銲之技能。

二、機具：電銲基本機具——1 組。

三、材料：

(1) 軟鋼板(4.8mm×75mm×150mm)——3 塊。

(2) 銲條(E6010 及 E6011；ϕ3.2mm×350mm)——數支。

四、程序與步驟：

1. 準備器材

(1) 檢查裝置，確定狀況正常。

(2) 做好防護準備。

(3) 清潔母材及準備接頭。

(4) 設定銲機極性——DCRP，電流——底層約 80～85A，覆層約 80～90A。

(5) 開動銲機。

2. 進行暫銲與定位

(1) 平鋪板材，並利用 ϕ2.4mmU 形隔條設定根部間隙為 2.4mm，在接頭兩端暫銲(見圖 1)。

(2) 夾持銲件使成立銲位置，約較銲接者頭部高 150mm。

3. 進行第一道(底層)銲填

(1) 如圖 2，使用 E6011，ϕ 3.2mm 銲條，角度採工作角 90°，移行拖角 5°～10°。

(2) 如圖 3，施銲中，採輕微撥動，銲條端使熔池周圍稍寬於接頭(見圖 4)，以獲致滲透良好之接頭及根部銲造。

(3) 施銲中，控制弧長勿使過長，導致根部銲道上表面凹下(見圖 5)。

(4) 完成後，冷卻銲件，清除銲渣。

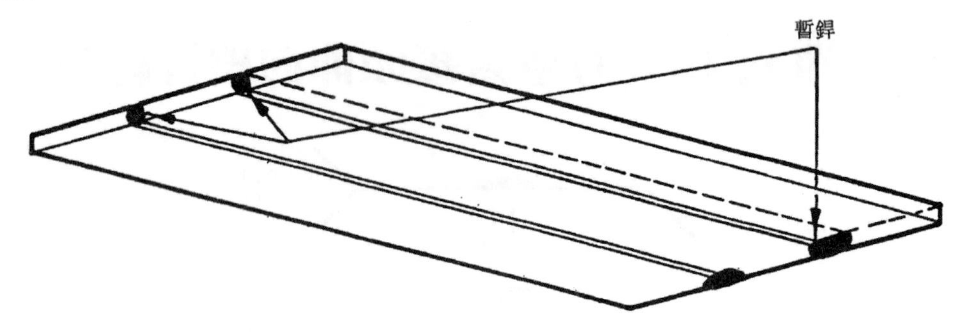

圖 1　接頭準備興暫銲部位

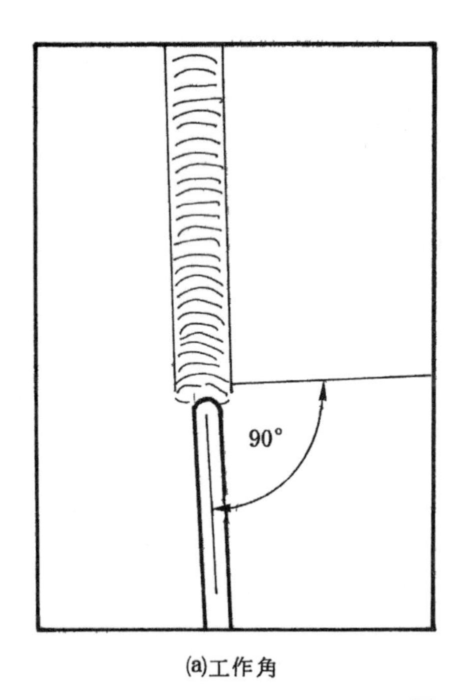

(a)工作角

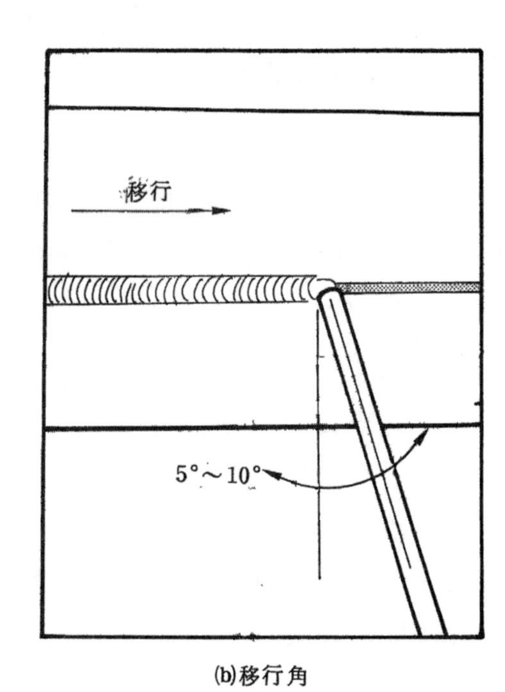

(b)移行角

圖 2　銲條角度

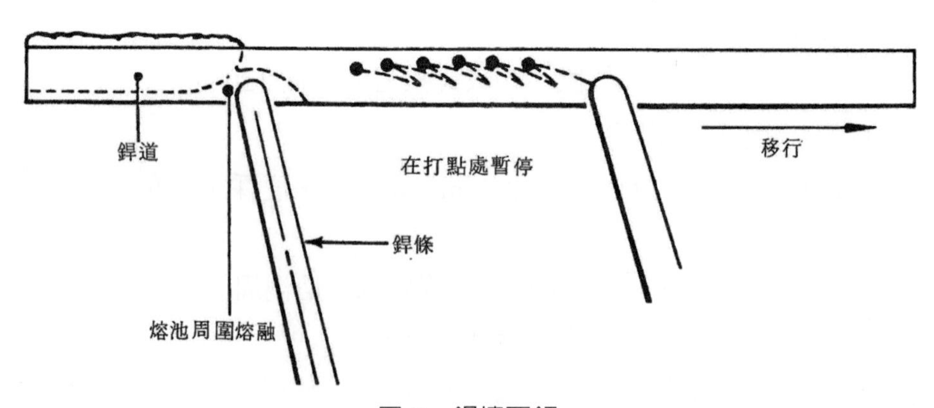

圖 3　銲填要領

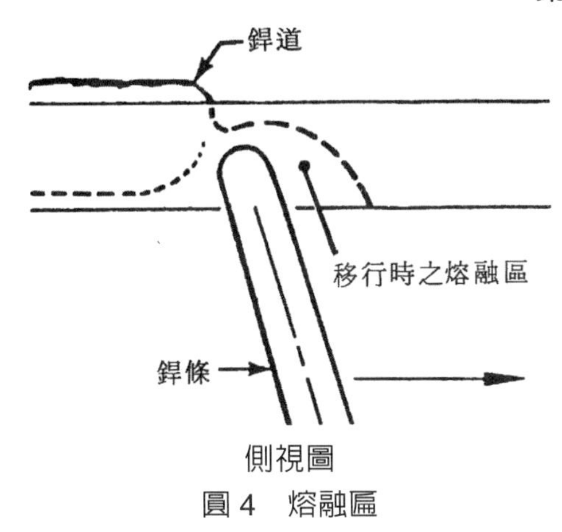

圖 4　熔融區

4. 進行第二道(覆層)銲填

(1) 使用 E6010，ϕ3.2mm 銲條，角度同第一道。

(2) 如圖 6，施銲中，採用 Z 形織動法。

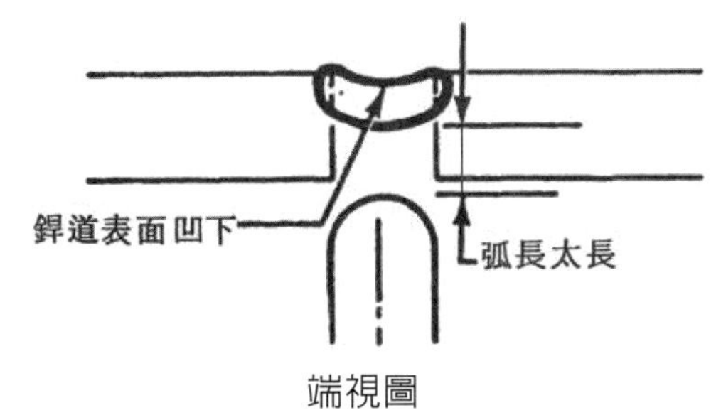

圖 5　弧長太長之結果

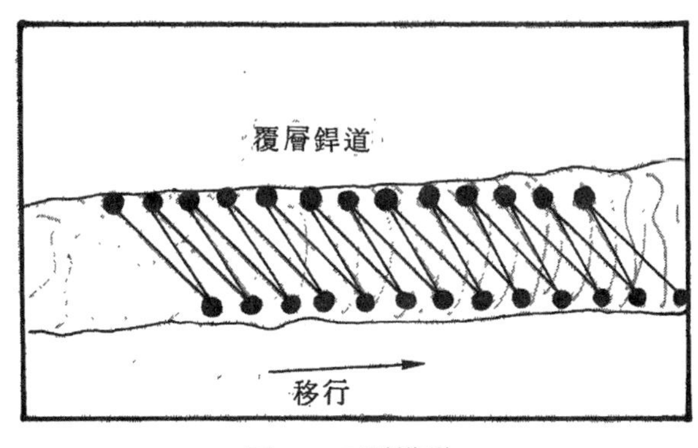

圖 6　Z 形轍動

五、注意事項：

1. 第一道之銲接電流以能形成完全滲透爲度。

2. 第二道應稍寬於第一道。

單元 17　疊接頭與 T 型接頭橫向及立向角銲練習

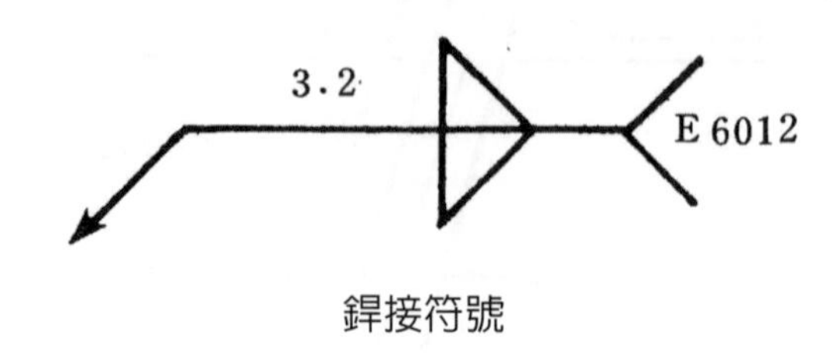

銲接符號

一、目標：習得薄金屬銲接之技能。

二、機具：電銲基本機具——1 組。

三、材料：

(1) 軟鋼板(3.2mm×75mm×150mm)——6 塊。

(2) 銲條(E6012，倘銲機電源爲 AC 則用 E6013；ϕ3.2mm×350mm)——數支。

四、程序與步驟：

1. 準備器材

(1) 檢查裝置，確定狀況正常。

(2) 做好防護準備。

(3) 清潔母材及準備接頭。

(4) 設定銲機極性——DCSP，電流——約 85～90A。

(5) 開動銲機。

2. 進行疊接頭暫銲與定位

(1) 取兩板材，使其相互搭疊成疊接頭，並在兩端暫銲。

(2) 平鋪銲件使接頭成橫銲位置。

3. 進行疊接頭橫向角銲

(1) 如圖 1，銲條角度採工作角 35°～40°(即銲條中心線較朝下板，以控制上板之熔化)，移行拖角 5°～10°。

(2) 移行速率以能填滿接頭爲度。

(3) 完成後翻轉銲件，依上述步驟銲填另一接頭(見圖 2)。

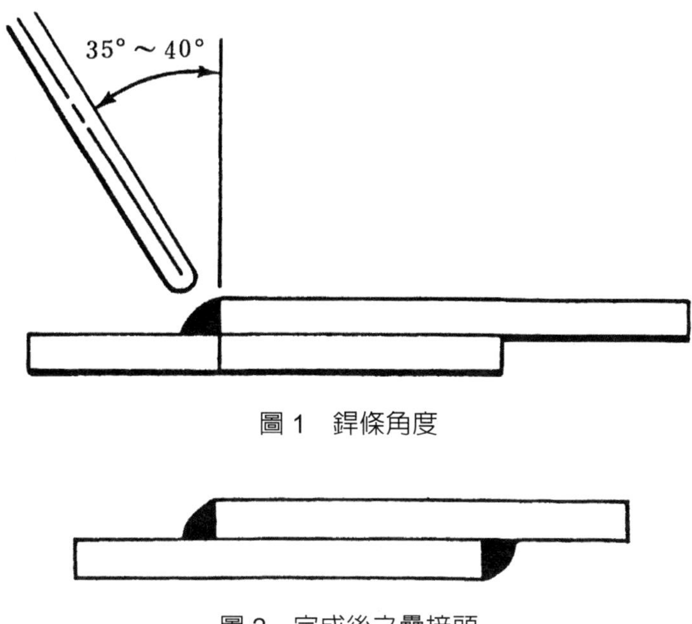

圖 1　銲條角度

圖 2　完成後之疊接頭

4. 進行 T 型接頭暫銲與橫向角銲

(1) 如圖 3，取第三塊板材直立於上述完成疊接頭橫向角銲之銲件上，使成 T 型接頭，並進行暫銲。

(2) 如圖 4，在非暫銲邊銲填，銲條角度採工作角 45°，移行拖角 5°～10°。

(3) 施銲中，採擻動法，但速率宜稍快以減小銲道尺寸為 $1\frac{1}{2}$ 倍線徑(見圖 5)。

(4) 冷卻銲件後，依上述要領，在另一邊銲填。

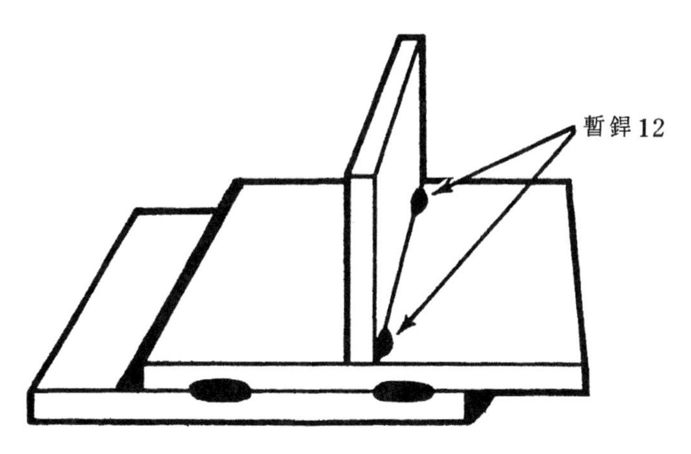

圖 3　接頭準備與暫銲部位

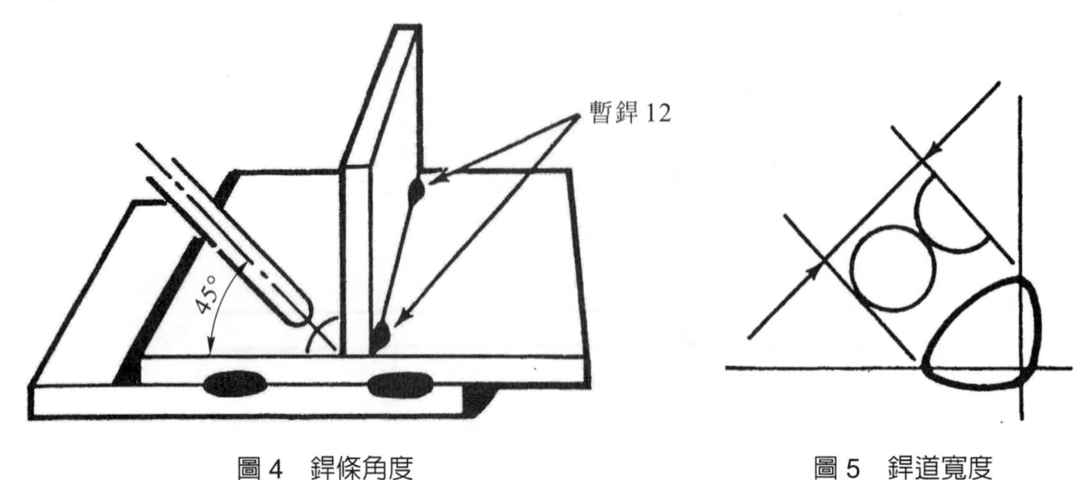

圖 4　銲條角度　　圖 5　銲道寬度

5. 進行疊接頭與 T 型接頭立向角銲

(1) 如圖 6，取另三塊板材，組合及暫銲第二組銲件，並夾持使成立銲位置。

(2) 如圖 7，採向下銲法，工作角爲 40°～45°，移行拖角 5°～10°，分別銲填疊接頭及 T 型接頭，銲道全程角度不變。

(3) 施銲中，弧長保持爲 1 倍線徑(3.2mm)或 1 倍線徑以下。

(4) 銲接速率儘可能快，但太快時易形成間隙、針孔、陷渣(無充裕時間沸騰至銲面)。

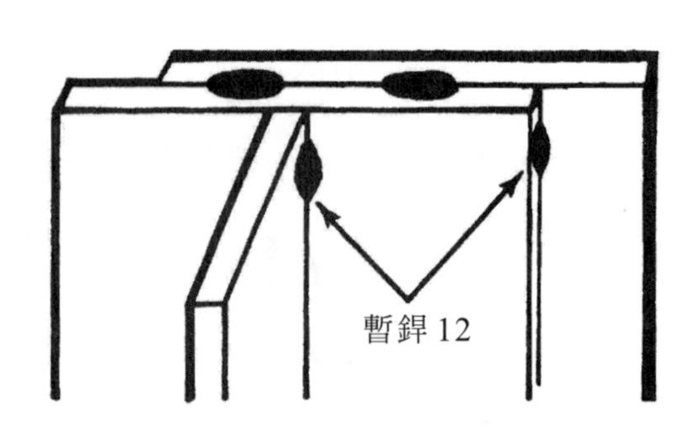

圖 6　接頭準備

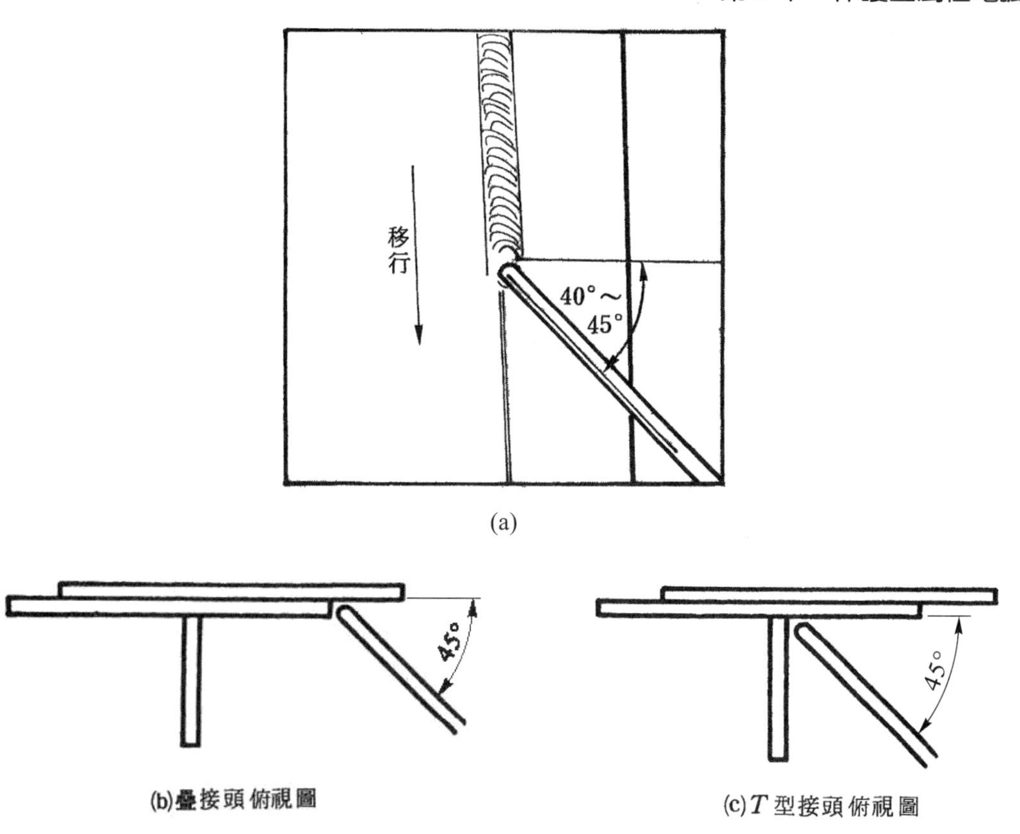

圖 7　銲條角度

單元 18　平面、橫向及立向細直銲道練習

一、目標：習得在超薄板上銲填之技巧。

二、機具：電銲基本機具——1 組。

三、材料：

(1) 軟鋼板(1.6mm×75mm×150mm)——1 塊。

(2) 銲條(E6012，倘銲機電源為 AC 則用 E6013；ϕ2.4mm×350mm)——數支。

四、程序與步驟：

1. 準備器材

(1) 檢查裝置，確定狀況正常。

(2) 做好防護準備。

(3) 清潔母材。

(4) 設定銲機極性——DCSP，電流——約 50～60A。

(5) 開動銲機。

2. 進行平面銲填

(1) 平放母材，使成平銲位置。

(2) 如圖 1，銲條角度採工作角 90°，移行拖角 5°～10°。

(3) 平穩移行銲條，速率稍快，使形成 3.2mm 寬之銲造。

(4) 施銲中，保持短電弧(1 倍線徑值：2.4mm)，倘母板燒穿，則加快移行速率和／或降低銲接電流；倘電弧在途中熄滅，則清除銲疤、銲渣，重新起弧、接續。

(5) 銲完一道後，宜翻轉背面銲填，以平衡變形，並常加冷卻。

3. 進行橫向銲填

(1) 夾持母材使成長軸橫向，平面朝銲接者。

(2) 如圖 2，銲條角度採工作角 90°，移行拖角 5°～10°。

(3) 依上述平銲要領施銲。

4. 進行向下立向銲填

(1) 夾持母材使成長軸立向，平面朝銲接者。

(2) 如圖 3，銲條角度採工作角 90°，移行拖角 30°～35°。

(3) 採向下銲法，依上述平銲要領銲填，但宜保持稍短弧長以支撐熔融銲接金屬與銲劑。

(4) 施銲中倘熔池不易控制，則稍微加大銲接電流及加快移行速率。

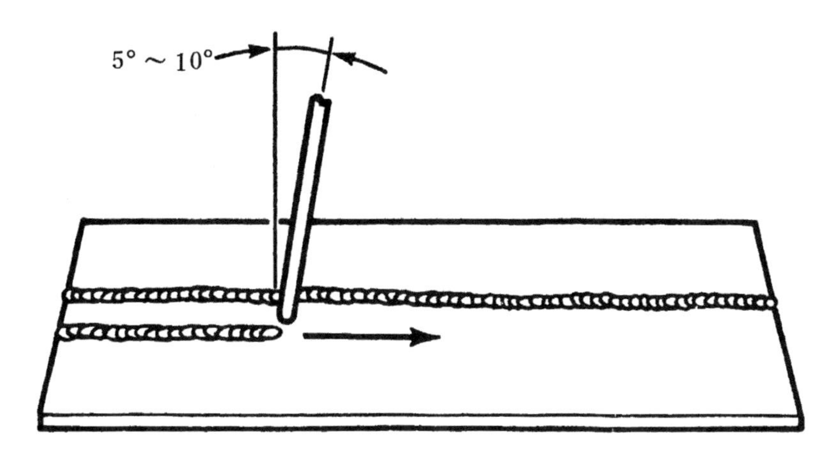

圖 1　銲接位置與銲條角度

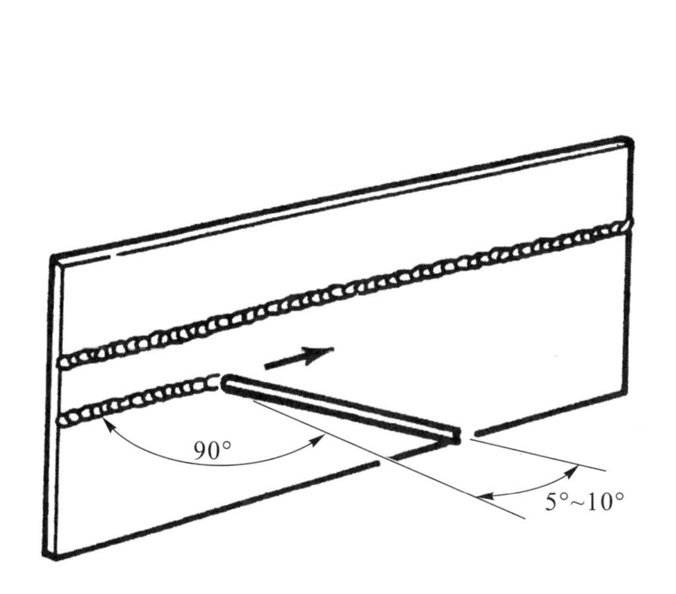

圖 2　銲接位置與銲條角度

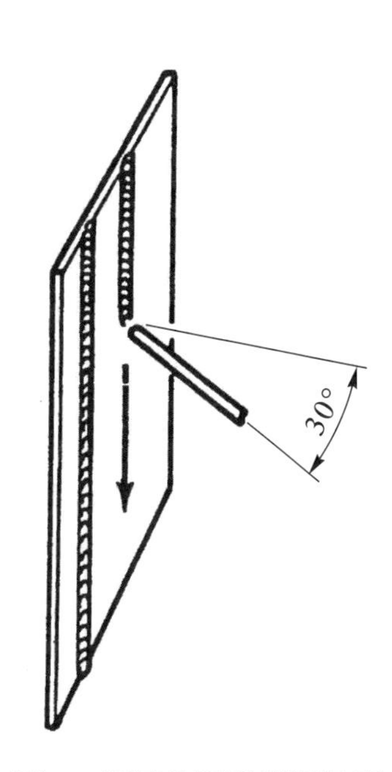

圖 3　銲接位置與銲條角度

單元 19　方型對接頭、疊接頭與角緣接頭平面、橫向及立向角銲、槽銲練習

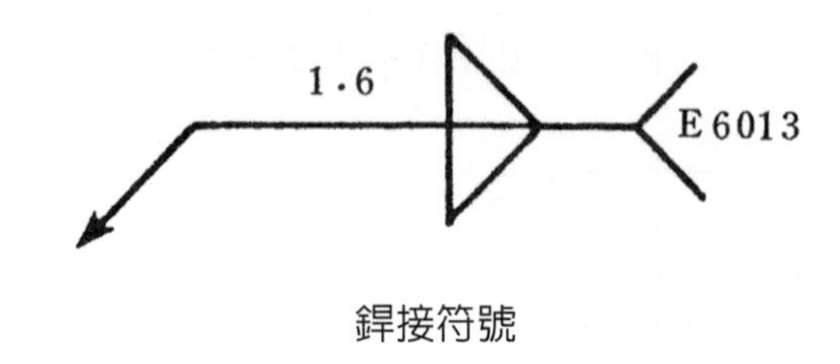

銲接符號

一、目標：整合薄板各接頭與位置之銲接技能。

二、機具：電銲基本機具——1 組。

三、材料：

(1) 軟鋼板(1.6mm×75mm×150mm)——24 塊。

(2) 銲條(E6013，倘銲機電源為 AC 則用 E6013；ϕ2.4mm×350mm)——數支。

四、程序與步驟：

1. 準備器材

(1) 檢查裝置，確定狀況正常。

(2) 做好防護準備。

(3) 清潔母材及準備接頭。

(4) 設定銲機極性——DCSP，電流——約 50～60A。

(5) 開動銲機。

2. 進行工件組合

(1) 依圖 1，取四塊板材組成兩密接方型對接頭，兩疊接頭。

(2) 在接頭兩端及中間暫銲，長度為 3.2mm。

(3) 依上述步驟，另組合同樣銲件兩件。

(4) 如圖 2，將三件銲件組合並在 A、B、C、D 四處暫銲使成方盒之三邊。

3. 進行銲填

(1) 疊接頭橫向角銲

① 如圖 4，銲條角度採工作角 80°～85°，移行拖角 5°～10°。

② 依平面細直銲道要領銲填，熔去上板邊 1.6mm 以控制過度滲透。

③ 控制移行速率使形成一致 3.2mm 寬之銲道。

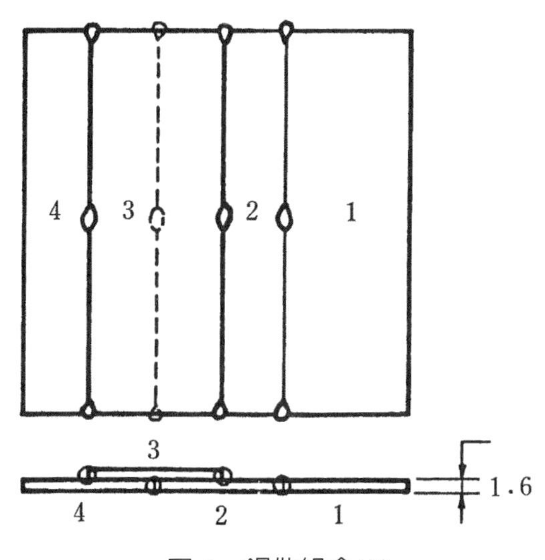

圖 1　銲件組合(1)

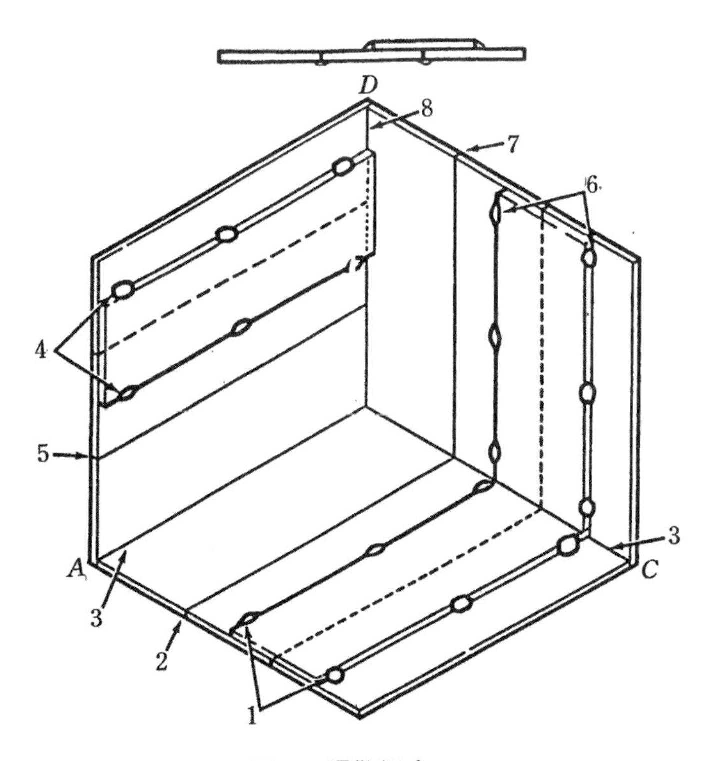

圖 2　銲件組合(2)

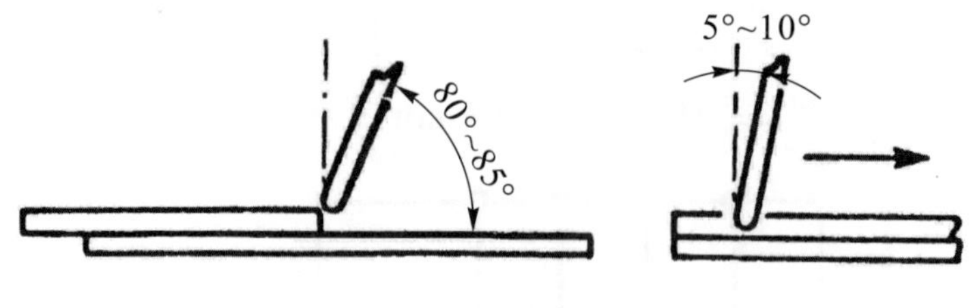

圖 4　銲條角度

(2) 方型槽對接頭平面槽銲

① 如圖 5，銲條角度採工作角 90°；移行拖角 5°～10°。

② 參考單元 18，依平面極薄板細直銲道要領銲填。

③ 銲填金屬應對準接頭，完全滲透，背面產生勻整之根部小銲道。

(3) 內角緣接頭橫向角銲

① 如圖 6，銲條角度採工作角 45°，移行拖角 5°～10°。

② 控制移行速率，使形成 3.2mm 寬，且對準接頭之銲造。

③ 銲道應滲透至角緣外側。

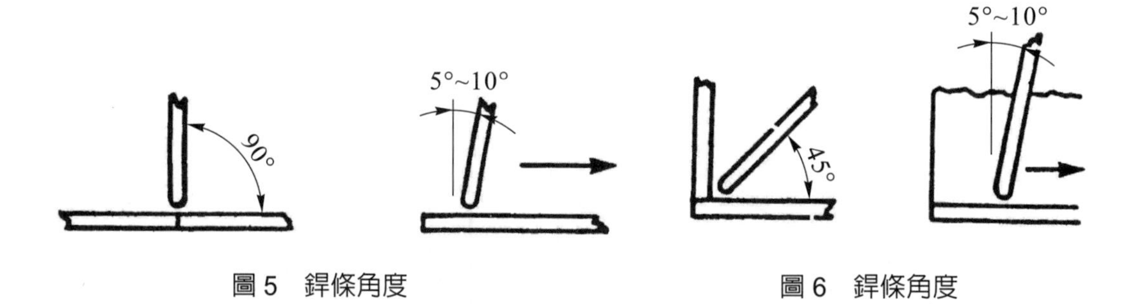

圖 5　銲條角度　　圖 6　銲條角度

(4) 疊接頭，橫向角銲

① 如圖 7，銲條角度採工作角 80°～85°，移行拖角 5°～10°。

② 依前述步驟 1 要領銲填，但弧長應較短，且更平穩移行以控制熔池。

③ 銲道要求同步驟 1。

(5) 方型接頭橫向槽銲

① 銲條角度採工作角 90°，移行拖角 5°～10°，依前述步驟(4)之要領銲填。

② 銲道要求同步驟 2。

(6) 疊接頭立向角銲

① 如圖 8，銲條角度採工作角 55°～60°，移行拖角 30°～35°。

② 採短弧向下銲法，銲道要求同步驟(4)。

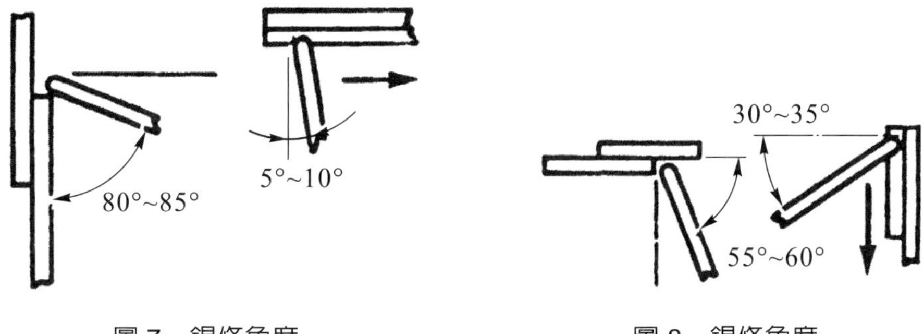

圖 7　銲條角度　　圖 8　銲條角度

(7) 方型對接頭立向槽銲

① 如圖 9，銲條角度採工作角 90°，移行拖角 30°～35°。

② 依步驟 6 要領銲填，但銲條不朝側板。

(8) 內角緣接頭立向角銲

① 如圖 10，銲條角度採工作角 45°，移行拖角 30°～35°。

② 採短弧向下銲法，銲道要求同步驟(3)。

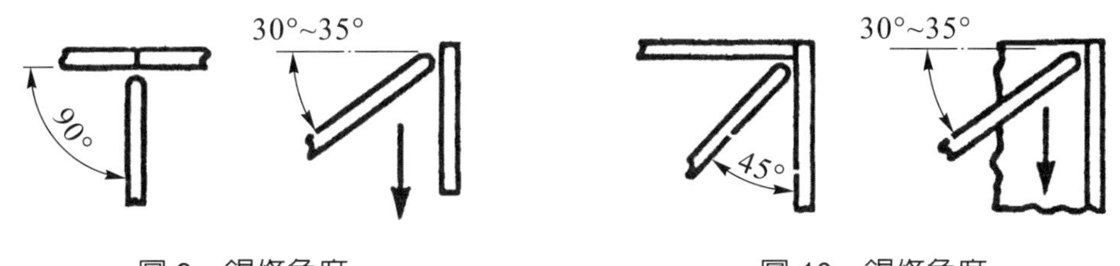

圖 9　銲條角度　　圖 10　銲條角度

4. 組合完整之方盒

(1) 依前述程序 2 之步驟，暫銲另一三面組件。

(2) 如圖 11，將兩組三面組件組合，暫銲。

(3) 依前述程序 3 之步驟，除內緣角接頭改爲外緣角接頭外，均採相同要領銲填完成。

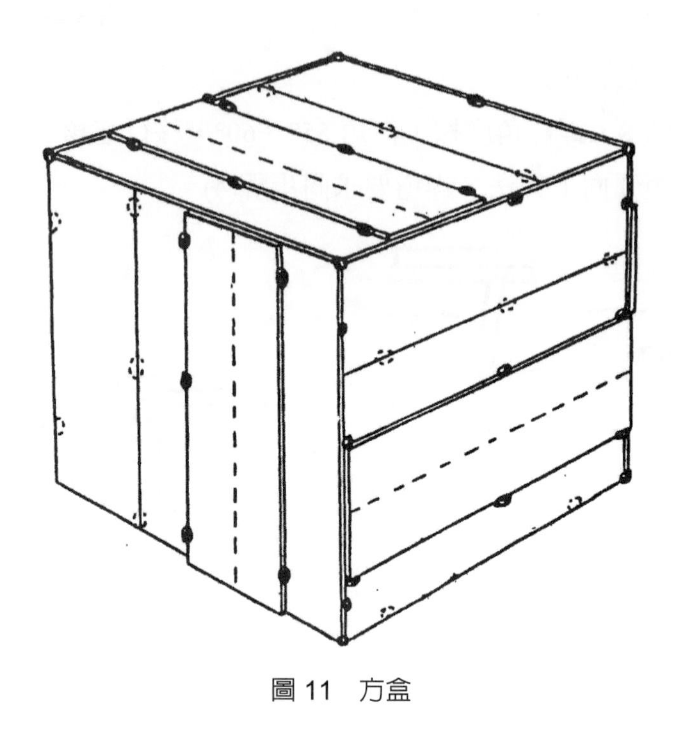

圖 11　方盒

單元 20　疊接頭向下立向角銲練習

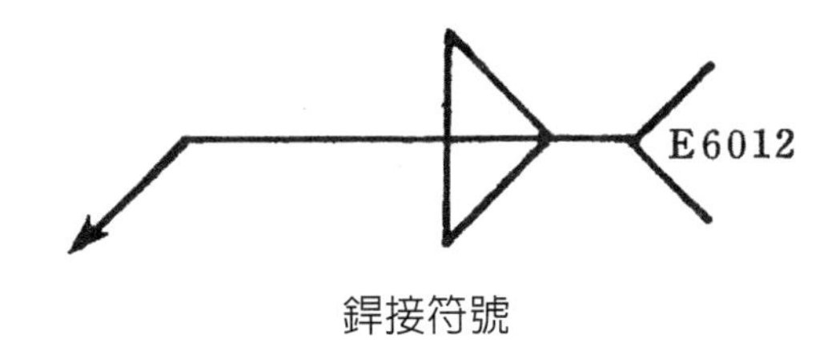

銲接符號

一、目標：習得不同厚度板材疊接頭向下立向角銲之技能。

二、機具：電銲基本機具——1 組。

三、材料：

(1) 軟鋼板(1.6mm×75mm×150mm)——2 塊；(3.2mm×75mm×150mm)——1 塊。

(2) 銲條(E6012，倘銲機電源爲 AC 則用 E6013；ϕ2.4mm×350mm)——數支。

四、程序與步驟：

1. 準備器材

(1) 檢查裝置，確定狀況正常。

(2) 做好防護準備。

(3) 清潔母材及準備接頭。

(4) 設定銲機極性——DCSP，電流——約 70～90A。

(5) 開動銲機。

2. 進行暫銲與定位

(1) 以 3.2mm 厚之板材爲底板，在上面兩側搭疊 1.6mm 厚之板材(見圖 1)，並在接頭兩端及中間暫銲。

(2) 如圖 1，夾持銲件使成立銲位置，約爲銲接者胸部高。

3. 進行銲塡

(1) 如圖 2，銲條角度採工作角 75°～80°，移行拖角 40°～45°，全程角度不變。

(2) 採短弧(1 倍線徑或 1 倍以內)向下銲法。

(3) 銲速儘可能快，但太快易形成間隙、針孔和陷渣。

(4) 翻轉銲件(1.6mm 厚板朝銲接者)，銲條工作角採 15°～20°(見圖 2)，依上述要領銲塡。

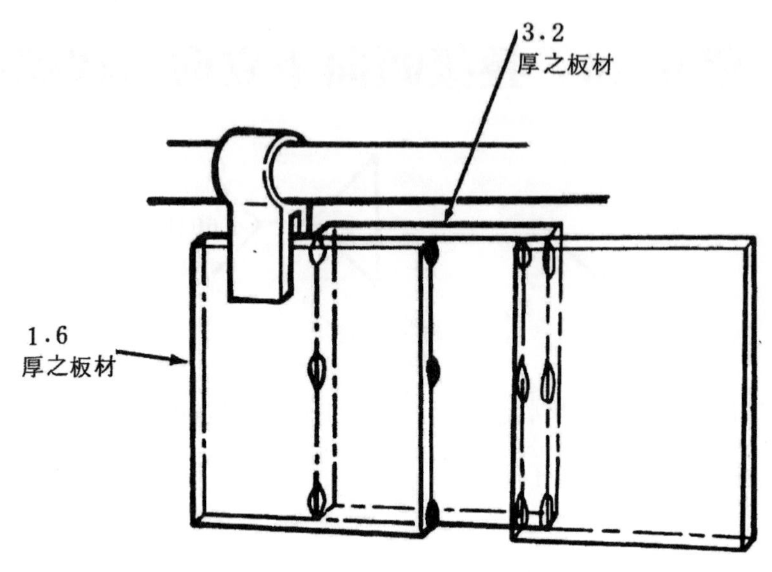

圖 1　接頭準備與銲接位置

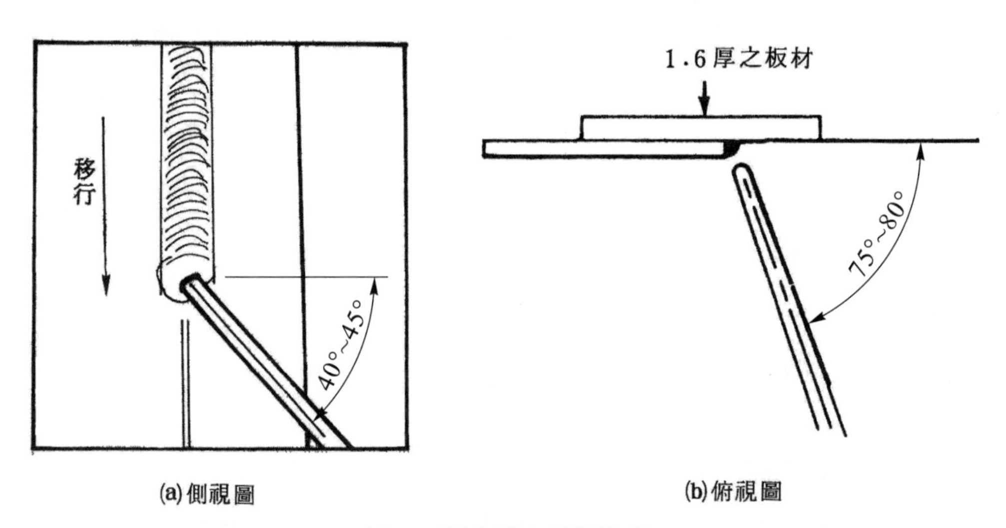

(a)側視圖　(b)俯視圖

圖 2　正曲銲之銲條角度

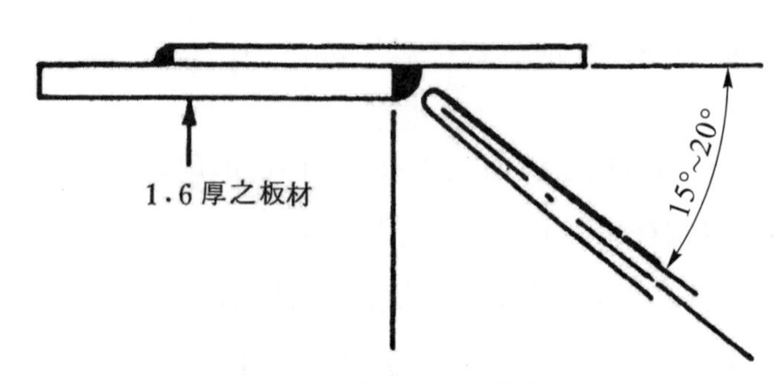

圖 3　反面銲之銲條角度

單元 21　方型對接頭平面槽銲練習

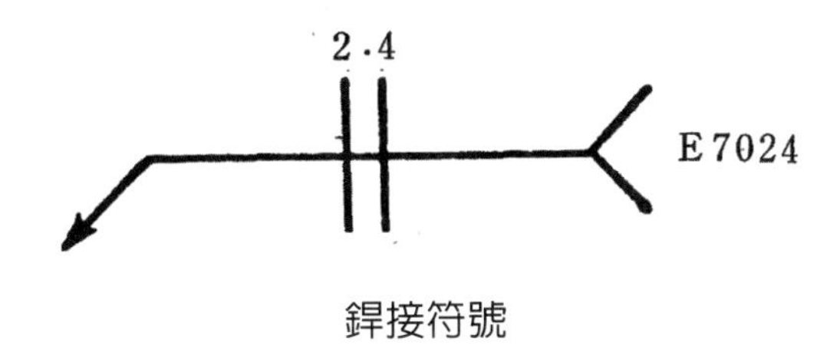

銲接符號

一、目標：習得利用含高鐵粉銲條施銲之技巧。

二、機具：電銲基本機具——1 組。

三、材料：

(1) 軟鋼板(4.8mm×75mm×150mm)——2 塊。

(2) 銲條(E7024，倘銲機電源爲 DCSP 或 AC 則用 E7027；ϕ 3.2mm×350mm)——數支。

四、程序與步驟：

1. 準備器材

(1) 檢查裝置，確定狀況正常。

(2) 做好防護準備。

(3) 清潔母材及準備接頭。

(4) 設定銲機極性——DCRP，電流——約 120～130A。

(5) 鬭動銲機。

2. 進行暫銲及定位

(1) 如圖 1，使板材成方型對接頭，根部開口間隙爲 2.4～3.2mm，並在接頭兩端暫銲。

(2) 平放銲件於工作台上，使成平銲位置。

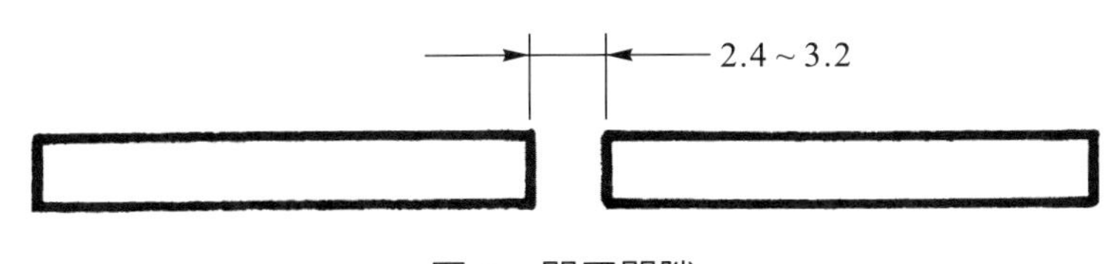

圖 1　開口間隙

3. 進行銲填

(1) 如圖 2，銲條角度採工作角 90°，移行拖角 35°～45°，但開口間隙愈近 2.4mm 時，則移行角應愈近 35°，以促進銲道之滲透。

(2) 如圖 3，施銲中，採短弧長使銲條端幾乎觸及熔池。

(3) 如圖 4，控制移行速率，使銲道表面微凸，滲入接頭之半。

(4) 翻轉銲件，清除根部銲道之銲渣。

(5) 依上述步驟，銲填接頭，完成後如圖 5 所示。

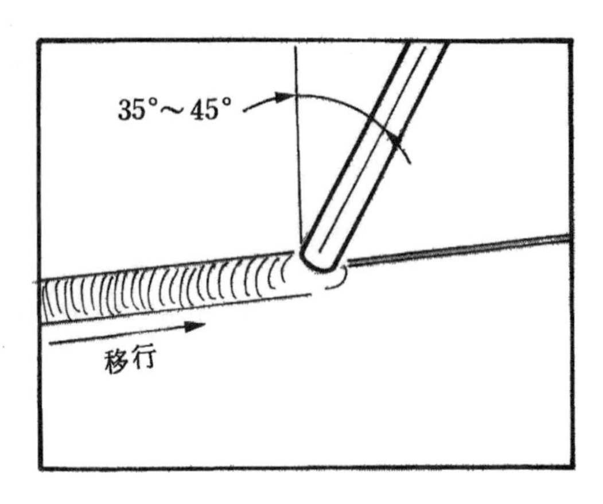

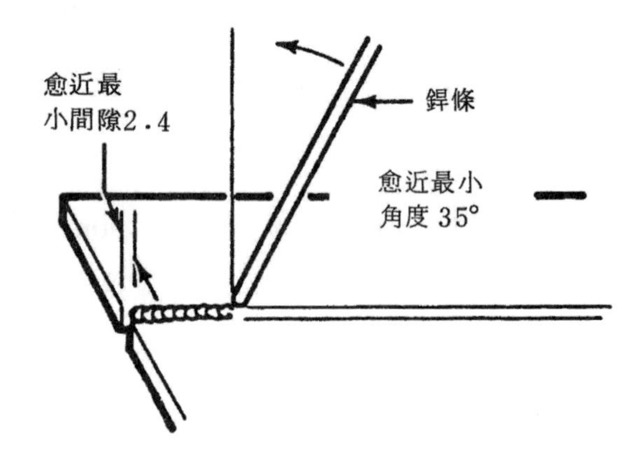

圖 2　銲條角度

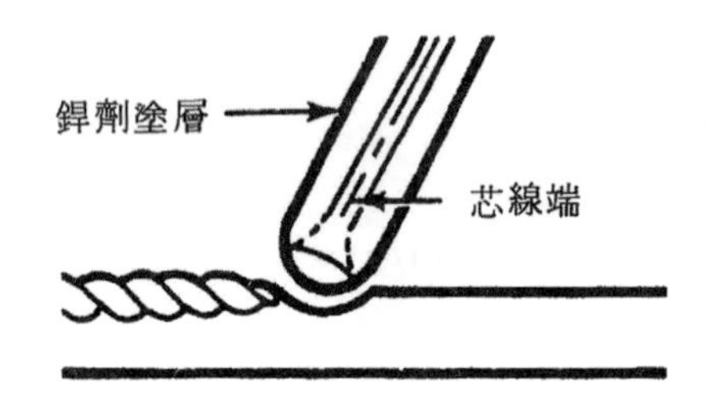

圖 3　填料要領

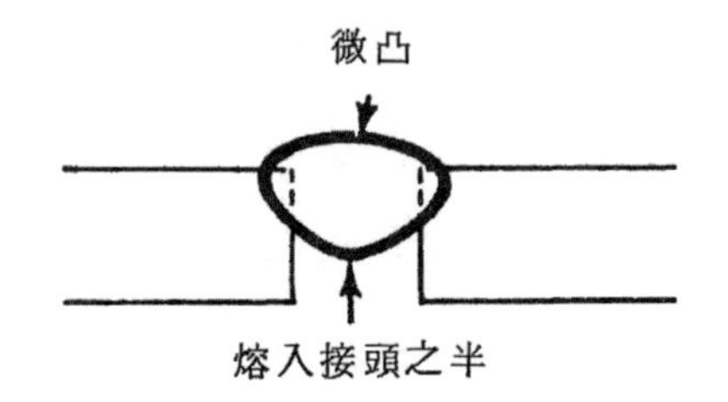

圖 4　第一道之要求

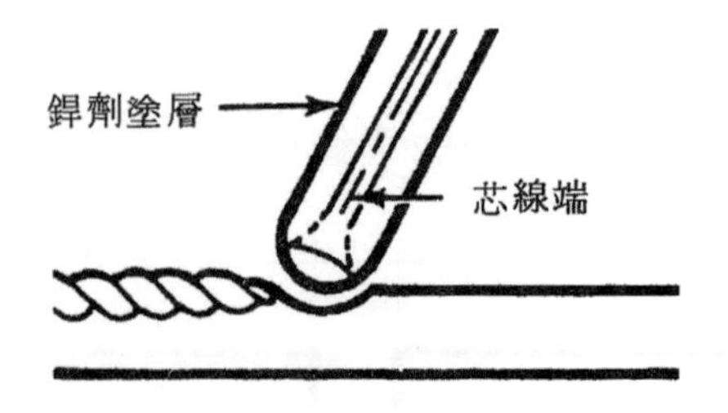

圖 5　第二道銲後結果

五、注意事項：

1. 鐵粉多銲條僅限用於平銲和橫角銲；其銲劑中含有 50%左右之鐵料，銲填料約爲 E6012 之兩倍，銲道銲填甚平穩且匀整，施銲中可採用短弧或施銲(銲條端一邊觸及工件)，但銲道外觀較差。
2. 鐵粉系銲條通常用於結構工件之預製、高速生產和不需深滲透之接頭。

單元 22　疊接頭橫向角銲練習

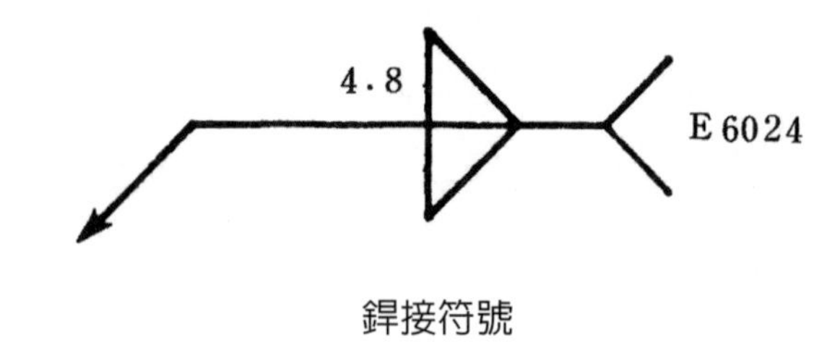

銲接符號

一、目標：習得利用高鐵粉或厚塗料銲條施銲之技能。

二、機具：電銲基本機具——1 組。

三、材料：

(1) 軟鋼板(4.8mm×75mm×150mm)——2 塊。

(2) 銲條(E7024，倘銲機電源爲 DCSP 或 AC 則用 E7024；ϕ 3.2mm×350mm)——數支。

四、程序與步驟：

1. 準備器材

(1) 檢查裝置，確定狀況正常。

(2) 做好防護準備。

(3) 清潔母材及準備接頭。

(4) 設定銲機極性——DCRP，電流——約 120～130A。

(5) 關動銲機。

2. 進行暫銲與定位

(1) 搭疊兩板材，使成疊接頭，在接頭兩端暫銲。

(2) 平鋪銲件，使接頭成橫銲位置。

3. 進行銲填

(1) 如圖 1，銲條角度採工作角 60°～70°，移行施角 40°～45°。

(2) 控制移行速率，使完全填滿接頭，並熔上板邊 1.6mm(見圖 2)，並儘可能使銲道腳長相等。

(3) 翻轉銲件，依上述要領銲填。

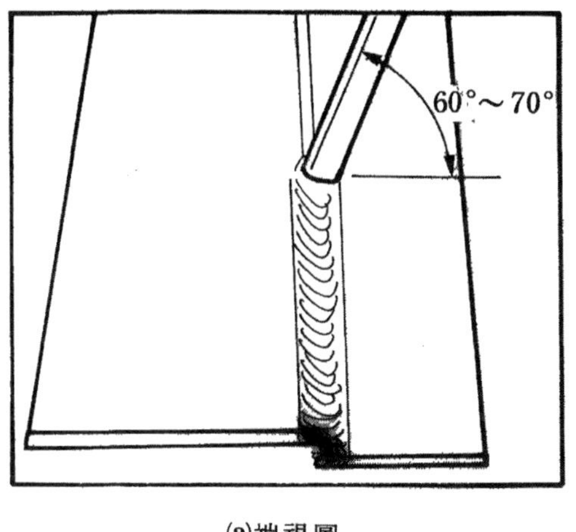

(a)端視圖

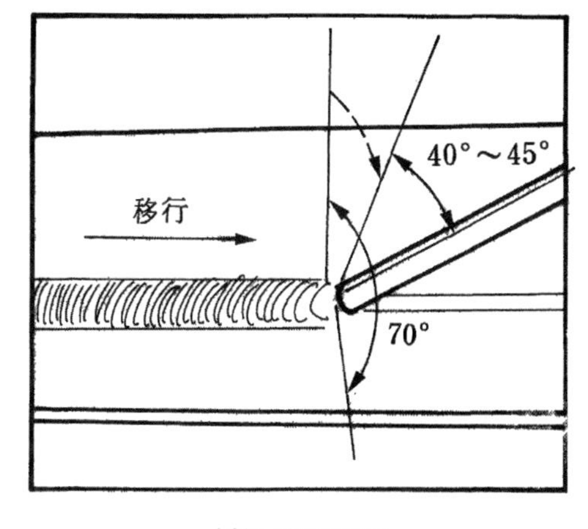

(b)銲接者視圖

圖 1　銲條角度

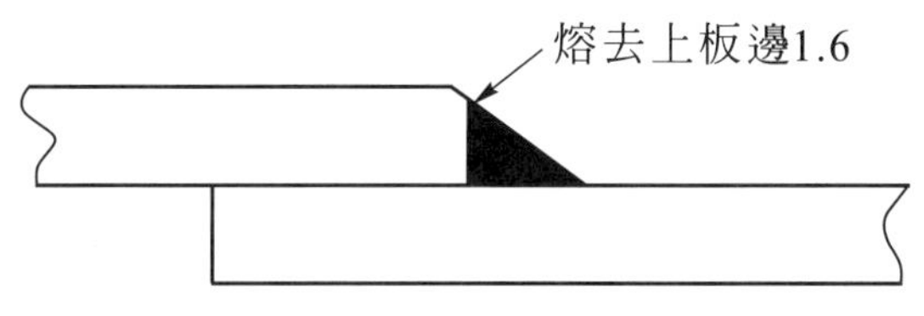

圖 2　銲道要求

五、注意事項：

施銲中，可使銲條塗層單邊觸及上板，如圖 3 所示。

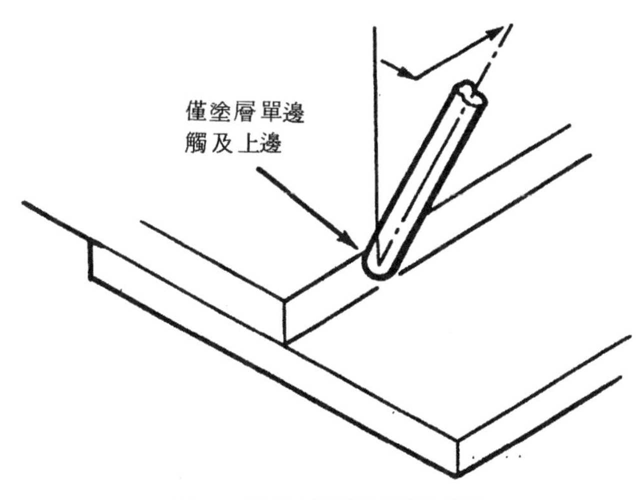

圖 3　鐵粉系銲條銲填要領

單元 23 T 型接頭向上立向角銲(三道)練習

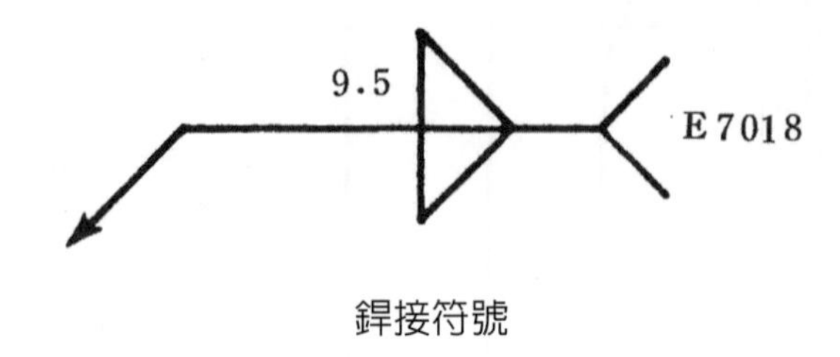

銲接符號

一、目標：習得利用低氫系銲條以多層銲道立向銲填之技能。

二、機具：電銲基本機具——1 組。

三、材料：

(1) 軟鋼板(6.4mm×75mm×150mm)——5 塊。

(2) 銲條(E7018；ϕ3.2mm×350mm)——數支。

四、程序與步驟：

1. 準備器材

(1) 檢查裝置，確定狀況正常。

(2) 做好防護準備。

(3) 清潔母材及準備接頭。

(4) 設定銲機極性——DCRP，電流——約 110～120A。

(5) 開動銲機。

2. 進行暫銲與定位

(1) 參見圖 1，使板材成 T 型接頭，並在接頭兩端暫銲。

(2) 如圖 1，夾持母材，使成立銲位置。

3. 進行銲填第一道(底層)

(1) 如圖 2，銲條工作角採 45°，移行角 0°。

(2) 採向上銲法，使第一道微寬(寬度為 9.5mm)於第二、三道，且微凸，見圖 3。

(3) 施銲中，保持短電弧，指向銲劑由銲條流向工件處。倘弧長太長、移行太快和／或銲接電流太低，則會形成針孔和高、窄銲道(見圖 4)。

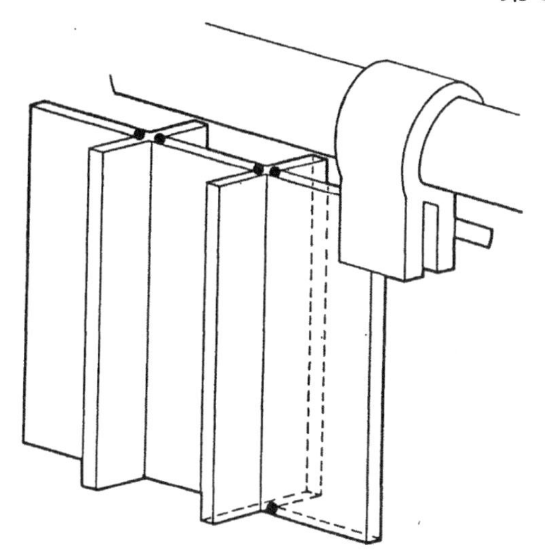

圖 1　接頭準備與銲接位置

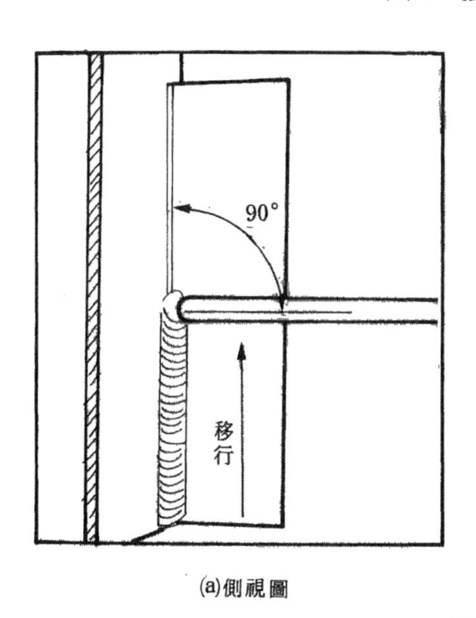

(a)側視圖

(b)銲接者視圖

圖 2　銲條角度

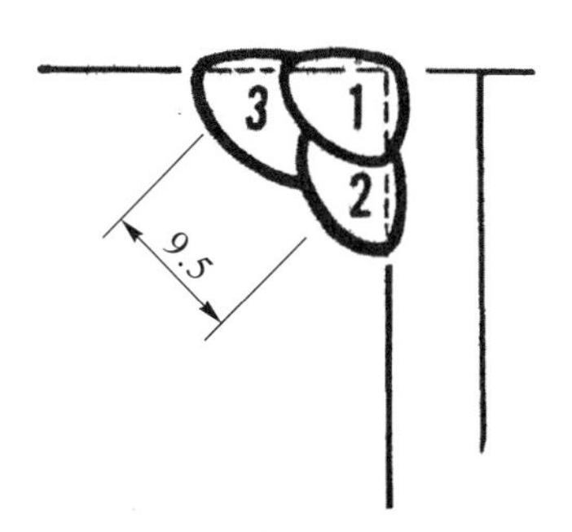

圖 3　第一道寬度

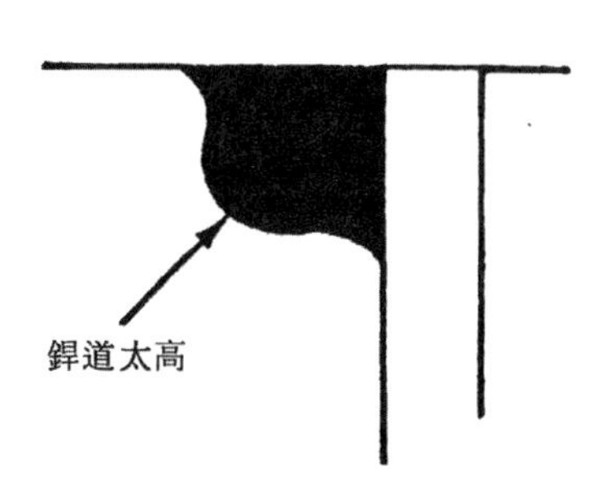

圖 4　弧長太長之結果

(4) 施銲中，利用圖 5 所示之倒 V 形織動法，以便看清熔池中之滲透情形(除非厚銲渣聚集)。

(5) 倒 V 形織動法之要領如下：

① 直線運行銲條橫過接頭，但每一步即微向上移。

② 在打點處暫停。

③ 銲道應微大，約寬 9.5mm，銲面微凸。

(6) 施銲中注意銲渣之高度以判定銲道之尺寸(見圖 6)，倘銲道太小，第二道移行速率應較慢以填高銲道；倘第一道太大，第二道移行速率應較快。

(7) 冷卻銲件，清除銲渣。

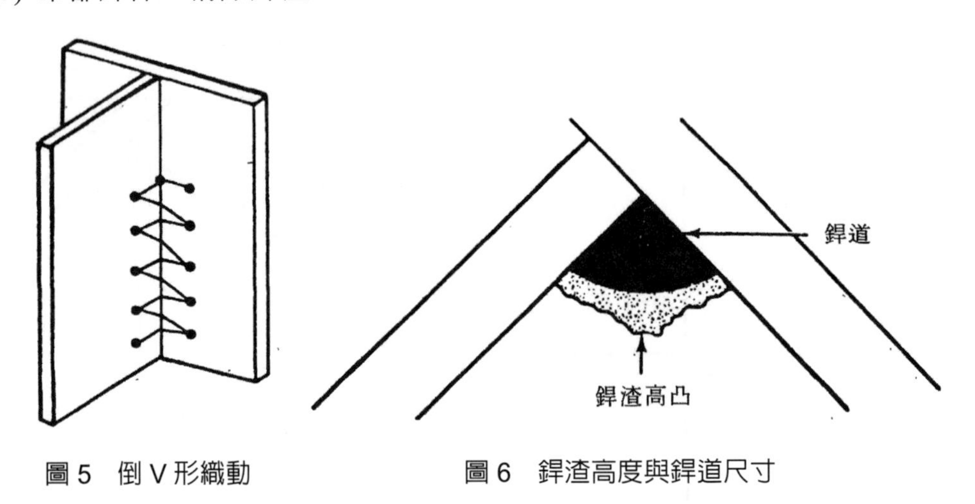

圖 5　倒 V 形織動　　　　圖 6　銲渣高度與銲道尺寸

4. 進行第二、三道銲填

(1) 採圖 7 所示之銲條工作角，利用織動法——在打點處暫停，使銲渣有足夠時間流下，銲道中心高出。

(2) 冷卻銲件，清除銲渣。

(3) 採圖 8 所示之銲條工作角，仍採織動法銲填。

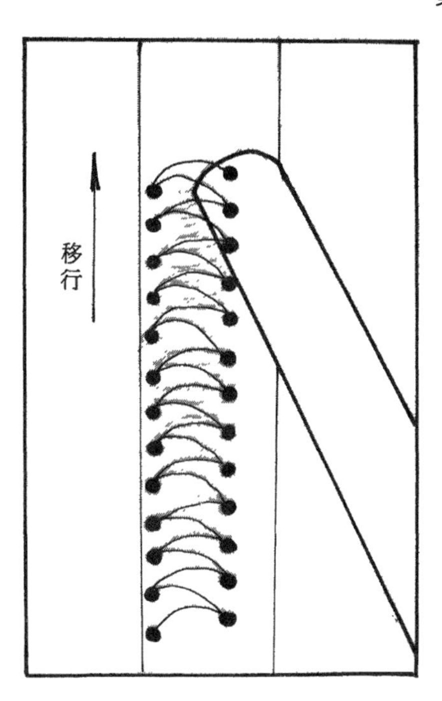

圖 7　半圓形織動

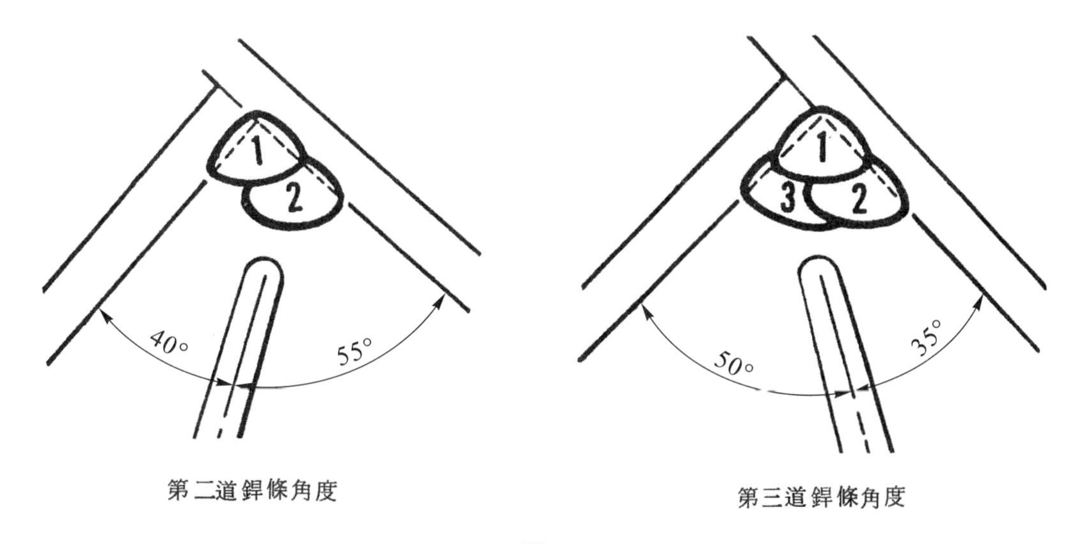

圖 8

五、注意事項：

施銲前可在 6.4mm 厚之廢板上作平面細直銲道以試調電流。倘熔融金屬平穩流動且發出輕微油炸電弧聲，則電流恰當。倘電流太低，則幾乎無電弧聲。倘電流太高，則發出大油炸電弧聲，且多濺渣。

單元 24　低氫系銲條 T 型接頭仰向角銲(三道)練習

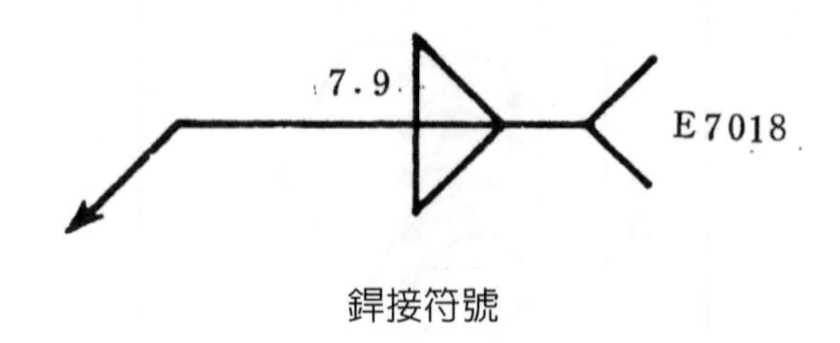

銲接符號

一、目標：習得利用低氫系銲條進行 T 型接頭仰銲銲條運行與銲道寬度控制之技能。

二、機具：電銲基本機具——1 組。

三、材料：

(1) 軟鋼板(6.4mm×75mm×150mm)——5 塊。

(2) 銲條(E7018，倘銲機電源為 AC 則用 E7018；ϕ3.2mm×350mm)——數支。

四、程序與步驟：

1. 準備器材

(1) 檢查裝置，確定狀況正常。

(2) 做好防護準備。

(3) 清潔母材及準備接頭。

(4) 設定銲機極性——DCRP，電流——約 110～120A。

(5) 開動銲機。

2. 進行暫銲與定位

(1) 參見圖 1，使板材成 T 型接頭，並在接頭兩端暫銲。

(2) 如圖 1，夾持銲件，使成仰銲位置。

3. 進行銲填第二道

(1) 銲條角度採垂直上板。

(2) 施銲中採平穩細直銲道要領。

(3) 銲道順序如圖 2 所示。

4. 進行銲填第二、三道

(1) 如圖 3，採 Z 形織動法銲填第二道。

(2) 第二道交疊第一道寬度之 $\frac{1}{2}\sim\frac{2}{3}$ 。

(3) 冷卻銲件，清除銲渣。

(4) 採同第二道之要領銲填第三道。

(5) 如圖 4，第三道交疊第二道寬度之 $\frac{1}{2}$ 。

(6) 繼續銲填其餘及背面之接頭。

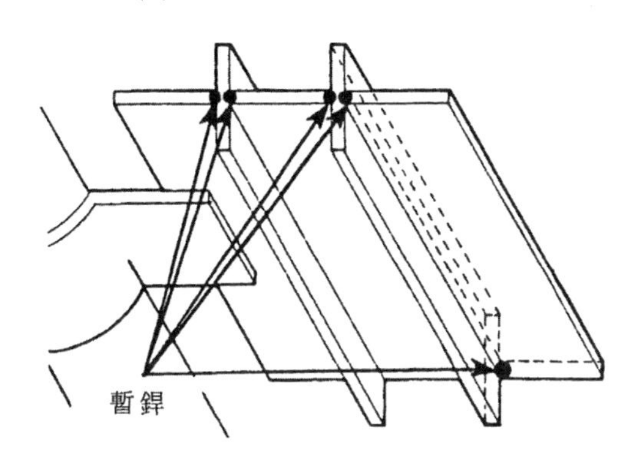

圖 1　接頭準備與銲接位置

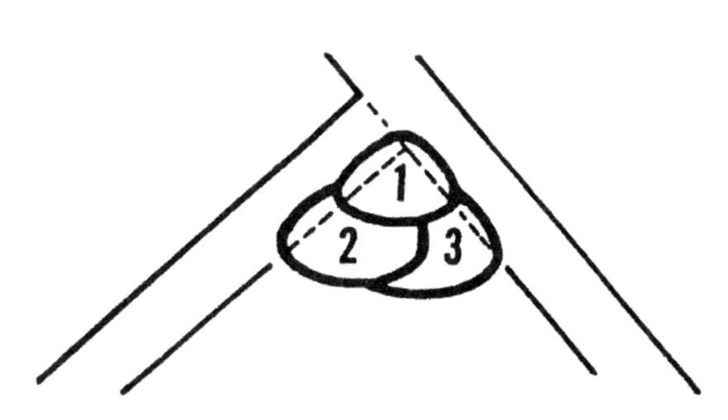

圖 2　銲道順序

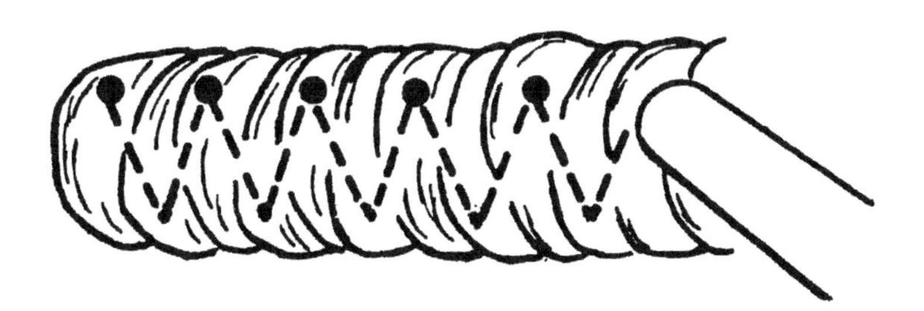

圖 3　第二道 Z 形織動

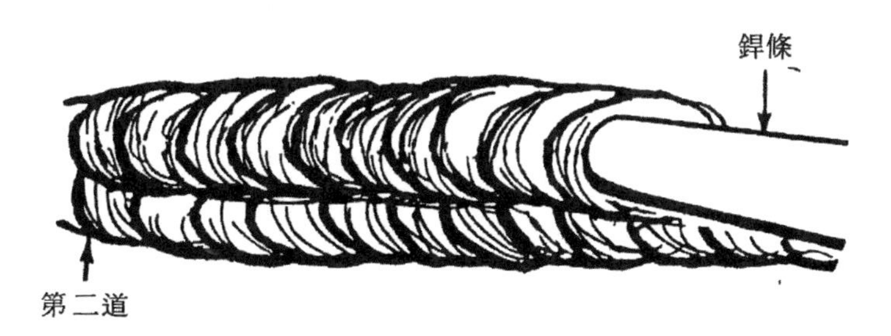

圖 4　第三道銲填

Chapter 4

氣體鎢極電弧銲

氣體鎢極電弧銲(gas tungsten arc welding, GTAW)是一種利用非消耗性鎢極與工件間所產生的電弧加熱工件接合部位，使達成冶金式接合之電弧銲法。施銲中，熔融金屬由惰氣或惰性混合氣保護，同時可施加、可不施加壓力、可添加或不添加填料。

此種銲法常稱爲惰氣鎢極電弧銲(tungsten inert gas welding, TIG；在歐洲，德文中鎢極爲 wolfgram，則稱 WIG)，又稱氬弧銲(argon-arc welding)、氦弧銲(heliarc welding)、氦銲(heli welding)或鎢弧銲(tungsten arc weldiog)；國內則習稱爲「氬銲」或直呼爲 TIG。

此種銲法以手工操作爲多，可用於鋼料和非鐵金屬全能位置之銲接，且常用於結構件之根部銲層。

4.1 相關知識部份

4.1.1 TIG 之作業原理

如圖 4.1 所示，TIG 係利用非消耗性鎢極和母材間密集的電弧熱熔化母材表面以產生熔池。在銲接較薄材料、邊緣接頭時可不添加銲條。

TIG 的電弧係在電流流經游離的惰性保護氣體時產生，失去電子的正離子由正極移向負極，電子則由負極移向正極。銲接電源可採直流或交流，同時可配備高周波電弧穩定器以利起弧及電弧穩定。至於銲接電流之起動、調整及停止亦常配備腳踏或手動式開關以利控制。一般手工操作 TIG 起弧後之操作技巧如圖 4.2 所示，近似氧乙炔氣銲。

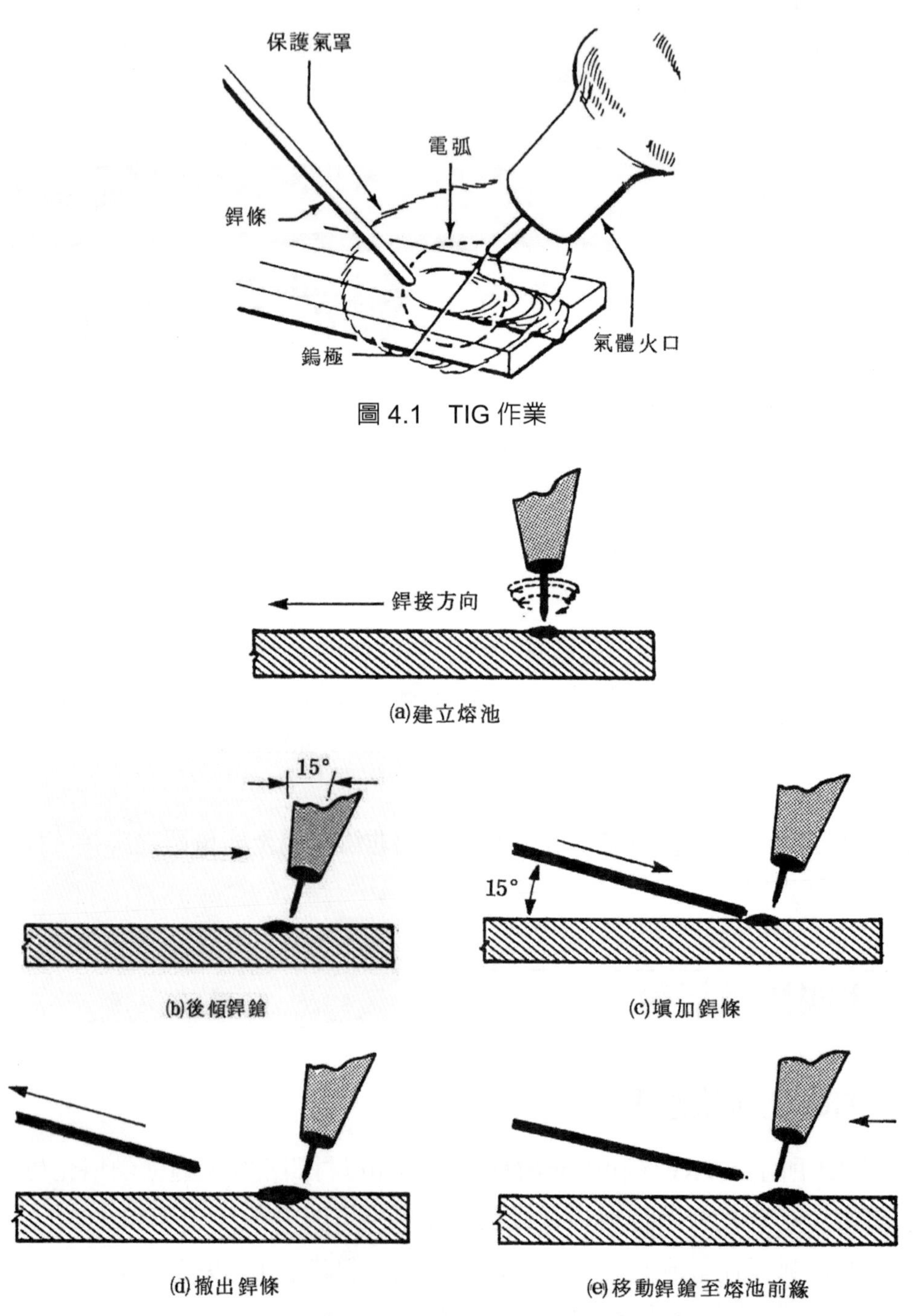

圖 4.1　TIG 作業

圖 4.2　手工 TIG 之操作

4.1.2　TIG 之裝置線路與電流

圖 4.3 所示爲一典型之 TIG 裝置線路，主要由銲機、氣體供應與控制、銲鎗與電極等三大組件構成。茲分述如下：

1. 銲接機

   TIG 用銲機以採定流(CC)式爲宜，以便利用其電壓-電流之下垂特性曲線(施銲中弧長改變，電壓隨之升降，但電流變化甚小)。一般額定使用率 60%的 TIG 銲機作業電流爲 5～300A，電壓爲 10～35V。電流類型以交-直流兩用者爲佳，以更適應於各種銲材，一般 TIG 電流類型之特性可比較如表 4.1。

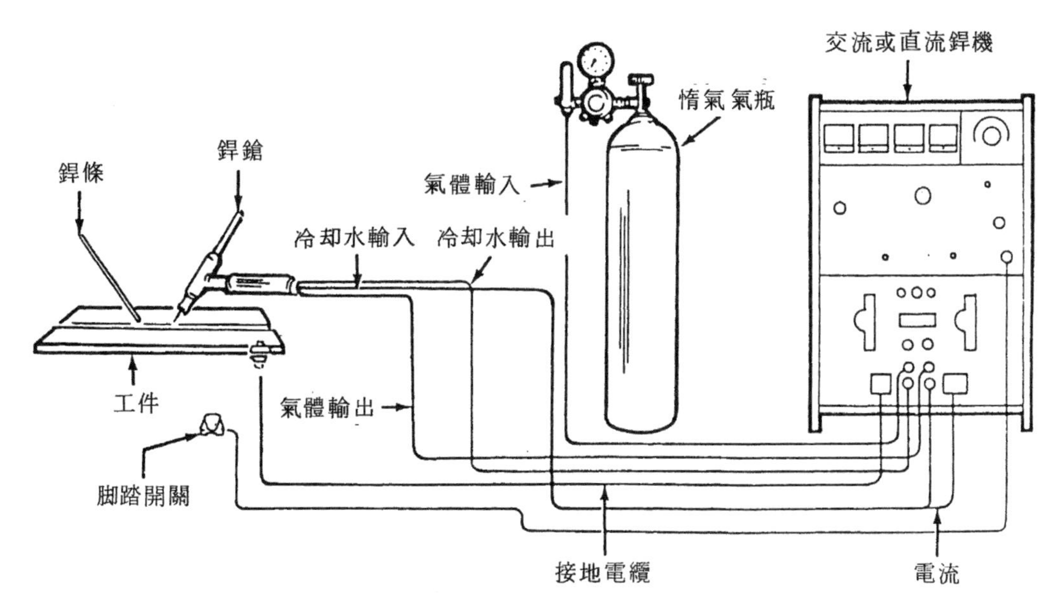

圖 4.3　TIG 裝置線路

2. 氣體供應與控制

   TIG 所用保護氣體通常利用高壓氣瓶儲存；然後經由調壓流量表、氣閥與管路導入銲鎗。大量使用氣體場所，亦有利用大桶儲存，再經由管路輸送至各銲接崗位者。

   TIG 所用保護氣體通常爲無法與其它化學元素化合的惰性氣體，常用者爲氬(argon, Ar)、氦(helium, He)及其混合氣。

表 4.1　TIG 電流類型之特性

類型 / 比較	直流正極位(DCSP)	直流反極位(DCRP)	交流(AC)
電子與離子流滲透特性	離子 電子	離子 電子	離子 電子
氧化層清除作用	無	有	有──每半週一次
電弧中之熱量平衡	70%在工件端 30%在電極端	30%在工件端 70%在電極端	50%在工件端 50%在電極端
滲透狀況	深、窄	淺、寬	中度
電極導電性	優 例：ϕ3.18mm ($\frac{1}{8}$ in)──400A	差 例：ϕ6.35mm ($\frac{1}{4}$ in)──120A	好 例：ϕ3.18mm ($\frac{1}{8}$ in)──225A

氬氣為原子量 40 之較空氣重單元子惰氣，可由空氣液化法製備，與氦氣比較，由於它有下列主要優點，故較氦氣應用的多。其主要優點為：

(1) 起弧容易且電弧較穩定、安靜。

(2) 在定值電流和弧長下，電弧電壓較低，電弧較冷，特適於薄板銲接。

(3) 銲接鋁、鎂金屬時有較大之氧化層清除效果。

(4) 製備容易、成本低、適用度高。

(5) 流速較慢，保護效果佳，尤優於平銲、橫角銲位置。

(6) 受橫向風力、氣流影響小。

氦氣為原子量 4 之最輕單原子氣惰氣，可由天然氣中分離、製備。與氬氣比較，氦氣有較佳之導熱率，需較高之弧壓與熱量輸入，因此較氬氣適用於銲接較厚及導熱率較高之材料，且適用於較高速率之自動銲。

由上述兩種氣體特性之比較，倘欲兼取兩者之特性時，可適度混合兩種氣體使用。此外，有時亦有加入氫等氣體以改變保護效果者。表 4.2 即為一般常用 TIG 之母材，其保護氣體與電源類型之選用。

表 4.2　TIG 保護氣體與電源類型之選用

材料		保護氣體[1]與電源特性[2]	
名稱	厚度[3]	手工操作	機器操作
鋁及其合金	3.2mm 及以下	Ar(ACHF)	Ar(ACHF)或 He(DCSP)
	3.2mm 以上	Ar(ACHF)	Ar-He(ACHF)或 He(DCSP)
碳鋼	3.2mm 及以下	Ar(DCSP)	Ar(DCSP)
	3.2mm 以上	Ar(DCSP)	Ar-He(DCSP)或 He(DCSP)
鎳合金	3.2mm 及以下	Ar(DCSP)	Ar-He(DCSP)或 He(DCSP)
	3.2mm 以上	Ar-He(DCSP)	He(DCSP)
銅	3.2mm 及以下	Ar-He(DCSP)	Ar-He(DCSP)
	3.2mm 以上	He(DCSP)	He(DCSP)
鈦及其合金	3.2mm 及以下	Ar(DCSP)	Ar(DCSP)或 Ar-He(DCSP)
	3.2mm 以上	Ar-He(DCSP)	He(DCSP)

註：① Ar-He 指含 75%以下之 He；Ar-H_2 指含 15%以下之 H_2。

②縮寫：ACHF = alternating current, high frequency 表交流-高週波；

DCSP = direct current, straight polarity 表直流正極位。

③ 3.2mm = $\frac{1}{8}$ in。

3.　銲鎗與電極

TIG 中銲鎗的用途在於固持電極和導引保護氣體之流向，銲鎗依冷卻方式分有氣冷式及水冷式兩種，氣冷式通常用於較低電流值，銲鎗之手把中即爲保護氣體與電源之通道。水冷式則尚具有冷卻水之通道，可在 200～650A 下作業。圖 4.4 即爲水冷式銲鎗之剖視圖。

銲鎗本體包含固持電極的固定夾本體與固定夾，電極護套裝在銲鎗本體之後，氣體噴嘴裝在本體之前，噴嘴可用陶瓷、金屬或玻璃做成，但以陶瓷最廣用。

TIG 所用電極爲熔點高達 3387°C(6129°F)之純鎢(tungsten, W)或鎢合金，純鎢電極(代號 EWP)最便宜；常用以銲鋁和鎂。含氧化釷(thoria)之鎢極(代號 EWTh)可提高電子發射率、導電率、耐用且較不易污染，起弧容易、電弧穩定。含氧化鋯(zirconia)之鎢極(代號 EWZr)其性質則介於純鎢極與含氧化釷鎢極之間。玆將三種電極之代號、成份與標色、適用電流類型列於表 4.3。

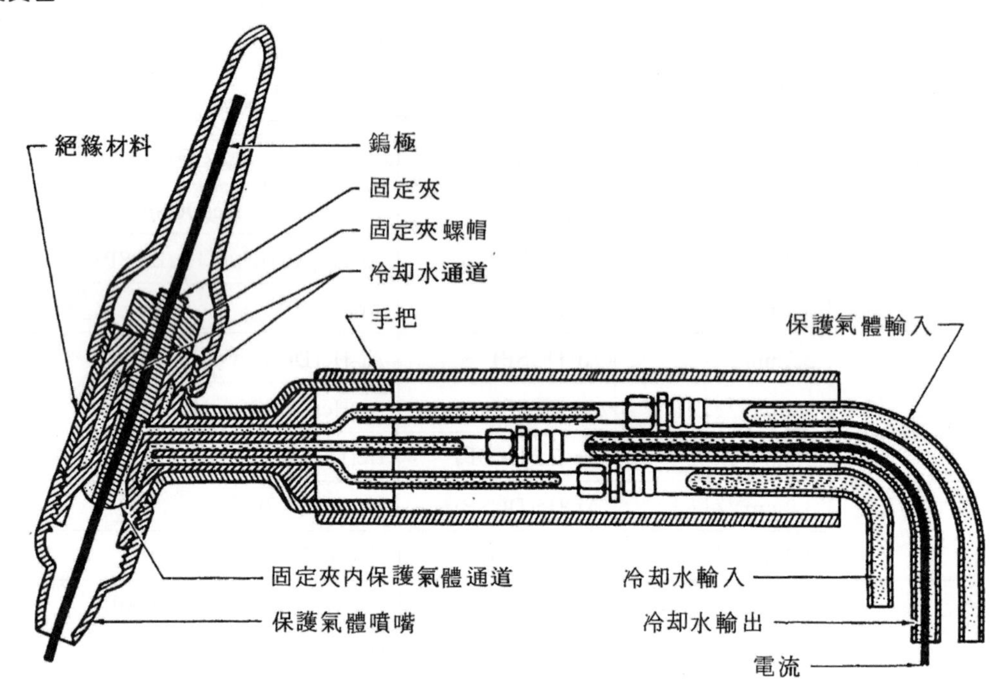

圖 4.4 水冷式 TIG 銲鎗剖視圖

表 4.3 TIG 用電極類型(依 AWS)

比較 代號	化學成份				標色	電流
	鎢至少含量(%)	氧化釷(%)	氧化鋯(%)	其它元素至多含量(%)		
EWP	99.5	—	—	0.5	綠	AC
EWTh-1	98.5	0.8～1.2	–	0.5	黃	DC
EWTh-2	97.5	1.7～2.2	–	0.5	紅	DC
EWTh-3*	98.95	0.35～0.55	–	0.5		DC
EWZr	99.2	–	0.15～0.40	0.5	棕	AC

* 此種電極外側部份含 1.0～2.0%氧化釷，表中含量爲整體平均值。

此外，TIG 裝置中常配備腳踏控制器，可充當電流開關外，倘附加腳踏式變阻器則在施銲中亦可調整電流。除腳踏式控制之外，亦有採附加於銲鎗之手動式控制器。

4.1.3 TIG 之優點與限制

TIG 之主要優點如下：

(1) 熱源易控制，頗適於薄材料之銲接。

(2) 幾乎適用於所有金屬——低熔點之軟銲銲料或鉛、錫、鋅合金除外。

(3) 對易形成耐高溫氧化物之鋁、鎂金屬及在空氣中熔化時，易熔解氧、氮而脆化之反應金屬鈦、鋯等之銲接特別有用。

(4) 銲接品質優良。

TIG 之主要限制如下：

(1) 銲接效率不如消耗性電極電弧銲。

(2) 鎢極可能熔入銲接金屬造成夾鎢之污染——形成硬、脆點。

(3) 施銲中倘熱銲條端脫離保護氣罩而與空氣接觸，則易造成銲接金屬之污染。

(4) 氬、氦等保護金屬與鎢極成本高。

(5) 設備本身成本高。

綜上所述，可知 TIG 一般無法與其它銲法做商業上的競爭，尤其在較粗、厚金屬用保護金屬極電弧銲即可獲得欲期品質時，TIG 即不被考慮。

4.1.4 脈波式 TIG 之介述

在一般 TIG 中，由於銲機採定流特性，故在整條銲道全長中，電流值保持相當恆定，但在某些銲機裝設了附變阻器之腳踏式控制器之後，銲接者即可隨銲接之進行改變銲接電流。在此種銲法中，銲接者可逐次降低電流以抵減銲件之熱量累積。

脈波電流控制則可提供上述恆定及抵減熱量等兩種電流控制之效應。如圖 4.5 所示，脈波電流在高、低兩明顯階層間上下移動。高電流用於熔化銲材與滲透，低電流用於銲道之部份冷卻。因此完成後之銲道似一系列點銲之重疊。在高脈波期間，銲鎗不移動以在母材上產生塊狀銲珠，到低脈波時，銲鎗移動以稍微冷卻銲珠。而銲鎗之移動通常係移至熔池前緣，下一高脈波再出現形成次一塊狀銲珠交疊前一銲珠，依此重覆施行。

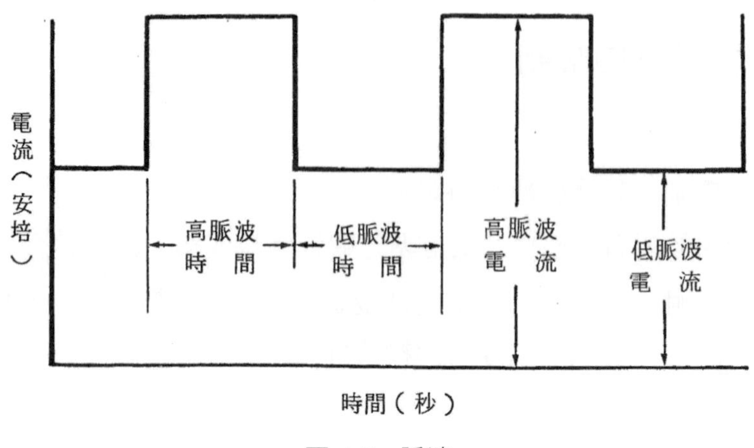

圖 4.5　脈波

採用脈波式 TIG 時，高脈波電流、低脈波電流、高脈波時間及低脈波時間四者需控制妥當，其控制要領如下：

(1) 高脈波電流(high pulse current)——係發生熔化與熔融時之電流，通常需與厚板成正比，調得略高於穩定電流值，如穩定電流為 35～45A 時，高脈波電流需 50～60A。

(2) 低脈波電流(low pulse current)——係銲接金屬開始稍微凝固時之電流，其電流值有時依高脈波電流之百分比設定，通常為 25～50%，其最低值必須考慮尚需能維持電弧。

(3) 高脈波時間(high pulse time)——係高脈波電流發生期間，其長短應足以形成熔池及產生欲期之滲透深度，通常母材愈厚，時間需愈長。

(4) 低脈波時間(low pulse time)——係低電流發生期間，其長短應足以移動銲鎗。

上述四種參數有甚多之組合方式可適應各種銲接狀況，銲接者善予應用可控制熔池大小、滲透深度與形成之銲道尺寸。例如，延長高脈波時間可增大熔池大小，提高高脈波電流可增大滲透深度。

由以上所述，此種脈波 TIG 特別適用於薄材料之銲接，它可提供母材均勻熱量輸入，減低銲道過度熔穿及銲件彎曲之可能。同時在非平銲位置時，由於銲接金屬在流開熔池前有凝固之機會，故效果甚佳。

4.2 實習單元部份

TIG 裝置由於廠牌、機型不同，對銲接參數之控制程度與控制方式亦不盡相同。使用前應參閱廠商提供之使用說明。茲介述隨後各單元操作中典型 TIG 機具、材料之準備與調整如下。

4.2.1 基本機具

名稱	規格	數量	備註
基本裝置	含銲機、氣體供應與控制及銲鎗與電極	1 組	
防蔽衣物		1 套	頭戴式頭盔、圍裙、手套、袖套、腳罩等
鋼絲刷		1 支	銲碳鋼時用
不銹鋼絲刷		1 支	銲不銹鋼或鋁材時用
火鉗		1 支	

4.2.2 基本材料

1. 母材
   (1) 碳鋼。
   (2) 不銹鋼。
   (3) 鋁板。
2. 銲接用保護氣體——氬氣。
3. 配合母材之銲條
   (1) 碳鋼——單元中所標代號係依 AWS 制定。如 ER70S-5，其中“ER”表電極或銲條(electrode or rod)，“70”指銲填後之最小抗拉強度爲 70.000psi，“S”表實心(solid)，“5”表化學成分。
   (2) 不銹鋼——單元中所標代號係依 AWS 制定。如 ER-316L，其中“ER”表電極或銲條，“316L”則依美國鋼鐵學會(AISI)之分類。
   (3) 鋁材——單元中所標代號依 AWS 制定。如 ER4043，其中“ER”表電極或銲條，4043 則依美國鋁業學會之分類。

4.2.3 銲鎗與電極之準備

1. 直流施銲時，磨電極端使成微鈍。

直流電極(EWTh)		交流電極(EWP 及 EWZr)	
(1)	(1)磨銳前之新電極	(1)	(1)良好——光亮，圓端
(2)	(2)磨銳長度為 $2\frac{1}{2}$ 倍直徑	(2)	(2)電流太大
(3)	(3)由尖端磨去 0.4mm	(3)	(3)端部污染——觸及熔池或銲條
(4)	(4)尖端污染應磨去，否側會分散電弧，擴大銲道	(4)	(4)修整——(2)(3)狀況或斷裂時實施

2. 裝妥及調整電極。
   (1) 將固定夾本體旋入銲鎗頭，並將噴嘴套進固定夾本體。
   (2) 噴嘴直徑常為電極直徑之三倍。
   (3) 置放固定夾於銲鎗頭後方，固定夾及其本體應配合電極直徑。
   (4) 將電極插入固定夾。
   (5) 裝上護套並稍微旋緊。

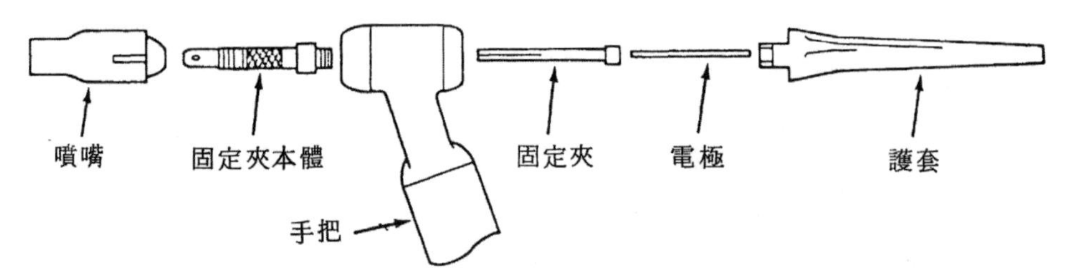

   (6) 調整電極伸長使超出噴嘴 1～2 倍電極直徑，並旋轉護套至鎖緊。(如下圖)

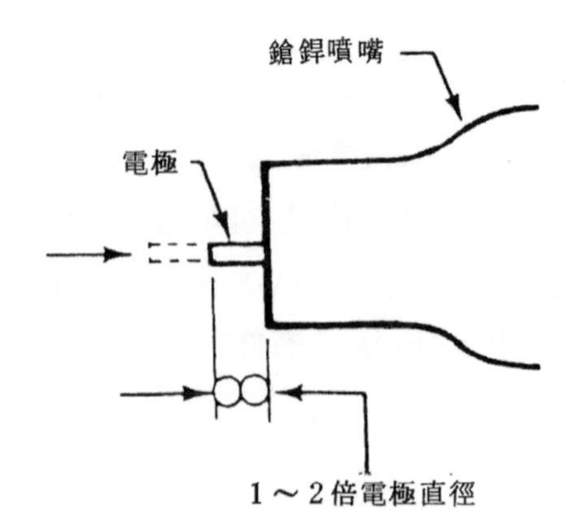

(7) 以上操作切勿利用手鉗或扳手。

3. 交流施銲時，依前表，以未加工電極在銅板上施銲使電極端呈光亮、圓端。
4. 電極污染時應拆開銲鎗與護套，由銲鎗前端拉出電極，清潔後依前述步驟裝入。

4.2.4 調整銲機

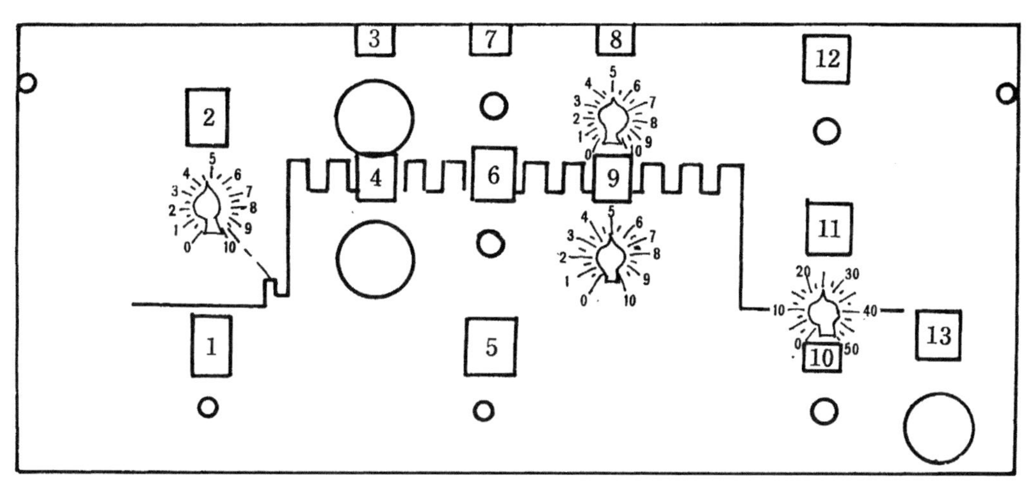

註：① off-on(關-開)——電源開關。

② hot-start(熱起弧)——控制電弧快速、穩定起始。

③ weld current(銲接電流)——控制穩流或正常銲接之銲接電流或脈波銲之高脈波電流。

④ percent of weld current(銲接電流之百分率)——控制低脈波電流。

⑤ pulsation off-on(脈波關-開)——“off”時爲穩流或正常銲，“on”時爲脈波銲。

⑥ low pulse(低脈波)——低脈波期間指示燈亮。

⑦ high pulse(高脈波)——高脈波期間指示燈亮。

⑧ high pulse time(高脈波時間)——控制高脈波電流產生之時間。

⑨ low pulse time(低脈波時間)——控制低脈波電流產生之時間。

⑩ weld current remote control(銲接電流遙控)——“on”表附變阻器之腳踏控制器使用中。

⑪ post flow(後流)——控制電流關掉至保護氣體停止之時間間隔。

⑫ high frequency-off, Auto, continuous(高週波-關，自動，連續)——“Auto”表高週波僅用於起弧，“continuous”表連續使用。

⑬ remote control(遙控)——腳踏或銲鎗上手動控制器之插座。

1. 檢查線路正常後夾持接地端，設定交流(AC)或適當極位之直流(DC)。
2. 參考下表，設定電流範圍——使實際銲接電流居範圍之中，勿在上限或下限。
3. 開動銲機——開動前銲鎗應置於不會起弧之處。

電極大小與電流範圍之配合表

電極直徑		直流		交流					
		DCSP	DCRP	平衡波			不平衡波		
mm	in	EWP EWTh-1 EWTh-2 EWTh-3	EWP EWTh-1 EWTh-2 EWTh-3	EWP	EWTh-1 EWTh-2 EWZr	EWTh-3	EWP	EWTh-1 EWTh-2 EWZr	EWTh-3
0.26	0.010	～15	—	～15	～15	—	～15	～15	—
0.51	0.020	5～20	—	5～15	5～20	—	10～20	5～20	10～20
1.02	0.040	15～80	—	10～60	15～80	10～80	20～30	20～60	20～60
1.59	1/16	70～150	10～20	50～100	70～150	50～150	30～80	60～120	30～120
2.38	3/32	150～250	15～30	100～160	140～235	100～235	60～130	100～180	60～180
3.18	1/8	250～400	25～40	150～210	225～325	150～325	100～180	160～250	100～250
3.97	5/32	400～500	40～55	200～275	300～400	200～400	160～240	200～320	160～320
4.76	3/16	500～750	55～80	250～350	400～500	250～500	190～300	290～390	190～390
6.35	1/4	750～1,000	80～125	325～450	500～630	325～630	250～400	340～525	250～525

註：本表所示電流值係以氬氣保護時爲準。

4. 設定保護氣體氣流：
   (1) 端在非氣流出口方位，緩慢旋轉氣閥至全開。
   (2) 踩下腳踏開關一次並移開腳以開動氣流閥(倘為大筒儲存式則此步驟為旋轉手柄)。
   (3) 調整氣流為 15～20CFH(7.1～9.4ℓ / min)。
5. 定流式銲機僅在銲接時才指示電流，欲知欲設電流值時可(但有些銲機不可)：
   (1) 將接地夾頭夾住電極端。
   (2) 踩下腳踏開關，起動電流。
   (3) 調整電流至欲期值。
   (4) 放鬆腳踏開關，使電流歸零。
   (5) 鬆開接地夾頭，改夾持工作台或工件。
6. 設定高週波開關
   (1) 直流施銲時定在自動(automatic)位置，以便高週波電流接續電極與工件之間隙起弧，起弧後高週波自動關掉。
   (2) 交流施銲時，定在連續(continuous)位置，以利起弧及電弧穩定。
   (3) 高週波變阻器可控制高週波之密集度，應調得足以起弧容易而不致迸出鎢粒。
7. 設定熱起動，以提供波動之起弧電流使起弧容易。
8. 設定保護氣體後流，以免電極氧化。

4.2.5 施銲

1. 遵照各單元所列銲鎗／銲條角度及弧長。
2. 踩下腳踏控制器起弧與銲填。
3. 施銲後，依下列步驟開關：
   (1) 將銲鎗掛在非接地處。
   (2) 關閉氣瓶閥。
   (3) 踩下腳踏控制器，放除管路中之氣壓。
   (4) 關掉流量錶之調節閥。
   (5) 關掉銲機上之電源。
   (6) 清潔、整理工作崗位。

單元1　平面細直銲道練習

一、目標：熟悉銲接軟鋼板時，銲鎗與銲條之操作。

二、機具：TIG 基本機具——1 組。

三、材料：

(1) 軟鋼板(1.6mm×75mm×150mm)——1 塊。

(2) 電極(1%釷鎢棒，ϕ3.2mm)——1 支。

(3) 保護氣體(銲接用氬氣)——1 瓶。

(4) 銲條(E70S-3，ϕ1.6mm)——數支。

四、程序與步驟：

1. 準備器材

(1) 檢查裝置，確定狀況正常。

(2) 做好防護準備。

(3) 清潔母材、銲條及準備接頭、電極。

(4) 設定銲機：

①極性——DCSP。

②電流——50～60A。

③熱起弧——4。

④後流——10～15 sec。

⑤高週波——Auto。

⑥高週波控制——50。

⑦電流——20 CFH(9.4ℓ / min)。

⑧電極伸長——1～2 倍電極線徑。

2. 進行定位與不加銲條之銲填

(1) 置放母材於工作台上，使成平銲位置。

(2) 壓低頭盔，踩下起動踏板起弧。

(3) 如圖 1，握持銲鎗，使呈工作角 90°，移行推角 20°。

(4) 使電弧儘量縮短，形成 1 倍電極直徑之熔池。

(5) 待熔池形成後，緩慢移行銲鎗，以產生寬 1 倍電極直徑值之銲道(見圖 2)；銲道表面應平坦至微凸，母材背面出現小銲道(見圖 3)。

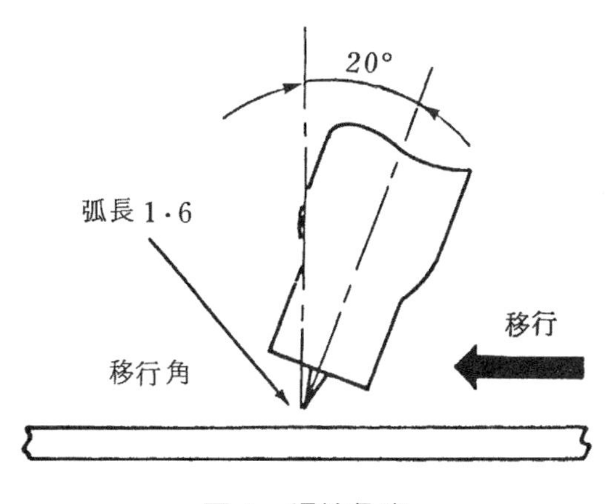

圖 1　銲鎗角度

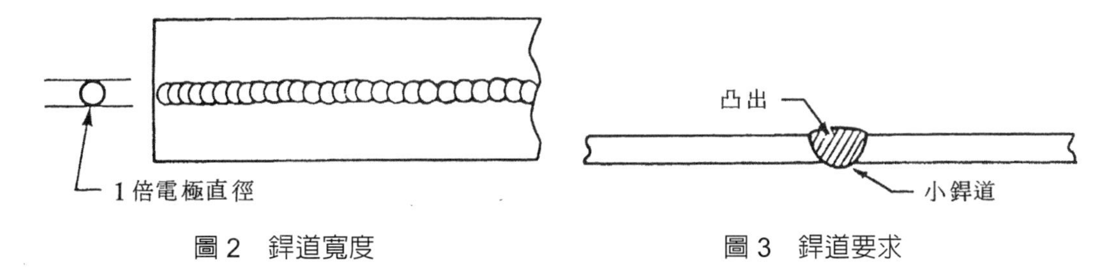

圖 2　銲道寬度

圖 3　銲道要求

3. 進行加銲條之銲填

(1) 如圖 4，同上述程序握持銲鎗；同時抓持銲條使與母材面夾 20°，無側角。

(2) 儘量採用短電弧，平穩移行銲鎗。

(3) 如圖 5，移行銲鎗中，填加銲條於熔池前端，但銲條填加時僅往復推、拉即可，勿上、下運動以免污染鎢極或過度預熱。

(4) 完成後之銲道應如圖 6 所示，寬$1\frac{1}{2}$倍電極直徑值，表面凸出，背面有小銲道產生。

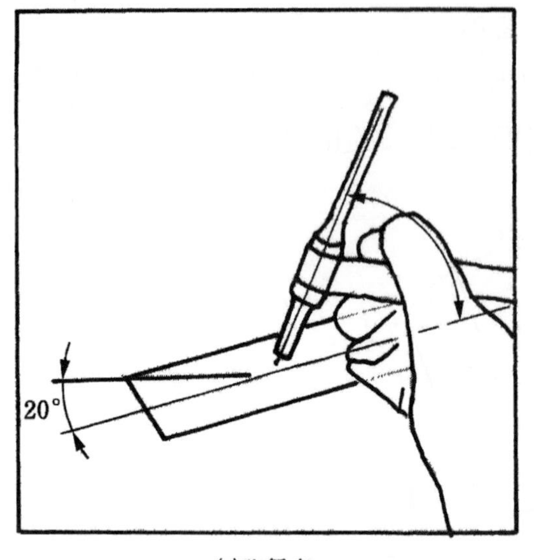

圖 4　銲鎗／銲條角度

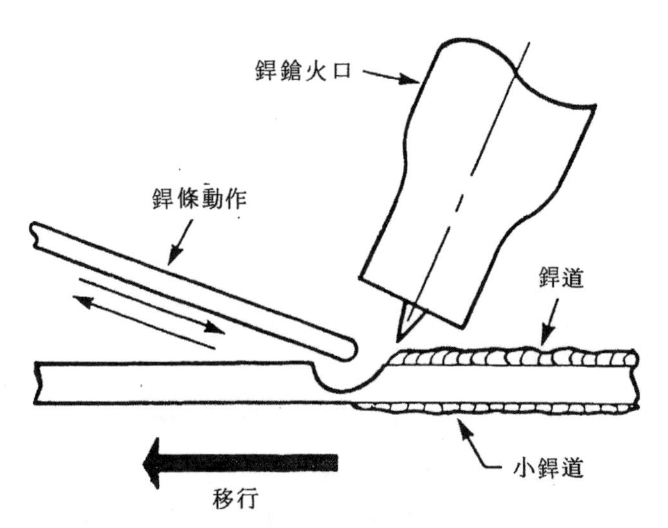

圖 5　填料要領

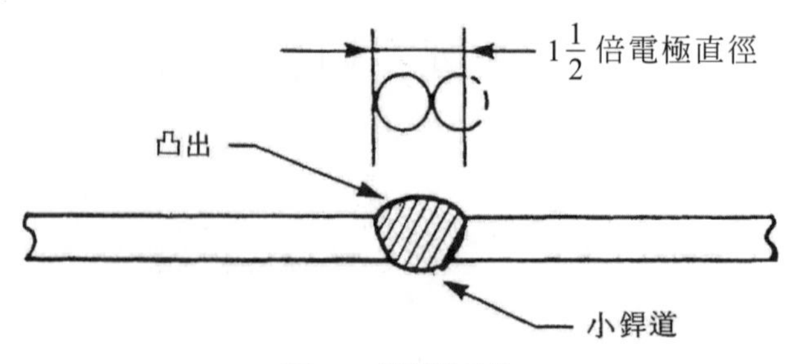

圖 6　銲道要求

單元 2　疊接頭橫向角銲練習

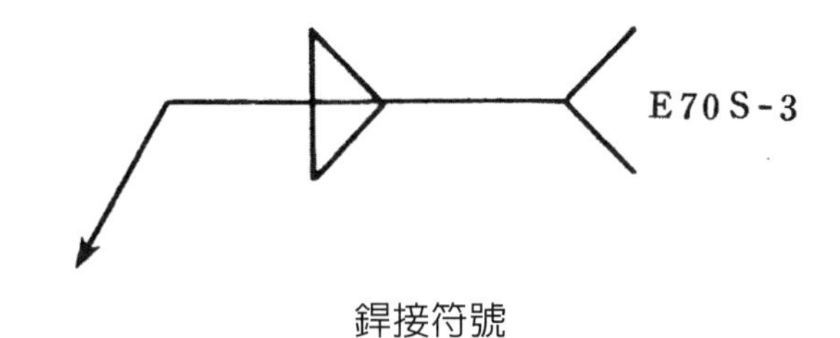

銲接符號

一、目標：習得軟鋼板疊接頭橫向角銲之技能。

二、機具：TIG 基本機具——1 組。

三、材料：

(1) 軟鋼板(1.6mm×75mm×150rnm，3.2mm×75mm×150mm)——各 2 塊。

(2) 電極(1%釷鎢棒，ϕ3.2mm)——1 支。

(3) 保護氣體(銲接用氬氣)——1 瓶。

(4) 銲條(E70S-3，ϕ1.6mm 及 2.4mm)——各數支。

四、程序與步驟：

1. 準備器材

(1) 檢查裝置，確定狀況正常。

(2) 做好防護準備。

(3) 清潔母材、銲條及準備接頭、電極。

(4) 設定銲機：

①極性——DCSP。

②電流——50～60A(1.6mm 板用)；85～95A(3.2mm 板用)。

③熱起弧——4。

④後流——10～15 sec。

⑤高週波——Auto。

⑥高週波控制——50。

⑦氣流——20 CFH(9.4ℓ / min)。

⑧電極伸長——1～2 倍電極線徑。

2. 進行定位和暫銲

(1) 置放兩塊 1.6mm 母材，使成疊接頭。

(2) 如圖 1，沿兩板長度方向錯開 3.2mm，以便不加銲條在突出部份暫銲。

(3) 平放銲件於工作台，使接頭成橫銲位置。

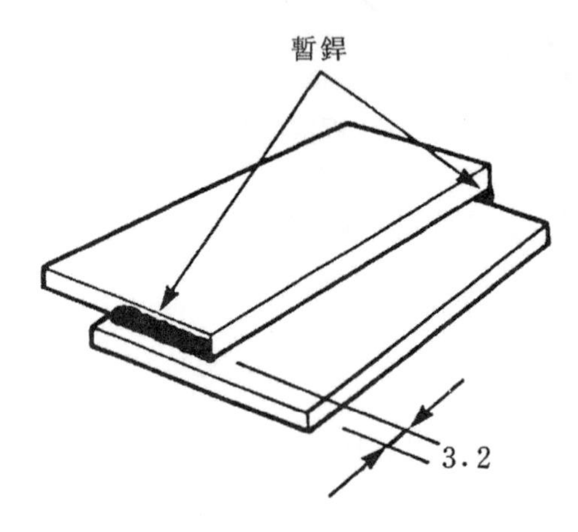

圖 1　暫銲部位與銲接位置

3. 進行不加銲條之銲填

(1) 如圖 2，握持銲鎗，使呈工作角 80°～85°，移行推角 10°。

(2) 採短電弧使電極對準上板邊，沿接頭移行，熔去上板邊。

(3) 如圖 3，完成後之銲道寬爲 1 倍電極直徑。

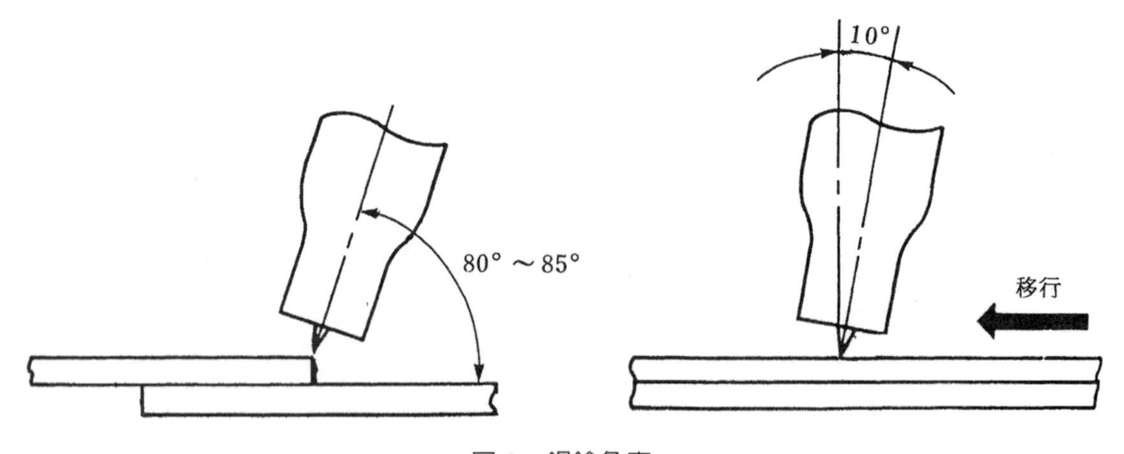

圖 2　銲鎗角度

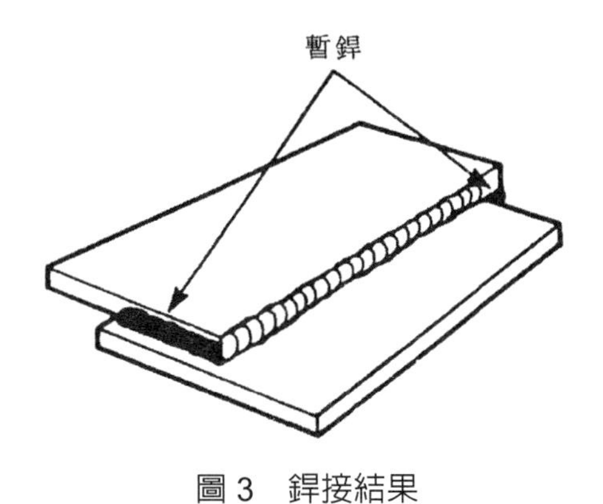

圖 3　銲接結果

4. 進行加銲條之銲填

(1) 如圖 4，握持銲鎗使呈工作角 70°，移行推角 10°～20°。

(2) 如圖 4，抓持銲條使與母材夾 20°，側角 5°～10°。

(3) 平穩沿接頭移行銲鎗與填加銲條，並使母材上板邊熔去。

(4) 如圖 4，完成後之銲道面應平坦或微凸，且爲 1 倍電極直徑寬。

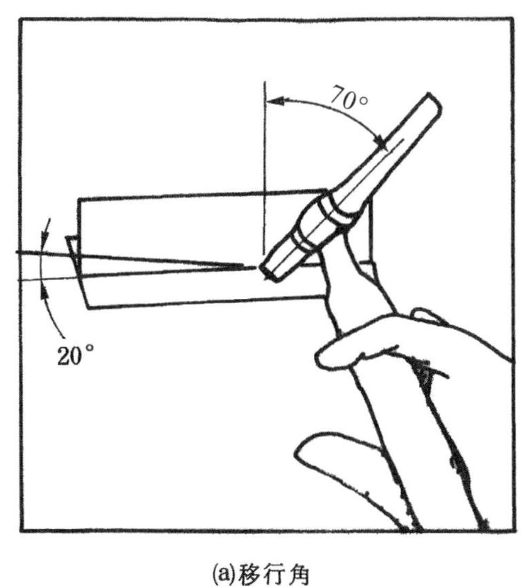

(a)移行角

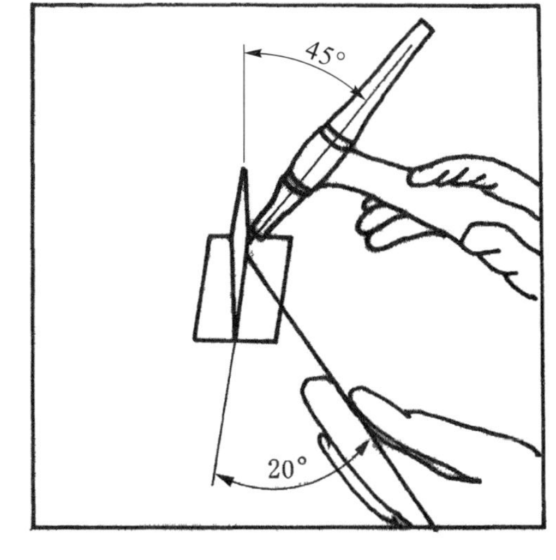

(b)工作角

圖 4　銲鎗／銲條角度

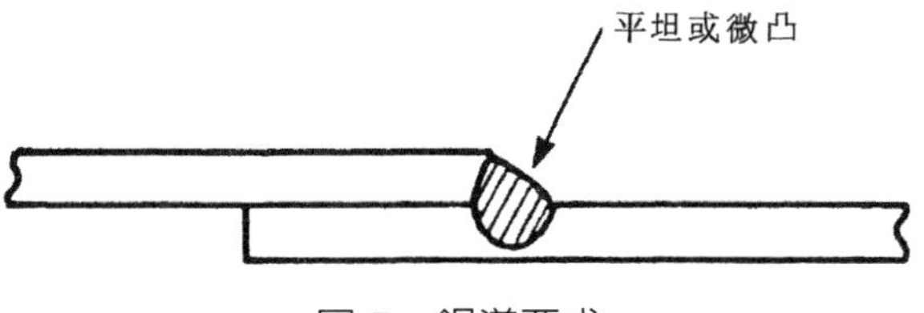

圖 5　銲道要求

5. 重新設定銲機——使電流值為 85～95A，以應施銲 3.2mm 之用。
6. 進行定位與暫銲——同前述 1.6mm 母材之作法，定位兩塊 3.2mm 母材並暫銲之。
7. 進行加銲條和不加銲條之銲填
   (1) 利用 ϕ2.4mm 銲條，採前述施銲 1.6mm 母材之程序與步驟進行銲填。
   (2) 完成後之銲道表面寬度應為$1\frac{1}{2}$倍電極直徑。

單元 3　外角緣頭平面角銲練習

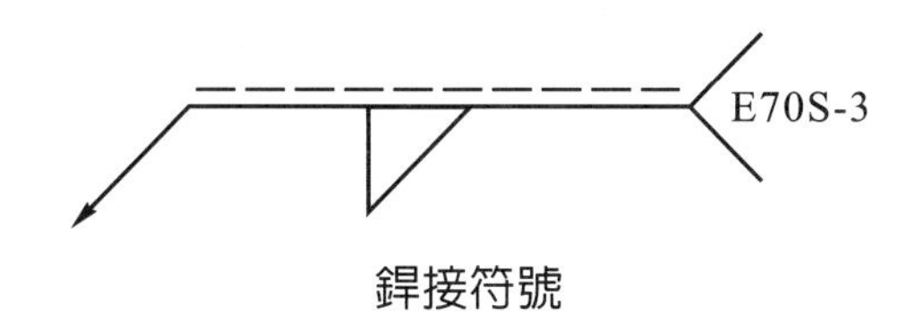

銲接符號

一、目標：習得軟鋼板外角緣接頭平面角銲之技能。

二、機具：TIG 基本機具——1 組。

三、材料：

(1) 軟鋼板(1.6mm×75mm×150mm 及 3.2mm×75mm×150mm)——各 2 塊。

(2) 電極(1%釷鎢棒，ϕ3.2mm)——數支。

(3) 保護氣體(銲接用氬氣)——1 瓶。

(4) 銲條(E70S-3，ϕ1.6mm 及 ϕ2.4mm)——各數支。

四、程序與步驟：

1. 準備器材

(1) 檢查裝置，確定狀況正常。

(2) 做好防護準備。

(3) 清潔母材、銲條及準備接頭、電極。

(4) 設定銲機：

①極性——DCSP。

②電流——45～55A(1.6mm 板用)；75～85A(3.2mm 板用)。

③熱起弧——4。

④後流——10～15 sec。

⑤高週波——Auto。

⑥高週波控制——50。

⑦氣流——20 CFH(9.4ℓ / min)。

⑧電極伸長——1 倍電極線徑。

2. 進行定位與暫銲

(1) 如圖 1，安置兩塊 1.6mm 板材使成角緣接頭，但接頭應緊密以降低熔穿之可能。

(2) 在接頭一端暫銲，倘接頭邊未對齊，則矯正後，在另一端再暫銲。

(3) 置放銲件於工作台上，使成平銲位置，暫銲部位在左端。

3. 進行不加銲條之銲填

(1) 如圖 2，握持銲鎗使成工作角 90°，移行推角 20°。

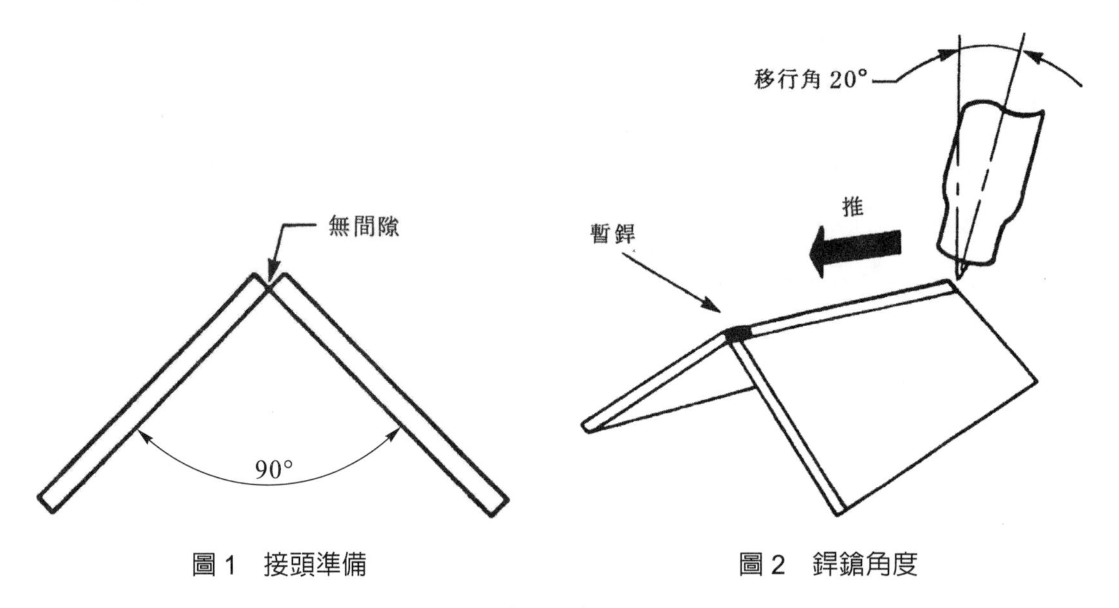

圖 1　接頭準備　　圖 2　銲鎗角度

(2) 採短電弧，平穩沿接頭移行銲鎗，使完全滲透，在根部形成小銲道。

(3) 如圖 3，完成之銲道表面應匀整，寬度為 1 倍電極直徑。

4. 進行加銲條之銲填

(1) 如圖 4，同前述要領握持銲鎗。

(2) 如圖 4，抓持銲條，使與母材夾 20°，無側角。

(3) 沿接頭平穩移行銲鎗；同時以推、拉方式填加銲條於熔池前端，切勿上、下運行銲條以免污染鎢極或過度預熱。

(4) 如圖 5，完成後之銲道應微凸，且完全滲透至接頭背側。

5. 進行定位與暫銲

(1) 如前述要點，置放兩塊 3.2mm 之母材，使成外角緣接頭。

(2) 如圖 6，在接頭兩端暫銲，並使成平銲位置。

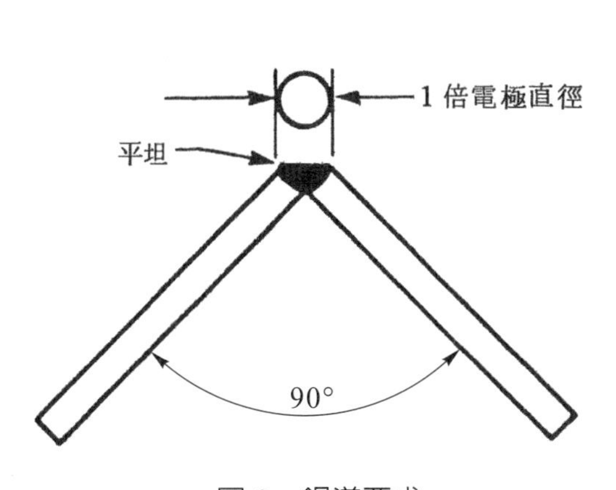

圖 3　銲道要求

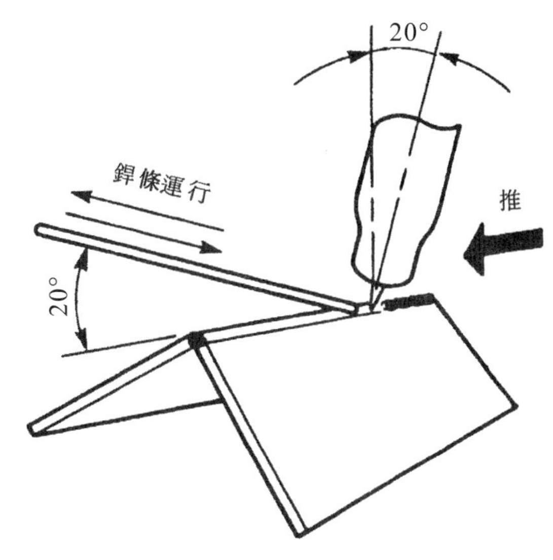

圖 4　銲鎗／銲條角度

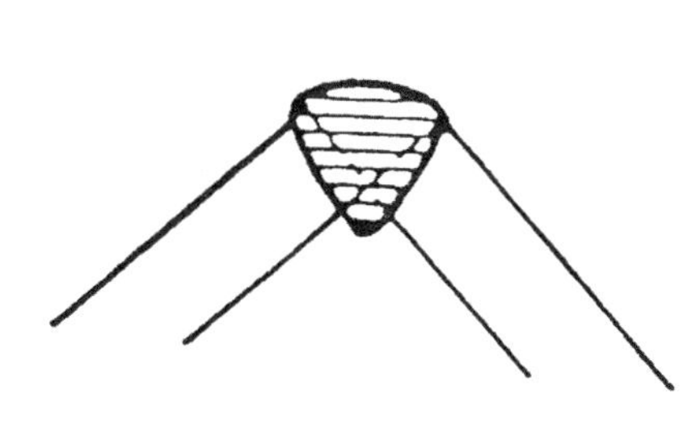

圖 5　銲道要求

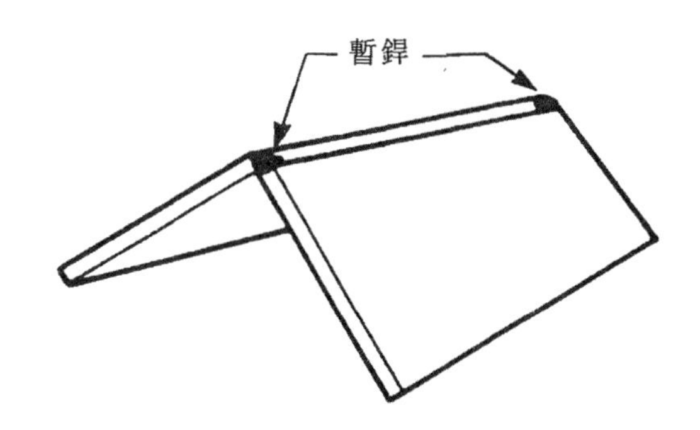

圖 6　暫銲部位與銲接位置

6. 進行不加銲條及加銲條之銲塡

(1) 重新設定電流値爲 75～85A。

(2) 依前述施銲 1.6mm 母材之程序與步驟，採用 ϕ2.4mm 銲條施銲。

(3) 完成後之銲道表面寬度應爲$1\frac{1}{2}$倍銲條直徑。

單元 4　T 型接頭橫向與向上立向角銲練習

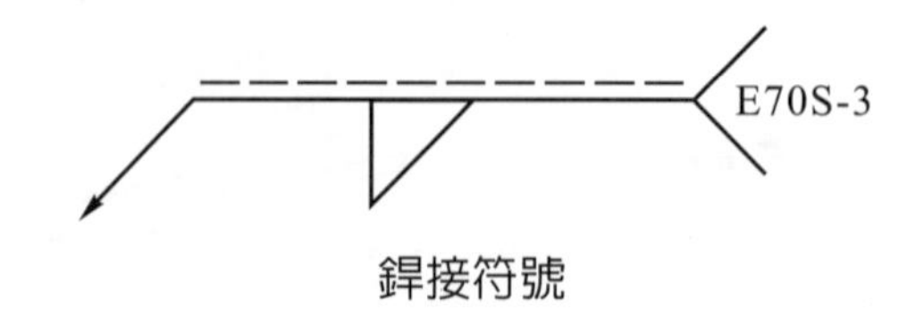

銲接符號

一、目標：習得軟鋼板 T 型接頭橫向與向上立向角銲之技能。

二、機具：TIG 基本機具──1 組。

三、材料：

(1) 軟鋼板(1.6mm×75mm×150mm 及 3.2mm×75mm×150mm)──各 2 塊。

(2) 電極(1%釷鎢棒，ϕ3.2mm)──1 支。

(3) 保護氣體(銲接用氬氣)──1 瓶。

(4) 銲條(E70S-3，ϕ1.6mm 及 ϕ2.4mm)──各數支。

四、程序與步驟：

1. 準備器材

(1) 檢查裝置，確定狀況正常。

(2) 做好防護準備。

(3) 清潔母材、銲條及準備接頭。

(4) 設定銲機：

①極性──DCSP。

②電流──50～60A(1.6mm 板用)；85～95A(3.2mm 板用)。

③熱起弧──4。

④後流──10～15 sec。

⑤高周波──Auto。

⑥高周波控制──50。

⑦氣流──20 CFH(9.4ℓ / min)。

⑧電極伸長──2～3 倍電極線徑。

2. 進行定位與暫銲

(1) 如圖 1，置放兩塊 1.6mm 厚母材，使成 T 型接頭，並在接頭兩端暫銲。

(2) 置放銲件使成圖 1 所示之橫銲位置。

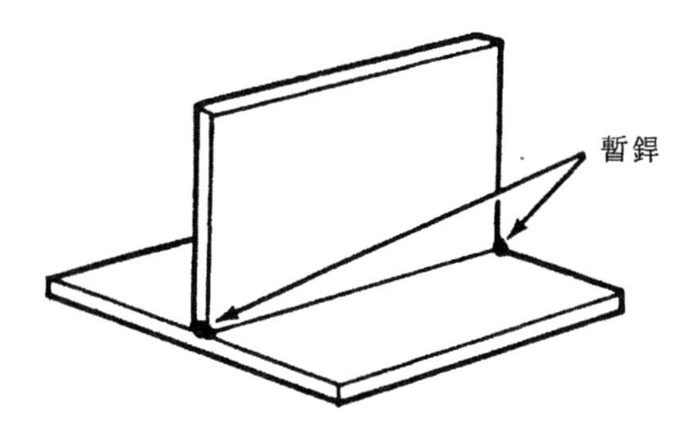

圖 1　接頭準備與銲接位置

3. 進行橫向銲填

(1) 如圖 2，握持銲鎗使呈工作角 45°，移行推角 10°。

(2) 如圖 2，抓持 ϕ 1.6mm 銲條，使與平面及直立母材各夾 20°，銲條端貼緊接頭根部。

(3) 使電極對準接頭中央，沿接頭平穩移行。

(4) 以產生寬度為 1 倍電極直徑之銲道為準移行銲鎗，太慢則易在銲道背面造成圖 3 所示之凹口。

(5) 完成後之銲道表面應為平坦或微凹。

(6) 翻轉銲件，以便銲填另一邊接頭。

4. 進行向上立向銲填

(1) 如圖 4，握持銲鎗使呈工作角 45°，移行推角 20°。

(2) 如圖 4，抓持銲條使與母材夾 20°，側角 20°，銲條端貼緊接頭根部。

(3) 採前述橫向銲填要領，以短電弧施銲。

(4) 施銲中，移行速率保持在背面不生凹口。

(5) 完成後之銲道腳長應相等，表面平坦至微凸，寬度為 1 倍電極直徑。

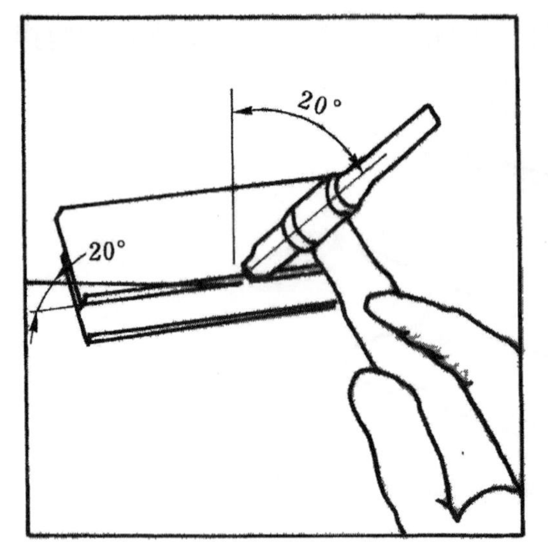

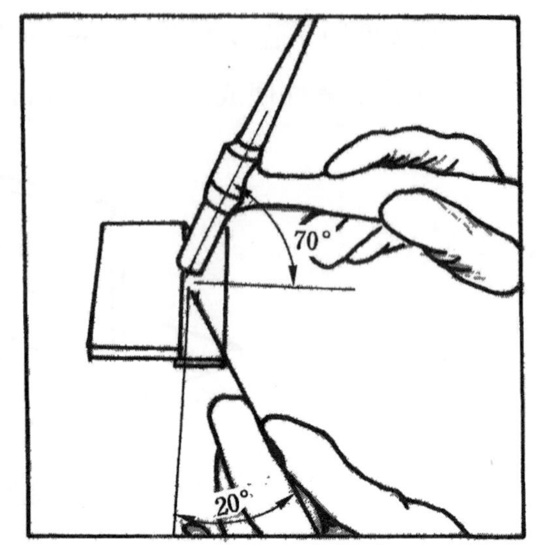

圖 2　銲鎗／銲條角度

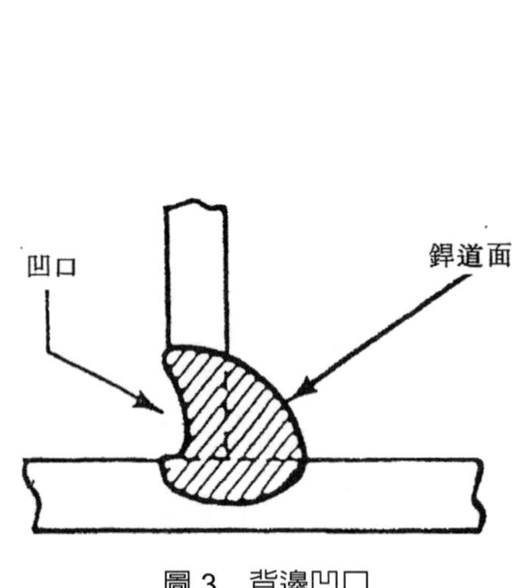

圖 3　背邊凹口

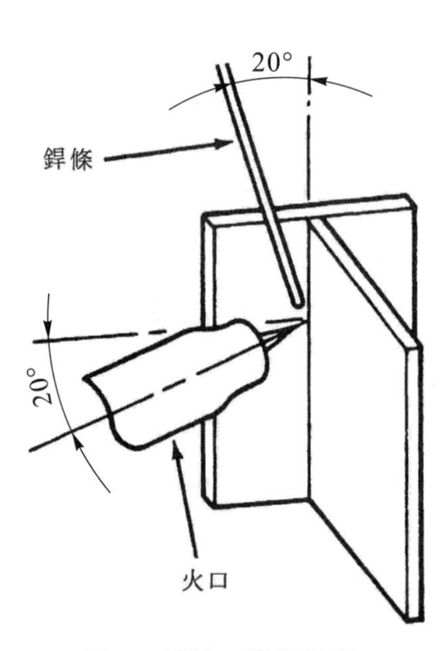

圖 4　銲鎗／銲條角度

5. 重新調整銲機——使電流值爲 85～95A，以應施銲 3.2mm 之用。
6. 進行定位與暫銲——採前述 1.6mm 板之作法，定位與暫銲兩塊 3.2mm 板。
7. 進行橫向與向上立向銲塡
   (1) 利用 ϕ2.4mm 銲條，採前述 1.6mm 板之銲塡程序與要領，進行銲塡。
   (2) 完成後之銲道表面應爲 $1\frac{1}{2}$ 倍電極直徑。

單元 5　方型對接頭平面槽銲練習

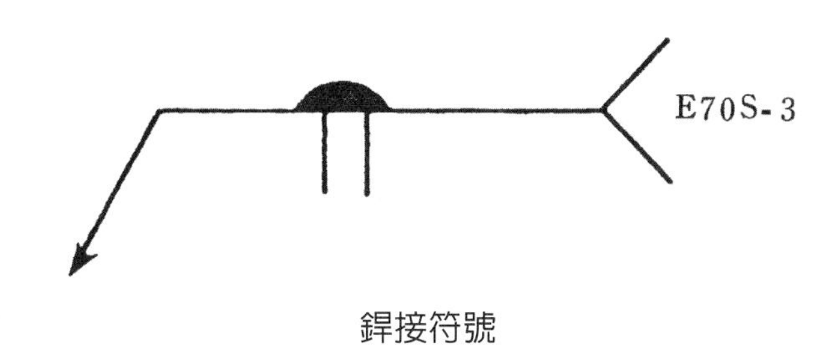

銲接符號

一、目標：習得軟鋼板方型對接頭平面槽銲之技能。

二、機具：TIG 基本機具──1 組。

三、材料：

(1) 軟鋼板(1.6mm×75mm×150mm 及 3.2mm×75mm×150mm)──各 2 塊。

(2) 電極(1%釷鎢棒，ϕ3.2mm)──1 支。

(3) 保護氣體(銲接用氬氣)──1 瓶。

(4) 銲條(E70S-3，ϕ1.6mm 及 ϕ2.4mm)──各數支。

四、程序與步驟：

1. 準備器材

(1) 檢查裝置，確定狀況正常。

(2) 做好防護準備。

(3) 清潔母材、銲條及準備接頭、電極。

(4) 設定銲機：

①極性──DCSP。

②電流─50～60A(1.6mm 板用)；85～95A(3.2mm 板用)。

③熱起弧──4。

④後流──10～15 sec。

⑤高周波──Auto。

⑥高周波控制──50。

⑦氣流──20 CFH(9.4ℓ / min)。

⑧電極伸長──1～2 倍電極線徑。

2. 進行定位與暫銲

(1) 如圖 1，置放兩塊 1.6mm 母材使成對接頭，設定根部開口間隙爲 0.8mm，並加銲條在接頭一端暫銲(長 6.4mm)。

(2) 如圖 2，置放銲件於沖氣板中央，暫銲端置於左邊，第三塊板置於接頭暫銲端，以便施銲中，保護氣體能沖入接頭，保護根部。

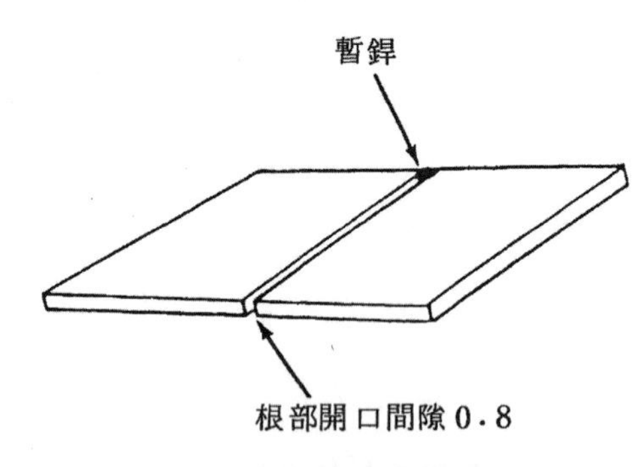

圖 1　根部間隙與暫銲部位

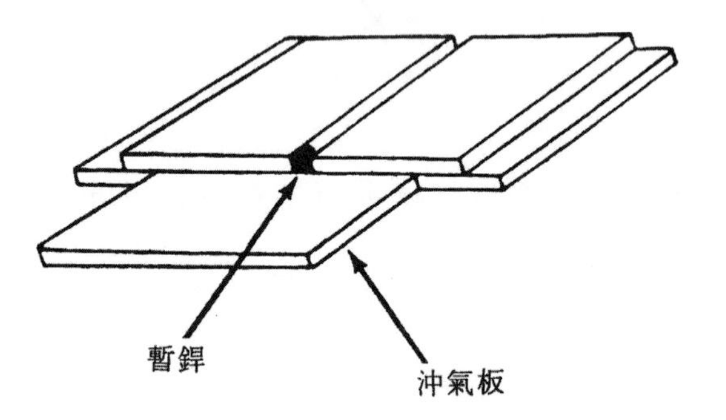

圖 2　銲接位置與充氣措施

3. 進行加銲條之銲塡

(1) 如圖 3，握持銲鎗使呈工作角 90°，移行推角 20°。

(2) 如圖 3，抓持 ϕ1.6mm 銲條使與母材夾 20°，銲條端貼緊接頭邊。

(3) 使銲鎗火口對準接頭右端，起弧後維持 1.6mm 弧長，平穩移行。

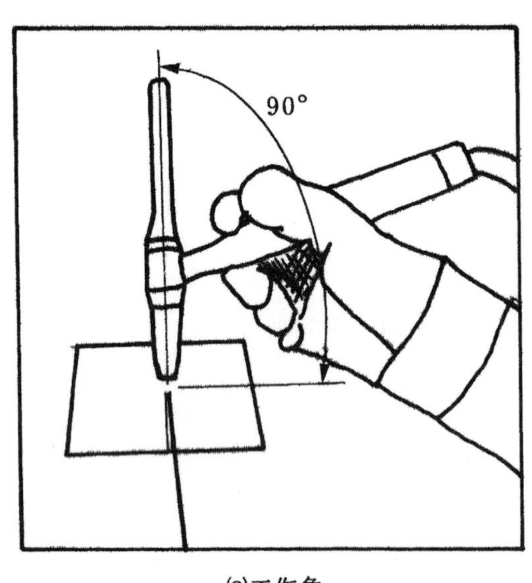

(a)工作角

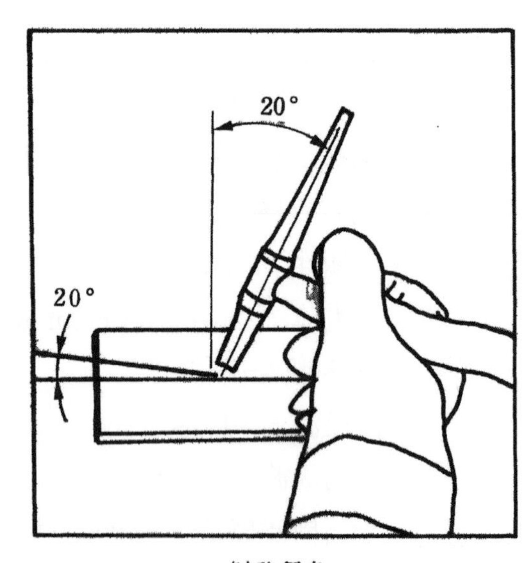

(b)移行角

圖 3　銲鎗／銲條角度

(4) 施銲中，銲條勿過度推入熔池，以免發生鎢污染。

(5) 完成後之銲道應滲透完全，表面寬$1\frac{1}{2}$倍電極直徑，且在根部出現增強銲層，如圖 4 所示。

4. 重新設定銲機——使電流值爲 85～95A，以應施銲 3.2mm 母材之用。

5. 進行定位與暫銲

(1) 如圖 5，置放兩塊 3.2mm 母材，使成開口對接頭，根部開口間隙爲 3.2mm(可用 ϕ3.2mm 銲條爲隔條)。

(2) 在接頭一端暫銲，暫銲後重新矯正間隙。

(3) 如圖 6，置放銲件於沖氣板上，成平銲位置。

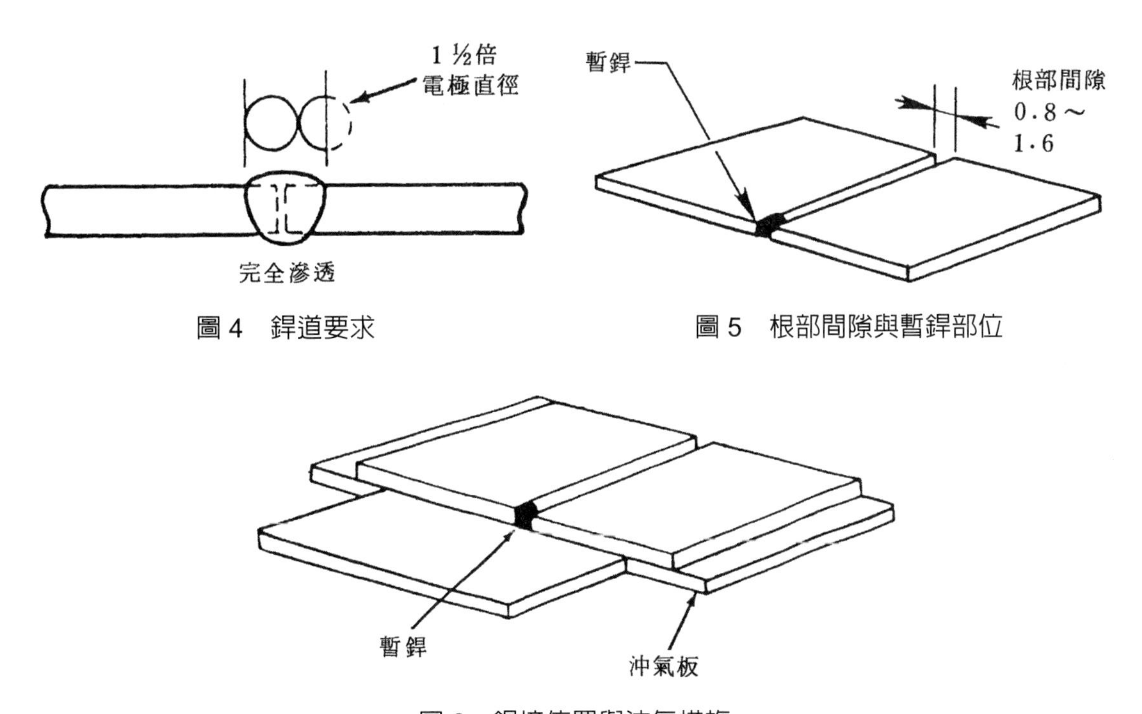

圖 4　銲道要求

圖 5　根部間隙與暫銲部位

圖 6　銲接位置與沖氣措施

6. 進行加銲條之銲塡

(1) 銲塡第一道

①握持銲鎗使呈工作角 90°，移行推角 10°～20°。

②抓持 ϕ3.2mm 銲條使與母材夾 20°，無側角。

③在非暫銲端起弧，待鑰孔形成後加入銲條。鑰孔如圖 7 所示。

④完成後，銲道表面應平坦或微凹，銲道邊緣齊整，無燒蝕。根部銲道完全滲透，在接頭根部邊形成微小增強銲層，如圖 8 所示。

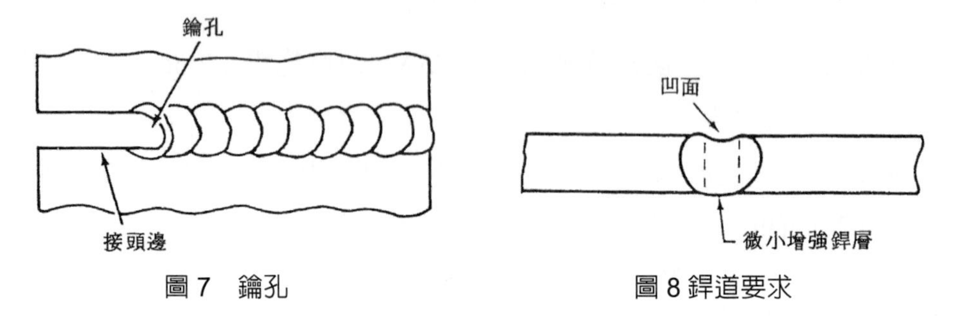

圖 7　鑰孔

圖 8 銲道要求

(2) 銲填第二道

①同銲填第一道之要領握持銲鎗及抓持銲條，採貼線技巧，銲接端觸及接頭，如圖 9 所示。

②如圖 10，沿接頭採 U 形或 V 形織動平穩運用銲鎗。

③施銲中，銲條應填加在第一道中央，填料要領如圖 11 所示。

④完成後之銲道表面應凸出，銲道邊齊整無燒蝕，接頭完全填滿，熔入接頭兩邊。

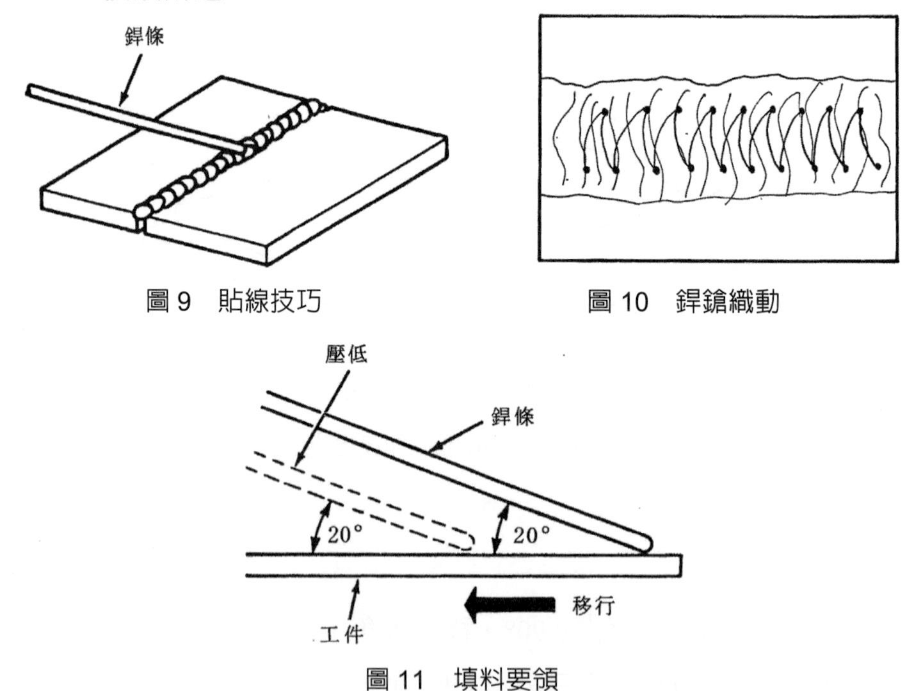

圖 9　貼線技巧

圖 10　銲鎗織動

圖 11　填料要領

單元 6　方型對接頭槽銲與導彎試驗

一、目標：確認軟鋼板平面槽銲之品質要求。

二、機具：TIG 基本機具——1 組。

三、材料：

(1) 軟鋼板(3.2mm×120mm×140mm)——2 塊。

(2) 電極(1%釷鎢棒，ϕ3.2mm)——1 支。

(3) 保護氣體(銲接用氬氣)——1 瓶。

(4) 銲條(E70S-3，ϕ3.2mm)——數支。

四、程序與步驟：

1. 準備器材

(1) 檢查裝置，確定狀況正常。

(2) 做好防護準備。

(3) 清潔母材、銲條及準備接頭、電極。

(4) 依單元 5 之程序與步驟準備銲件。

2. 進行目視檢驗

(1) 破裂——目視下銲件應無破裂跡象。

(2) 接頭滲透——目視下銲道根部應無接頭滲透不完全之現象。

(3) 熔合——目視下，銲接金屬應與母材金屬完全熔合。

(4) 夾鎢——目視下應無鎢夾入銲接金屬之現象。

(5) 氣孔——目視下氣孔不得超過 1.6mm，且每平方吋(645mm^2)銲道內氣孔總和不超過 3.2mm。

(6) 增強銲層——目視下，銲道表面之增強銲層應與母材表面齊平或高出母材表面 3.2mm 以內，且緩和伸入母材。銲道根部之增強銲層應與母材表面齊平或高出母材表面 1.6mm 以內，且緩和伸入母材。

3. 進行試片準備與導彎

(1) 利用火焰切割銲件成圖 1 所示之四片，保留中間兩塊為試片。

(2) 如圖 2，沿長度方向輪磨銲道使與母材表面齊平，勿磨及母材。

(3) 如圖 3，在導彎模中，分別進行面彎及背彎。

4. 進行試片判定——試片導彎後在凸面任何方向上量取，不得有超過 3.2mm 以上之開口缺陷。但缺陷非因夾鎢或其它內部缺陷，而在試驗中發生在試片角緣的裂口不在此限。

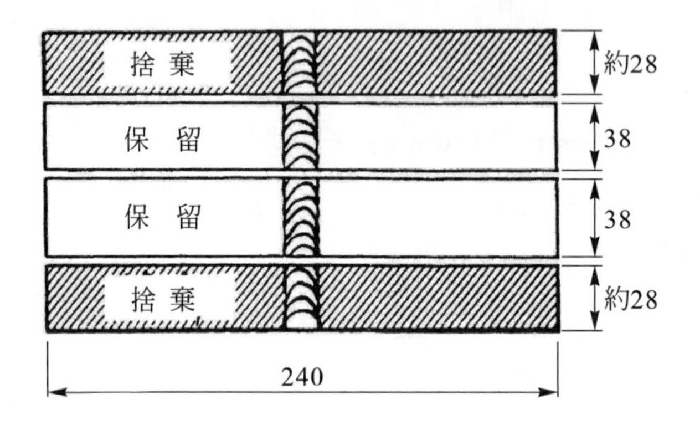

圖 1　試片取樣

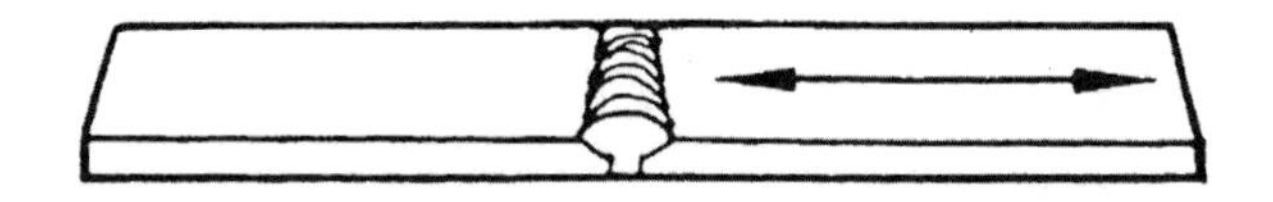

圖 2　輪磨要求

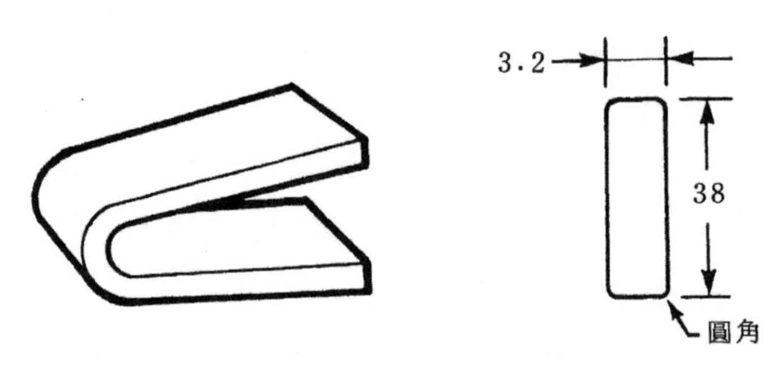

圖 3　導彎

單元 7　方型對接頭仰向槽銲練習

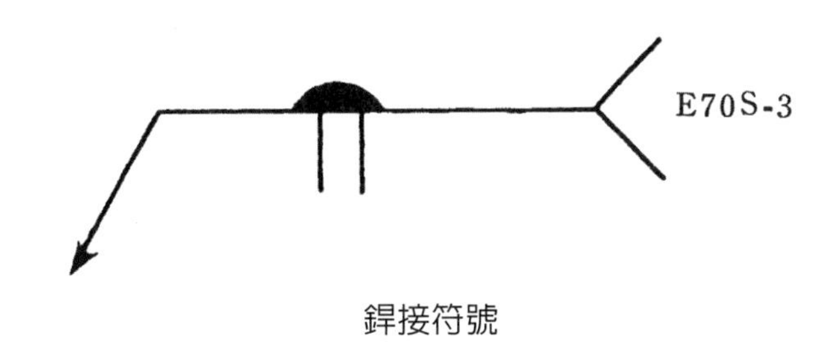

銲接符號

一、目標：習得軟鋼板方型對接頭仰向槽銲之技能。

二、機具：TIG 基本機具——1 組。

三、材料：

(1) 軟鋼板(1.6mm×75mm×150mm 及 3.2mm×75mm×150mm)——各 2 塊。

(2) 電極(1%釷鎢棒，ϕ3.2mm)——1 支。

(3) 保護氣體(銲接用氬氣)——1 瓶。

(4) 銲條(E70S-3，ϕ1.6mm 及 ϕ2.4mm)——各數支。

四、程序與步驟：

1. 準備器材

(1) 檢查裝置，確定狀況正常。

(2) 做好防護準備。

(3) 清潔母材、銲條及準備接頭、電極。

(4) 設定銲機：

①極性——DCSP。

②電流——50～60A(1.6mm 板用)；85～95A(3.2mm 板用)。

③熱起弧——4。

④後流——10～15 sec。

⑤高周波——Auto。

⑥高周波控制——50。

⑦氣流——20 CFH(9.4ℓ / min)。

⑧電極伸長——1～2 倍電極線徑。

2. 進行定位與暫銲

(1) 如圖 1，置放兩塊 1.6mm 母材，使成對接頭，根部開口間隙為 0.8mm，並在接頭一端暫銲。

(2) 如圖 2，夾持銲件使成仰銲位置。

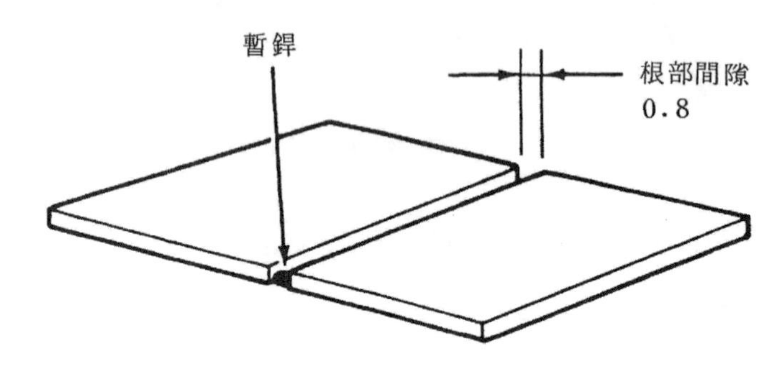

圖 1　開口間隙與暫銲部位

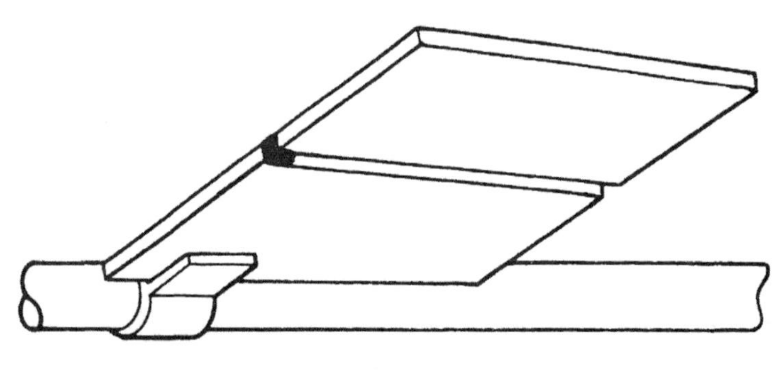

圖 2　銲接位置

3. 進行加銲條之銲填

(1) 如圖 3，握持銲鎗使呈工作角 90°，移行推角 5°。

(2) 如圖 3，抓持 ϕ1.6mm 銲條使與母材夾 20°～25°，無側角。

(3) 施銲中採短電弧，填加銲條於熔池前緣。

(4) 移行速率勿太慢，以免根部邊產生凹口。

(5) 完成後之銲道寬應為 1 倍電極直徑，無根部增強銲層。

4. 重新設定銲機——使電流值為 75～85A，以應銲填 3.2mm 母材之用。

5. 進行定位與暫銲

(1) 置放兩塊 3.2mm 母材，使成根部開口間隙為 3.2mm 之對接頭。

(2) 在接頭一端暫銲，並夾持使成仰銲位置。

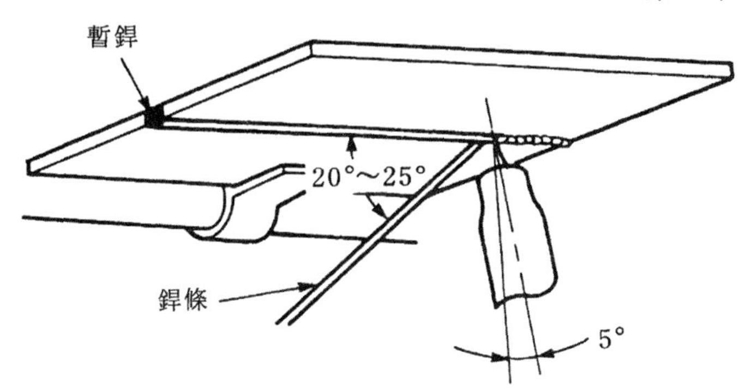

圖 3　銲鎗／銲條角度

6. 進行加銲條之銲填

(1) 利用 ϕ3.2mm 之銲條，採前述銲填 1.6mm 母材之要領施銲。

(2) 完成後之銲道除寬應為$1\frac{1}{2}$倍電極直徑外，餘與 1.6mm 板相同。

單元 8　不銹鋼方型對接頭平面槽銲練習

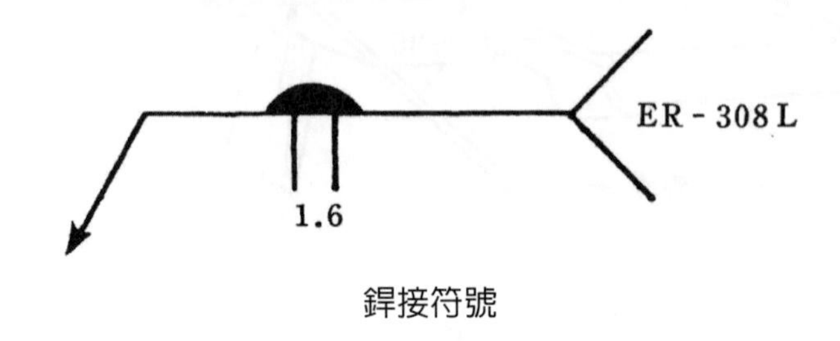

銲接符號

一、目標：習得不銹鋼板方型對接頭平面槽銲之技能。

二、機具：TIG 基本機具——1 組。

三、材料：

(1) 不銹鋼板(1.6mm×75mm×150mm)——4 塊。

(2) 電極(1%釷鎢棒，ϕ3.2mm)——1 支。

(3) 保護氣體(銲接用氬氣)——1 瓶。

(4) 銲條(ER-308L，ϕ1.6mm)——數支。

四、程序與步驟：

1. 準備器材

(1) 檢查裝置，確定狀況正常。

(2) 做好防護準備。

(3) 清潔母材、銲條及準備接頭、電極。

(4) 設定銲機：

①極性——DCSP。

②電流——35～45A。

③熱起弧——4。

④後流——10～15 sec。

⑤高周波——Auto。

⑥高周波控制——50。

⑦氣流——20 CFH(9.4ℓ / min)。

⑧電極伸長——1～2 倍電極線徑。

2. 進行定位與暫銲

(1) 如圖 1，置放兩塊母材使成對接頭，根部開口間隙爲 0.8～1.6mm。並在接頭一端加銲條暫銲。

(2) 如圖 1，置放銲件使成平銲位置。

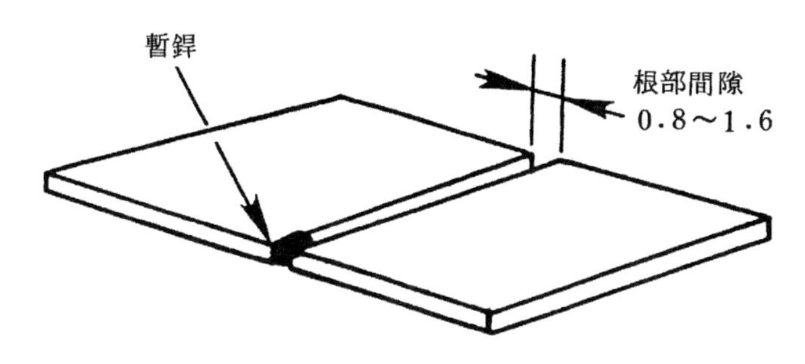

圖 1　根部間隙與暫銲部位

3. 進行非脈波銲填

(1) 如圖 2，握持銲鎗使呈工作角 90°，移行推角 15°～20°。

(2) 如圖 2，抓持銲條使與母材夾 20°，無側角。

(3) 平穩移行銲鎗與填加銲條，使產生寬度爲 1 倍電極直徑之銲道。

(4) 完成後之銲道表面應呈銅色且完全滲透接頭。

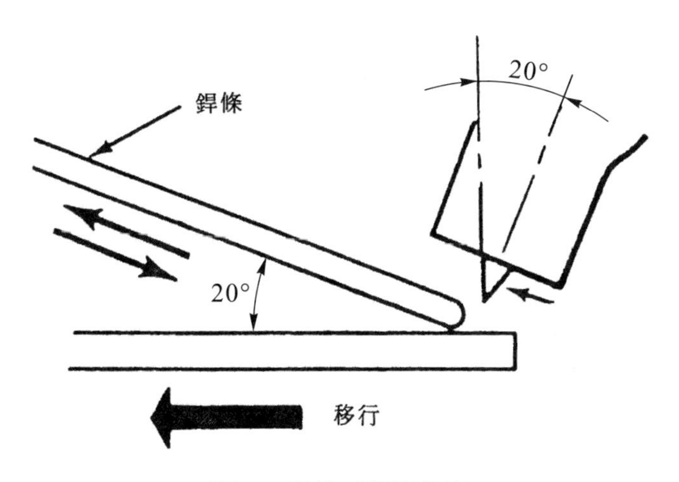

圖 2　銲鎗／銲條角度

4. 重新設定銲機

設定下列參數：

(1) 脈波——On。

(2) 銲接電流百分率——33。

(3) 電流值——50～60A。

(4) 高脈波時間——4(0.5 sec)。

(5) 低脈波時間——4(0.5 sec)。

5. 進行脈波銲填

(1) 依前述要領定位及暫銲另一對接頭。

(2) 採前述非脈波銲填時之銲鎗角度；但銲條角度改採與母材夾 10°，無側角，如圖 3 所示。

(3) 起弧後採短電弧，利用貼弧技巧，施壓力於銲條使銲條端抵住接頭，如圖 3 所示。

(4) 在低脈波期間(電弧轉黯淡)移行銲鎗火口至銲疤前緣，如圖 4 所示，以熔化銲條、滲透接頭。

(5) 在高脈波期間，銲鎗不移動。

(6) 施銲中，隨銲條之熔化調整銲條角度以保持定值 10°。

(7) 完成後之銲道應呈銅色，寬約 1 倍電極直徑，外觀似一串點之交疊。

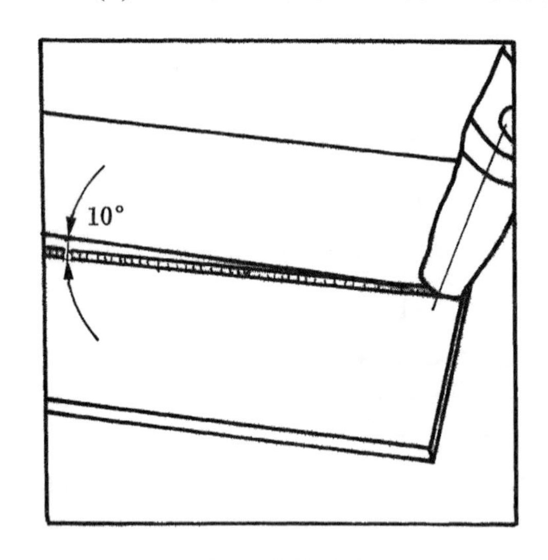

圖 3　銲條角度

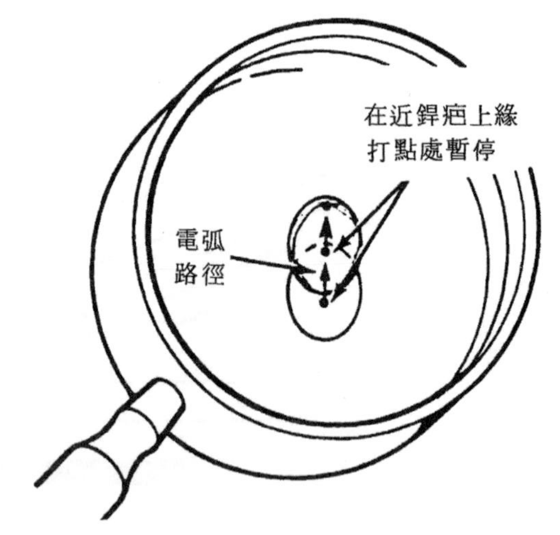

圖 4　銲鎗運行

單元 9　不銹鋼疊接頭橫向角銲練習

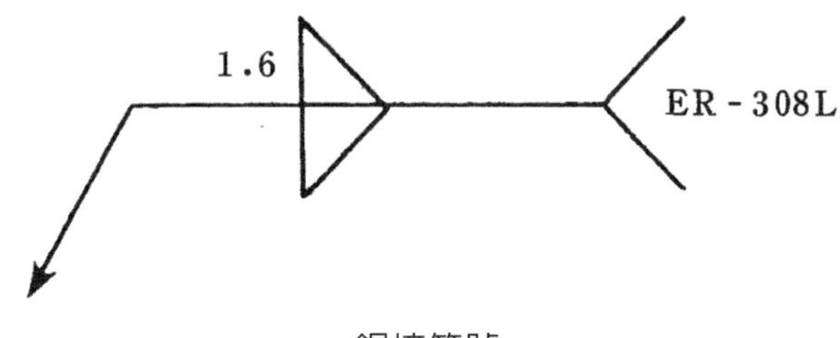

銲接符號

一、目標：習得不銹鋼疊接頭橫向角銲之技能。

二、機具：TIG 基本機具——1 組。

三、材料：

(1) 不銹鋼板(1.6mn×75mm×150mm)——2 塊。

(2) 電極(1%釷鎢棒，ϕ3.2mm)——1 支。

(3) 保護氣體(銲接用氬氣)——1 瓶。

(4) 銲條(ER-308L，ϕ1.6mm)——數支。

四、程序與步驟：

1. 準備器材

   (1) 檢查裝置，確定狀況正常。

   (2) 做好防護準備。

   (3) 清潔母材、銲條及準備接頭、電極。

   (4) 設定銲機：

   ①極性——DCSP。

   ②電流——35～45A。

   ③熱起弧——4。

   ④後流——10～15 sec。

   ⑤高周波——Auto。

   ⑥高周波控制——50。

   ⑦氣流——20 CFH(9.4ℓ / min)。

   ⑧電極伸長——1～2 倍電極線徑。

2. 進行定位與暫銲

(1) 如圖 1，置放兩塊母材使成疊接頭，兩板沿長度方向錯開 1.6mm。

(2) 在接頭兩端暫銲。

(3) 置放銲件，使成橫銲位置。

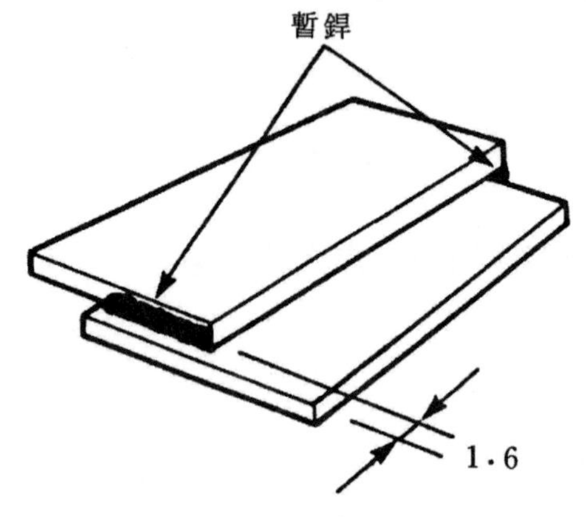

圖 1　接頭型式與暫銲部位

3. 進行不加銲條之銲填

(1) 如圖 2，握持銲鎗使成工作角 70°，移行推角 10°，電極對準上板邊。

(2) 沿接頭平穩移行銲鎗以熔去上板邊。

(3) 施銲中在不造成鎢污染的情況下，儘量採短電弧。

(4) 完成後之銲道應呈銅色，寬約 1 倍電極直徑，表面爲平坦至微凸。

(5) 施銲中，倘電極指向接頭 V 型開口，則會發生燒蝕和如圖 3 所示之凹面。

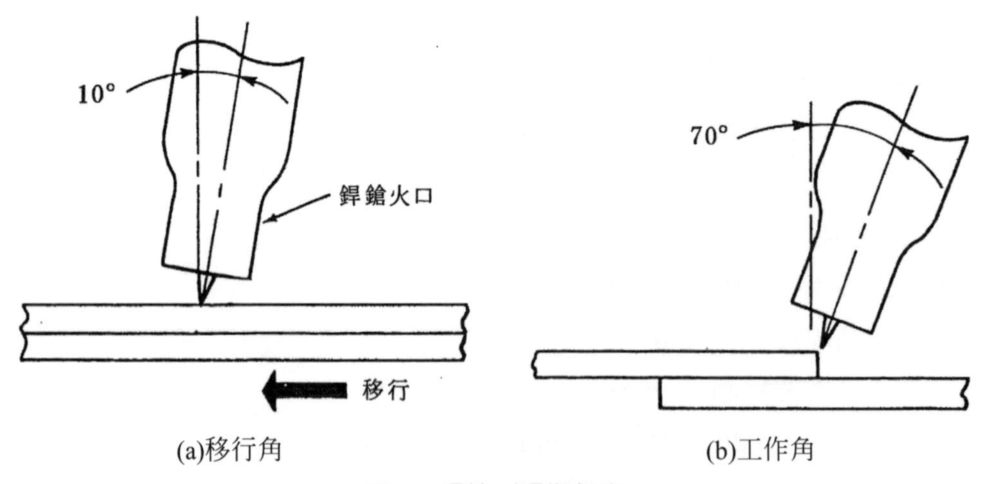

圖 2　銲鎗／銲條角度

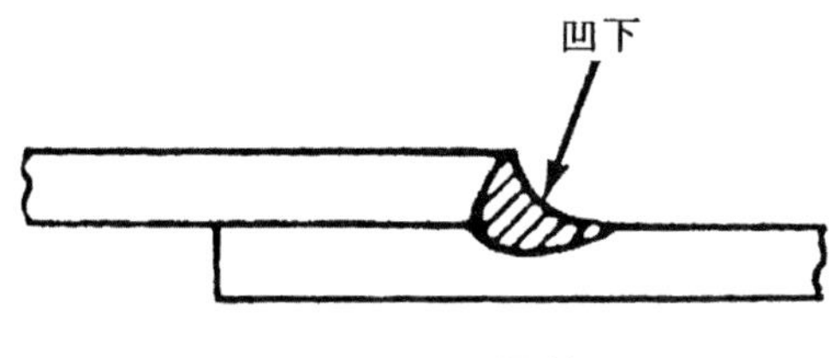

圖 3　凹面銲道

4. 進行加銲條之銲填

(1) 採前述不加銲條時之銲鎗角度，但電極改指向接頭根部。

(2) 抓持銲條使與母材夾 20°，側角 20°，銲條端抵住接頭根部。

(3) 施銲中，使銲條熔入接頭根部及兩邊。

(4) 完成後之銲道表面應平坦至微凸，如圖 4 所示，寬度為 1 倍電極直徑。

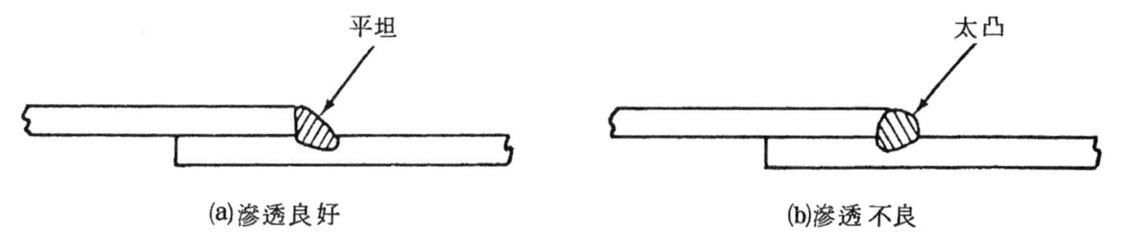

圖 4　銲道要求

5. 進行脈波銲填

(1) 依單元 8 脈波銲填程序，重新設定銲機。

(2) 採前述銲鎗／銲條角度，依單元 8 脈波銲填要領施銲。

(3) 完成後之銲道寬約 1 倍電極直徑，呈銅色，外觀似連續點之交疊。

單元 10　不銹鋼外角緣接頭平面角銲練習

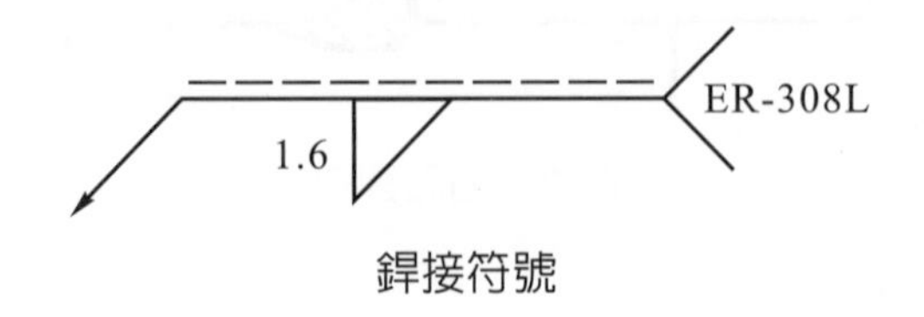

銲接符號

一、目標：習得不銹鋼外角緣接頭平面角銲之技能。

二、機具：TIG 基本機具——1 組。

三、材料：

(1) 不銹鋼板(1.6mm×75mm×150mm)——4 塊。

(2) 電極(1%釷鎢棒，ϕ3.2mm)——1 支。

(3) 保護氣體(銲接用氬氣)——1 瓶。

(4) 銲條(ER-308L，ϕ1.6mm)——數支。

四、程序與步驟：

1. 準備器材

(1) 檢查裝置，確定狀況正常。

(2) 做好防護準備。

(3) 清潔母材、銲條及準備接頭、電極。

(4) 設定銲機：

①極性——DCSP。

②電流——35～45A。

③熱起弧——4。

④後流——10～15 sec。

⑤高周波——Auto。

⑥高周波控制——50。

⑦氣流——20 CFH(9.4ℓ / min)。

⑧電極伸長——1 倍電極線徑。

2. 進行定位與暫銲

(1) 如圖 1，置放兩塊母材使成角緣接頭，並在接頭一端不加銲條暫銲，務使接頭緊密，以減少燒穿之可能。

(2) 置放銲件使成平銲位置，暫銲部位在左。

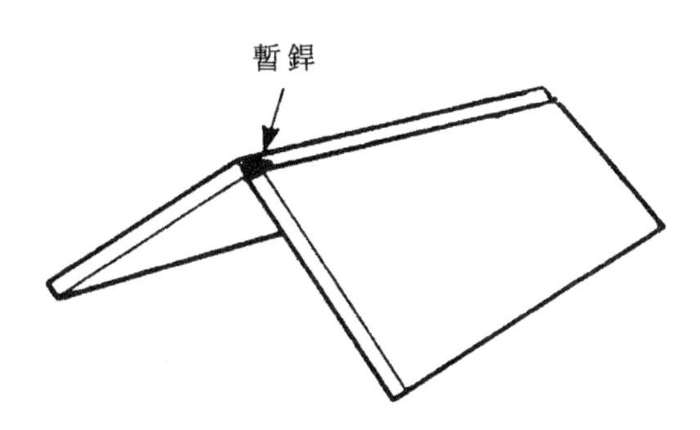

圖 1　接頭型式與暫銲部位

3. 進行不加銲條之銲填

(1) 如圖 2，握持銲鎗使呈工作角 90°，移行推角 20°。

(2) 沿接頭平穩移行銲鎗以產生寬 1 倍電極直徑之平銲道。

(3) 完成後之銲道應沿接頭邊有良好之熔合、無燒蝕，完全滲透且在根部形成小根部增強銲層，如圖 3 所示。

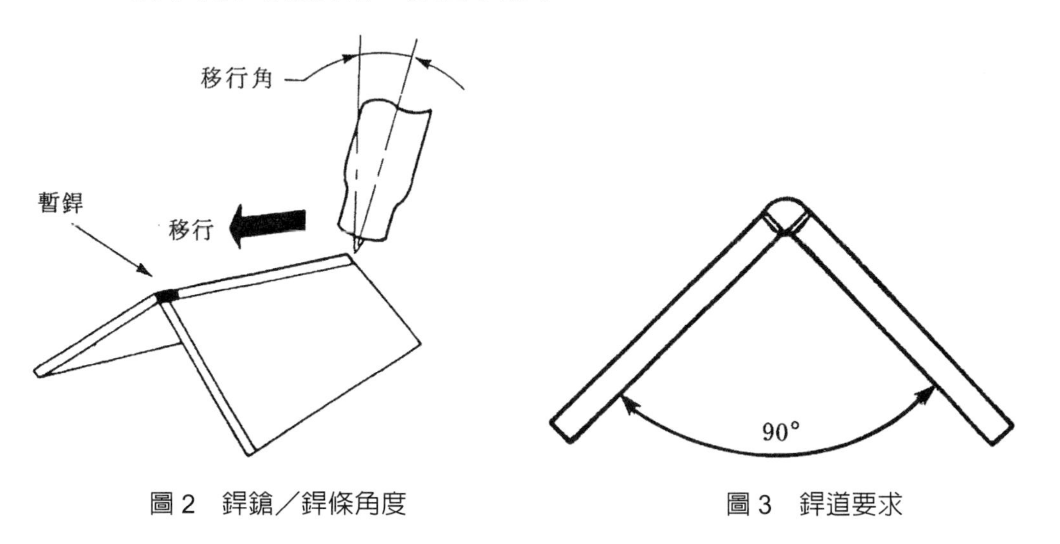

圖 2　銲鎗／銲條角度

圖 3　銲道要求

4. 進行加銲條之銲填

(1) 取兩塊母材，依前述要領定位與暫銲。

(2) 採同前述不加銲條時之銲炬角度；銲條則採與母材夾 20°，無側角。

(3) 利用貼線技巧以產生寬 1 倍電極直徑，表面微凸之銲道，如圖 4 所示。

(4) 完成後之銲道應呈銅色。

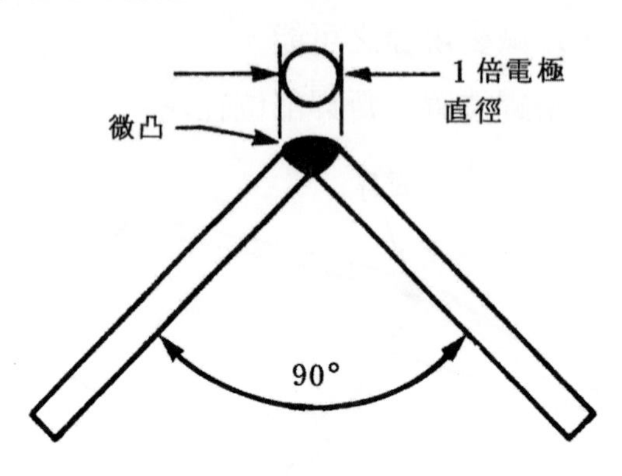

圖 4　銲道要求

5. 進行脈波之銲塡

(1) 依單元 8 脈波銲塡程序，重新設定銲機。

(2) 採前述銲鎗／銲條角度，依單元 8 脈波銲塡要領施銲。

單元 11　不銹鋼 T 型接頭橫向與向上立向角銲練習

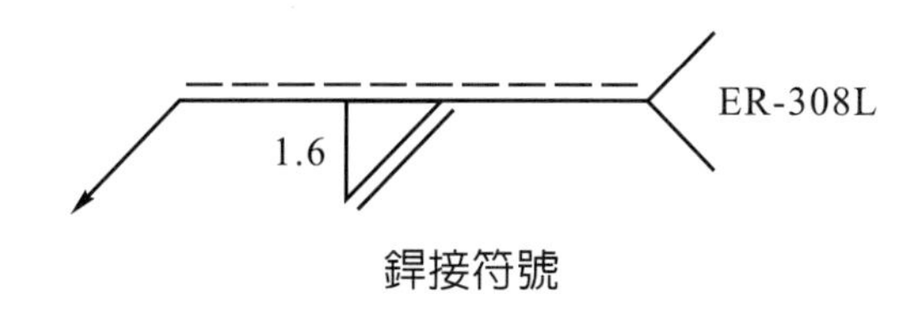

銲接符號

一、目標：習得不銹鋼 T 型接頭橫向與向上立向角銲之技能。

二、機具：TIG 基本機具──1 組。

三、材料：

(1) 不銹鋼板(1.6mm×75mm×150mm)──4 塊。

(2) 電極(1%釷鎢棒，ϕ3.2mm)──1 支。

(3) 保護氣體(銲接用氬氣)──1 瓶。

(4) 銲條(ER-308L，ϕ1.6mm)──數支。

四、程序與步驟：

1. 準備器材

(1) 檢查裝置，確定狀況正常。

(2) 做好防護準備。

(3) 清潔母材、銲條及準備接頭、電極。

(4) 設定銲機：

①極性──DCSP。

②電流──45～55A。

③熱起弧──4。

④後流──10～15 sec。

⑤高周波──Auto。

⑥高周波控制──50。

⑦氣流──20 CFH(9.4ℓ / min)。

⑧電極伸長──2～3 倍電極線徑。

2. 進行定位與暫銲

 (1) 如圖 1，置放兩塊母材使成 T 型接頭，並在接頭兩端暫銲。

 (2) 置放銲件使成橫銲位置。

3. 進行橫向銲填

 (1) 如圖 2，握持銲鎗使呈工作角 45°，移行推角 10°。

 (2) 如圖 2，抓持銲條使與底板夾 20°，與直立板夾 20°。

 (3) 起弧後沿接頭平穩移行銲鎗，銲條則採貼線技巧。

 (4) 施銲中，弧長保持一致 1.6mm，以產生 1 倍電極直徑之銲道寬移行銲鎗。

 (5) 完成後之銲道應平坦、呈銅色。

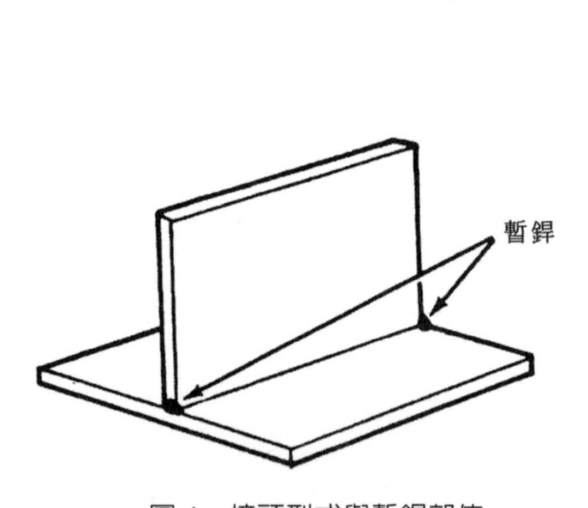

圖 1 接頭型式與暫銲部位

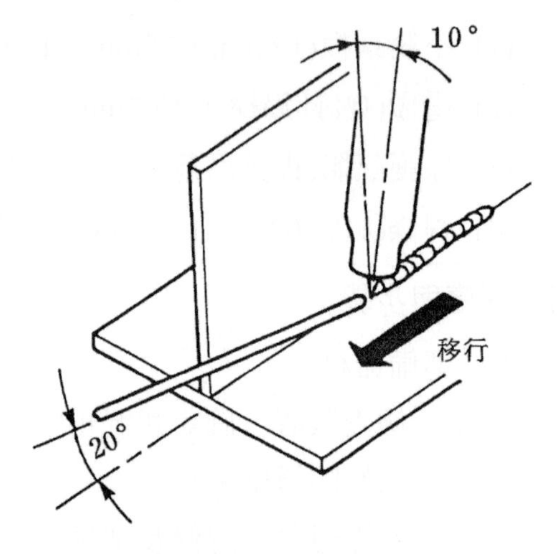

圖 2 銲鎗／銲條角度

4. 進行立向向上銲填

 (1) 握持銲鎗使呈工作角 45°，移行推角 20°，電極對準接頭根部。

 (2) 抓持銲條使與底板、直立板各夾 20°。

 (3) 採貼線技巧以產生寬 1 倍電極直徑呈銅色之平面銲道。

5. 進行脈波銲填

 (1) 依單元 8 脈波銲填程序設定銲機。

 (2) 分別依前述橫向、立向銲填之銲鎗／銲條角度及單元 8 之脈波銲填要領施銲。

單元 12　鋁板平面細直銲道練習

一、目標：習得銲接鋁板時銲鎗、銲條之操作與電流之控制。

二、機具：TIG 基本機具——1 組。

三、材料：

(1) 鋁板(3.2mm×75mm×150mm)——1 塊。

(2) 電極(1%純鎢棒，ϕ3.2mm)——1 支。

(3) 保護氣體(銲接用氬氣)——1 瓶。

(4) 銲條(ER-4043，ϕ2.4mm)——數支。

四、程序與步驟：

1. 準備器材

(1) 檢查裝置，確定狀況正常。

(2) 做好防護準備。

(3) 清潔母材、銲條及準備接頭。

(4) 設定銲機：

①極性——AC。

②電流——140～150A。

③電流遙控——On。

④熱起弧——4。

⑤後流——10～15 sec。

⑥高周波——Continuous。

⑦高周波控制——70。

⑧氣流——20 CFH(9.4ℓ / min)。

⑨電極伸長——1～2 倍電極線徑。

2. 加工鎢極端

(1) 置放母材使成平銲位置。

(2) 如圖 1，維持 1 倍電極直徑弧長，踩下腳踏開關起弧，使鎢極端受熱形成圓球端後，熄弧。

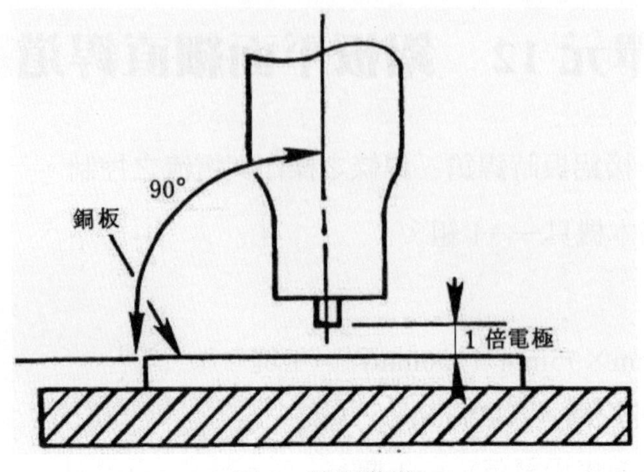

圖 1　鎢極準備

3. 進行加銲條之銲塡

(1) 如圖 2，調整銲鎗使呈工作角 90°，移行推角 20°。

(2) 如圖 3，抓持銲條，使與母材夾 20°，無側角。

(3) 壓低頭盔，踩下踏板開關起弧，至足以熔化母材並形成 6.4mm 之熔池。

(4) 如圖 3，以推、拉方式塡加銲條於熔池前緣。

(5) 如圖 4，施銲中，保持弧長爲 1 倍電極直徑，以能產生寬度爲 3 倍電極直徑的銲道爲度移行銲鎗。

(6) 施銲中，爲塡滿銲道末端之銲疤，可降低電流，塡加額外銲條至銲疤塡滿時移去銲條，繼續降低電流至熔池凝結，如圖 5 所示。

(7) 完成後之銲道應波紋勻整、滲透完全、表面微凸。

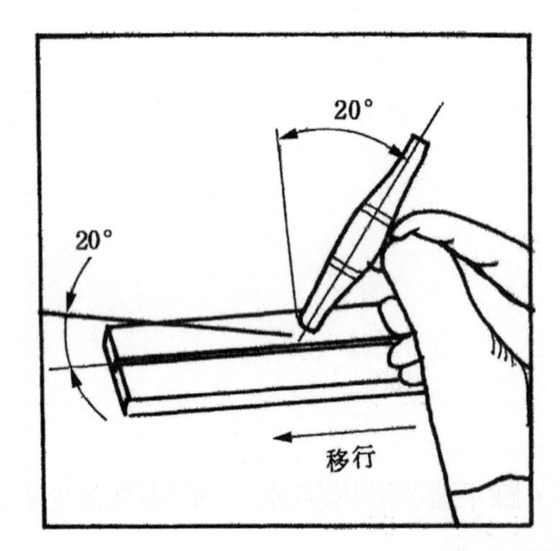

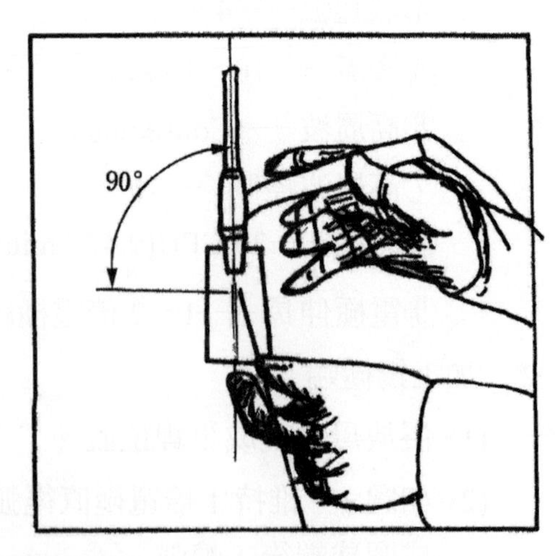

圖 2　銲鎗／銲條角度

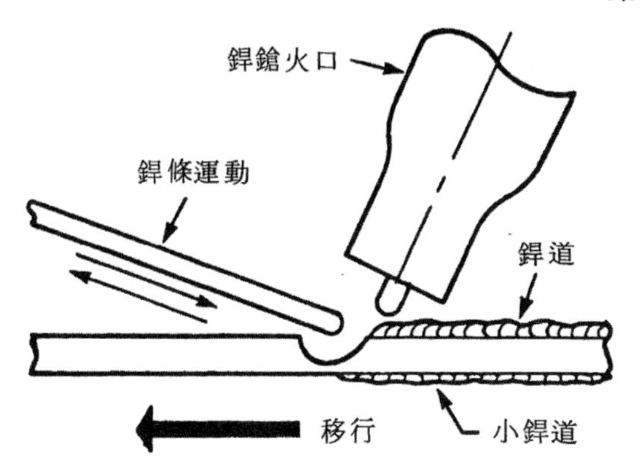

圖 3　填料要領

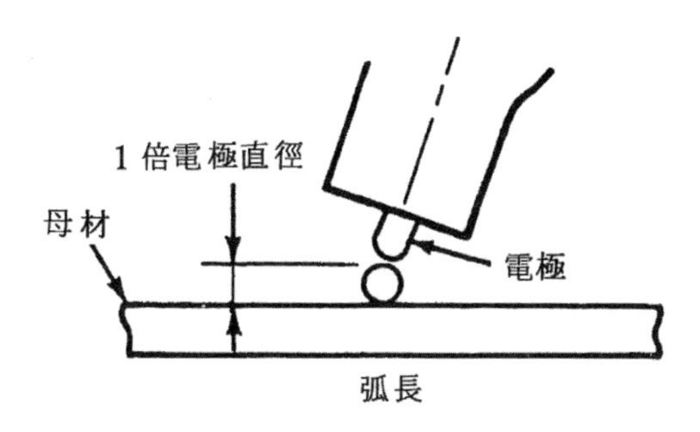

圖 4　弧長

圖 5　填補銲疤

單元 13　鋁板方型對接頭平面槽銲練習

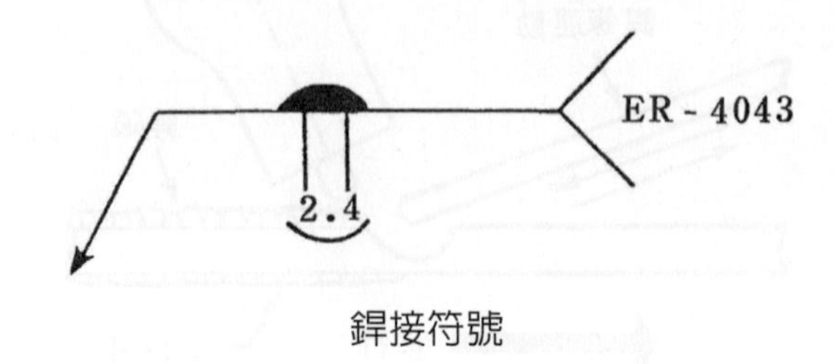

銲接符號

一、目標：習得鋁板方型對接頭平面槽銲之技能。

二、機具：TIG 基本機具——1 組。

三、材料：

(1) 鋁板(3.2mm×75mm×150mm)——2 塊。

(2) 電極(1%純鎢棒，ϕ3.2mm)——1 支。

(3) 保護氣體(銲接用氬氣)——1 瓶。

(4) 銲條(ER-4043，ϕ3.2mm)——數支。

四、程序與步驟：

1. 準備器材

(1) 檢查裝置，確定狀況正常。

(2) 做好防護準備。

(3) 清潔母材、銲條及準備接頭。

(4) 設定銲機：

①極性——AC。

②電流——140～150A。

③電流遙控——On。

④熱起弧——4。

⑤後流——10～15 sec。

⑥高周波——Continuous。

⑦高周波控制——70。

⑧氣流—20 CFH(9.4ℓ / min)。

⑨電極伸長——1～2 倍電極線徑。

2. 進行定位與暫銲

(1) 如圖 1，置放兩塊母材使成對接頭，根部開口間隙爲 2.4～3.2mm。

(2) 在接頭一端暫銲(長 12～18mm)，隨即校準間隙。

(3) 置放銲件使成平銲位置，非暫銲邊朝上，暫銲端在左。

3. 進行加銲條之銲塡

(1) 如圖 2，握持銲鎗使呈工作角 90°，移行推角 20°。

(2) 如圖 2，抓持銲條使與母材夾 20°，無側角。

(3) 起弧後平穩移行銲鎗，使熔入板緣 1.6mm，並塡加銲條於熔池前緣。

(4) 在銲道末端逐漸降低電流以塡滿銲疤。

(5) 完成後之銲道應完全滲透、波紋勻整、邊緣齊平，如圖 3 所示。

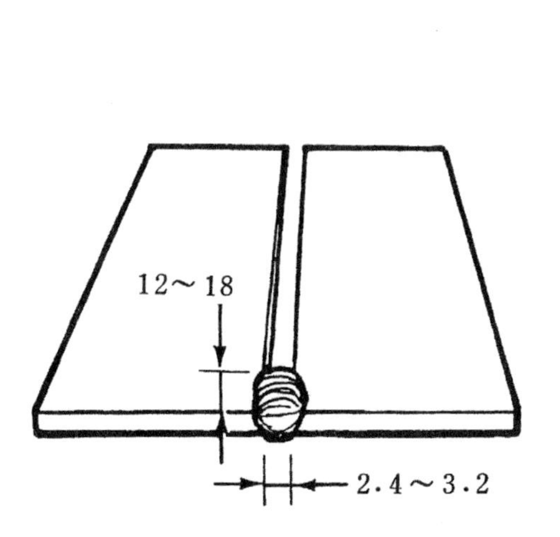

圖 1　接頭型式與根部間隙

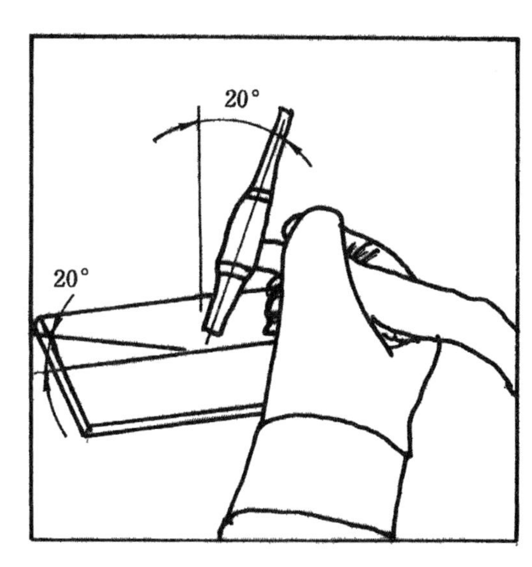

圖 2　銲鎗／銲條角度

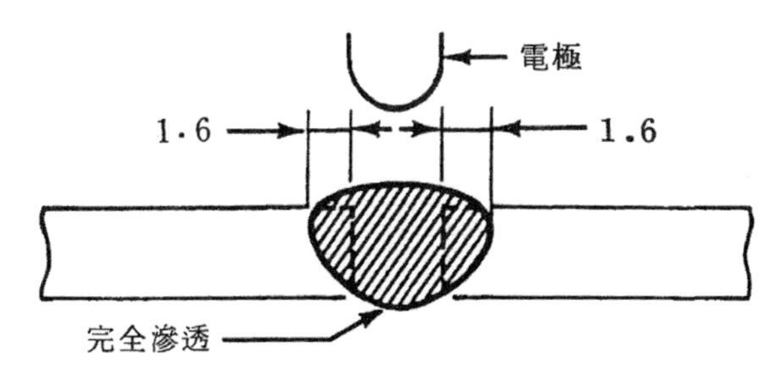

圖 3　銲道要求

單元 14　鋁板疊接頭橫向角銲練習

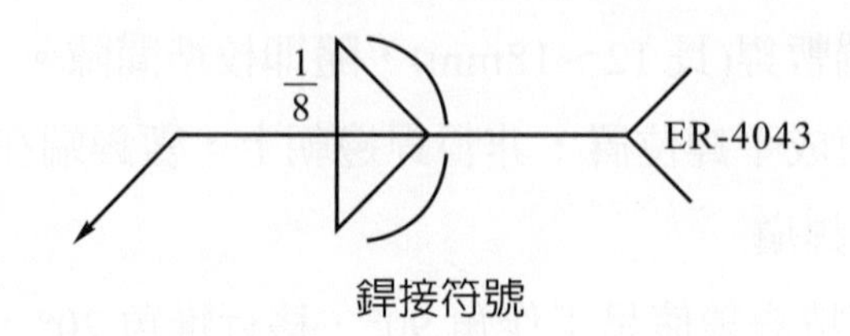

銲接符號

一、目標：習得鋁板疊接頭橫向角銲之技能。

二、機具：TIG 基本機具——1 組。

三、材料：

(1) 鋁板(3.2mm×75mm×150mm)——2 塊。

(2) 電極(1%純鎢棒，ϕ3.2mm)——1 支。

(3) 保護氣體(銲接用氬氣)——1 瓶。

(4) 銲條(ER-4043，ϕ3.2mm)——數支。

四、程序與步驟：

1. 準備器材

(1) 檢查裝置，確定狀況正常。

(2) 電流——140～150A。

(3) 電流遙控——On。

(4) 設定銲機：

①極性——AC。

②電流——140～150A。

③電流遙控——On。

④熱起弧——4。

⑤後流——10～15 sec。

⑥高周波——Continuous。

⑦高周波控制——70。

⑧氣流——20 CFH(9.4ℓ / min)。

⑨電極伸長——1～2 倍電極線徑。

2. 進行定位與暫銲

(1) 如圖 1，搭疊兩塊母材使成疊接頭，兩板材沿長度方向錯開 3.2mm，底板沿寬度方向至少突出 25mm。

(2) 在接頭兩端暫銲搭疊全長，暫銲時壓緊板材，如圖 2 所示。

(3) 置放銲材，使成橫銲位置。

3. 進行加銲條之銲填

(1) 起弧使在母材上形成熔池。

(2) 如圖 3，握持銲鎗使成工作角 70°，移行推角 20°。

(3) 如圖 3，抓持銲條使與底板夾 20°，與上板邊夾 10°。

(4) 如圖 4，使電極朝向接頭根部，並保持弧長為 1 倍電極直徑值，以免燒蝕並得完全滲透。

(5) 如圖 5，以推、拉方式填料於熔池前緣，填料量需足夠以免燒蝕(見圖 6)。

(6) 施銲至接頭末端時應逐漸降低電流以填滿銲疤。

(7) 完成後之銲道寬度應為 3 倍電極直徑，表面微凸，兩邊平滑、波紋勻整、無燒蝕現象，見圖 7 及圖 8。

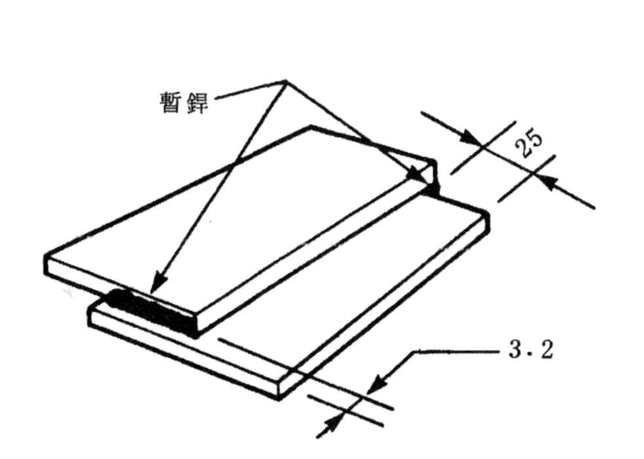

圖 1　接頭型式與暫銲部位

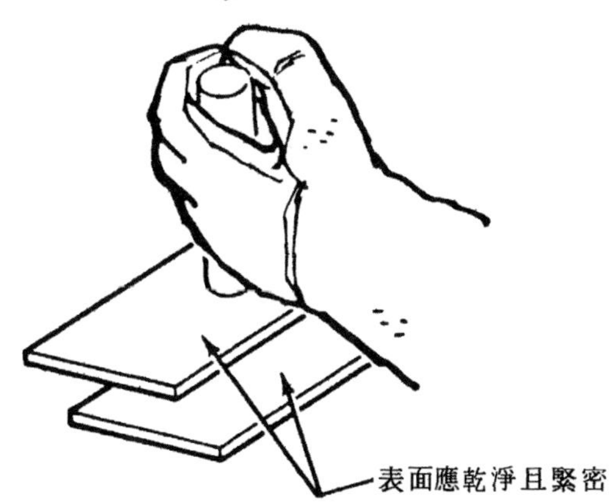

圖 2　暫銲作業

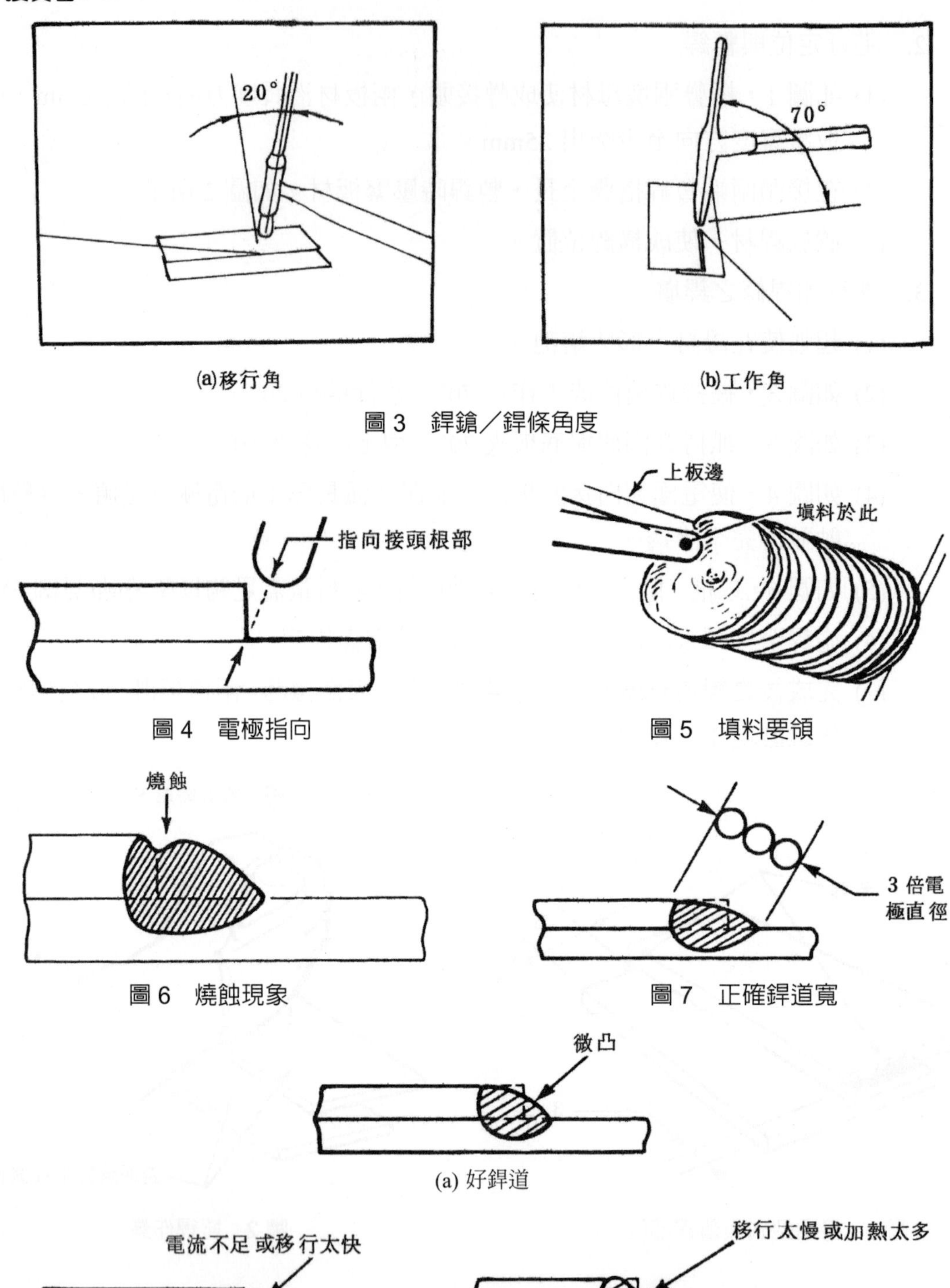

圖 3　銲鎗／銲條角度

圖 4　電極指向

圖 5　填料要領

圖 6　燒蝕現象

圖 7　正確銲道寬

圖 8　銲道要求

單元 15　鋁板外角緣接頭平面角銲練習

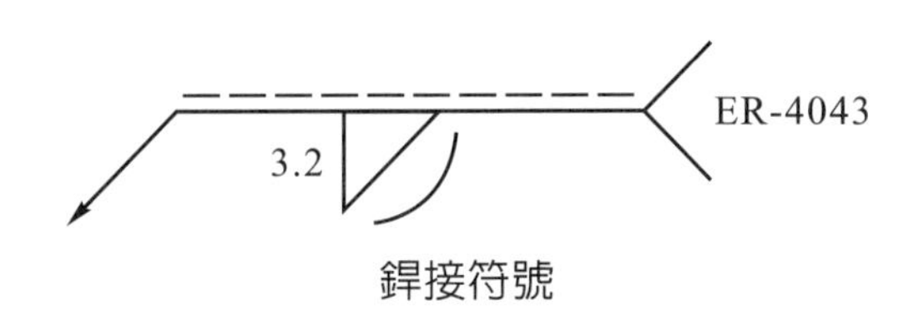

銲接符號

一、目標：習得鋁板外角緣接頭平面角銲之技能。

二、機具：TIG 基本機具——1 組。

三、材料：

(1) 鋁板(3.2mm×75mm×150mm)——2 塊。

(2) 電極(1%純鎢棒，ϕ3.2mm)——1 支。

(3) 保護氣體(銲接用氬氣)——1 瓶。

(4) 銲條(ER-4043，ϕ2.4mm)——數支。

四、程序與步驟：

1. 準備器材

(1) 檢查裝置，確定狀況正常。

(2) 做好防護準備。

(3) 清潔母材、銲條及準備接頭。

(4) 設定銲機：

①極性——AC。

②電流——100～110。

③電流遙控——On。

④熱起弧——4。

⑤後流——10～15 sec。

⑥高周波——Continuous。

⑦高周波控制——70。

⑧氣流——20 CFH(9.4ℓ / min)。

⑨電極伸長——1 倍電極線徑。

2. 進行定位與暫銲

(1) 如圖 1，置放兩塊母材使成角緣接頭，兩母材勿交疊。

(2) 在接頭一端暫銲，暫銲前應使接頭緊密以免暫銲時熔穿(見圖 2)。

(3) 置放銲件使成平銲位置，暫銲端在左邊。

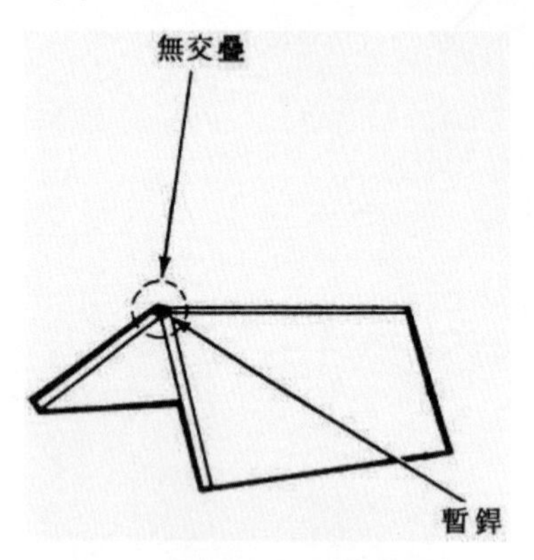

圖 1　接頭型式與暫銲部位

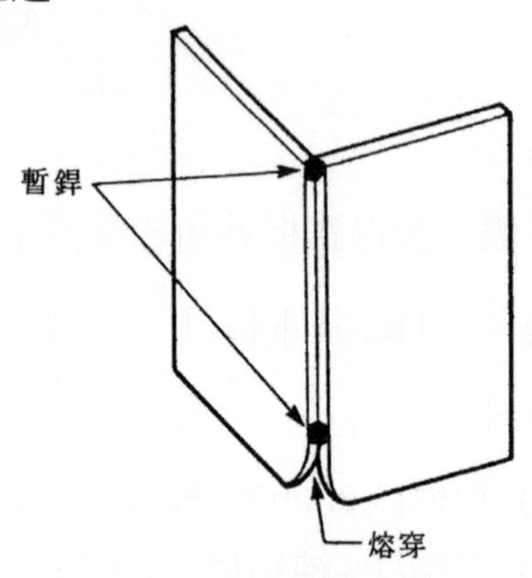

圖 2　熔穿現象

3. 進行加銲條之銲填

(1) 如圖 3，握持銲鎗使呈工作角 90°，移行推角 20°，施銲中工作角切勿低於 70°，以免銲條過熱熔化在熔池前方。

(2) 如圖 3，抓持銲條使與水平面夾 20°，無側角。

(3) 施銲中採短電弧以形成良好氣體護罩與滲透。

(4) 施銲中，銲條採推、拉方向填加於熔池前緣，切勿觸及電極，以免形成鎢污染。

(5) 完成後之銲道寬度應爲 $2\frac{1}{2}$ 倍電極直徑，接頭背面產生小銲道，如圖 4 所示。

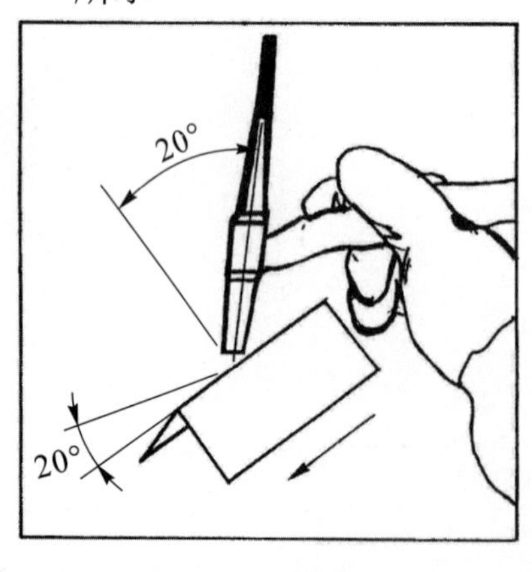

圖 3

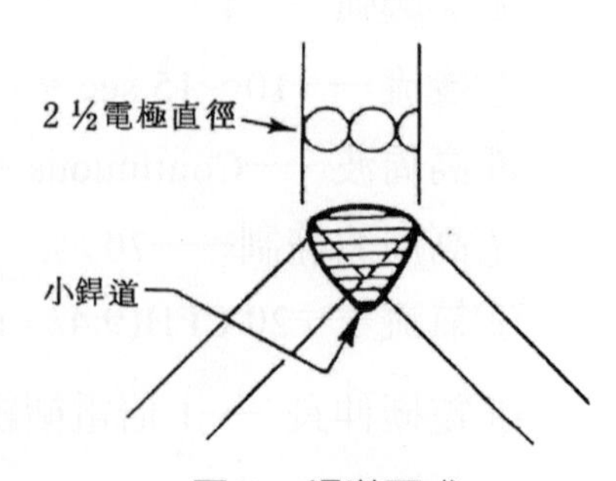

圖 4　銲道要求

單元 16　鋁板 T 型接頭橫向角銲練習

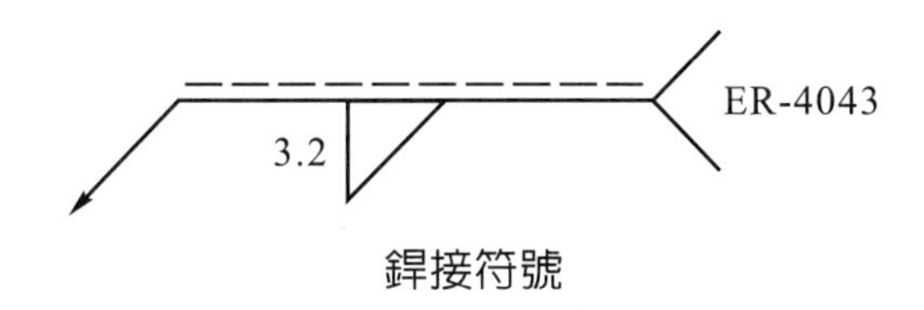

銲接符號

一、目標：習得鋁板 T 型接頭橫向角銲之技能。

二、機具：TIG 基本機具——1 組。

三、材料：

(1) 鋁板(3.2mm×75mm×150mm)——2 塊。

(2) 電極(1%純鎢棒，ϕ3.2mm)——1 支。

(3) 保護氣體(銲接用氬氣)——1 瓶。

(4) 銲條(ER-4043，ϕ3.2mm)——數支。

四、程序與步驟：

1. 準備器材

(1) 檢查裝置，確定狀況正常。

(2) 做好防護準備。

(3) 清潔母材、銲條及準備接頭。

(4) 設定銲機：

①極性——AC。

②電流——140～150A。

③電流遙控——On。

④熱起弧——4。

⑤後流——10～15 sec。

⑥高周波——Continuous。

⑦高周波控制——70。

⑧氣流——20 CFH(9.4ℓ / min)。

⑨電極伸長——2～3 倍電極線徑。

2. 進行定位與暫銲

(1) 如圖 1，置放兩塊母材使成 T 型接頭，並在兩端不加銲條暫銲。

(2) 置放銲件使成橫銲位置。

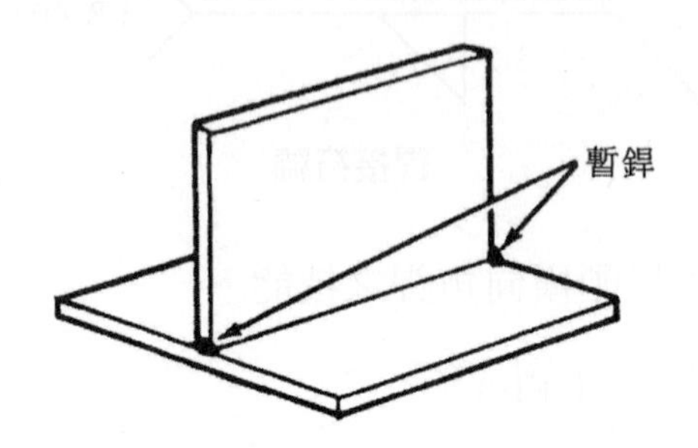

圖 1　接頭型式與暫銲部位

3. 進行加銲條之銲填

(1) 如圖 2，握持銲鎗使呈工作角 45°，移行推角 20°。

(2) 如圖 2，抓持銲條使呈水平面夾 20°，側角 30°。

(3) 起弧後沿接頭平穩移行。

(4) 採推-拉方式填加銲條於熔池前緣。

(5) 施銲中，保持 1 倍電極直徑以內之弧長，以產生深滲透及避免燒蝕，倘弧長太長，銲條將熔化在熔地前緣。

(6) 施銲中，以能產生 3 倍電極直徑寬之銲道(見圖 3)爲度移行銲鎗。

(7) 填料應較疊接頭填加得多。

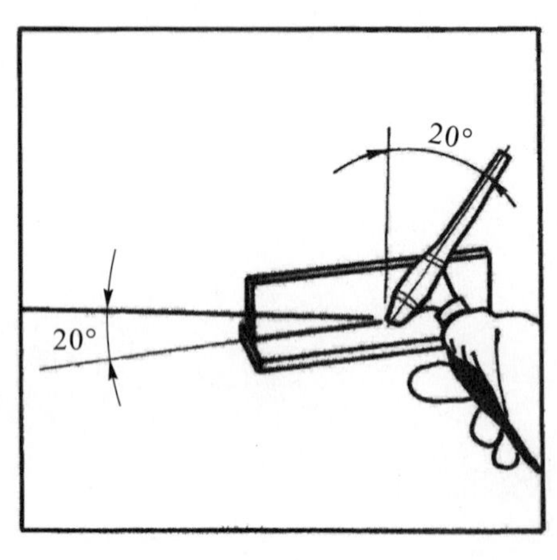

(a)移行角

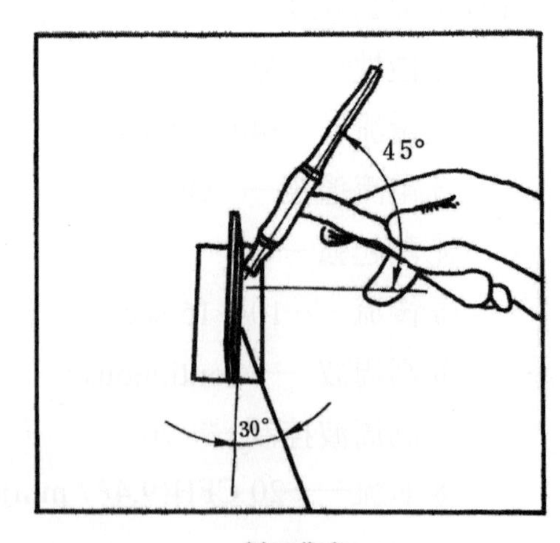

(b)工作角

圖 2　銲鎗／銲條角度

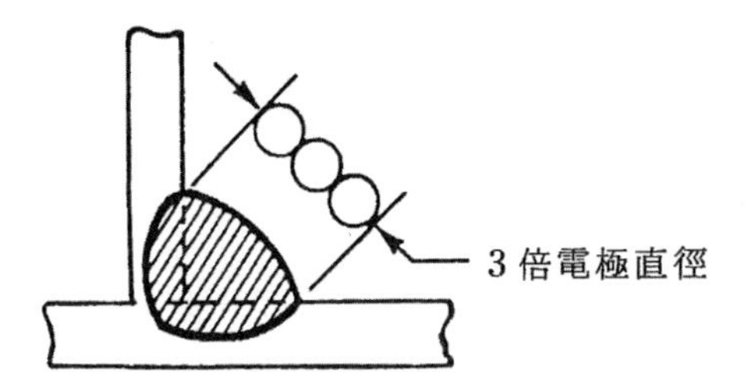

圖 3　銲道寬度

單元 17　鋁板外角緣接頭向上立向角銲練習

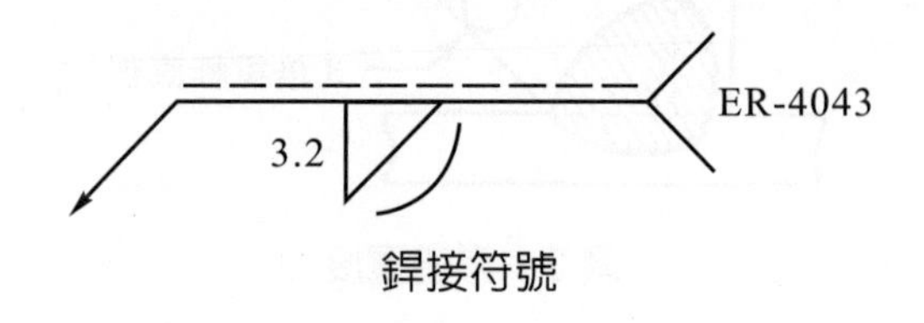

銲接符號

一、目標：習得鋁板外角緣接頭立向角銲之技能。

二、機具：TIG 基本機具——1 組。

三、材料：

(1) 鋁板(3.2mm×75mm×150mm)——2 塊。

(2) 電極(1%純鎢棒，ϕ3.2mm)——1 支。

(3) 保護氣體(銲接用氬氣)——1 瓶。

(4) 銲條(ER-4043，ϕ2.4mm)——數支。

四、程序與步驟：

1. 準備器材

(1) 檢查裝置，確定狀況正常。

(2) 做好防護準備。

(3) 清潔母材、銲條及準備接頭。

(4) 設定銲機：

①極性——AC。

②電流——100～110A。

③電流遙控——On。

④熱起弧——4。

⑤後流——10～15 sec。

⑥高周波——Continuous。

⑦高周波控制——70。

⑧氣流——20 CFH(9.4ℓ / min)。

⑨電極伸長——1 倍電極線徑。

2. 進行定位與暫銲

(1) 如圖 1，置放兩母材使成角緣接頭，並在接頭一端暫銲。

(2) 夾持銲件使成立銲位置，暫銲端在上。

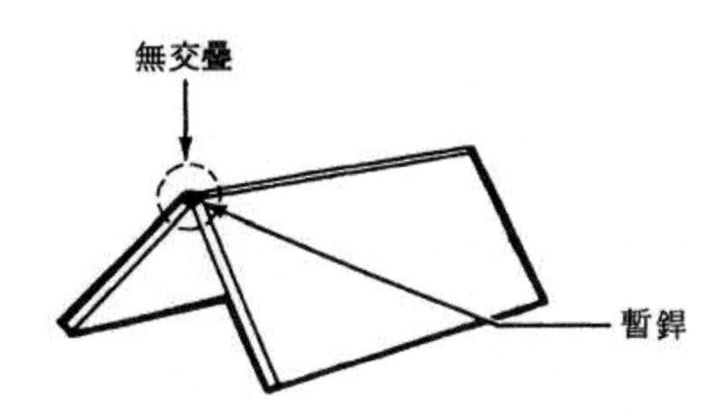

圖 1　接頭型式與暫銲部位

3. 進行加銲條之銲塡

(1) 如圖 2，握持銲鎗使呈工作角 90°，移行推角 10°～20°。

(2) 如圖 2，抓持銲條使與直立面夾 20°，無側角。

(3) 採推-拉方式塡加銲條於熔池前緣。

(4) 塡料前往視熔池微下沉時推入銲條而後拉起。

(5) 施銲至接頭末端時應塡滿銲疤。

(6) 完成後之銲道應微凸，寬度爲 2 倍電極直徑。

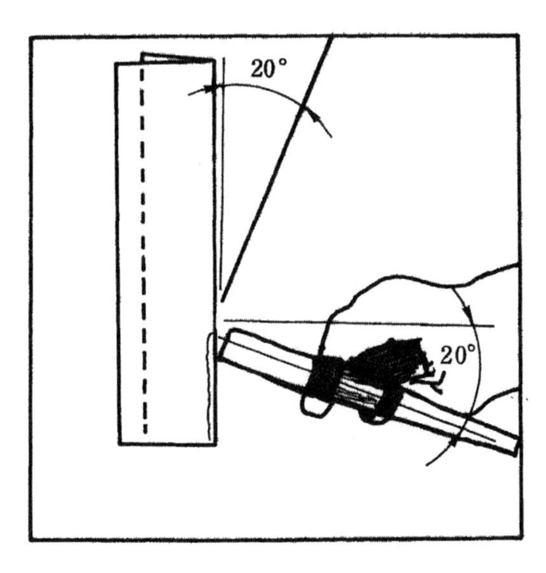

圖 2　銲鎗／銲條角度

單元 18　鋁板 T 型接頭向上立向角銲練習

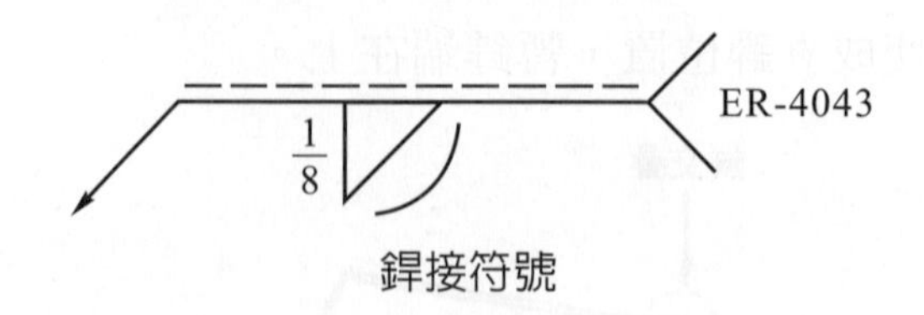

銲接符號

一、目標：習得鋁板 T 型接頭向上立向角銲之技能。

二、機具：TIG 基本機具——1 組。

三、材料：

(1) 鋁板(3.2mm×75mm×150mm)——2 塊。

(2) 電極(1%純鎢棒，ϕ3.2mm)——1 支。

(3) 保護氣體(銲接用氬氣)——1 瓶。

(4) 銲條(ER-4043，ϕ3.2mm)——數支。

四、程序與步驟：

1. 準備器材

(1) 檢查裝置，確定狀況正常。

(2) 做好防護準備。

(3) 清潔母材、銲條及準備接頭。

(4) 設定銲機：

①極性——AC。

②電流——140～150A。

③電流遙控——On。

④熱起弧——4。

⑤後流——10～15 sec。

⑥高周波——Continuous。

⑦高周波控制——70。

⑧氣流——20 CFH(9.4ℓ / min)。

⑨電極伸長——2～3 倍電極線徑。

2. 進行定位與暫銲

   (1) 置放兩塊母材使成 T 型接頭，並在兩端暫銲。

   (2) 夾持銲件使成立銲位置。

3. 進行加銲條之銲填

   (1) 如圖 1，握持銲鎗使呈工作角 45°，移行推角 20°，工作角切勿太小以免銲條過熱。

   (2) 如圖 1，抓持銲條使與底板夾 20°，側角 30°。

   (3) 施銲中，保持 1 倍電極直徑之弧長以免銲道下墜。

   (4) 採推-拉方式填加銲條於熔池前緣。

   (5) 完成之銲道寬度應爲 3 倍電極直徑，滲透良好，表面微凸無燒蝕。

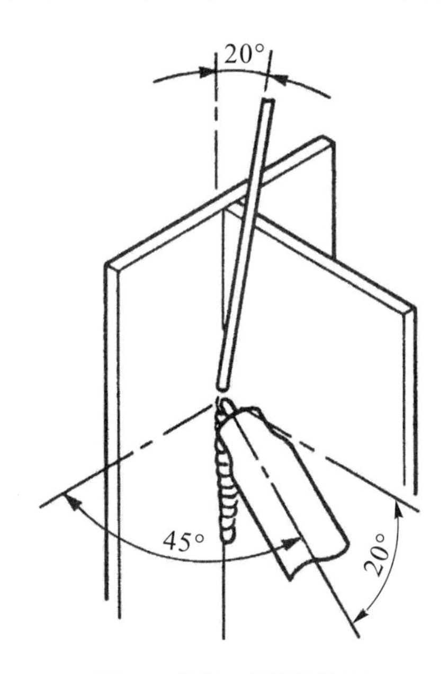

圖 1　銲鎗／銲條角度

Chapter 5

氣體金屬極電弧銲

氣體金屬極電弧銲(gas metal arc welding, GMAW)係利用連續輸送的可消耗性、實心填料金屬電極與工件所產生之電弧，加熱銲線及工件接合部位，使之熔化達成冶金式接合的電弧銲接法。施銲中熔融金屬之保護完全來自外部供給之氣體或混合氣。

此種銲法因早期以惰氣保護銲鋁，故亦稱惰氣金屬極電弧銲(metal inert gas welding, MIG)，隨後發展以活性氣體 CO_2 保護施銲鋼料，故又稱二氧化碳銲(CO_2 welding)；此外又稱：細線銲(micro wire welding)，短弧銲(short arc welding)，浸式轉移銲(dip transfer welding)，線銲(wire welding)等，國內則習稱 MIG 或 CO_2 銲。

此種銲法常用半自動操作，但機械式及自動式操作亦逐漸增多，可在全能位置銲接薄至極厚的鋼材和某些非鐵金屬。

5.1 相關知識部份

5.1.1 MIG 銲法的變異與金屬移轉

在 MIG 銲法中，依保護氣體、電源類型和銲線的不同而有好幾種變異。如依保護氣體分，惰性氬氣可用於銲所有金屬，二氧化碳則會造成金屬氧化或氧化及碳化兼具。倘依金屬移轉分有：噴狀移轉、埋弧移轉、脈波弧移轉(GMAW-P)及短路弧移轉(GMAW-S)等，前兩者需高電流，後兩者通常用於較低之平均電流；且噴狀及脈波弧需氬氣含量較高的混合氣，埋弧和短路弧需二氧化碳或混合氣中有二氧化碳。

MIG 施銲中，填料金屬由銲線移轉至工件的方式，可大分爲二：

(1) 銲線接觸熔池形成短路者——稱爲短路弧移轉。

(2) 分離狀熔滴在重力或電磁力作用下越過電弧間隙者——呈球狀或噴狀移轉。

一般而言，金屬移轉的形狀、大小、熔滴方向及移轉類型由許多因素決定，主要有：

(1) 電流大小與類型。

(2) 電流密度。

(3) 銲線成份。

(4) 銲線伸長。

(5) 保護氣體。

(6) 銲機特性。

茲就短路、球狀及噴狀移轉三者簡述如下：

(1) 短路移轉(short circuiting transfer)

MIG 銲法中採甚低電流範圍及甚細銲條時，可產生熔池甚小、凝固極快的短路移轉；可產生短路移轉的鋼質銲線條件如表 5.1。

表 5.1 鋼質銲線之短路移轉電流範圍

銲線	直徑	銲接電流*(A)			
		平銲位置		立、仰銲位置	
mm	in	最小	最大	最小	最大
0.76	0.030	50	150	50	125
0.89	0.035	75	175	75	150
1.14	0.045	100	225	100	175

*DCRP

短路移轉適用於薄材接合、非平銲位置或較大根部開口間隙之接頭銲填。施銲中無金屬熔滴越過電弧間隙，而是銲線以每秒 20～200 以上的次數接觸熔池，其移轉形態如圖 5.1 所示。

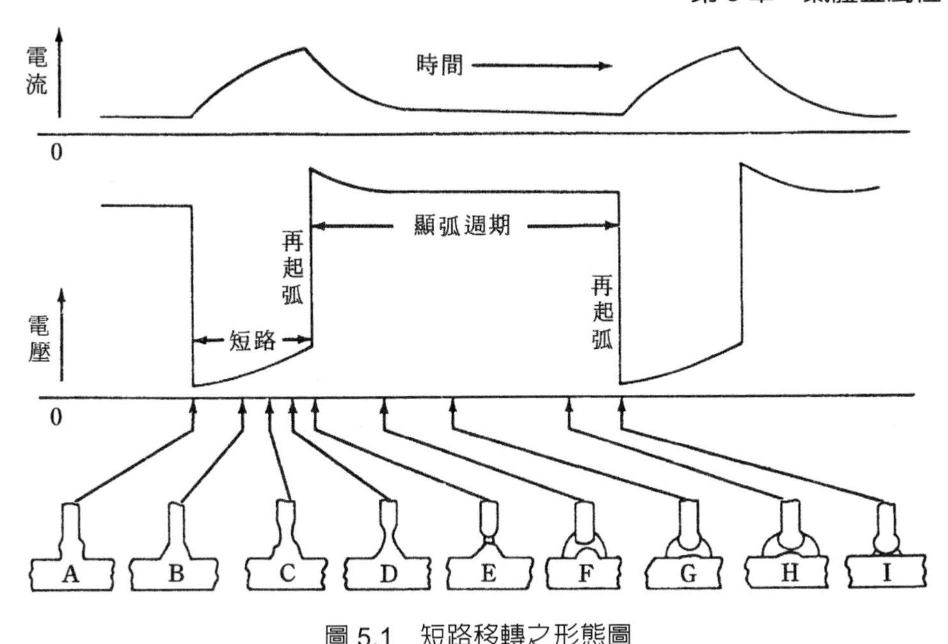

圖 5.1　短路移轉之形態圖

(2) 球狀移轉(globular transfer)

MIG 銲法採直流反極(DCRP)，而電流密度甚低時不管用何種保護氣體即會發生球狀移轉，但倘用二氧化碳保護時，則在所有可用電流下皆可發生此種移轉。此種移轉的特徵是熔滴尺寸大於銲線直徑。且採惰氣時，熔滴呈沿銲線進給之軸向移轉，極少濺渣；採二氧化碳時，熔滴呈非軸向移轉，有濺渣產生。

球狀移轉比短路弧移轉適用於較厚的銲材，通常用於平銲或橫角銲位置。

(3) 噴狀移轉(spray transfer)

前述球狀移轉狀況中，倘保護氣體中含有 80%或以上的氬或氦時，依銲線大小提高銲接電流，則金屬移轉將由球狀變為噴狀移轉。常見金屬球狀-噴狀過渡電流值如表 5.2。

噴狀移轉的特徵是熔滴小於或等於銲線直徑，移轉速率以每秒一百以內到數百顆熔滴越過電弧間隙。由於採高電流，故適用於較厚之銲材。

除上述三種金屬移轉方式外，再就脈波噴弧銲(MIG 銲法之一種變異)略述，以便隨後實習單元中之操作。脈波噴弧的電流特性如圖 5.2，其銲機可提供兩階電流值，一為尚不足以產生噴弧之基底電流，一為足以產生噴弧之脈波電流，兩者呈週期性交替，因此可兼具噴弧與短路弧之優點，效率較短路弧高，又較噴弧適用於銲薄材。

表 5.2　常見材料之球狀——噴狀弧過渡電流值

銲線種類	銲線直徑		保護氣體	最小噴狀弧電流(A)
	mm	im		
軟鋼	0.76	0.030	$98\%Ar+2\%O_2$	150
	0.89	0.035	$98\%Ar+2\%O_2$	165
	1.14	0.045	$98\%Ar+2\%O_2$	220
	1.59	0.062	$98\%Ar+2\%O_2$	275
不銹鋼	0.89	0.035	$99\%Ar+1\%O_2$	170
	1.14	0.045	$99\%Ar+1\%O_2$	225
	1.59	0.062	$99\%Ar+1\%O_2$	285
鋁	0.76	0.030	Ar	95
	1.14	0.045	Ar	135
	1.59	0.062	Ar	180
脫氧銅	0.89	0.035	Ar	180
	1.14	0.045	Ar	210
	1.59	0.062	Ar	310
矽青銅	0.89	0.035	Ar	165
	1.14	0.045	Ar	205
	1.59	0.062	Ar	270

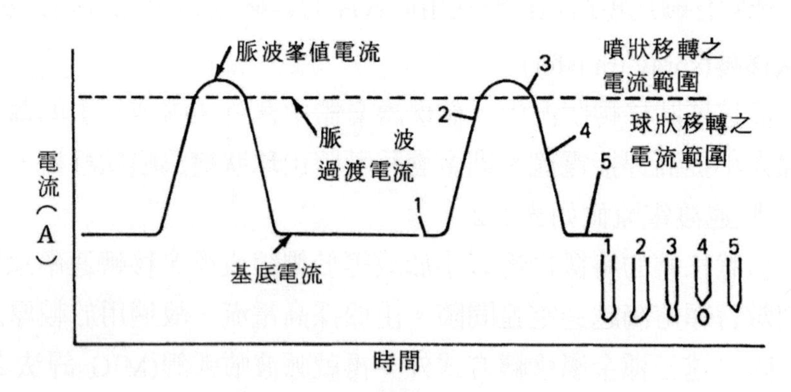

圖 5.2　脈波噴弧之電流特性

5.1.2 MIG 之裝置線路與設備

MIG 銲之典型裝置線路如圖 5.3 所示，有：

(1) 銲機。

(2) 送線器與控制系統。

(3) 半自動銲之銲鎗與電纜組或自動銲之銲鎗。

(4) 保護氣體和冷卻水及其控制系統。

(5) 自動銲之移行機構與導引裝置等。

茲以一般常用之半自動 MIG 分別敘述。

MIG 銲機通常採直流、定壓(CV)式以配合自動送線，產生弧長自行調節(self regulation)之效應。且為使電弧穩定、金屬移轉平穩、濺渣少、滲透佳、銲道品質良好，以採直流反極位(DCRP)為主。銲機使用率一般需為 100%，銲接電流由 18V，20A 至 50V，750A。

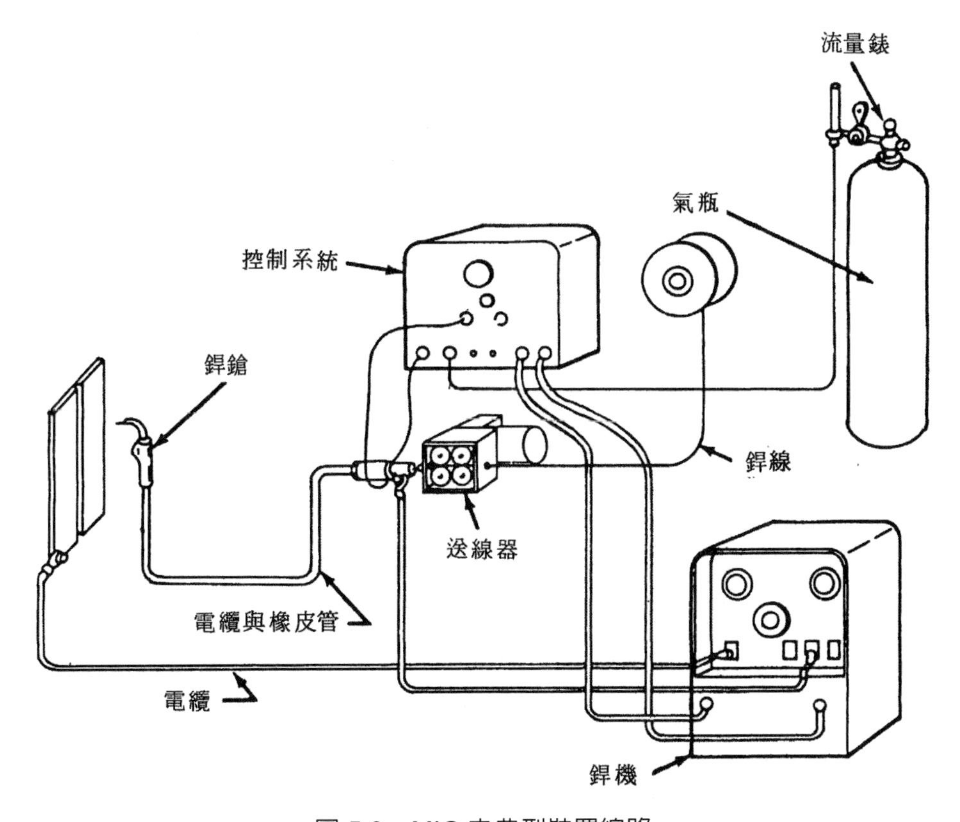

圖 5.3　MIG 之典型裝置線路

MIG 送線器(wire feeder)通常採定速型以配合銲機之定壓特性(見圖 5.4)，使弧長稍微發生變異時，弧壓變化甚微，電流變化甚大，銲線熔化速率(melting rate 或 melt-off rate)快速改變，使弧長回復定值，亦即發揮自行調節效應。

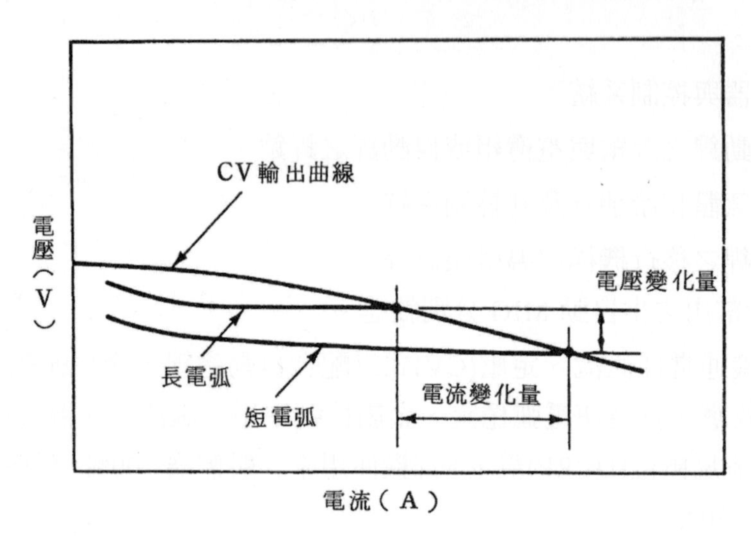

圖 5.4　定壓特性曲線

銲鎗(welding torch or gun)用以導引銲線、電流及保護氣體至電弧區。當細線銲(fine-wire welding)或較大電流、較粗線徑但採二氧化碳保護時(因 CO_2 爲冷卻媒體)氣冷式即可；當採大電流、惰氣或氬-氧混合氣保護時，則需水冷式以免過熱。銲鎗外形亦可大分爲手鎗式及鵝頸式兩種。

5.1.3　MIG 之銲接材料

MIG 之適用材料甚廣，只要保護氣體、銲線及銲接條件選用適當，諸如碳鋼、不銹鋼、鋁、銅等皆可在所有位置獲得高效率之銲接。因此，以下僅就消耗性之銲線及保護氣體簡要說明。

與其它銲法比較，MIG 之銲線甚細，平均約爲 1.02～1.59mm(0.045～$\frac{1}{16}$in)，使用上有時小至 0.5mm(0.020in)，大至 3.18mm($\frac{1}{8}$in)，由於線徑小，電流密度(銲線單位截面積所負荷之銲接電流)高，銲線熔化速率甚高。因此，通常採捲式供線。銲線與下述保護氣體的選用需考慮：

(1) 母材成份。

(2) 母材機械性質。

(3) 母材狀況與清潔。

(4) 使用狀況或規格要求。

(5) 銲接位置。

(6) 金屬移轉方式。

大多數金屬熔融時易與空氣中的氧、氮等結合成金屬氧化物或氮化物，而使銲接金屬強度、延性降低，發生氣孔、熔合不良等缺陷。MIG 所用保護氣體即在保護熔融金屬免受周圍大氣之污染與損害，其選用時之考慮除上述外因素通常尚有：

(1) 電弧與金屬移轉特性。

(2) 滲透、熔合寬度與增強銲層形狀。

(3) 銲接速率。

(4) 燒蝕傾向等。

茲將主要保護氣體之性質與用途列述於表 5.3，常用氣體之銲道外廓與滲透圖示於圖 5.5。

表 5.3　MIG 主要保護氣體之性質與用途

種類	化學性質	用途
Ar	惰性	實用上除鋼外之所有金屬
He	惰性	銲鋁、鎂及銅合金，可增大熱輸入、減少氣孔
Ar+He(20-80%～50-50%)	惰性	銲鋁、鎂及銅合金，可增大熱輸入、減少氣孔(電弧效應較 100%He 佳)
N_2		銲銅可增大熱輸入，歐洲常用
Ar+25-30%N_2		銲銅可增大熱輸入，歐洲常用，電弧效應較 100%H_2 佳
Ar+1-2%O_2	稍氧化	銲不銹鋼及合金鋼，部份脫氧銅合金
Ar+3-5%O_2	氧化	銲碳鋼及部份低合金鋼
CO_2	氧化	銲碳鋼及部份低合金鋼
Ar+20-50%CO_2	氧化	銲各種鋼，主要爲短路弧
Ar+10%CO_2+5%O_2	氧化	銲各種鋼，歐洲常用
CO_2+20%O_2	氧化	銲各種鋼，日本常用
90%He+7.5%Ar+2.5%CO_2	稍氧化	銲不銹鋼可獲甚佳抗蝕性；爲短路弧
60-70%He+25-35%Ar+4-5%CO_2	氧化	銲低合金鋼可獲韌性；爲短路弧

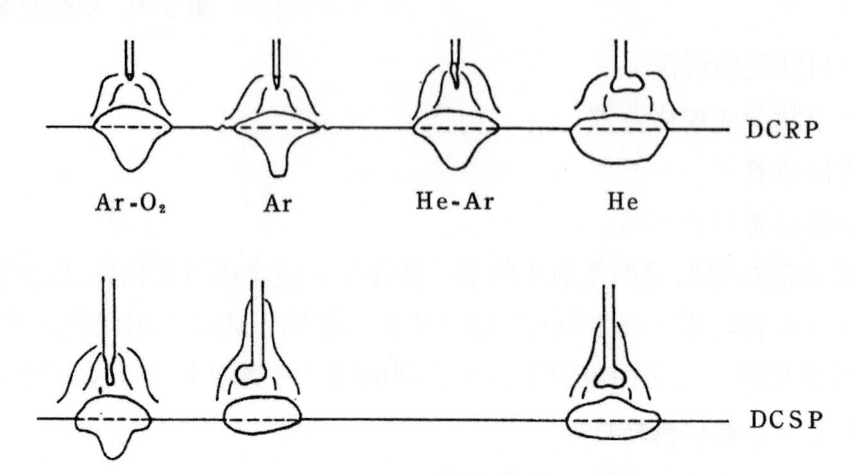

圖 5.5　常用 MIG 保護氣體之銲道外廓與滲透形態

5.1.4　MIG 之作業順序與變數

MIG 之典型作業順序可簡示如圖 5.6；而影響銲道滲透與幾何形狀的變數有：

(1) 銲接電流。

(2) 電弧電壓。

(3) 移行速率。

(4) 銲線伸長。

(5) 銲線傾斜角。

(6) 銲線大小。

(7) 銲接位置等。

就銲接電流言，電流愈高，滲透深度及寬度、銲填速率、銲道尺寸亦愈大，就電弧電壓言，通常需用試銲以調出最佳值，電壓增大，銲道傾向於平坦且熔合區寬；電壓降低，銲道傾向狹窄、高凸、滲透深；電壓過大則生氣孔、濺渣和燒蝕。過低則生氣孔、過疊。就移行速率言，減慢則每單位長度銲填率增大，熔池大而淺，增快時銲道滲透與寬度減小，太快則傾向於燒蝕。就銲線伸長(見圖 5.7)言，愈長電阻愈大，溫度上升，在一定線速下較小電流即能熔化，傾向於銲道外觀不良、滲透淺。一般短路移轉時之伸長為 6～13mm($\frac{1}{4}$～$\frac{1}{2}$ in)，其它移轉為 13～25($\frac{1}{2}$～1 in)。就銲線角度言，其效果如圖 5.8。就銲線大小言，在定電流下，線徑愈小(即電流密度愈大)熔化速率愈大、滲透愈深、銲道愈窄且銲線成本較高。就銲接位置言，其三種效果如圖 5.9 所示。

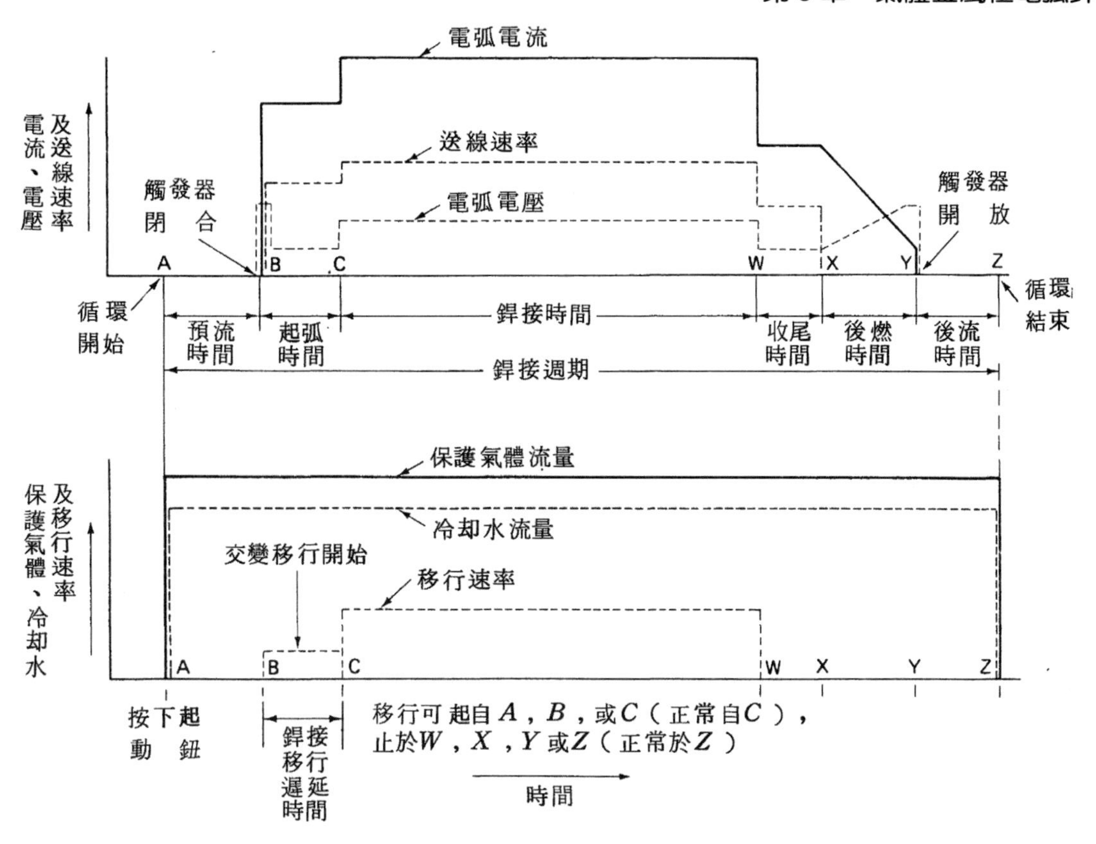

圖 5.6　MIG 銲接程序或操作順序

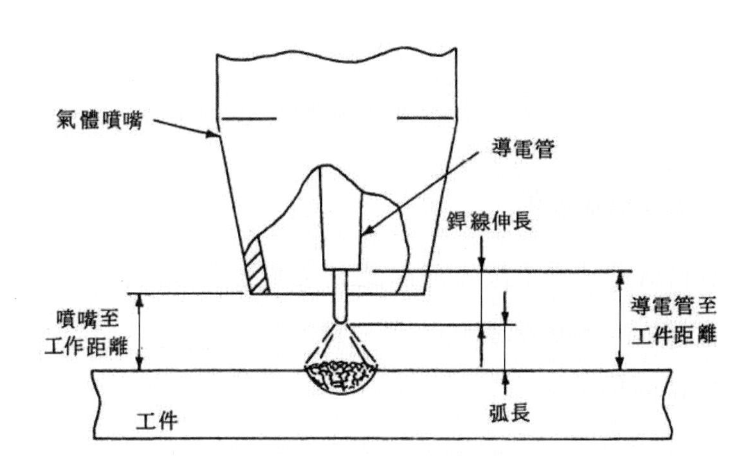

圖 5.7　MIG 術語

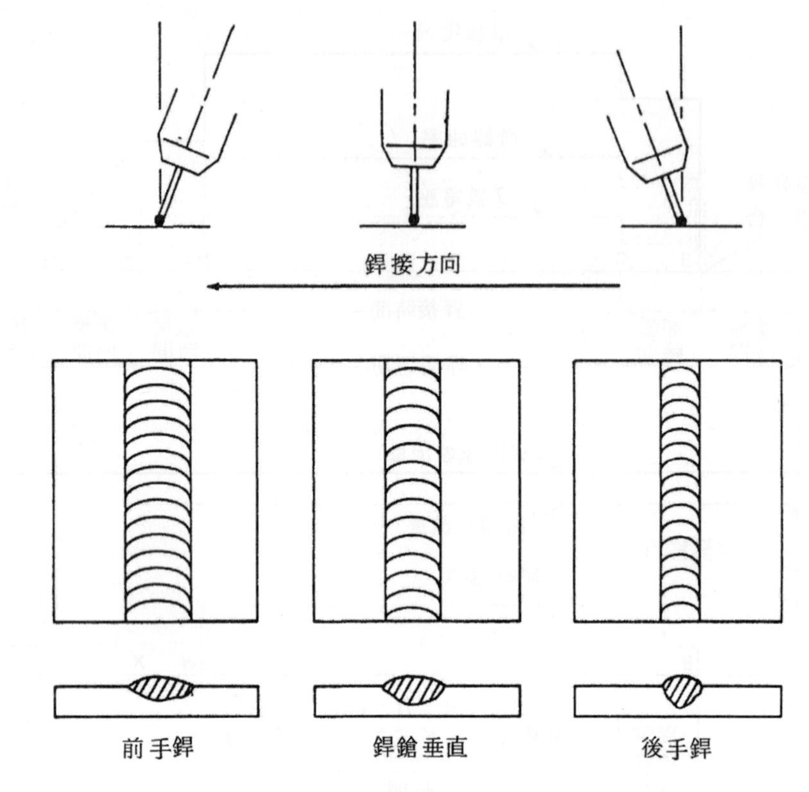

圖 5.8　MIG 銲線角度及其銲道效果

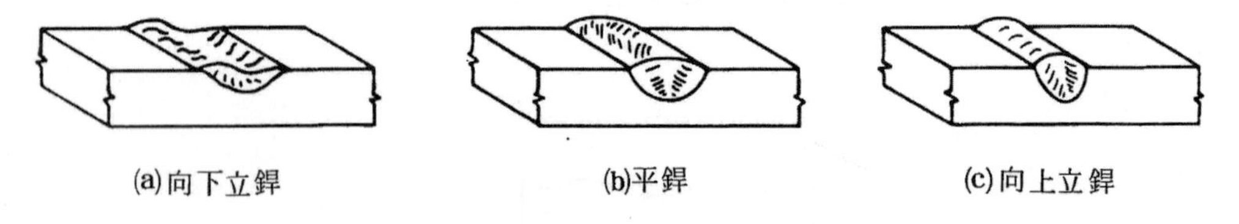

圖 5.9　MIG 銲接位置及其銲道效果

5.1.5　MIG 之優點與限制

MIG 與其它銲法(尤其手工電弧銲)比較，其優點爲：

(1) 銲線長且連續，減免換銲條時間，效率高。

(2) 適於全能位置施銲。

(3) 免除銲渣清除時間，且銲塡速率快，效率高。

(4) 滲透深，可採較小銲接尺寸而獲致相當強度。

MIG 之缺點則爲：

(1) 銲接設備複雜、昂貴且移動性差。
(2) 銲鎗接近性較差。
(3) 保護氣體易受風向、氣流影響(尤其室外施銲時爲然)。
(4) 銲接金屬冷卻速率快，冶金與機械性質變化大。

5.2 實習單元部份

本章實習單元以常用之短路弧施銲爲主。而 MIG 銲接設備廠牌、型式亦甚多，操作前，請參閱廠商提供之使用說明。玆將隨後各單元操作之基本機具列表如下。

名稱	規格	數量	備註
基本裝置		1 組	含銲機、氣體供應與控制、送線器與控制等
防護衣物		1 套	面罩、圍裙、手套、袖套、腳罩等
鋼絲刷		1 支	
火鉗		1 支	

此外，一般 MIG 銲接程序之要點如下：

1. 準備
   (1) 選用配合工件之銲線、保護氣體。
   (2) 檢查銲接開關在關(off)位置。
   (3) 連結必要接頭。
   (4) 拉順電纜與送線機。
   (5) 檢查氣瓶及其附屬裝置。
   (6) 連結銲機、送線器與極位。
   (7) 檢查銲鎗狀況。
2. 起動
   (1) 開動銲機、送線器。
   (2) 設定送線速率，電壓。
   (3) 小心打開氣瓶閥，設定氣流量。

3. 施銲

(1) 置放工件，修整銲線。

(2) 壓低或手持面罩，起弧銲填。

(3) 調整電流(送線速率)、電壓。

4. 停工

(1) 關閉氣瓶閥，釋放管內壓力。

(2) 關閉流量錶閥。

(3) 吊掛銲鎗。

(4) 關閉銲機及送線器。

(5) 清潔工作崗位。

單元 1　平面表面銲練習

一、目標：熟悉銲機調整與銲鎗操作。

二、機具：MIG 基本機具——1 組。

三、材料：

(1) 軟鋼板(4.8mm×75mm×150mm)——4 塊。

(2) 銲線(E70S-3，ϕ0.9mm)——1 捲。

(3) 保護氣體(銲接用二氧化碳)——1 瓶。

四、程序與步驟：

1. 準備器材

(1) 檢查裝置，確定狀況正常。

(2) 做好防護準備。

(3) 清潔母材及準備接頭。

(4) 設定銲機：

① 極性——DCRP。

② 電流——100～120A。

③ 電壓——19～21V。

④ 氣流——20 CFH(9.4ℓ / min)。

⑤ 銲線伸長——6～9mm。

2. 設定電流值：100～120A

(1) 設定送線控制，使在施銲時銲機上之電流錶指示電流值爲 100～120A。

(2) 此電流值之設定應在下一程序——設定電壓值之前調整。

3. 設定電壓值：19～21V

(1) 施銲中，電壓會降落，降落值依銲機性能而定，需調整銲機以補償電壓降。

(2) 在平板上試銲數次短、小銲道，以便逐次調整電壓值，每次調整範圍不超過 0.5V，直到適當電流與電壓之組合能產生 8mm 寬、3.2mm 高、微凸且滲透良好之銲道爲止。

電流與電壓組合狀況之判定：

(1) 倘與電流比，電壓太低，則：

① 銲道狹窄、高凸且滲透不良。

② 有時銲線短截會殘留在銲道上。

③ 電弧不穩定且銲線擠向工件。

(2) 倘電流比、電壓太高，則：

① 銲道平坦且寬，滲透不良。

② 濺渣過多。

③ 有時會發生球狀金屬轉移。

4. 調整銲線伸長：6.4～9.6mm

(1) 伸長愈大，電流愈小；伸長愈小，電流愈大。

(2) 施銲中，伸長控制可使銲接者行小幅度電流調整。

5. 進行表面銲填

(1) 銲填第一道

① 由距母材板邊 6mm 處起銲。

② 如圖 1 所示，採用工作角 90°，移行拖角 10°～15°。

③ 施銲中採輕微織動，沿移行方向連續運行勿暫停，但在熔池前緣宜遲緩以免熔合不當。

④ 完成後之銲道應寬 8.0mm，高 3.2mm。

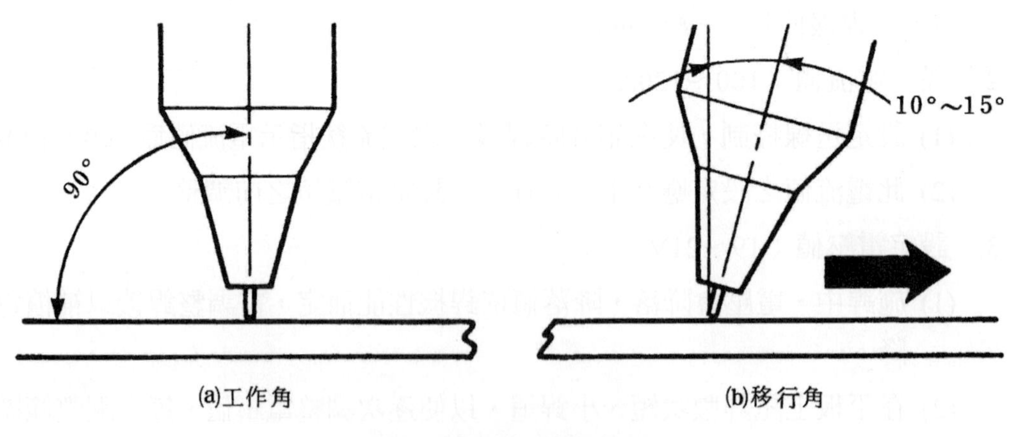

圖 1　第一道之銲鎗角度

(2) 銲填第二道

① 如圖 2，採工作角 85°～90°，移行拖角 10°～15°。

② 採第一道之運行法交疊第一道之 $\frac{1}{2}$ 寬度(見圖 3)。

③ 銲第二道時可適度降低電壓、電流以適應第一道銲填時在母材上累積的熱量。

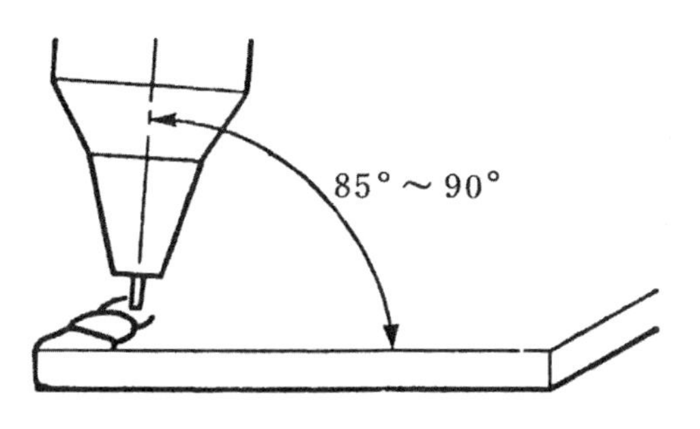

圖 2　第二道之銲鎗角度

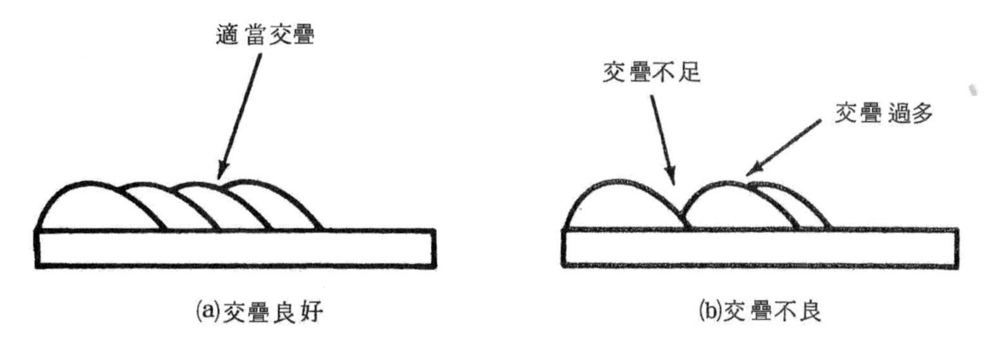

圖 3　銲道之交疊

(3) 依第二道要領，繼續銲填第三、四……道，直至板面覆滿交疊銲道，表面近於平面。

單元 2　方型對接頭、疊接頭和 T 型接頭平面槽銲與角銲練習

一、目標：習得方型對接平面槽銲與疊接頭、T 型接頭平面角銲之技能。

二、機具：MIG 基本機具——1 組。

三、材料：

(1) 軟鋼板(4.8mm×75mm×150mm)——4 塊。

(2) 銲線(E70S-3，ϕ0.9mm)——1 捲。

(3) 保護氣體(銲接用二氧化碳)——1 瓶。

四、程序與步驟：

1. 準備器材

(1) 檢查裝置，確定狀況正常。

(2) 做好防護準備。

(3) 清潔母材及準備接頭。

(4) 設定銲機：

① 極性——DCRP。

② 電流——100～120A。

③ 電壓——19～21V。

④ 氣流——20 CFH(9.4ℓ / min)。

⑤ 銲線伸長——6.4～9.6mm。

2. 進行定位與暫銲

(1) 如圖 1，置放兩塊母板使成對接頭。

(2) 如圖 1，利用 ϕ3.2mm 隔條，使開口間隙微大於 3.2mm，以便暫銲收縮後恰爲 3.2mm。

(3) 移去隔條，暫銲接頭一端，再利用隔條校準間隙。

(4) 暫銲另一端。

(5) 如圖 2，置放第三塊板搭疊在對接頭上成一疊接頭，並在接頭兩端暫銲。

(6) 如圖 3，置放第四塊板直立在疊接頭上成一 T 型接頭，並在接頭兩端暫銲牢固。

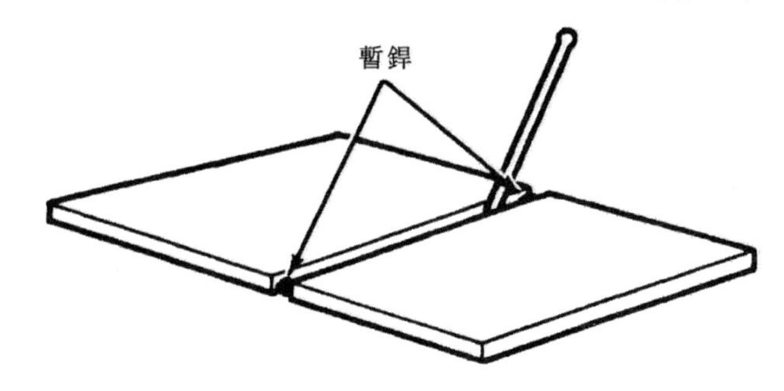

圖 1　對接頭

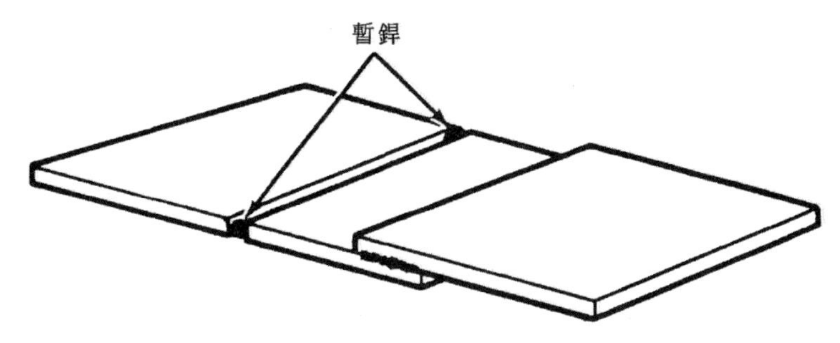

圖 2　對接頭-疊接頭

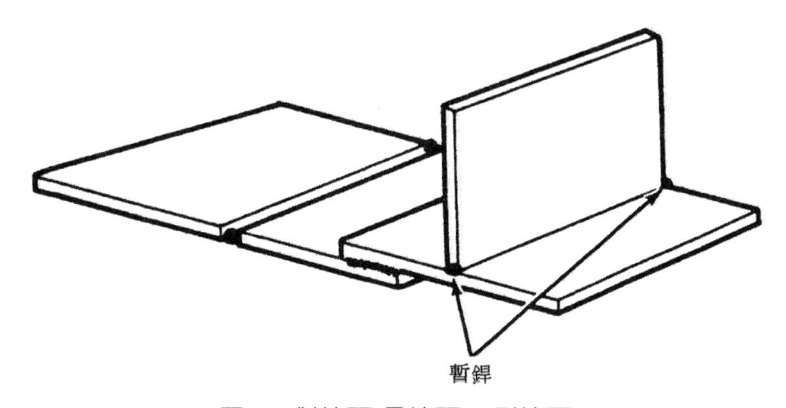

圖 3　對接頭-疊接頭-T 型接頭

3. 進行對接頭銲填

(1) 如圖 4，置放銲件，使對接頭在平銲位置。

(2) 如圖 5，握持銲鎗使呈工作角 90°，移行拖角 5°～10°。

(3) 以能使接頭完全滲透，增強銲層略高於母材面(見圖 6)的速率平穩移行，倘熔池不易控制，可採圖 7 所示之輕微織動。

(4) 施銲中，保持銲線朝熔池前緣，不可超出熔池，否則銲線會插過接頭根部。

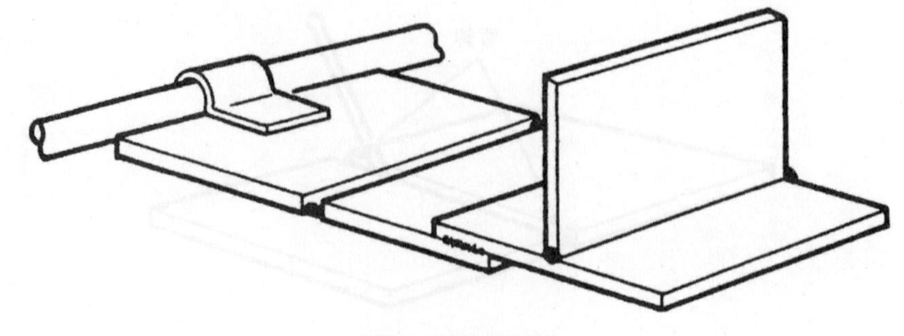

圖 4　銲接位置

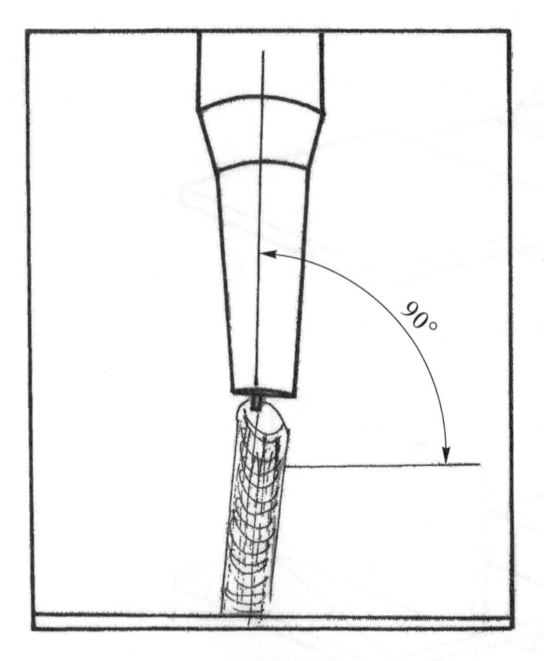

(a)端視圖

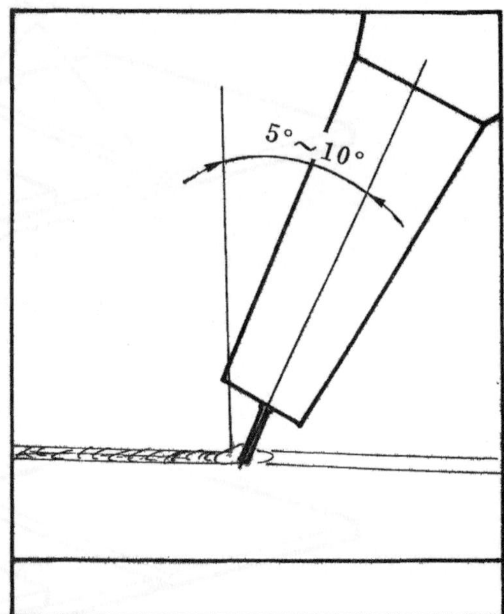

(b)側視圖

圖 5　銲鎗角度

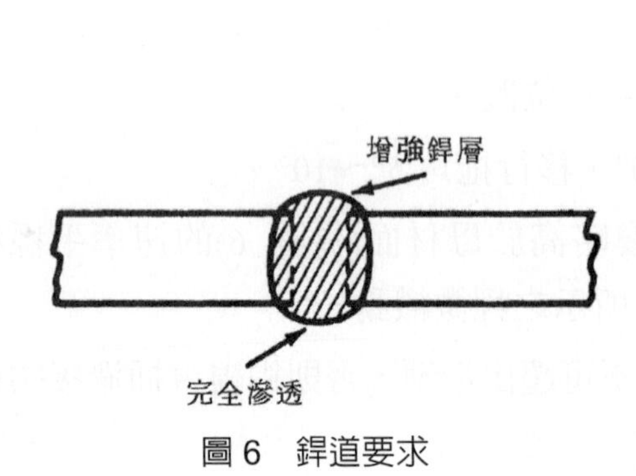

圖 6　銲道要求

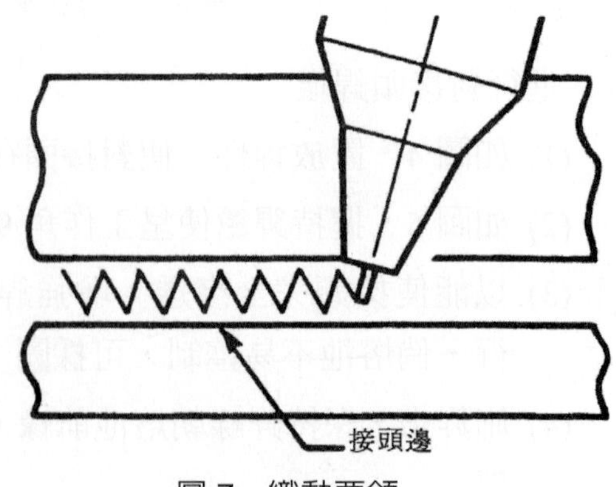

圖 7　織動要領

(5) 完成後之根部滲透銲道應平坦至微凸；倘過凸，應增長銲線伸長或增快移行速率；倘兩者調整後仍過凸則應降低電流值；倘電流降低後仍過凸，可能係根部間隙過大。

4. 進行疊接頭銲塡

(1) 參考圖 8，置放銲件使疊接頭在平銲位置。

(2) 如圖 8，銲鎗採工作角 45°，移行拖角 10°～15°。

(3) 採輕微織動平穩移行以完全塡滿接頭。

(4) 施銲中熔去上板邊之量不得超過 1.6mm。

(5) 完成後之銲道面應平坦至微凸。

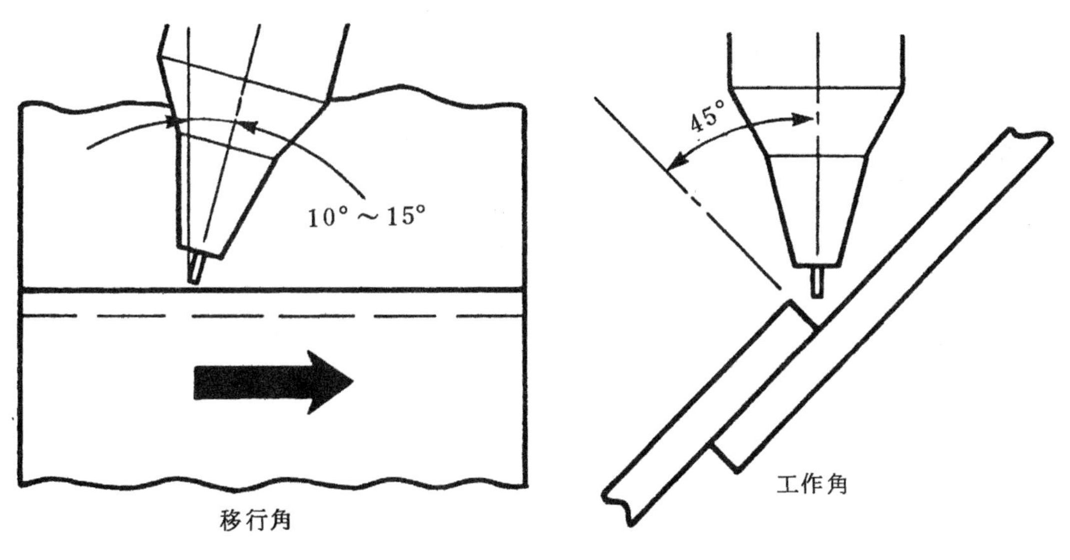

圖 8　銲鎗角度

5. 進行 T 型接頭銲塡

(1) 銲塡第一道

① 如圖 9，銲鎗採工作角 45°，移行拖角 10°～15°。

② 採輕微織動運行(隨後第二、三道亦同)。

③ 如圖 10，完成後之銲道應等腳長，表面平坦至微凸。

(2) 銲塡第二道

① 如圖 11，銲鎗採工作角 55°，移行拖角 10°～15°。

② 第二道應交疊第一道寬度之半。

(3) 銲填第三道

① 如圖 12，銲鎗採工作角 35°，移行拖角 10°～15°。

② 第三道應交疊第二道寬度之 $\frac{1}{3}$。

③ 完成後之銲道應等腳長，表面寬 12mm。

④ 依前述步驟銲填接頭另一邊。

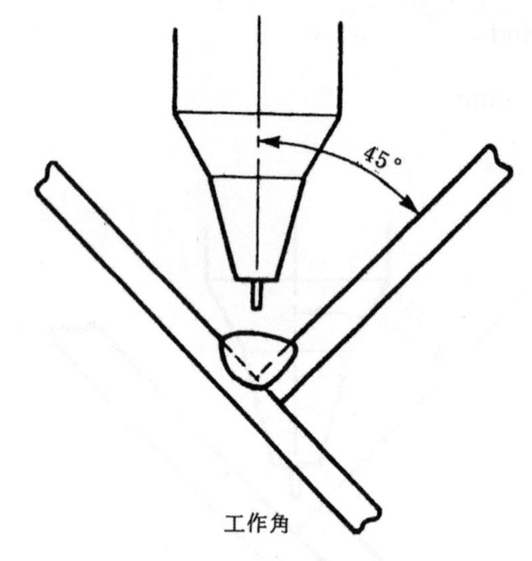

圖 9　第一道銲鎗角度

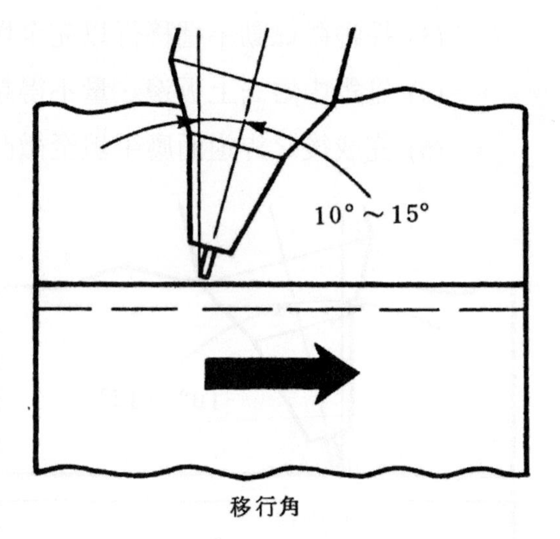

圖 10　第一道銲道要求

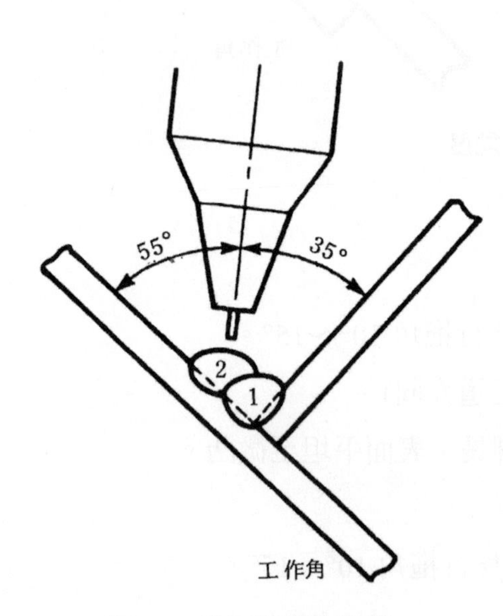

圖 11　第二道銲鎗角度

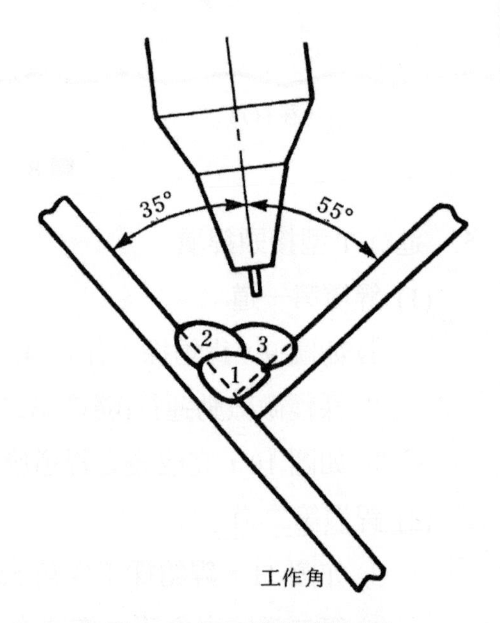

圖 12　第三道銲鎗角度

單元 3　方型對接頭、疊接頭和 T 型接頭橫向槽銲與角銲練習

一、目標：習得方型對接頭橫向槽銲與疊接頭、T 型接頭橫向角銲之技能。

二、機具：MIG 基本機具——1 組。

三、材料：

(1) 軟鋼板(4.8mm×75mm×150mm)——4 塊。

(2) 銲線(E70S-3，ϕ0.9mm)——1 捲。

(3) 保護氣體(銲接用二氧化碳)——1 瓶。

四、程序與步驟：

1. 準備器材

(1) 檢查裝置，確定狀況正常。

(2) 做好防護準備。

(3) 清潔母材及準備接頭。

(4) 設定銲機：

① 極性——DCRP。

② 電流——100～120A。

③ 電壓——19～21V。

④ 氣流——20 CFH(9.4ℓ / min)。

⑤ 銲線伸長——6.4～9.6mm。

2. 進行定位與暫銲

(1) 如單元 2，除對接頭開口間隙改為 4.0mm 外，採相同方式定位與暫銲銲件。

(2) 夾持銲件，使對接頭在橫銲位置。

3. 進行對接頭之銲填

(1) 如圖 1，銲鎗採工作角 80°～85°，移行拖角 5°～10°。

(2) 以能產生完全滲透、形成 8.0mm 寬銲道之速率移行。

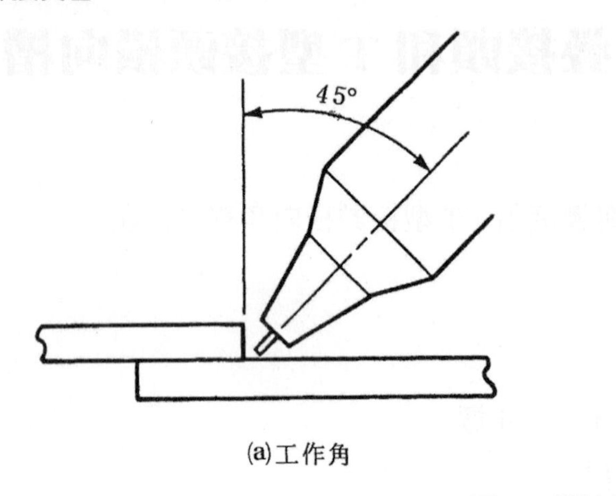

(a)工作角

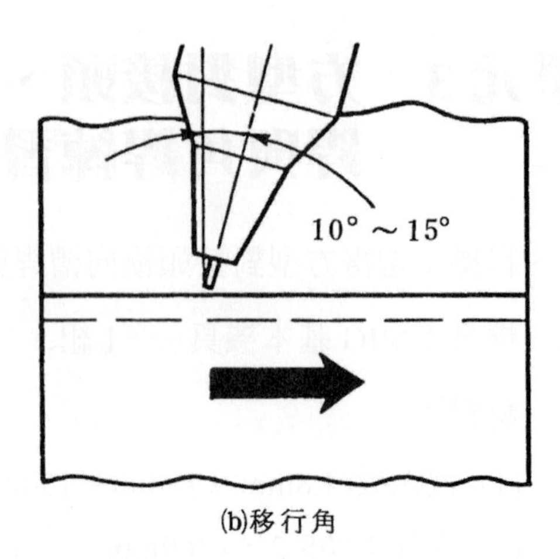

(b)移行角

圖 1　銲鎗角度

4. 進行疊接頭對接

(1) 置放銲件，使疊接頭在橫銲位置。

(2) 如圖 2，銲鎗採工作角 45°，移行拖角 10°～15°。

(3) 以能產生 8.0mm 之銲道輕微織動、平穩移行。

(4) 完成銲填後，上板應無燒蝕現象。

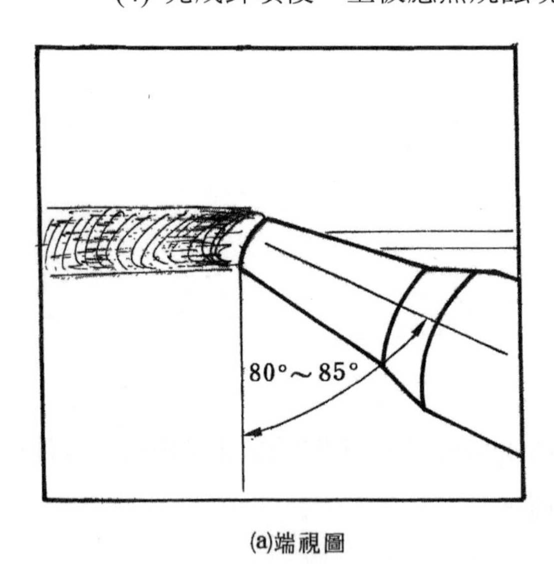

(a)端視圖

(b)側視圖

圖 2　銲鎗角度

(5) 上述織動可採圖 3 所示之橢圓形運行，但此法較易造成熔合不良，其要領如下：

① 銲線勿離熔池前緣太遠。

② 以勻整小增量運行。

③ 在上板邊緣微作暫停。

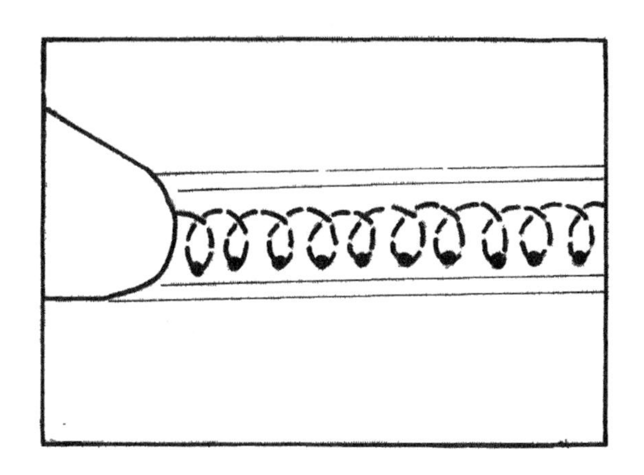

圖 3　織動要領

(6) 採前述步驟銲填接頭另一邊。

5. 進行 T 型接頭之銲填(銲道順序見圖 4)

(1) 銲填第一道

① 如圖 5，銲槍採工作角 45°，移行拖角 5°～10°。

② 採織動運行(可採橢圓形)以改善銲道外觀。

③ 平穩移行以獲得等腳長。

④ 在熔池前緣停頓以免熔合不良(冷疊)。

(2) 銲填第二道

① 銲鎗採工作角 55°，移行拖角 5°～10°。

② 第二道交疊第一道寬度之半。

(3) 銲填第三道

① 銲鎗採工作角 35°，移行拖角 5°～10°。

② 第三道交疊第二道寬度的 $\frac{1}{3}$。

(4) 完成後之銲接金屬表面應微凸，等腳長(見圖 6)。

(5) 採上述相同步驟銲填接頭另一邊。

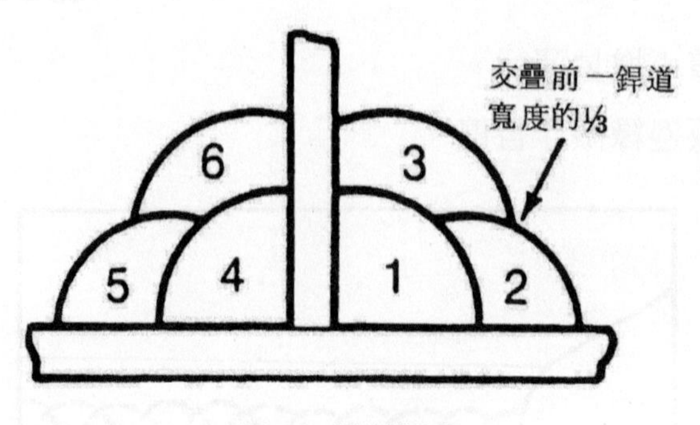

圖 4　銲道順序

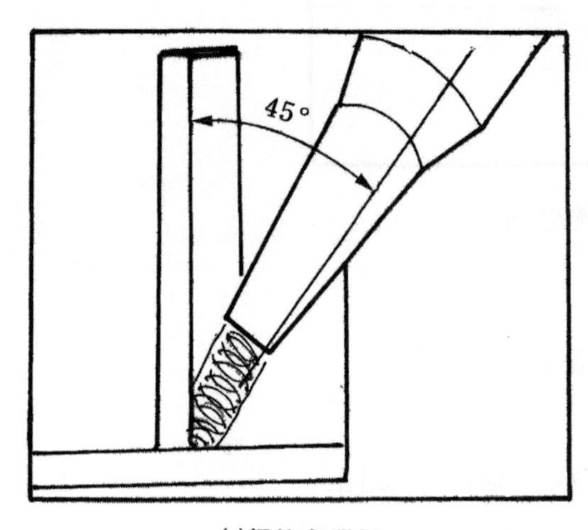

(a)銲接者視圖

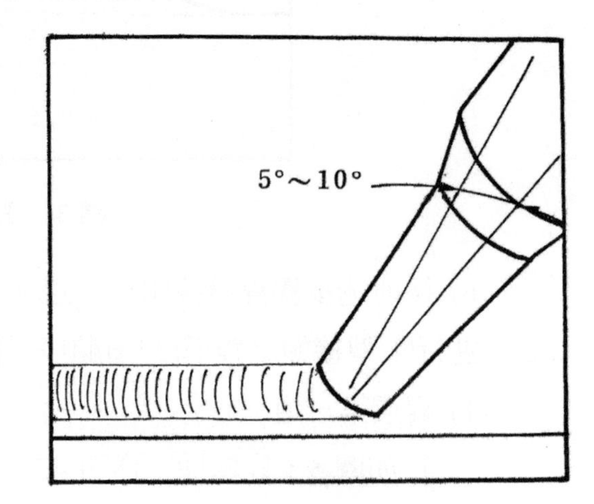

(b)俯視圖

圖 5　銲鎗角度

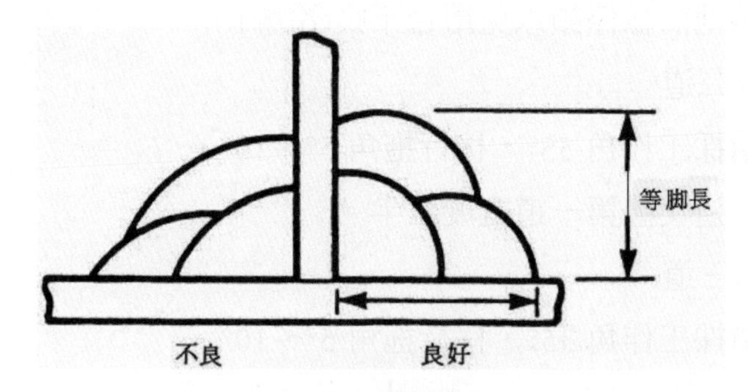

圖 6　腳長要求

單元 4　方型對接頭、疊接頭和 T 型接頭向下立向槽銲與角銲練習

一、目標：習得方型對接頭向下立向槽銲與疊接頭、T 型接頭向下立向角銲之技能。

二、機具：MIG 基本機具——1 組。

三、材料：

(1) 軟鋼板(4.8mm×75mm×150mm)——4 塊。

(2) 銲線(E70S-3，ϕ0.9mm)——1 捲。

(3) 保護氣體(銲接用二氧化碳)——1 瓶。

四、程序與步驟：

1. 準備器材

(1) 檢查裝置，確定狀況正常。

(2) 做好防護準備。

(3) 清潔母材、銲條及準備接頭。

(4) 設定銲機：

① 極性——DCRP。

② 電流——130～150A。

③ 電壓——20～22V。

④ 氣流——20 CFH(9.4ℓ / min)。

⑤ 銲線伸長——6.4～9.6mm。

2. 進行定位與暫銲

(1) 如單元 2，除對接頭開口間隙改為 4.0mm 外，採相同方式定位與暫銲銲件。

(2) 如圖 1，夾持銲件使成立銲位置。

3. 進行對接頭之銲填

(1) 銲填第一道

① 如圖 2，銲鎗採工作角 90°，移行拖角 10°～20°。

② 採輕微織動，但不得超出開口間隙。

③ 在熔池前緣稍做停頓。

④ 根部銲道滲透應由微凹至平坦，銲道表面應微凹，如圖 3 所示。

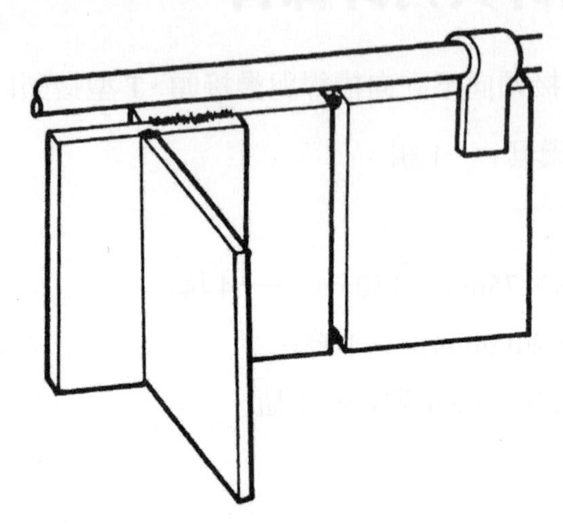

圖 1　銲接位置

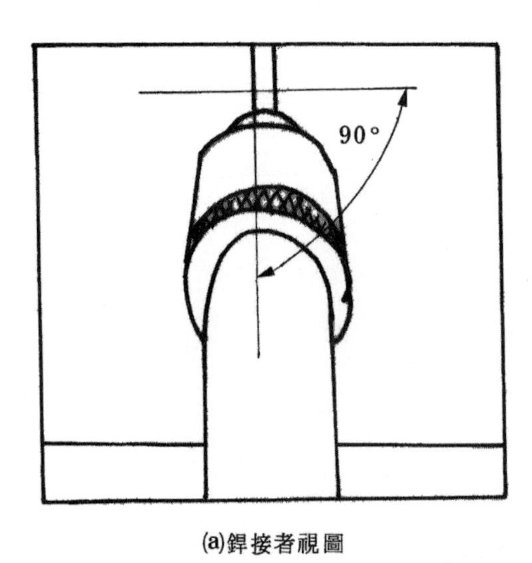

(a)銲接者視圖

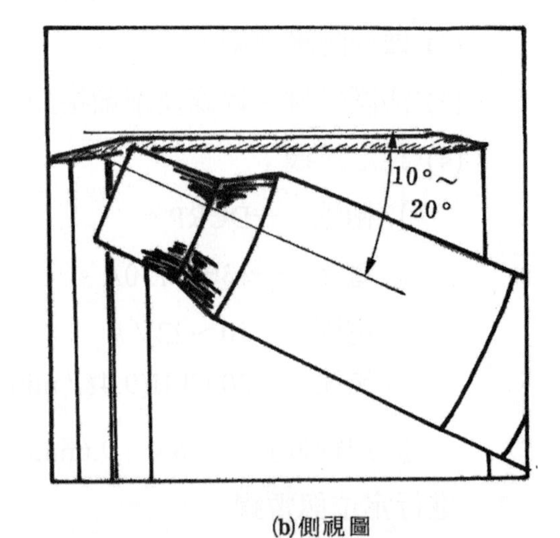

(b)側視圖

圖 2　銲鎗角度

4.0

表面微凸

圖 3　銲道要求

(2) 銲填第二道

① 採 Z 形織動以填滿接頭。

② 在熔池前緣稍做停頓。

③ 銲道面寬應為 8.0mm，微凸，如圖 4 所示。

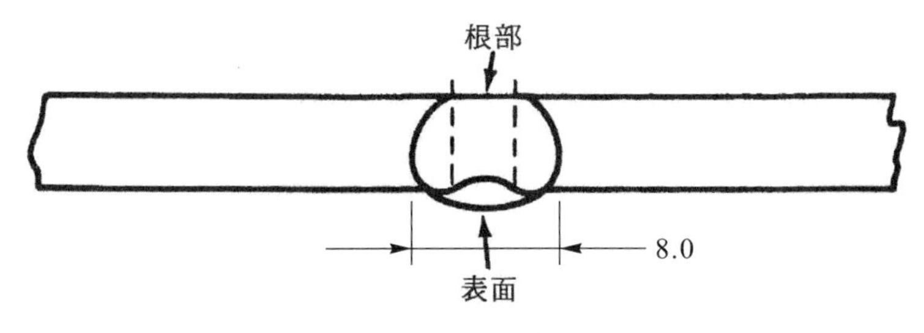

圖 4　銲道要求

4. 進行疊接頭之銲填

(1) 如圖 5，銲鎗採工作角 45°，移行拖角 10°～20°。

(2) 如圖 6，採向下輕微織動銲法，在熔池前緣稍做停留，並在打點處暫停以促進熔池之填滿與控制。

(3) 以能完全填滿接頭之速率移行。

(4) 採上述步驟銲填接頭另一邊。

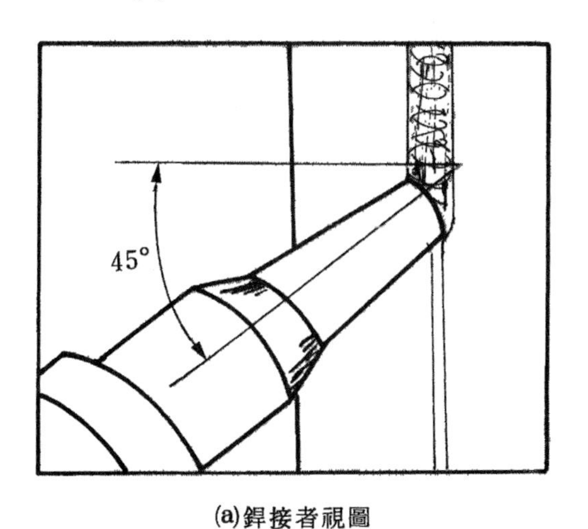

(a)銲接者視圖

10°～20°

(b)側視圖

圖 5　銲鎗角度

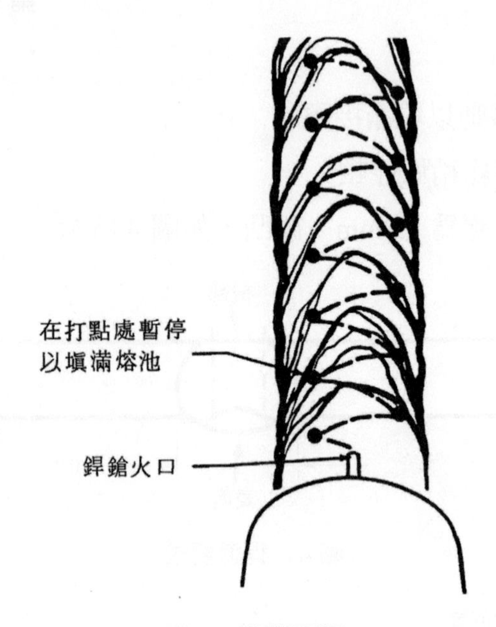

圖 6　織動要領

5. 進行 T 型接頭之銲填

(1) 銲填第一道

① 如圖 7，銲鎗採工作角 45°，移行拖角 10°～20°。

② 採 Z 形織動法，在銲道兩邊稍作暫停。

③ 在熔池前緣稍作停頓以免熔合不良(冷疊)。

④ 織動之節距不超過 3.2mm。

⑤ 銲道表面寬度應為 8.0mm。

(2) 銲填第二道

① 採較寬之織動。

② 在兩邊暫停以填滿銲疤並銲道過凸。

③ 完成後之銲道應微凸且寬度為 12mm。

(3) 採上述步驟，銲填接頭另一邊。

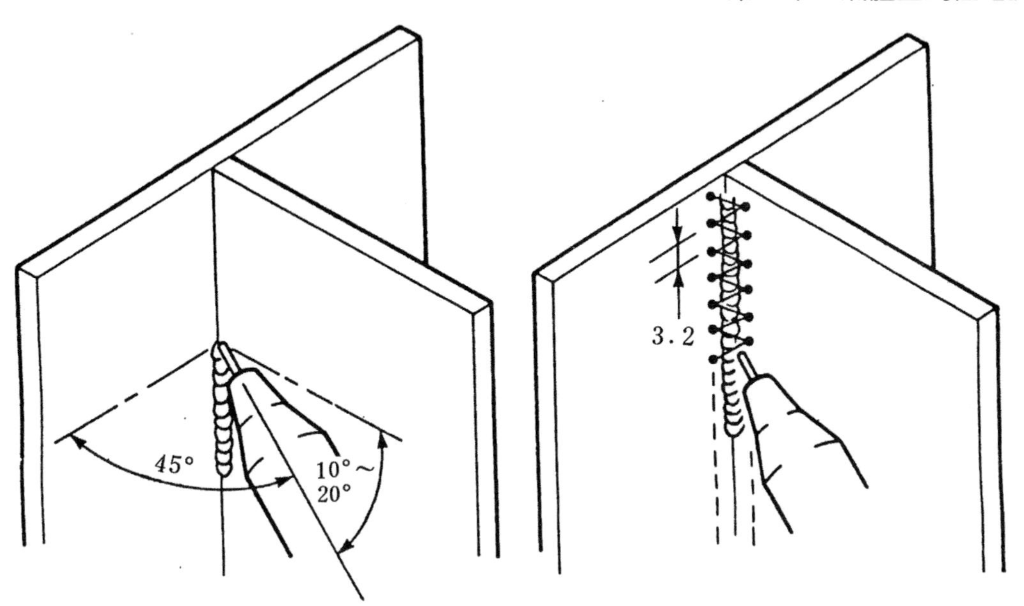

圖 7　銲鎗角度

單元 5　方型對接頭、疊接頭和 T 型接頭向上立向槽銲與角銲練習

一、目標：習得方型對接頭向上立向槽銲與疊接頭、T 型接頭向上立向角銲之技能。

二、機具：MIG 基本機具——1 組。

三、材料：

(1) 軟鋼板(4.8mm×75mm×150mm)——4 塊。

(2) 銲線(E70S-3，ϕ0.9mm)——1 捲。

(3) 保護氣體(銲接用二氧化碳)——1 瓶。

四、程序與步驟：

1. 準備器材

(1) 檢查裝置，確定狀況正常。

(2) 做好防護準備。

(3) 清潔母材、銲條及準備接頭。

(4) 設定銲機：

① 極性——DCRP。

② 電流——80～100A。

③ 電壓——18～20V。

④ 氣流——20 CFH(9.4ℓ / min)。

⑤ 銲線伸長——6.4～9.6mm。

2. 進行定位與暫銲

(1) 同單元 2，定位與暫銲銲件，但對接頭開口間隙改為 3.2mm。

(2) 由於本單元採向上立銲，對接頭之配合情形至為重要。

(3) 如圖 1，夾持銲件使成立銲位置。

3. 進行對接頭之銲填

(1) 如圖 2，銲鎗採工作角 90°，移行推角 0°～5°。

(2) 採直進移行，無需側向運行。

(3) 以能產生完全滲透及微凸銲道面之速率移行。

(4) 倘滲透和銲道尺寸過大，可採輕微 Z 形織動(增快移行速率)和／或增長銲線伸長。

(5) 倘滲透不足，則減慢移行速率和／或減短銲線伸長。

(6) 適當開口間隙和正確電流值對銲道尺寸與品質至為重要。

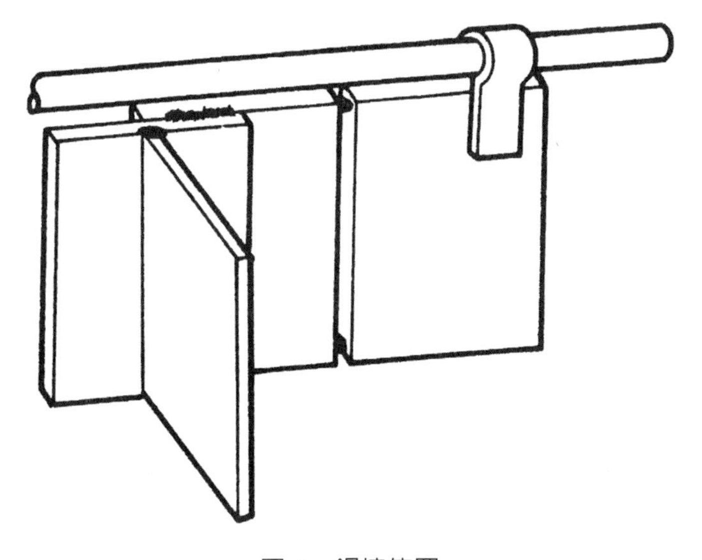

圖 1　銲接位置

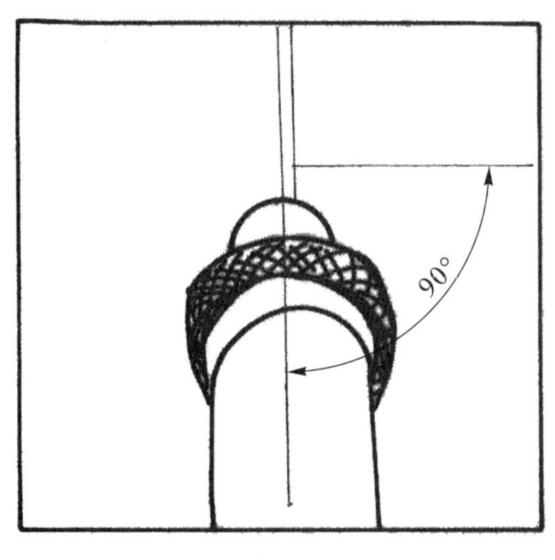

(a)銲接者視圖

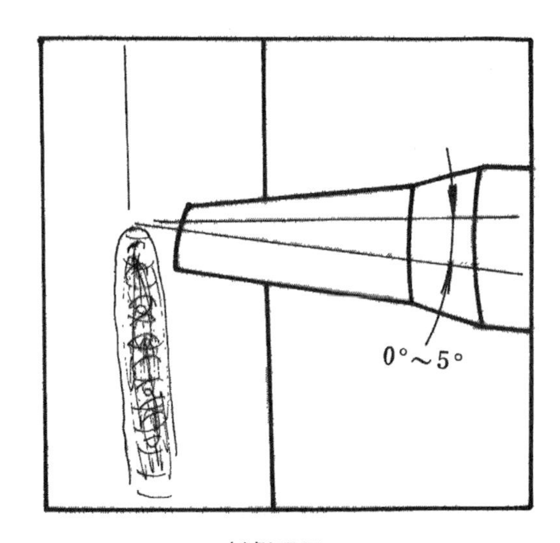

(b)側視圖

圖 2　銲鎗角度

4. 進行疊接頭之銲填
   (1) 銲填疊接頭和 T 型接頭時，可能需提高電流和電壓值。
   (2) 銲槍採工作角 45°，移行推角 5°～10°。
   (3) 採向上輕微織動法，熔去上板邊以獲得良好滲透。
   (4) 採上述相同步驟銲填接頭另一邊。
5. 進行 T 型接頭之銲填
   (1) 銲填第一道
      ① 如圖 3，採向上輕微織動法，以能產生寬 8mm(見圖 4)銲道之速率移行。
      ② 完成後之銲道應等腳長。
   (2) 銲填第二道
      ① 如圖 3，採較寬織動，並在打點處暫停以填滿銲疤。
      ② 第二道之面寬應爲 12mm(見圖 4)。
   (3) 採上述步驟銲填接頭另一邊。

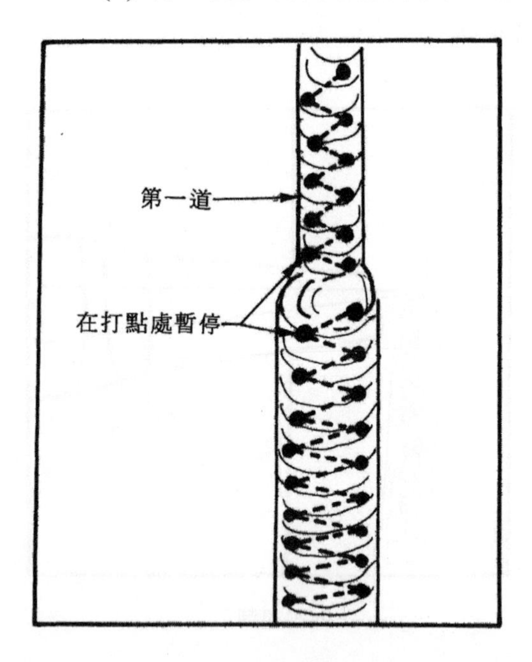

圖 3　織動要領

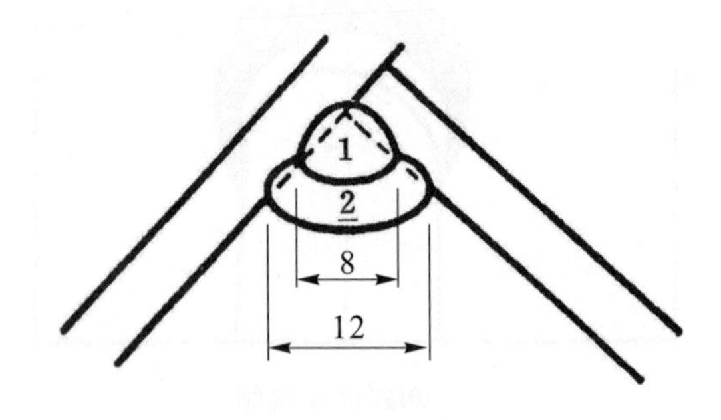

圖 4　銲道要求

單元 6　方型對接頭、疊接頭和 T 型接頭仰向槽銲與角銲練習

一、目標：習得方型對接頭仰向槽銲與疊接頭、T 型接頭仰向角銲之技能，確認氬氣、二氧化碳混合之保護效果。

二、機具：MIG 基本機具——1 組。

三、材料：

(1) 軟鋼板(4.8mm×75mm×150mm)——4 塊。

(2) 銲線(E70S-3，ϕ0.9mm)——1 捲。

(3) 保護氣體(75%二氧化碳+25%氬氣)——共 1 瓶或各 1 瓶。

四、程序與步驟：

1. 準備器材

(1) 檢查裝置，確定狀況正常。

(2) 做好防護準備。

(3) 清潔母材及準備接頭。

(4) 設定銲機：

① 極性——DCRP。

② 電流——100～120A。

③ 電壓——19～21V。

④ 氣流——200 CFH(9.4ℓ / min)。

⑤ 銲線伸長——6.4～9.6mm。

2. 進行定位與暫銲

(1) 同單元 2，定位與暫銲銲件。

(2) 如圖 1，夾持銲件使成仰銲位置。

3. 進行對接頭之銲塡

(1) 如圖 2，銲鎗採工作角 90°，移行拖角 5°～10°。

(2) 以能完全塡滿接頭形成微凸銲面(見圖 2)之速率移行。

(3) 滲透在接頭根部邊之銲道與母材齊平(見圖 2)。

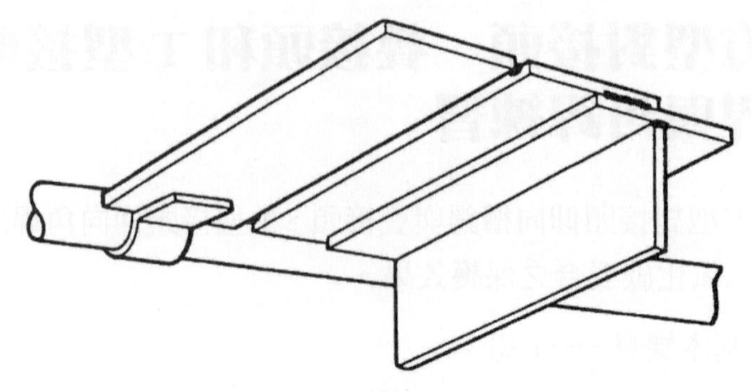

圖 1　銲接位置

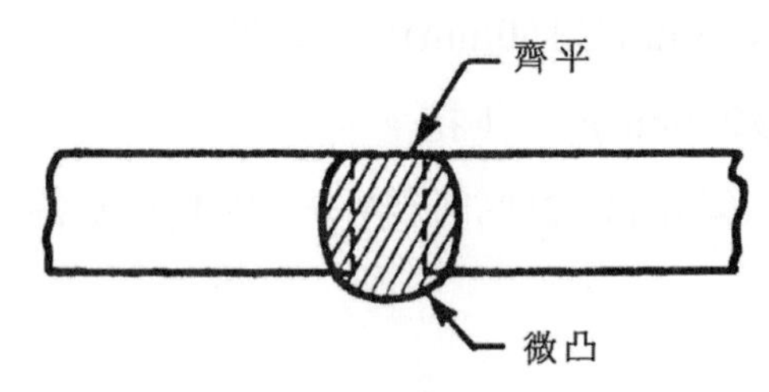

圖 2　銲道要求

4. 進行疊接頭之銲填
   (1) 如圖 3，銲鎗採工作角 45°，移行拖角 5°～10°。
   (2) 平穩移行以完全填滿接頭。
   (3) 採輕微織動，連續沿接頭運行。
   (4) 銲填後上板應無燒蝕。
   (5) 採上述步驟銲填接頭另一邊。

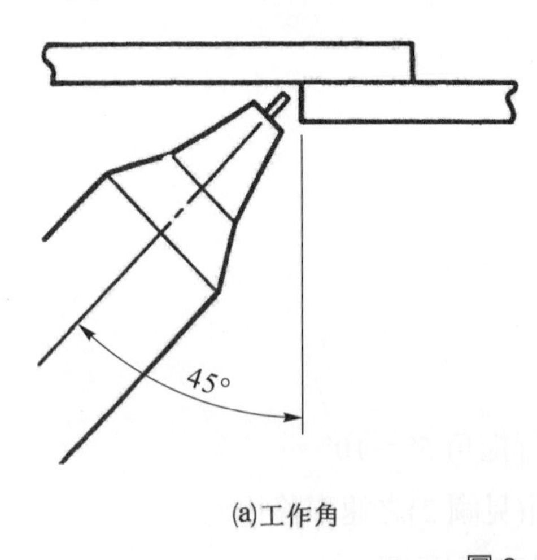

(a)工作角

5° ～ 10°

(b)移行角

圖 3　銲鎗角度

5. 進行 T 型接頭之銲填

(1) 銲填第一道

① 如圖 4 及圖 5，銲鎗採工作角 45°，移行拖角 5°～10°。

② 採輕微織動或橢圓形運行以獲得適當外觀。

③ 以能產生寬 8mm(見圖 6)之銲道移行。

④ 完成後之銲道應等腳長。

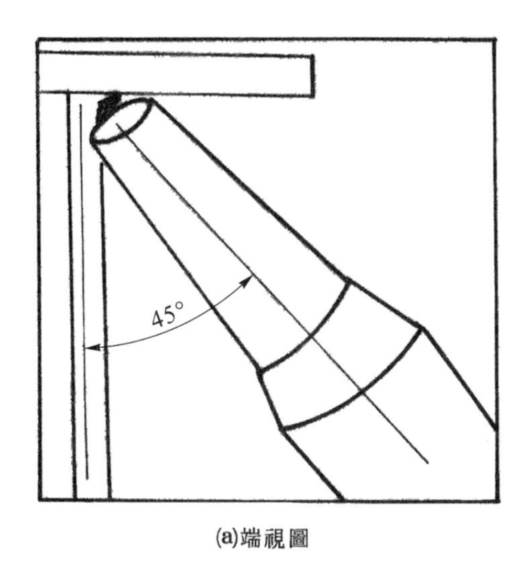

(a)端視圖

(b)側視圖

圖 4　銲鎗角度

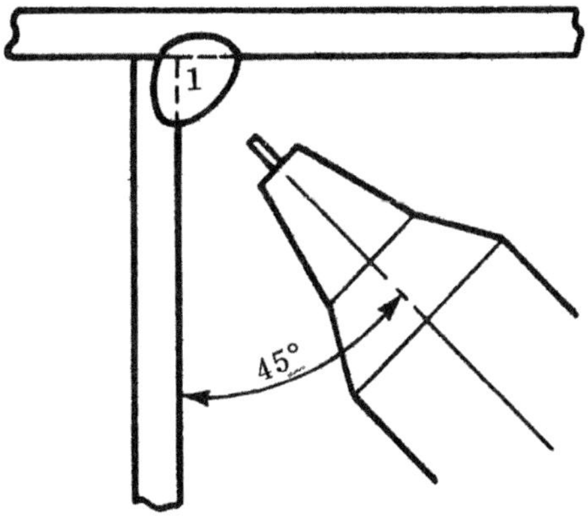

圖 5　第一道之工作角

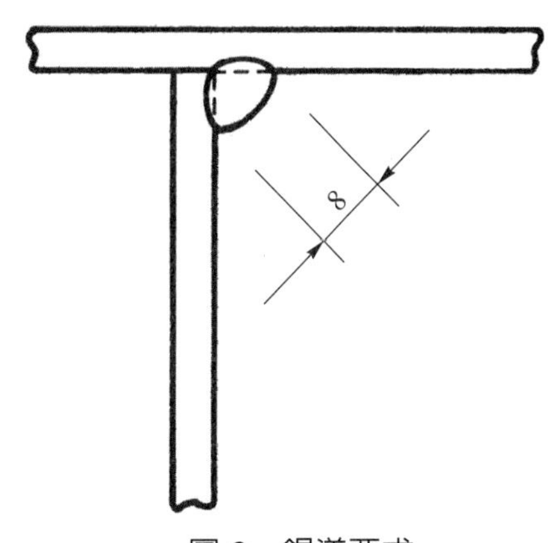

圖 6　銲道要求

(2) 銲填第二道

① 採圖 7 之銲道順序。

② 如圖 8，銲鎗採工作角 50°，移行拖角 5°～10°。

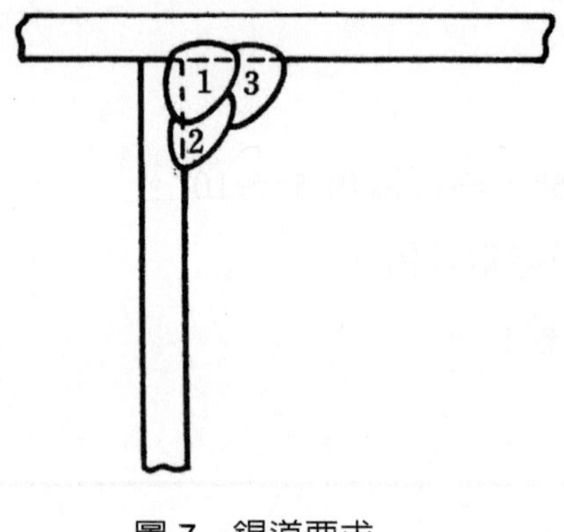

圖 7　銲道要求

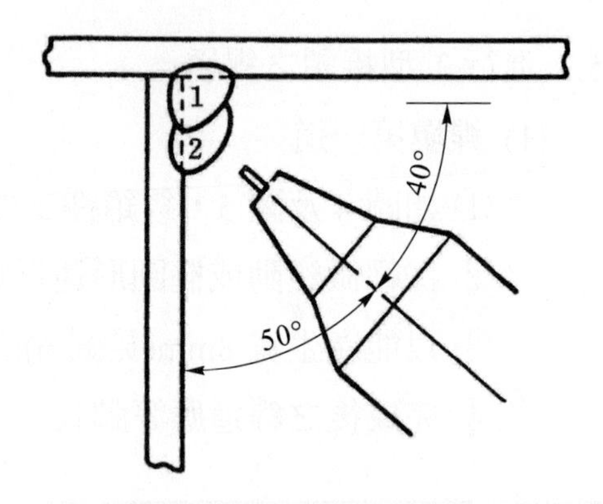

圖 8　第二道之工作角

(3) 銲填第三道

① 如圖 9，銲鎗採工作角 40°，移行拖角 5°～10°。

② 完成後之銲接金屬應等腳長，無燒蝕。

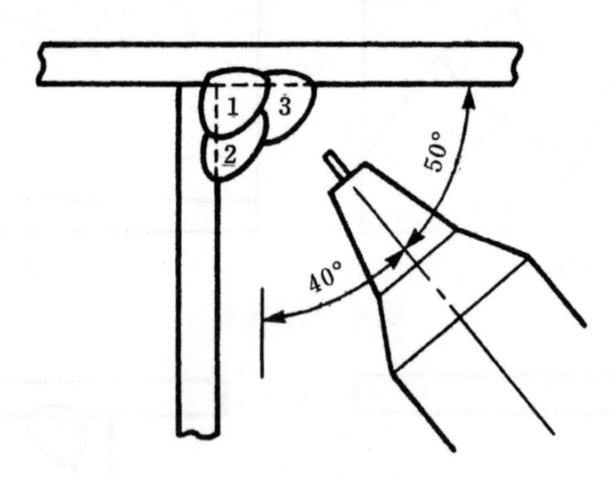

圖 9　第三道之工作角

(4) 採上述步驟銲填接頭之另一邊。

6. 銲填第二組銲件

(1) 採 75%氬氣和 25%二氧化碳之混合氣。

(2) 降低電壓 1～2V。

(3) 同單元 2，定位與暫銲銲件。

(4) 依前述程序施銲。

(5) 二氧化碳中加氬氣之銲接結果與純二氧化碳之銲接結果相似，主要區別在於電弧更穩定。

單元 7　單 V 型對接頭橫向槽銲練習與導彎試驗

一、目標：習得單 V 型對接頭橫向槽銲之技能。

二、機具：MIG 基本機具──1 組。

三、材料：

(1) 軟鋼板(9.6mm×120mm×140mm)──2 塊。

(2) 銲線(E70S-3，ϕ0.9mm)──1 捲。

(3) 保護氣體(銲接用二氧化碳)──1 瓶。

四、程序與步驟：

1. 準備器材

(1) 檢查裝置，確定狀況正常。

(2) 做好防護準備。

(3) 清潔母材。

(4) 準備接頭：

① 沿長度方向切割或輪磨如圖 1 所示斜邊。

② 清除板背之殘遺切屑。

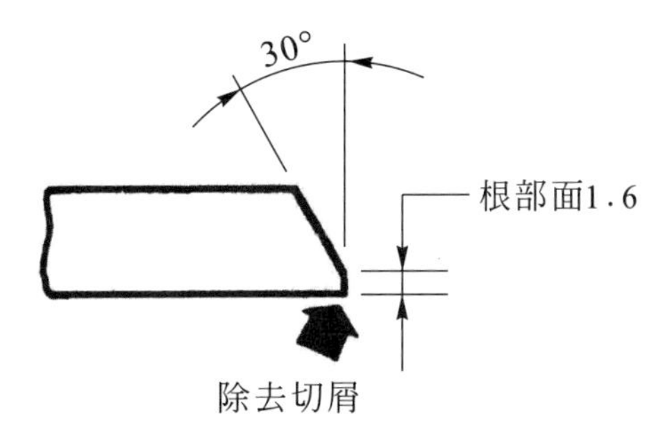

圖 1　接頭準備

(5) 設定銲機：

① 極性──DCRP。

② 電流──110～130A。

③ 電壓──19～21V。

④ 氣流——20 CFH(9.4ℓ / min)。

⑤ 銲線伸長——6.4～9.6mm。

2. 進行定位與暫銲

(1) 如圖 2，利用 ϕ2.4 之 U 形隔條設定根部間隙。

(2) 如圖 3，在接頭一端稍作第一暫銲。

(3) 在另一端暫銲 6.4mm 長之後立後立即抽去暫銲。

(4) 在第一暫銲處加強暫銲至 6.4mm。

(5) 依上述步驟，準備四組銲件。

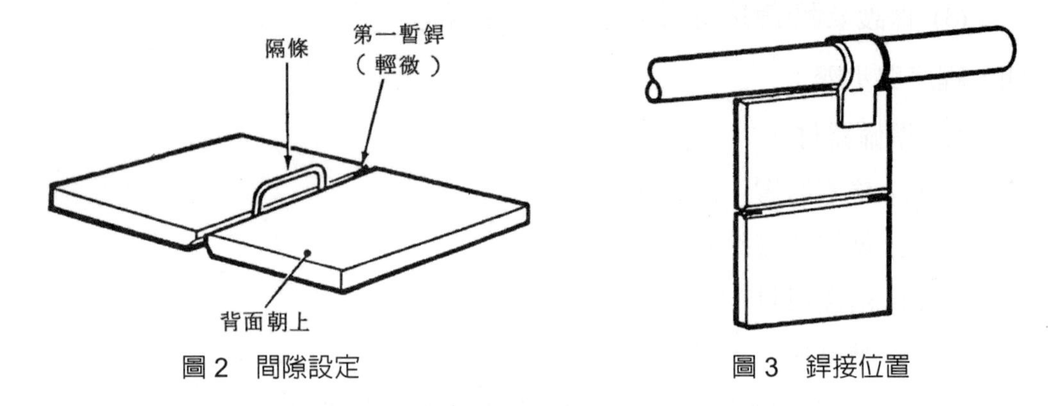

圖 2　間隙設定

圖 3　銲接位置

3. 進行銲件定位與銲填

(1) 如圖 3，夾持銲件使成橫銲位置。

(2) 銲填第一道

① 如圖 4，銲鎗採工作角 85°，移行拖角 5°～10°。

② 銲線接近熔池前緣，平穩移行。

③ 如圖 5，以能產生完全滲透根部及形成銲面寬度 8mm，根部增強銲層 1.6mm 之速率移行。

(3) 銲填第二道

① 如圖 6，銲鎗角度同第一道所用。

② 如圖 7，沿移行方向，採橢圓形或 Z 形織動，在打點處暫停以填滿銲疤。

③ 採橢圓織動時，銲線勿移離熔池前緣太遠。

④ 倘在銲接途中中斷電弧，接續時應在銲疤前 6.4mm 處起弧，再移回銲疤，繼續銲填，如圖 8 所示。

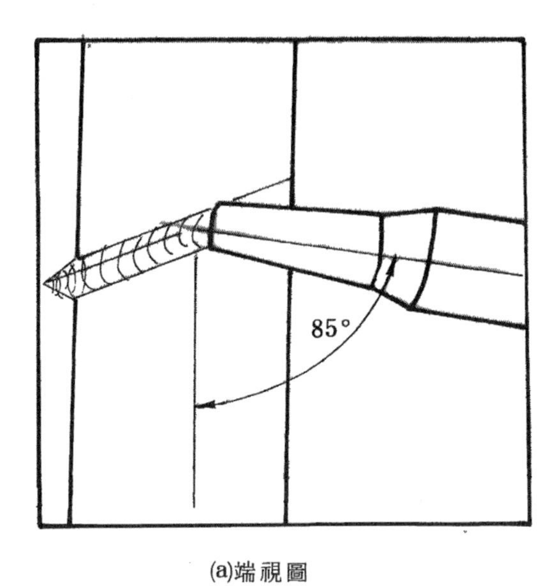

(a)端視圖

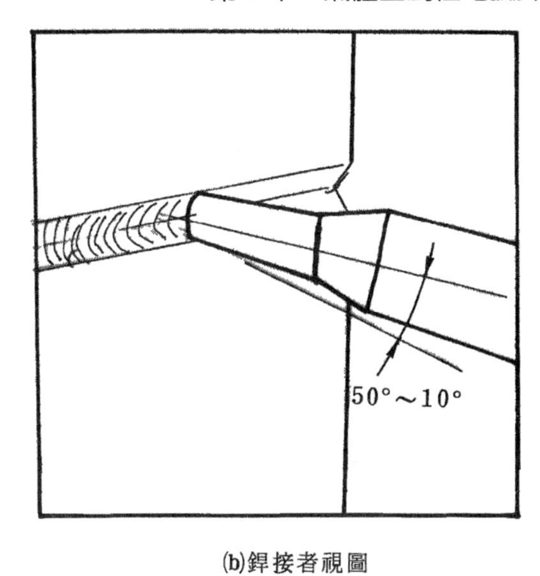

(b)銲接者視圖

圖 4　銲鎗角度

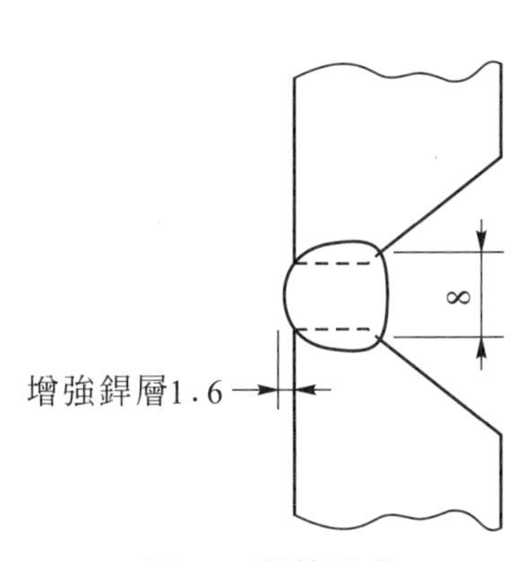

圖 5　銲道要求

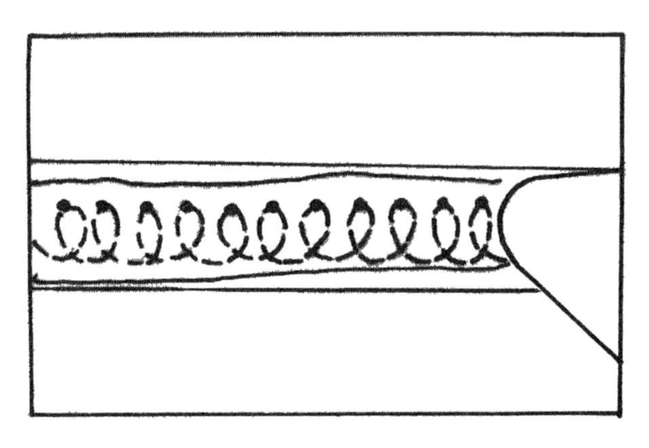

圖 6　織動要領

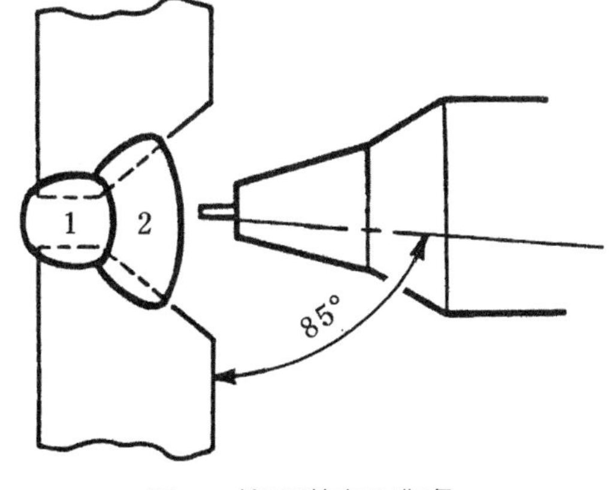

圖 7　第二道之工作角

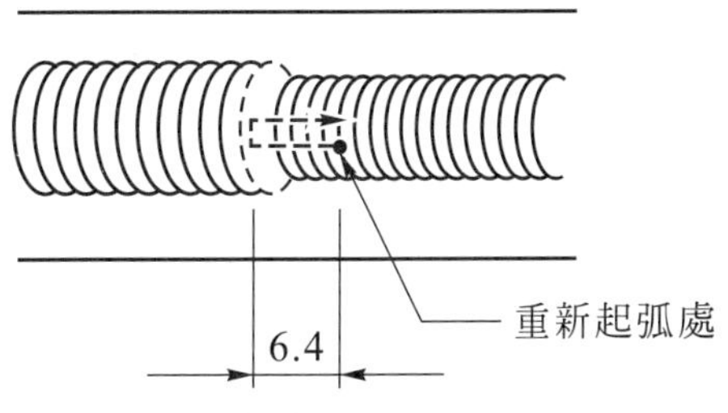

圖 8　重新起弧要領

(4) 銲填第三道

① 如圖 9，銲鎗採工作角 95°，移行拖角 5°～10°。

② 採同第二道之運行要領銲填。

③ 銲表面應高出母材 1.6mm。

(5) 銲填第四道

① 如圖 10，銲鎗採工作角 85°，移行拖角 5°～10°。

② 採同第二道之運行要領銲填。

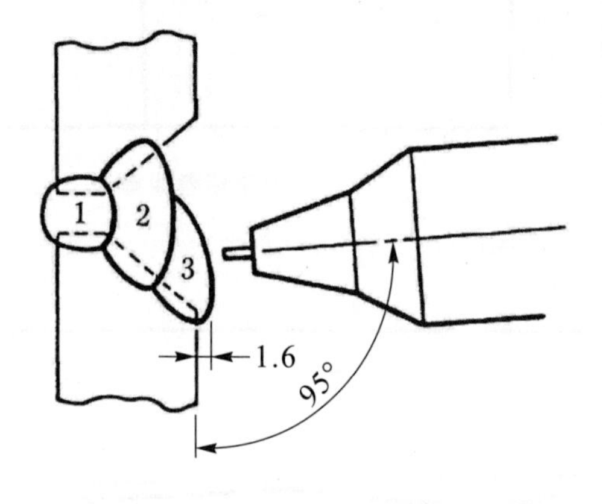

圖 9　第三道之工作角

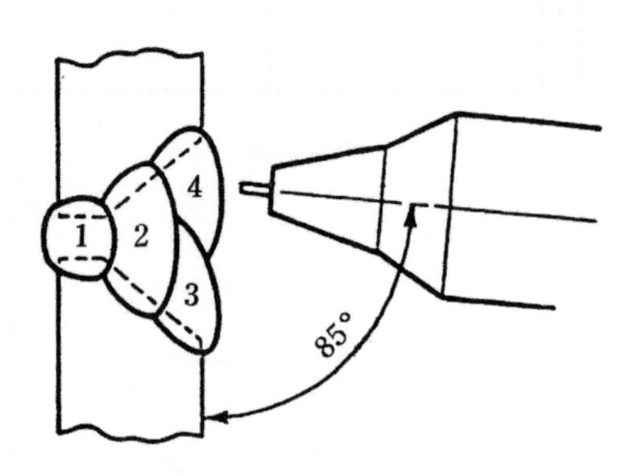

圖 10　第四道之工作角

4. 進行導彎試驗

(1) 依圖 11 所示尺寸，利用火焰切割試片。

(2) 保留中央兩塊試片，沿長度方向，輪磨銲道至與母材齊平。

(3) 在導彎模上分別進行面彎(彎曲後銲面在外角緣)及背彎(彎曲後根部在外角緣)。

(4) 依下列標準判定銲接品質：

① 外廓——表面應相當平滑、規則、無過疊或燒蝕。

② 熔合情況——銲接金屬與母材金屬應完全熔合，且完全滲透至根部。

③ 健全性——試片彎曲後，在凸出面上任何方向量取，其開口缺陷不得超過 3.2mm，但在試驗時非因夾渣或其它內部缺陷而發生在角緣裂痕除外。

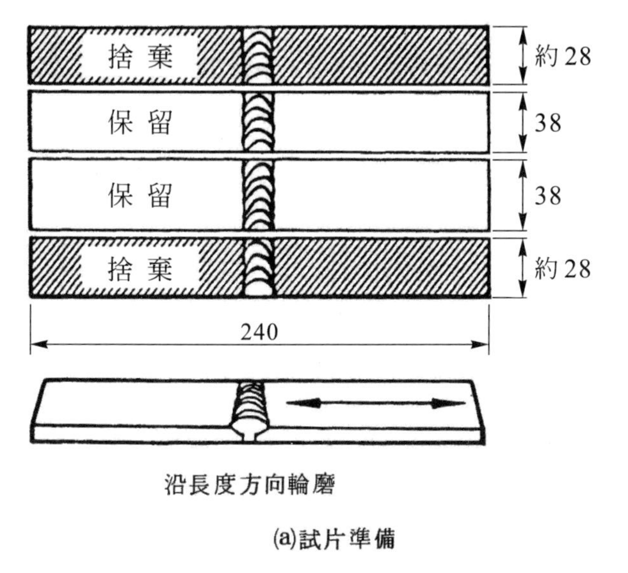

(a)試片準備

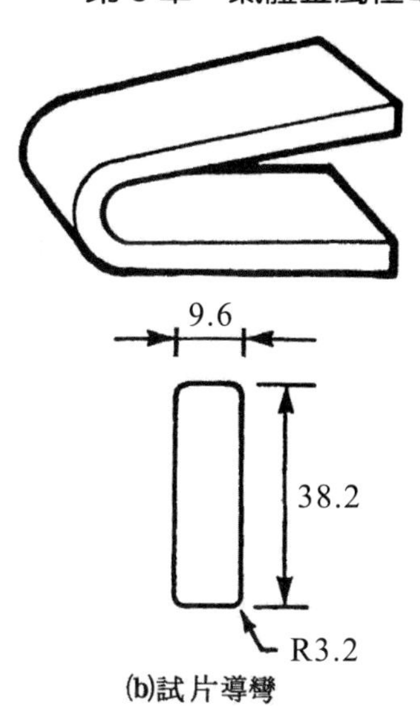

(b)試片導彎

圖 11　導彎試驗

單元 8　單 V 型對接頭向下立向槽銲練習

一、目標：習得單 V 型對接頭向下立向槽銲之技能。

二、機具：MIG 基本機具——1 組。

三、材料：

(1) 軟鋼板(9.6mm×120mm×140mm)——2 塊。

(2) 銲線(E70S-3，ϕ0.9mm)——1 捲。

(3) 保護氣體(銲接用二氧化碳)——1 瓶。

四、程序與步驟：

1. 準備器材

(1) 檢查裝置，確定狀況正常。

(2) 做好防護準備。

(3) 清潔母材及準備接頭(同單元 7)。

(4) 設定銲機：

① 極性——DCRP。

② 電流——130～150A。

③ 電壓——20～22V。

④ 氣流——20 CFH(9.4ℓ / min)。

⑤ 銲線伸長——6.4～9.6mm。

2. 進行定位與暫銲

(1) 同單元 7，進行定位與暫銲。

(2) 如圖 1，夾持銲件使成立銲位置。

3. 進行銲填

(1) 銲填第一道

① 銲鎗採工作角 90°，移行拖角 10°～20°。

② 平穩移行使銲道滲透至根部。

③ 在熔池前緣停頓。

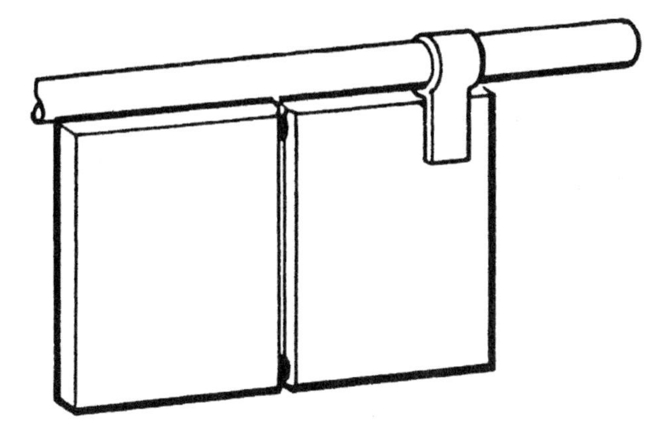

圖 1　銲接位置

(2) 銲填第二道

① 依圖 2 之銲道順序，銲鎗角度同第一道。

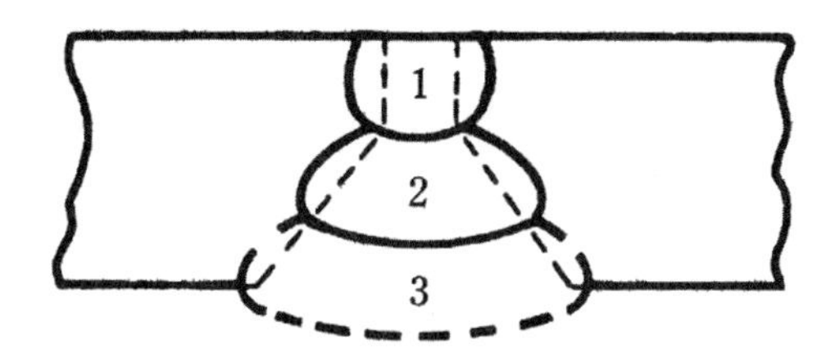

圖 2　銲道順序

② 如圖 3，採織動運行，在第一道兩邊暫停。

③ 以能產生幾乎填滿接頭(距母材表面在 1.6mm 以內)。

④ 施銲中，在熔池前緣稍作停頓。

(3) 銲填第三道

① 銲鎗角度同第二道。

② 如圖 4，採較寬於接頭寬之較寬織動。

③ 以能產生表面增強銲層至少高於板面 1.6mm 之速率移行。

④ 施銲中，在熔池前緣稍作停頓。

⑤ 完成後之銲道要求如圖 5 所示。

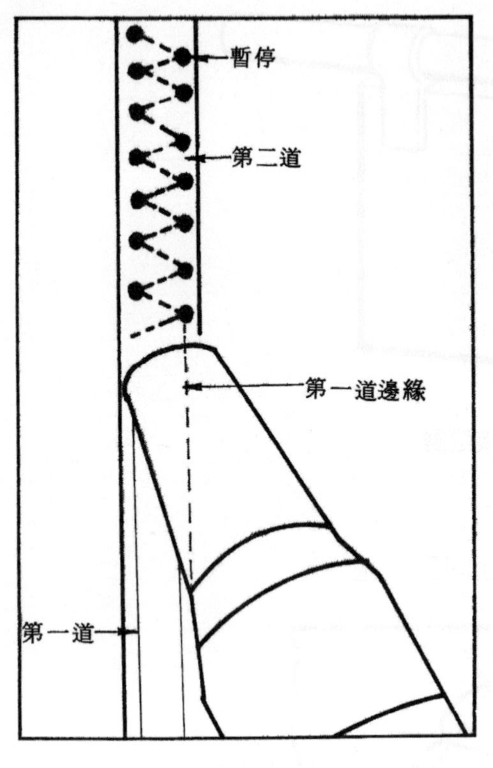

圖 3　織動要領

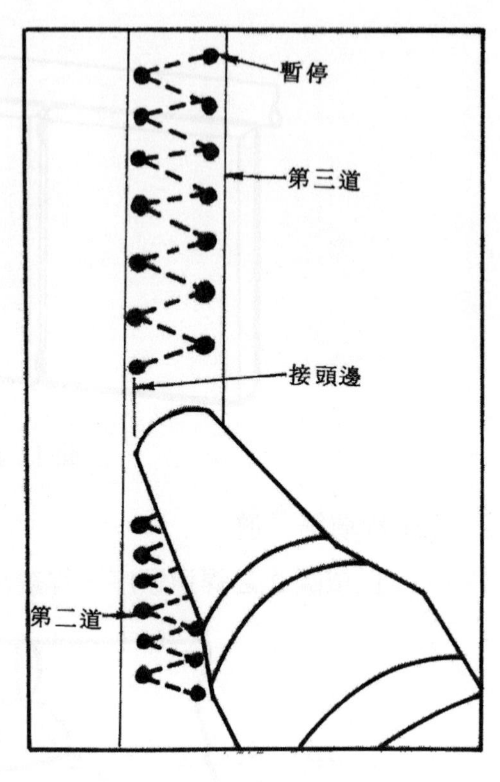

圖 4　織動要領

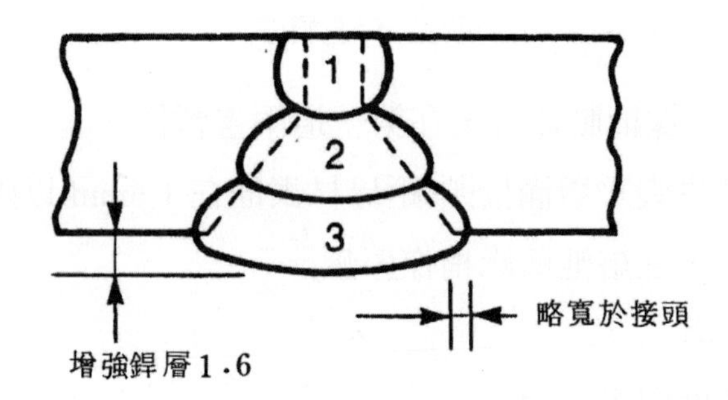

圖 5　銲道要求

4. 參考單元 7，進行導彎試驗。

單元 9　單 V 型對接頭平面槽銲練習

一、目標：習得單 V 型對接頭平面槽銲之技能。

二、機具：MIG 基本機具——1 組。

三、材料：

(1) 軟鋼板(9.6mm×75mm×150mm)——2 塊。

(2) 銲線(E70S-3，ϕ0.9mm)——1 捲。

(3) 保護氣體(銲接用二氧化碳)——1 瓶。

四、程序與步驟：

1. 準備器材

(1) 檢查裝置，確定狀況正常。

(2) 做好防護準備。

(3) 清潔母材及準備接頭(同單元 7)。

(4) 設定銲機：

① 極性——DCRP。

② 電流——100～120A。

③ 電壓——19～21V。

④ 氣流——20 CFH(9.4ℓ / min)。

⑤ 銲線伸長——6.4～9.6mm。

2. 進行定位與暫銲

(1) 同單元 7，進行定位與暫銲。

(2) 如圖 1，置放銲件，使成平銲位置。

3. 進行銲塡

(1) 銲塡第一道

① 如圖 2，銲鎗採工作角 90°，移行拖角 10°～15°。

② 採用織動法，以塡滿接頭之半的速率移行。

③ 底層銲道寬度應約寬 4.8mm 且在根部邊微凸。

④ 銲道應滲透良好。

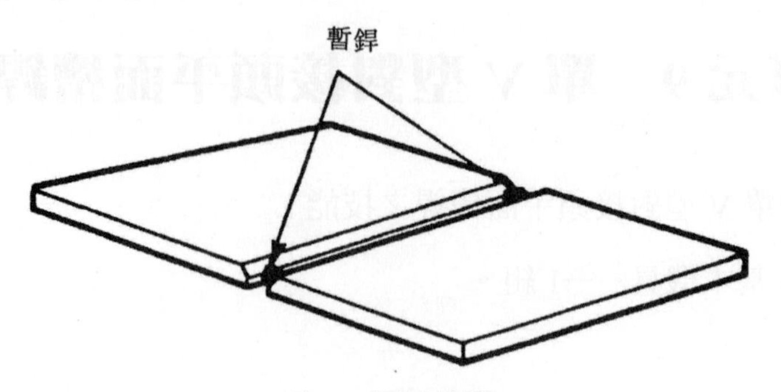

圖 1　銲接位置

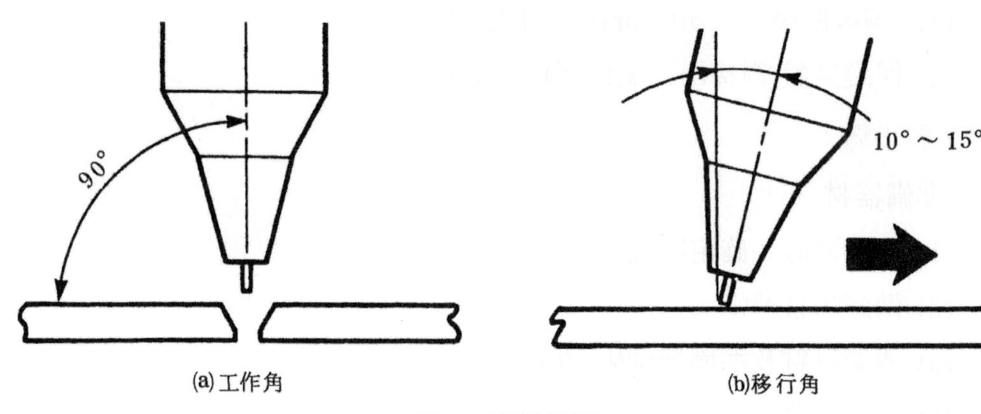

圖 2　銲鎗角度

(2) 銲填第二道

① 採同第一道之銲鎗角度。

② 如圖 3，採 Z 形織動以填充接頭至距板面 1.6mm 以內。

③ 施銲中，在熔池前緣稍作停頓。

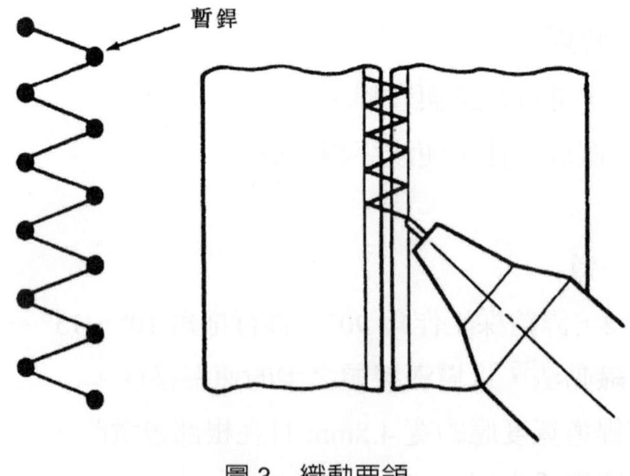

圖 3　織動要領

(3) 銲填第三道

① 如圖 3，仍採 Z 形織動，在銲道兩邊打點處暫停以免銲道過凸。

② 織動中，勿越過接頭邊 1.6mm 以上。

③ 銲道表面應約 12mm 寬，微凸。

(4) 參考單元 7，進行導彎試驗。

單元 10　單 V 型對接頭仰向槽銲練習

一、目標：習得單 V 型對接頭仰向槽銲之技能。

二、機具：MIG 基本機具——1 組。

三、材料：

(1) 軟鋼板(9.6mm×75mm×150mm)——2 塊。

(2) 銲線(E705-3，ϕ0.9mm)——1 捲。

(3) 保護氣體(銲接用二氧化碳)——1 瓶。

四、程序與步驟：

1. 準備器材

(1) 檢查裝置，確定狀況正常。

(2) 做好防護準備。

(3) 清潔母材及準備接頭(同單元 7)。

(4) 設定銲機：

①極性——DCRP。

②電流——100～120A。

③電壓——19～21V。

④氣流——20 CFH(9.4ℓ / min)。

⑤銲線伸長——6.4～9.6mm。

2. 進行定位與暫銲

(1) 同單元 7，進行定位與暫銲。

(2) 夾持銲件使成仰銲位置。(如圖 1)

3. 進行銲填

(1) 銲填第一道

① 如圖 2，銲鎗採工作角 90°，移行拖角 5°～10°。

② 採輕微織動向上移行。

③ 以能填滿接頭之半，滲透銲道與母材齊平至高出 1.6mm(見圖 3)之速率銲填。

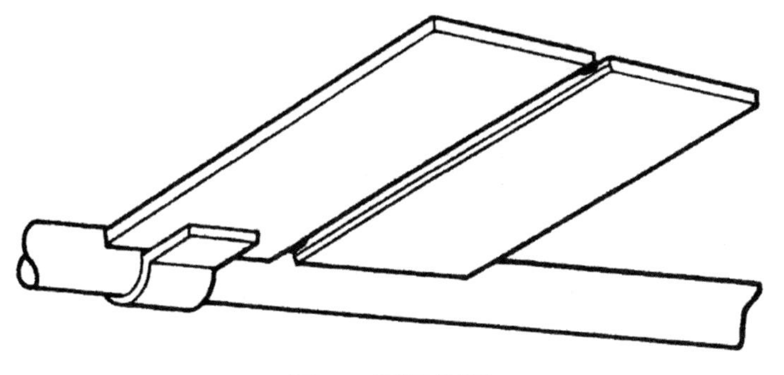

圖 1　銲接位置

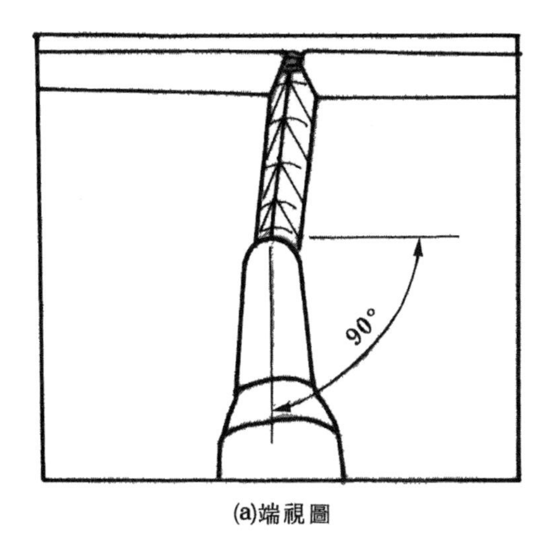

(a)端視圖

5°～10°

(b)銲接者視圖

圖 2　銲鎗角度

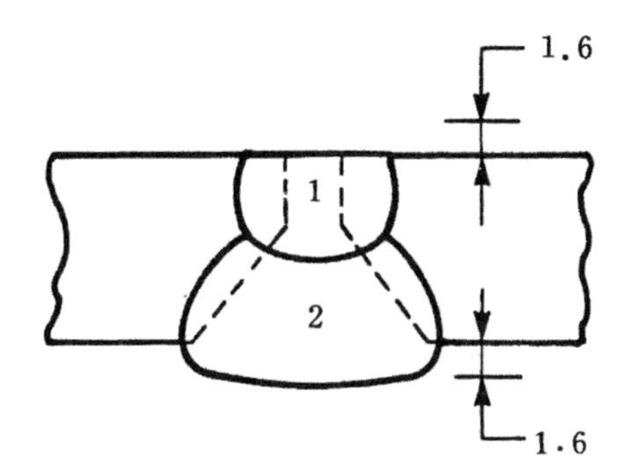

圖 3　銲道要求

(2) 銲填第二道

① 銲鎗採工作角 90°，移行拖角 0°。

② 採較寬織動，使銲道略寬於接頭，增強銲層高出板面 1.6mm。

單元 11　疊接頭與 T 型接頭橫向角銲練習

一、目標：習得疊接頭和 T 型接頭橫向角銲之技能。

二、機具：MIG 基本機具——1 組。

三、材料：

(1) 軟鋼板(1.6mm×75mm×150mm)——3 塊。

(2) 銲線(E70S-3，ϕ0.9mm)——1 捲。

(3) 保護氣體(銲接用二氧化碳)——1 瓶。

四、程序與步驟：

1. 準備器材

(1) 檢查裝置，確定狀況正常。

(2) 做好防護準備。

(3) 請潔母材及準備接頭。

(4) 設定銲機：

① 極性——DCRP。

② 電流——90～100A。

③ 電壓——17～19V。

④ 氣流——20 CFH(9.4ℓ / min)。

⑤ 銲線伸長——6.4～9.6mm。

2. 進行定位與暫銲

(1) 如圖 1，搭疊兩塊母材使成疊接頭，兩板各以寬度之半交疊，沿長度方向錯開 6.4mm 以便暫銲。

(2) 在接頭兩端暫銲，長 12mm。

(3) 置放第三塊板使垂直於疊接組件上，使成 T 型接頭，並在接頭兩端暫銲。

3. 進行疊接頭之銲填

(1) 如圖 3，銲鎗採工作角 45°，移行推角 20°。

(2) 起弧後採由右向左之前手銲法(提高熔池之可見性)沿接頭平穩移行。

(3) 移行速率以避免產生過度滲透或熔穿爲度，太快銲線會殘留在熔池。

(4) 施銲中切勿採任何織動。

(5) 完成後之銲道表面應平坦至微凸，寬度 6.4mm，腳長相等。

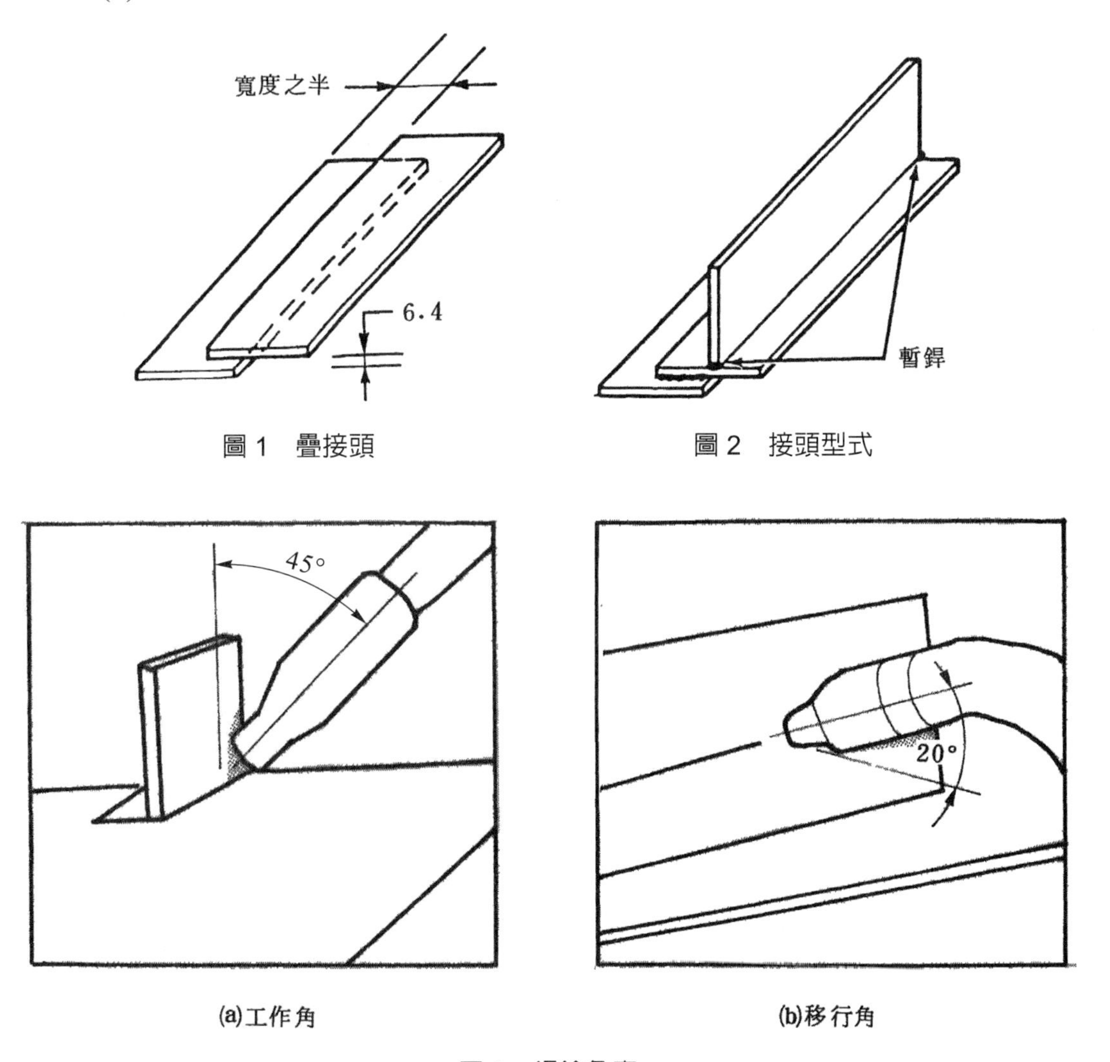

圖 1　疊接頭

圖 2　接頭型式

圖 3　銲鎗角度

4. 進行 T 型接頭之銲塡

(1) 如圖 4，銲鎗採工作角 45°，移行推角 20°。

(2) 沿接頭根部，類似疊接頭平穩直進移行。

(3) 完成後之銲道表面應平坦至微凸，且波紋勻整。

單元 12　疊接頭與 T 型接頭向下立向角銲練習

一、目標：習得利用短路轉移向下立向銲接軟鋼薄板之技能。

二、機具：MIG 基本機具——1 組。

三、材料：

(1) 軟鋼板(1.6mm×75mm×150mm)——3 塊。

(2) 銲線(E70S-3，ϕ0.9mm)——1 捲。

(3) 保護氣體(銲接用二氧化碳)——1 瓶。

四、程序與步驟：

1. 準備器材

(1) 檢查裝置，確定狀況正常。

(2) 做好防護準備。

(3) 清潔母材及準備接頭。

(4) 設定銲機：

① 極性——DCRP。

② 電流——90～100A。

③ 電壓——17～19V。

④ 氣流——20 CFH(9.4ℓ / min)。

⑤ 銲線伸長——6.4～9.6mm。

2. 進行定位與暫銲

(1) 同單元 11，定位與暫銲銲材。

(2) 如圖 1，夾持或銲著銲件，使成立銲位置。

3. 進行疊接頭之銲填

(1) 如圖 2，銲鎗採工作角 45°，移行拖角 20°。

(2) 沿接頭，平穩移行，保持銲線朝向接頭根部。

(3) 以避免熔池不超過 3.2mm 寬的速率移行。

(4) 完成後之銲道面應平坦且熔入兩板。

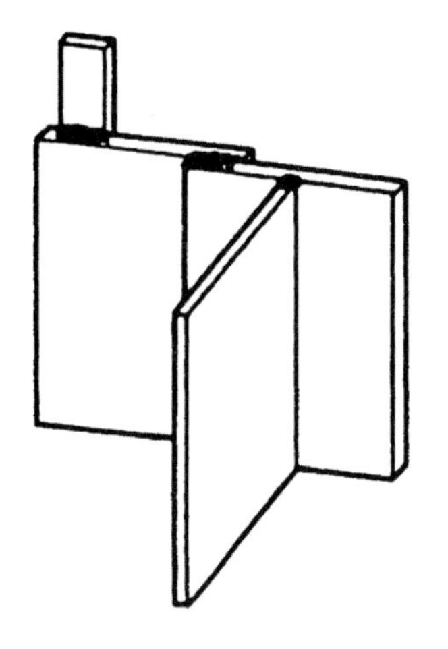

圖 1　銲接位置

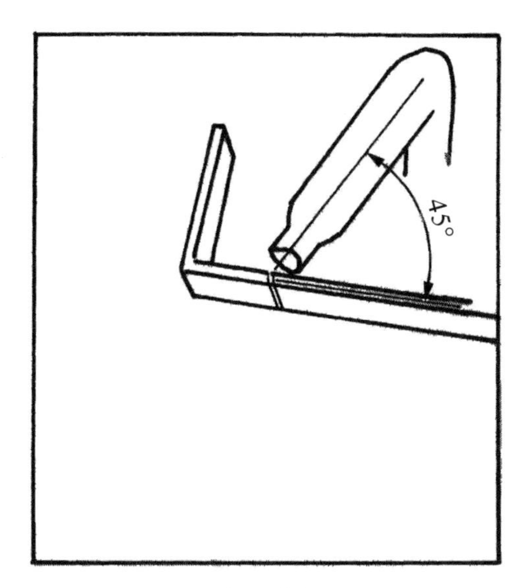

(a)工作角

(b)移行角

圖 2　銲鎗角度

4. 進行 T 型接頭之銲填

   (1) 銲鎗角度同疊接頭。

   (2) 以能產生約 6.4mm 寬的銲道速率平穩移行。

Chapter 附錄一

銲接與連接法及其操作名稱與代號

表 1　依英文全稱字頭序排列

全　稱	代　號
黏劑接合(adhesive bonding)	ABD
電弧銲(arc welding)	AW
原子氫氣銲(atomic hydrogen welding)	AHW
裸金屬極電弧銲(bare metal arc welding)	BMAW
碳極電弧銲(carbon arc welding)	CAW
包藥電弧銲(flux cored arc welding)	FCAW
氣體金屬極電弧銲(gas metal arc welding)	GMAW
氣體鎢極電弧銲(gas tungsten arc welding)	GTAW
電離氣電弧銲(plasa arc welding)	PAW
保護金屬極電弧銲(shielded metal arc welding)	SMAW
螺椿電弧銲(stud arc welding)	SW
潛弧銲(submerged arc welding)	SAW
電弧銲接法的變異	
電子氣包藥電弧銲(flux cored arc welding-electrogas)	FCAW-EG
氣體碳極電弧銲(gas carbon arc welding)	CAW-G

全　稱	代　號
電子氣金屬極電弧銲(gas metal arc welding-electrogas)	GMAW-EG
脈波氣體金屬極電弧銲(gas metal arc welding-pulsed arc)	GMAW-P
短路弧氣體金屬極電弧銲(gas metal arc welding-short circuiting arc)	GMAW-S
脈波氣體鎢極電弧銲(gas tungsten arc welding-pulsed arc)	GTAW-P
串聯潛弧銲(series submerged arc welding)	SAW-S
保護碳極電弧銲(shielded carbon arc welding)	CAW-S
雙碳極電弧銲(twin carbon arc welding)	CAW-T
硬銲(brazing)	B
電弧硬銲(arc brazing)	AB
熱塊硬銲(block brazing)	BB
擴散硬銲(diffusion brazing)	DFB
浸式硬銲(dip brazing)	DB
流動硬銲(flow brazing)	FLB
爐式硬銲(furnace brazing)	FB
感應硬銲(induction brazing)	IB
紅外線硬銲(infrared brazing)	IRB
電阻硬銲(resistance brazillg)	RB
銲炬硬銲(torch brazing)	TB
雙碳極電弧硬銲(twin carbon arc brazjng)	TCAB
其它銲接法(other processes)	
電子光束銲(electron beam welding)	EBW
電渣銲(electroslag welding)	ESW
流動銲(flow welding)	FLOW
感應銲(induction welding)	IW
雷射光束銲(laser beam welding)	LBW
熱料銲(thermit welding)	TW
氧氣燃氣銲(oxyfuel gas welding)	OFW
空氣乙炔氣銲(air acetylene welding)	AAW
氧乙炔氣銲(oxyacetylene welding)	OAW

全　稱	代　號
氫氧氣銲(oxyhydrogen welding)	OHW
壓力氣銲(pressure gas welding)	PGW
電阻銲(resistance welding)	RW
閃銲(flash welding)	FW
高周波電阻銲(high frequency resistance welding)	HFRW
碰撞銲(percussion welding)	PEW
凸壓銲(projection welding)	RPW
電阻縫銲(resistance seam welding)	RSEW
電阻點銲(resistance spot welding)	RSW
對衝銲(upset welding)	UW
軟銲(soldering)	S
浸式軟銲(dip soldering)	DS
爐式軟銲(furnace soldering)	FS
感應軟銲(induction soldering)	IS
紅外線軟銲(infrared soldering)	IRS
烙鐵軟銲(iron solding)	INS
電阻軟銲(resistance soldering)	RS
銲炬軟銲(torch soldering)	TS
波動軟銲(wave soldering)	WS
固態銲法(solid state welding)	SSW
冷銲(cold welding)	CW
擴散銲(diffusion welding)	DFW
爆炸銲(explosion welding)	EXW
鍛銲(forge welding)	FOW
摩擦銲(friction welding)	FRW
熱壓銲(hot pressure welding)	HPW
滾軋銲(roll welding)	ROW
超音波銲(ultrasonic weldilig)	USW
熱切割(thermal cutting)	TC

全　稱	代　號
電弧切割(arc cutting)	AC
空氣碳極電弧切割(air carbon arc cutting)	AAC
碳極電弧切割(carbon arc cutting)	CAC
氣體金屬極電弧切割(gas metal arc cutting)	GMAC
氣體鎢極電弧切割(gas tungsten arc cutting)	GTAC
金屬極電弧切割(metal arc cutting)	MAC
電離氣電弧切割(plasma arc cutting)	PAC
保護金屬極電弧切割(shielded metal arc cutting)	SMAC
電子光束切割(electron beam cuttiug)	EBC
雷射光束切割(laser beam cutting)	LBC
氧氣切割(oxygen cutting)	OC
化學劑切割(chemical flux cutting)	FOC
金屬粉末切割(metal powder cutting)	POC
氧氣燃氣切割(oxyfuel gas cutting)	OFC
氧乙炔氣切割(oxyacetylene cutting)	OFG-A
氫氧氣切割(oxyhydrogen cutting)	OFC-H
氧氣天然氣切割(oxynatural gas cutting)	OFC-N
氧氣電弧切割(oxygen arc cutting)	AOC
氧氣管切割(oxygen lance cutting)	LOC
熱噴塗(thermal spraying)	THSP
電弧噴塗(electric arc spraying)	EASP
火焰噴塗(flame spraying)	FLSP
電離氣噴塗(plasma spraying)	PSP

表 2　依英文代號字頭序排列

全　稱	代　號
空氣碳極電弧(air carbon arc cutting)	AAC
空氣乙炔氣銲(air acetylene welding)	AAW
黏劑接合(adhesive bonding)	ABD

全　稱	代　號
電弧切割(arc cutting)	AC
電弧硬銲(arc brazing)	AB
原子氫氣銲(atomic hydrogen welding)	AHW
氧氣電弧切割(oxygen arc cutting)	AOC
電弧銲(arc weldilig)	AW
硬銲(brazing)	B
熱塊硬銲(block brazing)	BB
裸金屬極電弧銲(bare metal arc welding)	BMAW
碳極電弧切割(carbon arc cutting)	CAC
碳極電弧銲(carbon arc welding)	CAW
氣體碳極電弧銲(gas carbon arc welding)	CAW-G
保護碳極電弧銲(shielded carbon arc welding)	CAW-S
雙碳極電弧銲(twin carbon arc welding)	CAW-T
冷銲(cold welding)	CW
浸式硬銲(dip brazing)	DB
擴散硬銲(diffusion brazing)	DFB
擴散銲(diffusion welding)	DFW
浸式軟銲(dip soldering)	DS
電弧噴塗(electric arc spraying)	EAS
電子光束切割(electron beam cutting)	EBC
電子光束銲(electron beam welding)	EBW
電渣銲(electroslag welding)	ESW
爆炸銲(explosion welding)	EXW
爐式硬銲(furnace brazing)	FB
包藥電弧銲(flux cored arc welding)	FCAW
電子氣包藥電弧銲(flux cored arc welding-electrogas)	FCAW-EG
流動硬銲(flow brazing)	FLB
流動銲(flow welding)	FLOW
火焰噴塗(flame spraying)	FLS

全 稱	代 號
化學劑切割(chemical flux cutting)	FOC
鍛銲(forge welding)	FOW
摩擦銲(friction welding)	FRW
爐式軟銲(furnace soldering)	FS
閃銲(flash weldlng)	FW
氣體金屬極電弧切割(gas metal arc cutting)	GMAC
氣體金屬極電弧銲(gas metal arc welding)	GMAW
電子氣氣體金屬極電弧銲(gas metal arc welding-electrogas)	GMAW-EG
脈波弧氣體金屬極電弧銲(gas metal arc welding-pulsed arc)	GMAW-P
短路弧氣體金屬極電弧銲(gas metal arc welding-short circuiting arc)	GMAW-S
氣體鎢極電弧切割(gas tungsten arc cutting)	GTAC
氣體鎢極電弧銲(gas tungsten arc welding)	GTAW
盪弧氣體鎢極電弧銲(gas tungsten arc welding-pulsed arc)	GTAW-P
高週波電阻銲(high frequency resistance welding)	HFRW
熱壓銲(hot pressure welding)	HPW
感應硬銲(induction brazing)	IB
烙鐵軟銲(iron soldering)	INS
紅外線硬銲(infrared brazing)	IRB
紅外線軟銲(infrared soldering)	IRS
感應軟銲(induction soldering)	IS
感應銲(induction welding)	IW
雷射光束切割(laser beam cutting)	LBC
雷射光束銲(laser beam welding)	LBW
氧氣管切割(oxygen lance cutting)	LOC
金屬極電弧切割(metal arc cutting)	MAC
氧乙炔氣銲(oxyacetylence welding)	OAW
氧氣切割(oxygen cutting)	OC
氧氣燃氣切割(oxyfuel gas cutting)	OFC
氧乙炔切割(oxyacetylene cutting)	OFC-A

全　稱	代　號
氫氧氣切割(oxyhydrogen cutting)	OFC-H
氧氣天然氣切割(oxynatural gas cutting)	OFC-N
氧氣丙烷切割(oxypropane cutting)	OFC-P
氧氣燃氣銲(oxyfuel gas welding)	OFW
氫氧銲(oxyhydrogen welding)	OHW
電離氣電弧切割(plasma arc cutting)	PAC
電離氣電弧銲(plasma arc welding)	PAW
碰撞銲(percussion welding)	PEW
壓力氣銲(pressure gas welding)	POC
金屬粉末切割(metal powder cutting)	POC
電離氣噴塗(plasma spraying)	PS
電阻硬銲(resistance brazing)	RB
凸壓銲(projection welding)	RPW
電阻軟銲(resistance soldering)	RS
電阻縫銲(resistance searn welding)	RSEW
電阻點銲(resistance spot welding)	RSW
滾軋銲(roll welding)	ROW
電阻銲(resistance welding)	RW
軟銲(soldering)	S
潛弧銲(submerged arc welding)	SAW
串聯潛弧銲(series submerged arc welding)	SAW-S
保護金屬極電弧切割(shielded metal arc cutting)	SMAC
保護金屬極電弧銲(shielded metal arc welding)	SMAW
固態銲(solid state welding)	SSW
螺樁電弧銲(stud arc welding)	SW
銲炬硬銲(torch brazing)	TB
熱切割(thermal cuting)	TC
雙碳極電弧硬銲(twin carbon arc brazing)	TCAB
熱噴塗(thermal spraying)	THS

全　稱	代　號
鉀炬軟鉀(torch soldering)	TS
熱料鉀(thermal welding)	TW
超音波鉀(ultrasonic welding)	USW
對衝鉀(upset welding)	UW
波動軟鉀(wave soldering)	WS

表 3　操作方式及英文代號(用於接鉀接法代號之後)

全自動(automatic)	AU	手工(manual)	MA
機械式(machine)	ME	半自動(semiautomatic)	SA

Chapter 附錄二

標準銲接符號

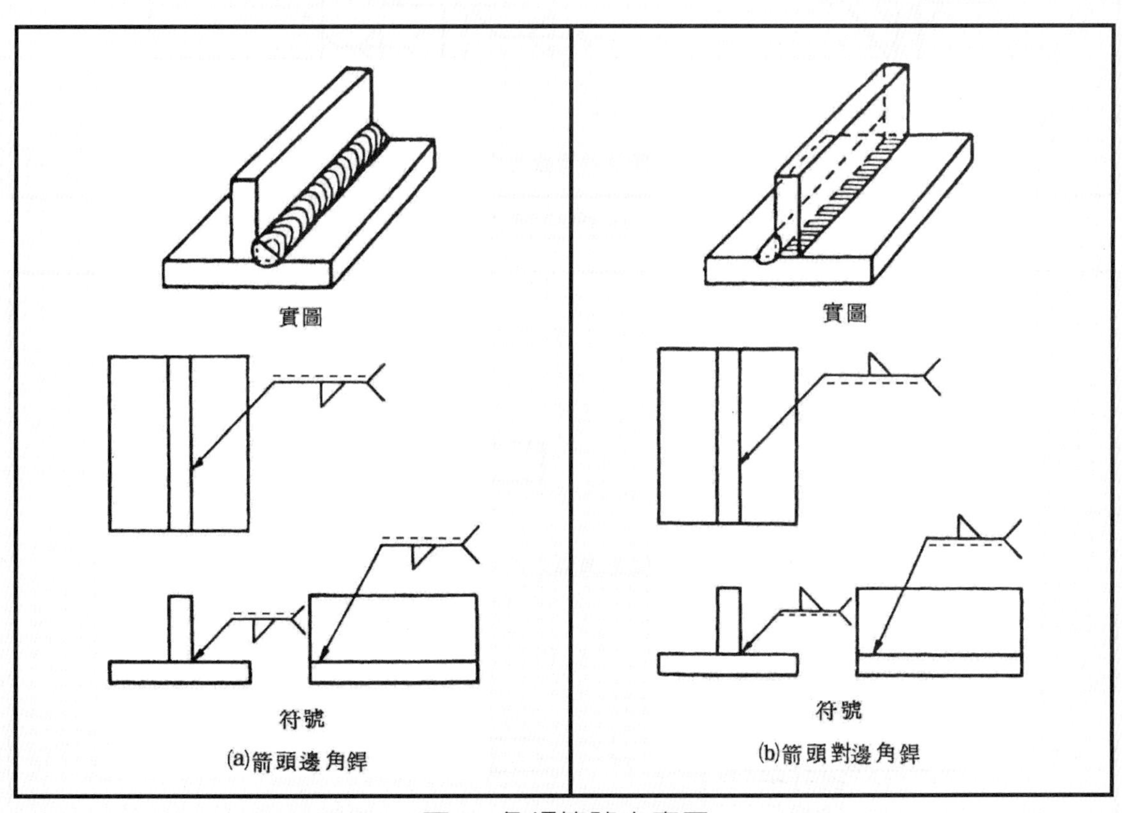

圖1　角銲符號之應用

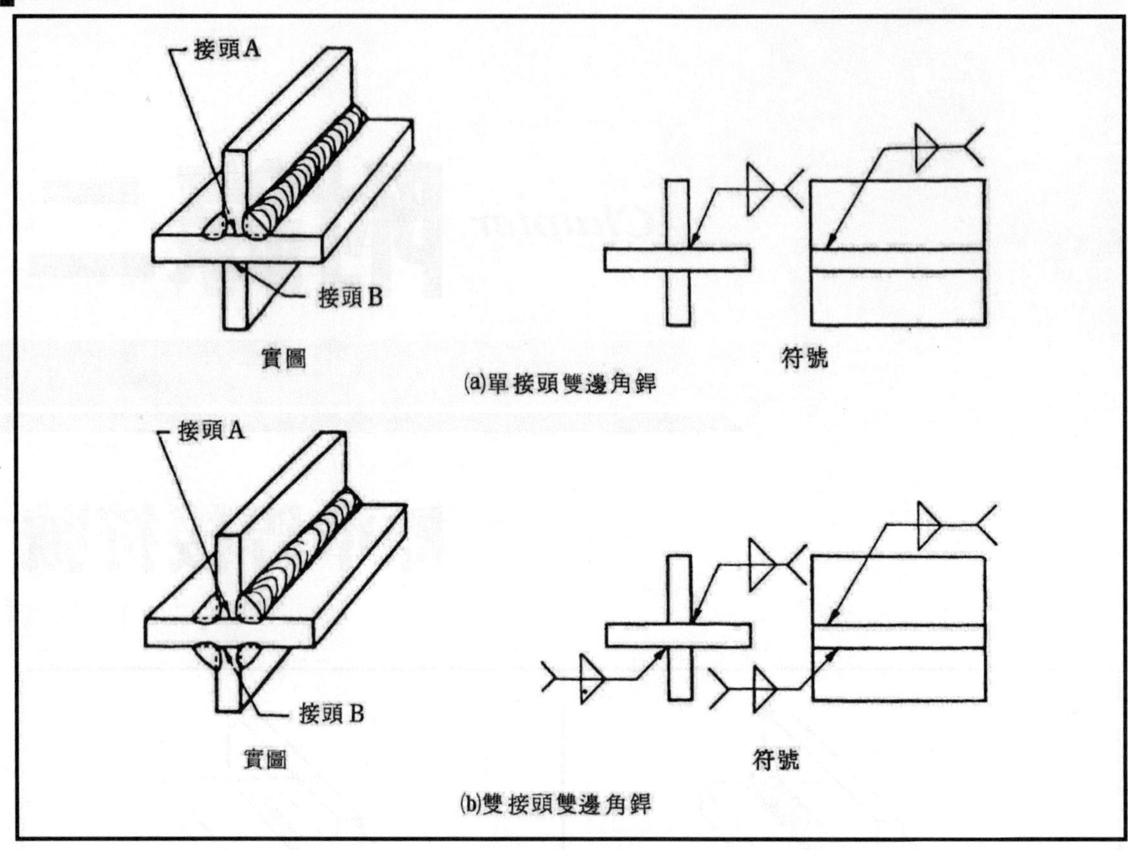

圖 2　角銲符號之應用

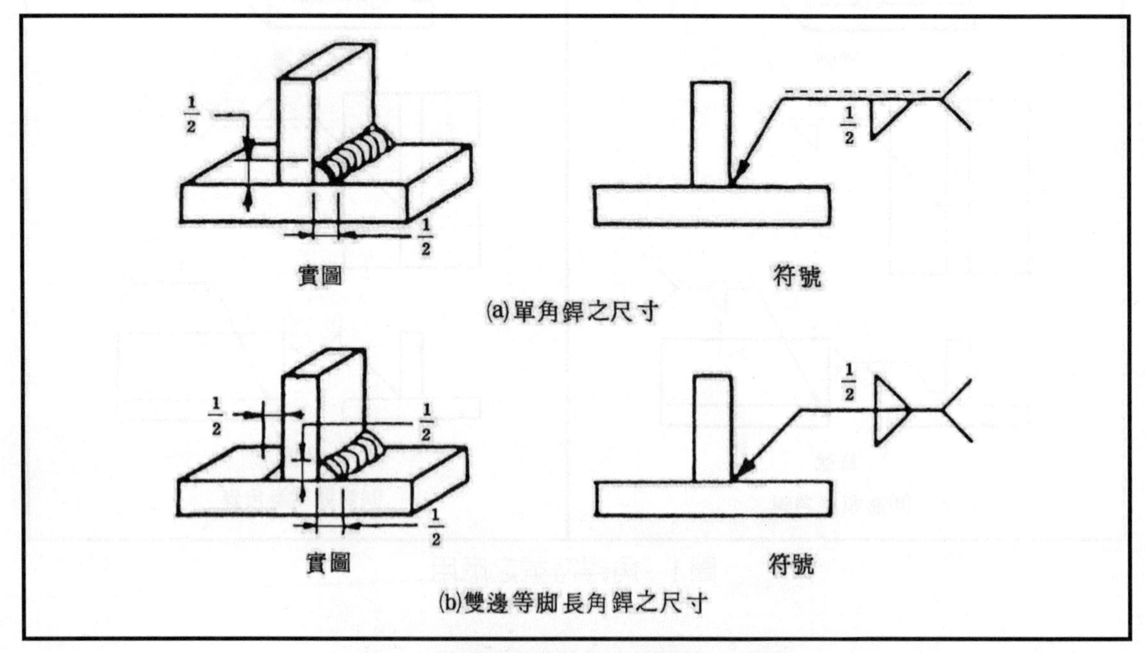

圖 3　角銲符號與尺寸標註之應用

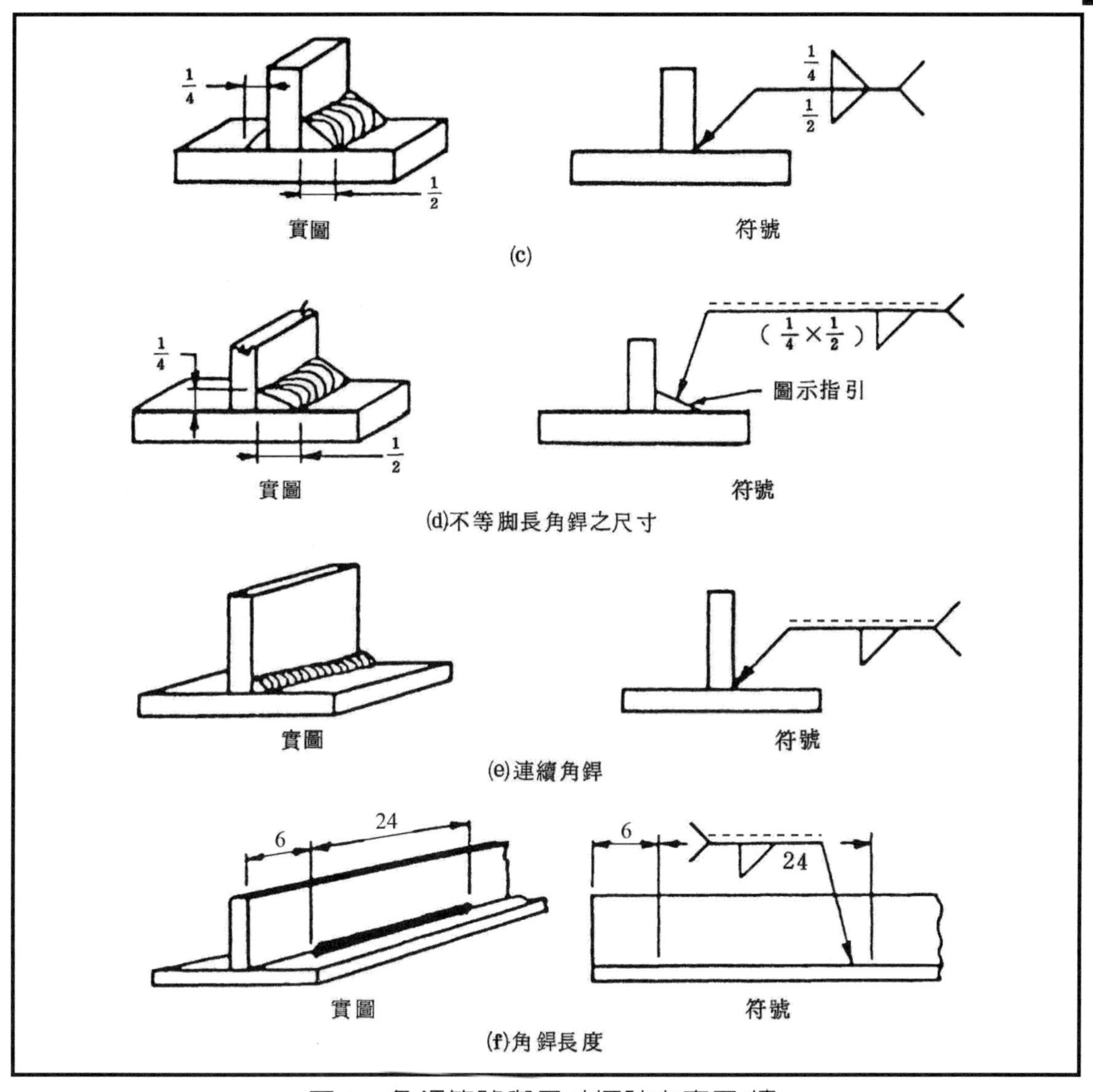

圖 3　角銲符號與尺寸標註之應用(續)

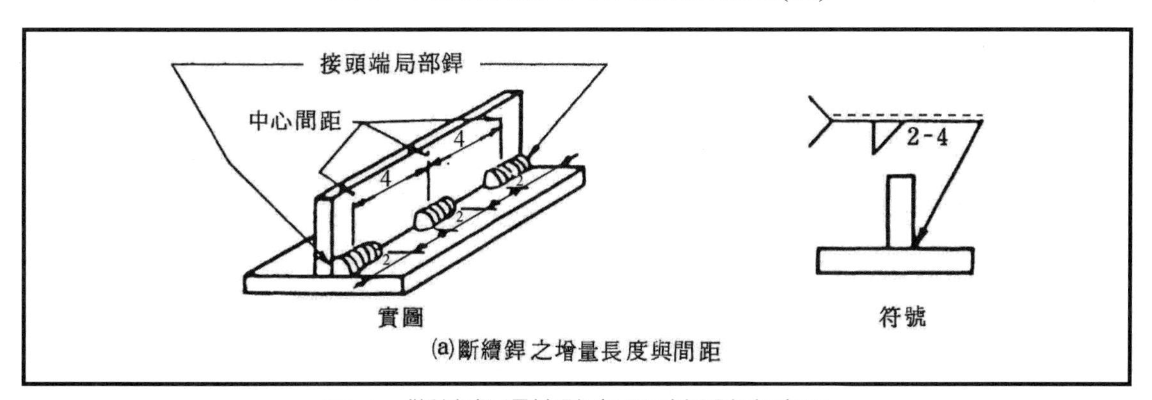

圖 4　斷續角銲符號與尺寸標註之應用

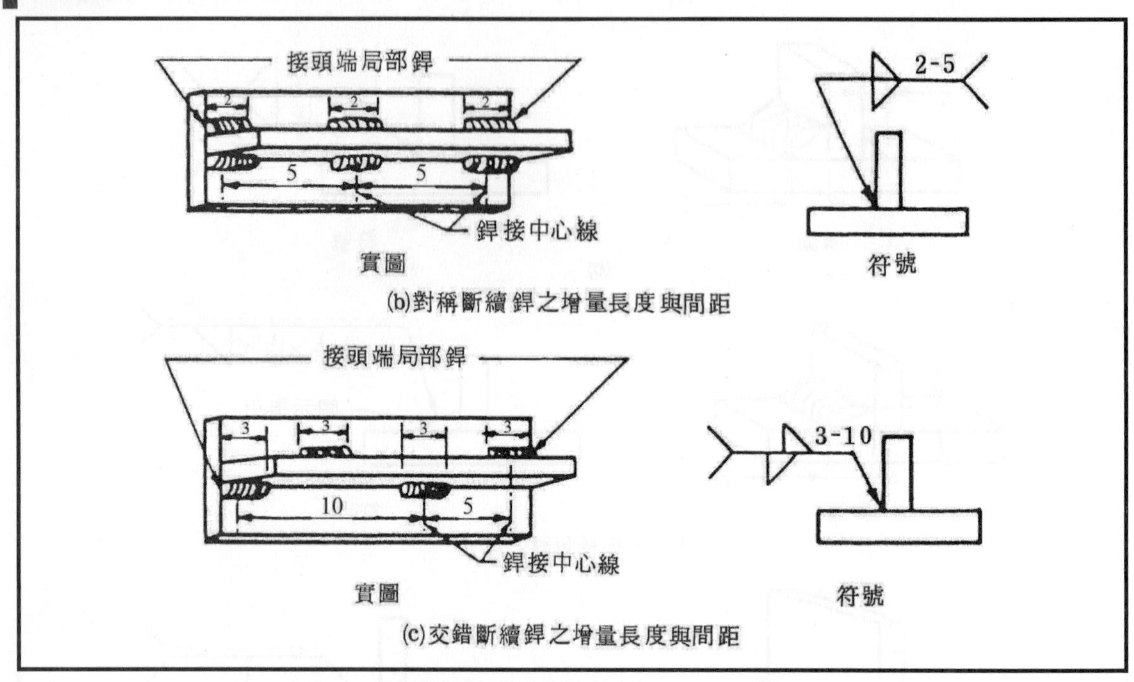

圖 4　斷續角銲符號與尺寸標註之應用(續)

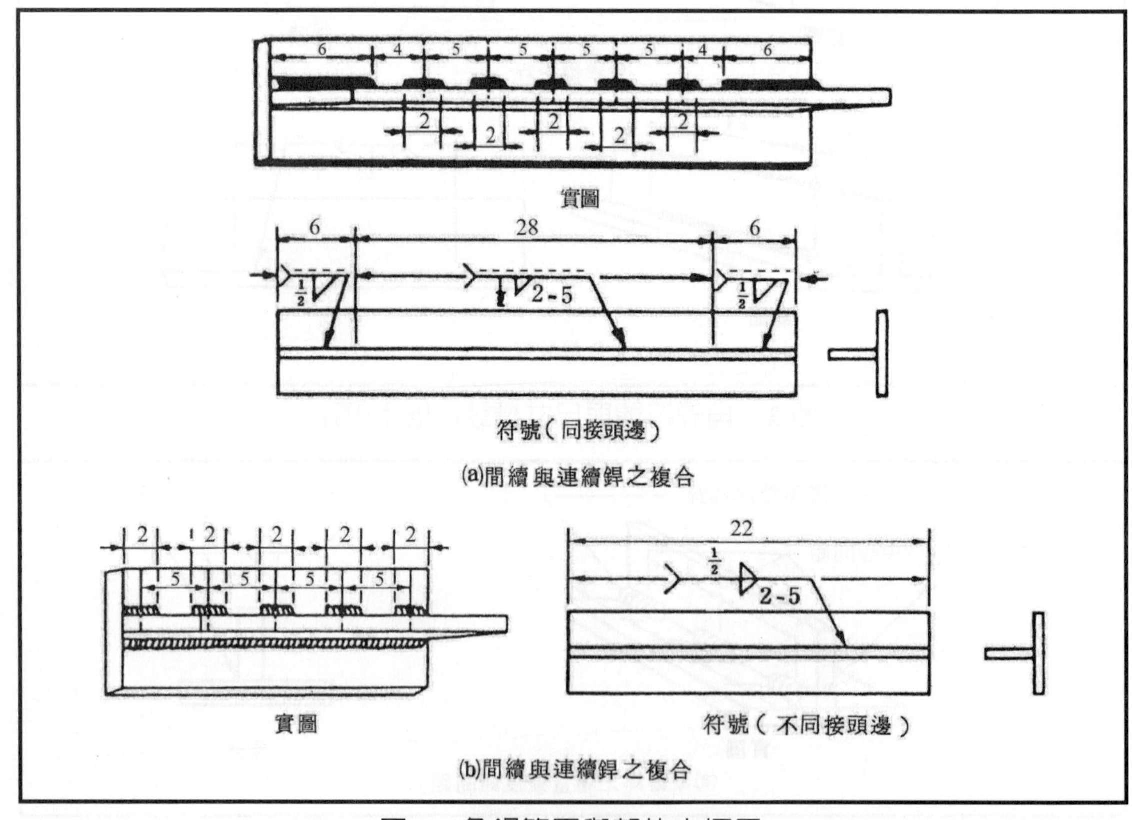

圖 5　角銲範圍與部位之標示

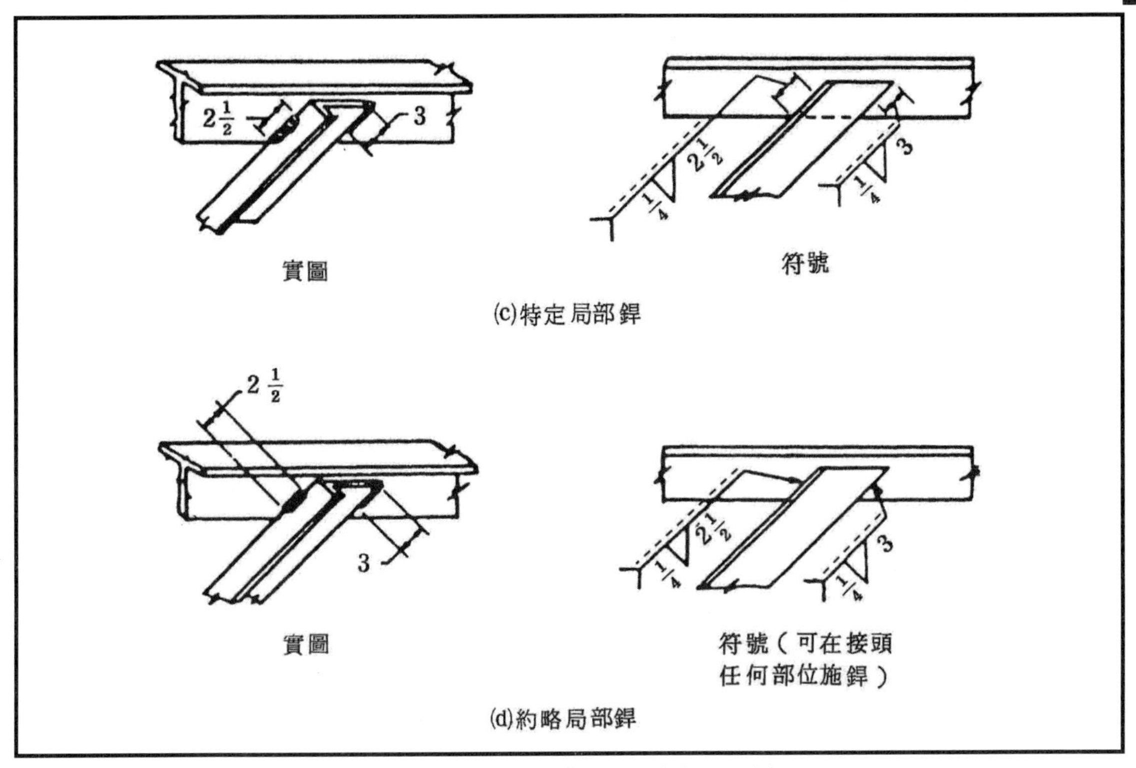

圖 5　角銲範圍與部位之標示(續)

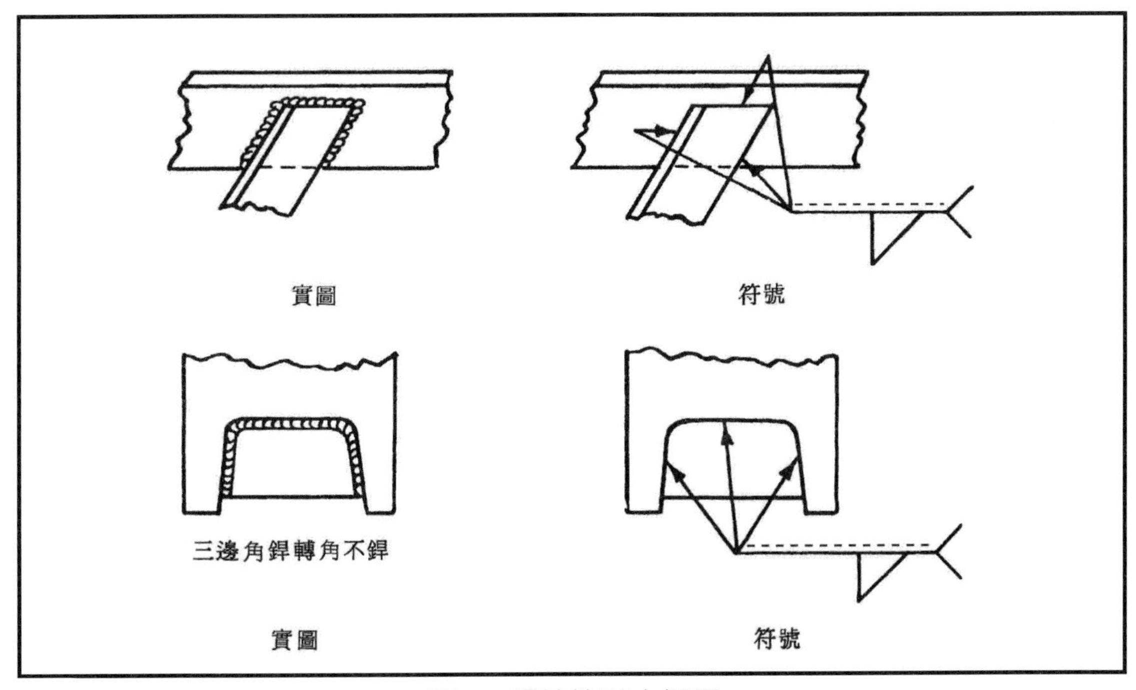

圖 6　銲接範圍之標示

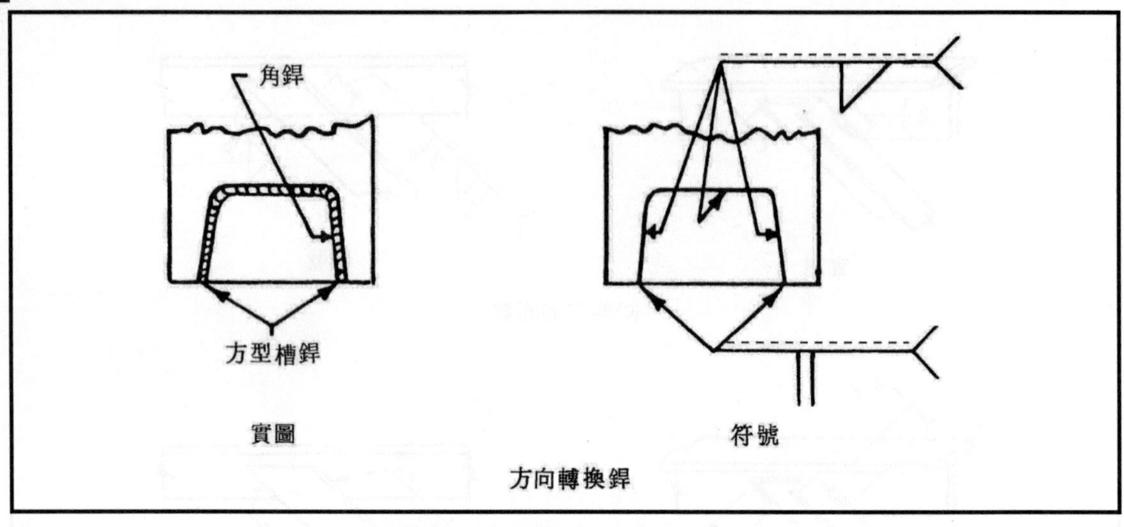

圖 6　銲接範圍之標示(續)

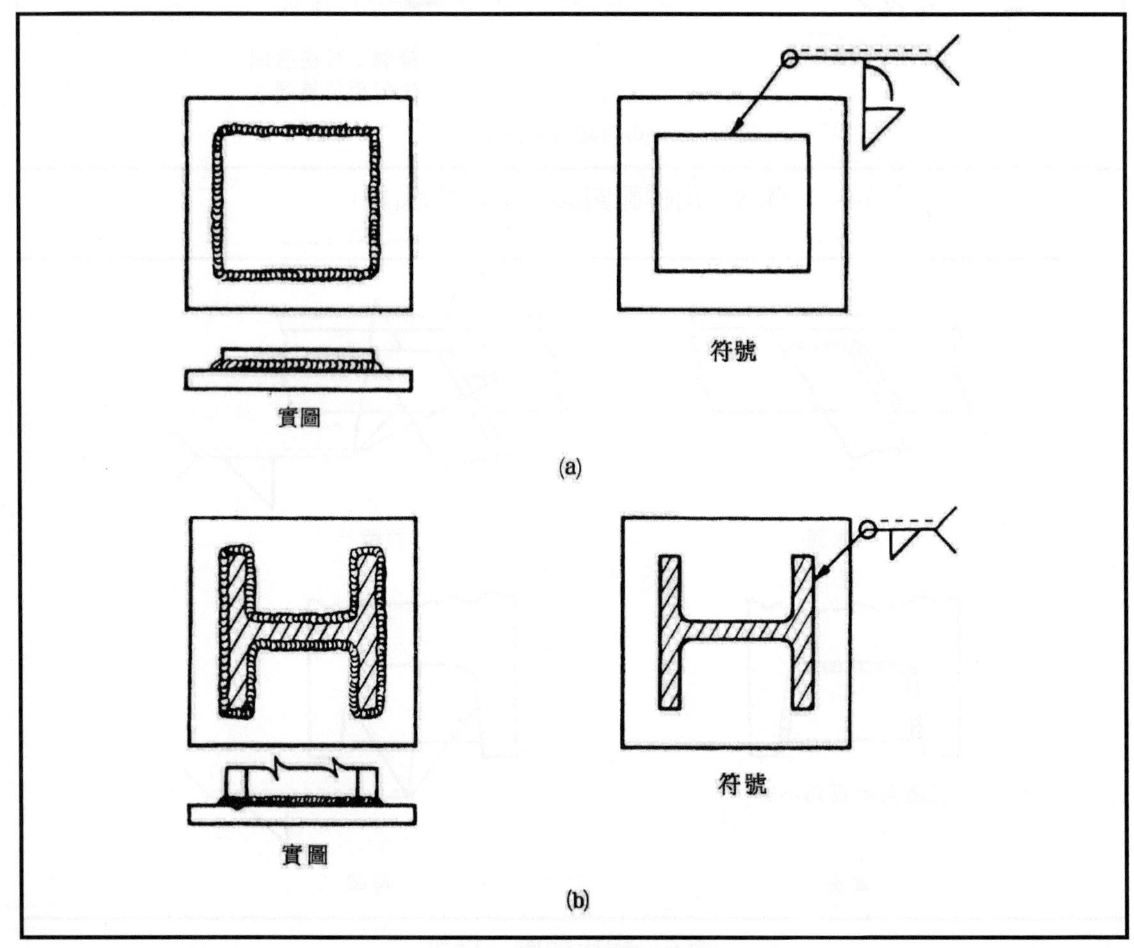

圖 7　銲接範圍標示

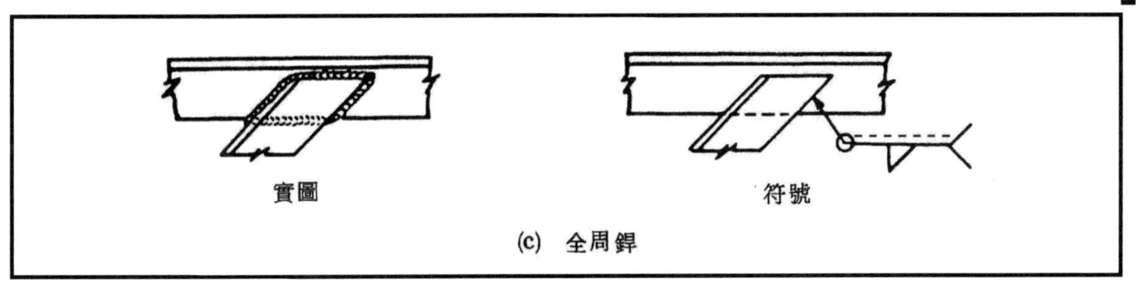

圖 7　銲接範圍標示(續)

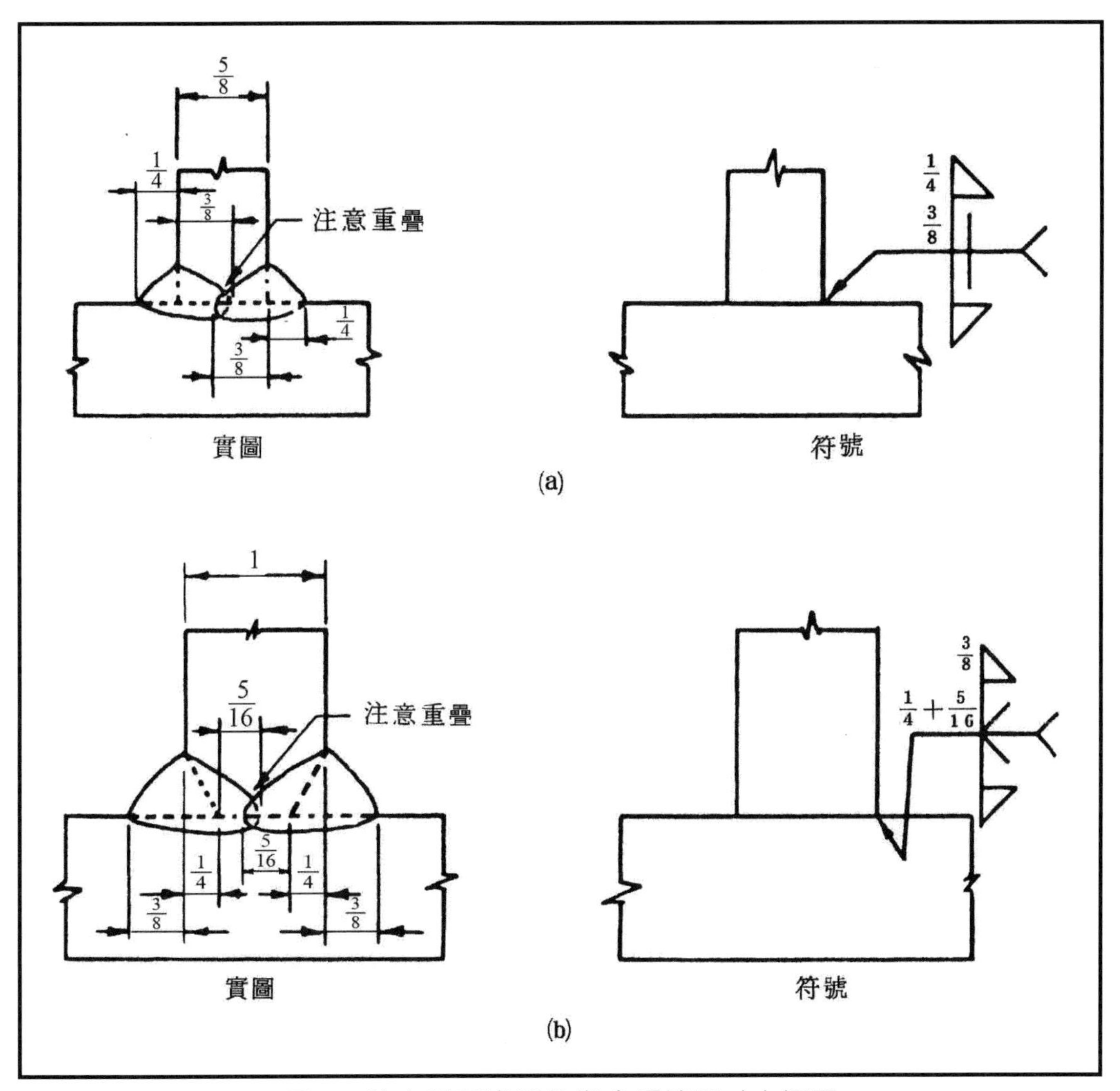

圖 8　特定根部滲透的複合銲接尺寸之標示

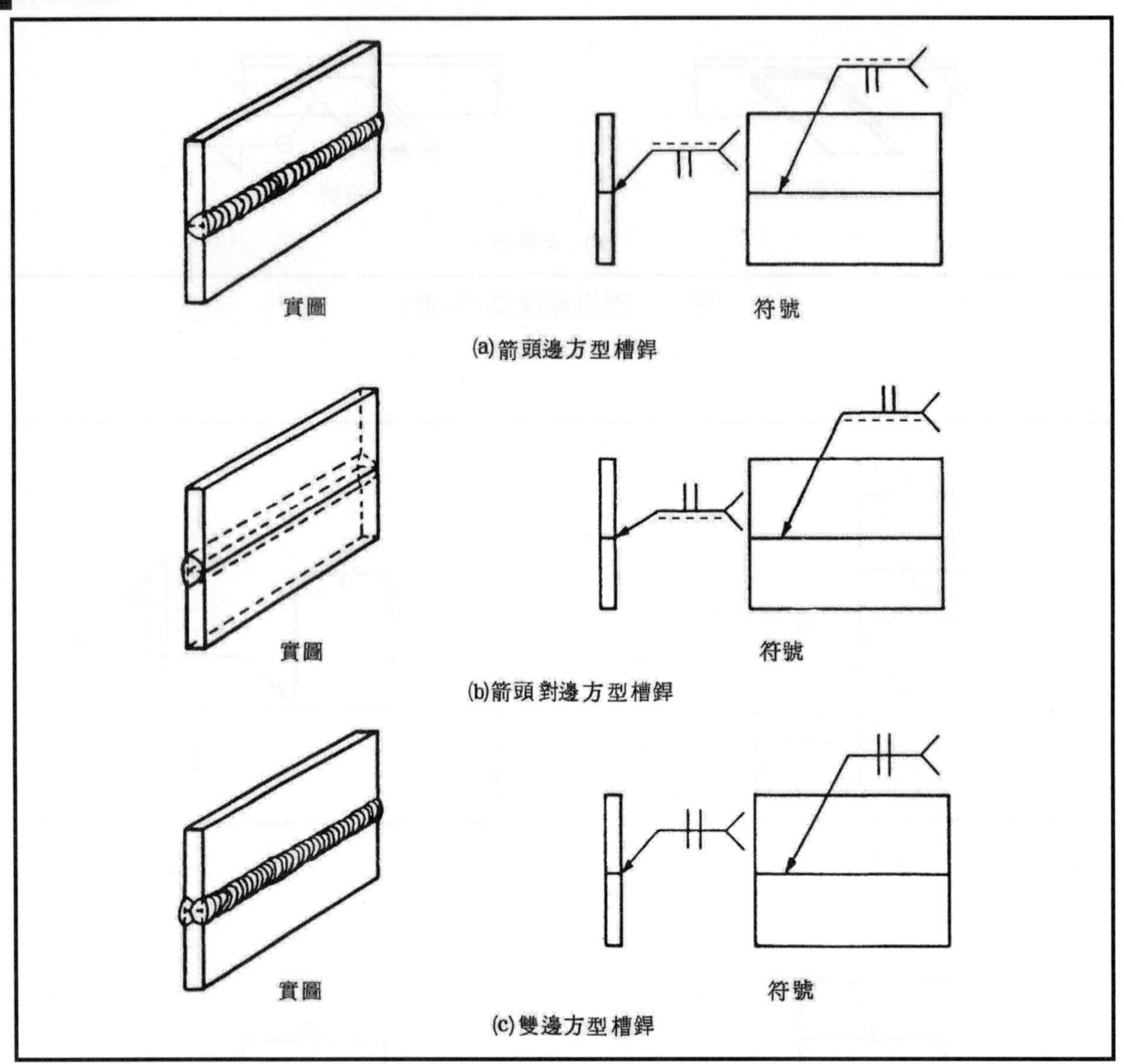

圖 9　方型槽銲符號之應用

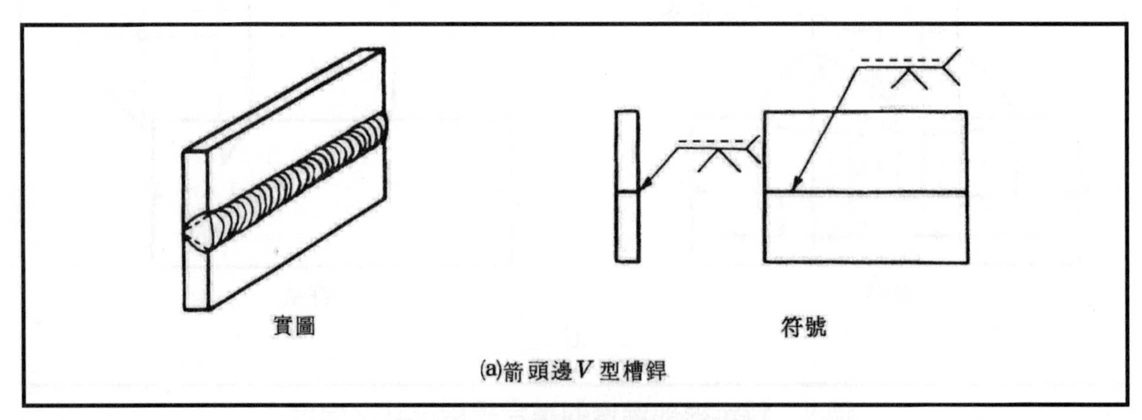

圖 10　V 型槽銲符號之應用

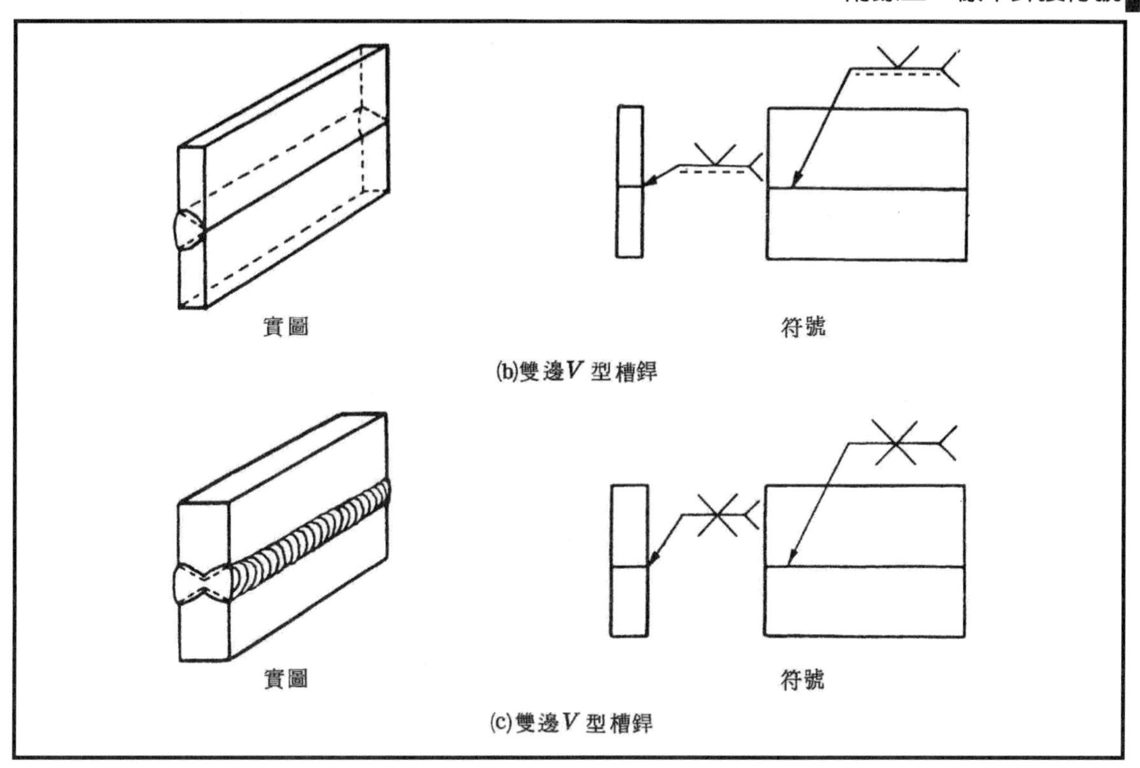

圖 10　V 型槽銲符號之應用(續)

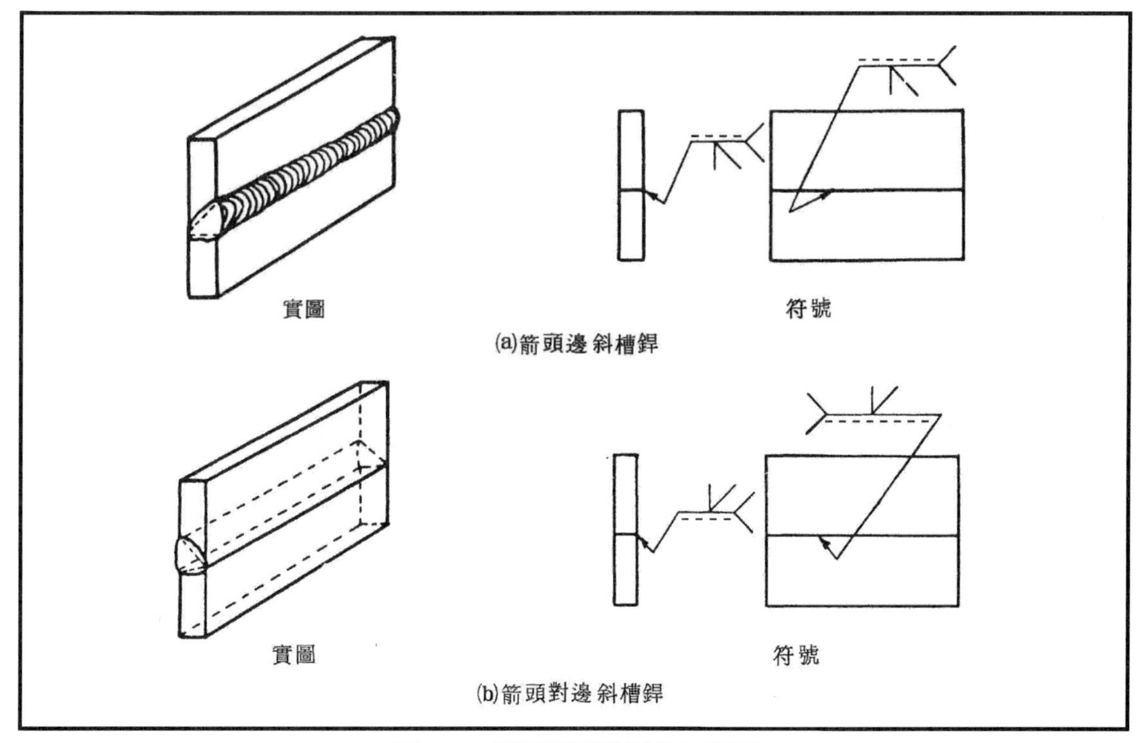

圖 11　斜型槽銲符號之應用

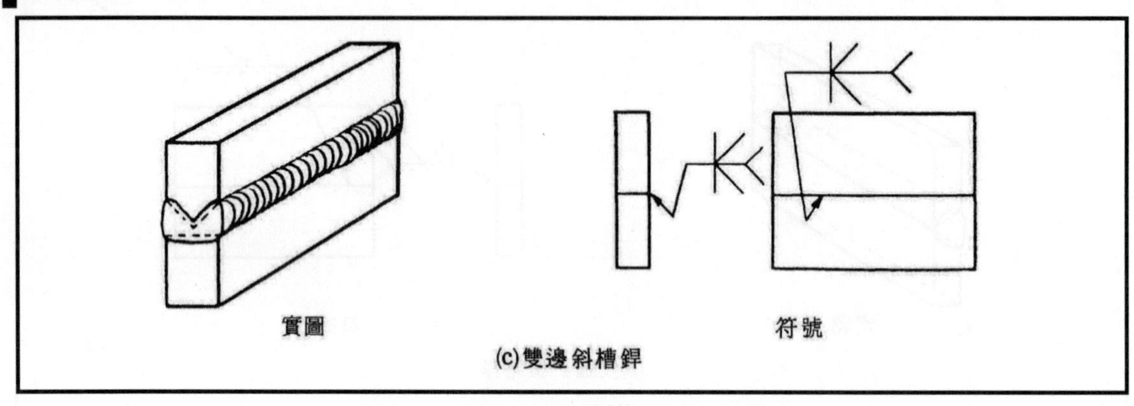

圖 11　斜型槽銲符號之應用(續)

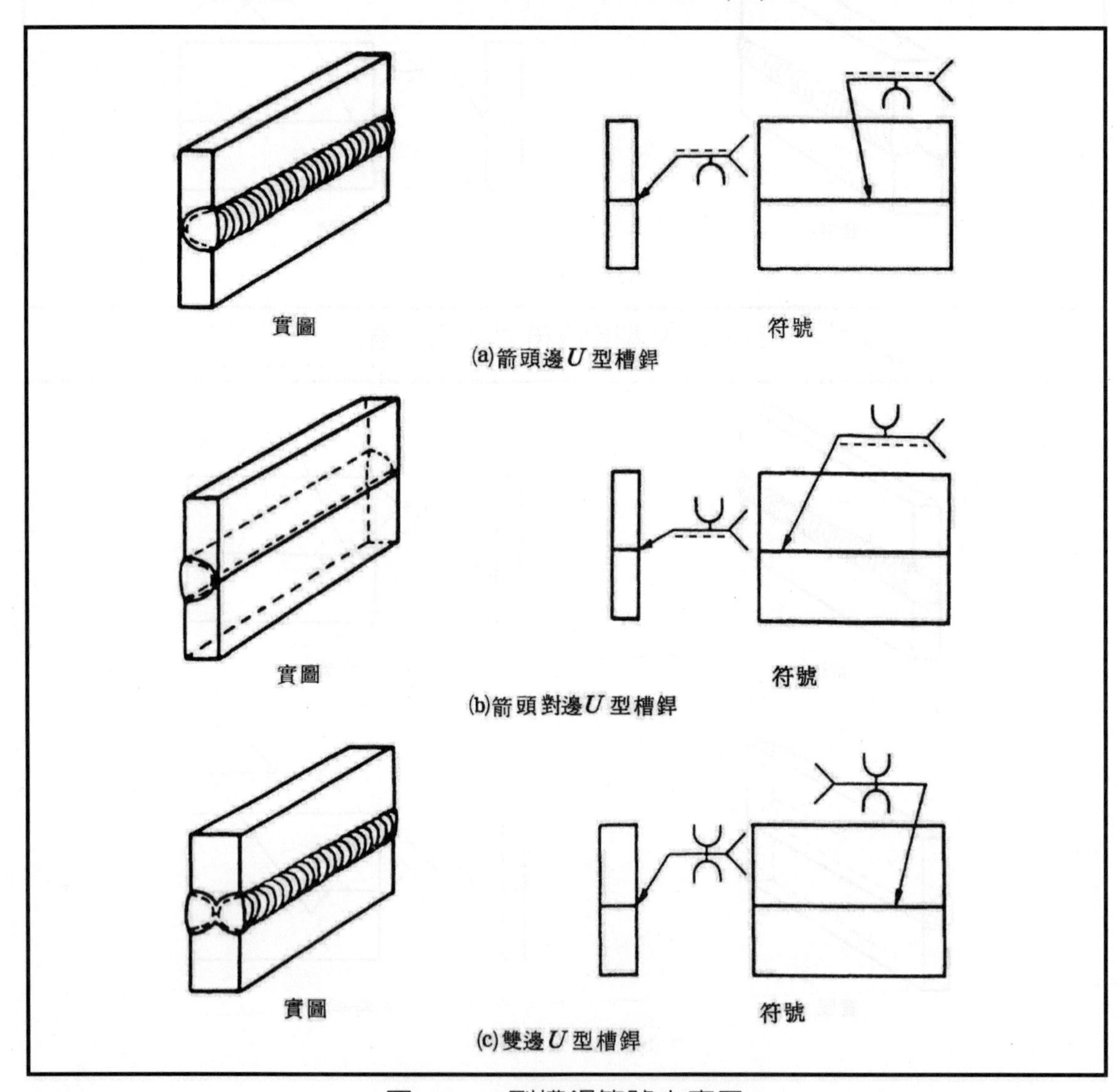

圖 12　U 型槽銲符號之應用

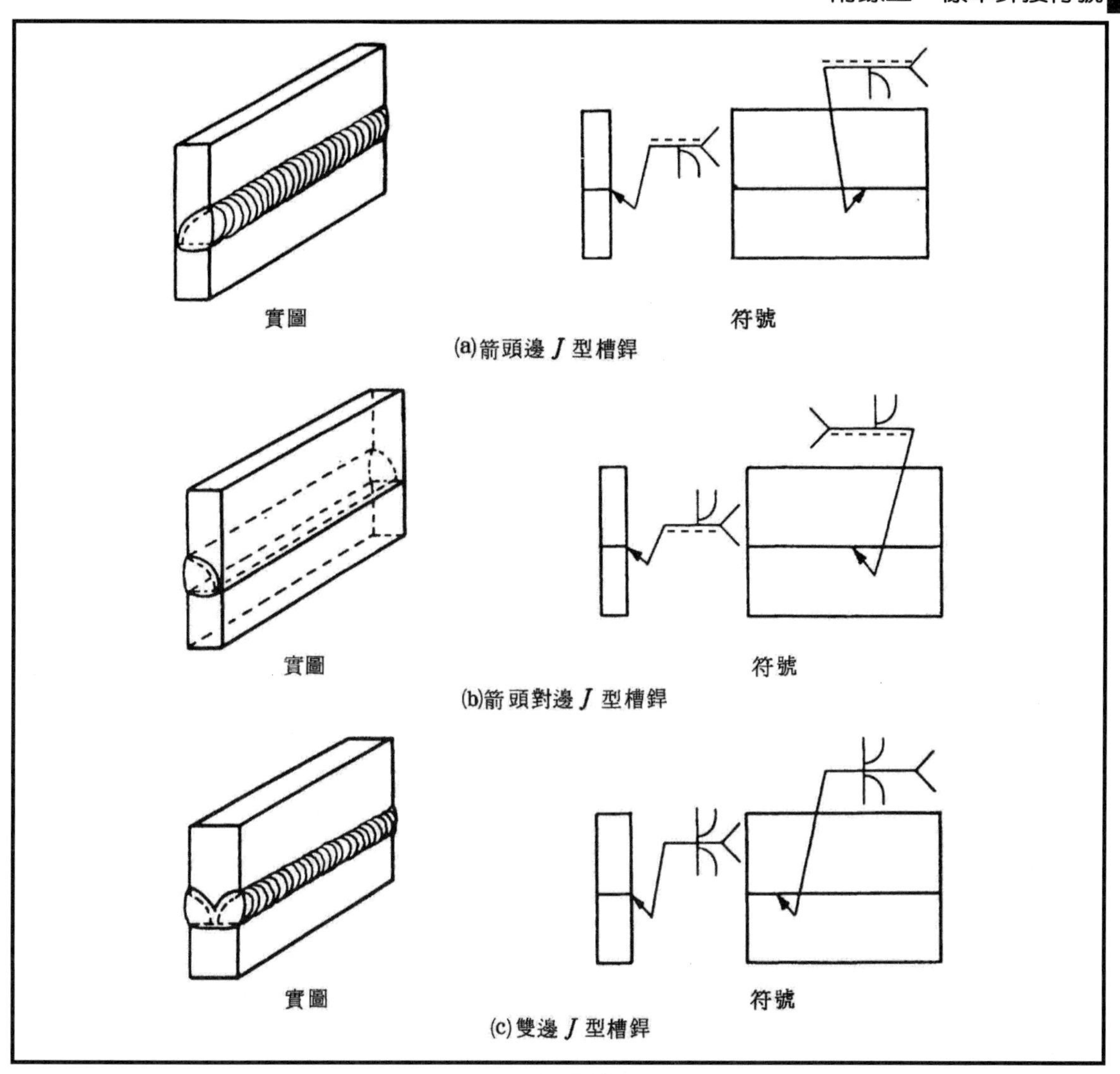

圖 13　J 型槽銲符號之應用

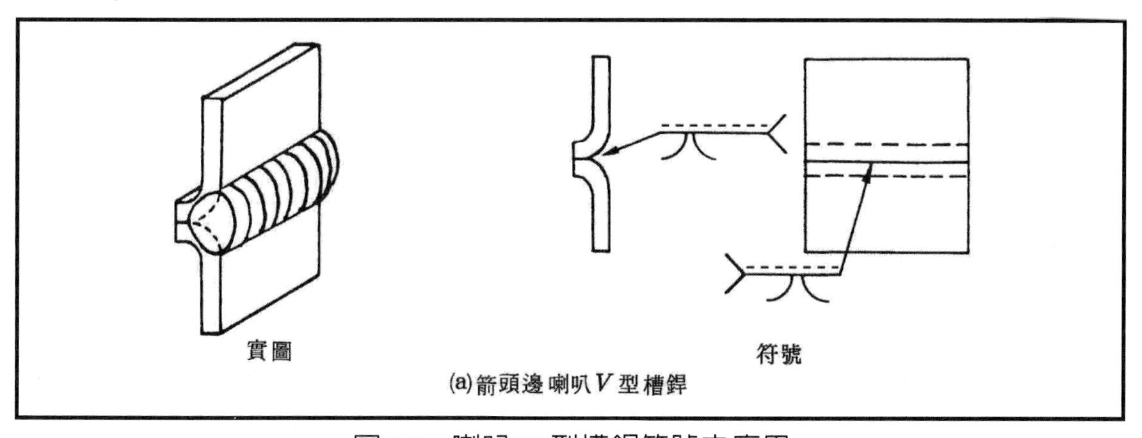

圖 14　喇叭 V 型槽銲符號之應用

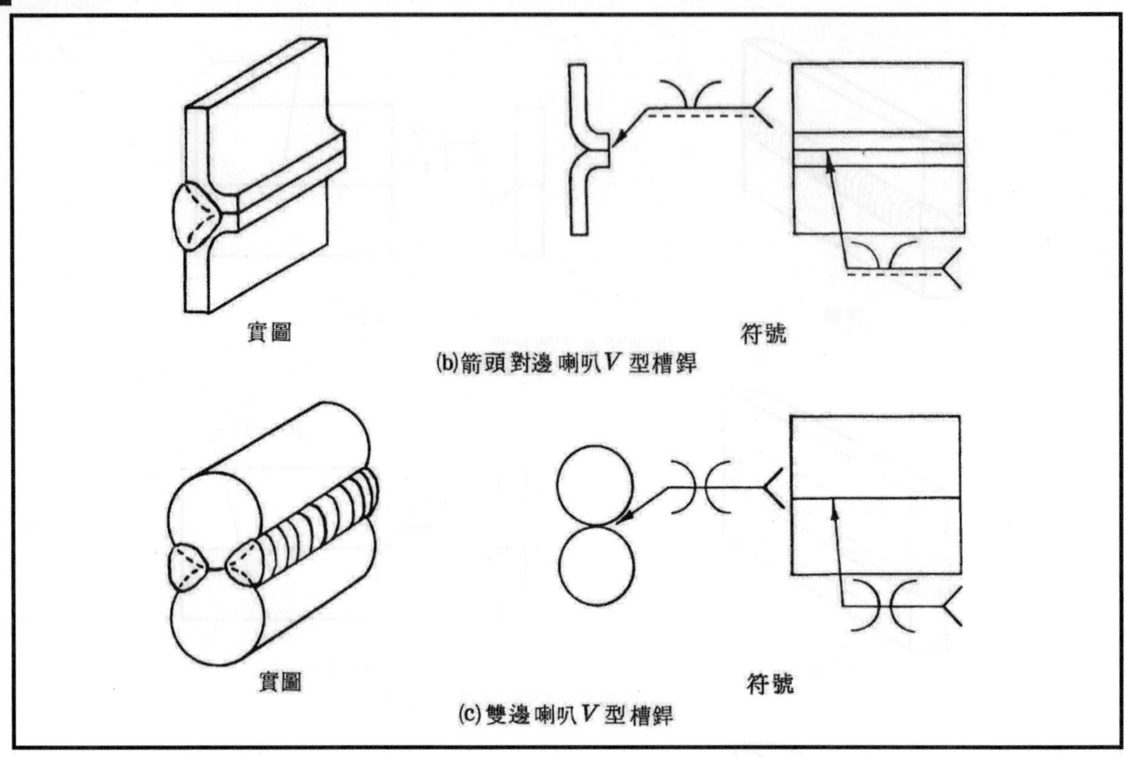

圖 14　喇叭 V 型槽銲符號之應用(續)

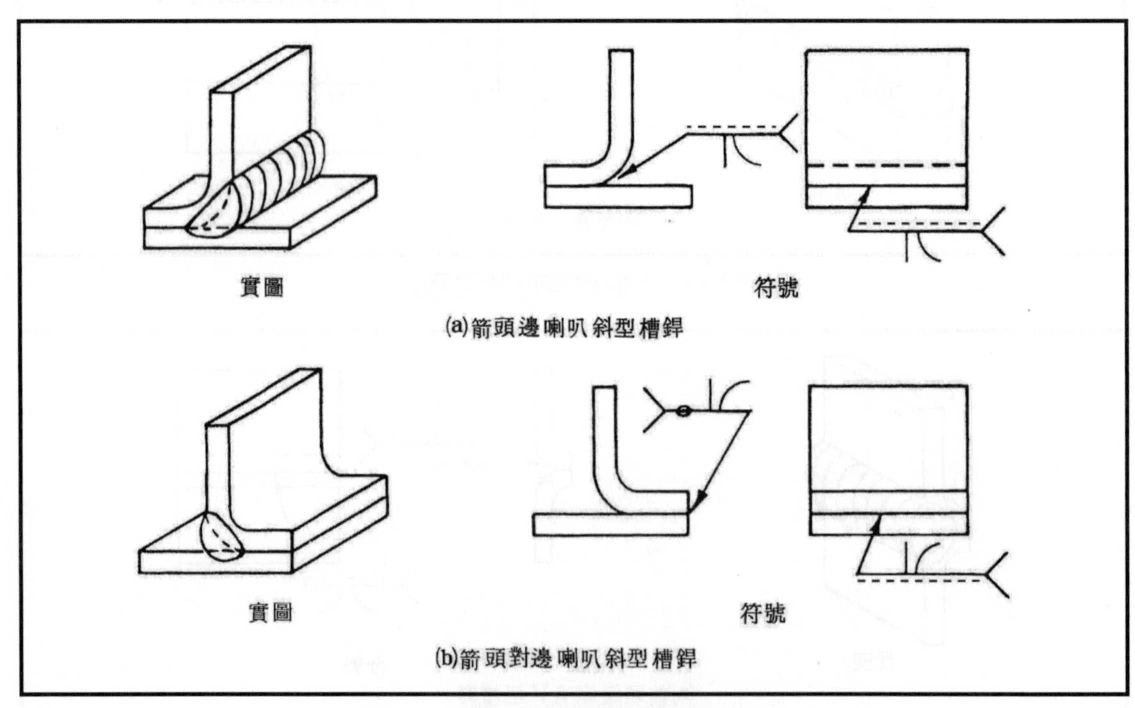

圖 15　喇叭斜型槽銲符號之應用

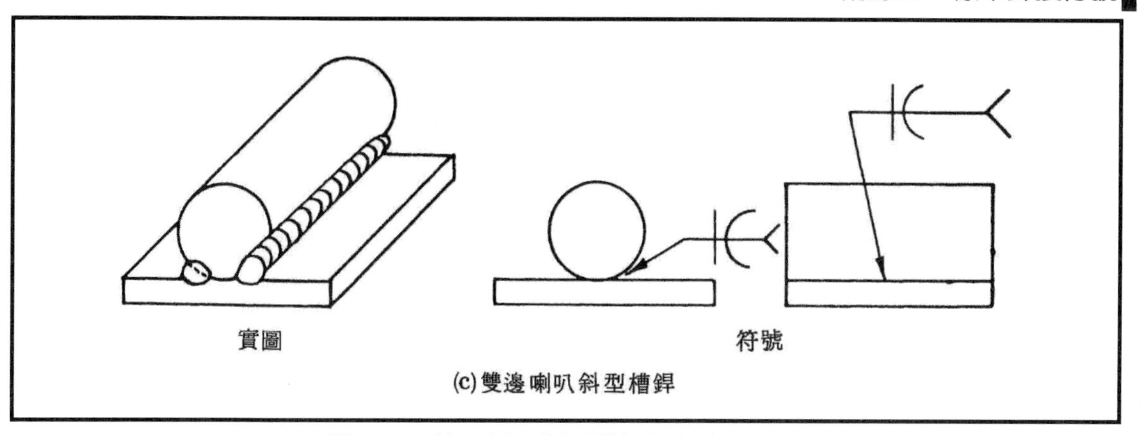

圖 15　喇叭斜型槽銲符號之應用(續)

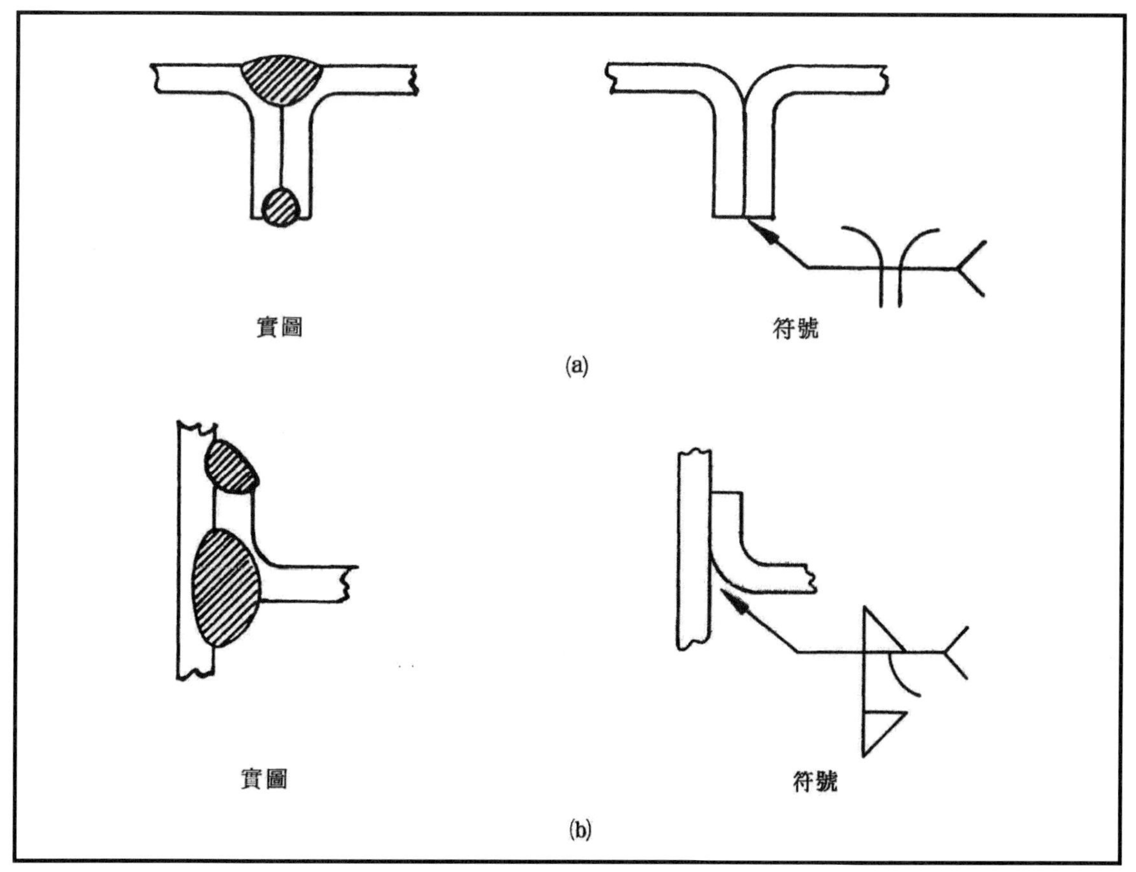

圖 16　喇叭斜型和喇叭 V 型槽銲符號之應用

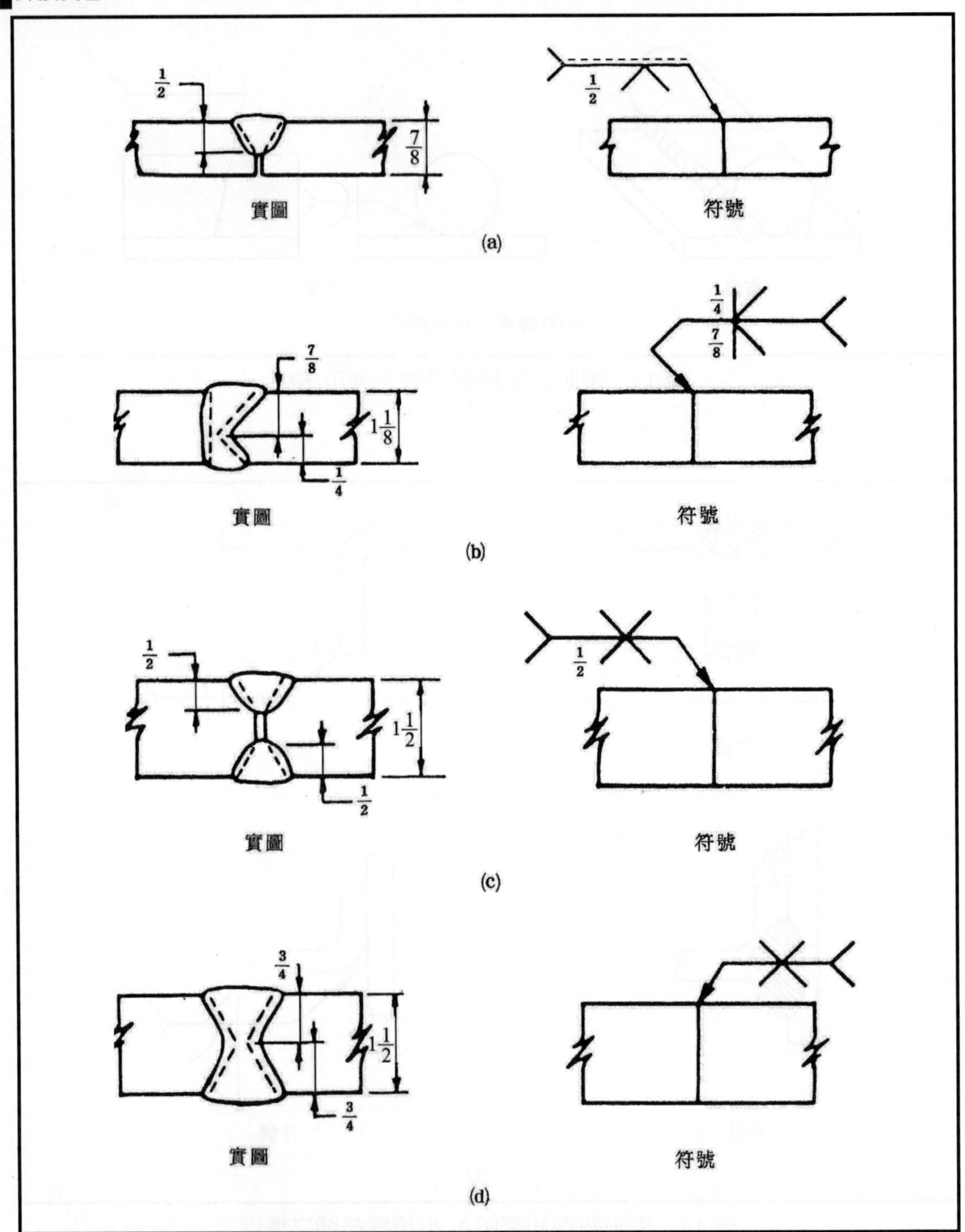

圖 17　無特定根部滲透之槽銲尺寸標示

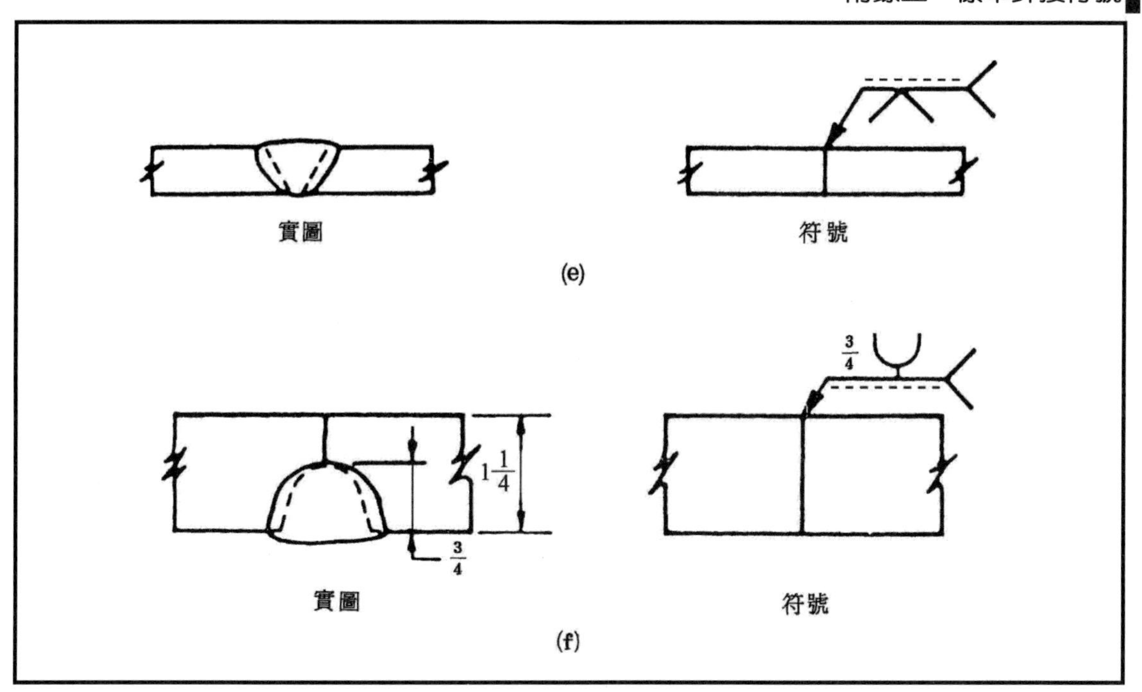

圖 17　無特定根部滲透之槽銲尺寸標示(續)

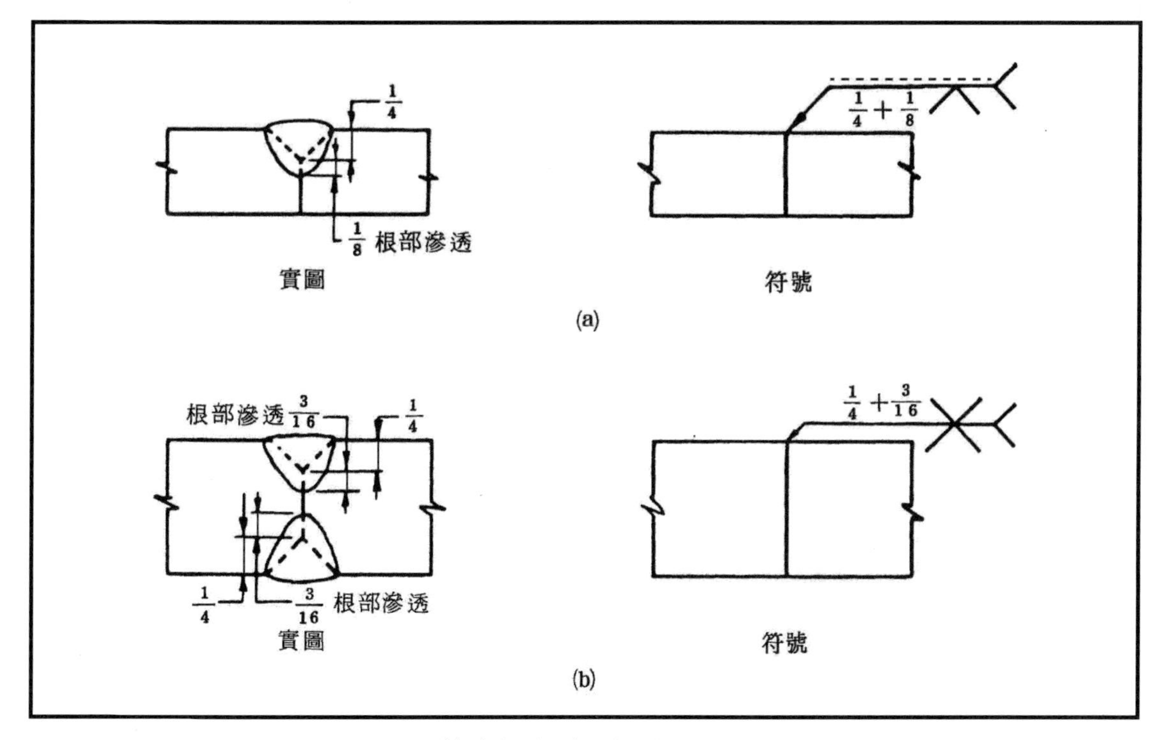

圖 18　特定根部滲透之槽銲尺寸標示

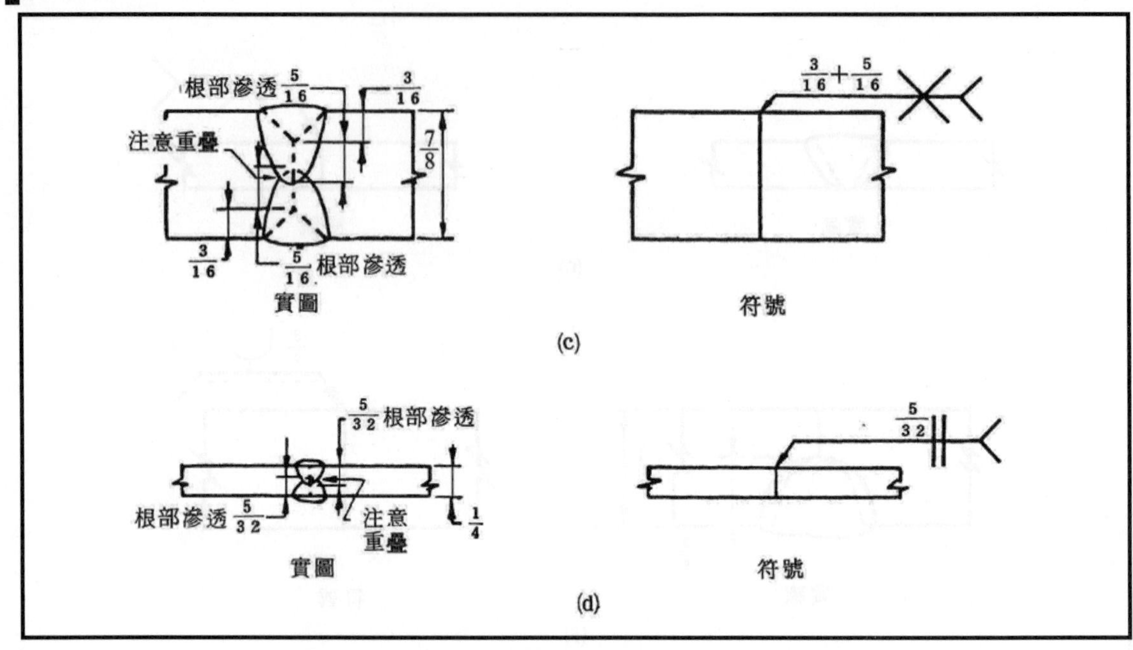

圖 18　特定根部滲透之槽銲尺寸標示(續)

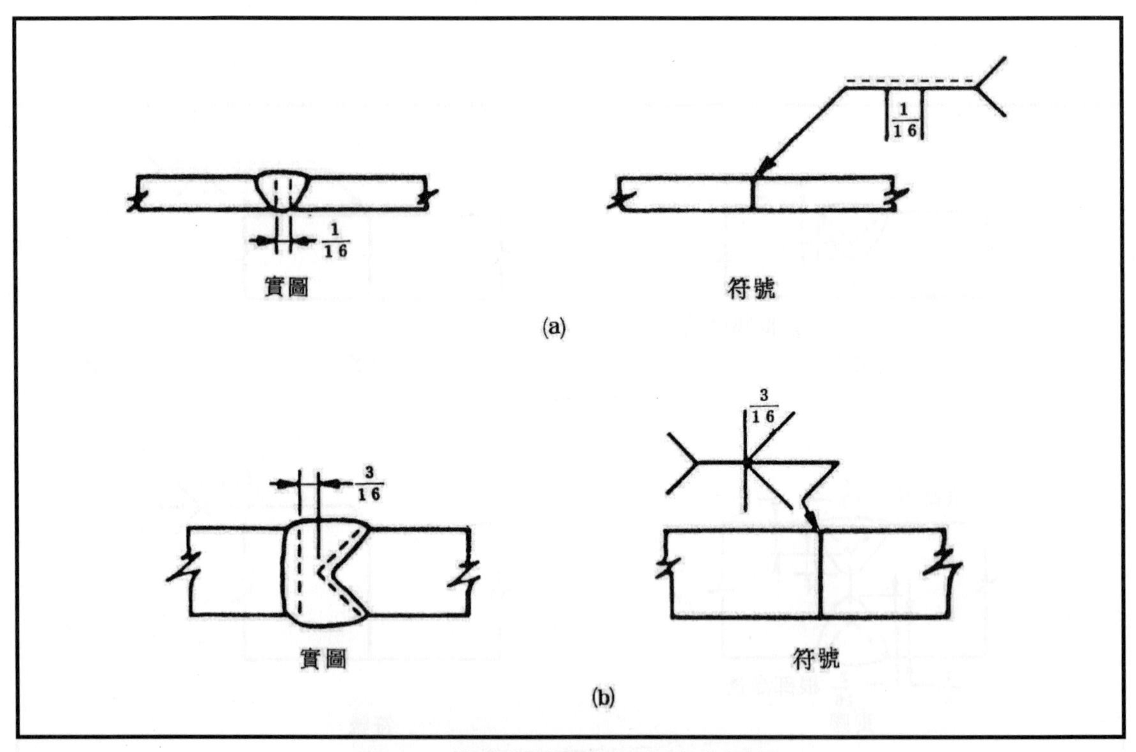

圖 19　槽銲根部開口間隙之標示

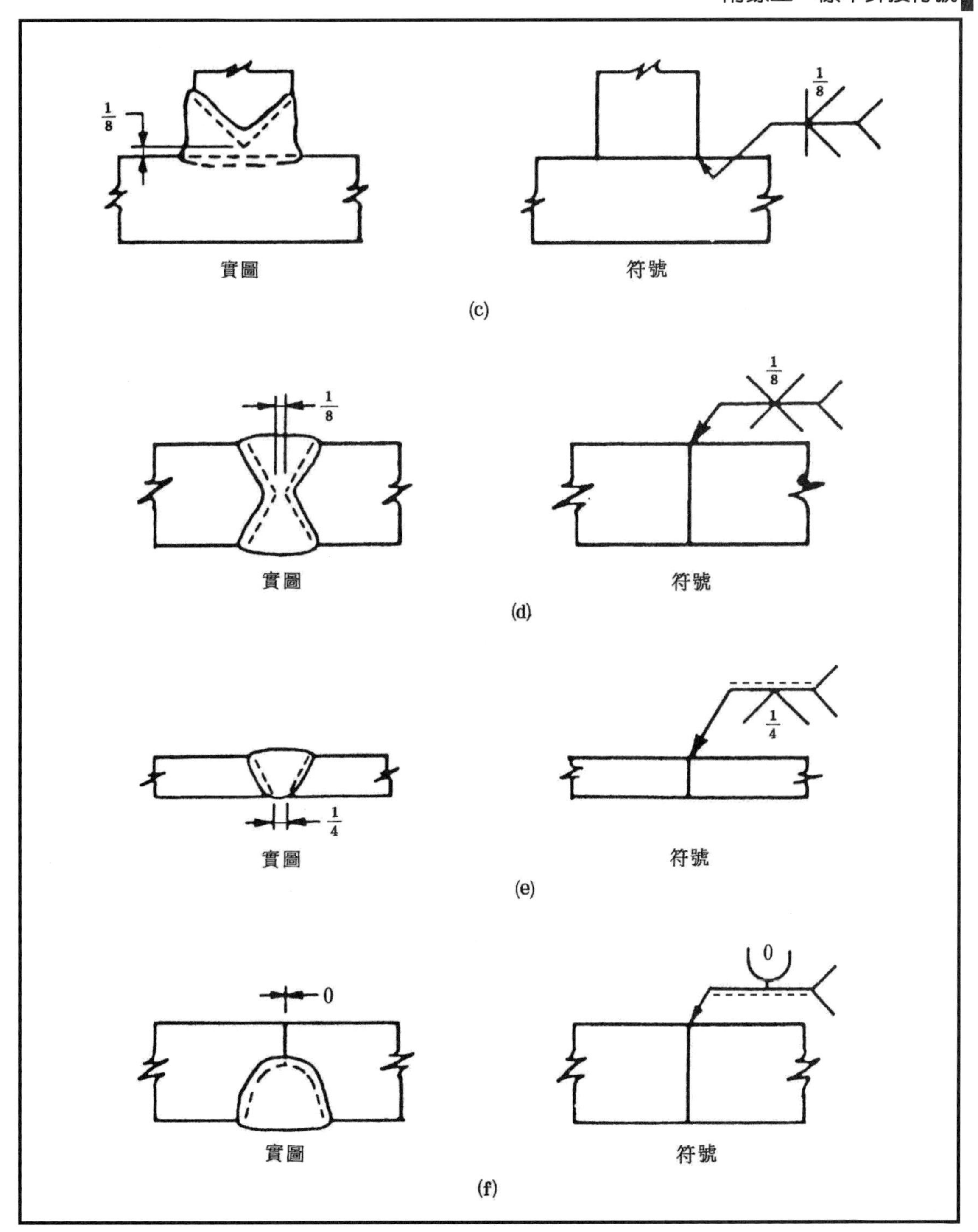

圖 19　槽銲根部開口間隙之標示(續)

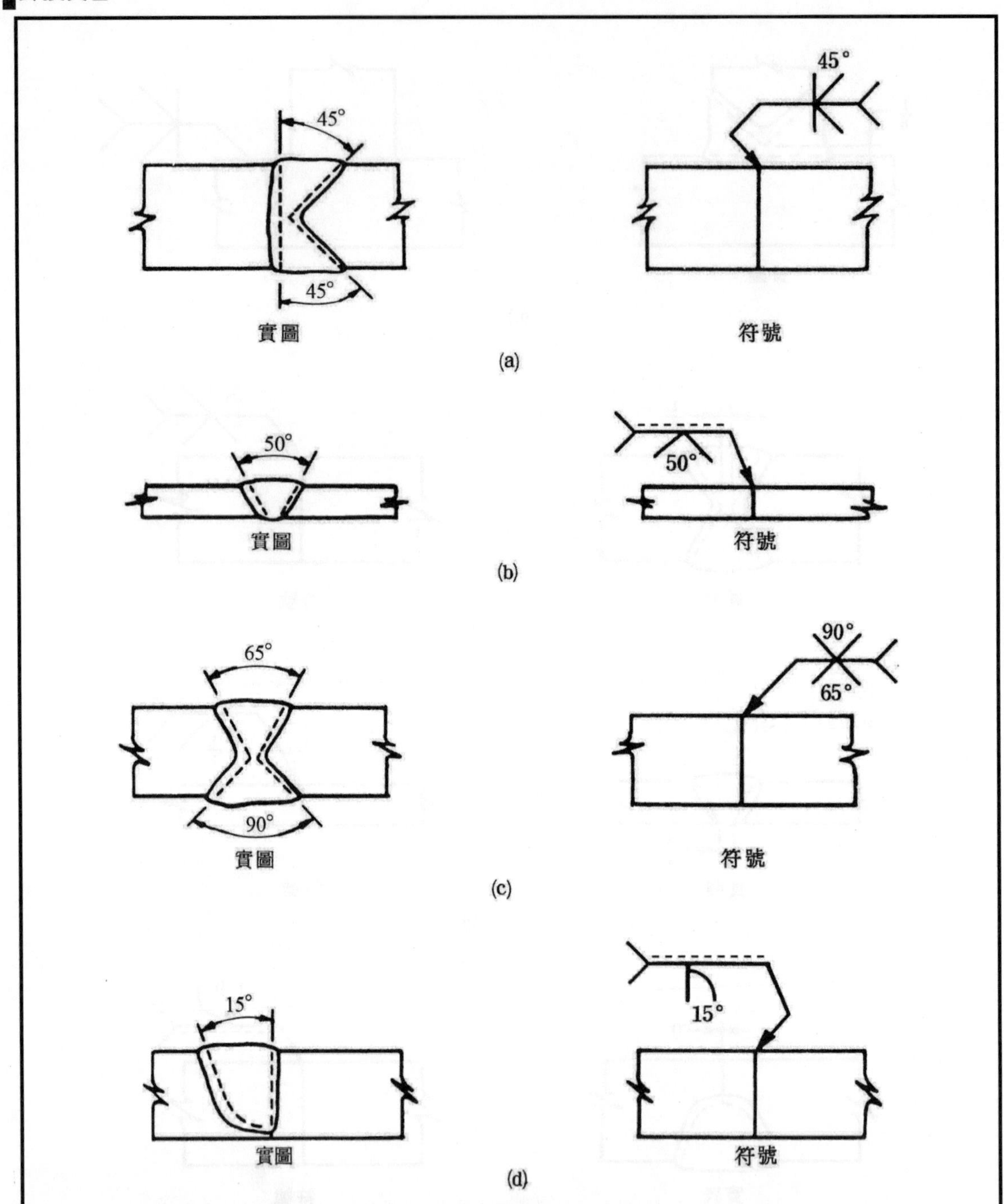

圖 20　槽銲槽角之標示

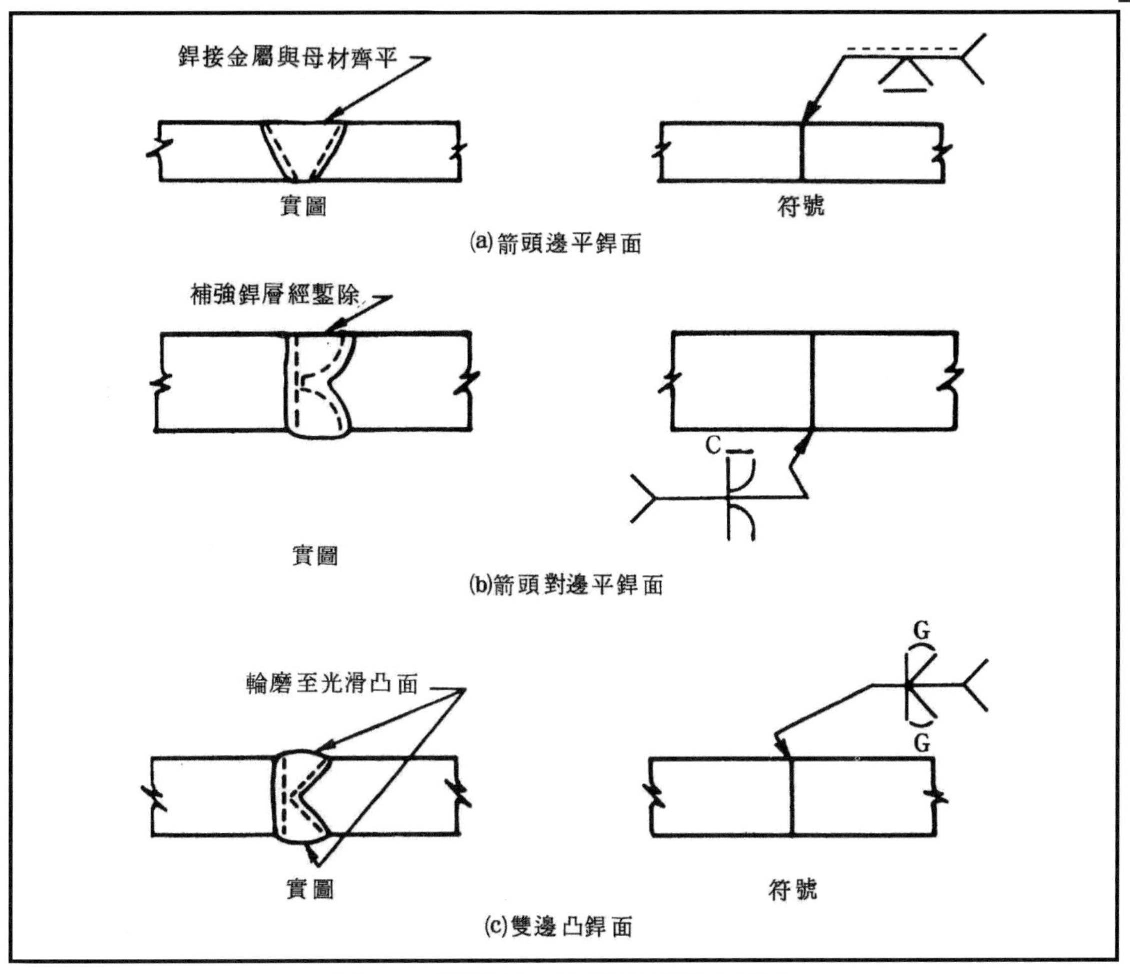

圖 21　槽銲平、凸銲面符號之應用

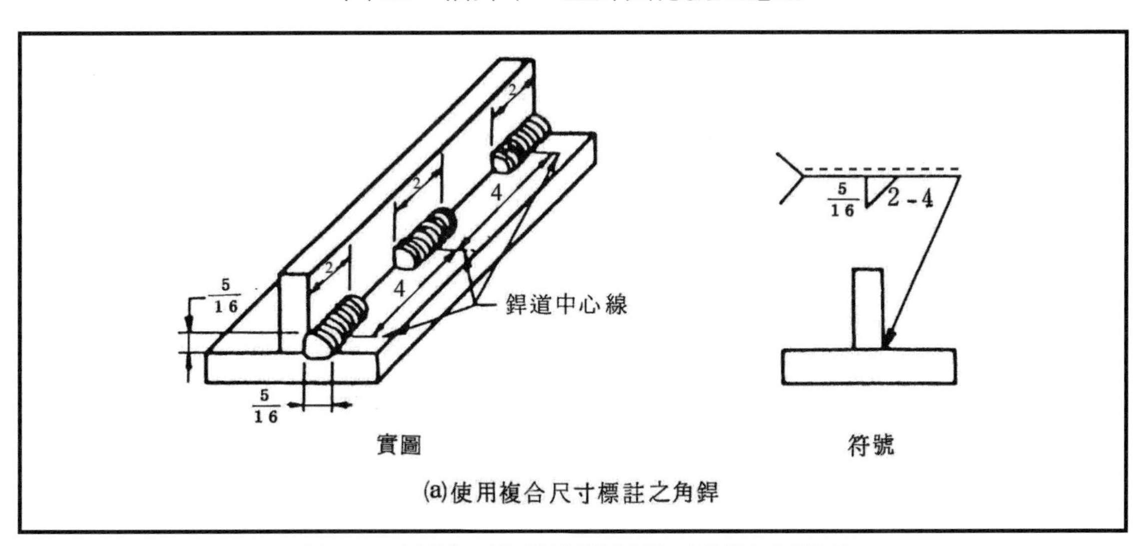

圖 22　角銲、槽銲符號與尺寸標註之應用

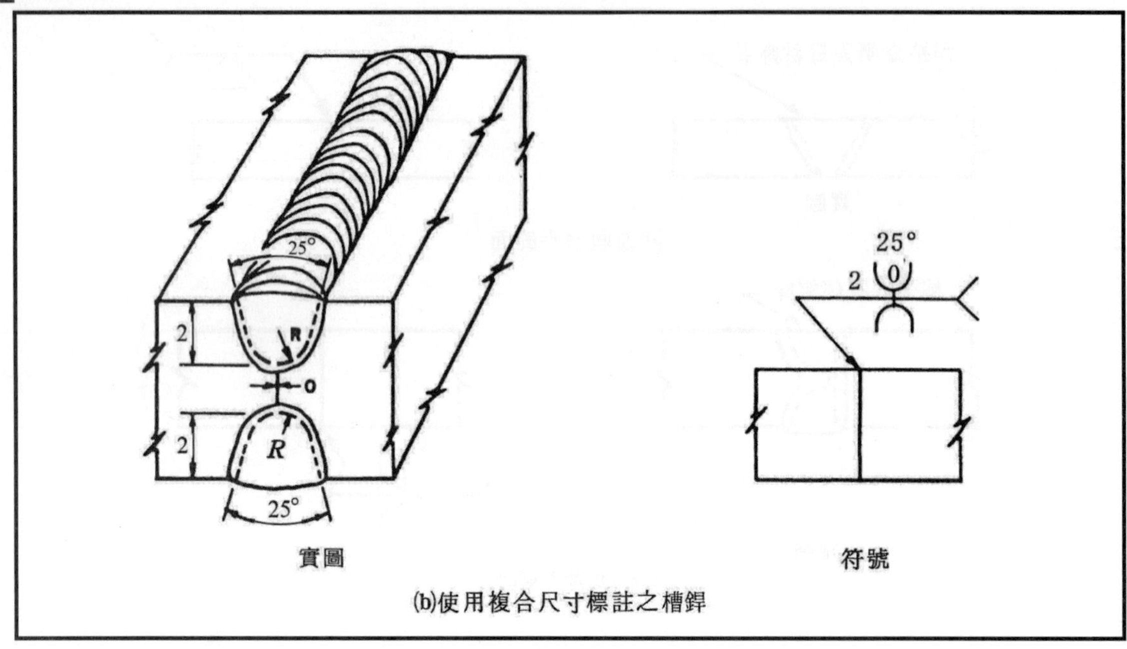

(b)使用複合尺寸標註之槽銲

圖 22　角銲、槽銲符號與尺寸標註之應用(續)

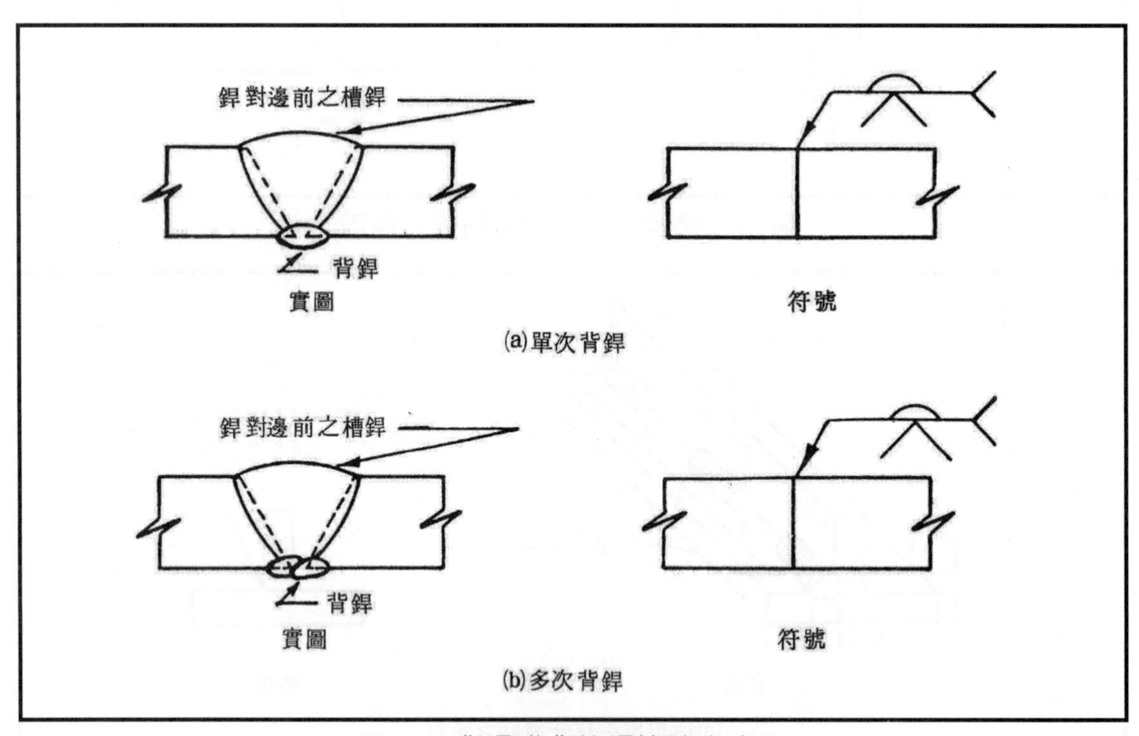

(a)單次背銲

(b)多次背銲

圖 23　背銲或背墊銲符號之應用

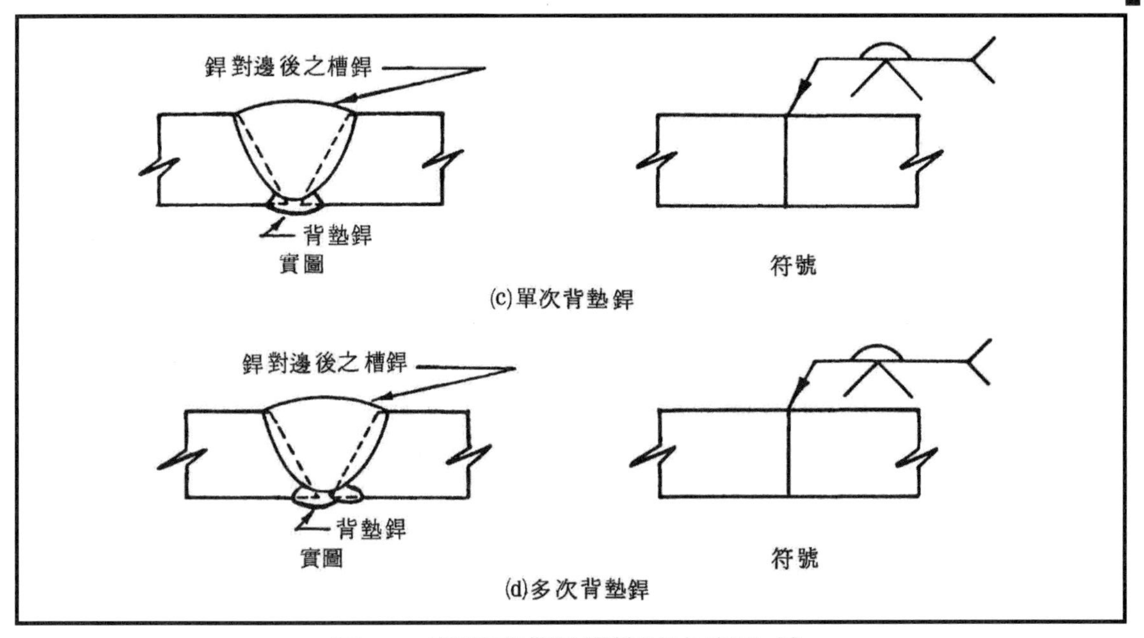

圖 23　背銲或背墊銲符號之應用(續)

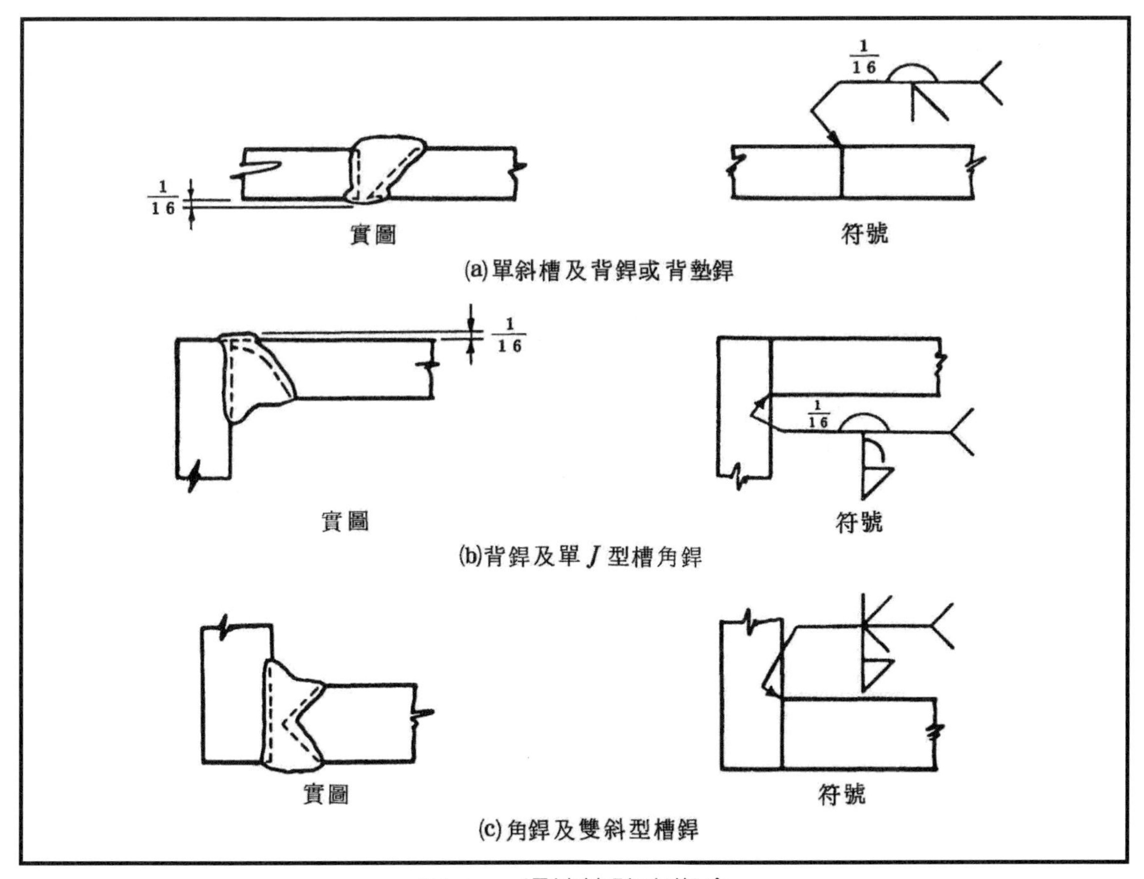

圖 24　銲接符號之複合

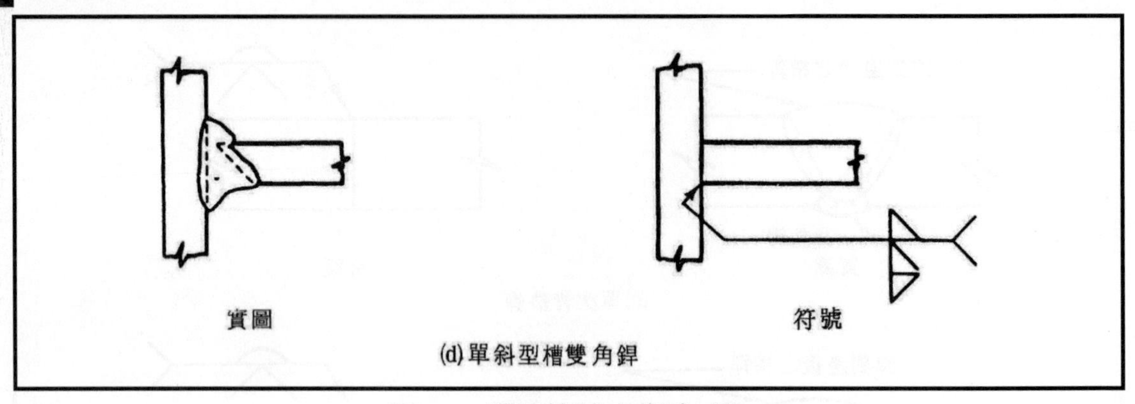

圖 24　銲接符號之複合(續)

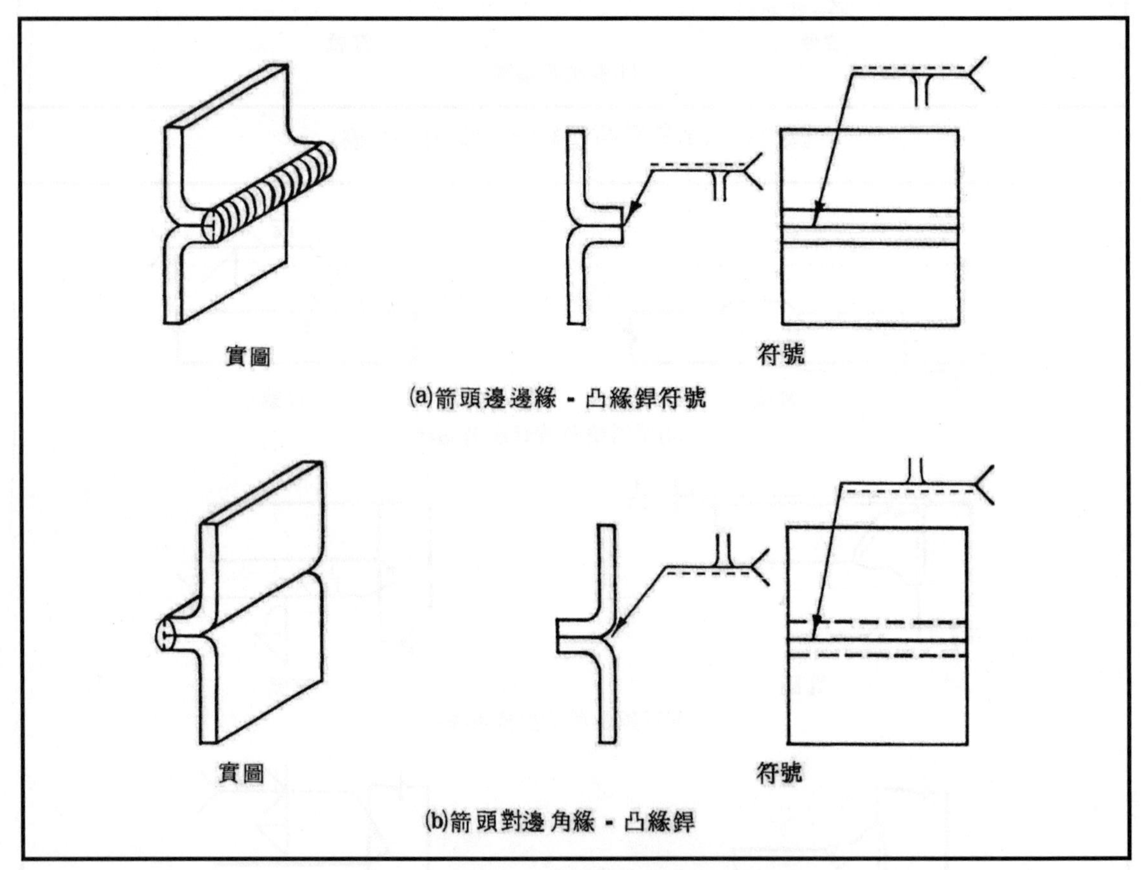

圖 25　邊緣-凸緣銲接符號之應用

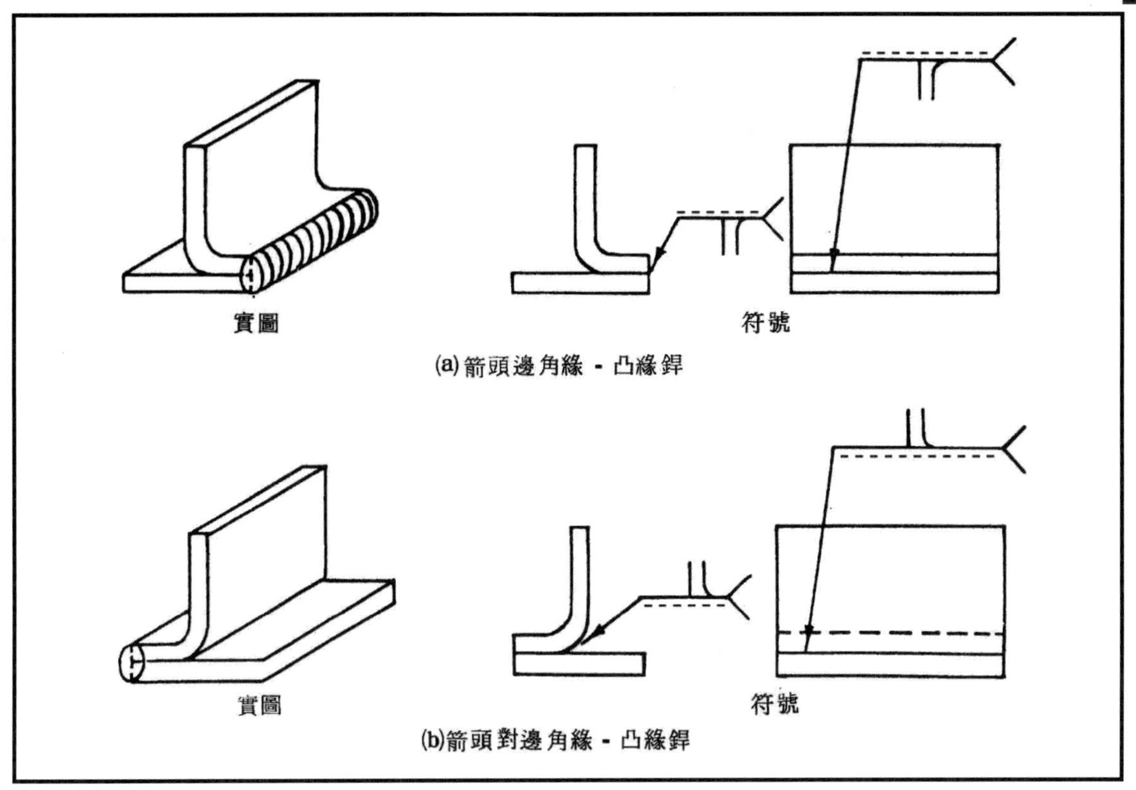

圖 26　角緣-凸緣銲接符號之應用

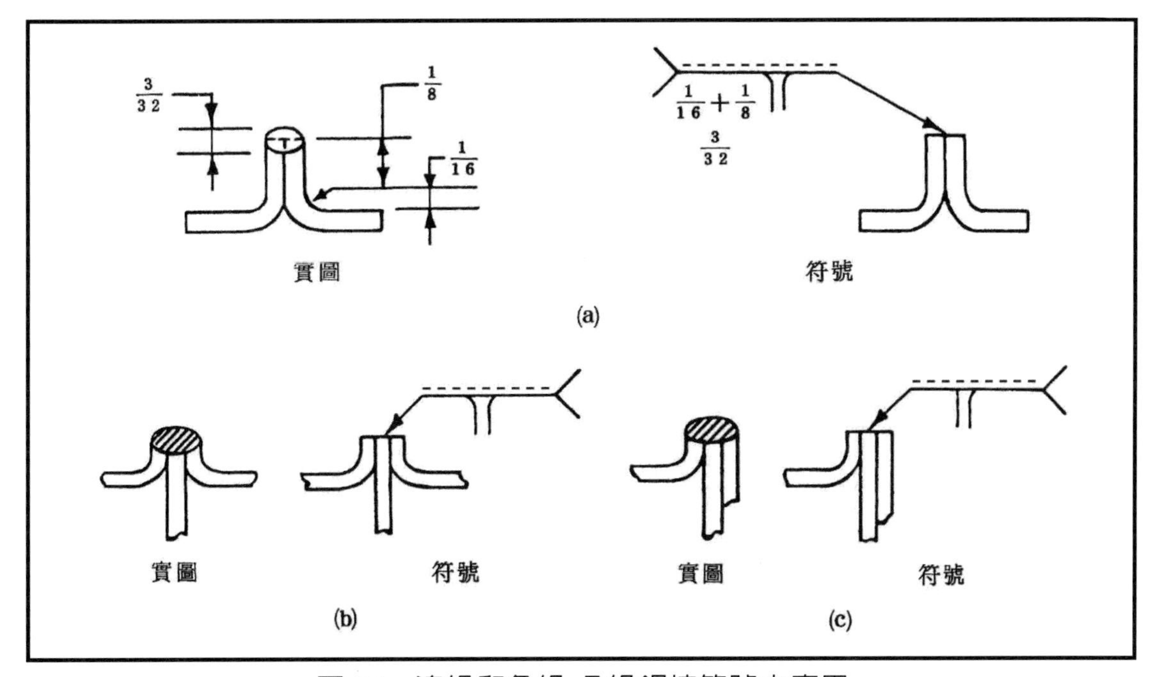

圖 27　邊緣和角緣-凸緣銲接符號之應用

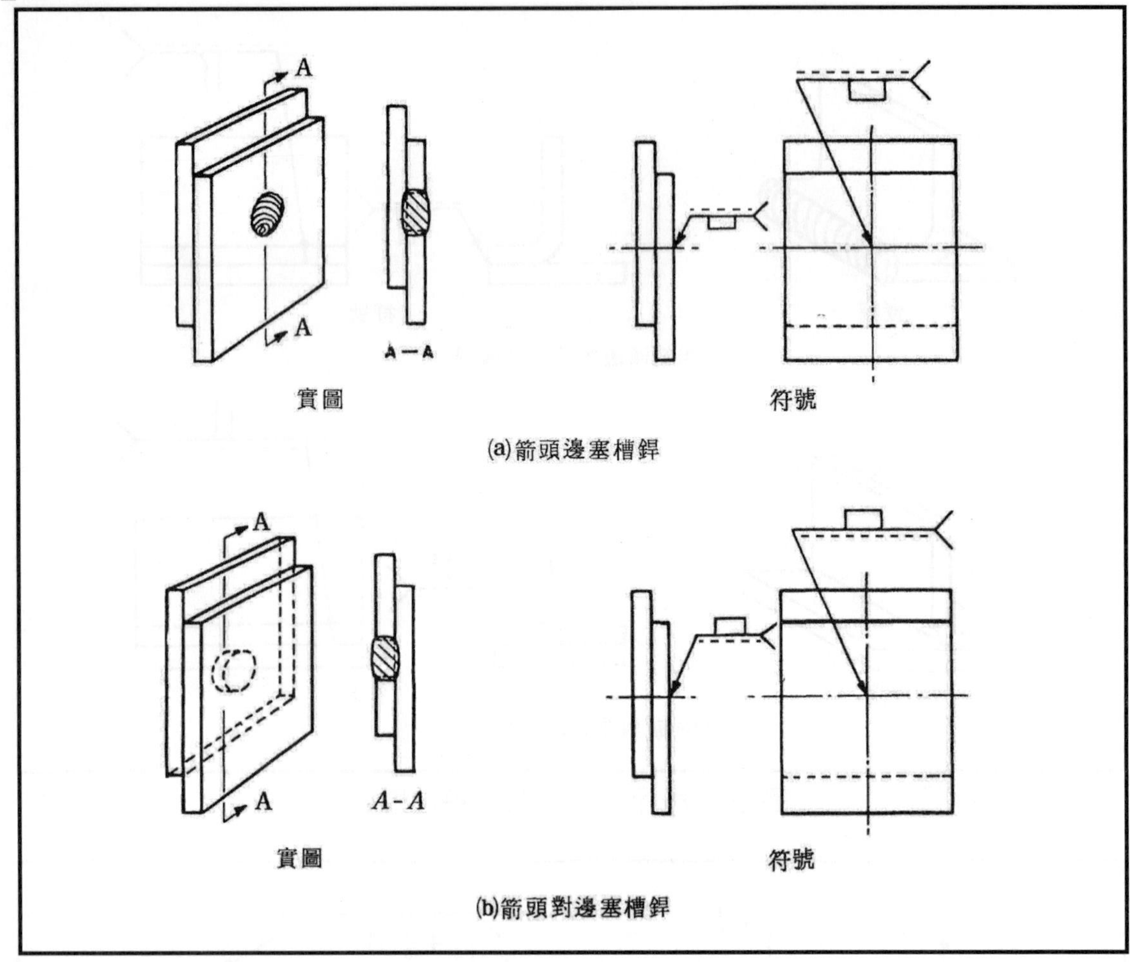

圖 28　塞槽銲符號之應用

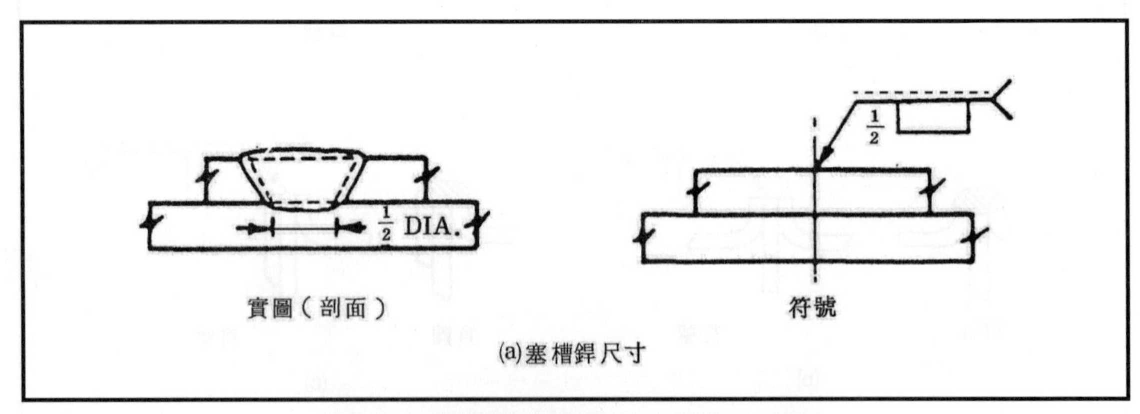

圖 29　塞槽銲符號與尺寸標註之應用

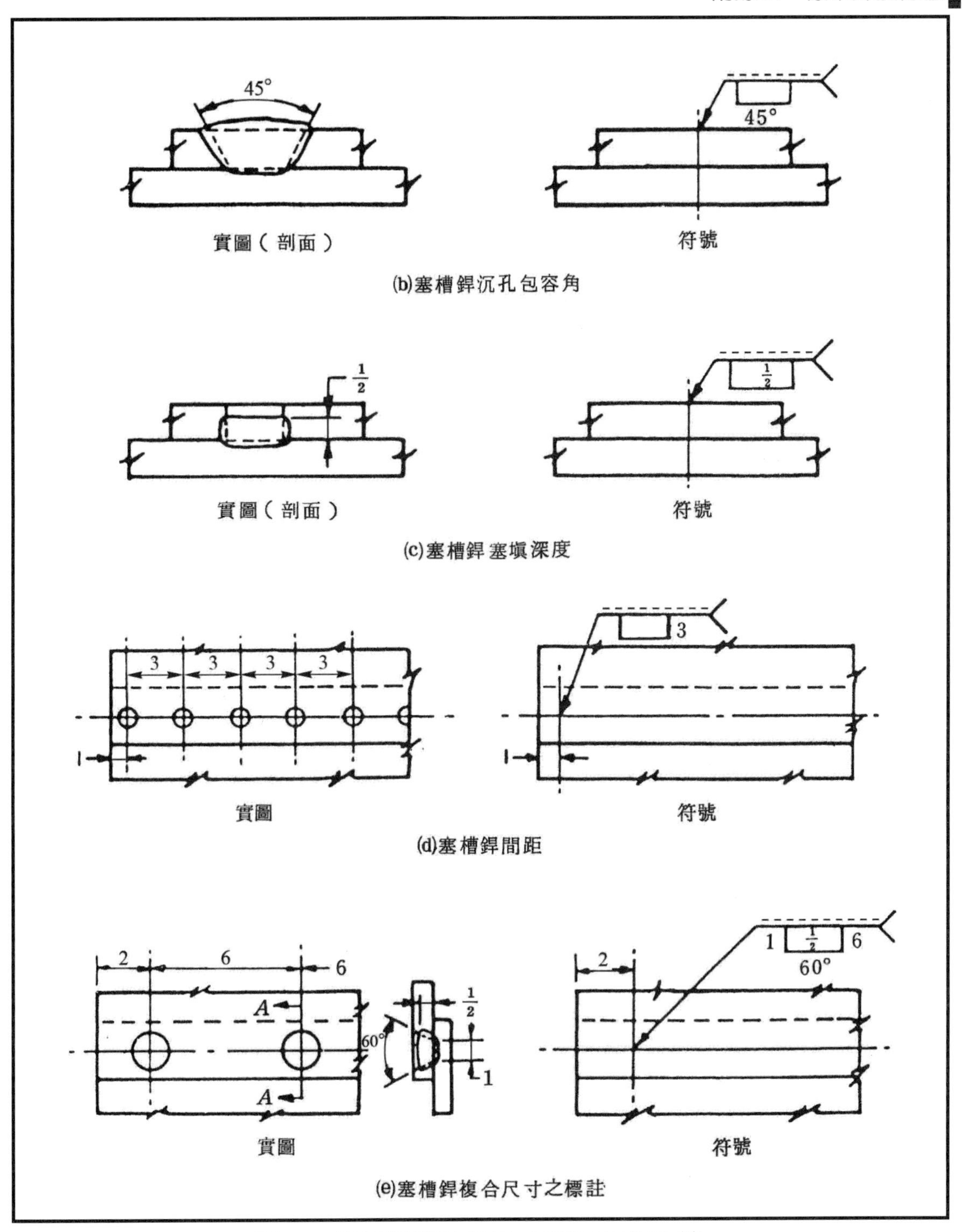

圖 29　塞槽銲符號與尺寸標註之應用(續)

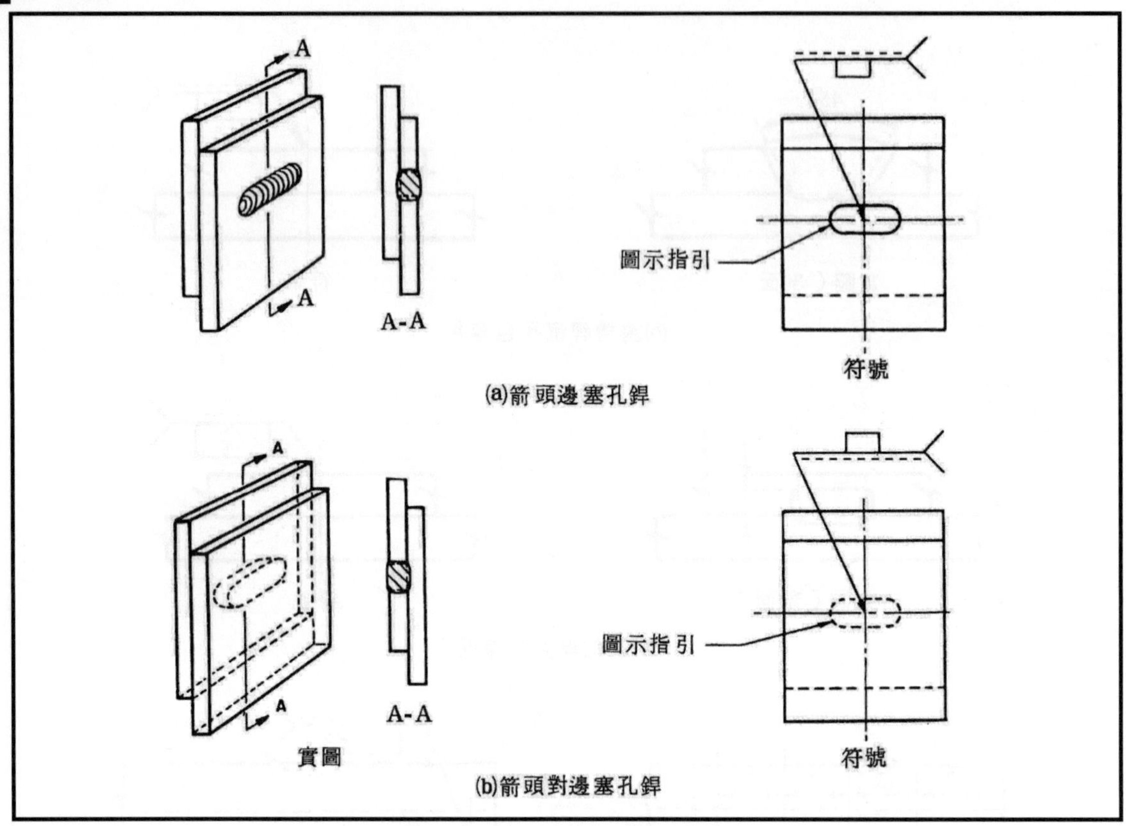

圖 30　塞孔銲符號之應用

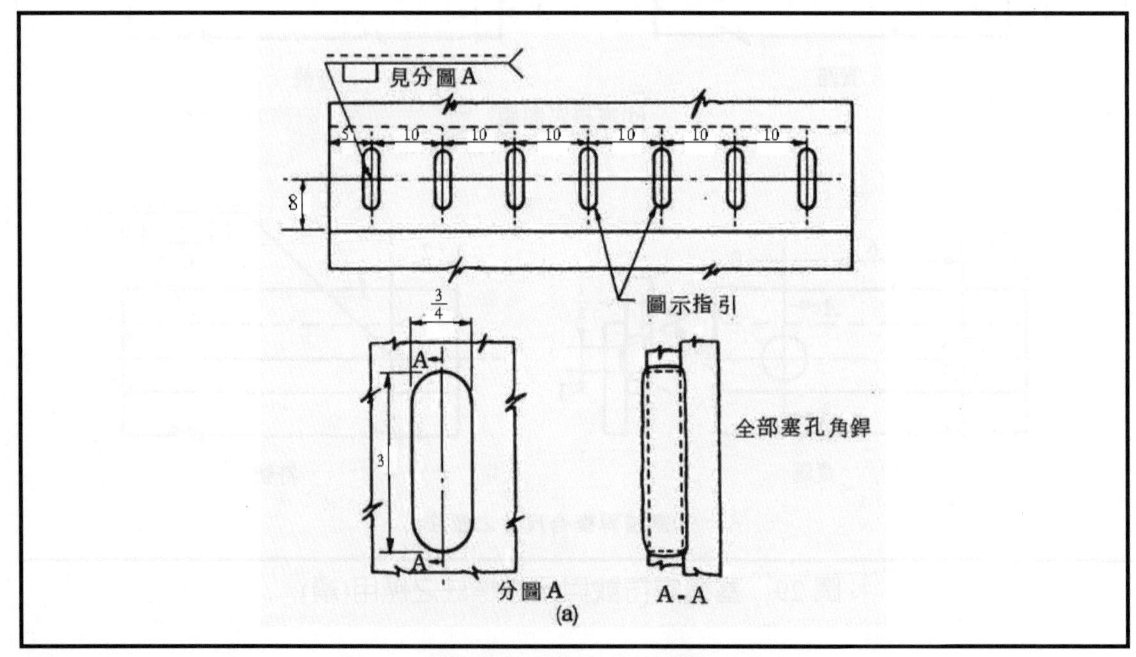

圖 31　塞孔銲符號與尺寸標註之應用

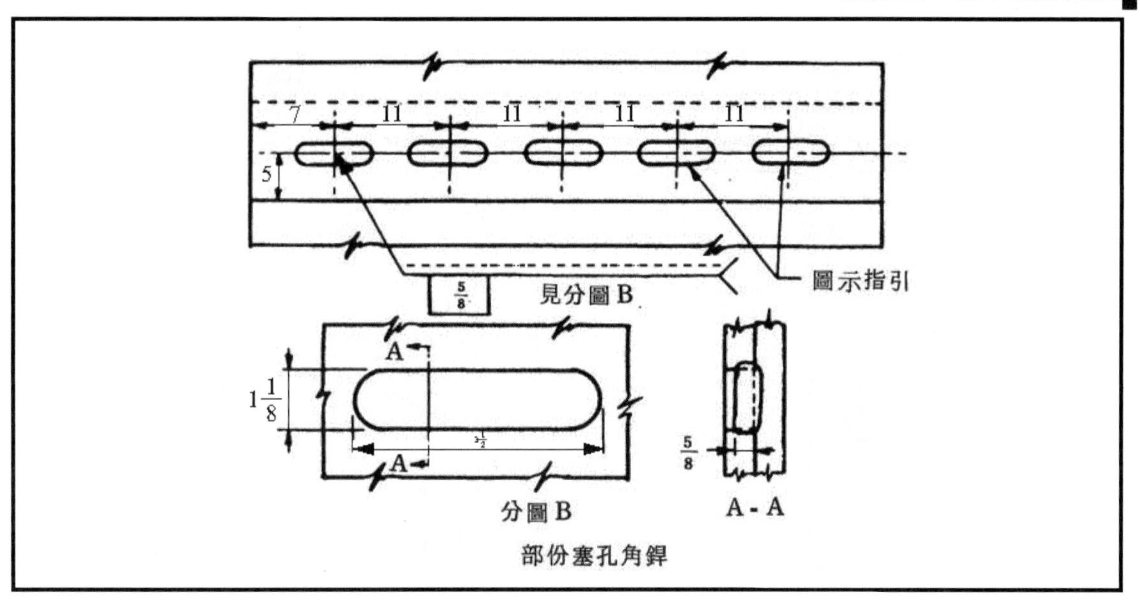

圖 31　塞孔銲符號與尺寸標註之應用(續)

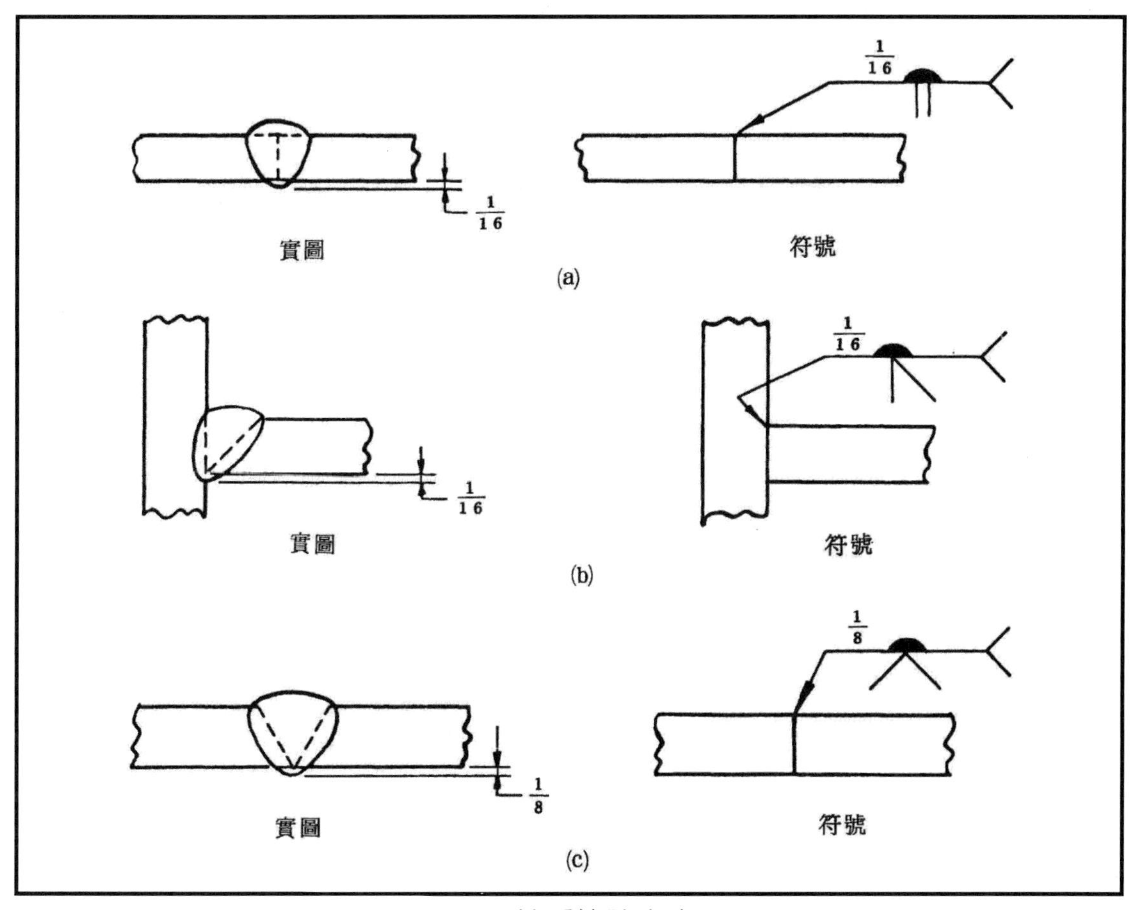

圖 32　熔透符號之應用

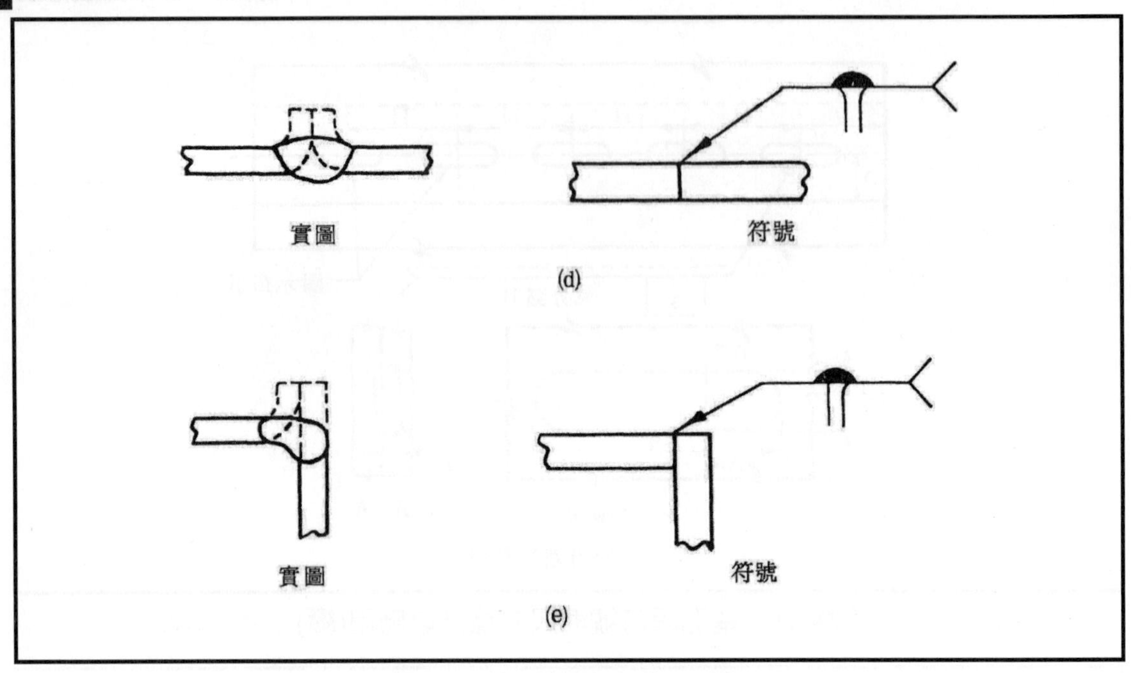

圖 32　熔透符號之應用(續)

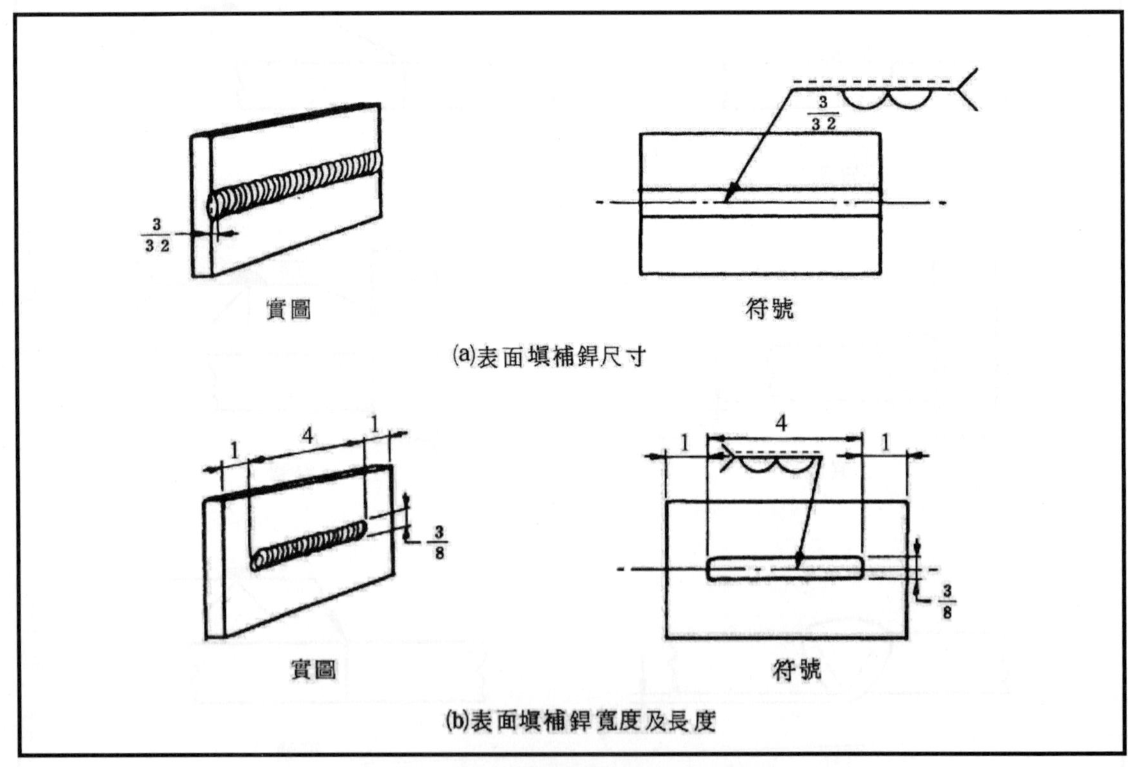

圖 33　表面填補銲接符號之應用

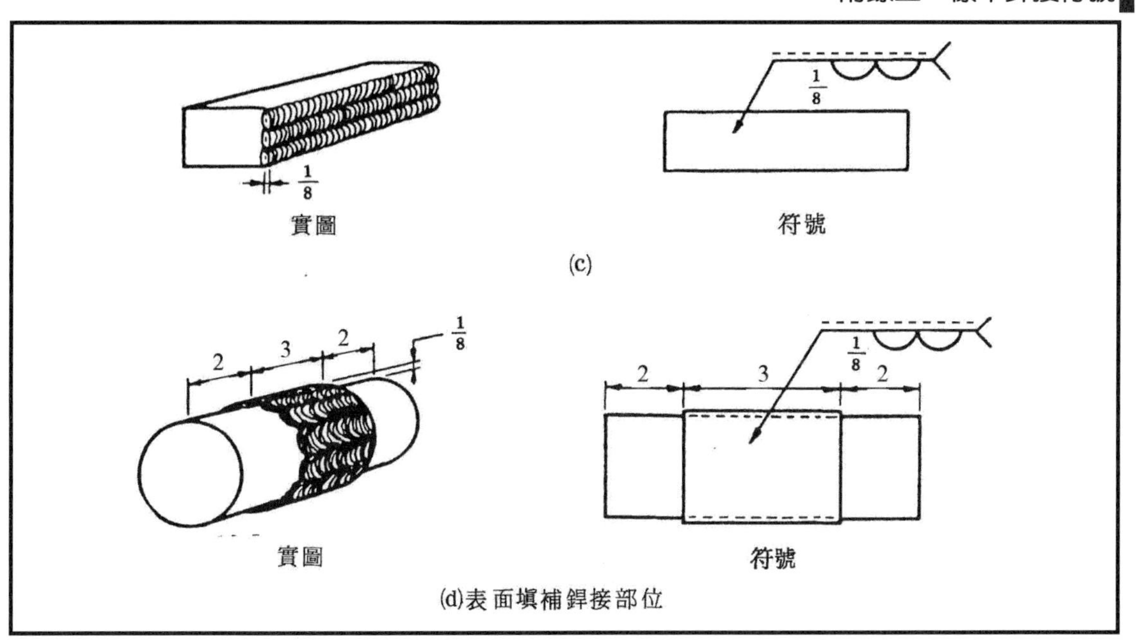

圖 33　表面填補銲接符號之應用(續)

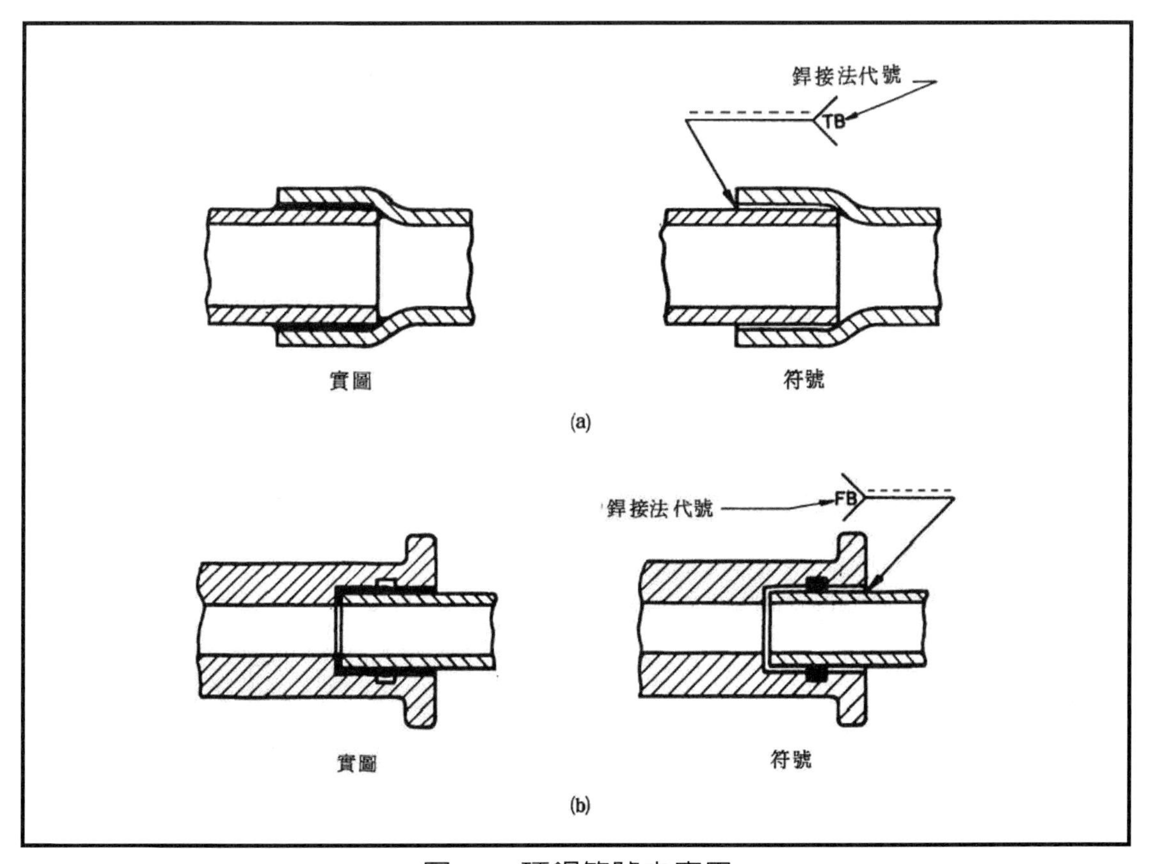

圖 34　硬銲符號之應用

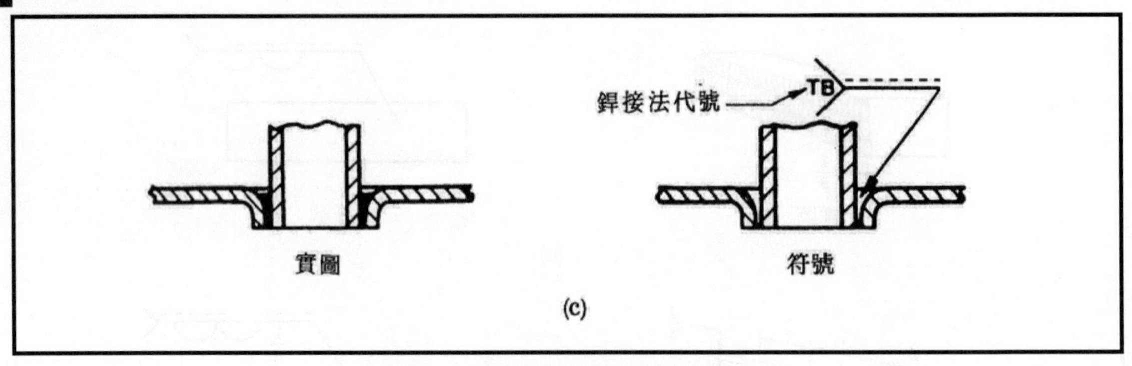

圖 34　硬銲符號之應用(續)

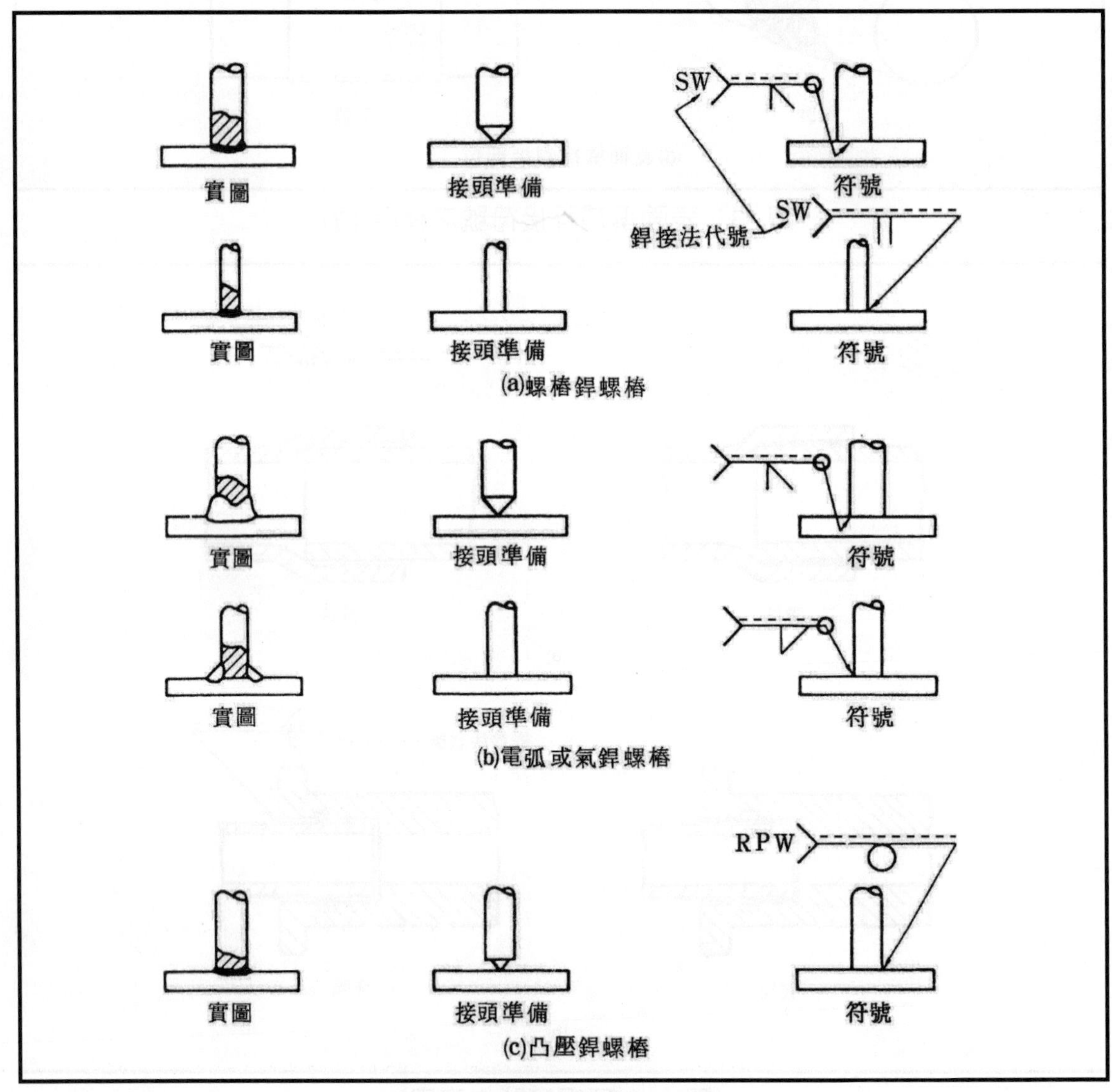

圖 35　螺樁銲符號之應用

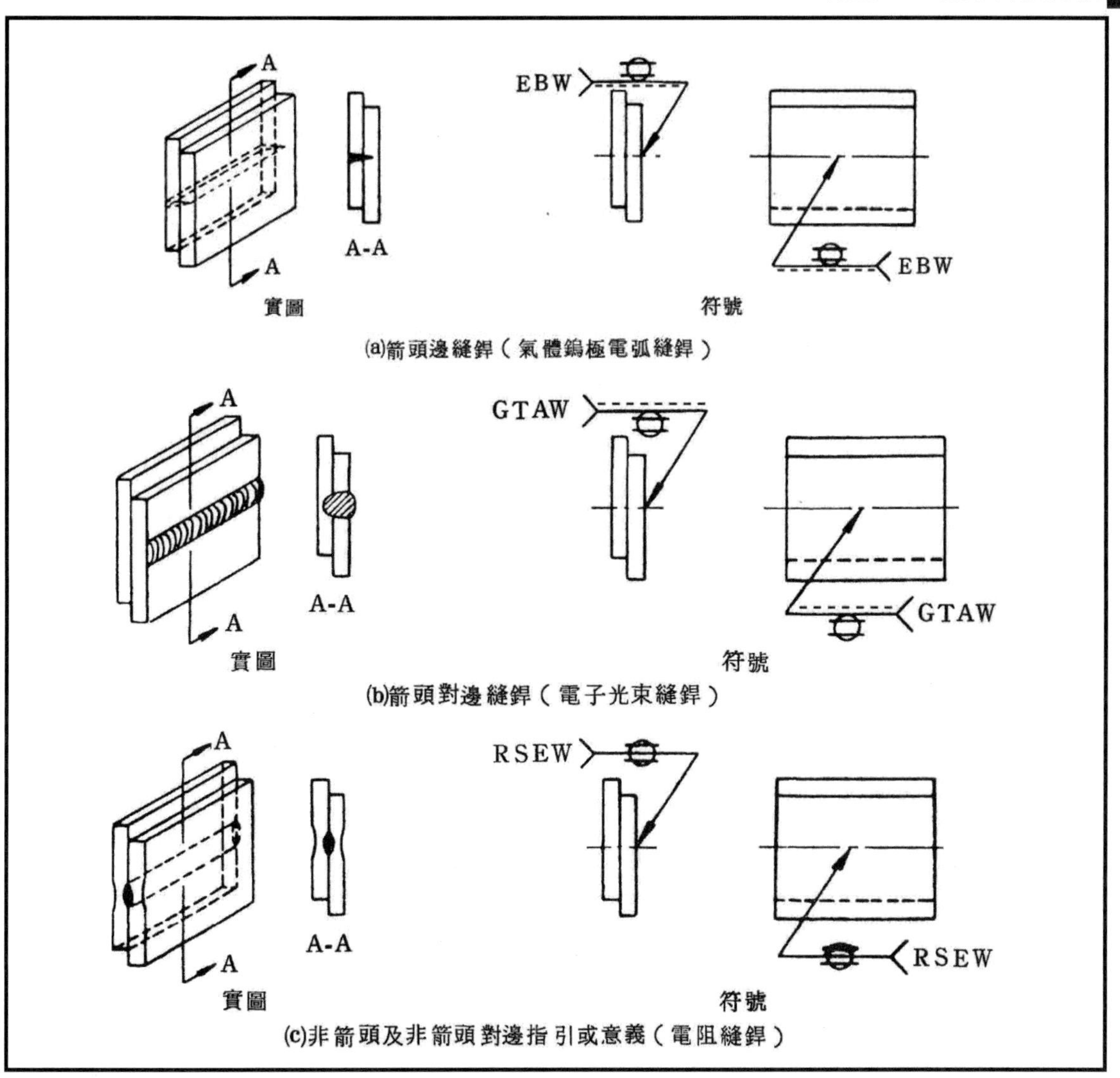

圖 36　縫銲符號之應用

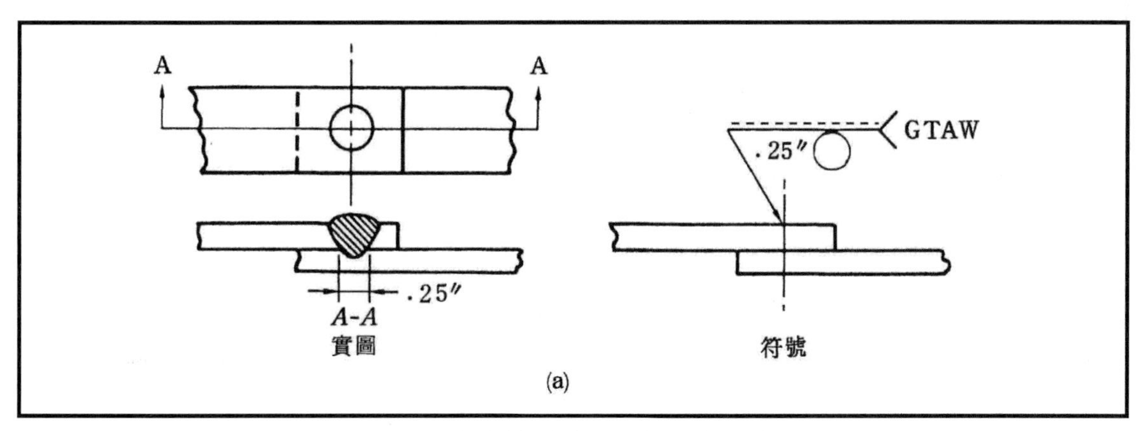

圖 37　點銲符號與尺寸標註之應用

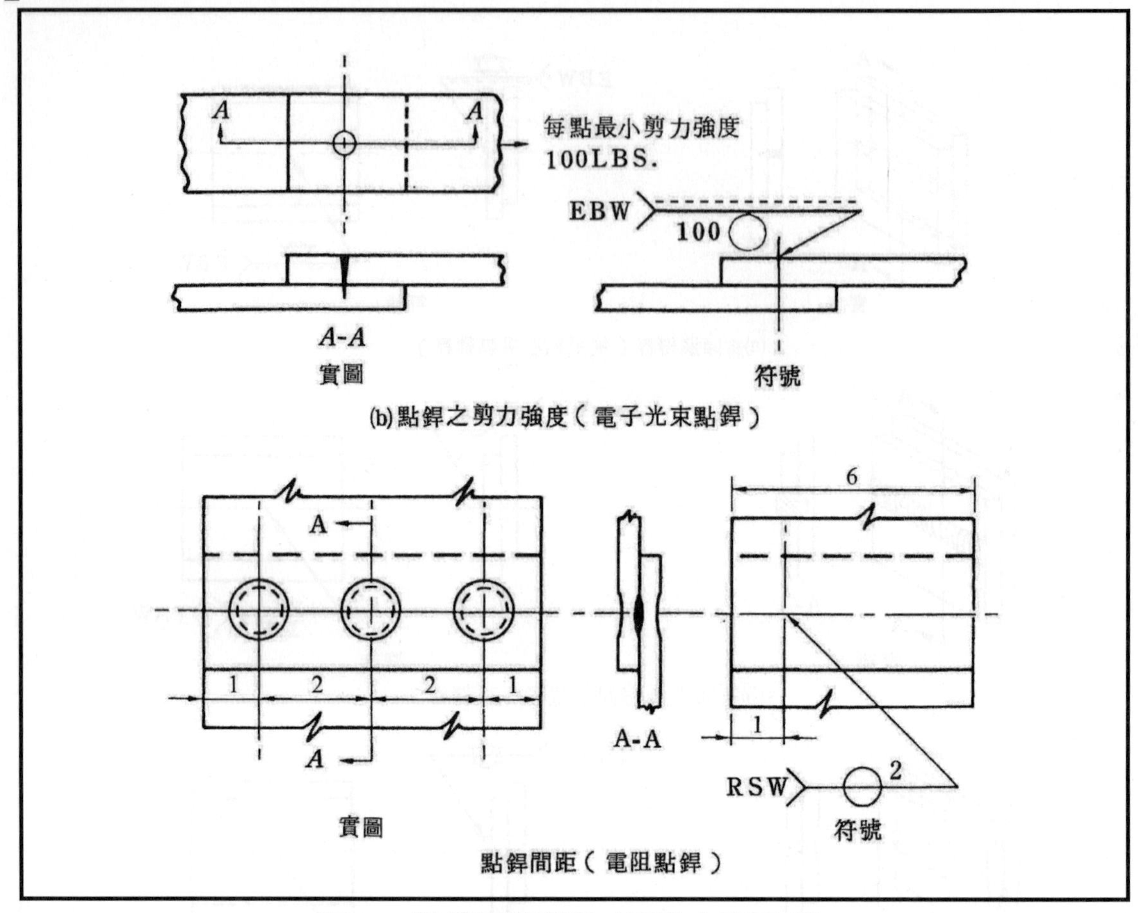

圖 37　點銲符號與尺寸標註之應用(續)

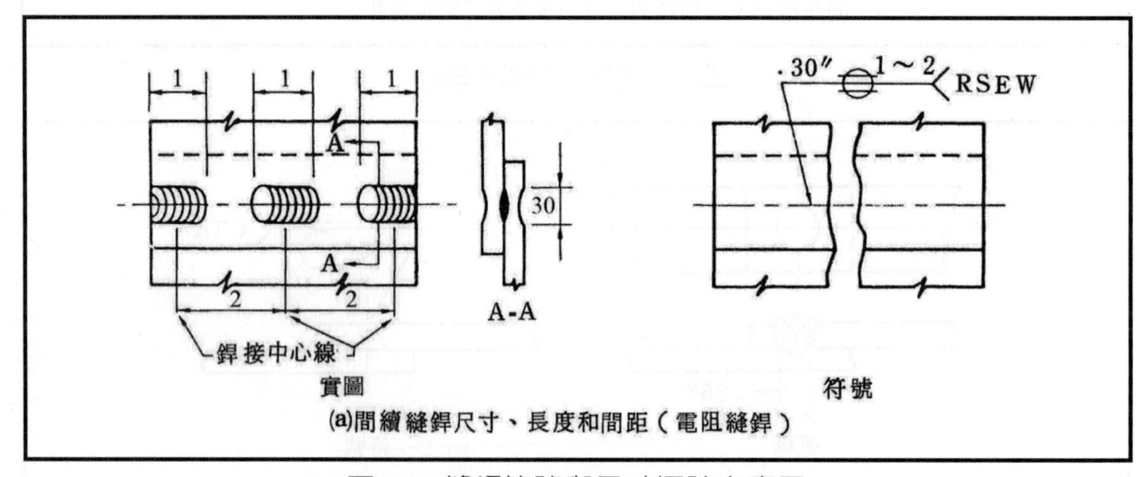

圖 38　縫銲符號與尺寸標註之應用

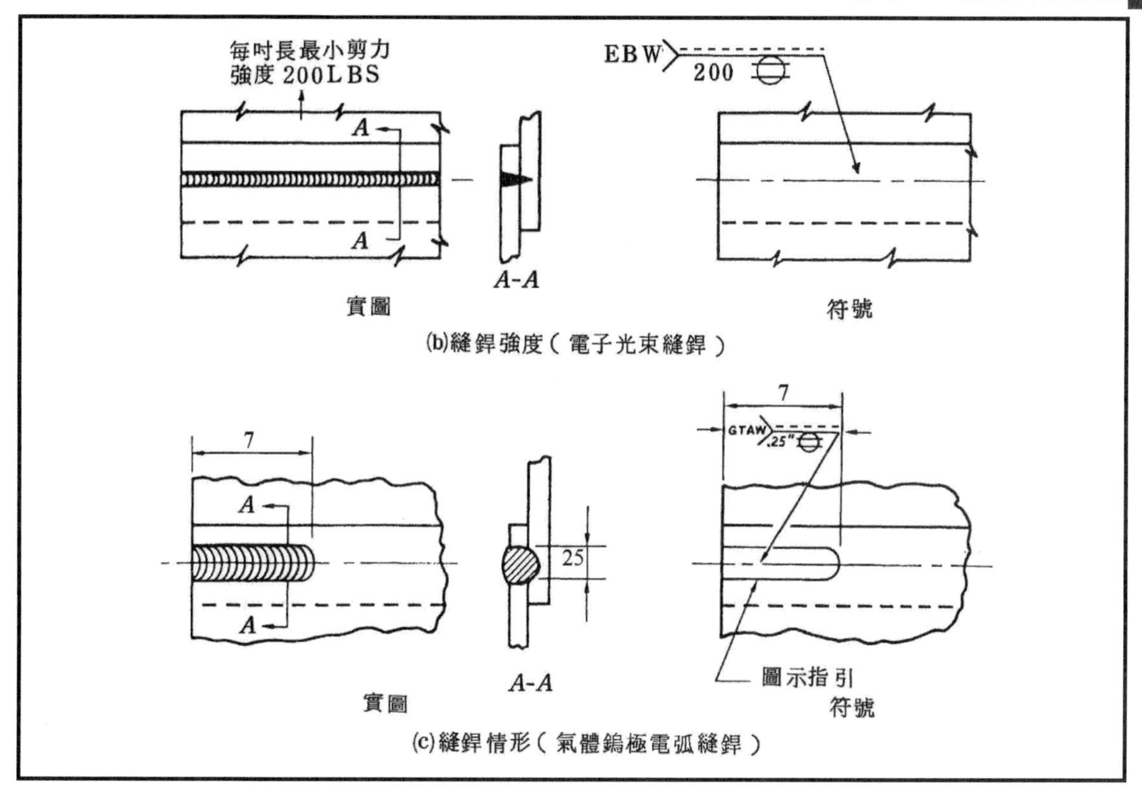

圖 38　縫銲符號與尺寸標註之應用(續)

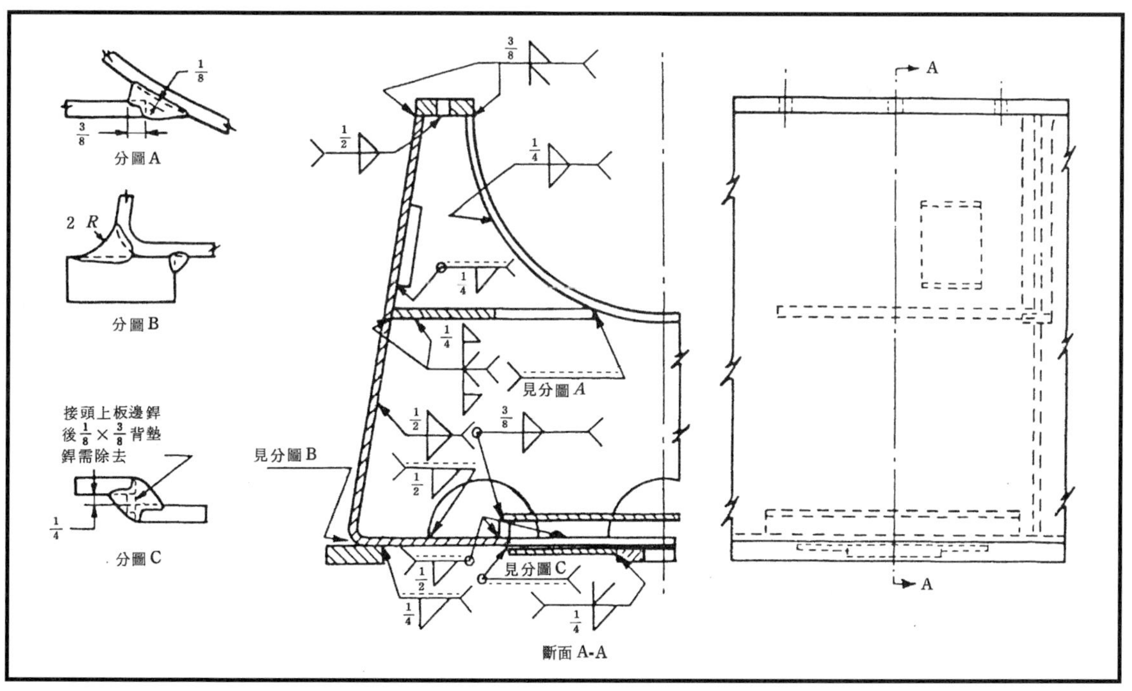

圖 39　銲接符號在機械圖上之應用

Chapter 附錄三

英－公制單位對照與換算

1. 長度或距離與速率

(1) 概略對照

厚度

Inch | mm
0 | 0
1/16 | 2
1/8 | 3
3/16 | 5
1/4 | 6
5/16 | 8
3/8 | 10
7/16 | 11
1/2 | 13
9/16 | 14
5/8 | 16
11/16 | 17
3/4 | 19
13/16 | 21
7/8 | 22
15/16 | 24
1 | 25

Inch: 0, 1/16, 1/8, 3/16, 1/4, 5/16, 3/8, 7/16, 1/2, 9/16, 5/8, 11/16, 3/4, 13/16, 7/8, 15/16, 1

mm: 0, 1, 2, 3, 4, 5, 6, 7, 8, 9, 10, 11, 12, 13, 14, 15, 16, 17, 18, 19, 20, 21, 22, 23, 24, 25

線徑

Inch: 0, .020, .035, .045, .063, .080 (14SWG), .104 (12SWG), .128 (10SWG), .160 (8SWG), .192 (6SWG), .232 (4SWG), 1/4, 10, 12, 14, 16, 18, 20, 22, 24

mm: 1, 2, 3, 4, 5, 6, 250, 300, 350, 400, 450, 500, 550, 600

移行速率

Inch/Min: 0, 10, 25, 50, 75, 100, 125, 150, 175, 200

mm/Min: 0, 500, 1000, 1500, 2000, 2500, 3000, 3500, 4000, 4500, 5000

距離

Miles: 0, 5, 10, 15, 20, 25, 30, 35, 40, 45, 50, 55, 60, 65, 70, 75, 80, 85, 90, 95, 100

KM: 0, 5, 10, 15, 20, 25, 30, 35, 40, 45, 50, 55, 60, 65, 70, 75, 80, 85, 90, 95, 100, 105, 110, 115, 120, 125, 130, 135, 140, 145, 150, 155, 160

(2) 正確換算(請用掌上型電子計算機輔助)

25.40 ⊠ ___ inch ⊟ ___ mm
304.8 ⊠ ___ feet ⊟ ___ mm
.0393 ⊠ ___ mm ⊟ ___ inch
00328 ⊠ ___ mm ⊟ ___ feet

.0621 ⊠ ___ km ⊟ ___ miles
1.609 ⊠ ___ miles ⊟ ___ Kilometers

.4233 ⊠ ___ in/min ⊟ ___ mm/second
2.362 ⊠ ___ mm/s ⊟ ___ in/min.

2. 流量-液容

(1) 概略對照

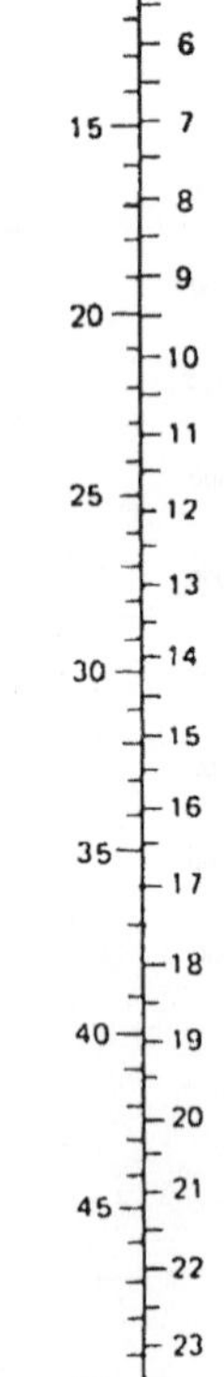

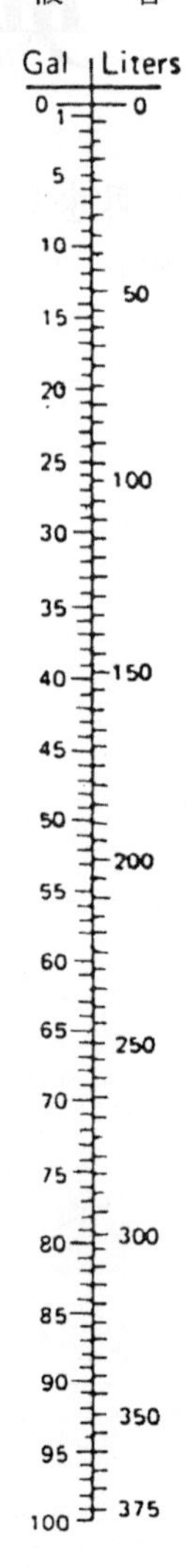

(2) 正確換算(請用掌上型電子計算機輔助)

0.4719	⊠ ____	cu ft/hr	⊟ ____	litre/min.
2.119	⊠ ____	L/min	⊟ ____	cu ft/hr.
3.785	⊠ ____	gal/min	⊟ ____	litre/min.
0.264	⊠ ____	Litre/min	⊟ ____	gal/min.
645.2	⊠ ____	in^2	⊟ ____	mm^2
0.00155	⊠ ____	mm^2	⊟ ____	in^2

3. 重量-壓力-荷重

(1) 概略對照

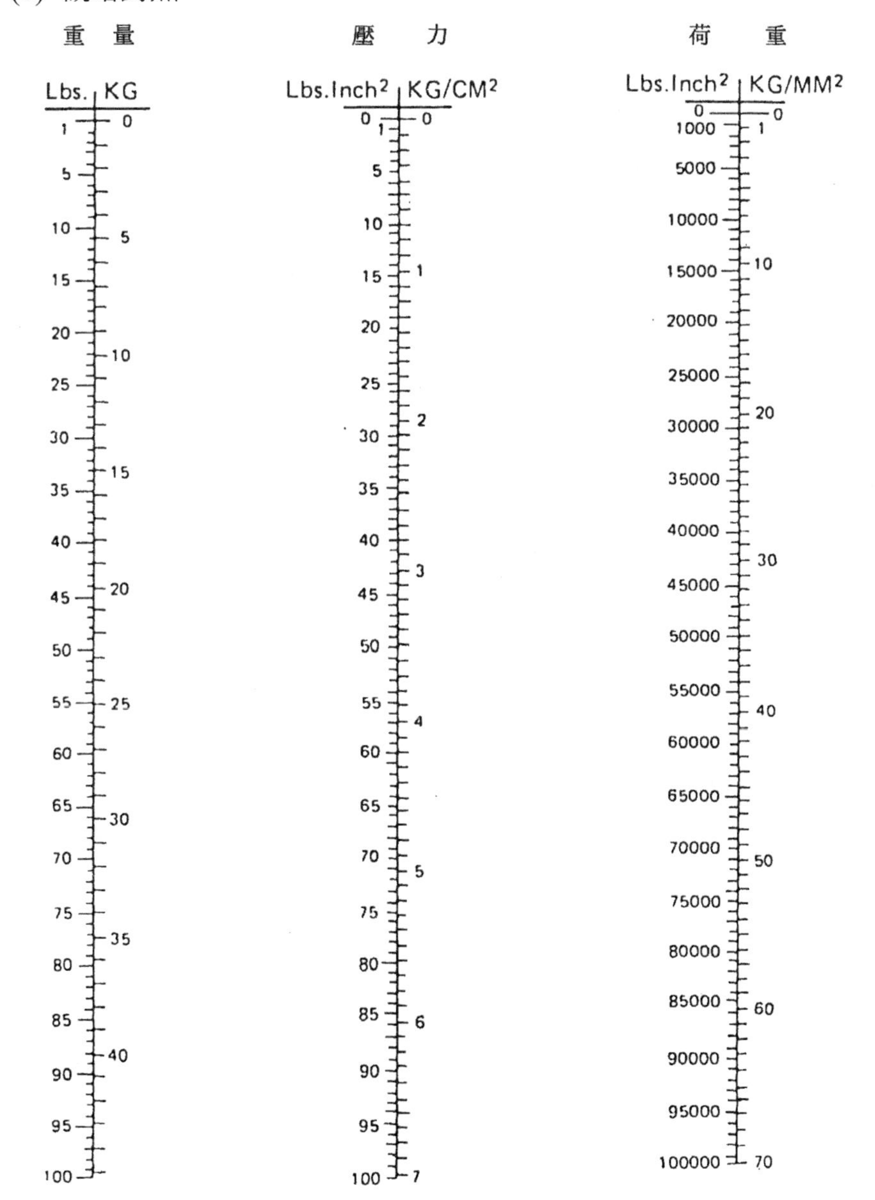

(2) 正確換算(請用掌上型電子計算機輔助)

數值	×	＝	數值	×	＝
.000703	⊠___lb/in²	⊟___kg/mm²	0.145	⊠___KPa	⊟___lb/in² (PSI)
6,894.7	⊠___lb/in²	⊟___Kilo Pascal (KPa)		⊠___Pa	⊟___kg/mm²
0.006895	⊠___lb/in²	⊟___Mega Pascal (MPa)		⊠___KPa	⊟___kg/mm²
0.07030	⊠___lb/in²	⊟___kg/cm²	4.448	⊠___lbs	⊟___Newton (N)
14.2234	⊠___kg/cm²	⊟___lbs/in²	9.807	⊠___kg	⊟___Newton (N)
1422.34	⊠___kg/mm²	⊟___lb/in² (PSI)	.2248	⊠___N	⊟___lbs
	⊠___kg/mm²	⊟___Pascal (Pa)	.1009	⊠___N	⊟___kg
	⊠___kg/mm²	⊟___Kilo Pascal (KPa)	0.4536	⊠___lbs	⊟___kg
0.00145	⊠___Pa	⊟___lb/in² (PSI)	2.205	⊠___kg	⊟___lbs

4. 溫度-衝擊值

(1) 概略對照

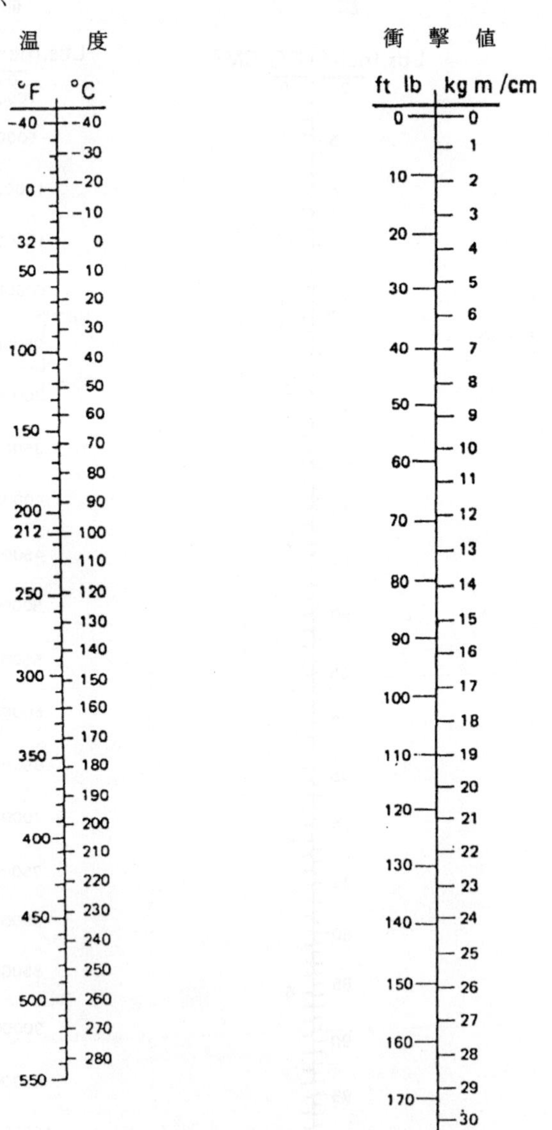

(2) 正確換算(請用掌上型電子計算機輔助)

____°F [−] 32 [=] [×] .555 [=] ____°C
____°C [×] 1.8 [=] [+] 32 [=] ____°F

0.1383 [×] ____ ft-lbs [=] ____ kg-m
7.233 [×] ____ kg-m [=] ____ ft-lbs

1.356 [×] ____ ft-lbs [=] ____ Joule
.7376 [×] ____ Joule [=] ____ ft-lbs

.8 [×] ____ kg-m [=] ____ kg-m/cm
0.1728 [×] ____ ft.lbs [=] ____ kg-m/cm²
5.787 [×] ____ kg-m/cm² [=] ____ ft-lbs

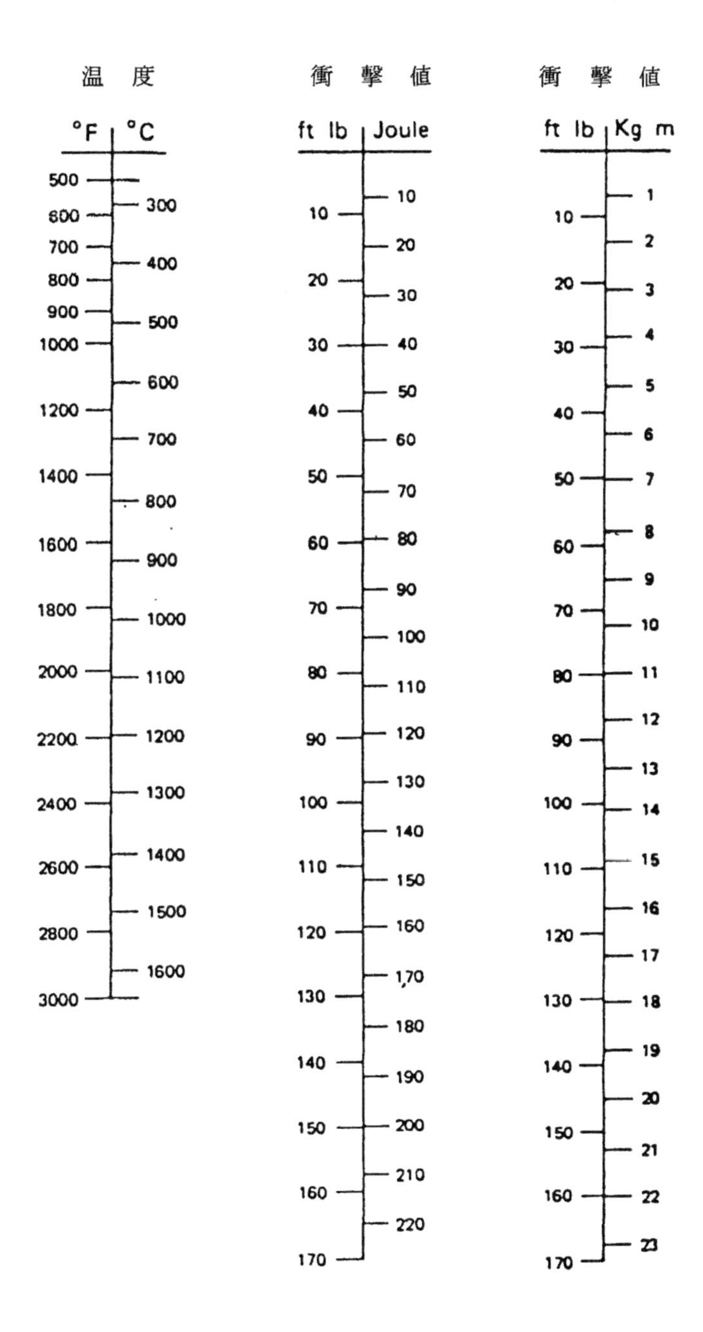

5. 英－公制長度或距離換算

吋(in)		公厘	吋(in)		公厘	吋(in)		公厘
(分數)	(小數)	(mm)	(分數)	(小數)	(mm)	(分數)	(小數)	(mm)
1/64	0.0158	0.3969	11/32	0.3437	8.7312	43/64	0.6719	17.0656
1/32	0.0312	0.7937	23/64	0.3594	9.1281	11/16	0.6875	17.4625
3/64	0.0469	1.1906	3/8	0.375	9.525	45/64	0.7031	17.8594
1/16	0.0625	1.5875	25/64	0.3906	9.9219	23/32	0.7187	18.2562
5/64	0.0781	1.9844	13/32	0.4062	10.3187	47/64	0.7344	18.6532
3/32	0.0937	2.3812	27/64	0.4219	10.7156	3/4	0.750	19.050
7/64	0.1094	2.7781	7/16	0.4375	11.1125	49/64	0.7656	19.4469
1/8	0.125	3.175	29/64	0.4531	11.5094	25/32	0.7812	19.8433
9/64	0.1406	3.5719	15/32	0.4687	11.9062	51/64	0.7969	20.2402
5/32	0.1562	3.9687	31/64	0.4844	12.3031	13/16	0.8125	20.6375
11/64	0.1719	4.3656	1/2	0.500	12.700	53/64	0.8281	21.0344
3/16	0.1875	4.7625	33/64	0.5156	13.0968	27/32	0.8437	21.4312
13/64	0.2031	5.1594	17/32	0.5312	13.4937	55/64	0.8594	21.8281
7/32	0.2187	5.5562	35/64	0.5469	13.8906	7/8	0.875	22.2250
15/64	0.2344	5.9531	9/16	0.5625	14.2875	57/64	0.8906	22.6219
1/4	0.25	6.35	37/64	0.5781	14.6844	29/32	0.9062	23.0187
17/64	0.2656	6.7469	19/32	0.5937	15.0812	59/64	0.9219	23.4156
9/32	0.2812	7.1437	39/64	0.6094	15.4781	15/16	0.9375	23.8125
19/64	0.2969	7.5406	5/8	0.625	15.875	61/64	0.9531	24.2094
5/16	0.3125	7.9375	41/64	0.6406	16.2719	31/32	0.9687	24.6062
21/4	0.3281	8.3344	21/32	0.6562	16.6687	63/64	0.9844	25.0031

6. 線規直徑換算

美國鋼線規	in.	mm	美國鋼線規	in.	mm	美國鋼線規	in.	mm
7/0's	0.4900	12.447	11	0.1205	3.0607	28	0.0162	0.4115
6/0's	0.4615	11.7221	12	0.1055	2.6797	29	0.0150	0.381
5/0's	0.4305	10.9347	13	0.0915	2.3241	30	0.0140	0.3556
4/0's	0.3938	10.0025	14	0.0800	2.032	31	0.0132	0.3353
3/0's	0.3625	9.2075	15	0.0720	1.8389	32	0.0128	0.3251
2/0's	0.3310	8.4074	16	0.0625	1.5875	33	0.0118	0.2997
0	0.3065	7.7851	17	0.0540	1.3716	34	0.0104	0.2642
1	0.2830	7.1882	18	0.0475	1.2065	35	0.0095	0.2413
2	0.2625	6.6675	19	0.0410	1.0414	36	0.0090	0.2286
3	0.2437	6.1899	20	0.0348	0.8839	37	0.0085	0.2159
4	0.2253	5.7226	21	0.0317	0.8052	38	0.0080	0.2032
5	0.2070	5.2578	22	0.0286	0.7264	39	0.0075	0.1905
6	0.1920	4.8768	23	0.0258	0.6553	40	0.0070	0.1778
7	0.1770	4.4958	24	0.0230	0.5842	41	0.0066	0.1678
8	0.1620	4.1148	25	0.0204	0.5182	42	0.0062	0.1575
9	0.1483	3.7668	26	0.0181	0.4597	43	0.0060	0.1524
10	0.1350	3.429	27	0.0173	0.4394	44	0.0058	0.1473

Chapter 附錄四

金屬與合金之溫度數據

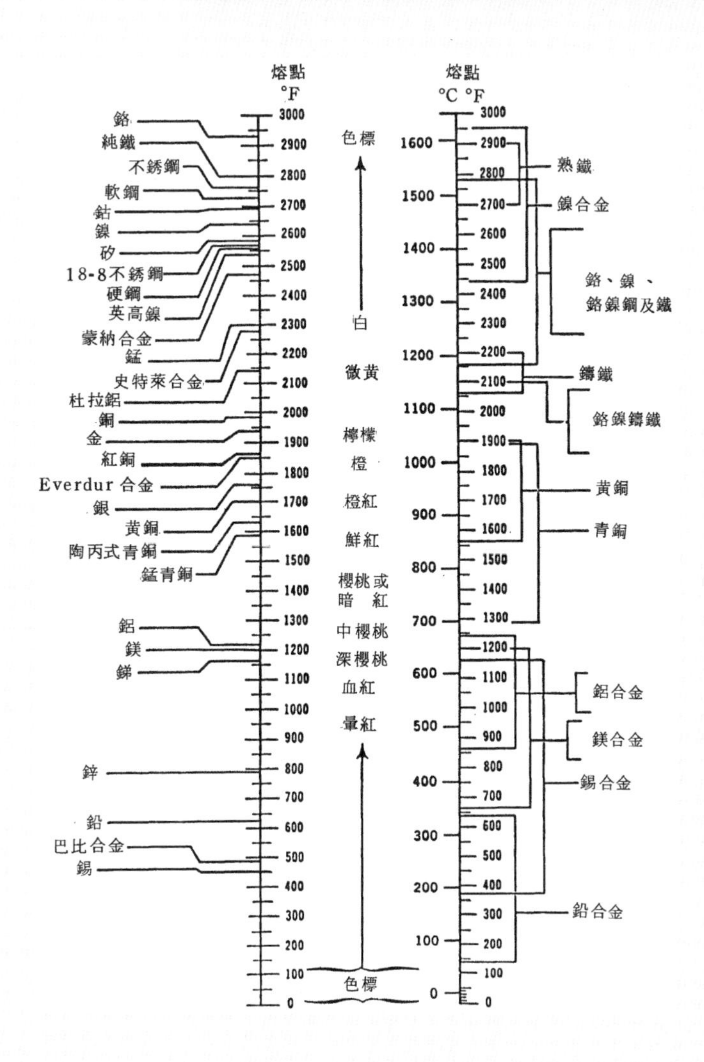

氣銲技術士技能檢定規範

A5.1 氬氣鎢極電銲單一級技術士技能檢定術科測試應檢人須知

1. 本職類係單一級技能檢定，術科測試試題共分四十六個銲接位置(詳如各項銲接位置及時間表)，應檢人可就本身之專精技能，於術科測試報名時，選擇一個或多個位置參加測試，並依術科辦理單位通知日期、地點、及有關規定並攜帶自備工具前往參加測試。
2. 到達測試場地後，請先到「報到處」辦理報到手續及領取測試試題，然後才能進入測試場。
3. 報到時，請攜帶檢定通知單、學科准考證及國民身份證或其他法定身份證明。
4. 進場後，應依據術科測試編號進入指定位置，並將學科准考證及術科測試通知單掛在指定位置。
5. 依據辦理單位所提供之工具表清點工具，如有短少或損壞，立即請場地管理人員補充或更換(測試後如有短少或損壞，應照價賠償)。
6. 依據測試試題材料表，檢查材料規格、數量及鋼印號碼是否正確，如有錯誤，應立即請場地管理人員補充或更換(開始測試後一律不准更換)。
7. 俟監評人員宣佈「開始」口令後，才能開始測試。
8. 測試中不得與鄰人交談，代人銲接或託人銲接。

9. 測試中應注意自己、鄰人及測試場地之安全。
10. 測試須在規定時間內完成，若提前完成或在監評人員宣佈「測試截止」時，立即停止銲接，並將試題交還，將試件依場地管理人員指定位置排放整齊。
11. 離場前，應將借用工具點交及清掃場地，同時將測試通知單請監評人員簽章，然後離開測試場。
12. 不遵守試場規則者，勒令出場，並取消應檢資格。
13. 各種銲接位置之測試時間如附表一所列(應注意報檢項目、銲接位置及所訂測試時間)，術科辦理單位依術科試題所定時間排定各項目測試時間。

A5.2 氬氣鎢極電銲單一級技術士技能檢定術科測試應檢人自備工具表

(每人份)

編號	設備名稱	規格	單位	數量	備註
1	面罩	頭戴式	頂	1	附濾光玻璃
2	手套	皮質長統	付	1	
3	手套	氬銲用	付	1	
4	袖套	皮質	付	1	
5	腳套	皮質	付	1	
6	胸圍	皮質	件	1	
7	尖頭敲渣錘		支	1	
8	鐵鎚	$1\frac{1}{2}$磅	支	1	
9	鋼尺	300 mm	支	1	
10	銼刀	300 mm 粗平	支	1	
11	銼刀	300 mm 粗半圓	支	1	
12	曲切齒銼刀	250 mm	支	1	鋁板可用刮刀
13	鋼絲刷	曲柄	支	1	
14	不銹鋼絲刷	曲柄	支	1	
15	火鉗	300 mm	支	1	
16	鏨子	平口 150 mm	支	1	
17	平面砂輪機	手提式ϕ100	支	1	兩人合用 1 支

附圖一　彎曲試驗模具

模具材料：中碳鋼

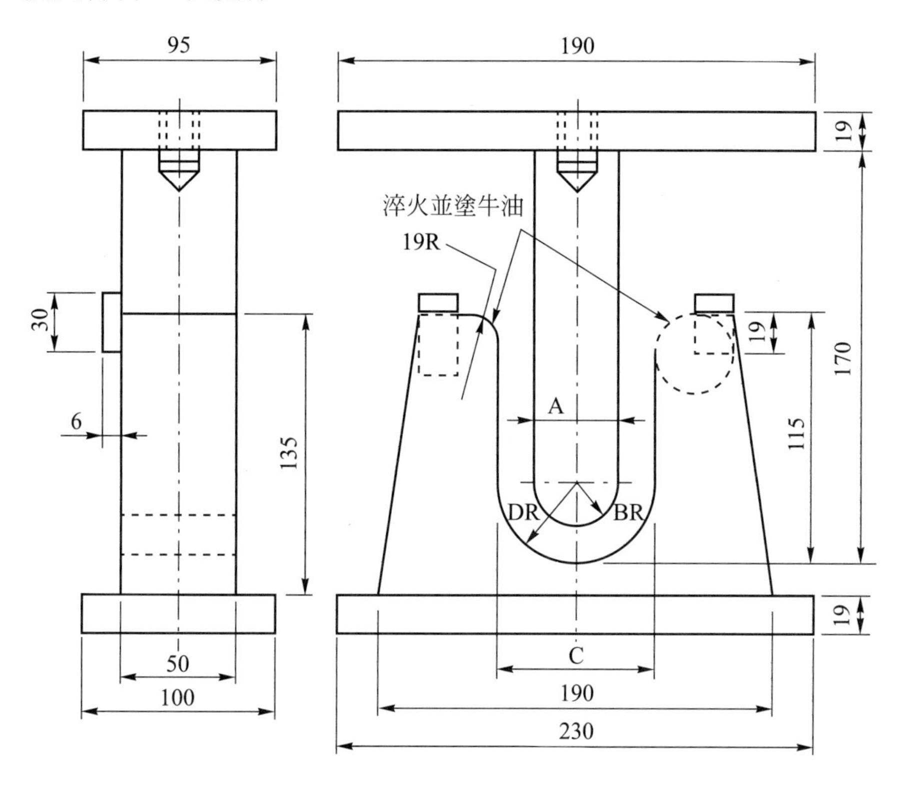

單位：公厘

模具尺寸	試片厚度	A	B	C	D
標準型	3.2	12.8 (21.0)	6.4 (10.5)	22.2 (31.0)	11.1 (15.5)
	5.5	22 (37.0)	11 (18.5)	36.2 (51.0)	18.1 (25.5)
	7.1	28.4	14.2	45.6	22.8
	9.0	36.0	18.0	57.0	28.5
(括弧內之尺寸，爲鋁板及鋁管用導彎鋼模尺寸)					

附圖二　試片變形測量模板

模板材料：2mm 鋁板

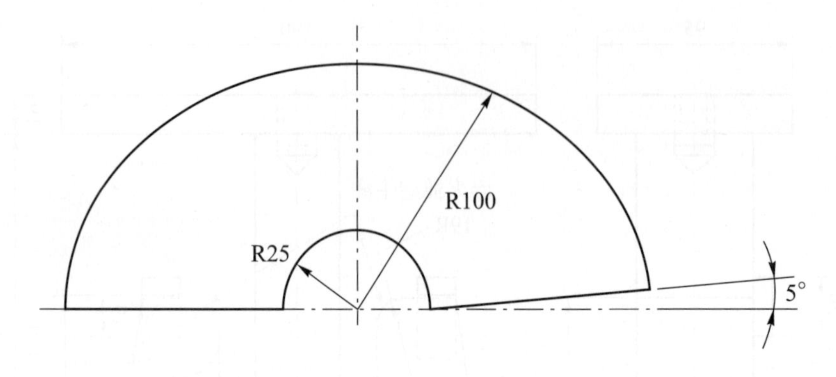

A5.3　試題一：氬氣鎢極電銲術科測試 SF 試題(編號：091-900401)

1. 測試試題：**碳鋼**薄板平銲對接(技能代號：S-F-01)

   (1) 母材組合

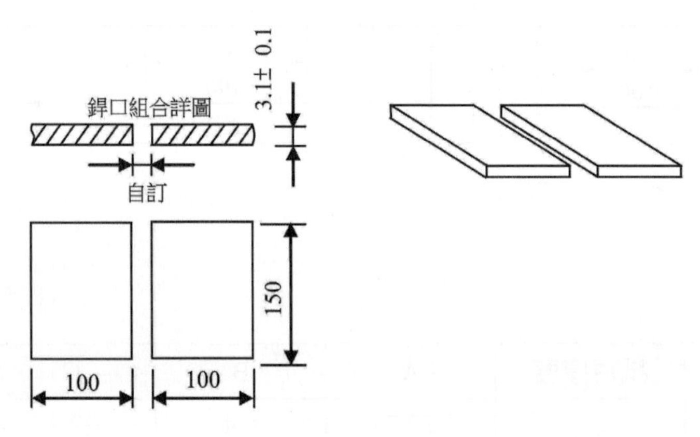

   (2) 點銲位置

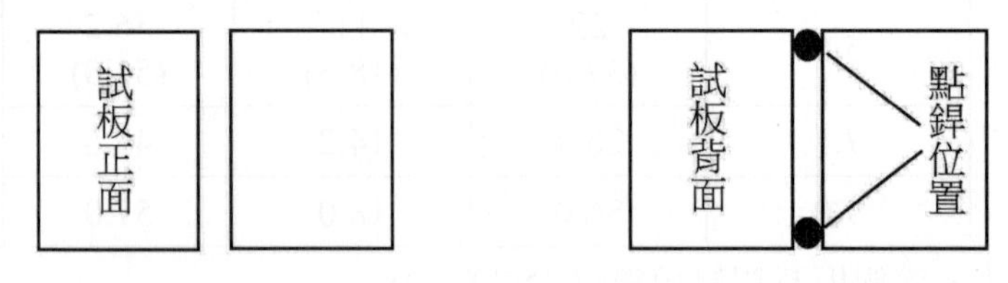

2. 測試時間：0.5 小時

3. 檢定說明：

(1) 銲接前應按圖示尺寸先行組合及點銲。

(2) 所有銲道除接頭在銲接前可以磨修外，接續後不得用砂輪磨修。

(3) 表面銲道必須爲單一銲道，且需沿同一方向銲接。

4. 測試用材料：(每人份)

單位：公厘

編號	名稱	規格	單位	數量	備註
1	碳鋼鋼板	SS400 $t(3.1\pm0.1)\times100\times150$	塊	2	
2	塡料	YGT50 $\phi2.4\times1000$	支	2	
3	鎢棒	直流用 $\phi2.4\times150$	支	1	

A5.4 試題二：氬氣鎢極電銲術科測試 SH 試題(編號：091-900402)

1. 測試試題：**碳鋼**薄板橫銲對接(技能代號：S-H-01)

(1) 母材組合

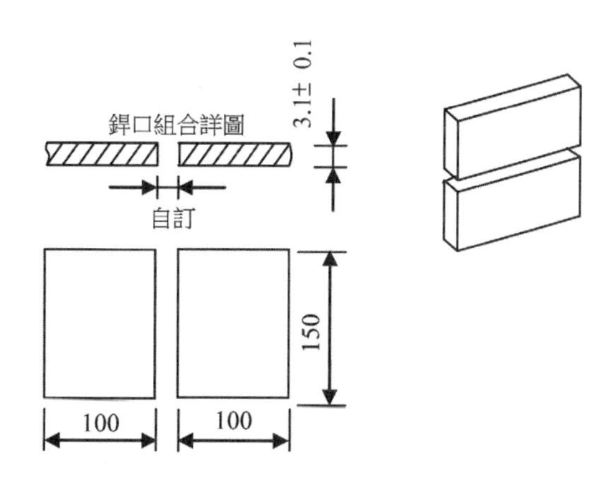

(2) 點銲位置

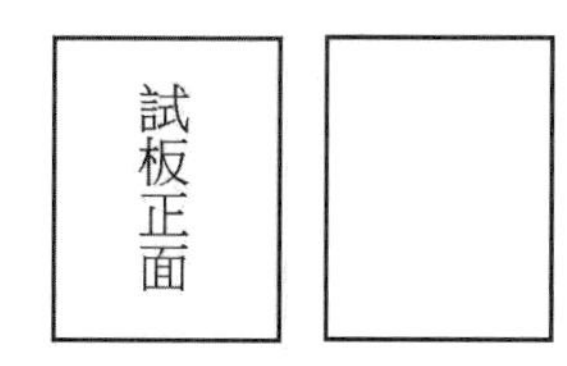

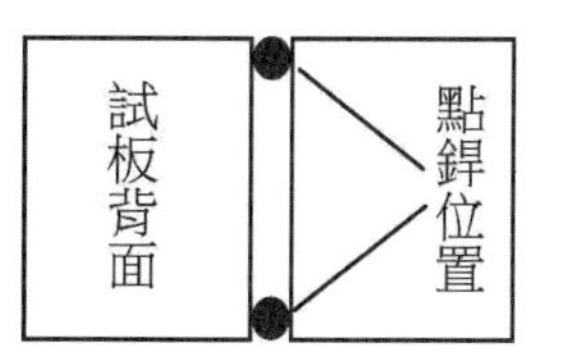

2. 測試時間：0.5 小時

3. 檢定說明：

(1) 銲接前應按圖示尺寸先行組合及點銲。

(2) 所有銲道除接頭在銲接前可以磨修外，接續後不得用砂輪磨修。

(3) 表面銲道必須爲單一銲道，且需沿同一方向銲接。

4. 測試用材料：(每人份)

單位：公厘

編號	名稱	規格	單位	數量	備註
1	碳鋼鋼板	SS400 t(3.1±0.1)×100×150	塊	2	
2	填料	YGT50ϕ2.4×1000	支	2	
3	鎢棒	直流用ϕ2.4×150	支	1	

A5.5 試題三：氬氣鎢極電銲術科測試 SV 試題(編號：091-900403)

1. 測試試題：**碳鋼**薄板立銲對接(技能代號：S-V-01)

(1) 母材組合

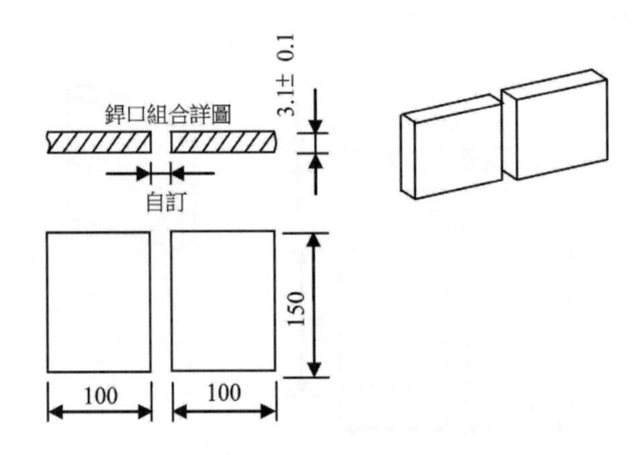

(2) 點銲位置

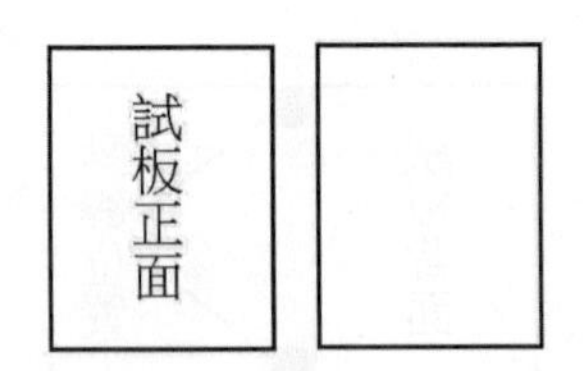

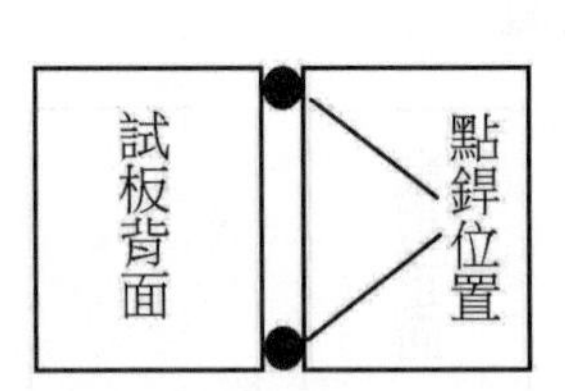

2. 測試時間：0.5 小時

3. 檢定說明：

(1) 銲接前應按圖示尺寸先行組合及點銲。

(2) 所有銲道除接頭在銲接前可以磨修外，接續後不得用砂輪磨修。

(3) 所有銲道必須由下而上銲接。

(4) 表面銲道必須爲單一銲道。

4. 測試用材料：(每人份)

單位：公厘

編號	名稱	規格	單位	數量	備註
1	碳鋼鋼板	SS400 $t(3.1\pm0.1)\times100\times150$	塊	2	
2	塡料	YGT50 $\phi 2.4\times1000$	支	2	
3	鎢棒	直流用 $\phi 2.4\times150$	支	1	

A5.6　試題四：氬氣鎢極電銲術科測試 SO 試題(編號：091-900404)

1. 測試試題：**碳鋼**薄板仰銲對接(技能代號：S-O-01)

(1) 母材組合

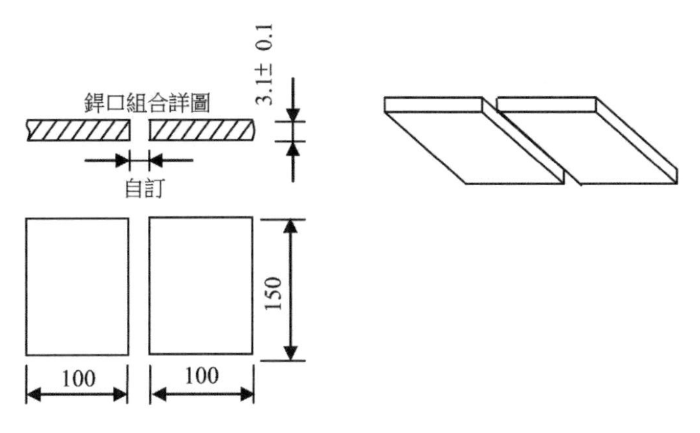

(2) 點銲位置

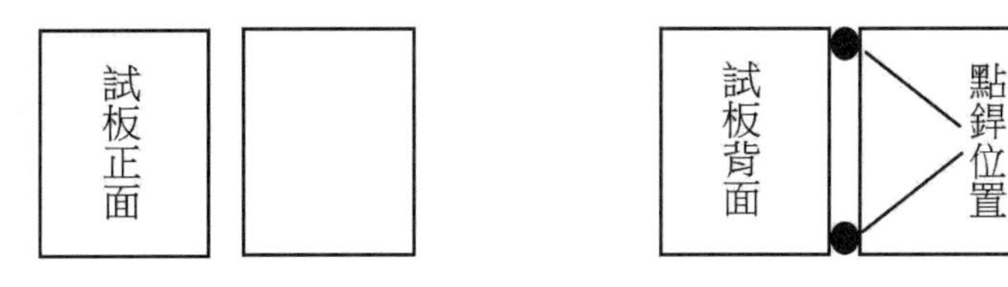

2. 測試時間：0.5 小時

3. 檢定說明：

(1) 銲接前應按圖示尺寸先行組合及點銲。

(2) 所有銲道除接頭在銲接前可以磨修外，接續後不得用砂輪磨修。

(3) 表面銲道必須爲單一銲道，且需沿同一方向銲接。

4. 測試用材料：(每人份)

單位：公厘

編號	名稱	規格	單位	數量	備註
1	碳鋼鋼板	SS400 t(3.1±0.1)×100×150	塊	2	
2	填料	YGT50ϕ2.4×1000	支	2	
3	鎢棒	直流用ϕ2.4×150	支	1	

A5.7 試題五：氬氣鎢極電銲術科測試 SF 試題(編號：091-900405)

1. 測試試題：**低合金鋼**薄板平銲對接(技能代號：S-F-03)

(1) 母材組合

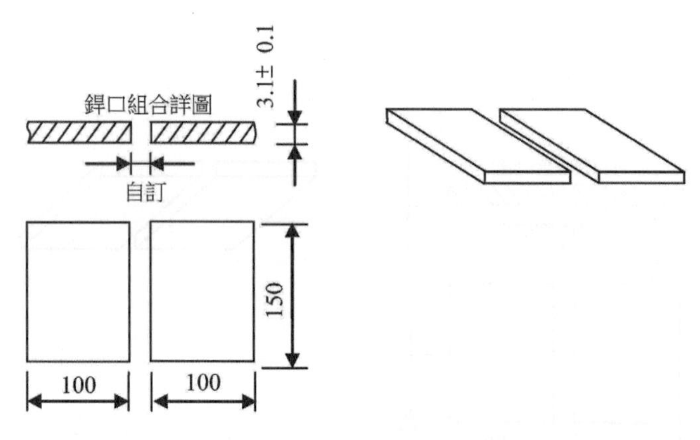

(2) 點銲位置

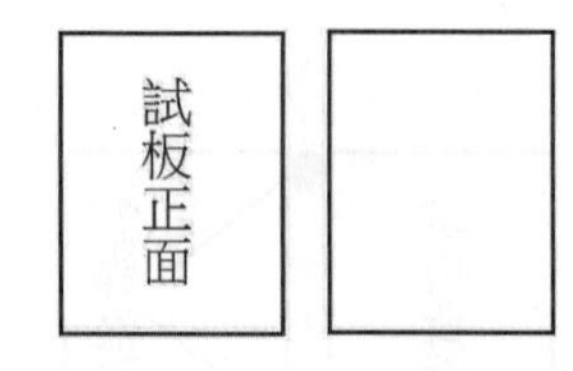

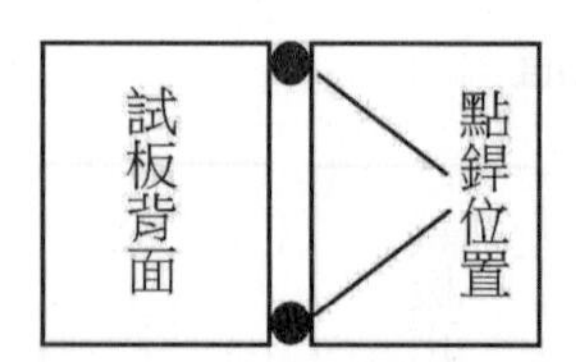

2. 測試時間：0.5 小時

3. 檢定說明：

(1) 銲接前應按圖示尺寸先行組合及點銲。

(2) 所有銲道除接頭在銲接前可以磨修外，接續後不得用砂輪磨修。

(3) 表面銲道必須為單一銲道，且需沿同一方向銲接。

4. 試用材料：(每人份)

單位：公厘

編號	名稱	規格	單位	數量	備註
1	低合金鋼板	SL2N255 t(3.1±0.1)×100×150	塊	2	可以 SS400 鋼板代替
2	填料	YGT2CM ϕ 2.4×1000	支	2	
3	鎢棒	直流用 ϕ 2.4×150	支	1	

A5.8　試題六：氬氣鎢極電銲術科測試 SH 試題(編號：091-900406)

1. 測試試題：**低合金鋼**薄板橫銲對接(技能代號：S-H-03)

(1) 母材組合

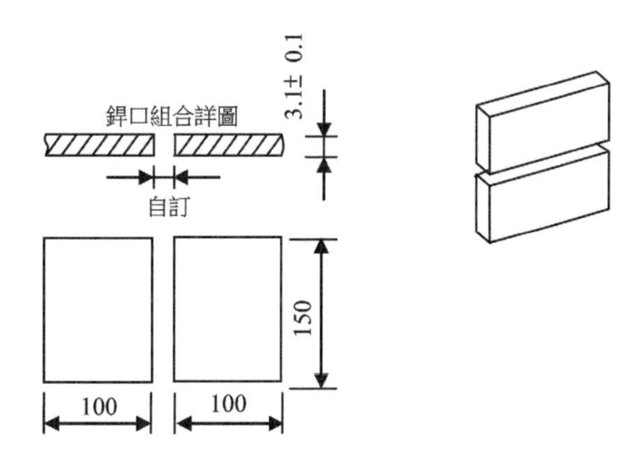

(2) 點銲位置

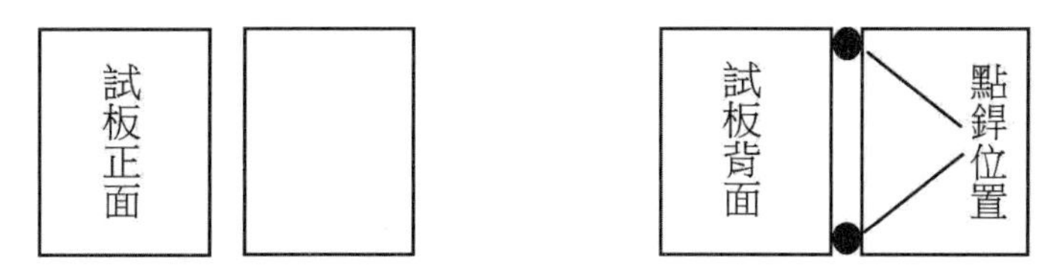

2. 測試時間：0.5 小時

3. 檢定說明：

(1) 銲接前應按圖示尺寸先行組合及點銲。

(2) 所有銲道除接頭在銲接前可以磨修外，接續後不得用砂輪磨修。

(3) 表面銲道必須爲單一銲道，且需沿同一方向銲接。

4. 測試用材料：(每人份)

單位：公厘

編號	名稱	規格	單位	數量	備註
1	低合金鋼板	SL2N255 t(3.1±0.1)×100×150	塊	2	可以 SS400 鋼板代替
2	塡料	YGT2CMϕ2.4×1000	支	2	
3	鎢棒	直流用ϕ2.4×150	支	1	

A5.9 試題七：氬氣鎢極電銲術科測試 SV 試題(編號：091-900407)

1. 測試試題：**低合金鋼**薄板立銲對接(技能代號：S-V-03)

(2) 母材組合

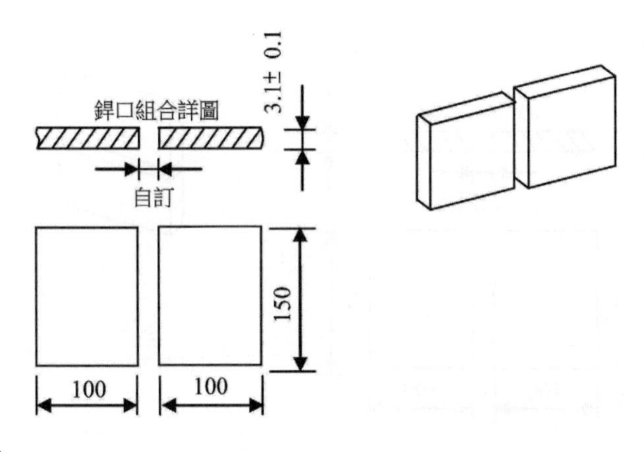

(2) 點銲位置

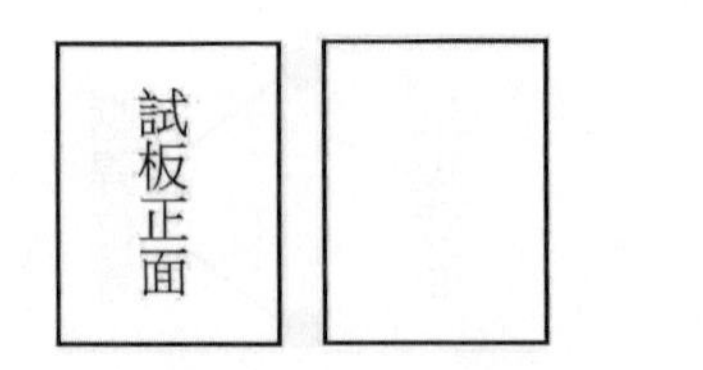

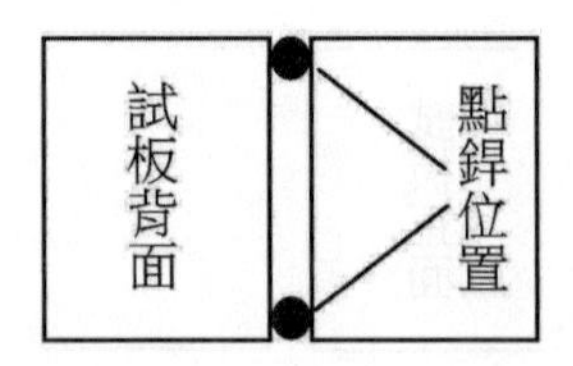

2. 測試時間：0.5 小時

3. 檢定說明：

(1) 銲接前應按圖示尺寸先行組合及點銲。

(2) 所有銲道除接頭在銲接前可以磨修外，接續後不得用砂輪磨修。

(3) 所有銲道必須由下而上銲接。

(4) 表面銲道必須爲單一銲道。

4. 測試用材料：

(每人份)單位：公厘

編號	名稱	規格	單位	數量	備註
1	低合金鋼板	SL2N255 t(3.1±0.1)×100×150	塊	2	可以 SS400 鋼板代替
2	填料	YGT2CMϕ2.4×1000	支	2	
3	鎢棒	直流用ϕ2.4×150	支	1	

A5.10　試題八：氬氣鎢極電銲術科測試 SO 試題(編號：091-900408)

1. 測試試題：**低合金鋼**薄板仰銲對接(技能代號：S-O-03)

(1) 母材組合

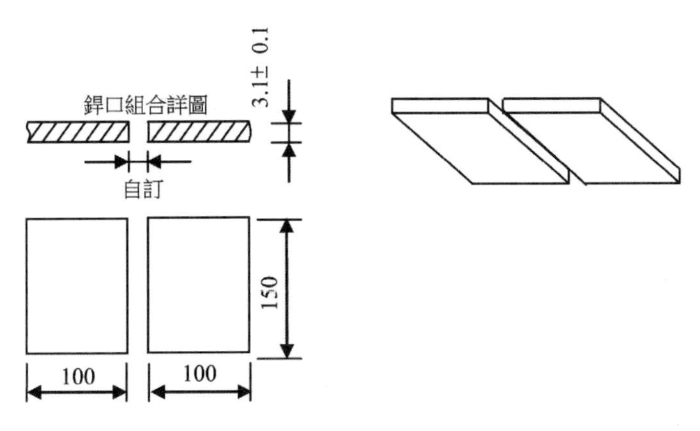

(2) 點銲位置

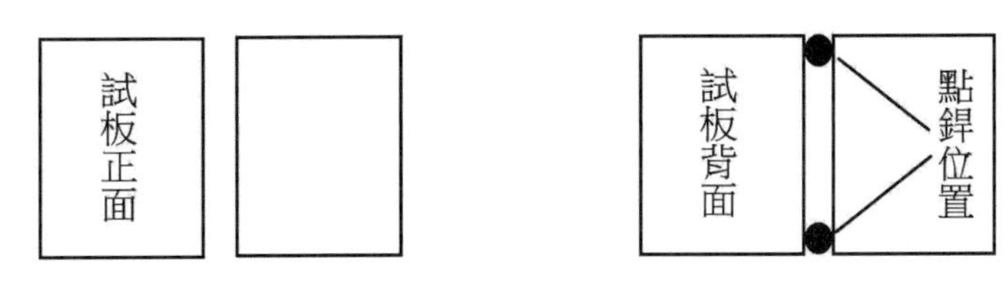

2. 測試時間：0.5 小時

3. 檢定說明：

(1) 銲接前應按圖示尺寸先行組合及點銲。

(2) 所有銲道除接頭在銲接前可以磨修外，接續後不得用砂輪磨修。

(3) 表面銲道必須為單一銲道，且需沿同一方向銲接。

4. 測試用材料：(每人份)

單位：公厘

編號	名稱	規格	單位	數量	備註
1	低合金鋼板	SL2N255 t(3.1±0.1)×100×150	塊	2	可以 SS400 鋼板代替
2	填料	YGT2CMϕ2.4×1000	支	2	
3	鎢棒	直流用ϕ2.4×150	支	1	

A5.11 試題九：氬氣鎢極電銲術科測試 SF 試題(編號：091-900409)

1. 測試試題：不銹鋼薄板平銲對接(技能代號：S-F-08)

(1) 母材組合

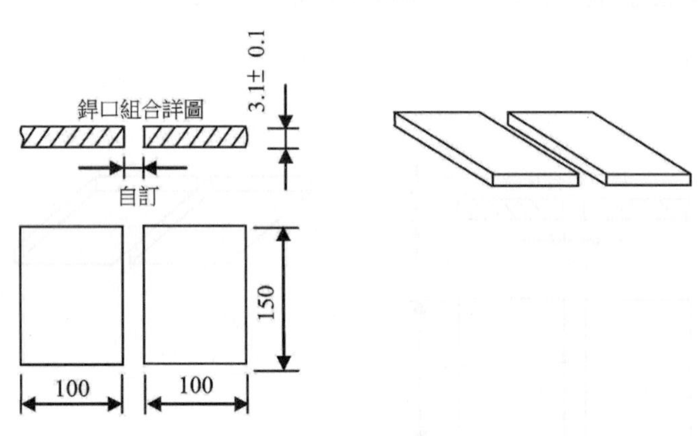

(2) 點銲位置

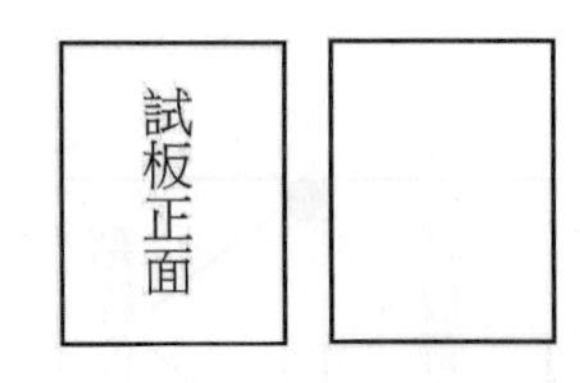

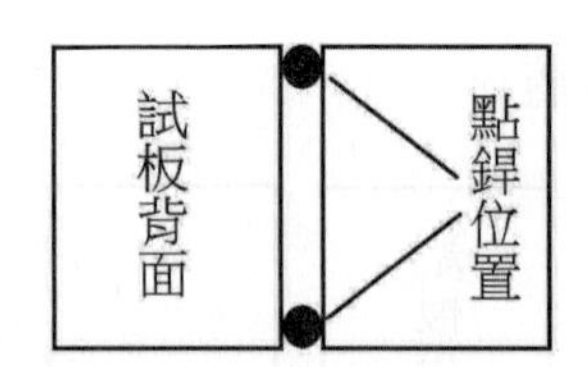

2. 測試時間：0.5 小時

3. 檢定說明：

 (1) 銲接前應按圖示尺寸先行組合及點銲。

 (2) 所有銲道除接頭在銲接前可以磨修外，接續後不得用砂輪磨修。

 (3) 表面銲道必須爲單一銲道，且需沿同一方向銲接。

4. 測試用材料：(每人份)

單位：公厘

編號	名稱	規格	單位	數量	備註
1	不銹鋼板	304 t(3.1±0.1)×100×150	塊	2	
2	填料	Y308Lϕ2.4×1000	支	2	
3	鎢棒	直流用ϕ2.4×150	支	1	

A5.12 試題十：氬氣鎢極電銲術科測試 SH 試題(編號：091-900410)

1. 測試試題：**不銹鋼**薄板橫銲對接(技能代號：S-H-08)

 (1) 母材組合

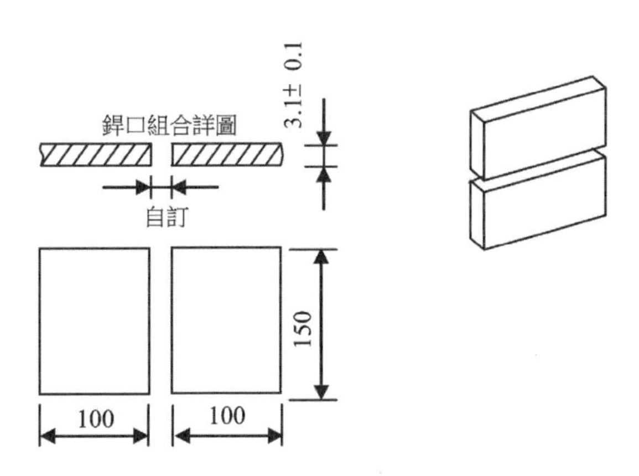

 (2) 點銲位置

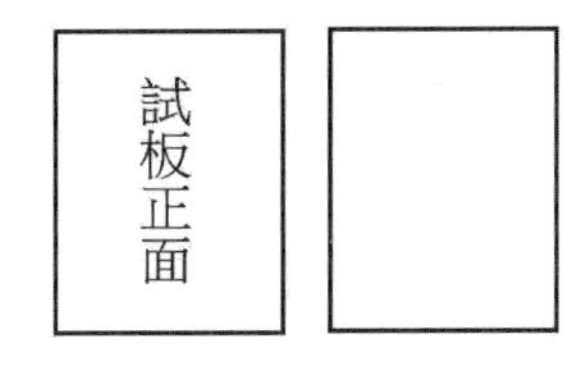

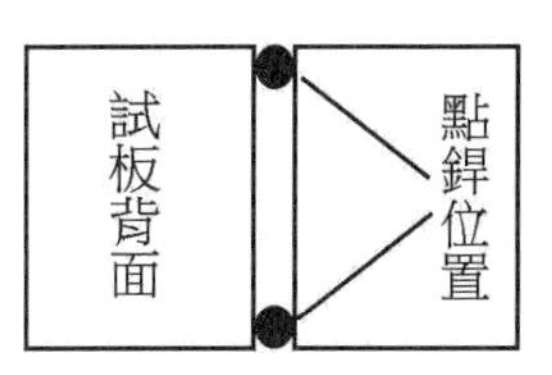

2. 測試時間：0.5 小時

3. 檢定說明：

(1) 銲接前應按圖示尺寸先行組合及點銲。

(2) 所有銲道除接頭在銲接前可以磨修外，接續後不得用砂輪磨修。

(3) 表面銲道必須爲單一銲道，且需沿同一方向銲接。

4. 測試用材料：(每人份)

單位：公厘

編號	名稱	規格	單位	數量	備註
1	不銹鋼板	304 t(3.1±0.1)×100×150	塊	2	
2	填料	Y308Lϕ2.4×1000	支	2	
3	鎢棒	直流用ϕ2.4×150	支	1	

A5.13 試題十一：氬氣鎢極電銲術科測試 SV 試題(編號：091-900411)

1. 測試試題：**不銹鋼**薄板立銲對接(技能代號：S-V-08)

(1) 母材組合

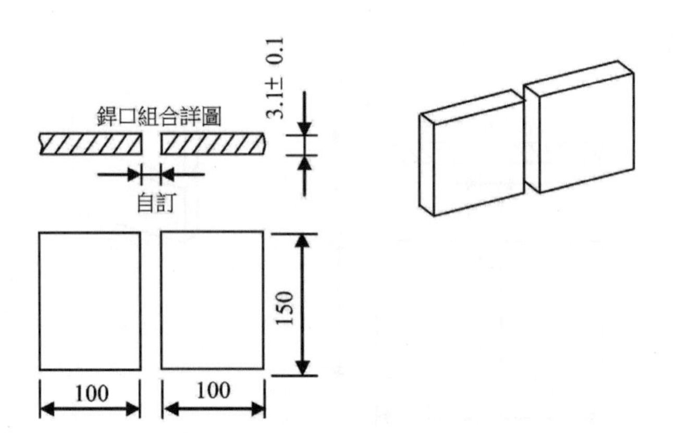

(2) 點銲位置

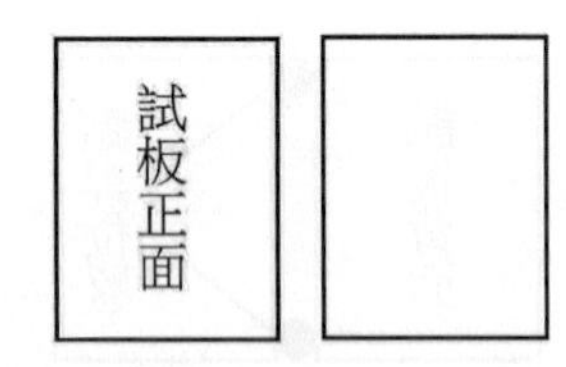

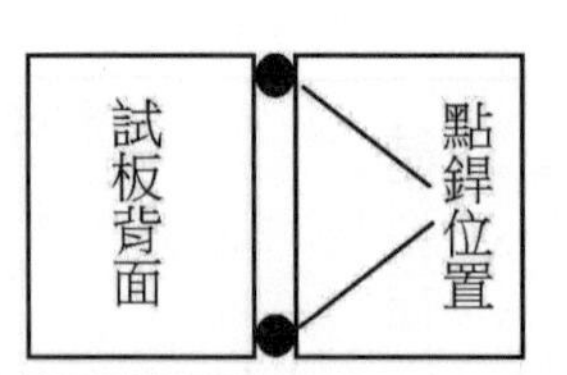

2. 測試時間：0.5 小時

3. 檢定說明：

    (1) 銲接前應按圖示尺寸先行組合及點銲。

    (2) 所有銲道除接頭在銲接前可以磨修外，接續後不得用砂輪磨修。

    (3) 所有銲道必須由下而上銲接。

    (4) 表面銲道必須爲單一銲道。

4. 測試用材料：(每人份)

單位：公厘

編號	名稱	規格	單位	數量	備註
1	不銹鋼板	304 t(3.1±0.1)×100×150	塊	2	
2	填料	Y308Lϕ2.4×1000	支	2	
3	鎢棒	直流用ϕ2.4×150	支	1	

A5.14　試題十二：氬氣鎢極電銲術科測試 SO 試題(編號：091-900412)

1. 測試試題：**不銹鋼**薄板仰銲對接(技能代號：S-O-08)

    (1) 母材組合

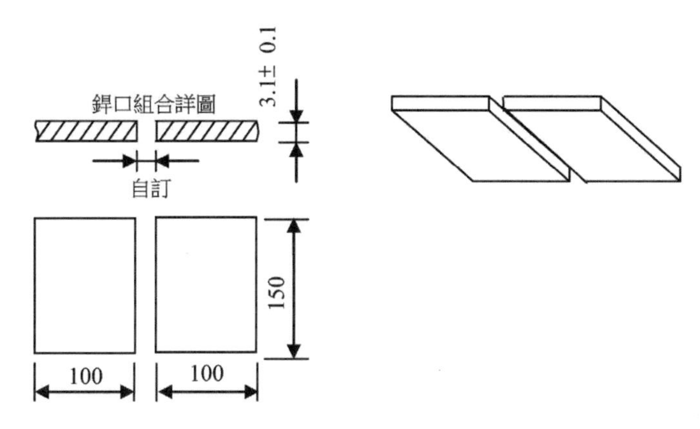

    (2) 點銲位置

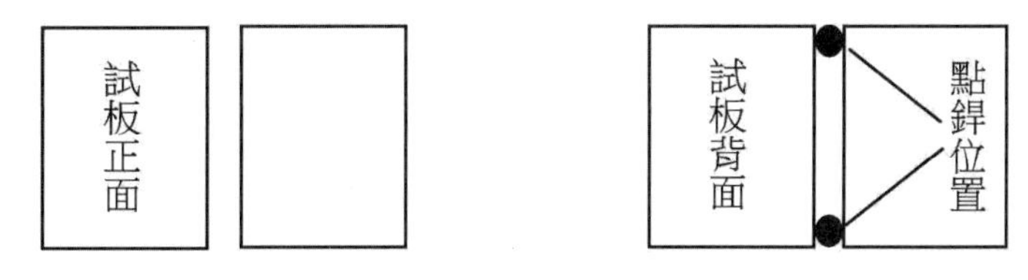

2. 測試時間：0.5 小時

3. 檢定說明：

(1) 銲接前應按圖示尺寸先行組合及點銲。

(2) 所有銲道除接頭在銲接前可以磨修外，接續後不得用砂輪磨修。

(3) 表面銲道必須爲單一銲道，且需沿同一方向銲接。

4. 測試用材料：(每人份)

單位：公厘

編號	名稱	規格	單位	數量	備註
1	不銹鋼板	304 t(3.1±0.1)×100×150	塊	2	
2	填料	Y308Lϕ2.4×1000	支	2	
3	鎢棒	直流用ϕ2.4×150	支	1	

A5.15 試題十三：氬氣鎢極電銲術科測試 SF 試題(編號：091-900413)

1. 測試試題：鋁薄板平銲對接(技能代號：S-F-21)

(1) 母材組合

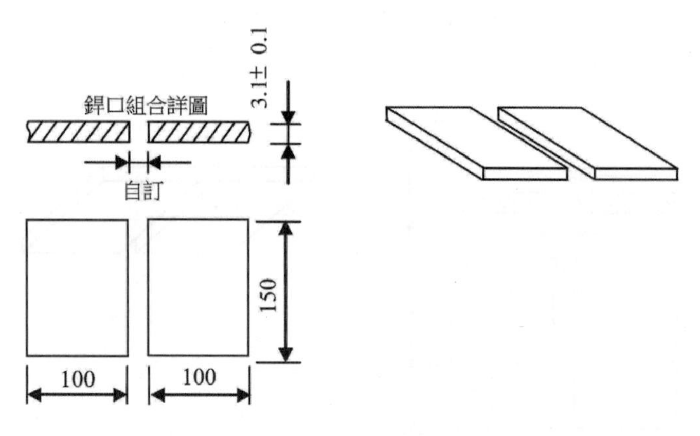

(2) 點銲位置

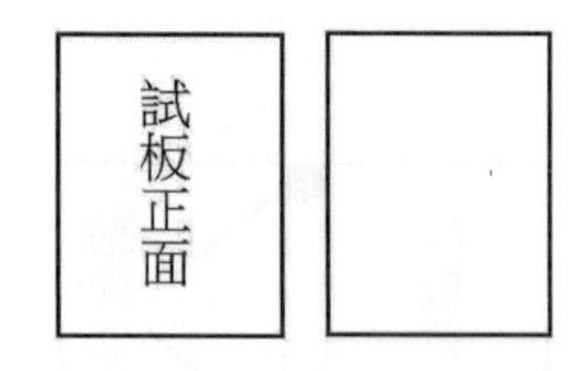

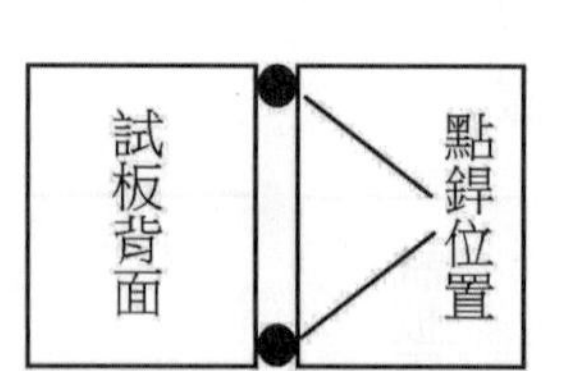

2. 測試時間：0.5 小時

3. 檢定說明：

   (1) 銲接前應按圖示尺寸先行組合及點銲。

   (2) 所有銲道除接頭在銲接前可以磨修外，接續後不得用砂輪磨修。

   (3) 表面銲道必須爲單一銲道，且需沿同一方向銲接。

4. 測試用材料：(每人份)

單位：公厘

編號	名稱	規格	單位	數量	備註
1	鋁板	1100-0 $t(3.1\pm0.1)\times100\times150$	塊	2	
2	塡料	ER1100ϕ2.4×1000	支	2	
3	鎢棒	交流用ϕ2.4×150	支	1	

A5.16　試題十四：氬氣鎢極電銲術科測試 SH 試題(編號：091-900414)

1. 測試試題：鋁薄板橫銲對接(技能代號：S-H-21)

   (1) 母材組合

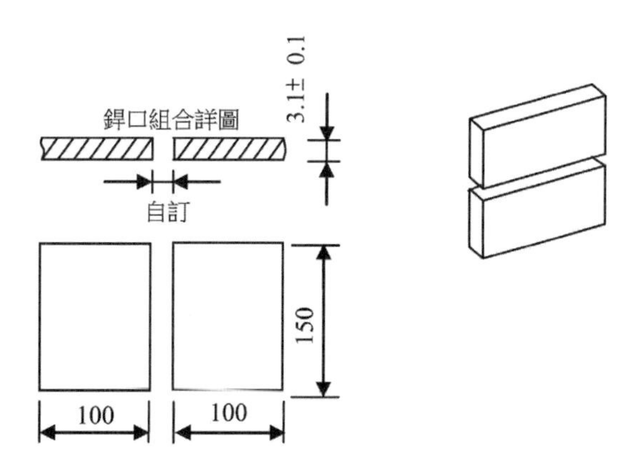

   (2) 點銲位置

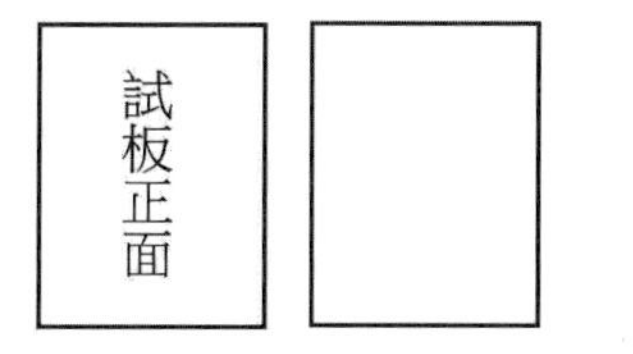

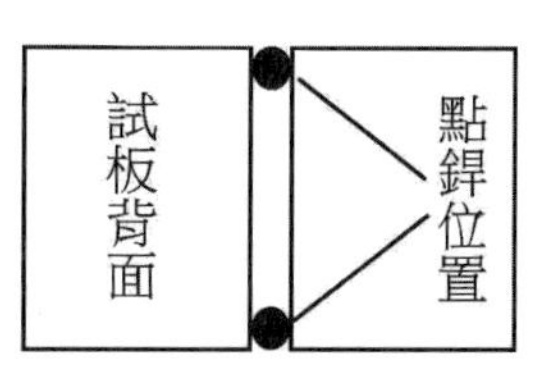

2. 測試時間：0.5 小時

3. 檢定說明：

   (1) 銲接前應按圖示尺寸先行組合及點銲。

   (2) 所有銲道除接頭在銲接前可以磨修外，接續後不得用砂輪磨修。

   (3) 表面銲道必須爲單一銲道，且需沿同一方向銲接。

4. 測試用材料：(每人份)

單位：公厘

編號	名稱	規格	單位	數量	備註
1	鋁板	1100-0 t(3.1±0.1)×100×150	塊	2	
2	填料	ER1100 ϕ2.4×1000	支	2	
3	鎢棒	交流用 ϕ2.4×150	支	1	

A5.17 試題十五：氬氣鎢極電銲術科測試 SV 試題(編號：091-900415)

1. 測試試題：鋁薄板立銲對接(技能代號：S-V-21)

   (1) 母材組合

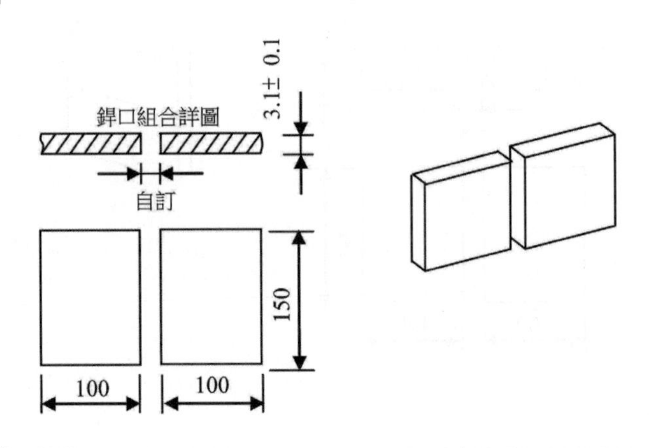

   (2) 點銲位置

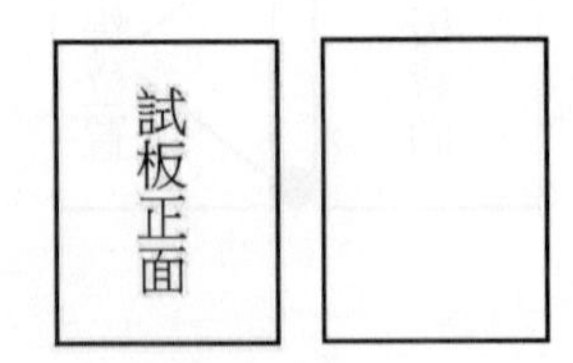

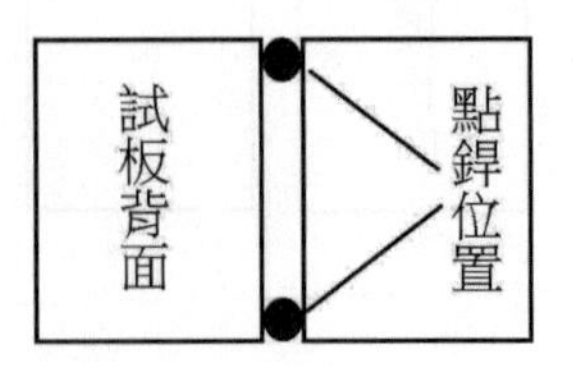

2. 測試時間：0.5 小時

3. 檢定說明：
   (1) 銲接前應按圖示尺寸先行組合及點銲。
   (2) 所有銲道除接頭在銲接前可以磨修外，接續後不得用砂輪磨修。
   (3) 所有銲道必須由下而上銲接。
   (4) 表面銲道必須爲單一銲道。
4. 測試用材料：(每人份)

單位：公厘

編號	名稱	規格	單位	數量	備註
1	鋁板	1100-0 t(3.1±0.1)×100×150	塊	2	
2	塡料	ER1100ϕ2.4×1000	支	2	
3	鎢棒	交流用ϕ2.4×150	支	1	

A5.18 試題十六：氬氣鎢極電銲術科測試 SO 試題(編號：091-900416)

1. 測試試題：鋁薄板仰銲對接(技能代號：S-O-21)
   (1) 母材組合

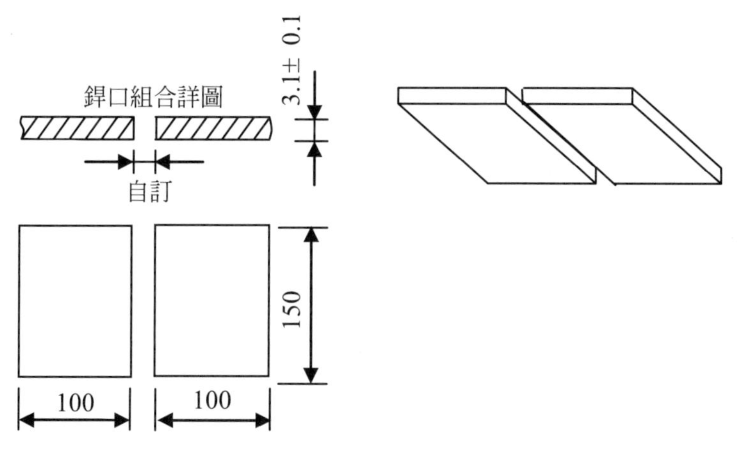

   (2) 點銲位置

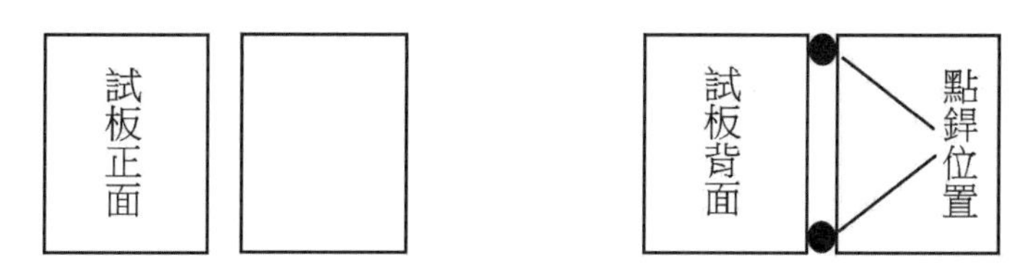

2. 測試時間：0.5 小時

3. 檢定說明：

(1) 銲接前應按圖示尺寸先行組合及點銲。

(2) 所有銲道除接頭在銲接前可以磨修外，接續後不得用砂輪磨修。

(3) 表面銲道必須爲單一銲道，且需沿同一方向銲接。

4. 測試用材料：(每人份)

單位：公厘

編號	名稱	規格	單位	數量	備註
1	鋁板	1100-0 t(3.1±0.1)×100×150	塊	2	
2	塡料	ER1100 ϕ2.4×1000	支	2	
3	鎢棒	交流用 ϕ2.4×150	支	1	

A5.19 試題十七：氬氣鎢極電銲術科測試 TVF 試題(編號：091-900417)

1. 測試試題：**碳鋼**薄管管軸垂直固定對接(技能代號：T-VF-01)

(1) 母材組合點銲

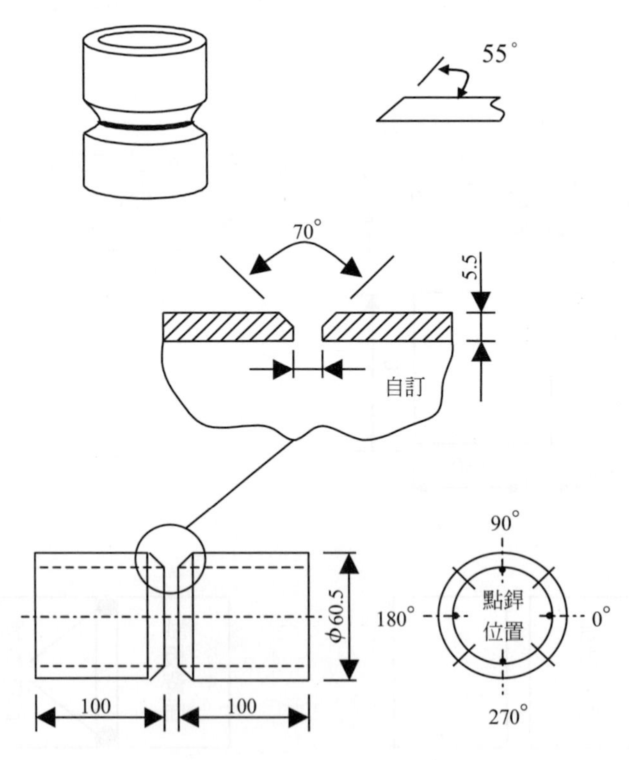

2. 測試時間：2.0 小時

3. 檢定說明：

(1) 銲接前按圖示尺寸及位置先行組合及點銲，每處點銲之長度不得超過 10 公厘。

(2) 銲接前應將試管固定於工作檯(架)上，中途清渣及磨修時不得轉動或取下，俟所有銲道完成後，才可取下。

(3) 所有銲道除第一道接頭在銲接前可以磨修外，接續後不得用砂輪磨修。

(4) 表面銲道道數必須一致並沿同一方向銲接，銲道接頭必須連貫。

4. 測試用材料：(每人份)

單位：公厘

編號	名稱	規格	單位	數量	備註
1	碳鋼鋼管	STPG 410 $t5.5\times100\times\phi60.5$，槽開 55°	節	2	
2	填料	YGT50 $\phi2.4\times1000$	支	4	
3	鎢棒	直流用$\phi2.4\times150$	支	1	

A5.20　試題十八：氬氣鎢極電銲術科測試 THF 試題(編號：091-900418)

1. 測試試題：**碳鋼**薄管管軸水平固定對接(技能代號：T-HF-01)

(1) 母材組合點銲

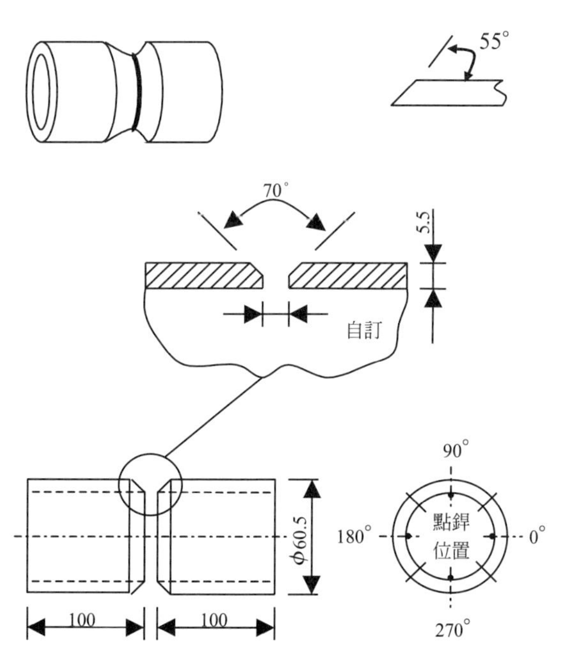

2. 測試時間：2.0 小時

3. 檢定說明：

(1) 銲接前按圖示尺寸及位置先行組合及點銲，每處點銲之長度不得超過 10 公厘。

(2) 銲接前應將試管固定於工作檯(架)上，中途清渣及磨修時不得轉動或取下，俟所有銲道完成後，才可取下。

(3) 所有銲道除第一道接頭在銲接前可以磨修外，接續後不得用砂輪磨修。

(4) 表面銲道必須爲單一銲道，銲道接頭必須連貫。

4. 測試用材料：(每人份)

單位：公厘

編號	名稱	規格	單位	數量	備註
1	碳鋼鋼管	STPG 410 t5.5×100×ϕ60.5，槽開 55°	節	2	
2	填料	YGT50ϕ2.4×1000	支	4	
3	鎢棒	直流用ϕ2.4×150	支	1	

A5.21 試題十九：氬氣鎢極電銲術科測試 TVH 試題(編號：091-900419)

1. 測試試題：**碳鋼**薄管管軸 45°固定對接(技能代號：T-VH-01)

(1) 母材組合點銲

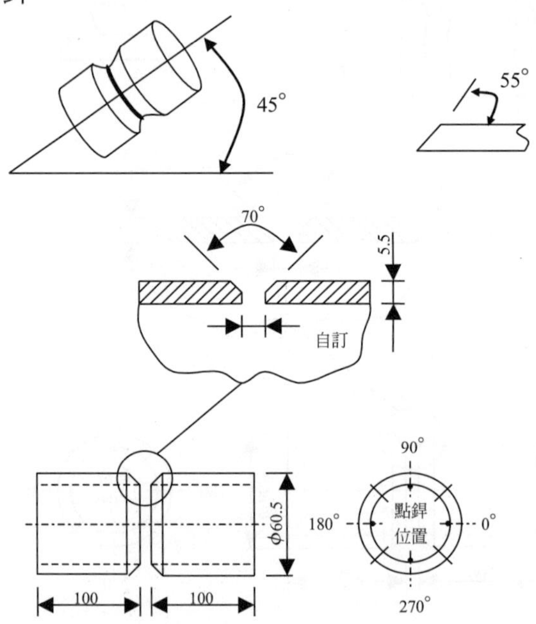

2. 測試時間：2.0 小時

3. 檢定說明：

   (1) 銲接前按圖示尺寸及位置先行組合及點銲，每處點銲之長度不得超過 10 公厘。

   (2) 銲接前應將試管固定於工作檯(架)上，中途清渣及磨修時不得轉動或取下，俟所有銲道完成後，才可取下。

   (3) 所有銲道除第一道接頭在銲接前可以磨修外，接續後不得用砂輪磨修。

   (4) 表面如非單一銲道，其銲道道數必須一致，銲道接頭必須連貫。

4. 測試用材料：(每人份)

單位：公厘

編號	名稱	規格	單位	數量	備註
1	碳鋼鋼管	STPG 410 $t5.5\times100\times\phi60.5$，槽開 55°	節	2	
2	填料	YGT50$\phi2.4\times1000$	支	4	
3	鎢棒	直流用$\phi2.4\times150$	支	1	

A5.22　試題二十：氬氣鎢極電銲術科測試 TVF 試題(編號：091-900420)

1. 測試試題：**低合金鋼**薄管管軸垂直固定對接(技能代號：T-VF-03)

   (1) 母材組合點銲

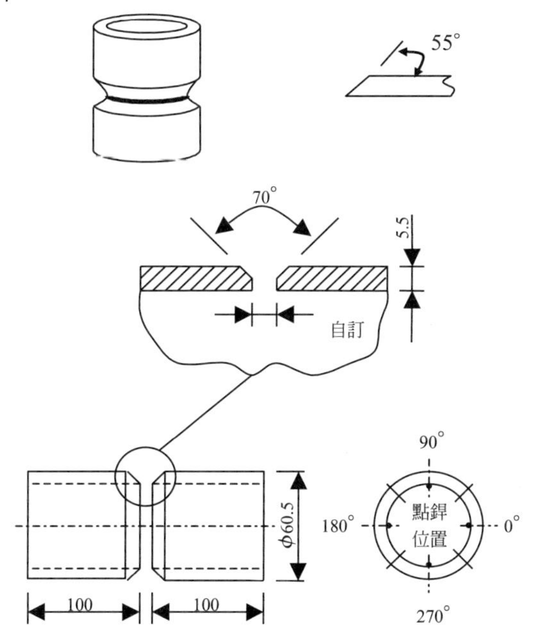

2. 測試時間：2.0 小時

3. 檢定說明：

(1) 銲接前按圖示尺寸及位置先行組合及點銲，每處點銲之長度不得超過 10 公厘。

(2) 銲接前應將試管固定於工作檯(架)上，中途清渣及磨修時不得轉動或取下，俟所有銲道完成後，才可取下。

(3) 所有銲道除第一道接頭在銲接前可以磨修外，接續後不得用砂輪磨修。

(4) 表面銲道道數必須一致並沿同一方向銲接，銲道接頭必須連貫。

4. 測試用材料：(每人份)

單位：公厘

編號	名稱	規格	單位	數量	備註
1	低合金鋼管	STPA 12 t5.5×100×ϕ60.5，槽開 55°	節	2	以碳鋼鋼管代替
2	填料	YGT2CMϕ2.4×1000	支	4	
3	鎢棒	直流用ϕ2.4×150	支	1	

A5.23 試題二十一：氬氣鎢極電銲術科測試 THF 試題(編號：091-900421)

1. 測試試題：**低合金鋼**薄管管軸水平固定對接(技能代號：T-HF-03)

(1) 母材組合點銲

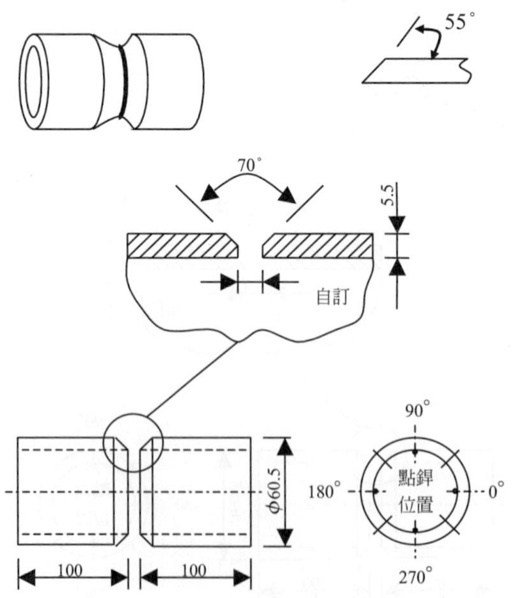

2. 測試時間：2.0 小時

3. 檢定說明：

   (1) 銲接前按圖示尺寸及位置先行組合及點銲，每處點銲之長度不得超過 10 公厘。

   (2) 銲接前應將試管固定於工作檯(架)上，中途清渣及磨修時不得轉動或取下，俟所有銲道完成後，才可取下。

   (3) 所有銲道除第一道接頭在銲接前可以磨修外，接續後不得用砂輪磨修。

   (4) 表面銲道必須爲單一銲道，銲道接頭必須連貫。

4. 測試用材料：(每人份)

單位：公厘

編號	名稱	規格	單位	數量	備註
1	低合金鋼管	STPA 12 t5.5×100×ϕ60.5，槽開 55°	節	2	以碳鋼鋼管代替
2	塡料	YGT2CMϕ2.4×1000	支	4	
3	鎢棒	直流用ϕ2.4×150	支	1	

A5.24　試題二十二：氬氣鎢極電銲術科測試 TVH 試題(編號：091-900422)

1. 測試試題：**低合金鋼**薄管管軸 45°固定對接(技能代號：T-VH-03)

   (1) 母材組合點銲

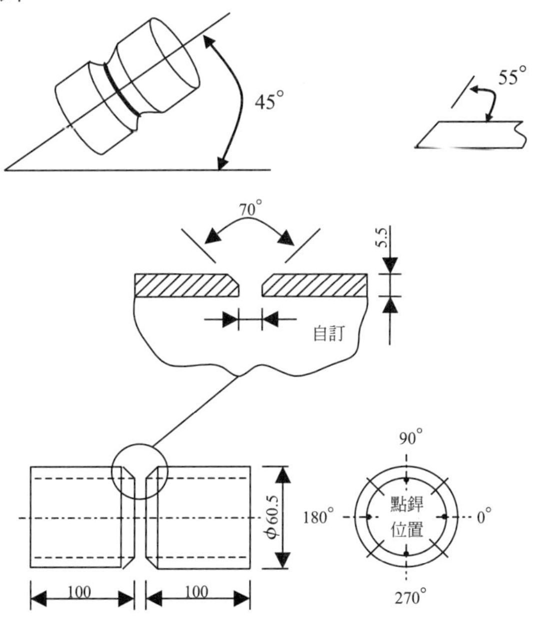

2. 測試時間：2.0 小時

3. 檢定說明：

(1) 銲接前按圖示尺寸及位置先行組合及點銲，每處點銲之長度不得超過 10 公厘。

(2) 銲接前應將試管固定於工作檯(架)上，中途清渣及磨修時不得轉動或取下，俟所有銲道完成後，才可取下。

(3) 所有銲道除第一道接頭在銲接前可以磨修外，接續後不得用砂輪磨修。

(4) 表面如非單一銲道，其銲道道數必須一致，銲道接頭必須連貫。

4. 測試用材料：(每人份)

單位：公厘

編號	名稱	規格	單位	數量	備註
1	低合金鋼管	STPA 12 t5.5×100×ϕ60.5，槽開 55°	節	2	以碳鋼鋼管代替
2	填料	YGT2CMϕ2.4×1000	支	4	
3	鎢棒	直流用ϕ2.4×150	支	1	

A5.25 試題二十三：氬氣鎢極電銲術科測試 TVF 試題(編號：091-900423)

1. 測試試題：**不銹鋼**薄管管軸垂直固定對接(技能代號：T-VF-08)

(1) 母材組合點銲

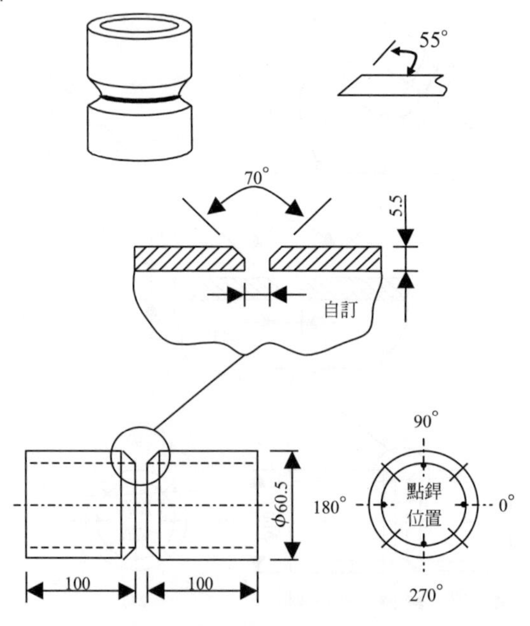

2. 測試時間：2.0 小時

3. 檢定說明：

   (1) 銲接前按圖示尺寸及位置先行組合及點銲，每處點銲之長度不得超過 10 公厘。

   (2) 銲接前應將試管固定於工作檯(架)上，中途清渣及磨修時不得轉動或取下，俟所有銲道完成後，才可取下。

   (3) 所有銲道除第一道接頭在銲接前可以磨修外，接續後不得用砂輪磨修。

   (4) 表面銲道道數必須一致並沿同一方向銲接，銲道接頭必須連貫。

4. 測試用材料：(每人份)

單位：公厘

編號	名稱	規格	單位	數量	備註
1	不銹鋼管	304TP t5.5×100×ϕ60.5，槽開 55°	節	2	以碳鋼鋼管代替
2	填料	Y309Lϕ2.4×1000	支	4	
3	鎢棒	直流用ϕ2.4×150	支	1	

A5.26　試題二十四：氬氣鎢極電銲術科測試 THF 試題(編號：091-900424)

1. 測試試題：**不銹鋼**薄管管軸水平固定對接(技能代號：T-HF-08)

   (1) 母材組合點銲

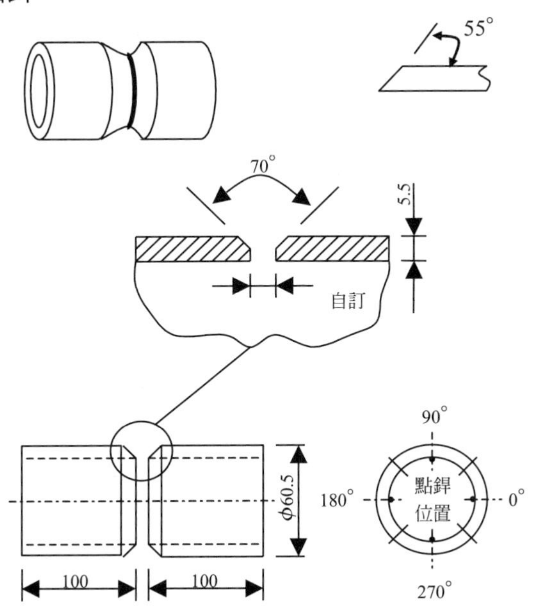

2. 測試時間：2.0 小時

3. 檢定說明：

(1) 銲接前按圖示尺寸及位置先行組合及點銲，每處點銲之長度不得超過 10 公厘。

(2) 銲接前應將試管固定於工作檯(架)上，中途清渣及磨修時不得轉動或取下，俟所有銲道完成後，才可取下。

(3) 所有銲道除第一道接頭在銲接前可以磨修外，接續後不得用砂輪磨修。

(4) 表面銲道必須爲單一銲道，銲道接頭必須連貫。

4. 測試用材料：(每人份)

單位：公厘

編號	名稱	規格	單位	數量	備註
1	不銹鋼管	304TP t5.5×100×ϕ60.5，槽開 55°	節	2	以碳鋼鋼管代替
2	填料	Y309Lϕ2.4×1000	支	4	
3	鎢棒	直流用ϕ2.4×150	支	1	

A5.27 試題二十五：氬氣鎢極電銲術科測試 TVH 試題(編號：091-900425)

1. 測試試題：**不銹鋼**薄管管軸 45°固定對接(技能代號：T-VH-08)

(1) 母材組合點銲

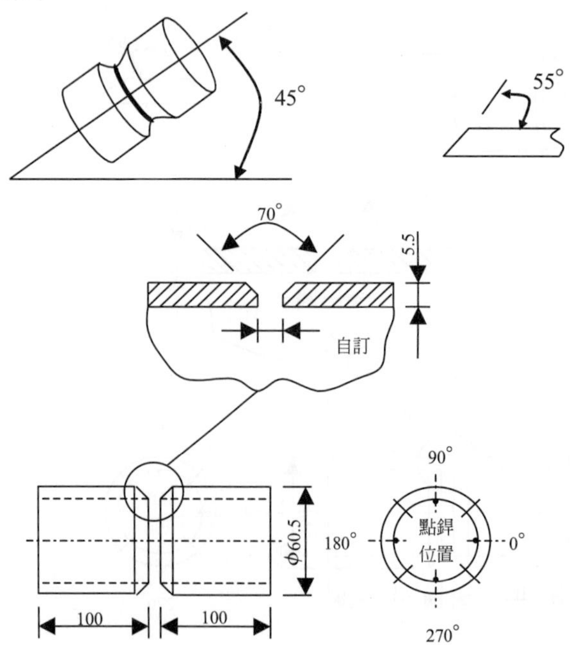

2. 測試時間：2.0 小時

3. 檢定說明：

   (1) 銲接前按圖示尺寸及位置先行組合及點銲，每處點銲之長度不得超過 10 公厘。

   (2) 銲接前應將試管固定於工作檯(架)上，中途清渣及磨修時不得轉動或取下，俟所有銲道完成後，才可取下。

   (3) 所有銲道除第一道接頭在銲接前可以磨修外，接續後不得用砂輪磨修。

   (4) 表面如非單一銲道，其銲道道數必須一致，銲道接頭必須連貫。

4. 測試用材料：(每人份)

單位：公厘

編號	名稱	規格	單位	數量	備註
1	不銹鋼管	304TP t5.5×100×ϕ60.5，槽開 55°	節	2	以碳鋼鋼管代替
2	填料	Y309Lϕ2.4×1000	支	4	
3	鎢棒	直流用ϕ2.4×150	支	1	

A5.28　試題二十六：氬氣鎢極電銲術科測試 TVF 試題(編號：091-900426)

1. 測試試題：鋁薄管管軸垂直固定對接(技能代號：T-VF-21)

   (1) 母材組合點銲

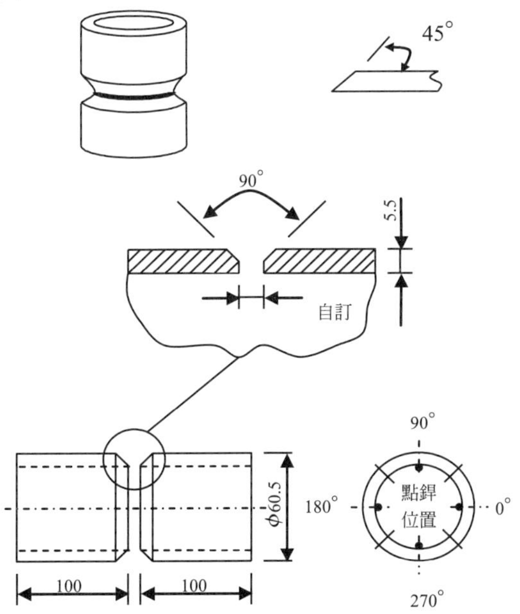

2. 測試時間：2.0 小時

3. 檢定說明：

   (1) 銲接前按圖示尺寸及位置先行組合及點銲，每處點銲之長度不得超過 10 公厘。

   (2) 銲接前應將試管固定於工作檯(架)上，中途清渣及磨修時不得轉動或取下，俟所有銲道完成後，才可取下。

   (3) 所有銲道除第一道接頭在銲接前可以磨修外，接續後不得用砂輪磨修。

   (4) 表面銲道道數必須一致並沿同一方向銲接，銲道接頭必須連貫。

4. 測試用材料：(每人份)

單位：公厘

編號	名稱	規格	單位	數量	備註
1	鋁管	6063-0 t5.5×100×ϕ60.5，槽開 45°	節	2	
2	填料	ER5356ϕ2.4×1000	支	4	
3	鎢棒	交流用ϕ2.4×150	支	1	

A5.29 試題二十七：氣鎢極電銲術科測試 THF 試題(編號：091-900427)

1. 測試試題：鋁薄管管軸水平固定對接(技能代號：T-HF-21)

   (1) 母材組合點銲

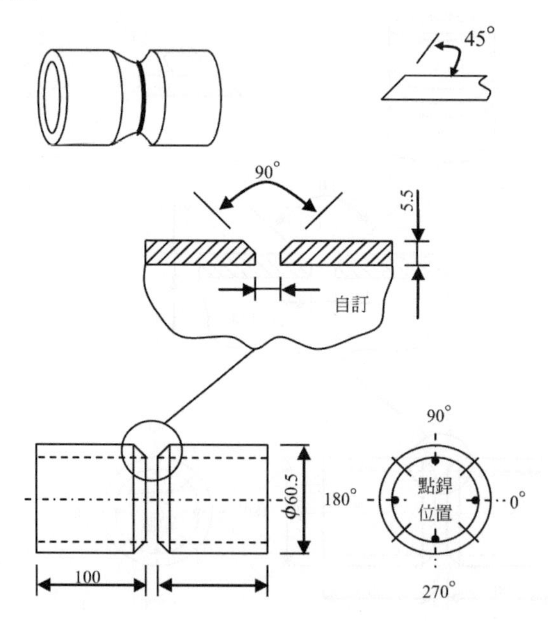

2. 測試時間：2.0 小時

3. 檢定說明：

 (1) 銲接前按圖示尺寸及位置先行組合及點銲，每處點銲之長度不得超過 10 公厘。

 (2) 銲接前應將試管固定於工作檯(架)上，中途清渣及磨修時不得轉動或取下，俟所有銲道完成後，才可取下。

 (3) 所有銲道除第一道接頭在銲接前可以磨修外，接續後不得用砂輪磨修。

 (4) 表面銲道必須爲單一銲道，銲道接頭必須連貫。

4. 測試用材料：(每人份)

單位：公厘

編號	名稱	規格	單位	數量	備註
1	鋁管	6063-0 t5.5×100×ϕ60.5，槽開 45°	節	2	
2	填料	ER5356ϕ2.4×1000	支	4	
3	鎢棒	交流用ϕ2.4×150	支	1	

A5.30 試題二十八：氬氣鎢極電銲術科測試 TVH 試題(編號：091-900428)

1. 測試試題：鋁薄管管軸 45°固定對接(技能代號：T-VH-21)

 (1) 母材組合點銲

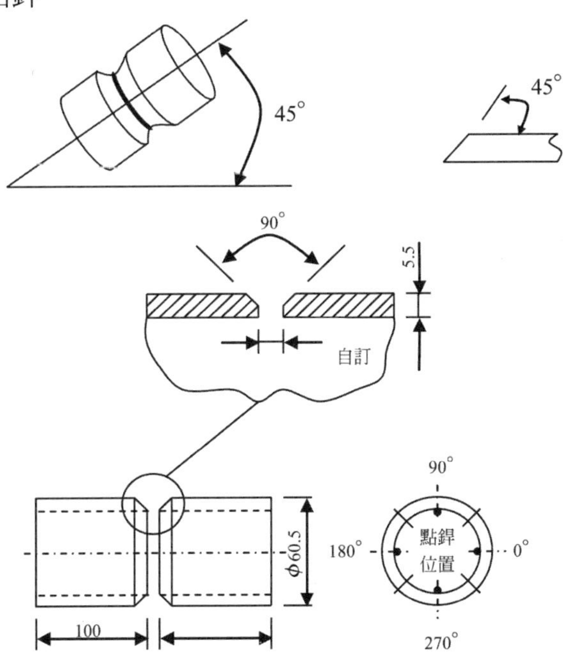

2. 測試時間：2.0 小時
3. 檢定說明：
   (1) 銲接前按圖示尺寸及位置先行組合及點銲，每處點銲之長度不得超過 10 公厘。
   (2) 銲接前應將試管固定於工作檯(架)上，中途清渣及磨修時不得轉動或取下，俟所有銲道完成後，才可取下。
   (3) 所有銲道除第一道接頭在銲接前可以磨修外，接續後不得用砂輪磨修。
   (4) 表面如非單一銲道，其銲道道數必須一致，銲道接頭必須連貫。
4. 測試用材料：(每人份)

單位：公厘

編號	名稱	規格	單位	數量	備註
1	鋁管	6063-0 t5.5×100×ϕ60.5，槽開 45°	節	2	
2	填料	ER5356ϕ2.4×1000	支	4	
3	鎢棒	交流用ϕ2.4×150	支	1	

A5.31　試題二十九：氬氣鎢極電銲術科測試 CVF 試題(編號：091-900429)

1. 測試試題：**碳鋼**薄管管軸垂直固定對接(技能代號：C-VF-01)
   (1) 母材組合點銲

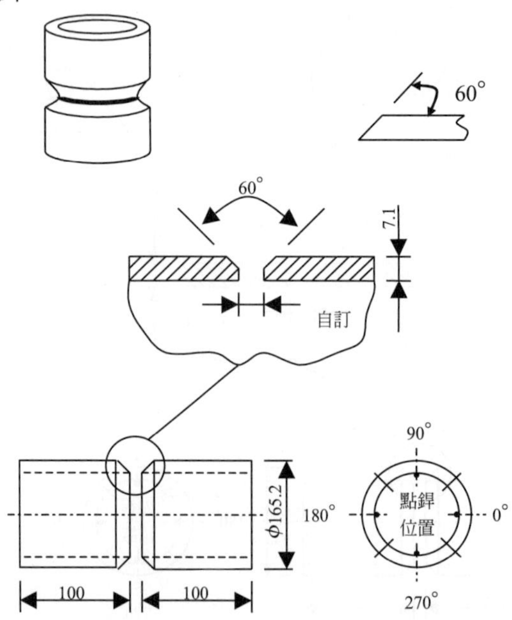

2. 測試時間：3.0 小時

3. 檢定說明：

(1) 銲接前按圖示尺寸及位置先行組合及點銲，每處點銲之長度不得超過 10 公厘。

(2) 銲接前應將試管固定於工作檯(架)上，中途清渣及磨修時不得轉動或取下，俟所有銲道完成後才可取下。

(3) 所有銲道除第一道接頭在銲接前可以磨修外，接續後不得用砂輪磨修。

(4) 表面銲道道數必須一致並沿同一方向銲接，銲道接頭必須連貫。

4. 測試用材料：(每人份)

單位：公厘

編號	名稱	規格	單位	數量	備註
1	碳鋼鋼管	STPG 410 t7.1×100×ϕ165.2，槽開 60°	節	2	
2	填料	YGT 50ϕ2.4×1000	支	5	
3	電銲條	E5016ϕ3.2	公斤	0.5	
4	電銲條	E5016ϕ4.0	公斤	1	
5	鎢棒	直流用ϕ2.4×150	支	1	

A5.32　試題三十：氬氣鎢極電銲術科測試 CHF 試題(編號：091-900430)

1. 測試試題：**碳鋼**薄管管軸水平固定對接(技能代號：C-HF-01)

(1) 母材組合點銲

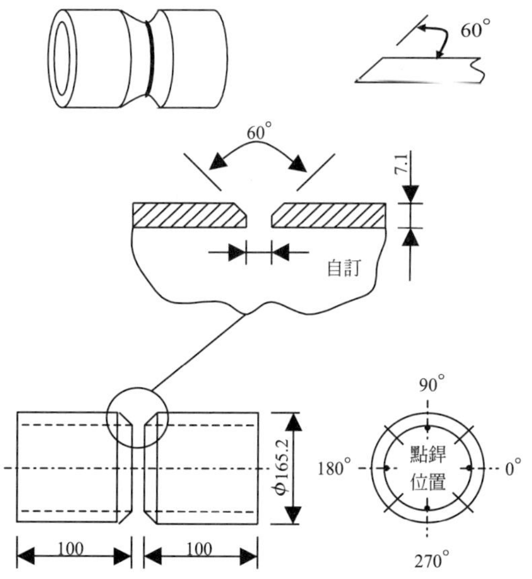

2. 測試時間：3.0 小時

3. 檢定說明：

(1) 銲接前按圖示尺寸及位置先行組合及點銲，每處點銲之長度不得超過 10 公厘。

(2) 銲接前應將試管固定於工作檯(架)上，中途清渣及磨修時不得轉動或取下，俟所有銲道完成後才可取下。

(3) 所有銲道除第一道接頭在銲接前可以磨修外，接續後不得用砂輪磨修。

(4) 表面銲道必須爲單一銲道，銲道接頭必須連貫。

4. 測試用材料：(每人份)

單位：公厘

編號	名稱	規格	單位	數量	備註
1	碳鋼鋼管	STPG 410 $t7.1\times100\times\phi165.2$，槽開 60°	節	2	
2	填料	YGT50$\phi2.4\times1000$	支	5	
3	電銲條	E5016$\phi3.2$	公斤	0.5	
4	電銲條	E5016$\phi4.0$	公斤	1	
5	鎢棒	直流用$\phi2.4\times150$	支	1	

A5.33 試題三十一：氬氣鎢極電銲術科測試 CVH 試題(編號：091-900431)

1. 測試試題：**碳鋼**薄管管軸 45°固定對接(技能代號：C-VH-01)

(1) 母材組合點銲

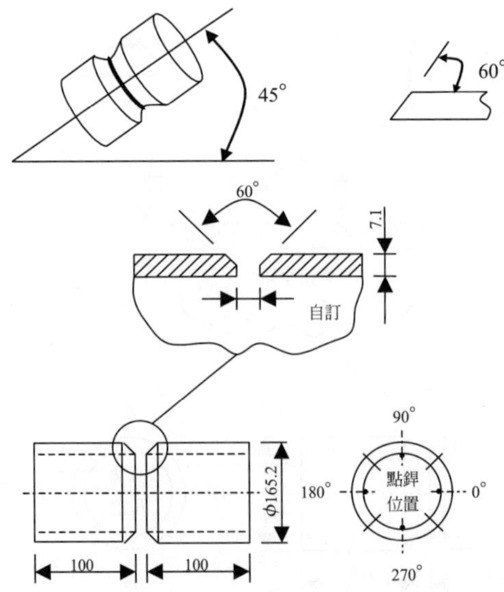

2. 測試時間：3.0 小時
3. 檢定說明：
   (1) 銲接前按圖示尺寸及位置先行組合及點銲，每處點銲之長度不得超過 10 公厘。
   (2) 銲接前應將試管固定於工作檯(架)上，中途清渣及磨修時不得轉動或取下，俟所有銲道完成後才可取下。
   (3) 所有銲道除第一道接頭在銲接前可以磨修外，接續後不得用砂輪磨修。
   (4) 表面如非單一銲道，其銲道道數必須一致，銲道接頭必須連貫。
4. 測試用材料：(每人份)

單位：公厘

編號	名稱	規格	單位	數量	備註
1	碳鋼鋼管	STPG 410 t7.1×100×ϕ165.2，槽開 60°	節	2	
2	填料	YGT50ϕ2.4×1000	支	5	
3	電銲條	E5016ϕ3.2	公斤	0.5	
4	電銲條	E5016ϕ4.0	公斤	1	
5	鎢棒	直流用ϕ2.4×150	支	1	

A5.34　試題三十二：氬氣鎢極電銲術科測試 CVF 試題(編號：091-900432)

1. 測試試題：**低合金鋼**薄管管軸垂直固定對接(技能代號：C-VF-03)
   (1) 母材組合點銲

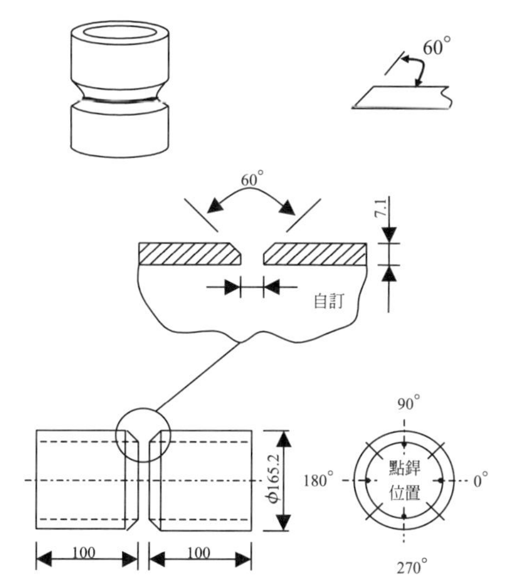

2. 測試時間：3.0 小時

3. 檢定說明：

   (1) 銲接前按圖示尺寸及位置先行組合及點銲，每處點銲之長度不得超過 10 公厘。

   (2) 銲接前應將試管固定於工作檯(架)上，中途清渣及磨修時不得轉動或取下，俟所有銲道完成後才可取下。

   (3) 所有銲道除第一道接頭在銲接前可以磨修外，接續後不得用砂輪磨修。

   (4) 表面銲道道數必須一致並沿同一方向銲接，銲道接頭必須連貫。

4. 測試用材料：(每人份)

單位：公厘

編號	名稱	規格	單位	數量	備註
1	低合金鋼管	STPA12 $t7.1\times100\times\phi165.2$，槽開 60°	節	2	以碳鋼鋼管代替
2	填料	YGT2CM$\phi2.4\times1000$	支	5	
3	電銲條	E5016$\phi3.2$	公斤	0.5	
4	電銲條	E5016$\phi4.0$	公斤	1	
5	鎢棒	直流用$\phi2.4\times150$	支	1	

A5.35 試題三十三：氬氣鎢極電銲術科測試 CHF 試題(編號：091-900433)

1. 測試試題：**低合金鋼**薄管管軸水平固定對接(技能代號：C-HF-03)

   (1) 母材組合點銲

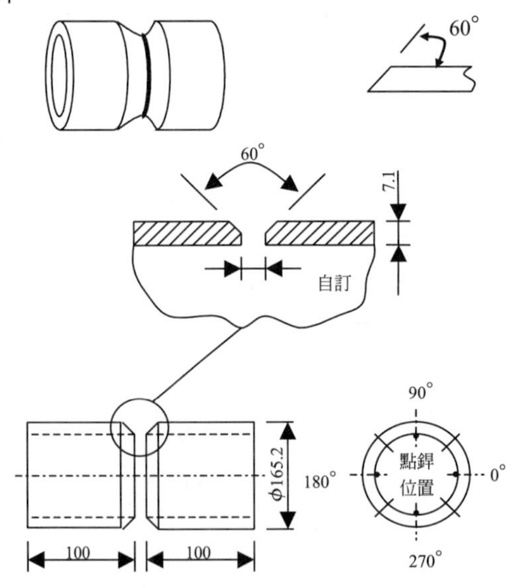

2. 測試時間：3.0 小時

3. 檢定說明：

   (1) 銲接前按圖示尺寸及位置先行組合及點銲，每處點銲之長度不得超過 10 公厘。

   (2) 銲接前應將試管固定於工作檯(架)上，中途清渣及磨修時不得轉動或取下，俟所有銲道完成後才可取下。

   (3) 所有銲道除第一道接頭在銲接前可以磨修外，接續後不得用砂輪磨修。

   (4) 表面銲道必須爲單一銲道，銲道接頭必須連貫。

4. 測試用材料：(每人份)

單位：公厘

編號	名稱	規格	單位	數量	備註
1	低合金鋼管	STPA 12 t7.1×100×ϕ165.2，槽開 60°	節	2	以碳鋼鋼管代替
2	填料	YGT2CMϕ2.4×1000	支	5	
3	電銲條	E5016ϕ3.2	公斤	0.5	
4	電銲條	E5016ϕ4.0	公斤	1	
5	鎢棒	直流用ϕ2.4×150	支	1	

A5.36　試題三十四：氬氣鎢極電銲術科測試 CVH 試題(編號：091-900434)

1. 測試試題：**低合金鋼**薄管管軸 45°固定對接(技能代號：C-VH-03)

   (1) 母材組合點銲

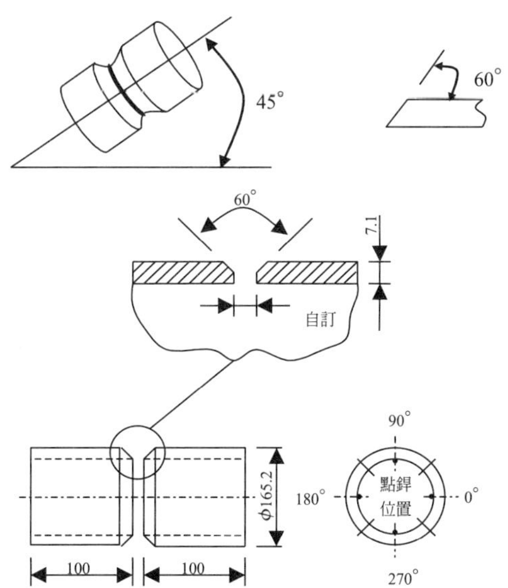

2. 測試時間：3.0 小時

3. 檢定說明：

(1) 銲接前按圖示尺寸及位置先行組合及點銲，每處點銲之長度不得超過 10 公厘。

(2) 銲接前應將試管固定於工作檯(架)上，中途清渣及磨修時不得轉動或取下，俟所有銲道完成後才可取下。

(3) 所有銲道除第一道接頭在銲接前可以磨修外，接續後不得用砂輪磨修。

(4) 表面如非單一銲道，其銲道道數必須一致，銲道接頭必須連貫。

4. 測試用材料：(每人份)

單位：公厘

編號	名稱	規格	單位	數量	備註
1	低合金鋼管	STPA 12 t7.1×100×ϕ165.2，槽開 60°	節	2	以碳鋼鋼管代替
2	填料	YGT2CMϕ2.4×1000	支	5	
3	電銲條	E5016ϕ3.2	公斤	0.5	
4	電銲條	E5016ϕ4.0	公斤	1	
5	鎢棒	直流用ϕ2.4×150	支	1	

A5.37 試題三十五：氬氣鎢極電銲術科測試 CVF 試題(編號：091-900435)

1. 測試試題：**不銹鋼**薄管管軸垂直固定對接(技能代號：C-VF-08)

(1) 母材組合點銲

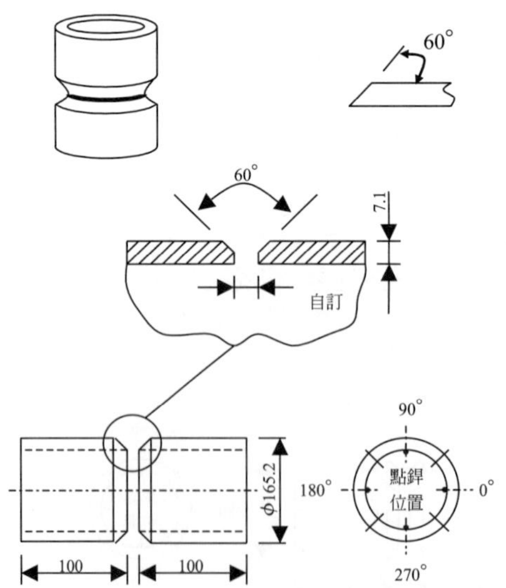

2. 測試時間：3.0 小時

3. 檢定說明：

(1) 銲接前按圖示尺寸及位置先行組合及點銲，每處點銲之長度不得超過 10 公厘。

(2) 銲接前應將試管固定於工作檯(架)上，中途清渣及磨修時不得轉動或取下，俟所有銲道完成後才可取下。

(3) 所有銲道除第一道接頭在銲接前可以磨修外，接續後不得用砂輪磨修。

(4) 表面銲道道數必須一致並沿同一方向銲接，銲道接頭必須連貫。

4. 測試用材料：(每人份)

單位：公厘

編號	名稱	規格	單位	數量	備註
1	不銹鋼管	304TP t7.1×100×ϕ165.2，槽開 60°	節	2	以碳鋼鋼管代替
2	填料	Y309Lϕ2.4×1000	支	5	
3	電銲條	E309Lϕ3.2×350	公斤	0.5	
4	電銲條	E309Lϕ4.0×400	公斤	1	
5	鎢棒	直流用ϕ2.4×150	支	1	

A5.38 試題三十六：氬氣鎢極電銲術科測試 CHF 試題(編號：091-900436)

1. 測試試題：**不銹鋼**薄管管軸水平固定對接(技能代號：C-HF-08)

(1) 母材組合點銲

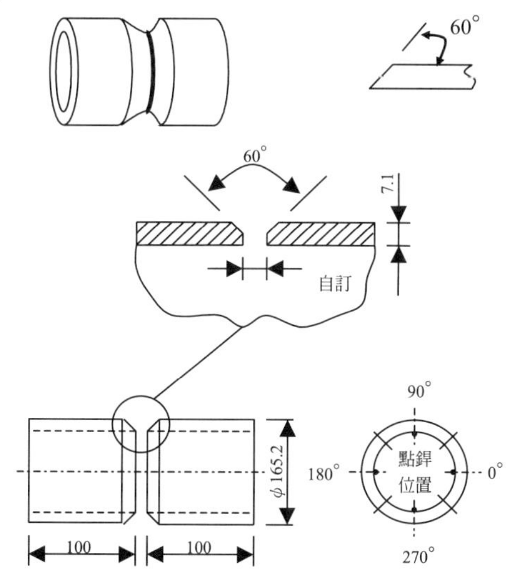

2. 測試時間：3.0 小時

3. 檢定說明：

(1) 銲接前按圖示尺寸及位置先行組合及點銲，每處點銲之長度不得超過 10 公厘。

(2) 銲接前應將試管固定於工作檯(架)上，中途清渣及磨修時不得轉動或取下，俟所有銲道完成後才可取下。

(3) 所有銲道除第一道接頭在銲接前可以磨修外，接續後不得用砂輪磨修。

(4) 表面銲道必須爲單一銲道，銲道接頭必須連貫。

4. 測試用材料：(每人份)

單位：公厘

編號	名稱	規格	單位	數量	備註
1	不銹鋼管	304TP t7.1×100×ϕ165.2，槽開 60°	節	2	以碳鋼鋼管代替
2	填料	Y309Lϕ2.4×1000	支	5	
3	電銲條	E309Lϕ3.2×350	公斤	0.5	
4	電銲條	E309Lϕ4.0×400	公斤	1	
5	鎢棒	直流用ϕ2.4×150	支	1	

A5.39 試題三十七：氬氣鎢極電銲術科測試 CVH 試題(編號：091-900437)

1. 測試試題：**不銹鋼**薄管管軸 45°固定對接(技能代號：C-VH-08)

(1) 母材組合點銲

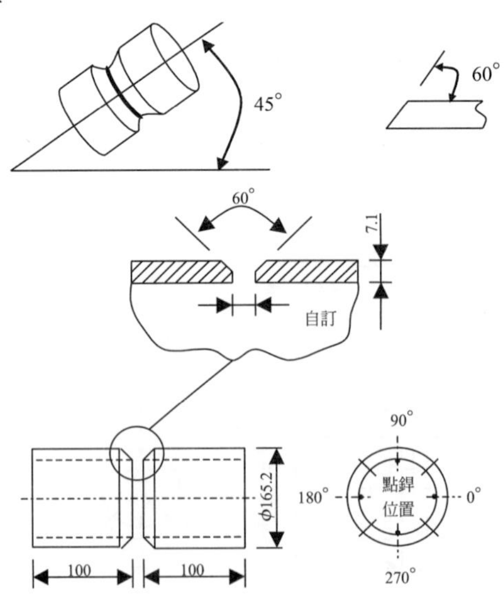

2. 測試時間：3.0 小時

3. 檢定說明：

(1) 銲接前按圖示尺寸及位置先行組合及點銲，每處點銲之長度不得超過 10 公厘。

(2) 銲接前應將試管固定於工作檯(架)上，中途清渣及磨修時不得轉動或取下，俟所有銲道完成後才可取下。

(3) 所有銲道除第一道接頭在銲接前可以磨修外，接續後不得用砂輪磨修。

(4) 表面如非單一銲道，其銲道道數必須一致，銲道接頭必須連貫。

4. 測試用材料：(每人份)

單位：公厘

編號	名稱	規格	單位	數量	備註
1	不銹鋼管	304TP t7.1×100×ϕ165.2，槽開 60°	節	2	以碳鋼鋼管代替
2	填料	Y309Lϕ2.4×1000	支	5	
3	電銲條	E309Lϕ3.2×350	公斤	0.5	
4	電銲條	E309Lϕ4.0×400	公斤	1	
5	鎢棒	直流用ϕ2.4×150	支	1	

A5.40 試題三十八：氬氣鎢極電銲術科測試 DVF 試題(編號：091-900438)

1. 測試試題：**碳鋼**厚管管軸垂直固定對接(技能代號：D-VF-01)

(1) 母材組合點銲

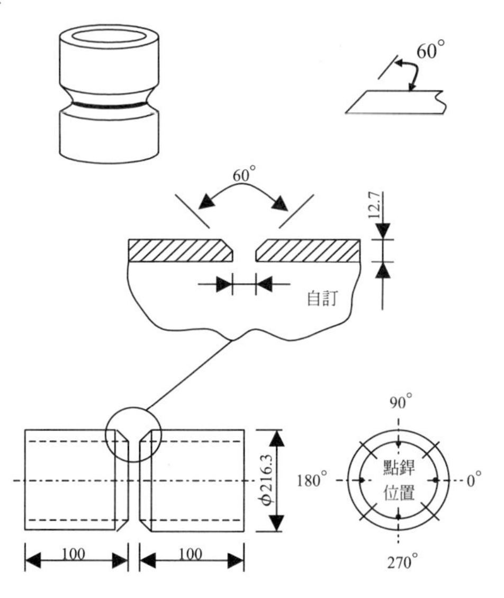

2. 測試時間：4.0 小時

3. 檢定說明：

   (1) 銲接前按圖示尺寸及位置先行組合及點銲，每處點銲之長度不得超過 10 公厘。

   (2) 銲接前應將試管固定於工作檯(架)上，中途清渣及磨修時不得轉動或取下，俟所有銲道完成後才可取下。

   (3) 所有銲道除第一道接頭在銲接前可以磨修外，接續後不得用砂輪磨修。

   (4) 表面銲道道數必須一致並沿同一方向銲接，銲道接頭必須連貫。

4. 測試用材料：(每人份)

單位：公厘

編號	名稱	規格	單位	數量	備註
1	碳鋼鋼管	STPG 410 *t*12.7×100×ϕ216.3，槽開 60°	節	2	
2	填料	YGT50ϕ2.4×1000	支	5	
3	電銲條	E5016ϕ3.2	公斤	0.5	
4	電銲條	E5016ϕ4.0	公斤	1	
5	鎢棒	直流用ϕ2.4×150	支	1	

A5.41 試題三十九：氬氣鎢極電銲術科測試 DHF 試題(編號：091-900439)

1. 測試試題：**碳鋼**厚管管軸水平固定對接(技能代號：D-HF-01)

   (1) 母材組合點銲

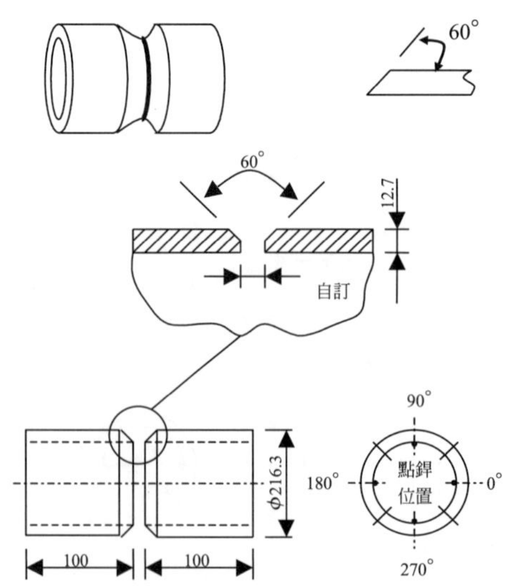

2. 測試時間：4.0 小時

3. 檢定說明：

    (1) 銲接前按圖示尺寸及位置先行組合及點銲，每處點銲之長度不得超過 10 公厘。

    (2) 銲接前應將試管固定於工作檯(架)上，中途清渣及磨修時不得轉動或取下，俟所有銲道完成後才可取下。

    (3) 所有銲道除第一道接頭在銲接前可以磨修外，接續後不得用砂輪磨修。

    (4) 表面銲道必須為單一銲道，銲道接頭必須連貫。

4. 測試用材料：(每人份)

單位：公厘

編號	名稱	規格	單位	數量	備註
1	碳鋼鋼管	STPG 410 t12.7×100×ϕ216.3，槽開 60°	節	2	
2	填料	YGT50ϕ2.4×1000	支	5	
3	電銲條	E5016ϕ3.2	公斤	1	
4	電銲條	E5016ϕ4.0	公斤	1	
5	鎢棒	直流用ϕ2.4×150	支	1	

A5.42　試題四十：氬氣鎢極電銲術科測試 DVH 試題(編號：091-900440)

1. 測試試題：**碳鋼**厚管管軸 45°固定對接(技能代號：D-VH-01)

    (1) 母材組合點銲

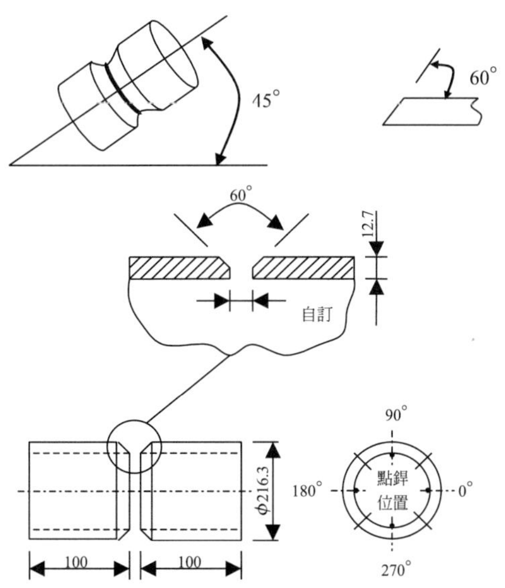

2. 測試時間：4.0 小時

3. 檢定說明：

(1) 銲接前按圖示尺寸及位置先行組合及點銲，每處點銲之長度不得超過 10 公厘。

(2) 銲接前應將試管固定於工作檯(架)上，中途清渣及磨修時不得轉動或取下，俟所有銲道完成後才可取下。

(3) 所有銲道除第一道接頭在銲接前可以磨修外，接續後不得用砂輪磨修。

(4) 表面如非單一銲道，其銲道道數必須一致，銲道接頭必須連貫。

4. 測試用材料：(每人份)

單位：公厘

編號	名稱	規格	單位	數量	備註
1	碳鋼鋼管	STPG 410 t12.7×100×ϕ216.3，槽開 60°	節	2	
2	填料	YGT50ϕ2.4×1000	支	5	
3	電銲條	E5016ϕ3.2	公斤	1	
4	電銲條	E5016ϕ4.0	公斤	1	
5	鎢棒	直流用ϕ2.4×150	支	1	

A5.43 試題四十一：氬氣鎢極電銲術科測試 DVF 試題(編號：091-900441)

1. 測試試題：**低合金鋼**厚管管軸垂直固定對接(技能代號：D-VF-03)

(1) 母材組合點銲

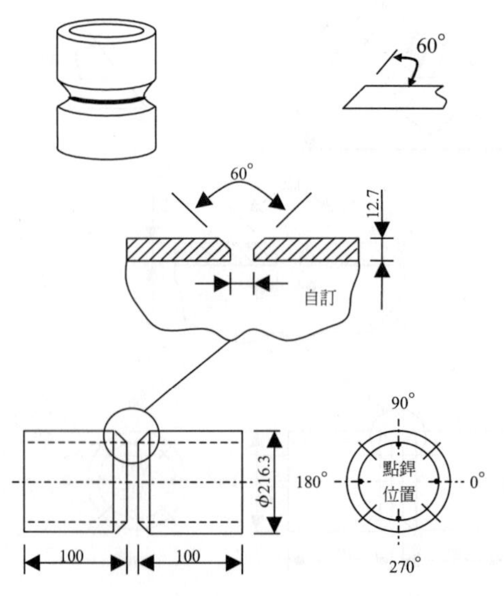

2. 測試時間：4.0 小時

3. 檢定說明：

   (1) 銲接前按圖示尺寸及位置先行組合及點銲，每處點銲之長度不得超過 10 公厘。

   (2) 銲接前應將試管固定於工作檯(架)上，中途清渣及磨修時不得轉動或取下，俟所有銲道完成後才可取下。

   (3) 所有銲道除第一道接頭在銲接前可以磨修外，接續後不得用砂輪磨修。

   (4) 表面銲道道數必須一致並沿同一方向銲接，銲道接頭必須連貫。

4. 測試用材料：(每人份)

單位：公厘

編號	名稱	規格	單位	數量	備註
1	低合金鋼管	STPA12 t12.7×100×ϕ216.3，槽開 60°	節	2	以碳鋼鋼管代替
2	填料	YGT2CMϕ2.4×1000	支	5	
3	電銲條	E5016ϕ3.2	公斤	1	
4	電銲條	E5016ϕ4.0	公斤	1	
5	鎢棒	直流用ϕ2.4×150	支	1	

A5.44　試題四十二：氬氣鎢極電銲術科測試 DHF 試題(編號：091-900442)

1. 測試試題：**低合金鋼**厚管管軸水平固定對接(技能代號：D-HF-03)

   (1) 母材組合點銲

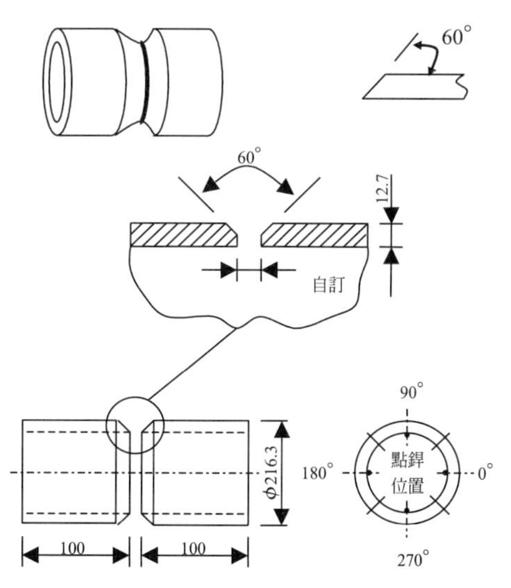

2. 測試時間：4.0 小時

3. 檢定說明：

(1) 銲接前按圖示尺寸及位置先行組合及點銲，每處點銲之長度不得超過 10 公厘。

(2) 銲接前應將試管固定於工作檯(架)上，中途清渣及磨修時不得轉動或取下，俟所有銲道完成後才可取下。

(3) 所有銲道除第一道接頭在銲接前可以磨修外，接續後不得用砂輪磨修。

(4) 表面銲道必須爲單一銲道，銲道接頭必須連貫。

4. 測試用材料：(每人份)

單位：公厘

編號	名稱	規格	單位	數量	備註
1	低合金鋼管	STPA12 t12.7×100×ϕ216.3，槽開 60°	節	2	以碳鋼鋼管代替
2	塡料	YGT2CMϕ2.4×1000	支	5	
3	電銲條	E5016ϕ3.2	公斤	1	
4	電銲條	E5016ϕ4.0	公斤	1	
5	鎢棒	直流用ϕ2.4×150	支	1	

A5.45 試題四十三：氬氣鎢極電銲術科測試 DVH 試題(編號：091-900443)

1. 測試試題：**低合金鋼**厚管管軸 45°固定對接(技能代號：D-VH-03)

(1) 母材組合點銲

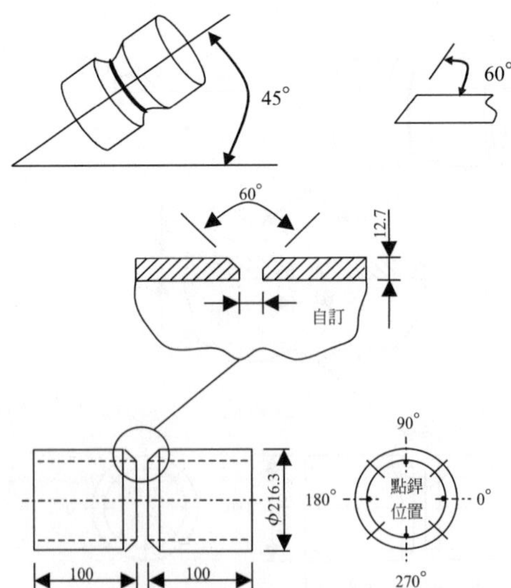

2. 測試時間：4.0 小時

3. 檢定說明：

　(1) 銲接前按圖示尺寸及位置先行組合及點銲，每處點銲之長度不得超過 10 公厘。

　(2) 銲接前應將試管固定於工作檯(架)上，中途清渣及磨修時不得轉動或取下，俟所有銲道完成後才可取下。

　(3) 所有銲道除第一道接頭在銲接前可以磨修外，接續後不得用砂輪磨修。

　(4) 表面如非單一銲道，其銲道道數必須一致，銲道接頭必須連貫。

4. 測試用材料：(每人份)

單位：公厘

編號	名稱	規格	單位	數量	備註
1	低合金鋼管	STPA12 t12.7×100×ϕ216.3，槽開 60°	節	2	以碳鋼鋼管代替
2	填料	YGT2CMϕ2.4×1000	支	5	
3	電銲條	E5016ϕ3.2	公斤	1	
4	電銲條	E5016ϕ4.0	公斤	1	
5	鎢棒	直流用ϕ2.4×150	支	1	

A5.46 試題四十四：氬氣鎢極電銲術科測試 DVF 試題(編號：091-900444)

1. 測試試題：**不銹鋼**厚管管軸垂直固定對接(技能代號：D-VF-08)

　(1)母材組合點銲

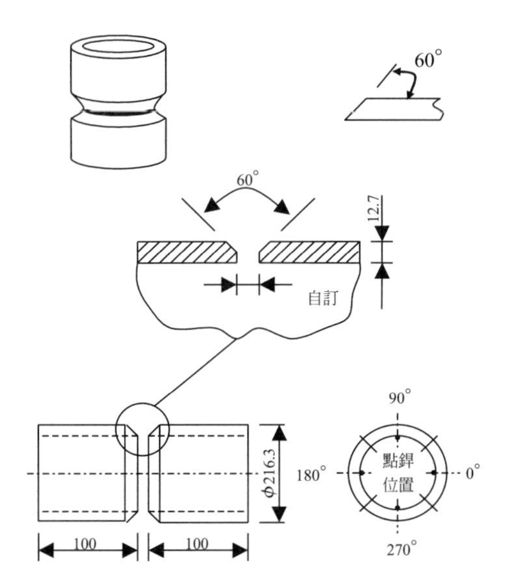

2. 測試時間：4.0 小時

3. 檢定說明：

   (1) 銲接前按圖示尺寸及位置先行組合及點銲，每處點銲之長度不得超過 10 公厘。

   (2) 銲接前應將試管固定於工作檯(架)上，中途清渣及磨修時不得轉動或取下，俟所有銲道完成後才可取下。

   (3) 所有銲道除第一道接頭在銲接前可以磨修外，接續後不得用砂輪磨修。

   (4) 表面銲道道數必須一致並沿同一方向銲接，銲道接頭必須連貫。

4. 測試用材料：(每人份)

單位：公厘

編號	名稱	規格	單位	數量	備註
1	不銹鋼管	304TP t12.7×100×ϕ216.3，槽開 60°	節	2	以碳鋼鋼管代替
2	填料	Y309Lϕ2.4×1000	支	5	
3	電銲條	E309Lϕ3.2×350	公斤	1	
4	電銲條	E309Lϕ4.0×400	公斤	1	
5	鎢棒	直流用ϕ2.4×150	支	1	

A5.47 試題四十五：氬氣鎢極電銲術科測試 DHF 試題(編號：091-900445)

1. 測試試題：**不銹鋼**厚管管軸水平固定對接(技能代號：D-HF-08)

   (1) 母材組合點銲

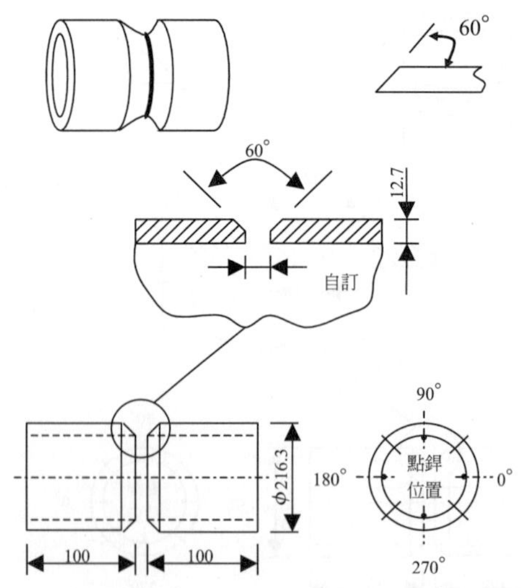

2. 測試時間：4.0 小時

3. 檢定說明：

   (1) 銲接前按圖示尺寸及位置先行組合及點銲，每處點銲之長度不得超過 10 公厘。

   (2) 銲接前應將試管固定於工作檯(架)上，中途清渣及磨修時不得轉動或取下，俟所有銲道完成後才可取下。

   (3) 所有銲道除第一道接頭在銲接前可以磨修外，接續後不得用砂輪磨修。

   (4) 表面銲道必須爲單一銲道，銲道接頭必須連貫。

4. 測試用材料：(每人份)

單位：公厘

編號	名稱	規格	單位	數量	備註
1	不銹鋼管	304TP t12.7×100×ϕ216.3，槽開 60°	節	2	以碳鋼鋼管代替
2	塡料	Y309Lϕ2.4×1000	支	5	
3	電銲條	E309Lϕ3.2×350	公斤	1	
4	電銲條	E309Lϕ4.0×400	公斤	1	
5	鎢棒	直流用ϕ2.4×150	支	1	

A5.48 試題四十六：氬氣鎢極電銲術科測試 DVH 試題(編號：091-900446)

1. 測試試題：**不銹鋼**厚管管軸 45°固定對接(技能代號：D-VH-08)

   (1) 母材組合點銲

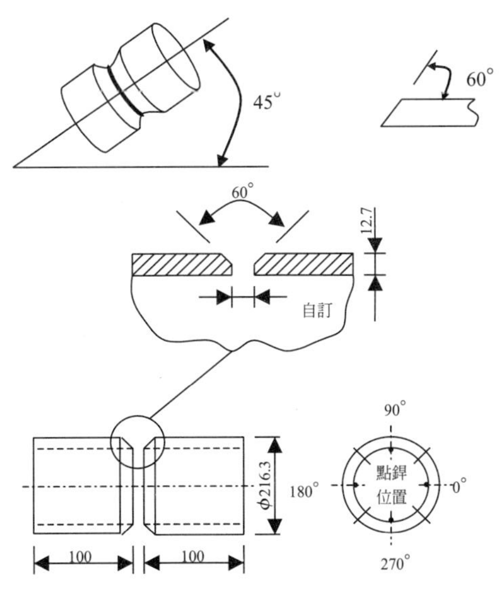

2. 測試時間：4.0 小時

3. 檢定說明：

(1) 銲接前按圖示尺寸及位置先行組合及點銲，每處點銲之長度不得超過 10 公厘。

(2) 銲接前應將試管固定於工作檯(架)上，中途清渣及磨修時不得轉動或取下，俟所有銲道完成後才可取下。

(3) 所有銲道除第一道接頭在銲接前可以磨修外，接續後不得用砂輪磨修。

(4) 表面如非單一銲道，其銲道道數必須一致，銲道接頭必須連貫。

4. 測試用材料：(每人份)

單位：公厘

編號	名稱	規格	單位	數量	備註
1	不銹鋼管	304TP t12.7×100×ϕ216.3，槽開 60°	節	2	以碳鋼鋼管代替
2	填料	Y309Lϕ2.4×1000	支	5	
3	電銲條	E309Lϕ3.2×350	公斤	1	
4	電銲條	E309Lϕ4.0×400	公斤	1	
5	鎢棒	直流用ϕ2.4×150	支	1	

Chapter 參考書目

一、中文部份

1. 工業職業訓練協會主編，職業訓練教材 —— 銲工(再版)。全國職業訓練金監理委員會印行，民國六十八年七月。
2. 中國造船股份有限公司研究發展處編印，電銲作業手冊。民國六十九年十一月。
3. 徐慶昌編著，電銲工作法(再版)。臺北市：三民書局，民國六十九年九月。
4. 龔伯康著，職業指導叢書 —— 銲接工。臺灣省政府教育廳編印，民國六十一年七月。

二、外文部份：

1. American Society for Metals. Welding and Brazing, Metals Handbook (8th ed.), Vo1. 6. Metals park, Ohio, 1971.
2. American Welding Society. Welding Handbook. Vol. 1～5. Miami, Florida, 1976.
3. American Welding Society. Welding Inspection. Miami, Florida, 1980.
4. Althouse, A.D., Turnquist, C.H. & Bowditch, W.A. Modern Welding. (翻印版)。臺北市：中央圖書出版社，民國七十年四月。

5. Cary, H.B. Modern Welding Technology. Englewood Cliffs, N.J：Prentice-Hall, 1979.
6. Hobart school of Welding Technology. Programmed Audio-vis-ua1 Training Workbook EW-269：GMAWB, GTAW, OAW, SMAw. Troy, Ohio, 1979.
7. Kennedy, G.A. Welding Technology(2nd ed.), Indianapolis, Indiana：Bobbs-Merrill, 1982.
8. Lancaster, J.F. Metallurgy of Welding(2nd ed.), London：George Allen & Unwin, 1980.
9. Pocket Welding Guide. Troy, Ohio：Hobart Brothers Co., 19790.
10. Sacks, R.J. Welding：PrinciPles and Practices. Peoria, Illin-ois：Chas. A. Bennett, 1976.
10. 大阪大學溶接工學教室，實驗溶接工學，溶接學會技術資料，N0. 6, 1980 年 12 月。
12. 矢野雄三、山根巖著，加工技術シリーズ —— 溶接作業。東京都：產業圖書株式會社，昭和 39 年(1964)11 月。

國家圖書館出版品預行編目資料

鋅接實習 / 李隆盛編著. -- 五版. -- 新北市：
全華圖書, 2020.08
面； 公分
ISBN 978-986-503-454-2(平裝)
1.銲工 2.實驗

472.14034 109010339

銲接實習

作者 / 李隆盛
發行人 / 陳本源
執行編輯 / 黃鈺涵
封面設計 / 蕭暄蓉
出版者 / 全華圖書股份有限公司
郵政帳號 / 0100836-1 號
印刷者 / 宏懋打字印刷股份有限公司
圖書編號 / 0076604
五版一刷 / 2020 年 08 月
定價 / 新台幣 470 元
ISBN / 978-986-503-454-2(平裝)
全華圖書 / www.chwa.com.tw
全華網路書店 Open Tech / www.opentech.com.tw
若您對書籍內容、排版印刷有任何問題，歡迎來信指導 book@chwa.com.tw

臺北總公司(北區營業處)
地址：23671 新北市土城區忠義路 21 號
電話：(02) 2262-5666
傳真：(02) 6637-3695、6637-3696

南區營業處
地址：80769 高雄市三民區應安街 12 號
電話：(07) 381-1377
傳真：(07) 862-5562

中區營業處
地址：40256 臺中市南區樹義一巷 26 號
電話：(04) 2261-8485
傳真：(04) 3600-9806

廣告回信
板橋郵局登記證
板橋廣字第540號

行銷企劃部 收

23671 新北市土城區忠義路 21 號

全華圖書股份有限公司

讀者回函卡

填寫日期：　/　/

姓名：＿＿＿＿ 生日：西元＿＿年＿＿月＿＿日 性別：□男 □女

電話：（ ）＿＿＿＿ 傳真：（ ）＿＿＿＿ 手機：＿＿＿＿

e-mail：（必填）＿＿＿＿

註：數字零，請用 Φ 表示，數字 1 與英文 L 請另註明並書寫端正，謝謝。

通訊處：□□□□□

學歷：□博士 □碩士 □大學 □專科 □高中・職

職業：□工程師 □教師 □學生 □軍・公 □其他

學校／公司：＿＿＿＿ 科系／部門：＿＿＿＿

・需求書類：

□ A. 電子 □ B. 電機 □ C. 計算機工程 □ D. 資訊 □ E. 機械 □ F. 汽車 □ I. 工管 □ J. 土木

□ K. 化工 □ L. 設計 □ M. 商管 □ N. 日文 □ O. 美容 □ P. 休閒 □ Q. 餐飲 □ B. 其他

・本次購買圖書為：＿＿＿＿ 書號：＿＿＿＿

・您對本書的評價：

封面設計：□非常滿意 □滿意 □尚可 □需改善，請說明＿＿＿＿

內容表達：□非常滿意 □滿意 □尚可 □需改善，請說明＿＿＿＿

版面編排：□非常滿意 □滿意 □尚可 □需改善，請說明＿＿＿＿

印刷品質：□非常滿意 □滿意 □尚可 □需改善，請說明＿＿＿＿

書籍定價：□非常滿意 □滿意 □尚可 □需改善，請說明＿＿＿＿

整體評價：請說明＿＿＿＿

・您在何處購買本書？

□書局 □網路書店 □書展 □團購 □其他＿＿＿＿

・您購買本書的原因？（可複選）

□個人需要 □幫公司採購 □親友推薦 □老師指定之課本 □其他＿＿＿＿

・您希望全華以何種方式提供出版訊息及特惠活動？

□電子報 □ DM □廣告（媒體名稱＿＿＿＿）

・您是否上過全華網路書店？（www.opentech.com.tw）

□是 □否 您的建議＿＿＿＿

・您希望全華出版那方面書籍？＿＿＿＿

・您希望全華加強那些服務？＿＿＿＿

～感謝您提供寶貴意見，全華將秉持服務的熱忱，出版更多好書，以饗讀者。

全華網路書店 http://www.opentech.com.tw　　客服信箱 service@chwa.com.tw

2011.03 修訂

親愛的讀者：

感謝您對全華圖書的支持與愛護，雖然我們很慎重的處理每一本書，但恐仍有疏漏之處，若您發現本書有任何錯誤，請填寫於勘誤表內寄回，我們將於再版時修正，您的批評與指教是我們進步的原動力，謝謝！

全華圖書　敬上

勘誤表

書號		書名		作者	
頁數	行數	錯誤或不當之詞句		建議修改之詞句	

我有話要說：（其它之批評與建議，如封面、編排、內容、印刷品質等・・・）